# 水库大坝风险及其评估与管理

SHUIKU DABA FENGXIAN JI QI PINGGU YU GUANLI

盛金保　厉丹丹
龙智飞　周克发 等◎编著

『十三五』国家重点出版物出版规划项目
水库大坝安全管理丛书

河海大学出版社
HOHAI UNIVERSITY PRESS
·南京·

**内容简介**

本书根据多项重大科研项目研究成果所著，介绍了水库大坝风险分析和风险管理的相关内容和案例分析。全书共6章，包括绪论、大坝风险分析、大坝风险评估与处置、大坝风险管理技术与工具、应急预案编制技术以及展望等。本书可供水利水电工程设计、施工、管理和其他相关工程技术人员使用，也可作为水利行业培训教材。

**图书在版编目(CIP)数据**

水库大坝风险及其评估与管理 / 盛金保等编著. —
南京：河海大学出版社，2019.10
(水库大坝安全管理丛书 / 孙金华，荆茂涛主编)
ISBN 978-7-5630-5293-6

Ⅰ. ①水… Ⅱ. ①盛… Ⅲ. ①水库—大坝—风险评价
②水库—大坝—风险管理 Ⅳ. ①TV698.2

中国版本图书馆CIP数据核字(2017)第331473号

**水库大坝风险及其评估与管理**

**丛书主编：孙金华 荆茂涛**
**本册作者：盛金保 等**

---

策划编辑：朱婵玲
责任编辑：成 微 彭志诚
特约校对：成 黎 徐梅枝
装帧设计：槿容轩

---

**河海大学出版社** 出版发行

南京市西康路一号 邮政编码：210098 http://www.hhup.com
电话：(025)83737852(总编室) 83787769(编辑室) 83722833(营销部)
南京布克文化发展有限公司排版
江苏农垦机关印刷厂有限公司印刷
江苏省新华发行集团有限公司经销

开本：787mm×1092mm 1/16 印张：25.5 字数：629千字
版次：2019年10月第1版 印次：2019年10月第1次印刷
书号：ISBN 978-7-5630-5293-6
定价：98.00元

---

# 序 PREFACE

我国水资源短缺且时空分布不均，水旱灾害一直是影响中华民族发展的心腹之患。“兴水利、除水害”历来是治国安邦的大事。中华人民共和国成立70年来，党和国家始终把治水兴水摆在重要位置，取得了辉煌成就。我国目前已建9.8万余座水库大坝，是世界上拥有水库大坝最多的国家，也是世界上拥有100 m、200 m级以上高坝最多的国家，其中100 m以上高坝220座。目前世界上已建200 m级以上高坝77座，我国20座，占26%；在建200 m级以上高坝19座，我国12座，占63%。水库大坝调蓄江河、因势利导、善利万物，不仅是调控水资源时空分布、优化水资源配置的重要工程措施，也是江河防洪工程体系的重要组成部分，是生态环境改善不可分割的保障系统，承担着保障国家防洪安全、供水安全、粮食安全、能源安全、生态安全等重要功能，具有很强的公益性、基础性、战略性，在保障国家水安全和支撑绿色发展、生态文明建设、长江大保护、乡村振兴等战略中具有不可替代的基础性作用。确保水库大坝长效安全运行是国家战略需求，历来受到党和政府的高度重视。

多年来，通过全面落实水库大坝安全责任制、不断建立健全水库大坝安全管理法规与制度体系、大力推动水利管理体制改革、大规模开展病险水库除险加固工程建设、加强运行管理督查和应急管理等一系列扎实工作，我国水库大坝安全管理规范化、制度化、信息化进程不断加快，大坝安全状况与管理条件得到根本性改善，安全管理与保障水平大幅度提升。

党的十九大提出我国进入中国特色社会主义新时代，我国发展的新的历史方位和社会主要矛盾的转变，对水库大坝安全管理赋予了新的内涵，提出了新的更高要求。

2014年3月，习近平总书记在中央财经领导小组专题研究水安全问题的会议上指出，我国水资源时空分布不均及水旱灾害突出等老问题仍有待解决，水资源短缺、水生态损害、水环境污染等新问题越来越突出，明确提出“节水优先、空间均衡、系统治理、两手发力”的新时期治水思路，赋予了新时代治水的新内涵、新要求、新任务，为强化水治理、保障水安全指明了方向，也为新形势下做好水库大坝安全管理工作指明了方向。

2018年10月，中央财经委员会第三次会议强调，防灾减灾与安全要建立高效科学的自然灾害防治体系，提高全社会自然灾害防治能力，为保护人民群众生命财产安全和国家安全提供有力保障。要针对关键领域和薄弱环节，推动建设若干重点工程。要实施灾害风险调查和重点隐患排查工程，掌握风险隐患底数；实施防汛抗旱水利提升工程，完善防洪抗旱工程体系；实施应急救援中心建设工程，建设若干区域性应急救援中心；实施自然灾害监测预警信息化工程，提高多灾种和灾害链综合监测、风险早期识别和预报预警能力；实施自然灾害防治技术装备现代化工程，加大关键技术攻关力度，提高我国救援队伍专业化技术装备水平。水库大坝既是自然灾害防治工程体系不可或缺的组成部分，在遭遇地震、暴雨洪水等重大自然灾害时，大坝自身也可能成为自然灾害次生灾害的载体和重大风险源，2008年四川“5·12”汶川特大地震中，2 400余座水库大坝出现震损险情，其中坝高156 m的紫坪铺水库面板堆石坝产生明显沉降和水平位移，面板接缝错位、止水撕裂，举国关注；2018年汛期，内蒙古增隆昌水库、新疆射月沟水库因超标准洪水溃坝，其中射月沟水库造成严重人员伤亡。因此，水库大坝风险识别、监测预警与应急处置也是国家自然灾害防治体系建设的重点环节和重要任务。

2019年全国水利工作会议指出，我国治水的主要矛盾已经发生深刻变化，从人民群众对除水害兴水利的需求与水利工程能力不足的矛盾，转变为人民群众对水资源水生态水环境的需求与水利行业监管能力不足的矛盾。要清醒认识治水主要矛盾的深刻变化，加快转变治水思路和方式，将工作重心转到"水利工程补短板、水利行业强监管"上来，这是当前和今后一个时期水利改革发展的总基调。水库大坝安全面临从加强工程建设向关注运行管理、风险防控、功能提升、资源优化、环境保护、生态修复和支撑可持续发展等方向转变。

面对我国治水主要矛盾的深刻变化，面对人民日益增长的对美好生活的追求，面对绿色发展、政府职能转变和社会公众广泛参与等新的要求，面对新形势对水库大坝安全管理赋予的新内涵，我国水库大坝安全运行管理和保障仍然面临体制机制不顺，投入不足，管理制度和技术标准不够完善，特别是小型水库管理基础薄弱；工程建设先天不足，老化、性能劣化、淤积等影响大坝长效安全运行的问题日显突出，维修养护及病险水库除险科学决策机制尚未形成；地震、极端暴雨、特大洪水等极端事件频度和强度增加，大坝风险管理体系尚未建立，突发事件应急保障能力仍然不足；高坝大库深水检测与修补加固技术和装备自主创新研发、现代高新技术应用不足等一系列挑战和短板。水库大坝安全事关国运安危、人民福祉，是百年大计、千年大计，要始终坚持"问题导向、安全第一、压实责任、注重实效"的原则，通过理念创新、技术创新、管理创新，扎实做好水库大坝安全管理与保障各项工作，主动化解水库大坝各种潜在安全风险，使每一座水库大坝成为党和政府以及社会与公众的放心工程。

水利部大坝安全管理中心作为归口管理全国水库大坝安全的专业技术支撑机构，多年来围绕水利中心工作，服务全国水库大坝安全行业管理，在水库大坝管理法规与技术标准建设、突发事件调查与应急处置、先进实用技术推广与示范应用、国内外学术交流、行业人才培训和能力建设、基础性前瞻性科学研究等方面开展了卓有成效的工作，取得丰硕成果，主持完成的"十一五"科技支撑计划项目"水库大坝安全保障关键技术与应用"成果获得2015年国家科技进步一等奖，为保障全国水库大坝安全运行提供了强有力的技术支撑。大坝中心的科技骨干针对新形势下水库大坝安全管理实践需求，总结多年来的行业管理、技术开发与推广应用、科学研究、学术交流等成果和经验，编写了《水库大坝安全管理丛书》，分别为《水库大坝风险及其评估与管理》《水库大坝主要安全隐患挖掘与处置技术》《水库大坝安全监控与信息化》《水库大坝安全评价》《水库大坝运行调度技术》《水库大坝安全管理法规和标准实用指南》。本丛书可作为水库运行管理人员的岗位培训教材，可供水利水电工程设计、施工、管理和相关工程技术人员使用，也可供有关高等院校师生参考。

希望本丛书的出版对进一步促进我国水库大坝安全管理法规制度与技术标准建设，推动大坝风险管理理念和技术以及大坝安全监控与信息化技术普及与应用，提高水库大坝安全管理规范化、现代化水平，切实保障水库大坝安全运行，提高水资源利用和保障能力发挥积极作用。是为序！

《水库大坝安全管理丛书》编委会

**2019年10月于南京**

# 前言 PREFACE

水库大坝在蓄水兴利的同时，也会对下游公共安全构成潜在风险，特别是一旦溃坝失事，可能造成灾难性后果，属典型突发公共安全事件，国内外均有惨痛教训。1954 年迄今，全国共有 3 500 余座水库溃坝失事，不少溃坝事故造成严重的生命损失。进入 21 世纪以来，通过不断建立健全水库大坝安全管理法规与制度体系、全面落实大坝安全责任制、大规模开展病险水库除险加固工程建设、大力推进水管体制改革、充分应用先进技术和手段、加强监督检查和应急管理等一系列举措，我国水库大坝工程安全状况和管理条件得到了极大改善，管理水平和保障能力不断提升，溃坝概率显著下降，年平均溃坝概率已降至万分之一以下，我国进入世界上低溃坝率国家行列。但由于大坝工程的复杂性以及变化环境下的极端气候事件(特大暴雨、超标准洪水、异常干旱)、地震、淤积、工程老化、管理薄弱等不利因素的影响，我国水库大坝出险甚至溃坝事故仍时有发生，如 2010 年、2011 年、2012 年、2013 年、2014 年、2016 年全国分别有 11 座、3 座、2 座、5 座、4 座、5 座水库溃坝，其中包括部分除险加固工程。2018 年汛期，又有内蒙古增隆昌中型水库和新疆射月沟小(1)型水库溃坝，另有青海中坝和湖北东方山两座小(1)型水库出现重大险情，其中射月沟水库溃坝导致 28 人死亡和失踪。在当前经济技术条件下，完全杜绝溃坝事故发生还很难做到，从风险管理角度来看，也是没有必要的。水库大坝出险甚至溃决的风险将是大坝安全行业管理始终面临的巨大挑战。

当前，我国经济社会发展进入“创新、协调、绿色、开放、共享”的高质量发展阶段，生态文明建设成为国家战略，“水利工程补短板、水利行业强监管”成为新时期水利工作总基调，对涉及防洪安全、公共安全、经济安全、生态安全的水库大坝安全管理工作提出了更高要求。如何进一步增强应对溃坝突发事件能力、有效降低和控制水库大坝风险，不仅是各级政府、水行政主管部门和水库管理单位关心的工程安全问题，而且已成为全社会和公众高度关注的重大公共安全问题。

大坝风险理念最早于 1976 年美国 Teton 坝溃决后提出，2000 年在北京召开的第 20 届国际大坝会议第一次把风险作为中心议题并发布了“风险评价——帮助大坝安全管理”通告。大坝风险管理模式最早由加拿大 Bc Hydro 公司采用并逐渐得以推广；2003 年 10 月，澳大利亚大坝委员会(ANCOLD)正式发布了《风险评价指南》，同年国际大坝委员会(ICOLD)发布了“大坝安全管理中的风险评价”通告。2008 年在南京召开的“水库大坝安全管理国际研讨会”上，大坝风险管理得到了坝工界的进一步认同。大坝风险管理也成为大坝安全管理的重要理念与发展趋势。

大坝风险是对大坝负面影响可能性和严重性的度量，是溃坝概率与溃坝后果的组合。前者与大坝工程安全有关，后者与管理水平及下游社会经济发展程度有关。

大坝风险管理是一种以风险控制为核心的全过程动态管理。通过采用管理、控制风险的一整套政策和程序，对风险进行分析、评估、处理和监控。基于风险理念，一座“安全”的大坝，首先是其风险可以被公众接受，其次才是完成其预定功能，其最大特点就是不仅关注大坝自身工程安全，而且关注大坝溃决可能造成的后果，特别是生命损失，是一种更加科学合理的现代大坝安全管理模式，是经济社会发展到现阶段的必然要求。

大坝风险管理包括两个重要理念，一是大坝风险是始终存在的，无法完全回避；二是需要承受适度风险，这个“适度风险”就是政府和公众可以接受的风险，而且适度风险可以通过采取适当措施预防和控制实现。

预防和控制水库大坝风险的措施既可以是通过工程措施提高大坝安全度、降低溃坝概率，如20世纪90年代末以来大规模实施的病险水库除险加固工程建设，以实现控制大坝风险的目标；也可以是各种非工程措施，如本书推荐与介绍的应急预案(EPP)、运行维护和监测手册(OMS)、大坝安全年度报告以及水库降等或报废，均是大坝风险管理的有效工具，其中应急预案(EPP)、运行维护和监测手册(OMS)是大坝风险管理至关重要的制度性文件，在大坝安全事故防范与避免溃坝生命损失方面有着不可替代的重要作用。

为确保病险水库除险加固科学决策，水利部于2003年5月以中华人民共和国水利部第18号令发布了《水库降等与报废管理办法(试行)》，并于2013年颁布了其配套技术标准《水库降等与报废标准》(SL 605)，《水库降等与报废评估导则》也在编制过程中，要求对病险严重、风险突出、功能衰减，而又不具备除险加固条件或必要的水库实施降等或报废处理。

2003年“非典”事件以后，我国开始重视突发公共安全事件应急管理工作，2006年发布了《国家突发公共事件总体应急预案》，2007年发布了《中华人民共和国突发事件应对法》，标志突发公共安全事件应急管理在国家层面上得到高度重视。水利部于2007年出台了规范性文件《水库大坝安全管理应急预案编制导则(试行)》(水建管〔2007〕164号)，后又在总结经验的基础上于2015年颁布了技术标准《水库大坝安全管理应急预案编制导则》(SL/Z 720)，要求所有大中型水库和坝高超过15 m的小型水库均应编制水库大坝安全管理应急预案；当时的国家防办还于2006年出台了《水库防汛抢险应急预案编制大纲》(办海〔2006〕9号),要求相关水库同时编制水库防汛抢险应急预案。水库突发事件应急管理已经成为水库大坝安全管理的重要内容,应急预案编制也成为现代水库管理的重要制度,也是各级政府提高水库突发事件应急保障能力的必要手段。

2016年3月,水利部下发了"关于部署开展水库大坝安全运行年度报告编制工作的的通知"(建管涵〔2016〕6号),决定在部属17座大型水库先行开展水库大坝安全年度报告编制试点工作,后续将在总结经验基础上,在全国水库大坝安全管理中推行,作为进一步加强水库大坝安全监管的重要抓手。

水库降等特别是报废并不意味着简单地拆除一座大坝,它涉及工程技术、管理、生态环境、社会经济、人文历史等多个学科,且拆坝行为可能对河流生态系统造成新的胁迫,需要科学决策,并采取适当的生态修复措施;应急预案编制是非常复杂的系统工作,既有技术上的难度,也涉及管理和体制上的问题,还需要厘清政府、水行政主管部门、水库业主和管理单位、风险区公众等之间的职责和关系;运行维护和监测手册(OMS)与大坝安全年度报告编制均是技术性很强的工作,目前尚无规范性文件或技术标准指导。鉴于此,作者们根据2003年以来先后完成的水利部"948"项目"水库风险评估和智能化大坝安全技术",科技部科研院所社会公益专项"溃坝生命损失评估、预警及应急方案研究",水利部公益专项"土石坝溃决致灾后果评价方法和技术研究""小型水库安全与管理关键技术""土石坝长效安全运行重大关键技术","十一五"国家科技支撑计划项目"水库大坝安全保障技术研究"与课题"震损水库安全评估与应急处置技术研究"等重大科研项目研究成果,并总结近年来针对实际工程开展的相关工作经验,编著本书,提供水库大坝风险及其评估与管理的相关基本知识和案例,为进一步提高水库大坝安全管理应急预案、运行维护和监测手册、大坝安全年度报告编制质量,并为水库降等与报废科学决策及善后处理提供技术支撑,促进风险管理理念和技术在我国水库大坝安全管理领域的推广应用。本书也可以作为行业培训教材。

本书共分六章,第一章由盛金保、厉丹丹、朱国忠撰写,第二章由彭雪辉、张士辰、厉丹丹、孙玮玮、龙智飞撰写,第三章由王昭升、彭雪辉、蔡荨、李媛撰写,第四章由盛金保、龙智飞、厉丹丹、向衍、江超、赵雪莹撰写,第五章由盛金保、周克发、王晓航、杨德玮撰写,第六章由盛金保、朱国忠、吴昕馨撰写,附录一由周克发、龙智飞撰写,附录二由褚应丹、张士辰撰写,附录三由向衍、吴昕馨撰写,附录四由王晓航、周克发、蔡荨等撰写,附录五由彭雪辉、周克发、王晓航等撰写,沈光泽、刘帅等博士研究生参加了资料收集和部分编写工作。全书由盛金保、厉丹丹统稿。

水利部大坝安全管理中心王仁钟、李雷两位前总工率领的团队多年来在大坝风险评估与风险管理领域开展了卓有成效的研究工作，他们的研究成果为本教材的编著提供了重要技术基础，教材编写过程中还得到两位老总的指导；本书还得到“十三五”国家重点研发计划“水库大坝安全诊断与智慧管理关键技术与应用”(2018YFC0407100)、国家自然科学基金面上项目(41671504、51679151、51979176)及南京水利科学研究院出版基金的资助；丹江口水利枢纽、安徽港口湾水库、贵州松柏山水库与花溪水库、新疆坎儿其水库管理单位及相关人员也给本书编著提供了资料和帮助，在此一并表示衷心感谢！

由于编写时间仓促，书中差错在所难免，不当之处，敬请读者和专家批评指正。

# 目录 CONTETNS

# 第1章
# 绪　论

## 1.1　我国水库大坝安全管理现状及面临的挑战

### 1.1.1　水库大坝基本情况

#### 1.1.1.1　水库大坝数量

我国水安全保障面临的突出问题是水资源短缺且时空分布严重不均、水旱灾害频发、水环境恶化。水库大坝不仅是调控水资源时空分布、优化水资源配置的重要工程措施，也是江河防洪工程体系的重要组成部分，是经济社会发展不可替代的基础支撑，是生态环境改善不可分割的保障系统，在保障国家水安全中具有不可替代的基础性作用，具有很强的公益性、基础性、战略性；不仅关系防洪安全、供水安全、粮食安全，而且关系经济安全、生态安全、国家安全。

我国是人类筑坝历史最悠久的国家之一，战国时修建的淮河流域安丰塘水库（古称芍陂），距今已有 2 600 多年历史，经过历代修缮目前仍在运行并发挥着重要的灌溉、旅游等效益。然而中国大规模的水库大坝建设却起步较晚。据国际大坝委员会（ICOLD）1950 年统计，在 1949 年以前建成的坝高 15 m 以上的 5 196 座大坝中，中国仅有 22 座。20 世纪 50—70 年代，与世界性的筑坝高潮同步，中国也进入水库大坝建设大发展时期，先后建成了一大批关系国计民生和经济社会发展全局的水库大坝工程。根据 2017 年中国水利统计年鉴，截止到 2016 年底，我国共建有水库 98 460 座，总库容 8 967 亿 $m^3$，其中大型水库 720 座、中型水库 3 890 座，小型水库 93 850 座。按坝高统计，我国已建成百米以上大坝 216 座，其中 200～300 m 级的超高坝 16 座。当前，世界上主要大型水利水电工程建设项目都在中国，中国大坝设计与建设水平已处于世界领先水平。举世瞩目的三峡大坝在工程规模、混凝土浇筑量、工程质量、水电装机容量、泄洪能力、船闸多级数和航船吨位、水库综合效益等方面创多项世界最高纪录。已经建成的锦屏一级电站混凝土双曲拱坝坝高 305 m、水布垭混凝土面板堆石坝坝高 233 m、龙滩碾压混凝土重力坝坝高 216 m，均代表了当今世界最高筑坝技术和水平。

#### 1.1.1.2　水库大坝分类

我国大坝按照所属部门（主管部门）不同主要分为水库大坝（水利）和水电站大坝（电

力），其中水库大坝占绝大多数。另外，交通、建设、农业等部门也建有少量大坝。

依据库容、防洪保护与供水对象重要性，以及治涝、灌溉、发电等经济效益指标，水库枢纽工程分为5个等别，即Ⅰ等工程、Ⅱ等工程、Ⅲ等工程、Ⅳ等工程、Ⅴ等工程，对应工程规模分别为大(1)型水库、大(2)型水库、中型水库、小(1)型水库、小(2)型水库，作为水库枢纽工程主要水工建筑物的大坝则相应分为5个级别，分别为1级坝、2级坝、3级坝、4级坝、5级坝。

水库大坝根据其工程安全程度又分为一类坝、二类坝和三类坝。“一类坝”是指大坝现状防洪能力满足《防洪标准》(GB 50201)和《水利水电工程等级划分及洪水标准》(SL 252)要求，无明显工程质量缺陷，各项复核计算结果均满足规范要求，安全监测等管理设施完善，维修养护到位，管理规范，能按设计标准正常运行的大坝。“二类坝”是指水库现状防洪能力不满足《防洪标准》(GB 50201)和《水利水电工程等级划分及洪水标准》(SL 252)要求，但满足水利部颁布的(以下简称部颁)水利枢纽工程除险加固近期非常运用洪水标准(水规〔1989〕21号)；大坝整体结构安全、渗流安全、抗震安全满足规范要求，运行性态基本正常，但存在工程质量缺陷，或安全监测等管理设施不完善，维修养护不到位，管理不规范，在一定控制运用条件下才能安全运行的大坝。“三类坝”是指大坝现状防洪能力不满足部颁水利枢纽工程除险加固近期非常运用洪水标准(水规〔1989〕21号)，或者工程存在严重质量缺陷与安全隐患，不能按设计正常运行的大坝，也称之为病险水库大坝，必须进行除险加固，否则应控制运用或作降等与报废处理。

#### 1.1.1.3 我国水库大坝安全管理发展历程与管理实践

(1) 发展历程

基于经济社会发展水平，我国水库大坝安全管理发展大致经历了三个典型阶段，各阶段具有鲜明的时代特点。

第一阶段是从1949年新中国成立到1978年改革开放，以管理粗犷、溃坝事故频繁发生为特点。计划经济条件下，在“水利是农业的命脉”号召下，全民动员，大量的水库大坝建成，但大坝安全意识和理念尚未形成，安全管理技术人员供不应求，安全管理技术尚未成熟，安全管理法规基本空缺，面对洪水和地震等自然灾害，没有有效的预防、控制及应对体系，溃坝事故大量发生，年均溃坝率超过12‰，20世纪60和70年代更是遭遇了两次溃坝高峰，其中1973年溃坝570座。当时国家经济基础薄弱，生产力低下，水库大坝安全管理模式以事故管理 为中心，出现事故后上报、处置，就已经达到了大坝安全管理目的。如果出现险情，立即组织抢险，以避免事故的进一步发展。如果大坝溃决，由政府组织抢救、善后、慰问。事后由政府组织检查，吸取教训。这种以事故管理为中心的大坝安全管理模式是被动的、事后的传统管理模式，是20世纪80年代以前计划经济的产物，已经不能适应经济社会迅速发展的需要。

第二阶段是从改革开放到20世纪90年代末，以水库大坝安全管理法规制度建设不断完善、管理工作不断规范、管理水平不断提高、溃坝事故大幅下降为特征。伴随经济社会迅速发展，原有的水库大坝安全管理体制和机制已经不能满足社会对大坝安全的要求，水库大坝安全法规制度逐步建立健全，水库大坝安全管理逐步从行政管理过渡到制度管理。国务院于1991年以77号令颁布了《水库大坝安全管理条例》，在此基础上，注册登记、调度运用、安全监测、维修养护、安全鉴定、除险加固等方面的一大批水库大坝安全管理配套法规相继出台，水库大坝安全管理体系基本形成，对保障水库大坝安全运行发挥了重要作用，年均溃坝率大幅度下降，从超过12‰降低到2‰。这个阶段的特点是以事故管理为主线，以传统的结构安全管理理论为指导，不断完善计划经济模式下的水库大坝安全管理体系。

第三阶段是从 21 世纪开始，以在基于风险的系统大坝安全理念指导下，进一步完善水库大坝安全保障体系，水库大坝安全管理水平和能力进一步提高为特征。随着经济社会的进一步发展，我国经济实力显著增强，社会舆论和公众对水资源、防洪保安、生态环境、公共安全等的要求不断提高，“以人为本”“生态文明”“美好生活”“高质量发展”等执政理念开始得到贯彻；另一方面，水库周边特别是下游城镇、人口、基础设施不断积聚，大坝潜在风险明显增大。水库大坝风险理念开始得以接受和推广，水库突发事件监测预警和应急管理逐渐得到政府、公众的高度关注，开始从以前单纯强调“结构安全”的传统大坝安全理念向“结构安全、安全监控、应急管理”三足鼎立式的系统大坝安全理念转变，并为此采取了一系列综合手段降低和控制水库大坝风险。一是各级政府投入巨大资金大规模开展病险水库除险加固工程建设，彻底解决了我国水库工程建设先天不足、后期管护缺失导致的水库大坝病险严重问题，为水库大坝安全运行奠定了基础；二是大力推进水管体制改革，落实管护人员和维修养护经费，解决了长期制约水库大坝“无人管、无钱管”的难题，从根本上完善了水库大坝安全长效运行机制；三是基于风险理念进一步完善水库大坝安全管理制度体系，分别于 2003 年、2007 年新增了水库降等与报废制度、应急管理制度，目前正在推行水库大坝安全年度报告制度；四是加大科技投入，加强科技攻关，为水库大坝安全管理提供先进的技术和手段。可以看出，进入新世纪后，我国的水库大坝安全管理已经开始从事故管理、工程管理逐步向事故预防、风险管理的方向发展，“工程安全”理念已转化为“工程风险”和“系统安全”理念。

（2）水库大坝安全管理实践

水库大坝安全管理活动包括组织、计划、协调、实施、控制五方面职能。根据《水库大坝安全管理条例》要求，目前我国水库大坝安全管理的主要实践活动包括如下十方面工作。

1）组织管理。地方政府和水库主管部门应依据《水库工程管理设计规范》(SL 106—2017)和《小型水库安全管理办法》(水安监〔2010〕200 号)要求，建立水库管理机构，开展水管体制改革，落实管理(护)人员和管养经费，建立管理制度，落实大坝安全责任，完善管理设施。

2）确界确权。根据水库工程规模和管理需要，结合自然地理条件，依据《水库工程管理设计规范》(SL 106)划定工程管理范围、保护范围和水库保护范围，设置标志。在工程管理范围和保护范围内，禁止从事危害大坝安全的开发和生产经营活动。

3）注册登记。水库大坝注册登记实行分部门分级负责制。所有水库均应按照《水库大坝注册登记办法》要求及时到主管部门注册登记，并逐级上报至水利部大坝安全管理中心汇总。当工程情况发生变化时，应及时办理变更登记。

4）调度运用与安全度汛。水利部先后以规范性文件和技术标准的形式，颁布了《综合利用水库调度通则》(水管〔1993〕61 号)、《水库调度规程编制导则》(SL 706)，规范大中型水库调度规程编制工作。所有水库均应严格按照调度规程进行操作和运行，做好防汛值班，确保度汛安全。

5）安全检查与监测。根据相关法规和规范，水库主管部门需要在汛前和汛后组织对大坝和安全管理设备、设施进行检查，遭遇地震、超标准洪水、极端低水位等突发事件时，还需要组织特别检查。水库管理人员需要定期对大坝和安全管理设备、设施进行巡视检查；同时，需要对水位、降水等环境量以及大坝变形、渗流、应急等状态进行监测，以便及时发现不安全因素，及时采取相应措施。目前，我国大多数大中型水库及重要小型水库大坝都埋设安

装有相关安全监测设施，需要特别强调的是，仪器监测不能代替日常巡视检查。

6）维修养护。维修养护包括日常维护、汛前汛后修复、大修岁修等维护措施，是减缓工程老化、提高工程安全性能、改善工程形象面貌的重要工作。在水管体制改革工作促进下，建立了中央财政公益性水利工程维修养护经费补助渠道，制订了水利工程维修养护定额、水库大坝养护修理规程等技术标准，指导各地加强对水库的日常维修养护管理，水库工程维修养护工作得到了更大保障。

7）安全鉴定。就像人需要定期体检一样，根据《水库大坝安全鉴定办法》及《水库大坝安全评价导则》(SL 258)要求，对坝高 15 m 及以上或库容 100 万 $m^3$ 以上的已建水库大坝，应在工程(含新建和加固)竣工验收后 5 年内进行首次安全鉴定，以后每隔 6～10 年开展一次全面鉴定，在现场安全检查与检测、工程地质勘察、观测资料分析等工作基础上，分析评价大坝安全性态是一类坝、二类坝或三类坝。

对险情明确、基础资料不足的一般小(1)型及小(2)型水库大坝，可由水库主管部门组织专家组在现场安全检查工作基础上，对大坝安全类别进行认定

8）除险加固或降等报废。如果定期安全鉴定确定大坝定级为“二类坝”“三类坝”，不能按设计正常和安全运用，则需要对其进行除险加固，否则应按《水库降等与报废管理办法(试行)》(水利部 2003 年第 18 号令)和《水库降等与报废标准》(SL 605)要求，对病险严重、功能萎缩，而除险加固技术上不可行、经济上不合理的病险水库实行降等或报废处理。

9）应急管理。为加强水库突发事件应急管理，提高应对突发事件能力，2007 年以后，水利部先后以规范性文件和技术标准形式颁布了《水库大坝安全管理应急预案编制导则》，规范和加强大中型水库应急预案编制工作。应急预案(EPP)编制成为水库大坝安全管理中的一项基本制度要求，同时要求加强突发事件监测预警与演练，做好应急处置的各种准备。

10）监督检查。水利部建立了水库工程运行管理督查制度，对水库管理单位和主管部门的安全管理工作进行现场督查，同时狠抓督查问题的整改落实。

#### 1.1.1.4 水库病险与溃坝基本情况

我国水库大坝近 90%修建于 20 世纪 50—70 年代，受当时水文及工程地质资料欠缺、设计标准不完善、筑坝技术水平较低、财力不足等技术经济条件限制，很多工程建设标准偏低、质量较差，加上后期运行维护投入不足，工程老化失修，大量已建工程经多年运行后存在各种安全隐患。

根据全国水库大坝安全状况调研及病险水库“三类坝”鉴定成果核查资料，病险水库存在的主要病害包括：

(1) 防洪标准偏低，即坝顶高程或泄水建筑物泄流能力不足。很多水库建坝时未进行洪水设计，防洪标准偏低，不少小型水库甚至无泄洪设施。早期超过一半的溃坝是由于防洪能力不足、洪水漫顶引起的。

(2) 工程质量差，大坝渗(漏)水严重，渗透稳定性不满足要求。早期修建的水库大多由群众投工投劳建设，清基处理不彻底，防渗体系不完善，筑坝材料控制不严，坝体填筑无质量控制，渗流出口无反滤排水保护，很多坝体存在渗流安全隐患，土石坝表现为下游坡散浸、集中渗漏、接触渗漏(冲刷)、绕坝渗漏、坝后管涌或沼泽化等现象；浆砌石及混凝土坝表现为集中渗漏和溶滤破坏。因渗流问题而导致溃坝的事故仅次于洪水漫顶，约为 30%～40%，近年来的溃坝事故多数因渗透破坏引起。

(3) 大坝形体单薄，抗滑稳定与结构强度不满足规范要求。约有 17%的水库大坝存在裂缝、滑坡问题，事实上，该比例可能更高，因为很多深层裂缝往往难以发现。由于坝体滑坡而导致溃坝的事例约占 3.2%；因坝体裂缝导致集中渗漏而溃坝的事例则计入渗流问题。

(4) 输(引)、泄水建筑物存在安全隐患，渗流稳定与结构强度不满足规范要求。早期修建的土石坝输(引)水建筑物多数为坝内埋管、圬工结构，直接坐落于土基上，埋管周围填土碾压不密实，与坝体结合部无有效防渗措施，普遍存在接触渗漏、断裂漏水现象，对大坝安全构成严重威胁；泄洪建筑物(溢洪道、泄洪洞)多为简易结构，消能防冲设施不完善，下泄洪水无出路，无法保证洪水安全下泄。因穿坝建筑物接触渗漏导致溃坝的事例约占 11%，近年来的比例更高，如 2013 年年初连续发生的新疆联丰水库、黑龙江星火水库、山西曲亭水库 3 起溃坝事故均因穿坝建筑物接触渗漏引起；2018 年汛期溃决的内蒙古增隆昌水库也是因坝下埋涵接触渗漏导致的。

(5) 大坝抗震稳定安全性不满足规范要求。我国地处环太平洋地震带和地中海—喜马拉雅山地震带之间，地质构造规模宏大并且复杂，中、强地震活动频繁。但早期修建的大多数水库均没有进行抗震设计，也没有采取任何抗震措施，因此，地震区的病险水库有相当一部分抗震稳定性不满足规范要求，每一次较强地震均造成一些水库大坝出现裂缝、塌陷、滑坡、渗漏、液化等震损险情。2008 年"5·12"汶川地震中，全国共有 2 480 座水库大坝出现不同程度的震损险情，其中高危以上险情 379 座。

(6) 泄输水建筑物的闸门和启闭设备存在安全隐患。很多水库泄输水建筑物的闸门和启闭机超过报废折旧年限，老化、锈蚀严重，且无备用电源，无法正常和可靠运用，影响水库正常运用和安全度汛。不少洪水漫顶溃坝事故与泄洪建筑物的闸门没有及时或无法开启有关。

(7) 生物破坏。在南方气候湿润地区，土石坝普遍存在白蚁危害。四川省约 80%的土石坝存在蚁害，2001 年溃决的大路沟水库就是白蚁破坏引起的。

(8) 其他问题。如上游护坡和坝面排水设施破损或不完善、缺少必要的安全监测设施、管理设施陈旧落后、防汛交通与通信条件差等。

1954 年迄今，全国水库共溃坝 3 500 余座，年均近 55 座，平均年溃坝率近 0.6‰。图 1.1-1 为历年溃坝数量分布，表 1.1-1 为重大溃坝事故统计，表 1.1-2 为不同坝型的溃坝比例不完全统计，表 1.1-3 为溃坝原因的不完全统计。

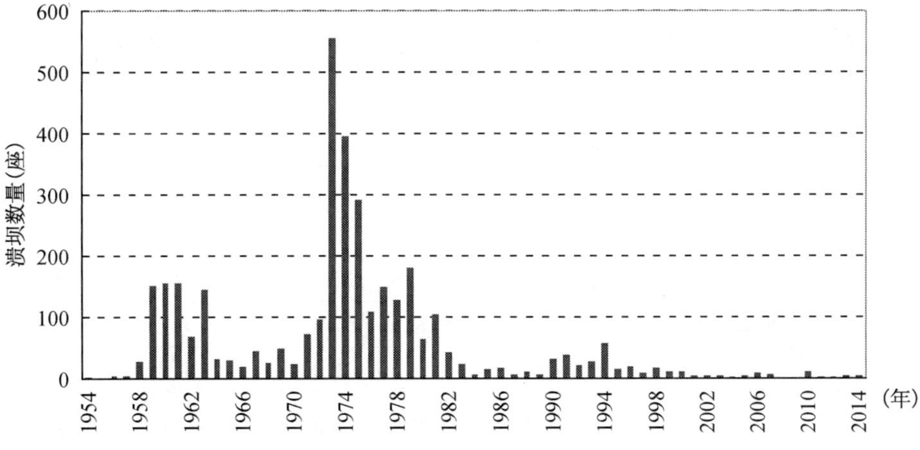


图 1.1-1 我国历年溃坝数量分布图

20 世纪 50—80 年代初是水库溃坝高发期，1954—1982 年共溃坝 3 115 座，年均 107 座，平均年溃坝率 1.23‰，其中 1973 年溃坝 570 座，年溃坝率达到惊人的 6.55‰；80 年代以后，通过落实大坝安全责任和加强管理，溃坝数量显著减少，1983—1999 年溃坝 332 座，年均 19.5 座，平均年溃坝率 0.23‰；进入 21 世纪，2000—2018 年溃坝 80 座，年均 4.2 座，平均年溃坝率低于 0.05‰，我国已进入世界上低溃坝率国家行列。

**表 1.1-1　我国重大溃坝事故和生命损失情况**

| 大坝名称 | 所在地 | 溃决日期 | 坝型 | 坝高(m) | 库容($10^4 m^3$) | 溃坝原因 | 生命损失(人) |
|---|---|---|---|---|---|---|---|
| 板　桥 | 河南泌阳 | 1975.8.8 | 黏土心墙坝 | 24.5 | 49 200 | 超标准洪水漫坝 | 19 701 |
| 石漫滩 | 河南午钢区 | 1975.8.8 | 均质土坝 | 25.0 | 9 180 | 超标准洪水漫坝 | 2 517 |
| 铁佛寺 | 河南商城 | 1960.5.17 | 黏土心墙坝 | 14.5 | 2000 | 无泄洪设施，漫坝(施工期) | 898 |
| 白果冲 | 河南固始 | 1960.5.18 | 黏土心墙土坝 | 15 | 700 | 无泄洪设施，漫坝 | 616 |
| 滕　口 | 河南临汝 | 1961.9.28 | 黏土斜墙砌石坝 | 30.0 | 1 150 | 泄洪能力不足，漫坝 | 119 |
| 竹　沟 | 河南确山 | 1975.8 | 黏土心墙坝 | 23.5 | 1 544 | 超标准洪水漫坝 | 248 |
| 刘家台 | 河北易县 | 1963.8.8 | 黏土心墙坝 | 35.9 | 4 054 | 超标准洪水漫坝 | 943 |
| 东川口 | 河北邢台 | 1963.8.4 | 堆石坝 | 31.0 | 2 700 | 超标准洪水漫坝 | 510 |
| 紫山谷 | 山东淄川 | 1966.7.15 | 浆砌石坝 |  | 25 | 坝体渗漏溃决 | 173 |
| 龙　屯 | 辽宁绥中 | 1959.7.22 | 黏土斜墙坝 | 9.5 | 3 000 | 超标准洪水漫坝 | 707 |
| 虎　台 | 辽宁抚顺 | 1971.7.31 | 黏土心墙坝 | 21.5 | 306 | 施工中超标准洪水漫坝 | 512 |
| 桥墩门 | 浙江平阳 | 1960.8.10 | 土石混合坝 | 36.0 | 4 000 | 施工中超标准洪水漫坝 | 291 |
| 洞口庙 | 浙江宁海 | 1971.6.2 | 均质土坝 | 21.5 | 255 | 工程质量差，滑坡溃坝 | 186 |
| 水口坑 | 浙江永康 | 1960.9.12 | 均质土坝 | 28.0 | 100 | 冲溃溢洪道溃坝 | 89 |
| 宝盖洞 | 湖南浏阳 | 1954.7.24 | 均质土坝 | 30.0 | 1 100 | 超标准洪水漫坝 | 466 |
| 塔　下 | 湖南彬县 | 1968.6.17 | 均质土坝 | 12.0 | 16 | 漫顶 | 128 |
| 马山湖 | 广东饶平 | 1960.6.9 | 均质土坝 | 26.8 | 654 | 坝体质量差，管涌溃坝 | 104 |
| 横　江 | 广东揭西 | 1970.9.15 | 均质土坝 | 48.4 | 7 879 | 坝体质量差，管涌溃坝 | 941 |
| 龙　川 | 广东罗田 | 1973.5.8 | 均质土坝 | 24.0 | 176.8 | 坝体质量差，管涌溃坝 | 55 |
| 春　江 | 海南儋州市 | 1958.9.12 | 土石混合坝 | 15.8 | 5 600 | 施工漫顶 | 68 |
| 石　禄 | 海南东方 | 1958.9 | 均质土坝 | 19.0 | 3 131 | 漫顶 | 65 |
| 抱　古 | 海南崖县 |  | 砌石坝 | 6.8 | 787 | 坝体渗漏 | 200 |
| 李家咀 | 甘肃庄浪 | 1973.4.29 | 均质土坝 | 25.0 | 114 | 泄洪能力不足，漫坝 | 580 |
| 史家沟 | 甘肃庄浪 | 1973.8.25 | 均质土坝 | 28.6 | 85.6 | 泄洪能力不足，漫坝 | 81 |
| 夹河子 | 新疆玛纳斯 | 1961.4.10 | 均质土坝 | 18.0 | 8 000 | 坝身渗漏 | 80 |
| 六工社 | 新疆莎东 | 1973 | 均质土坝 |  | 300 | 坝身渗漏 | 702 |
| 沟　后 | 青海共和 | 1993.8.27 | 混凝土面板砂砾石坝 | 71.0 | 330 | 顶止水破坏，未设排水 | 320 |

续表

| 大坝名称 | 所在地 | 溃决日期 | 坝型 | 坝高(m) | 库容($10^4 m^3$) | 溃坝原因 | 生命损失(人) |
|---|---|---|---|---|---|---|---|
| 小湄港 | 湖北通山 | 1995.7.2 | 心墙土坝 | 11.0 | 14 | 严重渗漏,超标准洪水,运行管理不当 | 34 |
| 茶山坑 | 广东恩平 | 1998.6.26 | 均质土坝 | 30.0 | 597 | 超标准洪水,副坝溃决 | 36 |
| 龙华寺 | 四川夹江 | 1961.6.28 | 均质土坝 | 22.3 | 775 | 漫顶 | 82 |
| 大路沟 | 四川会理 | 2001.10.7 | 壤土均质土坝 | 44 | 111.5 | 蚁害侵蚀,管涌溃坝 | 26 |
| 七仙湖 | 云南彝良 | 2005.7.21 | 浆砌石拱坝 | 约 20 | 8.0 | 工程质量差,暴雨导致溃坝 | 16 |
| 大　河 | 吉林桦甸 | 2010.7.27 | 黏土心墙堆石坝 | 23 | 400 | 管理不当,洪水漫顶 | 38 |
| 沈家坑 | 浙江舟山 | 2012.8.10 | 均质土坝 | 28.5 | 23.8 | 管理缺失,渗漏导致溃坝 | 11 |
| 射月沟 | 新疆哈密 | 2018.8.1 | 沥青心墙砂砾石坝 | 41 | 680 | 洪水漫顶,应急管理不当 | 28 |

**表 1.1-2　各种坝型溃坝比例统计**

| 序　号 | 坝　型 | 溃坝数量(座) | 所占比例(%) |
|---|---|---|---|
| 1 | 混凝土坝 | 12 | 0.34 |
| 2 | 浆砌石坝 | 35 | 1.00 |
| 3 | 土坝 | 3 253 | 93.10 |
| 4 | 堆石坝 | 32 | 0.92 |
| 5 | 不详 | 162 | 4.64 |

**表 1.1-3　我国溃坝主要原因及其所占比例统计**

| 溃决原因分类 | | 数量(座) | 比例(%) | 年均溃坝概率($\times 10^{-4}$) | 备　注 |
|---|---|---|---|---|---|
| 漫坝 | 超标准洪水 | 435 | 12.6 | 1.099 6 | 总计 1 737 座,占 52.0% |
| | 泄洪能力不足 | 1 302 | 37.6 | 3.291 2 | |
| 坝体质量 | 坝体或坝基渗流 | 701 | 20.2 | 1.772 0 | 总计 1 205 座,占 36.1% |
| | 坝体滑坡 | 110 | 3.2 | 0.278 1 | |
| | 溢洪道 | 208 | 6.0 | 0.525 8 | |
| | 泄洪洞 | 5 | 0.1 | 0.012 6 | |
| | 涵洞 | 168 | 4.9 | 0.424 7 | |
| | 坝体塌陷 | 13 | 0.4 | 0.032 9 | |
| 管理不当 | | 185 | 5.3 | 0.467 6 | 超蓄、溢洪道增设子堰、无人管理等 |
| 其　他 | | 212 | 6.1 | 0.535 9 | 人工扒口、库岸滑坡、溢洪道堵塞、工程布置不当等 |
| 总　计 | | 3 339 | | 8.75 | |

## 1.1.2 水库大坝安全管理成就

新中国成立到20世纪70年代末改革开放前，在经济基础薄弱、技术水平较低的特定历史条件下，全社会动员大兴水利工程建设，修建了数以万计的水库大坝，但“重建轻管”现象突出，水库管理十分薄弱，大坝安全管理法规基本空白，安全管理人员从数量到专业素养都不能满足实际需求，再加上蓄水初期是大坝事故高发期，导致20世纪80年代以前溃坝事故频发，年均溃坝率远高于世界平均水平。改革开放后到20世纪末，伴随经济社会的迅速发展，水库大坝安全日益受到政府和主管部门的重视，特别是1991年《水库大坝安全管理条例》发布后，大坝安全管理渐趋规范，管理制度不断健全，责任制不断强化，大规模的病险水库除险加固规划开始实施，使得年平均溃坝概率大幅度下降。进入21世纪后，通过全面落实大坝安全责任制、大规模开展病险水库除险加固工程建设、大力推进水管体制改革、加强应急管理等一系列扎实工作，我国水库大坝安全状况与管理条件有了根本性改善，水库大坝安全保障能力和水平有了大幅度提升。

#### 1.1.2.1 不断强化与落实大坝安全责任制，严格日常管理工作

目前，我国已全面建立了以行政首长负责制为核心的水库大坝安全责任制，明确了政府、主管部门和管理单位的三级责任人。按分级负责原则，水利部每年向社会公布全国大型水库大坝安全责任人名单，各地也向社会公布各类水库大坝安全责任人名单，接受社会监督，强化了责任落实。

各级政府和水行政主管部门高度重视水库大坝运行管理工作，督促水库运行管理(护)单位或业主按照《水库大坝安全管理条例》要求，认真落实各项水库管理制度，积极开展水库大坝注册登记、确权划界、调度运用、巡视检查、安全监测、维修养护、安全鉴定、除险加固、降等报废、应急管理等工作，强化水库工程日常管理，科学制定调度运用方案，加强巡视检查和安全监测，组织编制水库大坝安全管理应急预案。水利部积极推进水库工程管理的规范化、现代化、标准建设，组织开展水利工程管理考核，一批水库管理单位通过考核验收，起到良好示范作用；水库工程管理信息化建设已经成为基本要求，以促进水库工程管理现代化。

#### 1.1.2.2 水库管理体制改革稳步推进

为改变水库工程管理中长期积淀的体制不顺、机制不活、经费短缺、机构臃肿、管理粗放和社会保障程度低等突出问题，国务院于2002年9月发布了《水利工程管理体制改革实施意见》(国办发〔2002〕45号)，提出用3～5年时间初步建立符合我国国情、水情和社会主义市场经济要求的水利工程管理体制和运行机制，建立职能清晰、权责明确的管理体制；管理科学、经营规范的运行机制；市场化、专业化和社会化的维修养护体系；合理的水价形成机制和有效的水费计收方式；规范的资金投入、使用、管理与监督机制和较为完善的政策、法律支撑体系；努力探索多样性的水利工程管理模式，逐步实行社会化和市场化，走市场经济发展道路。

各地以落实定编定岗与定额预算、公益性人员基本支出和工程维修养护经费为核心，大力推进水管体制改革，水利部加强督促指导。2011年，水利部会同财政部建立中央财政对公益性水利工程维修养护补助机制，每年安排中央财政补助资金。2013年开始，以小型水库为重点，深化小型水利工程管理体制改革，落实管护主体、人员和经费。

目前，水库管理体制改革已取得阶段性成果，以防洪、灌溉等公益性功能为主的水库管养经费大多纳入了各级地方财政预算管理，水库长效良性运行机制逐步建立。

#### 1.1.2.3 大坝安全管理法规标准体系基本建立，运行管理制度逐步健全

目前，我国已经建立了以《中华人民共和国水法》(以下简称《水法》)、《中华人民共和国防洪法》(以下简称《防洪法》)为基础，以《水库大坝安全管理条例》为核心，《水库大坝注册登记办法》《水库大坝安全鉴定办法》《水库降等与报废管理办法》《小型水库安全管理办法》《水库调度规程编制导则》等部门规章和规范性文件配套，《水库工程管理设计规范》(SL 106)、《土石坝养护修理规程》(SL 210)、《混凝土坝养护修理规程》(SL 230)、《水库大坝安全评价导则》(SL 258)、《土石坝安全监测技术规范》(SL 551)、《混凝土坝安全监测技术规范》(SL 601)、《大坝安全监测仪器检验测试规程》(SL 530)、《大坝安全监测仪器安装标准》(SL 531)、《水库降等与报废标准》(SL 605)、《大坝安全监测仪器报废标准》(SL 621)、《水库大坝安全管理应急预案编制导则》(SL/Z 720)等技术标准支撑，适合中国国情并满足经济社会发展需要的水库大坝安全管理法规与标准体系。

根据《水库大坝安全管理条例》以及部门规章与规范性文件要求，并结合水库大坝运行管理实际和发展需求，目前已经建立了从组织管理、注册登记、调度运用、检查监测、养护修理、安全鉴定、除险加固、应急管理到降等报废，涵盖水库大坝全生命周期的安全管理制度体系(图 1.1-2)，有效促进和规范了大坝安全管理工作。

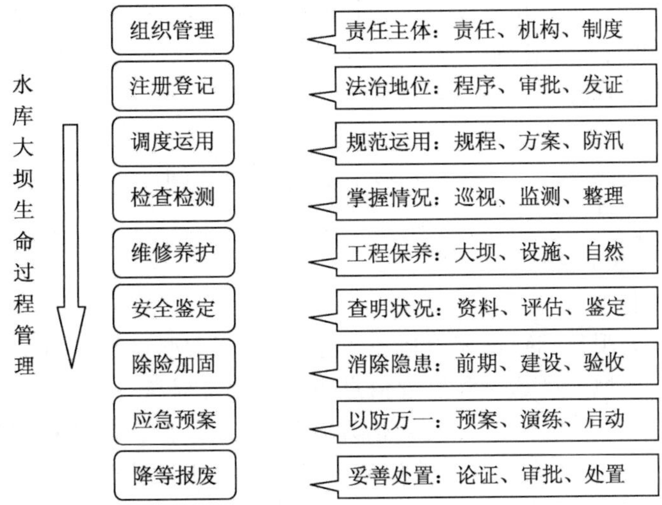


**图 1.1-2 水库大坝运行管理制度框图**

#### 1.1.2.4 大规模开展病险水库除险加固工程建设，大坝工程安全状况得到根本性改善

病险水库不仅不能正常发挥效益，而且存在较高溃坝失事风险，威胁下游公众生命财产及基础设施安全，因此，党和政府历来高度重视病险水库除险加固工作，投入巨资开展了大规模的病险水库除险加固工程建设。

“75・8”大洪水后，1976—1985 年，国家投资对全国 65 座大型水库实施了以提高防洪标准为主的除险加固工程建设。

1986 年和 1992 年，国家又先后确定了第一批 43 座、第二批 38 座，共计 81 座全国重点病险水库，对其进行防洪达标、抗震加固、防渗处理等除险加固工程建设，其中大型水库 69

座、中型水库 12 座。

“98”大水后，国家加快了病险水库除险加固步伐。2001 年确定了一期全国病险水库除险加固专项规划项目 1 346 座，其中大型 145 座，中型 717 座，西部重点小(1)型 484 座；2004 年又确定了二期专项规划项目 2 112 座，其中大型 70 座，中型 717 座，重点小型 1 325 座。以上两期纳入专项规划的病险水库共 3 458 座，实际完成 1 711 座。

2007 年 12 月召开的中央农村工作会议提出用 3 年时间完成全国大中型和重点小型病险水库除险加固目标任务，水利部对此高度重视，于 2007 年编制完成了《全国病险水库除险加固专项规划》，确定 6 240 座病险水库作为 2010 年底之前的实施重点，其中大型 86 座、中型 1 096 座、小型 5 058 座；2009 年又编制完成《东部地区重点小型病险水库除险加固规划》，将东部地区 1 116 座小型病险水库作为专项规划的补充。上述规划项目共计 7 356 座，于 2010 年底全部完成。

为进一步解决小型水库大坝病险突出问题，2010 年 6 月，水利部会同财政部编制完成《全国重点小型病险水库除险加固规划》，将 5 400 座重点小(1)型病险水库纳入规划，并于 2012 年底前全部实施完成。2011 年，水利部、财政部编制完成了《全国重点小(2)型病险水库除险加固规划》，将 15 891 座重点小(2)型病险水库全部纳入专项规划，并于 2013 年底全部完成。2015 年底之前又完成 25 227 座一般小(2)型病险水库除险加固工程建设。

以上合计加固病险水库 55 743 座，占我国水库总数的 57.32%。通过除险加固，一是消除了工程安全隐患，保障了大坝安全和下游民众的生命财产安全，安全效益、社会效益巨大；二是提高了水库防洪和水资源调控能力，防汛抗旱减灾和兴利效益显著；三是大力推进了水利事业发展，通过除险加固工程建设，水库工程形象面貌改观，管理设施改善，水利设施基础条件得到进一步夯实。

2016 年大水后，水利部又将 13 437 座小型病险水库[小(1)型 626 座，小(2)型 12 811 座]纳入灾后水利薄弱环节建设，要求 2020 年底之前完成。

近期水利部正组织对全国新出现的约 1 万座小型病险水库进行复核，拟再确定一批小型病险水库除险加固项目。

**1.1.2.5　全国水库大坝基础数据库建成投入运行，全国大型水库大坝安全监测监督平台正在开发建设中，水库大坝安全运行和监管信息化水平显著提高**

在国家财政专项和“十一五”科技支撑计划项目支持下，水利部大坝安全管理中心于 2010 年开发建成了“全国水库大坝基础数据库”，结合水库大坝注册登记，目前已采集全国 9.7 万多座水库大坝基础数据、7 000 余座病险水库数据、6 240 座除险加固数据和 1949 年以来所有 3 500 余座溃坝案例资料，首次建成了 4 大类基础信息的长系列、全要素、完整的国家水库大坝数据库。研发了功能丰富的信息管理系统，建立完善了水库大坝信息采集与信息管理机制，可以实现水库大坝基础数据的便捷查询、分类统计等服务，为行业管理决策提供了信息支撑，为水利重大突发事件应急处置提供了信息服务平台，提升了我国水库大坝安全运行信息化管理水平。

另一方面，随着水库大坝安全管理规范化、信息化推进，并结合病险水库除险加固工程实施，目前，我国很多大中型水库都建设了大坝安全监测自动化系统，可以实时提供水库大坝安全的基础信息，加上“全国水库大坝基础数据库信息系统”提供的水库大坝基础信息支撑，使得在国家层面上对全国水库大坝实现信息化管理成为可能。

目前，水利部大坝安全管理中心正在开发建设“全国大型水库大坝安全监测监督平台”，将于 2019 年底建成投入运行。该平台立足全国大型水库大坝现有安全监测设施和水利部现有信息化资源，建立覆盖全国大型水库大坝安全监测与运行管理信息采集上报与共享体系，整合信息资源与业务应用，为国务院水行政主管部门加强大型水库大坝安全监管提供水库大坝安全实时监测数据与运行管理信息，在线监视全国大型水库大坝安全运行性态，并为突发事件应急处置提供远程会商平台与技术支撑，推动水库大坝安全监管工作从传统管理方式向信息化管理、从静态管理向动态管理的转变，提升全国大型水库大坝运行监管、安全保障和突发事件应急处置能力。

#### 1.1.2.6 大坝风险理念逐步推广，更加注重非工程措施建设

随着中国经济社会的发展，水库防洪抗旱减灾任务越来越重，同时社会与公众对大坝安全的关注程度与要求也越来越高，大坝风险理念得以逐步推广。近年来，在大力开展病险水库除险加固工程建设的同时，国家还特别重视水库大坝管理的非工程措施建设，一是以水库管理体制改革为契机，实行定编定岗，强化专业化管理，实行竞争上岗，开展岗位考核，优化队伍结构，全面加强水库管理队伍能力建设；二是合理确定兴利库容和防洪库容，实施科学调度；三是加强突发事件监测预警、强化应急预案编制，提高公众防范灾害的风险意识；四是对病险严重、功能萎缩的水库实行降等或报废处理；五是引进与推行水库大坝风险管理理念与风险管理模式，以构建水库大坝工程安全与下游社区避险机制相结合的综合安全管理体系。

### 1.1.3 水库大坝安全管理面临的挑战

尽管我国水库大坝安全管理取得上述巨大成就，工程安全状况和管理条件总体趋好，但仍存在管理体制机制掣肘、投入不足、管理手段落后、水库淤积及工程与设施老化、小型水库管理薄弱、应对突发事件保障能力不足等突出问题，水库出险甚至溃坝事故仍时有发生。面对运行环境的新变化以及经济社会发展对大坝安全提出的更高要求，我国水库大坝安全管理工作仍然面临巨大挑战。

#### 1.1.3.1 水库管理体制和机制仍不健全，难以保障可持续发展

尽管水库管理体制改革取得很大成绩，但水库大坝安全管理主体不清、体制不顺、运行机制不活、维修养护资金缺乏、效益衰减、难以良性循环等问题仍没有从根本上得到解决，突出体现在如下几方面：

（1）主体不清，大坝安全监管职责落不到实处。目前，政府依然是绝大多数水库的业主，也就是说，政府需要自己监督自己，这样的监督管理模式已经表现出极大的弊病。在市场经济体制模式下，水库大坝业主和政府是矛盾的两个方面，是对立的统一。水库是经济社会发展的资源支撑，大坝业主利用水资源求得自身的最大发展和效益，政府制定出法规，约束大坝业主在保证大坝安全的前提下进行经营活动。如果政府不能从大坝业主的职能中剥离出来，那么政府不但要承担制定法规、监督水库安全的政府职能，而且还必须承担水库大坝安全决策、除险加固、经费筹措、工程验收等安全保障方面原本应该由业主完成的所有工作。政府作为业主，不但极大地阻碍了政府向服务型政府的职能转化，还带来一系列的负面影响，使得监督流于形式。因此，水库大坝安全管理应从过去政府全面负责逐步转变为政府监督、水库所有者具体负责的形式。

(2) 维修养护资金缺乏。我国水库大多以防洪与农业灌溉等公益性功能为主,发电、供水、养殖等综合经营的收入很少,难以满足水库自身运行管理和维修养护的经费需求。虽然经过水利工程管理体制改革,管养分离,水库管理单位的经济状况有所好转,但目前各级政府公共财政的投入主要用于病险水库除险加固及其他水利工程建设配套上,针对日常运行管理和维修养护的投入仍然没有保障,不少水库管理单位的财政状况仍然十分困难,距离良性和可持续发展还有很大的差距,在经济欠发达的中西部地区问题尤其突出。面对"吃饭"财政,水库管理单位难以开展日常维修养护工作。水库管理单位缺少必要的经费支撑,就无法走上良性循环的道路,规范管理也只能是空谈。

(3) 病险水库除险加固投入无固定渠道保障。虽然近十几年来病险水库除险加固工作是水利工作中的重中之重,中央和地方政府投入数千亿巨额资金加固了数万座大坝,解决了病险问题突出的水库工程安全问题,但全国每年还有不少水库大坝因先天不足、工程老化、水毁、地震、维修养护不善等原因产生新的病险,病险水库除险加固将是一项长期而艰巨的任务,水库主管部门(业主)和水库运行管理单位无力承担除险加固经费。未来病险水库除险加固经费如何解决,如何建立病险水库除险加固长效机制,是对大坝安全管理工作提出的新挑战。

(4) 运行机制不活。目前的水库大坝安全运行管理基本上以单座水库为单元,由于经费和专业管理人员匮乏,不足以支撑其良性发展。如果采用区域性集团化管理,成立包括大中小型水库在内的区域性水务公司,对区域内水资源进行综合经营管理,那么在市场经济体制下,区域性水务集团就有可能走上良性发展道路,从而带动水库大坝运行管理逐步走上良性循环。这就是为什么水利工程管理体制改革实施意见中强调建立市场化、专业化和社会化的维修养护体系,努力探索多样性的水利工程管理模式,逐步实行社会化和市场化,走市场经济发展道路的原因。要使中国水库大坝运行管理实现良性循环,必须建立集团化、社会化、专业化管理的运行机制。然而水库大坝的安全管理有其专业化的特点,需要具有专门知识的人去负责管理。特别是如果一个区域性集团化水务公司有数十座甚至数百座水库大坝时,没有专业化的技术人员进行大坝安全管理是难以想象的,目前大坝安全管理技术人员数量和专业素养与实际需求仍存在很大差距。

#### 1.1.3.2 大坝安全管理制度有待进一步完善,并强化制度执行力度

伴随经济社会发展,水库大坝安全管理制度体系还需要进一步健全完善。借鉴发达国家的先进经验,应在现有制度体系基础上,逐步推行建立水库运行许可、大坝安全年度报告及运行维护与监测手册(OMS 手册)等制度。

从水库大坝安全管理实践看,由于主体不清,政府及其水行政主管部门承担了自己监管自己的角色,现行的注册登记、安全鉴定、安全监测、维修养护、应急管理等制度执行情况不够理想,主管部门没有可靠与正常途径全面掌握真实情况,对汛前检查与各种专项检查、稽查中发现的问题及提出的整改要求是否得到落实也没有正常途径得以核实和确认,从而不能有效监管大坝安全与管控大坝风险,应通过体制创新和制度完善进一步加强监管,强化水库大坝安全管理基本制度的执行力度。

作为中国第一部水库大坝安全管理法规,《水库大坝安全管理条例》自 1991 年 3 月发布实施以来,对保障水库大坝安全运行发挥了重要作用。但经过近 30 年的发展,该条例在很多方面已不适应当前形势需要,一是条例依据的法律环境发生了巨大变化;二是水库大坝管理体制已由过去单一的国有、集体所有转变为国有、集体、私有、股份制等多种形式并存;三

是经济社会发展对水资源、水域及水库工程建设与管理提出了新要求，水库大坝功能和水库管理范围也发生了很大变化，需要新的制度和措施予以保障；四是水库大坝安全与管理领域技术不断进步、理念不断创新，风险评估与风险管理、大数据与云计算等新技术需要融合到大坝安全管理实践中，应急管理、降等报废、年度报告等新的制度推行需要法规依据。因此，需要尽快对条例进行修订，但由于牵涉不同层面利益平衡及各方责、权、利的重新界定和划分，认识很难统一，尽管自2009年就开始了修订工作，目前仍处于前期研究过程中。

#### 1.1.3.3 传统大坝安全管理模式转型面临众多掣肘，风险管理体系尚未建立

尽管大坝风险理念已被普遍接受并开始实践，风险管理也被认为是大坝安全管理未来的发展方向，但由于经济社会发展水平不平衡、体制不顺、宣传和认识不到位、配套法规与技术标准建设滞后等多方面原因，要实现传统大坝安全管理向现代大坝安全管理模式（风险管理）的转变还有很长的路要走，存在的突出问题主要表现在如下几方面：

（1）大坝风险管理体系建设尚缺乏配套法规和技术标准的支持。尽管目前针对大坝风险分析和风险管理技术的研究很多，但从国家或行业管理层面尚未出台相关的管理办法，《水库大坝风险评估导则（指南）》《水库大坝风险等级划分标准》等技术标准也尚未颁布实施，并遇到很大阻力。

（2）水库大坝工程等别划分欠合理，小型水库安全管理特别薄弱。我国水库大坝工程等别及其设计标准主要依据库容划分，已形成一整套完整的体系，相关配套法规与技术标准也已经完善，可操作性好。同时，该方法也考虑了下游影响和坝高因素，在一定程度上体现了风险理念，但存在如下不合理之处：

1）没有量化考虑溃坝后果影响。该方法实际上主要以库容作为工程等别与大坝分级的依据，强调的是工程规模和效益指标，量化而具体；而将可以一定程度上体现溃坝后果的防洪保护对象置于从属地位，定性而模糊。

2）下游影响（防洪保护与供水对象）的重要性划分标准欠完善和不严谨。首先是防洪保护对象中没有考虑铁路、公路、机场及输水、输气、输油线路等交通运输设施与乡村，而交通运输设施在当今经济社会发展中的重要性可能并不比工矿企业低，乡村同样人口密集，也不能被忽视。其次是城市及工矿企业的重要性分别只考虑人口数量与规模，不够科学和严谨，应该考虑与水库之间的距离与落差。

3）坝高的重要性没有得到充分体现。坝高在某种程度上反映了工程技术难度和溃坝后果的严重性。虽然超过一定高度的大坝可以提高一个等级，但工程等别并不提高，很可能造成坝高很高的小型水库大坝设计标准仍然偏低。由此可能造成的后果是，有的水库由于库容很大，尽管大坝不高、溃坝后果轻，工程等别与大坝级别却定得偏高，设计标准与管理标准也随之偏高；而有的水库尽管库容小，但大坝高度大、溃坝后果严重，工程等别与大坝级别却定得偏低，设计标准与运行管理标准也随之偏低。在中国，一个库容大而溃坝后果小的大坝，设计标准反而要比一个库容小但溃坝后果更严重的大坝高，造成大坝分类系统的反常。

1993年8月27日溃决的青海沟后水库大坝，坝高达71 m，下游13 km即为海南藏族自治州州府所在地，地理位置重要，潜在风险高。但由于总库容仅330万 $m^3$，属小（1）型水库，Ⅳ等工程，尽管大坝提高1级按3级坝设计，设计标准仍然偏低，并存在明显设计缺陷。特别是作为Ⅳ等工程，没有设置运行管理机构和配备专职管理人员，也无任何安全监测设施，仅由当地村民看管，管理人员缺乏基本的专业素养，没有辨识与判断事故征兆的能力，更谈

不上针对溃坝事故的应急处置能力；由于对外交通条件差，又无通信手段，溃坝发生后，无法通知下游居民及时转移，造成近300人死亡和重大财产损失。

相对于大中型水库，小型水库大坝建设标准低，同时普遍管理缺失，一是管理机构不健全，管理制度不完善，管理人员专业素质差，大量小(2)型水库甚至无人管理；二是大坝正常维修养护投入不足，老化失修；三是管理手段落后，安全监测及防汛交通、通信等基础设施不完善。因此，小型水库是我国防洪保安体系中的薄弱环节，汛期出险、溃坝事故主要发生在小型水库。根据水利部2018年底提出的《加强小型水库大坝安全运行管理三年行动方案》，水利部大坝安全管理中心正在研究基于风险的小型水库安全管理体系和模式。

目前在欧美发达国家，基于风险管理理念，普遍采用按溃坝后果对大坝进行分类，并据此确定大坝设计与运行管理标准。如加拿大根据溃坝后果严重程度，将大坝分为后果极严重、严重、低和极低四类(见表1.1-4)。溃坝后果不同的大坝，地震与洪水的设计标准不同，大坝的结构安全系数不同，运行管理的要求也不同，如表1.1-5、表1.1-6。溃坝后果分类标准则可以根据当地经济社会发展水平确定，不同地区可能会有很大差别，如表1.1-7、表1.1-8。

**表1.1-4　加拿大溃坝后果严重程度分类表**

| 溃坝后果严重程度 | 生命损失 | 经济、社会和环境破坏 |
|---|---|---|
| 极严重 | 死亡很多人 | 极严重破坏 |
| 严重 | 死亡一些人 | 较大破坏 |
| 低 | 没有人员死亡 | 中等破坏 |
| 极低 | 不会发生人员死亡 | 除业主财产外，只有微小破坏 |

**表1.1-5　按溃坝后果分类确定的大坝安全复核周期及地震、洪水设计标准**

| 溃坝后果分类 | 大坝安全复核周期 | 按确定性推出的最大设计地震 | 按统计推出的最大设计地震 | 入库设计洪水 |
|---|---|---|---|---|
| 极严重 | 5年 | 最大可信地震 | 1/10 000 | 可能最大洪水PMF |
| 严重 | 7年 | 50%～100%最大可信地震 | 1/1 000～1/10 000 | 1/1 000～PMF |
| 低和极低 | 10年 | 根据经济风险和其他影响 | 1/100～1/1 000 | 1/100～1/1 000 |

**表1.1-6　按溃决后果确定的大坝检查与安全复核频次**

| 项目 \ 溃坝后果 | 极严重 | 严重 | 低 | 极低 |
|---|---|---|---|---|
| 现场巡查 | 每周1次 | 每周1次 | 每月1次 | 每季度1次 |
| 正式检查 | 每年1～2次 | 每年1次 | 每年1次 | 每年1次 |
| 仪器监测 | 参照OMS手册 | 参照OMS手册 | 参照OMS手册 | 无 |
| 泄水设施、溢洪闸门及其他机械装置的检测 | 每年1次 | 每年1次 | 每年1次 | 每年1次 |
| 应急预案(EPP) | 每半年更新1次通信簿 | 每半年更新1次通信簿 | 每年更新1次通信簿 | 无 |

续表

| 项目 \ 溃坝后果 | 极严重 | 严重 | 低 | 极低 |
|---|---|---|---|---|
| 运行、维护与监测(OMS)手册 | 每7～10年审查1次 | 每10年审查1次 | 每10年审查1次 | 每10年审查1次 |
| 大坝安全复核 | 每5年1次 | 每7年1次 | 每10年1次 | 每10年1次 |

**表1.1-7　加拿大不列颠哥伦比亚省(简称BC省)溃坝后果分类标准**

| 溃坝后果分类 | 生命损失 | 经济和社会损失 | 环境和文化损失 |
|---|---|---|---|
| 极严重 | 可能造成下游公众大量死亡;溃坝淹没区内有社区、密集的商业和工作区,重要的高速公路、铁路及娱乐活动集中区。预计死亡人数超过100人。 | 影响淹没区基础设施、公共设施及商业设施,造成极大经济损失。破坏或极度损坏大片居住区、商业集中区、高速公路、铁路、输电线路、管网和其他公共设施。估计直接和间接经济损失可超过1亿加元。 | 对国家级或省级重要鱼类栖息地(包括水质)、野生动物栖息地、珍稀或濒危物种、自然景观或具有重要文化意义的地点造成破坏或使之严重恶化,恢复和补偿的可行性低。 |
| 严重 | 有造成下游居住、工作、旅游或娱乐的公众死亡的可能;溃坝淹没区内有社区、商业和工作区,娱乐活动集中区及零星居民。预计死亡人数少于100人。 | 影响淹没区基础设施、公共设施及商业设施,造成很大经济损失。破坏或极度损坏商业集中区、高速公路、铁路、输电线路、管网和其他公共设施;破坏和严重损坏零星居住区。估计直接和间接经济损失可超过100万加元。 | 对国家级或省级重要鱼类栖息地(包括水质)、野生动物栖息地、珍稀或濒危物种、自然景观或具有重要文化意义的地点造成破坏或使之严重恶化,但恢复和补偿的可行性高。 |
| 低 | 多人死亡的可能性低。淹没区通常正在开发,只有次要道路、临时居住区或无人居住的农场和农田。 | 对少量基础设施、公众和商业活动造成很小的经济损失。估计直接和间接经济损失(中断服务)可超过10万加元。 | 对地方重要鱼类栖息地(包括水质)、野生动物栖息地、珍稀或濒危物种、自然景观或具有重要文化意义的地点造成破坏或使之严重恶化,但恢复和补偿的可行性高,有时不需干预即可自然恢复。 |
| 极低 | 最低程度的人员伤亡,淹没区为未开发区。 | 只对业主造成很小的损失,不超过10万加元。可以预见对未来的土地开发利用毫无影响。 | 不会对鱼类栖息地(包括水质)、野生动物栖息地、珍稀或濒危物种、自然景观或具有重要文化意义的地点造成严重破坏。 |

**表1.1-8　加拿大安大略省溃坝后果分类标准**

| 溃坝后果分类 | 生命损失 | 经济、社会和环境破坏 |
|---|---|---|
| 极严重 | 多于1人 | 大于10亿加元 |
| 严重 | 有些风险人口,但预期无死亡 | 1亿～10亿加元 |
| 低 | 无人员死亡 | 2 000万～1亿加元 |
| 极低 | 无人员死亡 | 小于2 000万加元 |

发达国家按溃坝后果进行大坝分类，与其经济社会发展水平有关。随着中国经济社会的进一步发展及大坝风险理念的推广，基于风险的大坝分类方法和管理模式应该也是我国水库大坝工程建设和管理的发展方向。

(3) 传统管理与风险管理倡导的制度化、程序化、专业化管理仍存在很大差距。日常运行管理是保障大坝安全的基本工作，由很多环节组成，如汛前汛后检查、遭遇极端事件后的特别检查、日常巡视检查和监测、特殊事件记录、维修养护、防洪调度、安全度汛、应急预案培训宣传、管理人员技术培训、大坝安全年度报告等。作为运行管理，不仅应该规定做什么，更重要的是需要规定谁去做、什么时候做、如何做、在哪里做，才能使得日常运行管理工作的质量和条理性、有效性得到保证，也不会因为人员变动影响正常工作。因此，在风险管理模式中，特别强调制订制度化、程序化、文件化的手册即 OMS 手册来指导大坝日常运行管理工作，以将人为失误导致的风险降低到最低程度。我国水库运行管理单位制定的管理制度和操作规程往往只规定了应该做什么，已经难以满足现代大坝安全管理的实际需要，水库管理单位编制 OMS 手册是必要的，也是基本的，但 OMS 手册仍没有作为制度要求得以确立，也没有相应的技术导则指导编制。

大坝安全管理是一项技术性很强的工作，如果仅有 OMS 手册，而没有相应专业素养的管理人员去操作，也是徒劳。目前水库大坝安全管理专业人才队伍匮乏，是制约管理水平提升的主要瓶颈之一。

(4) 应急预案(EPP)编制流于形式，难以真正发挥风险防控的作用。2007 年以后，突发事件应急预案编制就已作为水库大坝安全管理的基本要求，但由于缺乏经费支持，以及国家层面的地理信息基础数据资料共享机制尚未形成、基础资料匮乏、编制单位技术力量薄弱等各种原因，很多水库编制的应急预案流于形式，突发事件分析没有针对性，内容空洞，完备性、科学性和可操作性差。同时，由于缺少配套的管理办法，应急预案谁来编、谁提供资金、谁审查批准、谁组织演练等关键问题都模糊不清。

#### 1.1.3.4 极端事件对大坝安全的不利影响日渐突出，应对突发事件能力薄弱

近年来，气候变化导致中国洪涝灾害、极端暴雨、异常干旱现象明显增加，超强台风频繁出现；同时，地震、地质灾害也时有发生。这些极端事件具有突发性和危害性大的特点，对水库大坝安全不利影响日显突出，每年均有不少水库因此出险甚至溃坝。2008 年“5·12”汶川特大地震造成全国 2 400 余座水库大坝出险，其中四川省高危以上险情大坝 379 座；2008 年广东省接连遭遇台风暴雨袭击，全省损坏各类水库大坝近 150 座；2009 年中国南方遭暴雨洪涝灾害，广西卡马水库出现严重险情，举国关注；2010 年初，西南特大干旱造成大量水库干涸，大坝与库盆干裂，影响水库安全蓄水；2010 年汛期，全国有 11 座水库大坝溃决，其中吉林大河水库溃坝造成严重人员伤亡；2012 年 8 月 10 日，浙江省舟山市岱山县沈家坑水库溃坝，造成 10 人死亡，27 人受伤。特别是 2013 年年初连续发生 3 起非汛期溃坝事故以及 2018 年 8 月 1 日新疆哈密射月沟水库溃坝导致严重人员伤亡，反映当前应对水库突发事件的能力还很薄弱。一是水库管理人员专业素养不足，不重视日常巡视检查和监测资料分析，溃坝突发事件监测预警能力差；二是管理人员和公众风险意识淡薄，不了解也不知道如何规避风险，射月沟水库管理站就设在大坝下游河滩地，洪水漫顶后管理人员首先遭遇灭顶之灾，洪水漫顶紧急时刻，当地居民不配合撤离，部分已撤离群众不顾劝阻又从高地返回；三是应急预案流于形式，突发事件分析没有针对性，应急抢险和人员转移方案没有指导价值和可

操作性；四是应急准备不足，没有抢险物料和设备储备，应急预案没有培训和演练，遭遇紧急情况时茫然失措，不能及时和正确应对。

**1.1.3.5　高坝大库深水检测与修补加固装备落后，安全保障手段不足**

我国目前已建坝高 100 m 以上大坝 200 余座，其中坝高 200 m 以上的特高坝近 20 座，数量均居世界第一位。相对于中低坝，高坝大库潜在风险高，一旦出险甚至溃坝，有可能造成难以承受的灾难性后果，并引起巨大的社会恐慌。法国、美国、苏联等曾在不同时期引领大坝技术发展的国家，都先后发生过高坝大库失事造成重大生命财产损失的惨痛教训。俄罗斯萨扬舒申斯克水电站装机 6 400 MW，总库容 313 亿 $m^3$，混凝土重力拱坝坝高242 m，是俄罗斯最大的水电站，1963 年开始建设，1978 年第一台机组发电，2009 年 8 月 17 日，机组超负荷运转而保护系统未起作用，导致 $2^{\#}$ 水轮机固定螺栓脱落，顶盖飞出，发电机转子被抛出，发生水灾，淹没厂房，事故造成 75 人死亡，13 人失踪，损失 130 亿美元；美国奥罗维尔(Oroville) 心墙堆石坝高 234.7 m，总库容 44 亿 $m^3$，是美国最高大坝，2017 年 2 月 10 日泄洪时发现溢洪道泄槽出现巨大塌坑并迅速发展，从而应急启用非常溢洪道泄洪，当局 12 日下令当地 18.8 万名居民紧急疏散，造成巨大恐慌，引起全世界舆论的高度关注和国际坝工界对高坝安全的深刻反思。近年来，我国也有数座坝高超过 100 m 的大坝出现险情，如 2008 年“5・12”汶川地震后紫坪铺水库面板堆石坝(156 m)出现沉降、水平位移与上游面板脱空等震损险情；2012 年 8 月 24 日，新疆斯木塔斯水电站面板堆石坝(106 m)在初期蓄水过程中，左岸古河槽出现严重渗漏，导致厂房后边坡失稳，不得不采取防渗加固处理，但由于无法准确查明水下渗漏通道，防渗加固并没有取得预期效果；湖南白云水电站大坝是我国 20 世纪 90 年代初建设的最高混凝土面板堆石坝(120 m)，1998 年 12 月下闸蓄水，初期运行状态总体正常，但自 2008 年 5 月开始，渗漏量明显增大，2010 年 10 月达到 800 L/s，2012 年 9 月达到 1 240 L/s，大坝安全受到严重威胁，不得不放空水库进行加固处理；2013 年 6 月 29 日，云南鲁地拉水电站碾压混凝土重力坝(140 m)生态放水孔闸门破坏，蓄水一泄而空；2013 年 11 月 17 日，新疆吉勒布拉克水电站面板堆石坝(146 m)导流洞封堵门失控造成库水位骤降，致使面板接缝止水撕裂。

总体上看，国内外现有的水下渗漏检测定位技术和设备多为试验性应用，准确性不高；国外水下机器人作业平台虽然能够满足高坝大库深水探测与水下修补加固作业，但引进面临技术壁垒以及成本和维护费用高等问题；我国人工潜水虽能实现百米级的水下检测与作业，但效率低、成本高、安全风险大。目前，坝高超过 100 m 的高坝大库一旦出现渗漏等险情，往往需要放空水库才能查明渗漏部位和严重程度，不仅贻误最佳抢险时机，也影响水库发电、供水等效益发挥；深水底孔闸门一旦因变形、淤积等原因卡阻，往往束手无策。

## 1.2　现代大坝安全理念及其发展

大坝安全是个古老的课题，人类从开始筑坝以来就一直在研究。大坝安全的概念和内涵也随着时代的发展而不断发展完善。

## 1.2.1 传统大坝安全理念及其内涵和核心

1982年在里约热内卢的国际大坝会议上成立了大坝安全技术委员会，其后1987年国际大坝委员会发布了59号通告《大坝安全指南》，把大坝安全定义为"将大坝实际状态和那些导致它溃决或者恶化的状态区分开来的范围"。从这个定义看，大坝安全就是表征大坝性态的一种范围，在这个范围内，大坝保持不发生破坏、溃决、恶化的状态。反之，如果一座大坝没有出现破坏、溃决、恶化等工程状态，大坝安全就得到实现。很显然，这个定义强调的是大坝所表现的工程性态。

围绕这个定义，传统大坝安全理念的核心是如何使大坝工程处于良好的性态。大坝性态包括防洪能力、抗渗能力、结构稳定性、抗震能力等几种工程性态，其内涵体现在设计、施工、运行管理各个环节。

为保障防洪安全，在设计阶段必须根据工程等别与大坝级别确定防洪标准与设计洪水，设计相应的泄洪建筑物及其泄流能力，确定合理的坝顶超高及坝顶高程。为保证结构稳定、抗震安全和渗流安全，采用安全系数或可靠度法，确保正常和非常工况下大坝的整体结构稳定性、渗透稳定性和抗震安全性处于安全范围。

在施工阶段，为保障大坝在上述几个方面均能具有良好的工程性态，施工质量控制成为保障大坝安全的关键环节。

在运行阶段，为保障大坝和设备能够具备良好的性态，事故控制成为大坝安全的核心。如果大坝工程性态在各种设计工况下都没有表现出异常现象，即没有发生事故，大坝就是安全的。反之，如果出现了事故，大坝工程性态受到影响，即需要围绕事故进行检查、分析、处理、抢险，及时消除事故对大坝安全的不利影响。

## 1.2.2 大坝安全理念从传统到现代的发展

大坝安全理念随着经济社会的发展而与时俱进。从国外发达国家关于大坝安全的定义来看，20世纪90年代以来该定义已经发生了明显的变化。

1994年澳大利亚发布了《大坝安全管理指南》，取代了1976年发布的《大坝运行、维护和监测指南》。最重要的一个原因就是"很多大坝溃决将使业主遭受极大损失，中断对社团的服务并可能导致下游社团的生命损失和巨大经济损失，以及环境破坏。很多情况下，大坝溃决是一场灾难，业主和公众难以承受"。

1999年加拿大大坝协会发布了大坝安全导则，该导则中没有对大坝安全的定义，但是定义了安全的大坝(safe dam)："不会将不可接受的风险强加给人民和财产，能够满足政府、工程专业和公众的安全准则的大坝"，与1987年国际大坝委员会的定义相比，该定义已经增加了政府、公众、财产，不可接受风险等重要内容。

2002年世界银行发布了《水坝安全法律框架比较研究报告》，将大坝不安全定义为"影响大坝建筑物和附属建筑物安全运行，以及对公众生命、健康、财产及大坝周边环境可能造成危害的各种因素"。

美国陆军工程师团在2004年4月发布的《大坝安全——政策与过程》中定义了大坝安

全。“大坝安全是保障大坝整体性和生存能力的艺术和科学，使大坝不会对公众、财产和环境发生不可接受的风险，需要综合运用工程准则、经验和风险管理理念体系，去认识大坝是一座结构物，它的安全功能不是由原设计和施工所唯一确定的。大坝安全也包括了各种措施和方法，用于确认或预测大坝的缺陷和与溃决有关的后果，并用于证实、重视、降低、消除或补救不可接受风险至合理可能的范围”。从这个定义看，所谓大坝安全包含如下几层含义：

(1) 大坝安全是一种艺术和科学，大坝不但能够挡水，而且能够长期保持良好的工程性态。

(2) 大坝风险需要控制在社会和公众可接受的范围内。

(3) 大坝安全包括将风险降低至可接受范围的一系列措施和办法。

可以看出，大坝安全的定义近20多年来已经发生了巨大变化，在20世纪70—80年代，包括我国在内，都将大坝安全狭义地理解为大坝的工程特性，只要大坝不破坏、溃决和恶化，大坝就是安全的。但20世纪90年代以来，大坝安全的定义已经包括了工程安全理念与风险理念，包括将风险控制在公众可接受范围的一切措施和办法。简言之，大坝安全不仅要关注工程安全，还需要关注下游的公共安全，使之处于可接受风险以内。

在21世纪，大坝安全不仅是一门保障大坝工程安全的工程学科，更是保障下游公共安全，将大坝风险降至社会、公众可接受范围的综合性学科。

## 1.2.3 现代大坝安全理念及其核心、内涵和特征

### 1.2.3.1 现代大坝安全理念

纵观近30年来的大坝安全定义，大坝安全理念中除了大坝工程性态应该处于良好的状态外，还包括大坝溃决对下游可能造成的后果应该能够被社会和公众所接受。反之如果大坝工程性态并非处于良好状态，或者溃坝后果超出了可接受的范围，大坝就是不安全的。

从传统大坝安全概念看，任何大坝都不是100%安全的，都存在破坏可能，只是这种可能性非常小，精心设计、施工、管理的大坝溃决概率只有$10^{-5}\sim10^{-6}$。任何大坝都有设计标准，超标准荷载出现时，大坝的性态将会遭遇挑战，设计、施工、运行中的不确定性更加不利于大坝安全，因此大坝下游的社会和居民总是处于大坝溃决的威胁中，也就是说大坝和下游溃坝影响范围内的公众社会成为了一个难以分割的整体。传统大坝安全理念关注的只是大坝工程本身，现代大坝安全理念关注的是这个整体，当政府充分意识这一点时，安全就扩展成为工程安全和公共安全，现代大坝安全理念就产生了。

用大坝风险概念去表述现代大坝安全理念是再合适不过了。那么什么是风险呢？以什么来衡量风险的大小呢？自然界中风险是无处不在的，例如疾病导致的生命损失风险，自然灾害导致的生命损失风险和经济损失风险等。大坝风险是以大坝溃决可能对下游经济发展、人民生命财产造成的损失来衡量的。按照澳大利亚大坝委员会(ANCOLD)的定义，风险是指对生命、健康、财产和环境负面影响的可能性和严重性的度量，是溃坝可能性和产生的后果的乘积。这种建立在大坝失事概率分析和大坝失事所造成的下游经济损失和生命损失估算基础上的风险概念，不仅考虑大坝工程安全，而且在大坝工程安全的基础上又向前发展了一大步，将大坝和下游可能受溃坝影响的公众社会统一在一个概念中，不但和下游地区

的经济发展、公共安全相联系，而且还把能够降低风险的各种非工程措施放在重要位置上。因此，现代大坝安全理念就是大坝风险理念。

大坝风险概念最早产生于20世纪70年代，由美国土木工程师协会的一个工作委员会应用于水库溢洪道规模分析，同期美国一系列的大坝失事后，联邦政府展开了对"概率论或风险分析在坝址选择、设计、施工和运行过程中的应用"调查。2000年在北京召开的国际大坝会议第一次把风险作为中心议题并发布了"风险评价——帮助大坝安全管理"通告，大坝风险理念开始被国际坝工界普遍接受，并开始在中国得以宣传和推广。

#### 1.2.3.2　大坝风险理念的核心

根据上述大坝风险定义，其核心为事故与后果、预防与控制。

（1）事故与后果

事故是大坝性态恶化，并可能导致大坝溃决的各类事件。为了理解事故为什么会发生，需要进行事故原因和发生机理的研究。为了及时发现事故，需要进行定期或不定期的检查，需要研究相应的隐患探测技术；为了了解事故的严重程度，需要进行评价和鉴定，需要研究评价和鉴定技术；为了处理事故，需要进行日常维护或除险加固，需要研究加固技术。为了了解溃坝后果有多严重，需要研究各类荷载或人类活动下，所有可能发生的事故，并研究这些事故导致溃坝的可能性大小及其后果严重程度，亦即需要研究大坝风险分析技术；为了了解溃坝后果是否能够被下游社会和公众所接受，需要研究社会和公众能够接受多高的风险，亦即需要研究风险标准。

（2）预防与控制

研究事故和后果的目的是为了预防和控制溃坝事故及其后果。为了预防，必须加强巡视检查和安全监测，研究如何进行更有针对性和有效性的监测和分析技术；为了预防的有效性，必须编制运行维护与监测手册（OMS手册），加强规范化、法制化的日常管理。为了控制事故和风险的发展，需要对事故和风险的严重程度进行预测预警，研究水库突发事件和大坝安全预测预警技术；为了了解溃坝对下游的影响有多大，需要研究溃坝洪水风险图制作及洪水损失评价技术；为了尽量减少下游损失，需要研究编制应急预案（EPP），必要时及时撤离下游公众；为了将下游风险控制在一定范围内，需要研究风险管理技术，通过工程和非工程措施控制风险。

#### 1.2.3.3　大坝风险理念的内涵拓展

大坝安全理念从"工程安全"发展到"工程风险"，其内涵有了很大的拓展，体现在规划、设计、施工和运行等不同阶段。

（1）规划阶段。在考虑大坝安全问题时，还需要考虑大坝建设对下游影响范围内的潜在负面后果，也即大坝风险问题。如果大坝风险不能被当地社会和公众接受，这座大坝的建设将受到质疑。或者需要在规划阶段分析比较大坝建设所获得的利益与降低大坝风险使之能够被接受的投入之间的平衡问题。目前，水电站大坝建设在立项审批阶段需要开展溃坝风险评估。

（2）设计阶段。除了设计大坝良好的防洪、结构稳定、抗震和渗流性态外，还需要针对大坝溃决影响范围、后果，设计减小损失的应对措施，也即大坝安全和不安全的问题都将在设计阶段考虑，溃坝应急预案设计将成为大坝设计的重要内容之一。世界银行（WB）大坝安全保障政策（OP4.37）对此有明确要求。

(3) 施工阶段。原来的质量检查和控制将扩展为施工期风险控制。施工期的大坝风险不但包括施工质量不满足设计和规范要求，还包括施工期度汛安全，即一旦遭遇超出施工期防洪标准洪水，导致大坝溃决对下游造成的后果和影响。施工期监测和应急预案成为控制施工期风险的重要措施。

(4) 运行阶段。其内涵包含了工程安全和公共安全。溃坝虽然是小概率事件，但仍时有发生，危害极大，需要加强预防和控制。大坝溃决有一个发生发展过程，从隐患发展到险情再到溃坝，往往经历较长时间，有时甚至是数年(如渗透破坏)。即使是遭遇超标准洪水，从降雨形成径流入库，洪水不断上涨到漫顶溃坝，也有足够长的时间，天气预报、周边降雨情况、大坝性态都会给出警示信息。在隐患发展到险情过程中，如果能及时预警，险情就可以预防。在险情发展到溃坝的过程中，如果能够及时预警和抢险，就可能避免溃坝事故发生，至少可以预先撤离溃坝洪水淹没区人口，不致导致严重人员伤亡。因此我们将面对很多工程和公共安全方面的新问题，例如：如何做到可靠的突发事件和隐患、险情预测预警，如何预防溃坝事件发生，如何避免人员伤亡。大坝风险理念发展的同时拓展了大坝安全的内涵。

#### 1.2.3.4 大坝风险理念的特征

(1) 以人为本。溃坝后果中最严重的是生命损失。在传统的大坝安全理念中，建坝的目的是为了取得效益；在现代大坝风险理念中，应将公众安全放在更加突出的位置，效益必须服从于公众安全，必须把风险控制在下游居民和政府可以接受的水平，这和“以人为本”的理念是一致的。可以说，大坝风险理念是“以人为本”理念和当前倡导的“创新、协调、绿色、开放、共享”的高质量发展理念在大坝安全领域中的体现。

(2) 预见性。大坝风险理念的根本在于预防和控制溃坝造成的后果。然而溃坝是小概率事件，对某座大坝来说，也许永远也不会发生。每座水库由于坝型、坝高、库容、地质条件、运行环境、管理水平均不一样，大坝溃决模式和过程也不一样，大坝会不会溃决、如何溃决、溃决影响范围多大、损失多大，下游溃坝洪水淹没范围内人口分布情况如何，如何组织撤离，所面临的这些问题都必须事先进行分析，也就是对可能发生的溃坝事故和造成的后果要有预见性。如果不能预见到溃坝模式、洪水淹没范围、风险人口的分布、重点撤离区域等，大坝风险理念就失去了意义。

(3) 主动性。因为预防和控制是大坝风险理念的核心，其另一个明显特征是主动性。所谓预防，就是通过分析和预测预警，在事件没有发生前去防止其发生。为了预测预警，需要检查、监测、分析，确定在什么部位会出现或即将出现什么事故；为了防止事故的出现，需要采取什么措施，怎么去做。所谓控制是指尽可能控制事件的规模，尽可能避免或减少损失，将后果控制在社会和公众能够接受的范围内。这就要求想到、想在前，要有主动性。没有主动性，预防和控制是难以做到的。

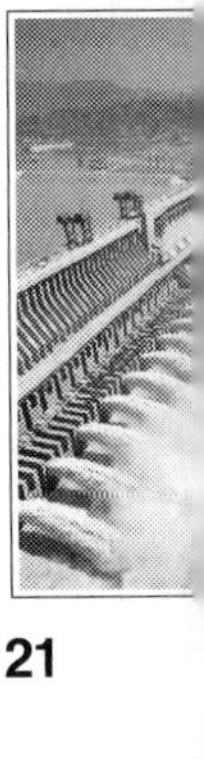

(4) 计划性。在大坝溃决事件发生或即将发生时，采取最合适的措施尽量避免溃坝发生并减少后果，是风险理念的重要内涵。为此不但要求决策者有良好的心理素质和突发事件应对能力，更重要的是要有预先制定的应急预案。一切都已经事先计划好，按计划去做，事件就在控制之中。可见计划性在应急预案中得到了集中体现。另一方面，在经费有限时，如何确保风险高的大坝或风险因素得到优先除险，也需要计划性。因此计划性是大坝风险理念的又一个重要特征。

# 1.3 大坝风险管理及其内涵

## 1.3.1 大坝风险管理的基本概念

大坝风险管理最早由加拿大 Bc Hydro 公司采用并逐渐得以推广。2003 年 10 月，澳大利亚大坝委员会（ANCOLD）正式发布了《大坝风险评估指南》，同年国际大坝委员会（ICOLD）发布了“大坝安全管理中的风险评价”通告。大坝风险管理逐渐成为国际坝工界的重要理念与发展趋势。

风险管理理念认为，大坝风险始终存在，适度风险可以通过措施预防控制实现。大坝风险管理则是一种以风险控制为核心的全过程动态管理。通过采用管理、控制风险的一整套政策和程序，可以对风险进行分析、评估、处理和监控。风险管理中，一座“安全”的大坝，首先是其风险可以被公众接受，其次才是完成其预定功能。大坝风险管理的一般流程见图 1.3-1，包括建立风险标准、风险分析、风险评估、风险处理等基本步骤。

大坝风险管理是一个系统工程，需要政府、水行政主管部门、水库主管部门（业主）、水库管理单位、公众及相关组织和机构全体参与。

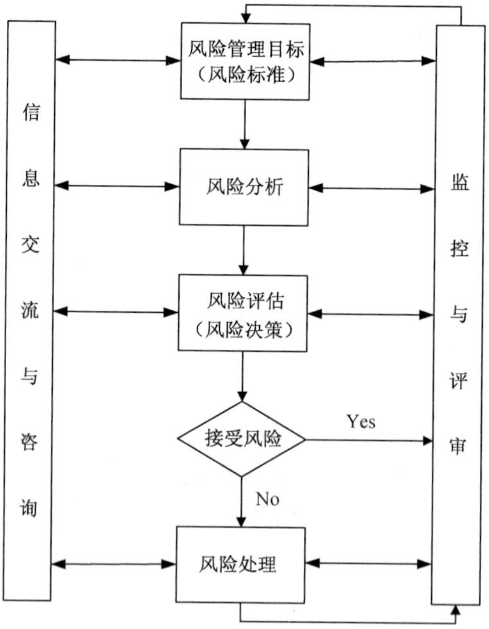


图 1.3-1　大坝风险管理流程图

## 1.3.2 大坝风险管理的主要内涵

大坝风险管理是以大坝风险理念为指导，以事故和后果为核心，以预防和控制为主导的政府、业主职责明确的安全管理模式。这一理念包括工程适度风险、预防为主、制度化、专业化管理等内涵，具体表现为职责明确、制约有效的管理体制，程序化、运行有效的管理环节，训练有素的专业技术人员，合理可行的风险控制措施等。

大坝风险管理的主要内涵包括：

（1）工程风险的理念。大坝风险管理的目标是通过一系列管理活动，将风险控制在公众和政府可以接受的水平，实现设计功能。风险管理概念中，同时包含了工程不安全和下游不安全两个方面。工程不安全体现在大坝溃决可能性，下游不安全体现在溃坝导致的损失。因此大坝风险管理不仅要通过管理确保大坝工程安全，而且要确保当大坝不安全时，下游损失是最小的，风险是社会和公众可以接受的。大坝风险管理的一个重要理念是工程安全和下游社会的公众安全，也就是工程风险的理念。在这个理念中，还包含了两个重要的概念：一是风险永远不会是零。无论多么坚固的大坝，在某种特定条件下，仍然会出现破坏甚至溃决，比如说超标准洪水、地震、操作失误或人为破坏。尽管我们允许破坏，但后果会是极其严重，风险很大。为此大坝风险管理中需要考虑所有的破坏模式，包括各种极端情况。二是大坝需要承受适度风险，这个"适度风险"是多大，可根据不同经济社会发展阶段和水平下政府、公众可以接受的风险来确定。

（2）预防为主的理念。传统大坝安全管理是以事故为中心、抢险为核心的事后被动管理体系，而大坝风险管理是以风险为中心，以预防和控制为核心的事先、主动管理体系。作为风险管理，其目标是通过一系列管理活动，尽可能减少下游损失。大坝溃决是个发展很快的过程，必须事先做好一系列复杂的准备，才有可能在突发事件下从容应对，组织下游人员在损失最小的情况下安全撤退。为了降低风险，必须事先充分了解在外部荷载下大坝发生事故的部位和严重程度。如果出现突发事件，影响范围有多大，受影响的群众什么时候开始撤离，从哪里撤离，怎么组织？这一系列问题必须事先就要清楚。从风险理念出发，它的管理必须是事先的，以预防为主的。预防体现在两个方面：一方面预防破坏事故的出现，为此必须对有缺陷的大坝进行针对性的处置，其中一种方法就是通过工程加固进行除险。另一方面是预防突发事件发生后洪水淹没范围内的公众不能及时撤离。为此需要编制可行、有效的应急预案，并做好宣传和演练，使突发事件后果尽可能降低。

（3）工程与非工程措施结合的理念。大坝风险管理的目标是把风险降低至大家能够承受的水平。降低风险的途径有两种：一是采用工程措施对大坝隐患和病险进行除险加固，降低大坝溃决的概率（可能性）。但是工程加固是不可能将破坏概率降低为零的，加固到一定程度后，加固效果并非随加固经费的增加而线性增加。即使加固质量很好，一段时间后，大坝又会出现其他新的病险，加固并非是一劳永逸的。二是采用非工程措施，如加强安全管理、加强管理设施建设、禁止在溃坝洪水淹没区开发、做好突发事件的监测预警和编制应急预案、加强宣传和培训等，如果工程加固技术上不可行、经济上不合理，还可以对高风险的水库实施降等甚至报废处置。2003年以来，在大规模开展病险水库除险加固工程建设的同时，水利部先后颁布了《水库降等与报废管理办法（试行）》《水库大坝安全管理应急预案编制导则》《水库降等与报废标准》等规范性文件和技术标准，目前正在推行水库大坝安全年度报告制度，这些正是工程与非工程措施相结合理念的体现。

（4）制度化、文件化管理的理念。现代大坝风险管理是个复杂的、技术性、协调性要求很高的体系，在日常的运行、维护、监测过程中某一个环节处理不当，有可能降低体系的有效

性。因此国外发达国家在大坝风险管理中引用了制度化、文件化的管理模式和理念，根据事先规定的制度进行安全管理，即使领导和技术人员发生变化也不会影响到风险管理的正常开展，从而将人为失误风险控制在最低水平。最普遍的两个制度化文件是运行、维护、监测手册（OMS 手册）和应急预案（EPP）。每座水库根据事先制定的 OMS 手册和 EPP 操作，年底编制“大坝安全年度报告”，对一年内的水库大坝安全管理和调度运用工作进行总结，分析查找不足并提出改进措施。与我国传统的大坝安全管理模式相比，它的制度化、规范化和有效性更加突出。

（5）专业化、社会化管理的理念。大坝风险管理的技术性和专业性很强，需要专业人员去从事。每年需要根据上一年度运行情况修订 OMS 手册、应急预案；要编制大坝安全年度报告，检查上一年度计划落实情况，确定下一年度检查、养护修理重点，并制订计划；应急预案需要沟通、宣传、演练；运行中需要不断发现问题、解决问题，需要有一批专业人员承担这些工作。国外的成功经验就是水库大坝的社会化、专业化管理。

### 1.3.3　大坝风险管理的基本条件

与传统的大坝安全管理模式相比，大坝风险管理更加强调预见性、主动性、专业性，需要具备如下基本条件，否则风险管理只能是一种空谈。

（1）专业化技术管理。专业技术人员是风险管理的主要实施人，在大坝安全管理中起着关键作用。专业技术人员应能适应调度、检查、维护的技术要求，进行监测资料的初步分析，根据日常管理发现安全隐患，提出对策，及时处置，体现预防为主的理念；能够和下游沟通，进行宣传、合适的演练；建立大坝或群坝安全档案；规划下年度工作等。

（2）制度化、文件化的运行、维护和监测（巡查）。在传统的大坝安全管理中，同样有日常运行、维护、监测的要求，但往往比较缺乏原则，执行的随意性较大。大坝风险管理要求将有关运行维护和监测（巡查）的规定和要求均落实在运行维护监测手册（OMS）中。该手册规定了谁去做、做什么、怎么记录、向谁报告，由大坝安全工程师编制，一旦批准就成为管理的依据。

（3）应急预案及其宣传、演练。水库突发事件应急预案体现的是“以人为本、预防为主”理念，是降低、控制大坝风险的最重要工具。通过编制科学、操作性强的应急预案，做到有备无患；通过必要的宣传和演练，保障每一个应急环节有序流转、公众积极配合和参与。

（4）大坝安全年度报告。大坝安全年度报告内容包括对工程安全检查、洪水调度、工程监测、工程维护、应急预案等进行年度总结，并对安全状况做出判断，据此提出下一年的工作计划与建议。报告是决策者掌握大坝性态发展的重要文件，也是 OMS 手册、EPP 修订的参考依据。

（5）科学的除险决策。根据风险大小排序，优先处理高风险大坝或主要风险要素；综合工程与非工程措施，合理安排资源与资金。

（6）正常的人员与维修养护经费渠道。经费是保障大坝风险管理正常实施的基础。

（7）合理的风险管理目标与风险处置方案。风险管理目标是公众普遍能够接受（或容忍）的大坝风险尺度，当采用定性风险管理目标时可分为极高、高、适度、低等四级风险。目前我国已有初步的研究成果，可供参考。在风险处置上，应该综合工程与非工程措施，遵循 ALARP（最低合理可行）原则进行方案的选择与优化。

# 1.4 大坝风险管理模式

大坝安全管理模式是指以什么样的方式去进行大坝安全管理工作。不同的国家、不同的地区、不同的发展阶段，可以有不同的模式。现代大坝安全管理模式就是大坝风险管理模式，各国都有不同的特点。

任何一种大坝安全管理模式都牵涉两个层面上的管理。一个是管理层面（即政府、政府下属的监管机构、业主、业主下属的安全管理部门）之间的相互关系；另一个是业主下属管理部门的内部管理关系。前者确定了在进行大坝安全管理过程中政府和业主之间的责权利，明确各自应该干什么（法律层面）、如何保证各自职责的实现（体制层面）以及如何更好地实现各自职责（机制层面）；后者是业主为保障大坝安全的内部管理，使各管理部门明确应该做什么、怎么做（技术层面）。大坝风险管理模式也不例外。

## 1.4.1 国外大坝风险管理模式

### 1.4.1.1 澳大利亚大坝风险管理模式

澳大利亚《大坝安全导则》规定，政府的角色是颁布法律，督促大坝业主采取适当措施保障大坝安全；业主承担大坝安全的主要责任，确保以安全方式运行和维护大坝，定期进行检查和核查等。为确保业主职责的实现，澳大利亚政府在法律层面上作了很多立法。新南威尔士州的《大坝安全法》规定州成立大坝安全委员会，监督、检查、调查指定大坝的安全。《大坝安全法》有很多对业主的强制性条款，如大坝安全委员会有权书面通知业主开展观测、测量，并将结果提交给大坝安全委员会。如果业主不做，大坝安全委员会有权自行开展这些活动，费用由业主支付。发生紧急情况时，大坝安全委员会的负责人可宣布大坝处于紧急状态，接管大坝，降低水位，采取工程措施，直至扒开或拆除大坝。如果违反《大坝安全法》，有关责任人将面临审判。昆士兰州2000年发布的《水法》第六部分关于大坝安全管理也有类似规定。

澳大利亚《大坝风险评估指南》给出了详细的大坝风险管理框架（图1.4-1）。

从图1.4-1可见，澳大利亚大坝风险管理包含了如下几个主要环节：

（1）现场检查。通过现场检查可以及时发现和识别大坝存在的险情与隐患。

（2）风险分析。通过破坏模式分析，确定淹没范围、估算后果；另一方面分析大坝溃决可能性，计算风险大小。

（3）风险决策和处置。根据风险标准，评价风险是否可接受或可容忍。如不可接受或不可容忍，则选择降低风险的方案，直至满足风险标准的要求。如果风险能够接受，则不需处理；如果风险不可接受但可容忍，则可应用ALARP原则处理。处理风险的方法包括降低风险、转移风险、回避风险、保留风险，具体见第3章。图1.4-2是澳大利亚大坝风险处置的框图。

### 1.4.1.2 加拿大大坝风险管理模式

加拿大是国际上最早开展大坝风险评估与管理研究及实践的国家，加拿大大坝协会（Canadian Dam Association）1999年发布的《加拿大大坝安全导则》（dam safety guidelines

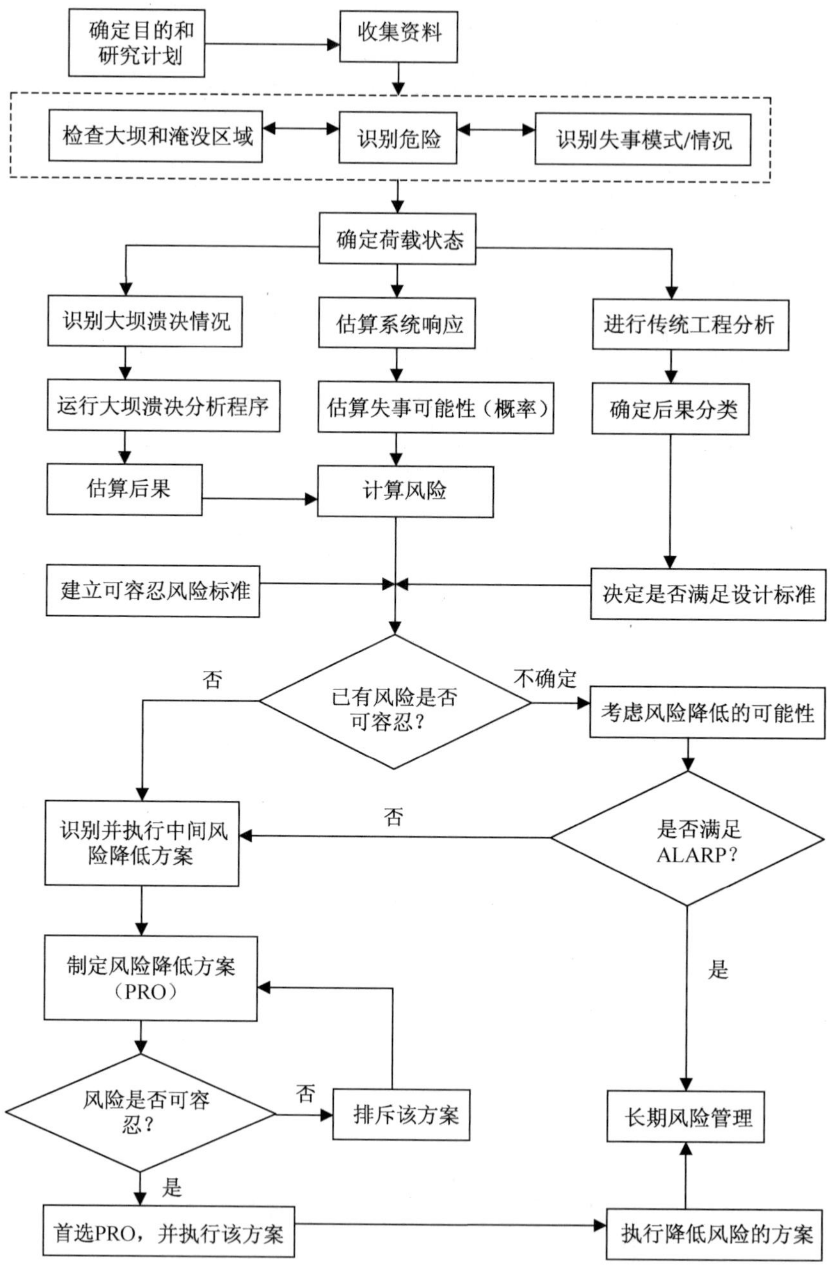


**图 1.4-1　澳大利亚大坝风险管理框架**

in Canada)规定，大坝业主对大坝安全负责，有责任确保由合格人员对大坝进行安全检查和所有必需的安全改进工作，负责制定应急预案等。监管机构的职责包括要求业主提供定期大坝安全报告、按安全工程师的意见进行维修加固。导则要求每座大坝制订运行维护和监测手册(OMS 手册)，明确这些工作内容和程序，书面制定包括通报程序在内的应急预案。

BC 省于 2002 年 2 月颁布了大坝安全条例，规定风险高和非常高的大坝业主必须制定应急预案和 OMS 手册，并提交负责大坝安全的官员批准。低风险大坝仅需要提供 OMS 手

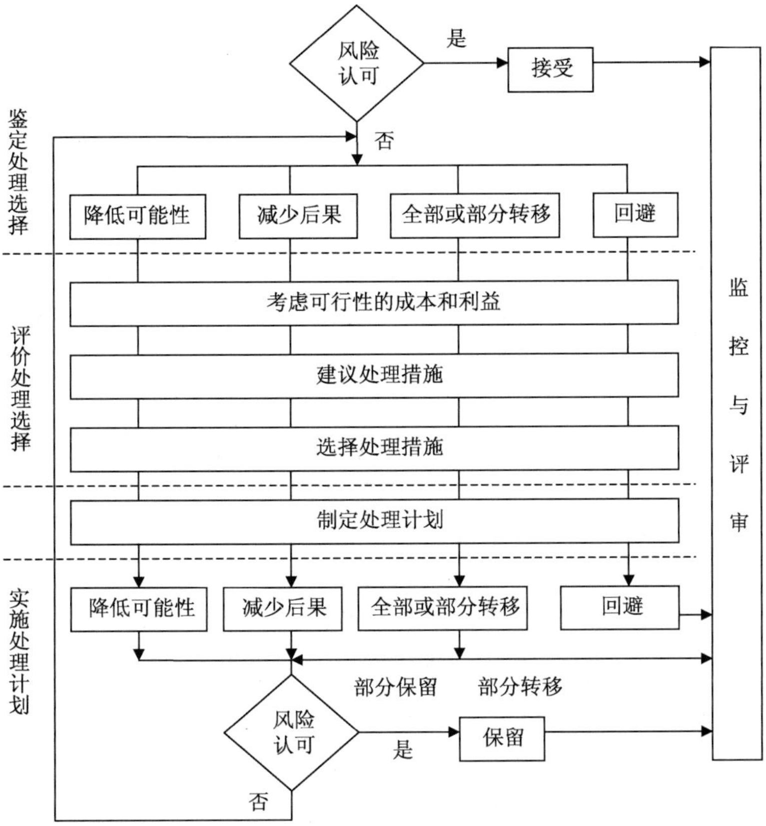


**图 1.4-2　澳大利亚大坝风险处置框图**

册。大坝业主负责定期检查和安全审查，所有的安全审查工作必须由专业工程师进行。遭遇紧急情况时业主必须通知有关对象，并采取行动。

魁北克省议会于 2000 年 5 月通过《大坝安全管理法》，规定安全检查必须由专业工程师负责，在不超过 5 年时间间隔内定期进行，业主必须提交安全审查报告。如果业主未做定期检查，环境部部长可指派人员进行检查，所有费用由业主承担。违反规定的业主最高可处以 50 万加元的处罚。

加拿大 BC Hydro 公司提出了如图 1.4-3 所示的大坝风险管理框架，包含运行维护监测、判断、决策、风险处理等环节与管理程序。大坝每 5～10 年进行一次安全复核，如果不安全，则按规定程序执行，否则就需要针对是否值得加固、风险是否可以接受、现有风险管理措施是否需要改进等进行判断、决策和处理。

2007 年修订的《加拿大大坝安全导则》(dam safety guidelines in Canada)给出了大坝风险管理的工作框图(图 1.4-4)，其主要环节中，“计划”就是制定 OMS 手册；“实施”就是执行 OMS 手册；检查和复核指的是规定的现场检查和 5～10 年一次的全面安全复核；如果发现问题需进行维护和加固，或采取其他措施；大坝安全报告是指定期或不定期的报告，包括大坝安全年度报告，或者检查后发现重大问题的报告。所有这些活动均需要得到相应保障措施的支撑。

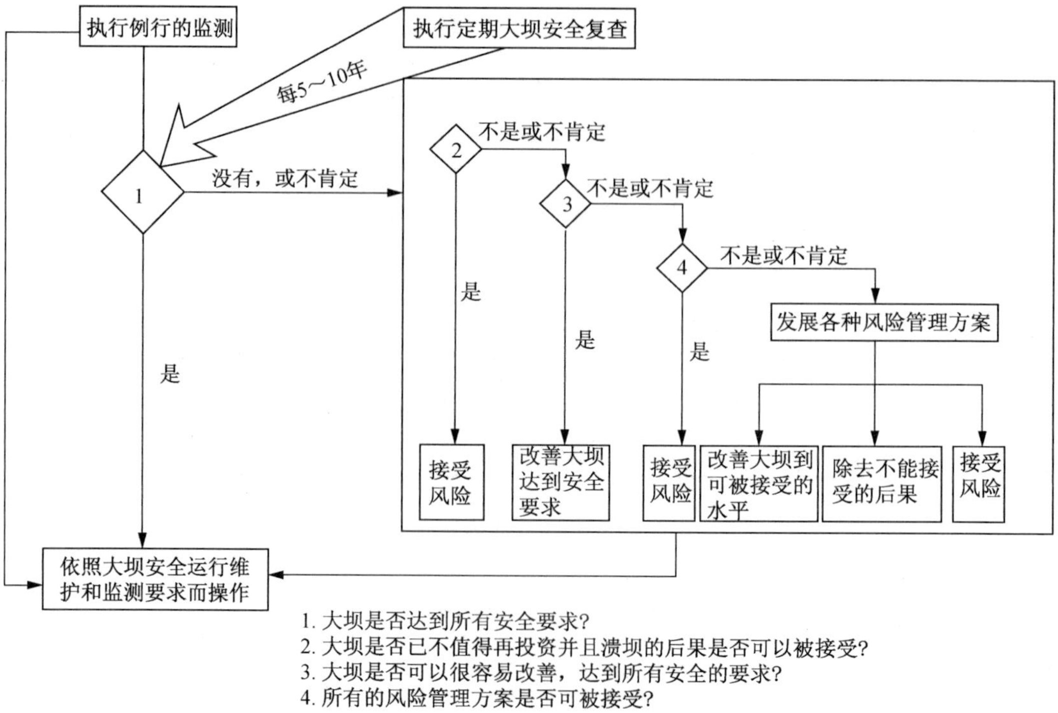


**图 1.4-3　加拿大 BC Hydro 的大坝风险管理框架**

#### 1.4.1.3　瑞士大坝风险管理模式

瑞士联邦政府于 1998 年颁布了大坝安全行政法令《水库安全条例》，确立了综合“结构安全、安全监控、应急预案”的三足鼎立的大坝安全管理模式(见图 1.4-5)。

(1) 结构安全

联邦政府监管机构有权批准大坝设计方案和施工计划，监督大坝施工，确保设计和施工质量符合要求，并审批水库初次蓄水方案；定期检查和评估大坝安全性态，并可根据检查和评估结果要求业主采取适当措施保障大坝结构安全。

(2) 安全监控

在大坝运行整个生命过程中，业主必须采取包括监测、安全检查、检测等有效措施对大坝安全性态进行监控，及时发现缺陷、险情和可能出现的异常性态，预防可能发生的危险，并定期向政府监管机构提交大坝安全报告。政府监管机构则控制：

1) 大坝监测符合有关法律规定；

2) 大坝安全在任何时候都能满足要求。

(3) 应急预案

政府监管机构监督每一座大坝业主都要编制应急预案，并确保其可靠、有效。

### 1.4.2　中国水库大坝风险管理模式设计

根据《水库大坝安全管理条例》，我国水库大坝主管部门(业主)的职责包括按期注册登

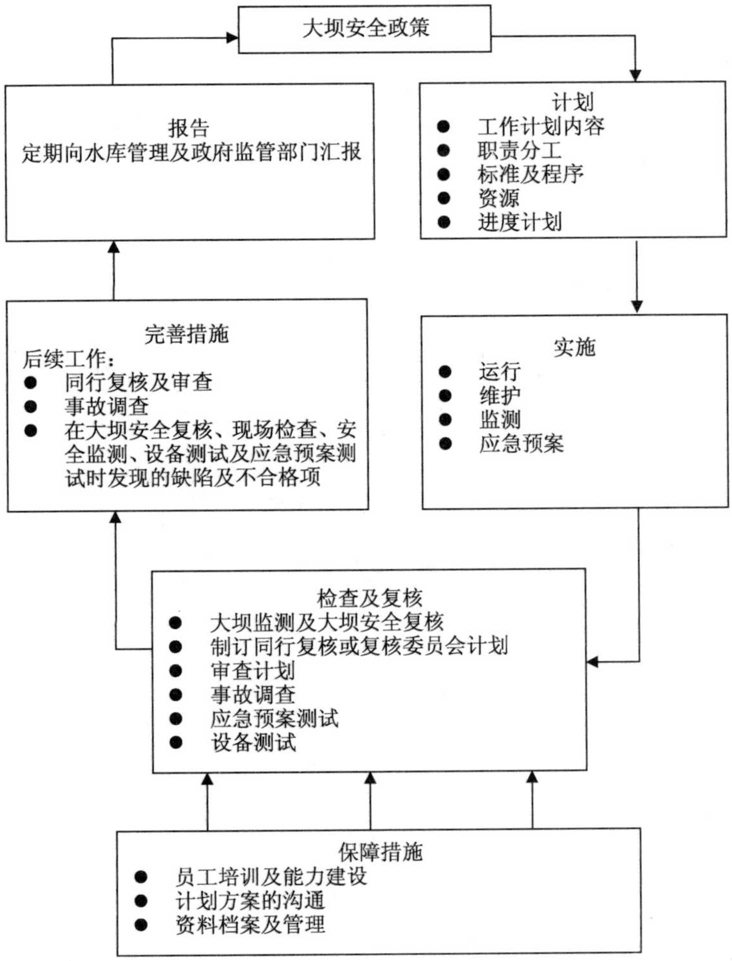


**图 1.4-4　加拿大大坝安全管理实施系统框图**

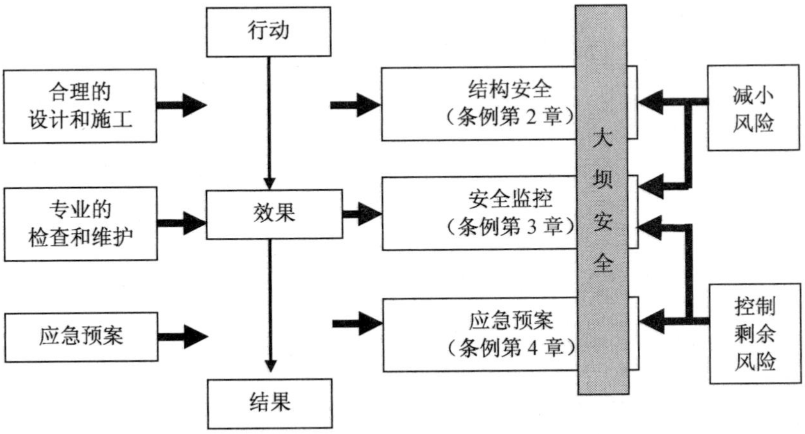


**图 1.4-5　瑞士《水库安全条例》(1998)确立的大坝安全(风险)管理模式**

记;建立管理机构,并配备安全管理(护)人员;筹措管养经费;建立调度运用、安全度汛、安全监测、维修养护、安全鉴定等制度及技术档案;组织大坝安全检查;组织安全鉴定和除险加固;组织编制调度规程和应急预案,并报批、备案;出现险情时,组织抢险和做好人员转移工作。

水库大坝运行管理单位的职责是建立、健全安全管理规章制度;根据批复的调度规程、度汛方案或指令调度运用;开展巡视检查和安全监测,发现安全隐患及时采取措施;对巡视检查发现或运行中暴露的缺陷,及时进行维修养护;出现险情时立即报告主管部门和上级防汛指挥机构,并协助组织抢险;出现溃坝危情时,及时发出警报,并配合做好应急处置各项工作。

我国政府是多数水库事实上的业主,承担了大坝安全的主体责任,水行政主管部门则承担了政府的监督管理及业主职责,因此建议我国水库大坝风险管理模式设想如图 1.4-6 所示。为解决小型水库管理问题,在主管部门下增设区域性主管大坝安全的机构,配备足够数量的专业技术人员,承担区域内所有水库大坝的安全管理职责。

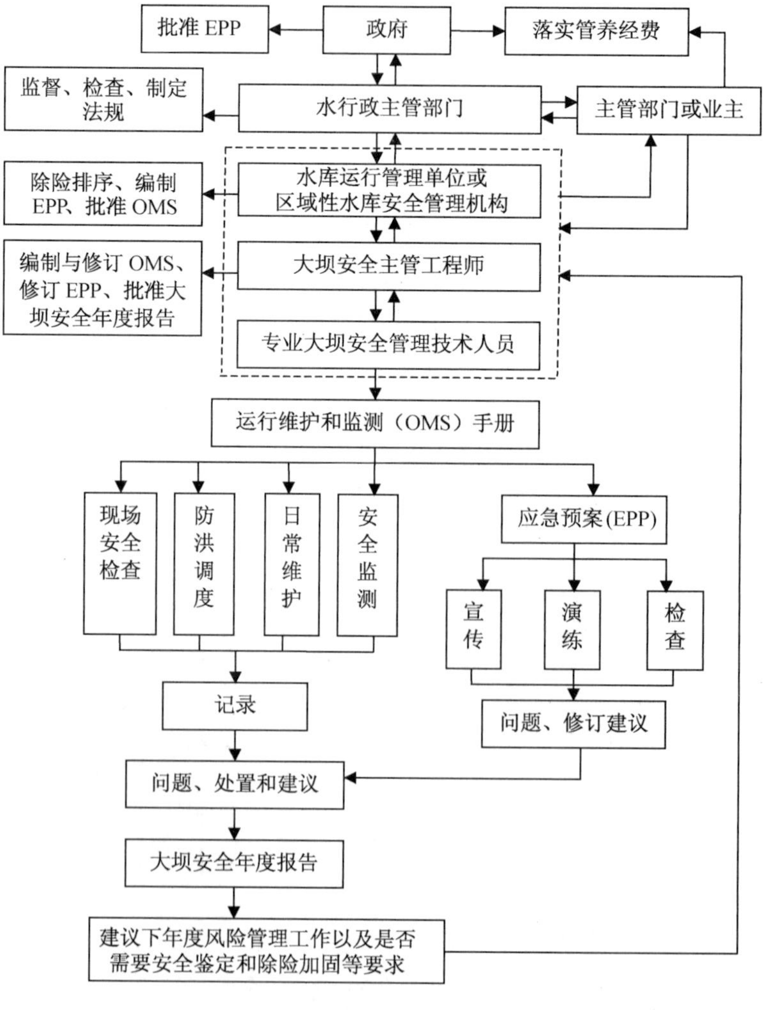


图 1.4-6　我国水库大坝风险管理模式设想框图

## 1.5 大坝风险管理在中国的必然性和重要性

随着经济社会的持续发展，我国和发达国家一样，越来越难以承受水库大坝溃决造成的损失和影响，大坝安全管理不仅需要关注和保障大坝工程自身安全，而且需要更多地关注下游公众安全和经济社会安全；同时，居住在大坝下游的公众自我保护意识越来越强，他们需要了解水库大坝对其造成的风险有多大，政府和水库管理单位有哪些措施保障他们的安全。为此，借鉴发达国家在大坝风险管理方面的先进实践经验，在中国逐步推行大坝风险管理理念和模式，是我国水库大坝安全管理未来发展的必然趋势。

### 1.5.1 政府执政理念发生了巨大变化

2000 年以后，我国政府提出了“以人为本，全面、协调、可持续发展”的科学发展观。这种“以人为本”的执政理念，就是要从人民群众的根本利益出发谋发展，或者说经济社会发展的目的是为了满足人民群众日益增长的美好生活需要，这说明了我国正在经历着从“官本”“物本”社会逐步向“人本”社会的发展。

“以人为本”隐含了风险理念。经济社会发展的正面影响是效益，是公众生活水平的提高，是人的生命价值得到进一步尊重；其负面影响是风险增大，对公共安全的威胁增加。就水库大坝来说，其一方面发挥防洪、灌溉、供水、发电等效益，成为经济社会持续发展的重要保障；另一方面对下游的潜在风险随着经济社会的发展变得越来越大。现代社会必须接受风险理念，主动面对风险对社会的挑战。

进入 21 世纪以来，大坝风险理念已经为我国各级政府、水行政主管部门和社会公众广泛接受。作为政府，有义务有责任通过工程措施和非工程措施将水库大坝风险控制在社会和公众能够接受的水平上，为此，政府先后作出了如下三个重大决策，这标志我国大坝安全管理正从工程安全管理向风险管理转变。

一是大规模开展病险水库除险加固工程建设。“98”大洪水后，国家加大了病险水库除险加固工作力度，并将其作为水利中心工作，由中央和各级地方政府出资对所有病险水库进行除险加固，目的是从根本上消除水库大坝溃决风险高的问题。

二是大力推进水利工程管理体制改革。国务院 2002 年 9 月发布了《水利工程管理体制改革实施意见》（国办发〔2002〕45 号），对水库管理单位进行分类定性，落实定编定岗与定额预算、公益性人员基本支出和公益性工程维修养护经费，保障了水库长效良性运行机制的逐步建立，利用体制机制来保障水库大坝安全，降低大坝风险。

三是编制水库突发事件应急预案。应急预案是最重要的大坝风险管理工具。水利部于 2007 年出台了规范性文件《水库大坝安全管理应急预案编制导则（试行）》（水建管〔2007〕164 号），要求所有大中型和坝高超过 15 m 的小型水库均应编制应急预案。为进一步规范水库大坝安全管理应急预案编制工作，又于 2015 年颁布了技术标准《水库大坝安全管理应急预案编制导则》（SL/Z 720—2015）。突发事件应急管理已经成为水库大坝安全管理的重要内容，也成为风险理念下的现代水库管理重要制度之一。

### 1.5.2 工程安全理念正在向工程风险理念转换

任何水库大坝都是有风险的。风险来自大坝的溃决可能性和溃决对下游所造成的影响两个方面。20 世纪 70—80 年代，坝工界都是将大坝安全狭义地理解为大坝的工程特性，只要大坝不破坏、溃决和恶化，大坝就是安全的。自 20 世纪 90 年代以来，大坝安全定义已经包括了工程安全理念与风险理念，包括将风险控制在公众可接受范围的一切措施和办法。简言之，大坝安全不仅要关注工程安全，还需要关注下游公共安全，使之处于可接受风险以内。这意味着在传统的大坝安全管理基础上，大坝安全管理已经发展到风险管理阶段。与传统的水库大坝安全概念相比较，风险理念更加全面，更能反映工程与人及社会的关系，是一种更为科学、全面、系统的管理技术。随着我国经济高速发展，水库大坝风险越来越多地引起公众关注。水库大坝安全在今天的中国已经不仅仅是工程安全问题，首先应该是公共安全问题。进入 21 世纪，国家提出一系列治水新思路，从“入海为安”转换为“承受适度风险”，从“洪水控制”转换为“洪水管理”，从侧重“工程措施”转换为“综合采用工程措施和非工程措施”等，这些新思路已经大大超出传统水利工程安全与管理概念，大坝安全从工程安全理念向工程风险理念转换成为必然的发展趋势。

### 1.5.3 风险管理是大坝全寿命期动态管理的需要

根据发达国家大坝安全管理的先进经验，为有效管控大坝风险，应该在大坝规划、设计、施工、运行的每个阶段都进行风险分析和评估，并应用风险处理策略和决策技术降低和控制风险，并循环不断。因此，大坝风险管理是贯穿于大坝全寿命期的动态管理体系。

尽管我国水库大坝管理条件和安全状况总体趋好，但仍存在先天不足、工程老化、应对突发事件保障能力薄弱等诸多问题，在特大洪水、异常干旱以及地震极端事件影响下，出险甚至破坏事故仍时有发生，必须时刻对大坝风险保持清醒的认识并加以防范。

### 1.5.4 我国大坝风险管理体系建设尚处于起步阶段

目前，发达国家的水电开发程度已达到较高水平，大坝建设相对较少，重点已转向补强加固、环境影响评价、风险管理等领域，自 20 世纪 90 年代开始推行大坝风险管理体系，目前已经形成初步框架，并在实践中取得良好效果。

尽管大坝风险理念已在我国被普遍接受并被认为是大坝安全管理未来的发展方向，但由于宣传和认识不到位、配套法规与技术标准建设滞后等多方面原因，我国水库大坝安全管理目前仍以传统工程安全理念为主，适应我国国情的水库大坝风险管理体系尚未真正建立，实现由传统大坝安全管理向大坝风险管理的转变还有很长的路要走。

# 第 2 章

# 大坝风险分析

## 2.1 大坝风险分析理论与方法

传统的大坝安全管理是以工程安全为目标，按工程是否存在安全隐患来决定是否需要对工程进行除险。而大坝风险管理以降低大坝风险为目标，按风险是否可以接受来决定是否需要对大坝进行除险。大坝风险是以其存在的安全隐患可能对下游经济发展、公众生命财产造成的损失来衡量的。按照国际大坝委员会(ICOLD)及澳大利亚大坝委员会(ANCOLD)的定义，风险是指对生命、健康、财产和环境负面影响的可能性和严重性的度量，是溃坝可能性和产生后果的乘积。这种建立在溃坝概率分析和溃坝所造成的下游生命损失、经济损失、社会与环境影响等估算基础上的风险概念，不仅关注大坝工程安全，同时关注水库下游公共安全。随着经济社会的进一步发展，大坝风险已经成为全社会关注的焦点，风险管理理念已经受到我国各级政府和水行政主管部门的高度关注。

风险管理包含了建立风险准则(标准)(risk criteria)、风险分析(risk analysis)、风险评估(risk assessment)、风险处理(risk treatment)等一系列关键技术(见图 1.3-1)，其中的核心是风险评估。

风险识别是鉴定风险的来源和其影响范围，为风险分析做准备。风险评估是一个决策过程，包括风险分析和风险评价两个关键环节。大坝风险评估框架见图 2.1-1。如果评估结果认为风险不能接受，需要进入风险处理程序以降低风险。

根据风险定义，大坝风险分析包括两部分内容，即大坝溃决概率(可能性)分析和溃坝后果估算。溃坝概率分析包括内因和外因引起的风险要素识别、破坏模式和破坏路径分析、每条破坏路径的破坏概率估算等关键环节。溃坝后果一般分为生命损失、经济损失和社会环境影响。为估算溃坝后果，需要进行溃坝洪水分析，确定淹没范围及其严重程度，统计淹没范围内的人口、财产和基础设施。

### 2.1.1 风险要素识别

大坝风险要素是指可能导致大坝破坏的各种因素，可分为工程风险要素、环境风险要素、人为风险要素，一般由专家在熟悉大坝工程特性资料与大坝安全鉴定资料的基础上，通

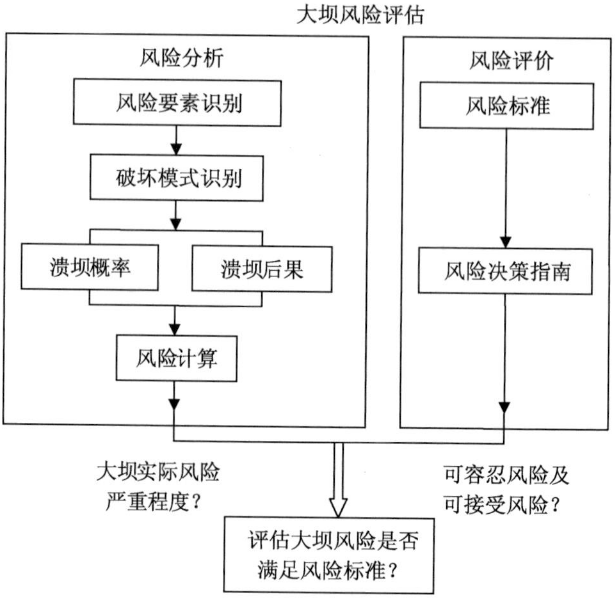


**图 2.1-1　大坝风险评估框架**

过现场安全检查进行识别。

（1）工程风险要素

工程风险要素识别主要是查找可能导致溃坝的工程自身缺陷，包括工程地质缺陷，如坝基存在的断层、构造、软弱夹层、可液化土层等；工程质量缺陷，如坝下埋涵防渗处理不合格可能导致接触渗透破坏，坝体压实度不足或坝坡偏陡可能导致滑坡，坝内存在薄弱层面可能导致渗透破坏或滑坡等；坝顶高程不足，可能导致洪水漫顶；闸门破坏或启闭失效，可能导致洪水漫顶等。

（2）环境风险要素

环境风险要素识别主要是查找可能导致溃坝的外力因素，包括特大洪水、极端干旱、地震、温度变化、近坝库岸滑坡、上游水库溃坝、人为破坏（战争、恐怖活动）等。

（3）人为风险要素

人为风险要素识别主要是查找大坝运行管理的薄弱环节，包括管理缺失或不规范、缺少必要的安全监测设施与应急电源、无防汛抢险道路与通信设施、操作失误、盲目与非法超蓄等。

## 2.1.2　破坏模式识别

对识别出来的大坝风险要素，可通过破坏模式分析确定溃坝模式和溃坝路径。破坏模式是指在大坝风险要素作用下，导致水库大坝最终破坏的路径。破坏模式分析常用的方法有 FMEA 法和 FMECA 法。

### 2.1.2.1　FMEA 法

FMEA 法（Failure Modes and Effects Analysis）即破坏模式与后果分析法，根据其分析

结果，可以识别主要风险要素。FMEA 法是将大坝作为一个系统，分析系统中每一个子系统与要素所有可能破坏模式及其后果的归纳分析方法，其分析过程如下：

（1）系统定义

明确分析范围，把大坝作为一个系统，包括永久性挡水建筑物，与大坝安全有关的泄水、输水和过坝建筑物及相应的金属结构，近坝岸坡，安全监测、防汛交通、通信、供电等管理设施。

（2）系统识别

收集水库的设计、施工及运行等资料，或通过与设计、施工、管理人员进行座谈，了解水库建设和运行的详细情况，对系统有一个全面的认识。

（3）系统分解

把系统分解成若干子系统，再把子系统分解成若干要素，至于分解到何种程度取决于系统的复杂程度、系统破坏后果的严重程度、要素的危害程度及分析范围。一般将其分解为 1 级子系统、2 级子系统和要素，对复杂或关键要素，通常还要在 2 级子系统和要素之间插入一级，称为“模块”级。对系统进行分解时，子系统和要素是根据它们的主要功能来定义的。

（4）要素功能分析

要素是构成水库大坝的有一定功能的最小单元。大部分要素不仅有主要功能，还有次要功能。

对一座大坝系统来说，系统最终会分解成大量的要素，每个要素又有许多不同的功能，为实现不同要素及同一要素不同功能的区分，可采用数字编码的方法，如 11223344，其中 11 代表 1 级子系统，22 代表 2 级子系统，33 代表要素，44 代表要素功能。

（5）要素筛选

对每个要素破坏后对系统性能的影响进行初步评估，把那些对系统性能影响不大的要素剔除掉，而把那些对系统性能起关键作用的要素留下来做进一步的分析研究。

筛选过程的主要工作如下：

1）评估每个要素“最坏情况下”的破坏后果；

2）分析每个要素可能的破坏模式；

3）确定哪些要素需要做进一步的详细分析；

4）筛选出不重要的要素。

筛选过程是分析人员的主观判断过程，因此，如果难以确定某个要素功能对系统性能的重要性，则应保留作进一步的分析。

（6）要素破坏模式识别及相互作用分析

对筛选出的所有要素识别其破坏模式。某个要素的破坏可能对整个系统没有直接的影响，但可能是一系列要素破坏中的某个环节，而这一系列要素破坏对系统会有严重影响。因此，在识别要素破坏模式过程中，需要考虑要素之间的相互作用。通常可以通过事件树或故障树来分析要素之间的相互作用以及一系列要素之间的破坏顺序。

（7）要素破坏后果分析

要确定要素破坏的程度，就必须确定要素破坏的直接影响和最终影响（即后果）。通常，一个要素的破坏可能不会直接影响其他要素或要素所属子系统的功能，但可能会间接影响

其他要素，或直接影响系统的运行，或直接影响系统以外的对象。

确定要素破坏的最终影响，需要考虑以下情形：

1）某种影响可能是多种要素破坏后造成的；

2）某种要素破坏可能会造成多种影响；

3）某种要素破坏可能会触发一系列要素破坏；

4）某种要素破坏可能不会直接影响其他要素，但可能会增加这些要素破坏的可能性。

有些要素破坏的直接后果比较明显，如供电线路和通信设备。但由于要素的相互作用，有些要素的破坏后果则不容易判断。对每个要素的破坏模式，分析重点放在要素破坏模式的直接影响上，同时尽量考虑最终影响。

（8）人工干预

通过系统地识别要素可能存在的破坏模式，及时发现要素破坏并进行人工干预，以避免或降低破坏后果。

#### 2.1.2.2 FMECA 法

FMECA 法(Failure Mode，Effects and Criticality Analysis)是在 FMEA 法基础上发展起来的，称为破坏模式、后果和危害程度分析法，是一种定性与定量相结合的归纳分析方法，分析系统中每一要素所有可能破坏模式及其对系统可能造成的所有影响，并按要素破坏模式发生的可能性、后果发生的可能性及其严重程度予以分类，以发现大坝及运行管理中存在的缺陷与薄弱环节，从而找到最可能的溃坝模式和溃坝路径，也可据此对单座水库大坝的风险要素进行排序。

FMECA 法由两项相对独立的工作组成，即破坏模式及其后果分析(FMEA)和危害程度分析(Criticality Analysis)。在进行危害程度分析时，需要专家根据经验赋值，因此 FMECA 法一般由经验丰富的坝工和大坝安全管理专家来完成；当对群坝进行风险评估时，应尽量由同一批专家来完成。FMECA 法主要分析步骤如下：

（1）风险要素识别

根据上述 FMEA 法进行破坏模式及其后果分析，可以识别主要风险要素。

（2）要素危害程度分析

危害程度是在难以计算溃坝概率情况下对风险的一种定性度量方法，是要素破坏模式发生的可能性、破坏后果的严重程度、人工干预成功的可能性三者的乘积。

1）要素破坏模式发生的可能性

要素破坏模式发生的可能性是由专家根据经验确定的，判别标准见表 2.1-1。

**表 2.1-1　系统要素破坏模式可能性赋值表**

| 破坏可能性因子 | 年发生概率 | 判别标准 |
|---|---|---|
| 极不可能 | 低于 1/5 000 | 在工程寿命周期中极不可能发生，如遭遇最大可信地震或 PMF 洪水 |
| 不可能 | 1/500～1/5 000 | 在工程寿命周期中很不可能发生 |
| 基本不可能 | 1/50～1/500 | 在工程寿命周期中有可能发生，但不期望发生 |
| 可能 | 1/5～1/50 | 在工程寿命周期中可能阶段性发生 |
| 极有可能 | 大于 1/5 | 经常性发生，或在近 5 年内如果不处理会发生 |

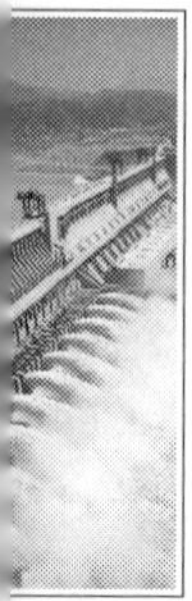

2）破坏后果的严重程度

可以采用不同的标准评估每个要素破坏模式后果的严重程度和对系统的影响。由于是定性评估，只需要考虑后果的相对重要性。如果采用 5 级标准，其判别标准参见表 2.1-2。

**表 2.1-2　破坏后果严重程度赋值表**

| 后果严重因子 | 判别标准 |
|---|---|
| 很小 | 经济损失不超过 5 万元，无人员伤亡，无环境影响，无外部影响 |
| 较小 | 工程经济损失 5 万元～100 万元，无人员伤亡，或下游财产损失 2.5 万元～50 万元，或下泄的污染物对农业无明显影响，或无环境影响，或加固经费 2 万元～20 万元，或以上的各种组合 |
| 严重 | 工程经济损失 100 万元～1 000 万元，多起人员严重伤害或致命伤亡，或下游财产损失在 50 万元～500 万元，或下泄具有永久影响的污染物造成长期环境或农业危害，或以上的各种组合 |
| 非常严重 | 工程经济损失在 1 000 万元～10 000 万元，有明显人员死亡，或下游财产损失在 500 万元～5 000 万元，或造成大范围的环境或农业危害，或以上的各种组合 |
| 极其严重 | 工程经济损失超过 1 亿元，大量人员死亡，或下游财产损失超过 5 000 万元，对环境或下游农业产生重大长期危害，或以上的各种组合 |

（3）后果发生的可能性

从要素破坏模式至最终破坏导致严重后果之间，需要衡量其发生的可能性。如采用 5 级标准，其发生可能性的判别标准参见表 2.1-3。其中包含了人工干预的成分，如果事件发生过程中得到了及时的人工干预，则其发生后果可能性的严重程度也将有所降低。

**表 2.1-3　后果发生的可能性赋值表**

| 后果可能性因子 | 可能性估计 | 判别标准 |
|---|---|---|
| 极不可能 | 低于 5% | 破坏模式能导致影响，但后果很可能不发生 |
| 基本不可能 | 5%～25% | 破坏模式能导致影响或后果，但预期不会发生 |
| 可能 | 25%～75% | 预期破坏模式能导致影响或后果，发生或不发生的机会相当 |
| 非常可能 | 75%～100% | 预期破坏模式导致影响或后果 |
| 一定发生 | 100% | 破坏模式必导致影响或后果确定发生 |

（4）危害性指标

每个要素破坏模式的危害性指标是要素破坏模式发生的可能性、破坏后果严重程度、破坏后果发生的可能性三者的共同组合，其赋值标准参见表 2.1-4。可见，危害性指标变化范围为 1～20，1 表示要素破坏可能性及破坏后果均极小，且破坏后果不可能发生；20 表示要素极有可能破坏，且破坏后果极其严重与可能发生。

计算出每个要素破坏模式危害性指标后，统计每种要素的危害程度、在子系统中所占比重和在系统中所占比重，统计各个子系统的危害程度及其在系统中所占比重。每个要素的危害程度为该要素的各种破坏模式危害程度的简单相加，子系统的危害程度为该子系统的各个要素的危害程度的简单相加。

根据危害程度大小对每种破坏模式、每个要素危害程度和每个子系统的危害程度进行排序，危害程度越大，风险愈大。从而确定大坝主要的破坏模式及主要风险要素，在除险加固资金有限的情况下，确保主要风险要素得以处理。

**表 2.1-4　危害性指标赋值表**

| 后果 | | 要素破坏可能性 | | | | |
|---|---|---|---|---|---|---|
| 严重性 | 可能性 | 极不可能 | 非常不可能 | 基本不可能 | 可能 | 极有可能 |
| 很小 | 极不可能 | 1 | 2 | 4 | 5 | 7 |
| | 基本不可能 | 2 | 3 | 5 | 7 | 8 |
| | 可能 | 3 | 5 | 7 | 8 | 9 |
| | 非常可能 | 4 | 5 | 7 | 9 | 10 |
| | 一定发生 | 4 | 5 | 7 | 9 | 10 |
| 较小 | 极不可能 | 3 | 5 | 7 | 8 | 9 |
| | 基本不可能 | 5 | 6 | 8 | 9 | 11 |
| | 可能 | 6 | 8 | 9 | 11 | 12 |
| | 非常可能 | 6 | 8 | 10 | 11 | 13 |
| | 一定发生 | 7 | 8 | 10 | 11 | 13 |
| 严重 | 极不可能 | 6 | 8 | 10 | 11 | 12 |
| | 基本不可能 | 8 | 9 | 11 | 13 | 14 |
| | 可能 | 9 | 11 | 12 | 14 | 15 |
| | 非常可能 | 9 | 11 | 13 | 14 | 16 |
| | 一定发生 | 10 | 11 | 13 | 15 | 16 |
| 非常严重 | 极不可能 | 9 | 11 | 13 | 14 | 15 |
| | 基本不可能 | 11 | 12 | 14 | 16 | 17 |
| | 可能 | 13 | 14 | 16 | 17 | 19 |
| | 非常可能 | 13 | 14 | 16 | 17 | 19 |
| | 一定发生 | 13 | 14 | 16 | 18 | 19 |
| 极其严重 | 极不可能 | 11 | 13 | 14 | 16 | 17 |
| | 基本不可能 | 12 | 14 | 16 | 17 | 18 |
| | 可能 | 14 | 15 | 17 | 19 | 20 |
| | 非常可能 | 14 | 16 | 18 | 19 | 20 |
| | 一定发生 | 14 | 16 | 18 | 19 | 20 |

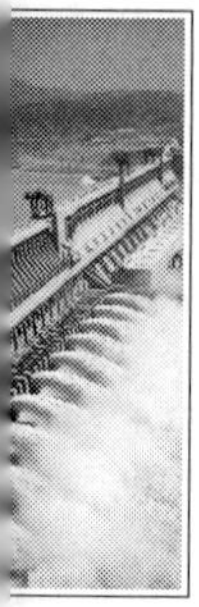

## 2.2　溃坝模式与溃坝路径

大坝溃决是在其内部薄弱环节和外部荷载共同作用下发生的，可能的破坏形式和途径很多。如果在溃决事故发生前能够分析出溃坝可能性和溃决模式、溃坝路径，对于有效预测预警溃坝突发事件极其关键，从而可以最大限度减少溃坝带来的损失。

溃坝模式和溃坝路径分析是大坝风险分析的重要环节，其主要工作是分析在各种荷载作用下，挡水、输水、泄水建筑物及近坝岸坡、闸门与启闭设施等可能出现的破坏形式，及是否可能发展成为溃坝事件，最终形成“荷载—建筑物—破坏—溃坝”的途径。

溃坝往往并非单一因素导致，同一因素也可能导致不同溃坝模式和路径，用漫顶、管涌、接触渗漏、结构失稳等现象来唯一确定溃坝原因和溃坝模式常常是困难和牵强的，只能说在某个破坏阶段，某些因素是主要的，或由其触发。

国内外迄今有大量的溃坝资料，我国即有 3 500 余座溃坝记录，通过对这些历史溃坝资料的挖掘分析，可以归纳土石坝、混凝土坝(砌石坝)的主要溃坝模式和溃坝路径。需要说明的是，本文归纳的溃决模式和溃决路径并非实践过程中均出现过的，但作为风险分析的基础资料，有必要将主要的、可能的溃决模式和溃决路径罗列出来，基于这样的基础资料得出的风险分析结果才是系统的、合理的。还有一点需要说明的是，随着洪水预报、工程安全监测预警和抢险技术的不断发展，与 20 世纪 80 年代前溃坝事故频发的时期相比，目前的溃坝防控水平和能力已经有了显著提高，早期的很多溃坝事故放在当今完全可以避免，因此在溃坝模式和溃坝路径分析中特别突出了人工干预环节。

## 2.2.1 瞬时溃坝(混凝土坝和砌石坝)

### 2.2.1.1 拱坝

根据拱坝结构特点，可归纳其主要存在以下九类可能溃坝模式、39 种可能溃坝路径。

第一类：洪水漫顶导致的溃坝

1）洪水—泄洪建筑物闸门操作正常—坝顶高程不足—不能及时加高坝顶—漫顶—坝基和拱座岩体受到冲蚀—干预失败—大坝失稳或变形超限—溃坝；

2）洪水—溢洪道受漂浮物或滑坡体堵塞—逼高上游水位—坝顶高程不足—不能及时加高坝顶—漫顶—坝基、拱座岩体受到冲蚀—干预失败—大坝失稳或变形超限—溃坝；

3）洪水—违规超蓄(溢洪道加设子堰、非法抬高汛限水位、不及时开闸泄洪等)—逼高上游水位—坝顶高程不足—不能及时加高坝顶—漫顶—坝基、拱座岩体受到冲蚀—干预失败—大坝失稳或变形超限—溃坝；

4）洪水—泄洪建筑物部分闸门故障—逼高上游水位—坝顶高程不足—不能及时加高坝顶—漫顶—坝基和拱座岩体受到冲蚀—干预失败—大坝失稳或变形超限—溃坝；

5）洪水—泄洪建筑物全部闸门故障—逼高上游水位—坝顶高程不足—不能及时加高坝顶—漫顶—坝基、拱座岩体受到冲蚀—干预失败—大坝失稳或变形超限—溃坝；

6）超标准洪水—逼高上游水位—不能及时加高坝顶和开挖应急泄洪通道—漫顶—坝基、拱座岩体受到冲蚀—干预失败—大坝失稳或变形超限—溃坝；

7）上游水库溃坝洪水—不能及时加高坝顶和开挖应急泄洪通道—漫顶—坝基和拱座岩体受到冲蚀—干预失败—大坝失稳或变形超限—溃坝；

第二类：温度变化导致的溃坝

8）封拱温度偏高—运行期坝体温度应力超限—坝体开裂—干预失败—溃坝；

9）封拱温度偏低—运行期坝体温度应力超限—坝体开裂—干预失败—溃坝；

10）低水位＋持续环境高温—运行期坝体温度应力超限—坝端竖向裂缝—坝体开裂—干预失败—溃坝；

11）低水位＋持续环境低温＋运行期坝体温度应力超限—下游面顺坡/水平裂缝—坝体开裂—干预失败—溃坝；

第三类：近坝岸坡失稳导致的溃坝

12）强降雨—近坝库岸滑塌—水位上升或涌浪—洪水漫顶—干预失败—坝基、拱座岩体受到冲蚀—大坝失稳或变形超限—溃坝；

13）长期高水位运行—库水位降落—近坝库岸滑塌—水位上升或涌浪—洪水漫顶—干预失败—坝基、拱座岩体受到冲蚀—大坝失稳或变形超限—溃坝；

14）洪水—泄洪形成雨雾—坝肩失稳—干预失败—溃坝；

第四类：坝体材料质量缺陷导致的溃坝

15）混凝土浇筑质量或砌石质量不合格—强度不足—干预失败—结构破坏—溃坝；

16）混凝土制备中水泥或骨料选择不当—坝体材料碱性骨料反应—干预失败—强度降低—结构破坏—溃坝；

17）坝体材料抗冻能力不足—水位变动区/下游渗漏区冻融剥蚀—干预失败—强度降低—结构破坏—溃坝；

18）混凝土或砌石侵蚀、老化—强度、密实度降低—干预失败—结构破坏—溃坝；

19）坝体分缝灌浆或砌筑砂浆不密实或上游防渗面板失效—灌浆材料或砌筑砂浆受渗流冲蚀破坏—拱坝整体性受损—强度降低—干预失败—结构破坏—溃坝；

第五类：扬压力超限导致的溃坝

20）高水位＋防渗帷幕全部或部分失效—坝基扬压力升高—干预失败—基岩抗剪强度降低—拱座失稳—溃坝；

21）高水位＋防渗帷幕全部或部分失效—坝基扬压力升高—干预失败—坝体与基岩接触面抗剪强度降低—大坝失稳—溃坝；

22）高水位＋坝基排水管淤堵—坝基扬压力升高—干预失败—基岩抗剪强度降低—拱座失稳—溃坝；

23）高水位＋坝基排水管淤堵—坝基扬压力升高—干预失败—坝体与基岩接触面抗剪强度降低—大坝失稳—溃坝；

第六类：坝基破坏导致的溃坝

24）库水位上升—岩体裂隙渗流压力增大—岸坡岩体裂隙受高压渗流冲蚀强度降低—干预失败—溃坝；

25）坝基或坝肩软弱夹层处理不当—软弱层受力开裂破坏—拱端开裂—干预失败—溃坝；

26）坝基或坝肩软弱夹层处理不当—软弱层受力开裂破坏—坝体开裂—干预失败—溃坝；

27）近坝岩体内开挖隧洞—坝址附近地应力平衡被打破—采空区顶部岩层沉陷—坝内产生附加应力—坝体开裂—干预失败—溃坝；

第七类：坝体上滑失稳导致的溃坝

28）两岸斜坡上的向上滑动力大于向下阻滑力—上滑失稳—拱冠附近应力超限—干预

失败—大坝断裂—溃坝；

第八类：地震导致的溃坝

29）地震—近坝库岸滑塌—库水位上升导致漫顶—干预失败—坝基和拱座岩体受到冲蚀—大坝失稳或变形超限—溃坝；

30）地震—坝体应力超限—坝体开裂—干预失败—溃坝；

31）地震—拱端岩体软弱面压碎（或拉裂）—拱端岸坡滑塌（坝肩失稳）—干预失败—溃坝；

32）地震—基岩软弱夹层/断层开裂—坝体滑动—干预失败—溃坝；

33）地震—泄洪建筑物进水塔或泄洪闸变形—闸门无法开启—遭遇洪水—干预失败—洪水漫顶—坝基和拱座岩体受到冲蚀—大坝失稳或变形超限—溃坝；

34）地震—供电中断—泄洪建筑物闸门无法开启—遭遇洪水—干预失败—洪水漫顶—坝基和拱座岩体受到冲蚀—大坝失稳或变形超限—溃坝；

第九类：其他情况导致的溃坝

35）缺少监管—违规超蓄—大坝超载—结构失稳或渗透破坏—干预失败—溃坝；

36）战争轰炸或恐怖破坏—大坝破坏—干预失败—溃坝；

37）设计失误—高水位—大坝失稳（滑动或倾覆）或变形超限—干预失败—溃坝；

38）除险加固工程质量控制或施工组织不当—质量事故—大坝失稳（滑动或倾覆）或变形超限—干预失败—溃坝；

39）除险加固工程初期蓄水方案不合理—大坝失稳（滑动或倾覆）或变形超限—干预失败—溃坝。

### 2.2.1.2 重力坝

（1）浇筑混凝土（砌石）重力坝

根据浇筑混凝土（砌石）重力坝的结构特点，可归纳其主要存在八类溃坝模式、33种可能溃坝路径。

第一类：洪水漫顶导致的溃坝

1）洪水—泄洪建筑物闸门操作正常—坝顶高程不足—不能及时加高坝顶—漫顶—坝趾冲毁—干预失败—溃坝；

2）洪水—溢洪道受漂浮物或滑坡体堵塞—逼高上游水位—坝顶高程不足—不能及时加高坝顶—漫顶—坝趾冲毁—干预失败—溃坝；

3）洪水—违规超蓄（溢洪道加设子堰、非法抬高汛限水位、不及时开闸泄洪等）—逼高上游水位—坝顶高程不足—不能及时加高坝顶—漫顶—坝基、坝肩岩体受到冲蚀—干预失败—大坝失稳或变形超限—溃坝；

4）洪水—泄洪建筑物部分闸门故障—逼高上游水位—坝顶高程不足—不能及时加高坝顶—漫顶—坝趾冲毁—干预失败—溃坝；

5）洪水—泄洪建筑物全部闸门故障—逼高上游水位—坝顶高程不足—不能及时加高坝顶—漫顶—坝趾冲毁—干预失败—溃坝；

6）超标准洪水—逼高上游水位—不能及时加高坝顶和开挖应急泄洪通道—漫顶—坝趾冲毁—干预失败—溃坝；

7）上游水库溃坝—不能及时加高坝顶和开挖应急泄洪通道—漫顶—坝趾冲毁—干预

失败—溃坝；

第二类：坝体应力超限导致的溃坝

8）坝体应力超限—坝体裂缝导致大坝整体性降低—渗流性态恶化—大坝受侵蚀破坏—混凝土强度降低—变形超限—干预失败—溃坝；

9）坝踵应力超限—坝体、坝基接触面附近产生裂缝—扬压力升高—干预失败—滑动或倾覆失稳—溃坝；

第三类：基岩或坝基面缺陷导致的溃坝

10）正常运行—地基深部断层或软弱夹层处理不当—干预失败—大坝滑动失稳—溃坝；

11）正常运行—基岩软弱面材料被压碎或拉裂—干预失败—大坝滑动失稳—溃坝；

12）正常运行—基岩软弱夹层受高压渗流冲蚀、溶蚀破坏—干预失败—大坝滑动失稳—溃坝；

第四类：扬压力异常导致的溃坝

13）防渗帷幕质量缺陷—坝基扬压力升高—基岩抗剪强度降低或坝底竖向有效荷载减小—干预失败—深层岩体剪切破坏或沿坝基面滑动—溃坝；

14）防渗帷幕水力侵蚀或冲蚀破坏—坝基扬压力升高—基岩抗剪强度降低或坝底竖向有效荷载减小—干预失败—深层岩体剪切破坏或沿坝基面滑动—溃坝；

15）排水孔淤堵—坝基扬压力升高—基岩抗剪强度降低或坝底竖向有效荷载减小—干预失败—深层岩体剪切破坏或沿坝基面滑动—溃坝；

16）坝基隐蔽渗漏通道等地质缺陷未及时发现与处理—坝基扬压力升高—基岩抗剪强度降低或坝底竖向有效荷载减小—干预失败—深层岩体剪切破坏或沿坝基面滑动—溃坝；

第五类：岸坡失稳导致的溃坝

17）强降雨—近坝库岸滑塌—水位上升或涌浪—洪水漫顶—坝趾冲毁——干预失败—溃坝；

18）长期高水位运行—库水位降落—近坝库岸滑塌—水位上升或涌浪—洪水漫顶—坝趾冲毁—干预失败—溃坝；

第六类：地震导致的溃坝

19）地震—坝体沿基岩软弱夹层滑动—干预失败—溃坝；

20）地震—上部结构断裂塌落—漫顶—干预失败—溃坝；

21）地震—坝体结构缝或已有裂缝开裂—整体性降低，渗漏增加，扬压力增大—坝体沿薄弱层面滑动或倾覆—干预失败—溃坝；

22）地震—泄洪建筑物进水塔或泄洪闸变形—闸门无法开启—遭遇洪水—干预失败—洪水漫顶—坝趾冲毁—干预失败—溃坝；

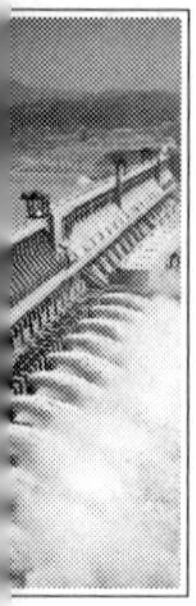

23）地震—供电中断—泄洪建筑物闸门无法开启—遭遇洪水—干预失败—洪水漫顶——坝趾冲毁—干预失败—溃坝；

第七类：坝体混凝土或砌石侵蚀、老化导致的溃坝

24）混凝土浇筑质量或砌石质量不合格—强度不足—干预失败—结构破坏—溃坝；

25）混凝土制备中水泥或骨料选择不当—坝体材料碱性骨料反应—干预失败—强度降低—结构破坏—溃坝；

26）坝体材料抗冻能力不足—水位变动区/下游渗漏区冻融剥蚀—干预失败—强度降

低—结构破坏—溃坝；

27）混凝土或砌石侵蚀、老化—强度、密实度降低—干预失败—结构破坏—溃坝；

28）坝体分缝或砌筑砂浆不密实或上游防渗面板失效—混凝土或砌筑砂浆受渗流冲蚀破坏—大坝整体性受损—强度降低—干预失败—结构破坏—溃坝；

第八类：其他情况导致的溃坝

29）缺少监管—违规超蓄—大坝超载—结构失稳或渗透破坏—干预失败—溃坝；

30）战争轰炸或恐怖破坏—大坝破坏—干预失败—溃坝；

31）设计失误—高水位—大坝滑动或倾覆—干预失败—溃坝；

32）除险加固工程质量控制或施工组织不当—质量事故—大坝滑动或倾覆—干预失败—溃坝；

33）除险加固工程初期蓄水方案不合理—大坝滑动或倾覆—干预失败—溃坝。

（2）碾压混凝土重力坝

除上述浇筑混凝土重力坝溃决路径以外，碾压混凝土重力坝还可能特有如下溃坝路径，即：

34）施工质量差—RCC层面抗剪强度小—高水位—沿RCC层面滑动失稳—干预失败—溃坝。

## 2.2.2 逐步溃坝(土石坝)

### 2.2.2.1 土石坝(除面板坝)

相对于混凝土坝和砌石坝，土石坝主要由散粒体材料组成，除均质土坝外，均需进行防渗处理。土石坝的稳定靠土体的抗剪强度来控制，只会出现局部滑动失稳，不会出现整体滑动失稳或倾覆失稳。

由于主要由散粒体材料组成，土石坝坝身一般不能溢流，易漫顶溃坝，历史上的土石坝溃决超过一半为洪水漫顶造成。同时，土石坝大多布置有坝下埋涵（管）作为放水设施，还有少数土石坝在坝身上布置溢洪道或泄洪洞，这些穿坝建筑物与坝体填土之间的接触防渗处理质量往往难以保证，易出现接触渗透变形问题，近年来的土石坝溃决多因穿坝建筑物的接触渗漏造成。综合土石坝溃坝和事故案例，土石坝破坏主要分以下4种情况：

（1）汛期溃坝

- 洪水漫顶
- 渗流破坏
- 滑坡后洪水漫顶
- 溢洪道冲溃

（2）非汛期溃坝

- 渗流破坏

（3）地震引起的溃坝

- 渗流破坏
- 液化
- 漫顶

• 结构破坏(裂缝、滑坡等)

(4) 其他原因导致的溃坝

因此,可以归纳出土石坝主要存在以下六大类溃坝模式、40 种可能溃坝路径:

第一类:汛期由于无溢洪道、坝顶高程不足、闸门故障等原因引起洪水漫顶导致的溃坝

1) 洪水—泄洪建筑物闸门操作正常—坝顶高程不足—不能及时加高坝顶—漫顶—冲刷坝体—干预无效—溃坝;

2) 洪水—泄洪建筑物部分闸门故障—逼高上游水位—坝顶高程不足—不能及时加高坝顶—漫顶—冲刷坝体—干预无效—溃坝;

3) 洪水—泄洪建筑物全部闸门故障—逼高上游水位—坝顶高程不足—不能及时加高坝顶—漫顶—冲刷坝体—干预无效—溃坝;

4) 洪水—溢洪道受漂浮物或滑坡体堵塞—逼高上游水位—坝顶高程不足—不能及时加高坝顶—漫顶—冲刷坝体—干预失败—溃坝;

5) 洪水—违规超蓄(溢洪道加设子堰、非法抬高汛限水位、不及时开闸泄洪等)—逼高上游水位—坝顶高程不足—不能及时加高坝顶—漫顶—冲刷坝体—干预失败—溃坝;

6) 洪水+持续降雨—近坝库岸滑塌—涌浪—漫顶—冲刷坝体—干预无效—溃坝;

7) 超标准洪水—逼高上游水位—不能及时加高坝顶和开挖应急泄洪通道—漫顶—冲刷坝体—干预失败—溃坝;

8) 洪水—上游水库溃坝—不能及时加高坝顶和开挖应急泄洪通道—漫顶—冲刷坝体—干预无效—溃坝;

第二类:汛期坝体结构破坏或溢洪道被冲毁、滑坡或沿软弱坝基面深层整体滑动引起溃坝

9) 洪水—洪水不能安全下泄—溢洪道冲毁—冲淘溢洪道基础—库水无控制下泄—溃口扩大—溃坝;

10) 洪水—洪水不能安全下泄—溢洪道冲毁—冲淘溢洪道基础—库水无控制下泄—库水位骤降—上游坝坡滑坡—坝顶高程不足—漫顶—冲刷坝体—干预无效—溃坝;

11) 洪水—洪水不能安全下泄—溢洪道冲毁—冲淘溢洪道基础—库水无控制下泄—回流冲刷下游坝脚—下游坡滑动—坝顶高程不足—漫顶—冲刷坝体—干预无效—溃坝;

12) 洪水—大坝下游坡滑坡—坝顶高程降低—坝顶高程不足—漫顶—冲刷坝体—干预无效—溃坝;

13) 洪水—泄洪建筑物闸门全部开启失去控制—上游水位下降过快—上游坡滑坡—坝顶高程不足—漫顶—冲刷坝体—干预无效—溃坝;

14) 洪水—持续降雨—上部坝体饱和—纵向裂缝—坝体局部失稳—坝顶高程降低——漫顶—冲刷坝体—干预无效—溃坝;

15) 洪水—沿坝基内软弱岩面发生大坝整体滑动失稳—坝顶高程不足—漫顶—冲刷坝体—干预无效—溃坝;

16) 洪水—坝体深层横向贯穿性裂缝—集中渗流破坏—坝体失稳或坝顶塌陷—坝顶高程不足—漫顶—冲刷坝体—干预无效—溃坝;

第三类:汛期坝体坝基或坝下埋涵(管)渗透破坏导致溃坝

17) 洪水—坝体集中渗漏—管涌—坝体失稳或坝顶塌陷—坝顶高程降低—漫顶+渗透

破坏—冲刷坝体—干预无效—溃坝；

18）洪水—坝基集中渗漏—管涌—坝体失稳或坝顶塌陷—坝顶高程降低—漫顶＋渗透破坏—冲刷坝体—干预无效—溃坝；

19）洪水—坝下埋涵(管)接触渗透破坏—坝体失稳或坝顶塌陷—坝顶高程降低—漫顶＋渗透破坏—冲刷坝体—干预无效—溃坝；

20）洪水—下游坡大范围散浸—浸润线抬高—坝体失稳—坝顶高程降低—漫顶—冲刷坝体—干预无效—溃坝；

21）洪水—坝体薄弱环节集中渗漏或管涌破坏—坝体失稳或坝顶塌陷—坝顶高程降低—漫顶＋渗透破坏—冲刷坝体—干预无效—溃坝；

第四类:非汛期坝体坝基或坝下埋涵(管)渗透破坏导致的溃坝

22）坝体集中渗漏—管涌—冲刷坝体—干预无效—溃坝；

23）坝基集中渗漏—管涌—冲刷坝体—干预无效—溃坝；

24）坝下埋涵(管)接触渗透破坏—冲刷坝体—坝体失稳—坝顶高程降低—漫顶＋渗透破坏—干预无效—溃坝；

25）坝体薄弱环节集中渗漏或管涌破坏—冲刷坝体—坝体失稳—坝顶高程降低—漫顶＋渗透破坏—干预无效—溃坝；

第五类:地震导致溃坝,实际溃坝记录较少

26）地震—坝体横向裂缝—集中渗漏—冲刷坝体—干预无效—溃坝；

27）地震—坝体纵向裂缝—坝体滑动—坝顶高程降低—遭遇洪水—漫顶—冲刷坝体—干预无效—溃坝；

28）地震—基础或坝体液化—坝顶沉陷—遭遇洪水—漫顶—冲刷坝体—干预无效—溃坝；

29）地震—基础或坝体液化—大坝结构破坏(裂缝、滑坡)—遭遇洪水—漫顶或集中渗漏—冲刷坝体—干预无效—溃坝；

30）地震—坝下埋管断裂或移位—接触渗漏—冲刷坝体—干预无效—溃坝；

31）地震—坝体滑坡—漫顶—冲刷坝体—干预无效—大坝溃决；

32）地震—库岸滑坡或造成涌浪—漫顶—冲刷坝体—干预无效—大坝溃决

33）地震—泄洪建筑物进水塔或泄洪闸变形—闸门无法开启—遭遇洪水—干预失败—洪水漫顶—冲刷坝体—干预失败—溃坝；

34）地震—供电中断—泄洪建筑物闸门无法开启—遭遇洪水—干预失败—洪水漫顶—坝趾冲毁—冲刷坝体—干预失败—溃坝；

第六类:其他情况导致的溃坝

35）缺少监管—违规超蓄—大坝超载—渗透破坏—坝体失稳或坝顶塌陷—漫顶＋渗透破坏—冲刷坝体—干预失败—溃坝；

36）缺少监管—违规超蓄—大坝超载—坝体滑坡—坝顶高程降低—漫顶—冲刷坝体—干预无效—溃坝；

37）战争轰炸或恐怖破坏—大坝破坏—干预失败—溃坝；

38）设计失误—高水位—大坝渗透破坏或滑坡—漫顶＋渗透破坏—干预失败—溃坝；

39）除险加固工程质量控制或施工组织不当—质量事故—大坝渗透破坏或滑坡—干预

失败—溃坝；

40）除险加固工程初期蓄水方案不合理—大坝渗透破坏或滑坡—漫顶＋渗透破坏—干预无效—溃坝。

### 2.2.2.2　面板坝

面板坝绝大多数为混凝土面板坝，也有少量沥青混凝土面板坝，是近几十年迅速发展和应用的坝型，包括面板堆石坝和面板砂砾石坝，在此主要讨论混凝土面板坝。我国最早修建的现代混凝土面板堆石坝为1990年建成的西北口工程，最大坝高95 m。目前世界上已建最高的混凝土面板坝是我国的水布垭面板堆石坝，坝高233 m；在建的新疆大石峡面板砂砾石坝，设计坝高247 m。

由于堆石和砂砾石本身为强透水材料，因此混凝土面板对保障面板坝的安全运行至关重要，混凝土面板堆石坝和砂砾石坝出险甚至溃决均与其防渗体系失效有关。沟后面板砂砾石坝坝高71 m，1993年8月27日溃决，导致严重人员伤亡。该坝是我国最早一批修建的面板砂砾石坝，面板与坝顶高挡墙底板接缝未作周边缝设计，水位超过该接缝后进水导致上部坝体饱和滑坡，高挡墙倒塌，库水漫溢冲刷坝体，面板失去支撑断裂垮塌，冲刷加剧，面板加速折断，直至库水基本泄空才得以停止。湖南株树桥面板堆石坝坝高78 m，1990年建成蓄水，1993年10月之后渗漏量逐渐增大，1994年8月渗漏量达0.97 $m^3/s$，1996年6月1.2 $m^3/s$，1997年7月1.52 $m^3/s$，1998年7月2.5 $m^3/s$。1999年11月放空水库检查发现，周边缝竖缝止水破坏，多块面板裂缝甚至塌陷破裂。分析原因，主要由于面板受水压力后，垫层和过渡层压缩变形过大，导致周边缝止水片被拉断、撕裂，漏水逐渐增大。止水系统破坏后，垫层受到全水头作用，细颗粒逐渐流失，面板失去支撑被压碎，渗漏愈加严重。湖南白云面板堆石坝坝高120 m，1998年下闸蓄水后渗漏量不断增大，2010年10月达到800 L/s，2012年9月达到1 240 L/s，大坝安全受到严重威胁。初步分析主要原因有：坝体与两岸基岩变形不协调，坝体填筑密实度不足、变形量过大，止水结构缺陷或耐久性差，趾板基础处理不到位，大坝填料分区不合理，各分区级配不良等，导致面板变形过大塌陷破裂。四川布西面板堆石坝坝高135.8 m，2010年下闸蓄水。一期蓄水后，大坝渗漏明显偏大。蓄水位快速上升过程中，出现大坝沉降量加大及面板开裂异常情况。实测最大渗漏量1 982 L/s。检查发现部分面板间出现错台、局部隆起，高程3 300.00 m附近面板出现局部横向裂缝。

总结混凝土面板坝的溃坝与事故案例，其存在以下四大类溃坝模式、共13种可能溃坝路径：

第一类：洪水漫顶导致的溃坝

1）超标准洪水—库水位上升—干预失败—漫顶—下游上部堆石体或砂砾石体冲刷＋渐退式浅层滑坡—坝顶高挡墙倒塌—加剧冲刷—面板悬空、断裂—溃坝；

2）洪水—泄洪建筑物闸门无法开启—库水位上升—干预失败—漫顶—下游上部堆石体或砂砾石体冲刷＋渐退式浅层滑坡—坝顶高挡墙倒塌—加剧冲刷—面板悬空、断裂—溃坝；

3）洪水—违规超蓄（溢洪道加设子堰、非法抬高汛限水位、不及时开闸泄洪等）—逼高上游水位—漫顶—干预失败—下游上部堆石体或砂砾石体冲刷＋渐退式浅层滑坡—坝顶高挡墙倒塌—加剧冲刷—面板悬空、断裂—溃坝；

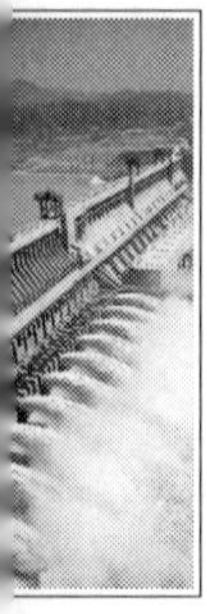

4）强降雨或库水位非常降落—库岸失稳—库水位上升或涌浪—漫顶—干预失败—下游上部堆石体或砂砾石体冲刷＋渐退式浅层滑坡—坝顶高挡墙倒塌—加剧冲刷—面板悬空、断裂—溃坝；

第二类：防渗体破坏导致的溃坝

5）坝体变形—面板脱空—面板裂缝、破碎—形成渗漏通道—干预失败—垫层和过渡层渗透变形—面板破碎面积扩大—渗漏加剧—砂砾石或堆石被淘刷—溃坝；

6）坝体变形—面板接缝止水破坏—形成渗漏通道—垫层和过渡层渗透变形—面板脱空—面板裂缝、破碎—渗漏加剧—干预失败—面板破碎面积扩大—砂砾石或堆石被淘刷—溃坝；

7）混凝土面板质量缺陷或水位变动区冻融剥蚀—面板裂缝、破损—干预失败—形成渗漏通道—垫层和过渡层渗透变形—面板脱空—面板破碎面积扩大—渗漏加剧—砂砾石或堆石被淘刷—溃坝；

第三类：地震导致的溃坝

8）地震—坝顶高挡墙倒塌—干预失败—洪水—漫顶—下游上部堆石体或砂砾石体冲刷＋渐退式浅层滑坡—加剧冲刷—面板悬空、断裂—溃坝；

9）地震—库岸滑坡或造成涌浪—漫顶—干预失败—下游上部堆石体或砂砾石体冲刷＋渐退式浅层滑坡—坝顶高挡墙倒塌—加剧冲刷—面板悬空、断裂—溃坝；

10）地震—泄洪建筑物进水塔或泄洪闸变形—闸门无法开启—遭遇洪水—干预失败—洪水漫顶—下游上部堆石体或砂砾石体冲刷＋渐退式浅层滑坡—坝顶高挡墙倒塌—加剧冲刷—面板悬空、断裂—溃坝；

11）地震—供电中断—泄洪建筑物闸门无法开启—遭遇洪水—干预失败—洪水漫顶—下游上部堆石体或砂砾石体冲刷＋渐退式浅层滑坡—坝顶高挡墙倒塌—加剧冲刷—面板悬空、断裂—溃坝；

第四类：其他情况导致的溃坝

12）战争轰炸或恐怖破坏—大坝破坏—干预失败—溃坝；

13）设计失误（面板分缝不当、止水型式不当、压实标准偏低等）—坝体变形、面板脱空—面板接缝止水破坏或裂缝、破碎—形成渗漏通道—干预失败—垫层和过渡层渗透变形—渗漏加剧—砂砾石或堆石被淘刷—溃坝。

## 2.3 溃坝概率计算

### 2.3.1 可靠度计算

#### 2.3.1.1 结构可靠度基本概念

结构设计的基本目的是使结构具有足够的可靠性，确保结构在设计基准期内满足安全性、适用性和耐久性。结构可靠性的概率度量称为结构的可靠度，也就是说，结构的可靠度是指结构在规定的时间内与规定的条件下完成预定功能的概率。

在这里，规定的时间是指结构的设计基准期。规定的条件是指设计时预先确定的结构

各种施工和使用条件。预定功能一般是指结构设计的四项要求，即能承受在施工和试用期内可能出现的各种作用；在正常使用时具有良好的工作性能；具有足够的耐久性；在偶然事件发生时及发生后，能保持足够稳定。结构完成各项功能的标志可由相应的极限状态来衡量。结构整体或某一部分超过某一特定状态时，结构就不能满足设计规定的某一功能要求，这一特定状态称为结构的极限状态。因此，结构的极限状态是区分结构工作状态为可靠或不可靠的分界线。

结构极限状态一般可分为以下两类：

(1) 承载能力极限状态。对应于结构或构件达到最大承载能力或达到不适于继续承载的变形。如结构整体或某一部分失去平衡；结构构件或连接处超过材料的强度而破坏；结构或构件丧失稳定等。

(2) 正常使用极限状态。对应于结构或构件达到正常使用和耐久性的各项规定限值。如影响正常使用或外观效果的过度变形；影响正常使用或耐久性能的局部破坏；影响正常使用的剧烈振动等。

在结构可靠度分析中，结构的极限状态是通过描述结构功能的函数定义的。设 $X_1$，$X_2$，…，$X_n$ 为影响结构功能的 $n$ 个随机变量，则下述随机函数：

$$Z = g(X_1, X_2, \cdots, X_n) \tag{2.3-1}$$

称为结构功能函数。随机变量 $X_1, X_2, \cdots, X_n$ 可以是构件的几何尺寸、材料的物理参数、结构受到的外来作用等。

当 $Z>0$ 时，结构具有预定功能，即处于可靠状态；

当 $Z<0$ 时，结构丧失预定功能，即处于失效状态；

当 $Z=0$ 时，结构处于临界状态或称为极限状态，相应地，方程：

$$Z = g(X_1, X_2, \cdots, X_n) = 0 \tag{2.3-2}$$

称为结构极限状态方程。

结构功能函数出现小于零($Z<0$)的概率称为结构的失效概率，用 $P_f$ 表示。设结构的功能函数式(2.3-1)已知，则失效概率 $P_f$ 可由基本随机变量的联合概率密度函数的多维积分求得，即

$$P_f = \int \cdots \int_{Z<0} f_X(x_1, x_2, \cdots, x_n) \mathrm{d}x_1 \mathrm{d}x_2 \cdots \mathrm{d}x_n \tag{2.3-3}$$

类似地，结构的可靠度 $P_r$ 可表示为：

$$P_r = \int \cdots \int_{Z\geqslant 0} f_X(x_1, x_2, \cdots, x_n) \mathrm{d}x_1 \mathrm{d}x_2 \cdots \mathrm{d}x_n \tag{2.3-4}$$

由概率论知识可知，可靠度与失效概率间存在以下关系：

$$P_r + P_f = 1 \tag{2.3-5}$$

以具有两个正态变量 $R$ 和 $S$ 的极限状态方程为例，即

$$Z = R - S = 0$$

$$P_f = \int_{-\infty}^{0} \frac{1}{\sqrt{2\pi}\sigma_Z} \exp\left[-\frac{1}{2}\left(\frac{z-m_Z}{\sigma_Z}\right)^2\right] \mathrm{d}z \tag{2.3-6}$$

将正态分布变量 $Z \sim (m_Z, \sigma_Z)$ 转换为标准正态分布变量 $Y \sim N(0,1)$，如图 2.3-1 所示，则失效概率可表示为

$$P_f = \frac{1}{\sqrt{2\pi}} \int_{-\infty}^{m_Z/\sigma_Z} \exp\left(-\frac{y^2}{2}\right) \mathrm{d}y = \Phi\left(-\frac{m_Z}{\sigma_Z}\right) \tag{2.3-7}$$

式中：$m_Z = m_R - m_S$，$\sigma_Z = \sqrt{\sigma_R^2 + \sigma_S^2}$，其中 $m_R$、$m_S$ 分别为 $R$ 和 $S$ 的均值；

$\sigma_R$、$\sigma_S$——$R$ 和 $S$ 的标准差。

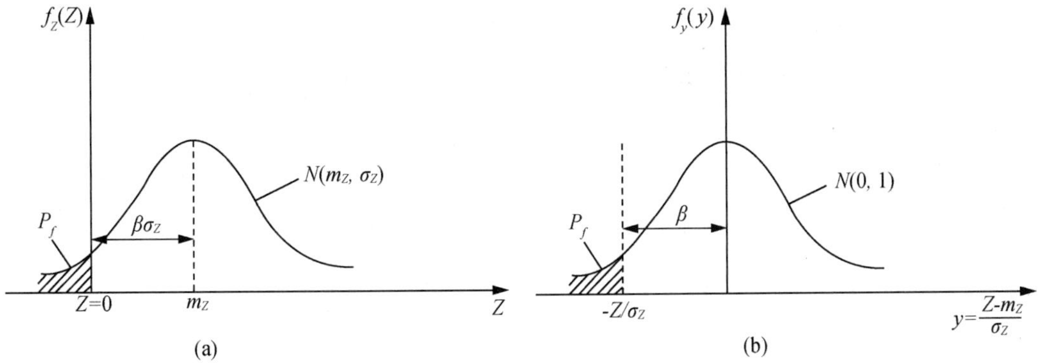


**图 2.3-1　$Z \sim (m_Z, \sigma_Z)$ 转换为 $Y \sim N(0,1)$ 分布图**

引入符号 $\beta$，并令

$$\beta = \frac{m_Z}{\sigma_Z} = \frac{m_R - m_S}{\sqrt{\sigma_R^2 + \sigma_S^2}} \tag{2.3-8}$$

可得

$$P_f = \Phi(-\beta) \tag{2.3-9}$$

式中：$\beta$——一无因次的系数，称为可靠指标。

可靠度与可靠指标的关系为：

$$P_r = 1 - P_f = 1 - \Phi(-\beta) = \Phi(\beta) \tag{2.3-10}$$

需要指出，计算结构可靠指标的式(2.3-8)是在两个变量 $R$、$S$ 为正态分布的情况下得到的，如果 $R$ 或 $S$ 为非正态分布，则算出的 $\beta$ 值是近似的。

#### 2.3.1.2　可靠度具体计算方法

结构可靠度常用的计算方法有改进的一次二阶矩法、JC 法、蒙特卡罗法，另有几何法、响应面法等。

(1) 改进的一次二阶矩法

改进的一次二阶矩法是一种在随机变量分布尚不清楚时，采用只有均值和标准差的数学模型去求解结构可靠度的方法。

设影响结构可靠度的 $n$ 个随机变量为 $X_i(i=1,2,\cdots,n)$，对应的功能函数和极限状态方程

分别如式(2.3-1)、式(2.3-2),将功能函数在某点 $X_{0_i}(i=1,2,\cdots,n)$用泰勒级数展开,可得到:

$$Z=g(X_{0_1},X_{0_2},\cdots,X_{0_n})+\sum_{i=1}^{n}(X_i-X_{0_i})\frac{\partial g}{\partial X_i}\big|_{X_0}+\sum_{i=1}^{n}\frac{(X_i-X_{0_i})^2}{2}\frac{\partial^2 g}{\partial X_i^2}\big|_{X_0}+\cdots \tag{2.3-11}$$

为了获得线性方程,近似地取一次项,得

$$Z\approx g(X_{0_1},X_{0_2},\cdots,X_{0_n})+\sum_{i=1}^{n}(X_i-X_{0_i})\frac{\partial g}{\partial X_i}\big|_{X_0} \tag{2.3-12}$$

式中:$\frac{\partial g}{\partial X_i}\big|_{X_0}$表示 $g$ 对 $X_i$ 求导后,用 $X_{0_i}(i=1,2,\cdots,n)$值代入后的导数值,是常量。

实际求解时,将线性化点选在失效边界,且与结构最大失效概率对应的设计验算点 $p^*$ 上。

当选择设计验算点 $X_i^*(i=1,2,\cdots,n)$作为线性化点 $X_{0_i}(i=1,2,\cdots,n)$时,根据式(2.3-12)可得线性化的极限状态方程为

$$Z\approx g(X_1^*,X_2^*,\cdots,X_n^*)+\sum_{i=1}^{n}(X_i-X_i^*)\frac{\partial g}{\partial X_i}\big|_{X^*}=0 \tag{2.3-13}$$

$Z$ 的均值为

$$m_Z=g(X_1^*,X_2^*,\cdots,X_n^*)+\sum_{i=1}^{n}(m_{X_i}-X_i^*)\frac{\partial g}{\partial X_i}\big|_{X^*} \tag{2.3-14}$$

由于设计验算点就在失效边界上,即有 $g(X_1^*,X_2^*,\cdots,X_n^*)=0$,因此:

$$m_Z=\sum_{i=1}^{n}(m_{X_i}-X_i^*)\frac{\partial g}{\partial X_i}\big|_{X^*} \tag{2.3-15}$$

在变量相互独立的假设下,$Z$ 的标准差 $\sigma_Z$ 为

$$\sigma_Z=\left[\sum_{i=1}^{n}\left(\sigma_{X_i}\frac{\partial g}{\partial X_i}\big|_{X^*}\right)^2\right]^{1/2} \tag{2.3-16}$$

将上面公式线性化,得

$$\sigma_Z=\sum_{i=1}^{n}\alpha_i\sigma_{X_i}\frac{\partial g}{\partial_{X_i}}\big|_{X^*} \tag{2.3-17}$$

其中,

$$\alpha_i=\frac{\sigma_{X_i}\frac{\partial g}{\partial X_i}\big|_{X^*}}{\sqrt{\sum_{i=1}^{n}\left(\sigma_{X_i}\frac{\partial g}{\partial X_i}\big|_{X^*}\right)}} \tag{2.3-18}$$

式中:$\alpha_i$——第 $i$ 个随机变量对整个标准差的相对影响,称为灵敏系数。在已知变量方差下,

$\alpha_i$ 可以完全由 $X_i^*$ 确定，$\alpha_i$ 值在$(-1,1)$之间，且 $\sum_{i=1}^{n}\alpha_i^2=1$。

根据可靠指标定义，有

$$\beta=\frac{m_Z}{\sigma_Z}=\frac{\sum_{i=1}^{n}(m_{X_i}-X_i^*)\frac{\partial g}{\partial X_i}\Big|_{X^*}}{\sum_{i=1}^{n}(\alpha_i\sigma_{X_i}\frac{\partial g}{\partial X_i}\Big|_{X^*})} \tag{2.3-19}$$

重新排列得

$$\sum_{i=1}^{n}\frac{\partial g}{\partial X_i}\Big|_{X^*}(m_{X_i}-X_i^*-\beta\alpha_i\sigma_{X_i})=0 \tag{2.3-20}$$

即

$$(m_{X_i}-X_i^*-\beta\alpha_i\sigma_{X_i})=0 \quad (\text{对于所有 } i \text{ 值}) \tag{2.3-21}$$

从中解出设计验算点为

$$X_i^*=m_{X_i}-\beta\alpha_i\sigma_{X_i} \quad (\text{对于所有 } i \text{ 值}) \tag{2.3-22}$$

式(2.3-20)代表 $n$ 个方程，未知数有 $X_i^*$ 和$\beta$，共 $n+1$ 个。因此，通过方程联立求解未知数有困难，一般采用迭代法求解。具体步骤如下：

1) 假定一个可靠指标 $\beta$ 值；

2) 对全部 $i$ 值，选取设计验算点的初值，一般取 $X_i^*=m_{X_i}$；

3) 计算$\frac{\partial g}{\partial X_i}\Big|_{X^*}$ 值；

4) 由式(2.3-18)计算 $\alpha_i$ 值；

5) 由式(2.3-22)计算新的 $X_i^*$ 值；

6) 重复步骤 3)～5)，一直算到 $X_i^*$ 前后两次差值在容许范围内为止；

7) 将所得 $X_i^*$ 值代入原极限状态方程式(2.3-2)计算 $g$ 值；

8) 检验 $g(X_i^*)=0$ 的条件是否满足，如果不满足，则计算前后两次$\beta$和$g$ 的各自差值的比值 $\Delta\beta/\Delta g$，并由 $\beta_{n+1}=\beta_n-g_n\cdot\Delta\beta/\Delta g$ 估计一个新的$\beta$ 值，然后重复步骤 3)～7)的计算，直到获得 $g\approx0$ 为止；

9) 最后由 $P_f=\Phi(-\beta)$计算失效概率。

在迭代步骤中，可以取消步骤 6)中各小轮迭代，但在相同精度条件下，大轮迭代的次数相应增加。

在实际计算中，$\beta$的误差一般要求在$(-0.01,0.01)$之内。

此法求出的结构可靠指标 $\beta$，只是在统计独立的正态分布变量和具有线性极限状态方程下才是精确的。

(2) JC 法

JC 法适用于随机变量为任意分布时结构可靠指标的求解。该法为国际安全度联合委员会(JCSS)所采用，故称 JC 法。

JC 法首先把随机变量 $X_i$ 原来的非正态分布用正态分布代替，但对于代替的正态分布

函数要求在设计验算点 $X_i^*$ 处的累积概率分布函数(CDF)值和概率密度函数(PDF)值都和原来的分布函数的 CDF 值和 PDF 值相同,然后根据这两个条件求得等效正态分布的均值 $\overline{X}_i^*$ 和标准差 $\sigma'_{X_i}$,最后用改进的一次二阶矩法求结构的可靠指标。

利用 $X_i^*$ 处 CDF 值相等的条件,原来分布的概率为 $P(X\leqslant X_i^*)=F_{X_i}(X_i^*)$,代替正态分布的概率为

$$P(X \leqslant X_i^*) = F_{X_i}(X_i^*) = \Phi\left(\frac{X_i^* - \overline{X}'_i}{\sigma'_{X_i}}\right) \tag{2.3-23}$$

根据条件,要求以上概率相等,得

$$F_{X_i}(X_i^*) = \Phi\left(\frac{X_i^* - \overline{X}'_i}{\sigma'_{X_i}}\right) \tag{2.3-24}$$

利用 $X_i^*$ 处 PDF 值相等条件,原来分布的概率密度值为 $f_{X_i}(x_i^*)$,代替正态分布的概率密度值为

$$\begin{aligned} f'_{X_i}(X_i^*) &= \frac{\mathrm{d}F'_{X_i}(X_i^*)}{\mathrm{d}X_i} = \frac{\mathrm{d}\Phi\left(\frac{X_i^* - \overline{X}'_i}{\sigma'_{X_i}}\right)}{\mathrm{d}X_i} \\ &= \phi\left(\frac{X_i^* - \overline{X}'_i}{\sigma'_{X_i}}\right)\cdot\frac{1}{\sigma'_{X_i}} \end{aligned} \tag{2.3-25}$$

根据 JC 法条件,要求以上概率密度值相等,得

$$f_{X_i}(X_i^*) = \frac{1}{\sigma'_{X_i}}\phi\left(\frac{X_i^* - \overline{X}'_i}{\sigma'_{X_i}}\right) \tag{2.3-26}$$

由式(2.3-24)解出:

$$\frac{(X_i^* - \overline{X}'_i)}{\sigma'_{X_i}} = \Phi^{-1}[F_{X_i}(X_i^*)] \tag{2.3-27}$$

代入式(2.3-26)得

$$f_{X_1}(X_i^*) = \frac{\phi[\Phi^{-1}(F_{X_i}(X_i^*))]}{\sigma'_{X_i}} \tag{2.3-28}$$

从而得到

$$\sigma'_{X_i} = \frac{\phi[\Phi^{-1}(F_{X_i})]}{f_{X_i}(X_i^*)} \tag{2.3-29}$$

最后由式(2.3-29)得

$$\overline{X}'_i = X_i^* - \sigma'_{X_i}\Phi^{-1}[F_{X_1}(X_i^*)] \tag{2.3-30}$$

式中:$F_{X_i}(\cdot)$和 $f_{X_i}(\cdot)$——变量 $X_i$ 的原来累积概率分布函数和概率密度函数;$\Phi(\cdot)$和 $\phi(\cdot)$——标准正态分布时的累积概率分布函数和概率密度函数。

以上是 JC 法求等效正态分布的均值 $\overline{X}'_i$和标准差 $\sigma'_{X_i}$ 的一般公式,具体计算时如果遇到正态变量,则直接把该变量的均值和标准差作“代替变量”的均值和标准差。

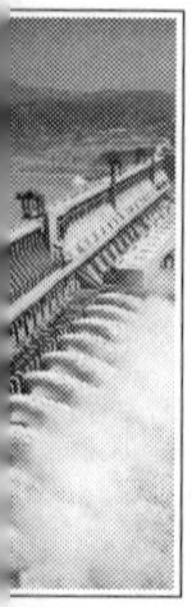

等效正态分布的均值 $\overline{X}_i'$ 和标准差 $\sigma_{X_i}'$ 确定之后，JC 法求解结构可靠指标的过程与改进一次二阶矩法大致相同。

（3）蒙特卡罗法

用蒙特卡罗法表示的失效概率为

$$\hat{p}_f = \frac{1}{N}\sum_{i=1}^{N} I[G(\hat{X})_i] \tag{2.3-31}$$

式中：$N$——抽样模拟总数，当 $G(\hat{X}_i)<0$ 时，$I[G(\hat{X}_i)]=1$，反之，$I[G(\hat{X}_i)]=0$；

冠标“ ^ ”——抽样值。

所以，式(2.3-31)的抽样方差为

$$\hat{\sigma}^2 = \frac{1}{N}\hat{p}_f(1-\hat{p}_f) \tag{2.3-32}$$

当选取 95%的置信度来保证蒙特卡罗法的抽样误差时，有

$$|\hat{p}_f - p_f| \leqslant z_{\alpha/2}\cdot\hat{\sigma} = 2\sqrt{\frac{\hat{p}_f(1-\hat{p}_f)}{N}} \tag{2.3-33}$$

或者以相对误差 ε 来表示，有

$$\varepsilon = \frac{|\hat{p}_f - p_f|}{p_f} < 2\sqrt{\frac{1-\hat{p}_f}{N\hat{p}_f}} \tag{2.3-34}$$

考虑到 $\hat{p}_f$ 通常是一个小量，则上式可以近似地表示为

$$\varepsilon = \frac{2}{\sqrt{N\hat{p}_f}} \tag{2.3-35}$$

$$N = \frac{4}{\hat{p}_f\cdot\varepsilon^2} \tag{2.3-36}$$

当给定 $\varepsilon=0.2$ 时，抽样数目 $N$ 必须满足：

$$N = 100/\hat{p}_f \tag{2.3-37}$$

上式意味抽样数目 $N$ 与 $\hat{p}_f$ 成反比。当 $\hat{p}_f=10^{-3}$ 时，$N=10^5$ 才能获得对 $p_f$ 的足够可靠的估计；而工程结构的破坏概率通常很低，这说明 $N$ 必须要有足够大的数目才能给出正确的估计。蒙特卡罗法常用来验证其他可靠度计算方法的正确性。

#### 2.3.1.3　可靠度法计算溃坝概率

（1）溃坝概率计算的一般步骤

1）按下式构建大坝工作状态功能函数：

$$Z = g(X_1, X_2, \cdots, X_n) = g(R,S) = R - S \tag{2.3-38}$$

式中：$X_1, X_2, \cdots, X_n$——大坝的基本随机因子；

$Z$——大坝的功能函数；

$R$——抗力随机因子；

$S$——荷载效应随机因子。

2）按下式计算大坝工作状态的可靠指标 $\beta$：

$$\beta=\frac{m_R-m_S}{\sqrt{\sigma_R+\sigma_S}} \tag{2.3-39}$$

式中：$m_R$，$m_S$——$R$ 和 $S$ 的均值；

$\sigma_R$、$\sigma_S$——$R$ 和 $S$ 的标准差。

3）溃坝概率可按式(2.3-3)或式(2.3-9)计算。

（2）大坝洪水漫顶破坏概率

按下式计算：

$$P_{f1}=P(H>D)=\iint_{H>D} f(H,D)\mathrm{d}H\mathrm{d}D \tag{2.3-40}$$

式中：$P_{f1}$——漫顶破坏概率；

$f(H,D)$——坝前洪水位 $H$ 与坝顶高程 $D$ 的联合概率密度函数。

（3）大坝失稳破坏概率

按下式计算：

$$P_{f2}=P(M_S>M_R)=\int_{M_R}^{+\infty} f(M_S)\mathrm{d}M_S \tag{2.3-41}$$

式中：$P_{f2}$——失稳破坏概率；

$M_S$——滑动力(矩)；

$M_R$——阻滑力(矩)；

$f(M_S)$——滑动力(矩)的概率密度函数。

（4）大坝渗透破坏概率

按下式计算：

$$P_{f3}=P(J>J_c)=\int_{J_c}^{+\infty} f(J)\mathrm{d}J \tag{2.3-42}$$

式中：$P_{f3}$——渗透破坏概率；

$J$——渗流出逸比降；

$J_c$——临界渗透比降；

$f(J)$——渗透坡降的概率密度分布函数。

（5）大坝强度破坏概率

按下式计算：

$$P_{f4}=P(\sigma>\sigma_c)=\int_{\sigma_c}^{+\infty} f(\sigma)\mathrm{d}\sigma \tag{2.3-43}$$

式中：$P_{f4}$——强度破坏概率；

$\sigma$——材料应力；

$\sigma_c$——材料允许应力；

$f(\sigma)$——材料应力的概率密度分布函数。

综上所述，通过可靠度理论计算大坝可靠度的方法较为成熟，可靠指标与失效概率的关系在理论计算上较为清晰，但受制于筑坝材料样本不够、不同工程有很强的变异性等因素，获得可靠的大坝失效概率计算参数十分困难。因此，通过可靠度理论定量计算溃坝概率目前在实际操作层面上还存在很大困难。

在水利技术标准《水库大坝风险评估导则》审查和征求意见过程中，坝工界专家普遍希望协调衔接好大坝风险评价体系与现行大坝安全评价体系的关系，建立溃坝概率与大坝结构安全系数之间的转换关系。由于定量计算大坝失效概率具有很大不确定性，现阶段还难以建立溃坝概率与大坝结构安全系数之间的转换关系，因此仍需要进一步加强相关研究与应用。

(6) 计算案例

1) 洪水漫顶概率计算

某水库总库容 150.8 万 $m^3$，50 年一遇设计洪水位 48.88 m；500 年一遇校核洪水位 49.29 m。拦河坝为土石坝，坝顶高程 50.74 m；溢洪道堰顶高程为正常蓄水位 47.80 m。

该水库大坝已运行多年，坝顶沉降趋于稳定，可假定坝顶高程服从正态分布，均值取 50.74 m，均方差取 0.005 m；起调水位为堰顶高程，即 47.80 m，均方差为 0.01 m。

一般认为，风壅高度 $e$ 符合极值 Ⅰ 型分布，波浪爬高 $h_p$ 为瑞利分布，风壅高度 $e$ 和波浪爬高 $h_p$ 可按下式计算：

$$e=\frac{K\nu_{10}^{2}D}{2gH}\cos\beta, h_p=\frac{K_{\Delta}K_{\nu}}{\sqrt{1+m^2}}\sqrt{\bar{h}\bar{\lambda}} \tag{2.3-44}$$

式中：$K$——综合摩阻系数，其值为$(1.5\sim5.0)\times10^{-6}$，计算时取 $K=3.6\times10^{-6}$；

$\nu_{10}$——水面以上 10 m 处的风速，m/s；

$D$——水库吹程，m；

$H$——水域的平均水深，m；

$\beta$——计算风向与坝轴线法线的夹角，为安全起见，一般取 0°；

$h$、$\bar{h}$——波浪高度及其均值，$\bar{h}=h/1.71$，$h=0.0166W^{5/4}D^{1/5}$；

$\bar{\lambda}$——平均波长，$\bar{\lambda}=0.1233WD^{1/2}$；

$K_{\Delta}$——斜坡的糙率渗透性系数；

$K_{\nu}$——经验系数，与风速、坝前水深等因素有关；

$m$——上游坝坡的坡度系数；

$W$——计算风速，校核情况下取多年平均最大风速，设计情况下取多年平均最大风速的 1.5 倍。

水库所在地多年平均最大风速 12 m/s，水库吹程 0.25 km，坝前平均水深 8.0 m。坝前水位各种影响因素的特征值见表 2.3-1。

**表 2.3-1 坝前水位各种影响因素的特征值表**

| 项目 | 设计洪水 | | 校核洪水 | | 分布形式 |
|---|---|---|---|---|---|
| | 均值 | 均方差 | 均值 | 均方差 | |
| 坝顶高程(m) | 50.74 | 0.005 | 50.74 | 0.005 | 正态分布 |
| 起调水位(m) | 47.80 | 0.01 | 47.80 | 0.01 | 正态分布 |
| 洪水作用增加的水位(m) | 1.04 | 0.13 | 1.49 | 0.22 | 正态分布 |
| 波浪爬高(m) | 0.238 | 0.124 | 0.265 | 0.139 | 瑞利分布 |
| 风壅高度(mm) | 1.86 | 0.74 | 0.87 | 0.33 | 极值Ⅰ型分布 |

采用蒙特卡罗方法计算，设计洪水和校核洪水情况下的漫顶概率分别为 0 和 $3.32\times10^{-4}$，表明在设计洪水情况下不可能发生漫顶，500 年一遇校核洪水情况下的漫顶概率也很低。

2）强度破坏概率计算

某连拱坝垛头发生裂缝，且不断扩展，有可能导致溃坝。采用混合模型确定支墩上游面垛踵的荷载效应如下式：

$$S_3 = 0.629 - 0.4901H + 1.1317\times10^{-2}H^2 + 3.6913\times10^{-5}H^3 - 2.2295T \tag{2.3-45}$$

式中：$H$——坝面 1—2 月最大水深；

$T$——垛墙年最大混凝土平均温降。

水压荷载 $P_H$、温变 $T$ 和抗拉极限 $R_{拉}$ 为随机变量，相应的分布及参数值见表 2.3-2。

**表 2.3-2　$P_H$、$T$、$R_{拉}$ 的特征值表**

| 随机变量 | 均值 | 标准差 | 分布模型 |
|---|---|---|---|
| 坝前 1—2 月最大水深 $H$(m) | 47.744 | 6.229 | 正态 |
| 垛墙年最低混凝土平均温降 $T$(℃) | −4.432 | 1.772 | 正态 |
| 混凝土材料强度 $R_{拉}$(MPa) | 1.9584 | 0.1501 | 正态 |

采用 JC 法进行计算，结果见表 2.3-3。

**表 2.3-3　JC 法的计算结果**

| 部位 | 概率可靠指标 $\beta$ | 理论失效概率 $p_f$ | $\beta_\alpha$ | $\beta_f$ | $P(\underset{\sim}{A}_f)$ |
|---|---|---|---|---|---|
| 坝踵 | 0.431 | 33.324% | 0.580 | 0.425 | 33.54% |

注：$\beta_\alpha$ 为模糊可靠度初步指标，$\beta_f$ 为模糊可靠度指标，$P(\underset{\sim}{A}_f)$为实际失效概率。

## 2.3.2　基于专家经验的简化计算方法

风险理念刚引入到大坝安全领域时，国内外学者尝试通过理论方法（如前述可靠度法）定量计算溃坝概率。但由于环境、人因、模型、参数等各种不确定性，采用理论方法计算溃坝概率的困难很大，结果并不“可靠”。因此，人们转而采用基于专家经验的定性和半定量方法来计算溃坝概率，如事件树法、故障树法，由专家根据历史溃坝数据统计分析结果和经验定量确定溃坝路径上各个环节发生的概率，把专家对某一事件可能出现的定性判断转化为定量概率。显然，如此计算得到的“溃坝概率”并不是真实的溃坝概率，仅可作为水库调度运用、维修养护、除险加固、降等报废等决策依据。为尽量减少主观因素的影响，在对群坝开展风险评估时，应尽量由同一批经验相当的专家完成。

### 2.3.2.1　事件树法

大坝风险评估结果作为大坝风险防控的决策依据，目前主要采用事件树法计算溃坝概率，但事件树中的某些确定性分支事件或环节，如洪水漫顶、滑坡、渗透破坏等，也可采用可

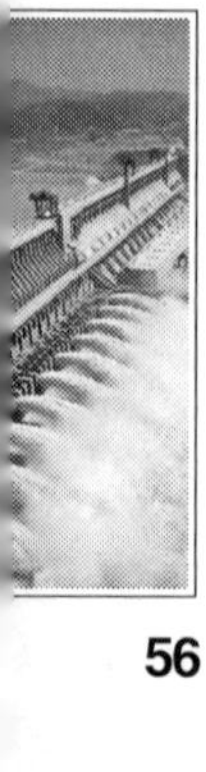

靠度法计算。

事件树分析(Event Tree Analysis,简称ETA)是一种时序逻辑分析方法,分析的情况用树枝状图表示。该方法以初始事件为起点,按照事故的发展顺序,对可能的后续事件逐步进行分析,直至系统事故或破坏为止。事件发生顺序存在着一定的因果逻辑关系,某一事件既可能是一个或多个后续事件的发生条件,也可能是先期事件发生后的可能后果;当对每一事件赋予相应的发生概率时,就可以估算系统故障发生的总体概率。

事件树法计算溃坝概率步骤如下:

(1) 筛选初始事件。通过风险要素识别,确定某种荷载状态下可能导致系统失效(溃坝)的初始事件,如洪水、地震、渗漏破坏、人为失误等。

(2) 构造事件树。通过溃坝模式与溃坝路径分析,从初始事件开始,按事件发展过程构造事件树,用树枝代表事件发展路径。

(3) 简化事件树。在构造事件树的过程中,可能会遇到一些与初始事件或事故无关的事件,或者系统的某些要素功能相互矛盾,需用工程知识和系统设计知识予以辨别,然后从树枝中去掉,即构成简化的事件树。

(4) 计算事件发生概率。确定事件树中各分支事件的发生概率,进而计算事件发生概率,即各个分支事件发生的条件概率的乘积。

事件树中各分支事件发生概率可按以下方法确定:

(1) 事件树中初始事件发生概率可根据初始事件发生频率进行计算。

(2) 事件树中各分支事件发生概率可根据历史资料统计法、专家经验法赋值,或采用可靠度法计算。

(3) 事件树中某分支事件如果是由若干事件共同作用引起的,可采用故障树法计算该分支事件发生概率。

事件树法应用及相应概率的计算示例见图2.3-2。

### 2.3.2.2 故障树法

故障树法(Fault Tree Analysis,简称FTA)是一种演绎推理法,是从结果到原因找出与灾害事故有关的各种因素之间因果关系及逻辑关系的分析法。该法采用图形演绎分析,自上而下逐层展开,根据布尔逻辑表示系统特定故障间的相互关系,对故障发生的基本原因进行推理分析,建立从结果到原因描述故障的有向逻辑图,这个树状结构图即称为故障树。故障树由各种事件符号和逻辑门组成,事件之间的逻辑关系用逻辑门表示,符号可分逻辑符号、事件符号等。

利用故障树进行分析时,应首先对所研究的系统进行熟悉,确定顶上事件,顶上事件即所要分析的对象事件,从顶上事件起进行演绎分析,一级一级地找出所有直接原因事件,直到所要分析的深度,画出故障树图,确定最小割集和最小径集,确定所有原因事件发生的概率,进而求出顶上事件的发生概率。

割集是指故障树中某些基本事件的集合,当这些基本事件都发生时,顶上事件必然发生。如果在某个割集中任意除去一个基本事件就不再是割集了,这样的割集就称为最小割集。可采用行列法或布尔代数化简法等方法求最小割集。

径集是指故障树中某些基本事件的集合,当这些基本事件都不发生时,顶上事件必然不发生。如果在某个径集中任意除去一个基本事件它就不再是径集了,这样的径集就称为最小径集。

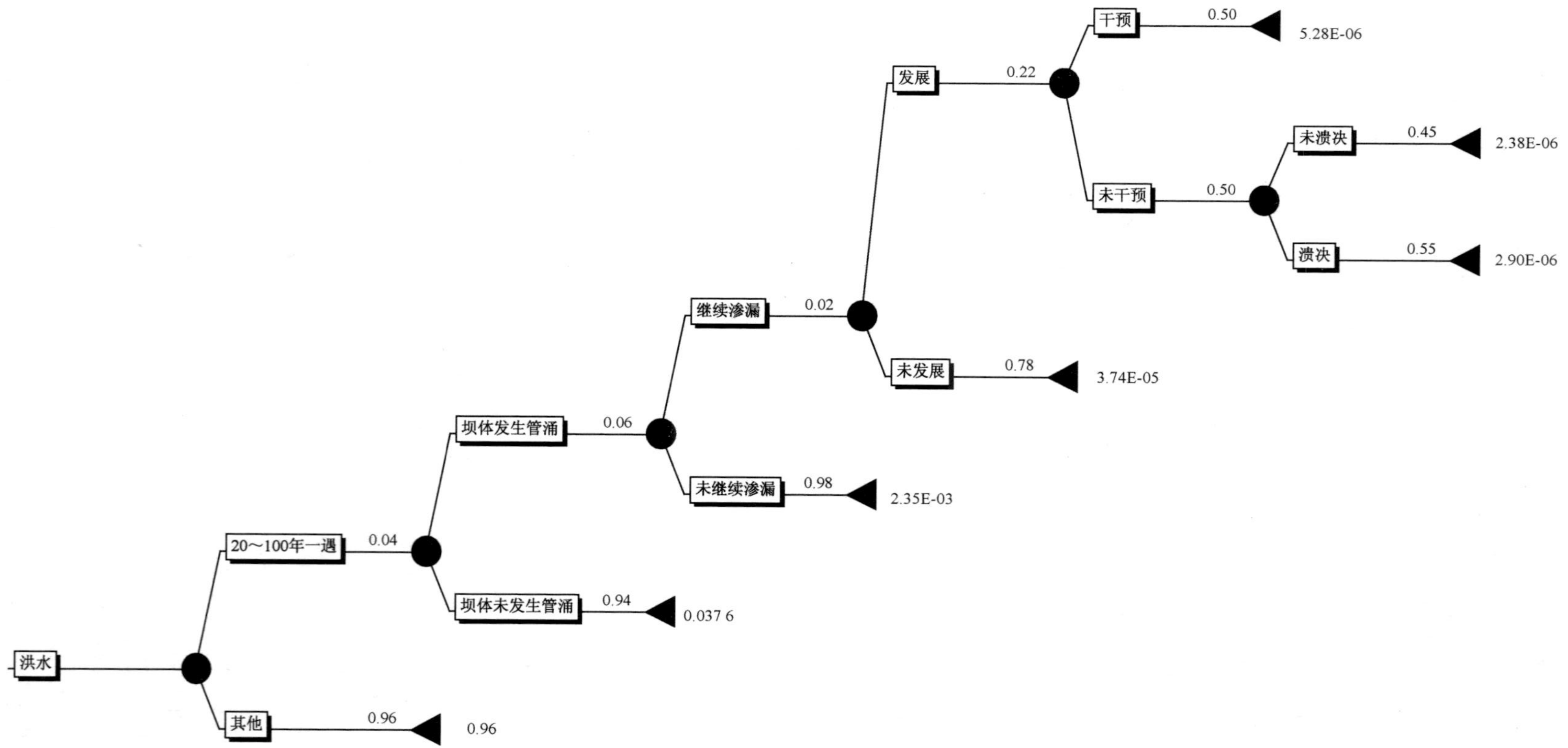


图 2.3-2　事件树法计算溃坝概率示意图

系统的全部故障模式就是系统的全部最小割集，系统的全部正常模式就是系统的全部最小径集。

故障树分析的具体方法与程序可按 GJB/Z 768A《故障树分析指南》及 GB 7829《故障树分析程序》的规定执行，基本程序如下：

(1) 熟悉系统。详细了解系统状态及各种参数，绘制工艺流程图或布置图。

(2) 调查事故。收集事故案例，进行事故统计，设想给定系统可能发生的事故。

(3) 确定顶上事件。要分析的对象即为顶上事件。对所调查的事故进行全面分析，从中找出后果严重且易发生的事故作为顶上事件。

(4) 确定目标值。根据经验教训和事故案例，经统计分析后，求解事故发生的概率(频率)，以此作为要控制的事故目标值。

(5) 调查原因事件。调查与事故有关的所有原因事件和各种因素。

(6) 画出故障树。从顶上事件起，逐级找出直接原因的事件，直至所要分析的深度，按其逻辑关系，画出故障树。

(7) 分析。按故障树结构进行简化，确定各基本事件的结构重要度。

(8) 事故发生概率。确定所有事故发生概率，标在故障树上，进而求出顶上事件(事故)的发生概率。

(9) 比较。比较分可维修系统和不可维修系统，前者要进行对比，后者求出顶上事件发生概率即可。

故障树应用于大坝破坏事件及相应失效概率的计算示例见图 2.3-3、图 2.3-4。

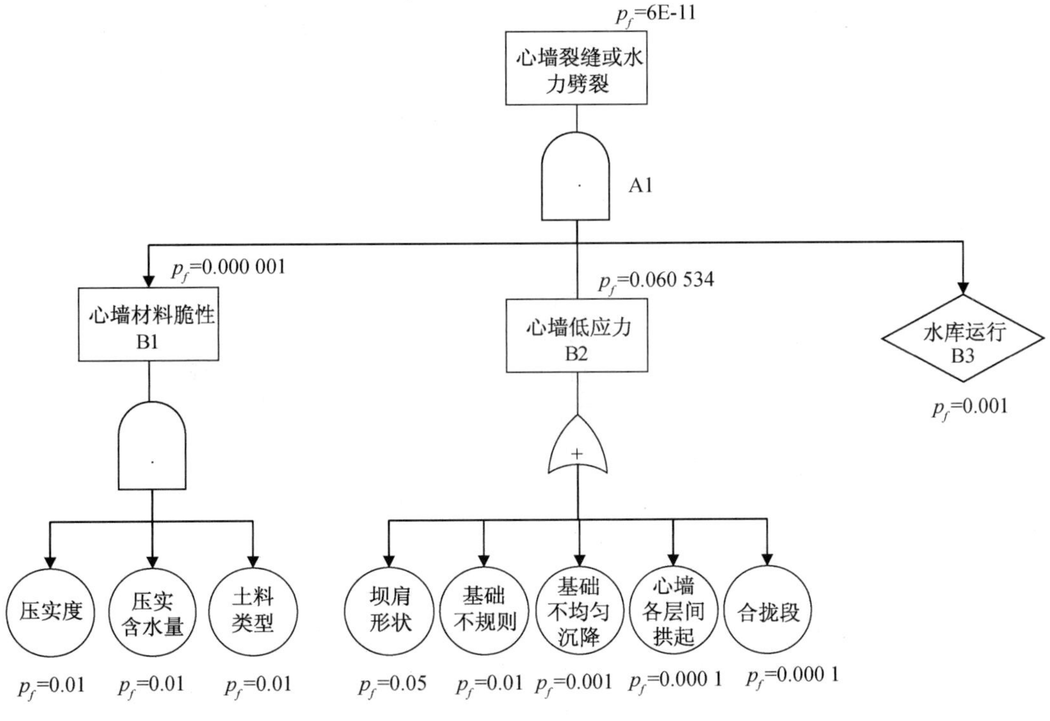


**图 2.3-3　心墙裂缝或水力劈裂故障树计算示意图**

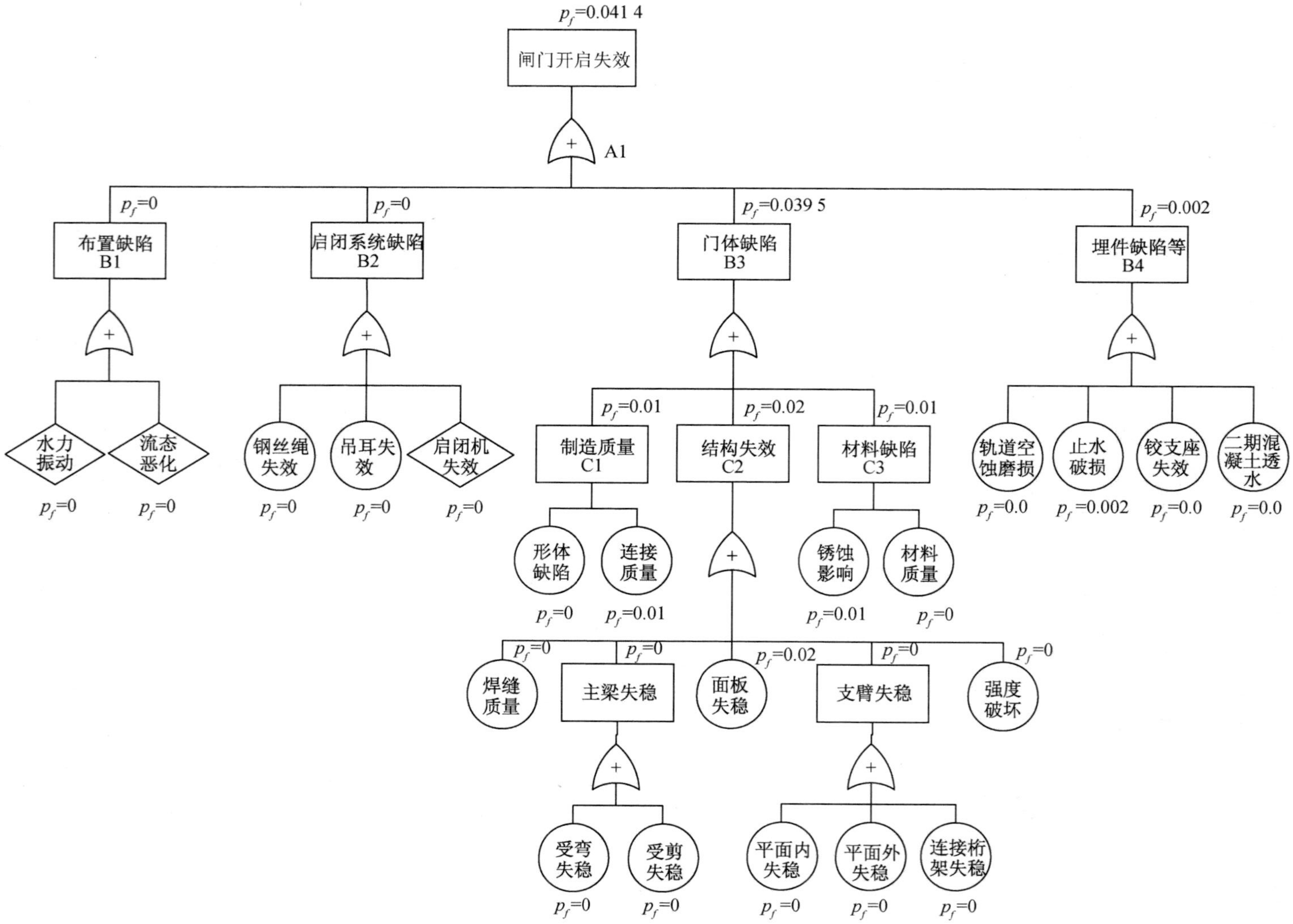


**图 2.3-4　溢洪道弧形闸门启闭失效故障树计算示意图**

### 2.3.2.3 历史资料统计法

所谓历史资料统计法，即是根据历史上大坝发生过类似事件的概率，来确定将来发生该事件的可能性。但是，历史上该事件(如渗流破坏)发生条件和环境与所分析的水库大坝之间一般不存在可比性和可借用性，因此，应用历史资料统计法时，应与专家经验法相互比较，谨慎使用。

采用专家经验来定量确定溃坝过程中各个环节发生的概率，是把专家对某一事件可能出现的定性判断转化为可能出现的定量概率。李雷、王仁钟等人结合我国具体情况和国外使用经验，提出了大坝破坏(失效)事件发生的定性描述与概率之间的转换关系，见表 2.3-4。表 2.3-4 中不同事件发生概率的判断依据可参见表 2.3-5～表 2.3-14。

**表 2.3-4　事件发生可能性的定性描述和概率对应表**

| 定性描述 | 相应概率 | 判断依据 |
|---|---|---|
| 极不可能 | 0.000 001～0.000 1 | 不同事件发生概率的判断依据参见表 2.3-5～表 2.3-14 |
| 不可能 | 0.000 1～0.01 | |
| 基本不可能 | 0.01～0.1 | |
| 可能 | 0.1～0.5 | |
| 极有可能 | 0.5～0.99 | |

**表 2.3-5　闸门系统失效概率估计表**

| 定性评价 | 判断依据 | 单门失效概率 |
|---|---|---|
| 极其安全、可靠 | • 闸门强度、刚度和稳定性及启闭机启闭能力满足要求；<br>• 有两路以上的正常电源，另有备用电源，并可人工开启；<br>• 有完善的管理制度和操作规程，能严格执行；<br>• 操作人员经过专业培训，经验丰富；<br>• 闸门和启闭机均未超过报废折旧年限，维(检)修、保养情况良好；<br>• 有汛前、汛后检查和试运行，发现的问题及时得到妥善处理；<br>• 闸门和启闭机运行正常，运用记录中从未发生过闸门启闭故障情况。 | 0.000 1～0.000 001 |
| 安全、可靠 | • 闸门强度、刚度和稳定性及启闭机的启闭能力满足要求；<br>• 有正常电源和备用电源，并可人工开启；<br>• 有较完善管理制度和操作规程；<br>• 操作人员经过专业培训，具有操作经验；<br>• 闸门和启闭机均未超过报废折旧年限，维(检)修、保养情况良好；<br>• 有汛前、汛后检查和试运行，检查和运行中发现的问题得到处理；<br>• 闸门和启闭机运行正常，运用记录中从未发生过闸门启闭失效情况。 | 0.000 1～0.01 |
| 基本安全、可靠 | • 闸门主要受力构件强度、刚度和稳定性及启闭机启闭能力满足要求；<br>• 有电源和备用电源，并可人工开启；<br>• 有管理制度和操作规程，操作人员具有操作经验；<br>• 闸门和启闭机均未超过报废折旧年限，但维(检)修、保养情况较差；<br>• 有汛前、汛后检查和试运行，检查和运行中发现的问题得到处理，但往往不够及时；<br>• 闸门和启闭机能够运行，但运用记录中曾发生闸门启闭故障情况。 | 0.01～0.1 |

续表

| 定性评价 | 判断依据 | 单门失效概率 |
| --- | --- | --- |
| 不安全、不可靠 | • 闸门主要受力构件的强度、刚度和稳定性及启闭机启闭能力满足要求，但老化锈蚀严重，启闭机无保护；<br>• 有正常电源，可人工开启，但无备用电源；<br>• 虽有管理制度和操作规程，但操作性不强，执行不严格，操作人员缺乏专业素养和经验；<br>• 维(检)修、保养情况尚可，但闸门和启闭机均超过报废折旧年限；<br>• 虽有汛前、汛后检查和试运行，但检查和运行中发现的问题不能及时得到处理；<br>• 闸门和启闭机运行故障多，运用记录中多次发生闸门启闭故障情况。 | 0.1～0.5 |
| 极不安全、极不可靠 | • 闸门强度、刚度和稳定性及启闭机启闭能力不满足要求，老化锈蚀严重，启闭机无保护；<br>• 正常电源不可靠，无备用电源，人工开启费力、费时；<br>• 无管理制度和操作规程，无专人操作或操作人员缺乏专业素养和经验；<br>• 闸门和启闭机均超过报废折旧年限，维(检)修、保养不善，老化锈蚀严重；<br>• 汛前、汛后检查流于形式，无试运行，存在的问题长期得不到处理；<br>• 运用中多次发生闸门启闭故障事故。 | 0.5～0.99 |

注：单门发生故障的概率为 $P_f$，$n$ 扇闸门同时发生故障的概率为 $P_f^n$。

**表 2.3-6　坝顶高程不足概率估计表**

| 定性评价 | 判断依据 | 相应概率 |
| --- | --- | --- |
| 完全满足要求 | • 水库防洪标准、坝顶超高、防渗体顶高程均满足现行规范上限要求；<br>• 实测坝顶最低处高程满足水库防洪安全复核要求，且有较大裕度；<br>• 大坝变形已经稳定；<br>• 防浪墙和防渗体顶部结合良好、可靠；<br>• 运用过程中坝顶无塌陷、纵向裂缝记录；<br>• 坝坡无滑动、塌陷记录，抗滑稳定复核结果满足现行规范要求；<br>• 无地震液化问题。 | 0.000 1～0.000 001 |
| 满足要求 | • 水库防洪标准、坝顶超高、防渗体顶高程均满足现行规范要求；<br>• 实测坝顶最低处高程满足水库防洪安全复核要求；<br>• 大坝变形已基本稳定；<br>• 防浪墙和防渗体顶部结合良好；<br>• 运用过程中坝顶无明显塌陷和纵向裂缝，坝坡无整体滑动记录，抗滑稳定复核结果满足现行规范要求；<br>• 无地震液化问题。 | 0.000 1～0.01 |
| 基本满足要求 | • 水库防洪标准、坝顶超高、防渗体顶高程不满足现行规范要求，但满足近期非常运用洪水标准要求；<br>• 实测坝顶最低处高程不满足水库防洪安全复核要求，但满足抗御近期非常运用洪水要求；<br>• 大坝变形尚未稳定；<br>• 防浪墙和防渗体顶部结合尚好，但防浪墙未封闭；<br>• 运用过程中坝顶曾发生过塌陷和纵向裂缝，坝坡曾有局部滑动，但均已整修，坝坡抗滑稳定复核结果满足现行规范要求；<br>• 无地震液化问题。 | 0.01～0.1 |

续表

| 定性评价 | 判断依据 | 相应概率 |
|---|---|---|
| 不满足要求 | • 水库防洪标准、坝顶超高、防渗体顶高程不满足近期非常运用洪水标准要求；<br>• 大坝变形尚未稳定；<br>• 防浪墙与防渗体顶部连接不可靠，且防浪墙未封闭；<br>• 运用过程中坝顶曾发生过塌陷和严重纵向裂缝，坝坡曾滑动，虽已整修，但坝坡抗滑稳定复核结果不满足现行规范要求；<br>• 地质资料不足，地震液化问题难以判别。 | 0.1～0.5 |
| 严重不满足要求 | • 水库防洪标准、坝顶超高、防渗体顶高程不满足近期非常运用洪水标准要求；<br>• 运用过程中曾发生短暂洪水漫顶事故；<br>• 大坝变形未稳定；<br>• 防浪墙未与防渗体顶部相接，且防浪墙未封闭；<br>• 运用过程中坝顶曾发生过严重塌陷和裂缝，坝坡曾滑动，抗滑稳定复核结果不满足现行规范要求；<br>• 存在地震液化问题。 | 0.5～0.99 |

**表 2.3-7　洪水漫顶概率估计表**

| 定性评价 | 判断依据 | 相应概率 |
|---|---|---|
| 极不可能发生 | • 水文资料可靠，现状防洪能力满足规范要求；<br>• 上游无溃坝洪水威胁；<br>• 有周密、可操作性的应急预案；<br>• 洪水调度科学合理，无调度失误事故记录，已经受多次洪水考验；<br>• 闸门开启可靠；<br>• 下泄流量满足设计要求；<br>• 无坝顶高程不足的可能。 | 0.000 1～0.000 001 |
| 不可能发生 | • 水文资料基本可靠，现状防洪能力基本满足规范要求；<br>• 上游无溃坝洪水威胁；<br>• 有较周密、可操作的应急预案；<br>• 洪水调度方案基本合理，无调度失误记录，已经受多次洪水考验；<br>• 闸门开启较可靠；<br>• 下泄流量基本满足设计要求；<br>• 基本无坝顶高程不足的可能。 | 0.000 1～0.01 |
| 基本不可能发生 | • 水文资料系列不够长，现状防洪能力虽基本满足规范要求，但未考虑上游溃坝洪水；<br>• 应急预案和洪水调度方案未经考验；<br>• 闸门开启尚可靠；<br>• 下泄流量是否满足设计要求不清楚；<br>• 存在坝顶高程不足的可能性。 | 0.01～0.1 |
| 可能发生 | • 无水文资料，借用邻近流域资料；<br>• 曾出现过集中暴雨；<br>• 现状防洪能力不满足规范要求，也未考虑上游溃坝洪水；<br>• 应急预案和洪水调度方案未经考验；<br>• 闸门开启可靠性低；<br>• 下泄流量不满足设计要求；<br>• 坝顶高程不足的可能性较大。 | 0.1～0.5 |

续表

| 定性评价 | 判断依据 | 相应概率 |
|---|---|---|
| 极有可能发生 | • 无水文资料，借用邻近流域资料；<br>• 曾多次出现集中暴雨；<br>• 现状防洪能力不满足规范要求，也未考虑上游溃坝洪水；<br>• 无应急预案和洪水调度方案；<br>• 闸门开启可靠性低；<br>• 下泄流量不满足设计要求；<br>• 坝顶高程不足。 | 0.5～0.99 |

**表 2.3-8　洪水不能安全下泄概率估计表**

| 定性评价 | 判断依据 | 相应概率 |
|---|---|---|
| 完全能够安全下泄 | • 泄洪建筑物泄流能力与消能设施满足规范要求；<br>• 泄洪建筑物结构安全与渗流安全评价为 A；<br>• 泄洪建筑物闸门系统极其安全可靠；<br>• 泄洪建筑物经受过多次洪水考验，运用中无破坏或水毁记录；<br>• 泄洪建筑物基础良好，不存在基础冲刷问题；<br>• 泄洪建筑物两岸边坡稳定；<br>• 下泄洪水回流不冲刷坝脚。 | 0.000 1～0.000 001 |
| 能够安全下泄 | • 泄洪建筑物泄流能力与消能设施满足规范要求；<br>• 泄洪建筑物结构安全与渗流安全评价为 A；<br>• 泄洪建筑物闸门系统安全可靠；<br>• 泄洪建筑物经受过多次洪水考验，局部破坏或水毁已加固处理；<br>• 泄洪建筑物基础良好，不存在明显基础冲刷问题；<br>• 泄洪建筑物两岸边坡整体稳定；<br>• 下泄洪水回流不冲刷坝脚。 | 0.000 1～0.01 |
| 基本能够安全下泄 | • 泄洪建筑物泄流能力与消能设施满足近期非常运用洪水标准；<br>• 泄洪建筑物结构安全与渗流安全评价为 B；<br>• 泄洪建筑物闸门系统基本安全可靠；<br>• 泄洪建筑物经受过洪水考验，曾发生的较为严重破坏或水毁已修复；<br>• 泄洪建筑物基础良好，不存在严重基础冲刷问题；<br>• 泄洪建筑物两岸边坡整体稳定；<br>• 下泄洪水回流冲刷坝脚，但有有效防护。 | 0.01～0.1 |
| 不能安全下泄 | • 泄洪建筑物泄流能力与消能设施不满足近期非常运用洪水标准；<br>• 泄洪建筑物结构安全与渗流安全评价为 C；<br>• 泄洪建筑物闸门系统不安全、不可靠；<br>• 泄洪建筑物基础非岩基，运用中曾发生破坏或水毁，未彻底处理；<br>• 泄洪建筑物两岸边坡曾发生过滑坡，堵塞进水渠或泄槽，未彻底处理；<br>• 下游坝脚无有效防护，下泄洪水回流冲刷坝脚。 | 0.1～0.5 |
| 完全不能安全下泄 | • 泄洪建筑物泄流能力与消能设施不满足近期非常运用洪水标准；<br>• 泄洪建筑物结构安全与渗流安全评价为 C；<br>• 泄洪建筑物闸门系统极不安全可靠；<br>• 泄洪建筑物基础为土基，运用中多次因泄量不足或接触渗漏造成严重破坏或冲毁，未彻底处理；<br>• 泄洪建筑物两岸边坡曾发生过山体滑坡，堵塞进水渠或泄槽，未彻底处理，仍有滑动迹象；<br>• 下游坝脚无防护，下泄洪水回流冲刷坝脚。 | 0.5～0.99 |

**表 2.3-9　大坝滑坡概率估计表**

| 定性评价 | 判断依据 | 相应概率 |
| --- | --- | --- |
| 极不可能发生 | • 大坝工程质量优良，结构安全评价为 A；<br>• 上、下游坝坡远缓于一般经验坡比；<br>• 大坝变形已经稳定，上游护坡平整、完好；<br>• 经受过多次高水位考验，坝坡从未出现过失稳与塌陷现象；<br>• 运行中不存在上游水位骤降条件；<br>• 坝体浸润线低于设计要求，渗流出逸点在贴坡反滤排水之内；<br>• 坝面排水系统完善，满足规范要求；<br>• 地震基本烈度在Ⅵ度以下。 | 0.000 1～0.000 001 |
| 不可能发生 | • 大坝工程质量良好，结构安全评价为 A；<br>• 上、下游坝坡缓于一般经验坡比；<br>• 大坝变形已经基本稳定，上游护坡较为平整；<br>• 经受过多次高水位考验，坝坡未出现过失稳与严重塌陷现象；<br>• 运行中不存在上游水位骤降条件；<br>• 坝体浸润线低于设计要求，渗流出逸点在贴坡反滤排水之内；<br>• 坝面排水系统完善，满足规范要求；<br>• 地震基本烈度为Ⅵ度。 | 0.000 1～0.01 |
| 基本不可能发生 | • 无大的工程质量缺陷，大坝结构安全评价为 B；<br>• 上、下游坝坡在一般经验坡比范围内；<br>• 大坝变形尚未稳定，上游护坡不平整；<br>• 运用中坝坡出现过局部失稳与严重塌陷现象，已处理；<br>• 高水位运行时，渗流出逸点高于贴坡反滤排水顶高程；<br>• 运行中存在上游水位骤降条件。<br>• 坝面排水系统不完善；<br>• 地震基本烈度未超过Ⅶ度。 | 0.01～0.1 |
| 滑坡可能发生 | • 大坝工程质量差，结构安全评价为 C；<br>• 上、下游坝坡陡于一般经验坡比；<br>• 大坝变形未稳定，上游护坡不完整；<br>• 运用中坝坡出现过失稳与严重塌陷现象，处理不彻底；<br>• 运行中存在上游水位骤降条件；<br>• 坝体浸润线较高，坝后存在局部散浸现象；<br>• 无坝面排水系统，曾发生连续降雨后坝顶纵向裂缝及局部滑动；<br>• 地震基本烈度超过Ⅶ度。 | 0.1～0.5 |
| 极有可能发生 | • 大坝存在严重工程质量缺陷，结构安全评价为 C；<br>• 上、下游坝坡远陡于一般经验坡比；<br>• 大坝变形未稳定，上游护坡不完整或无护坡；<br>• 运用中多次出现坝体失稳与严重塌陷现象，处理不彻底，目前仍有较大变形；<br>• 运行中存在上游水位骤降条件；<br>• 坝体浸润线高，坝后有大面积散浸现象；<br>• 无坝面排水系统，曾发生连续降雨后坝顶纵向裂缝及局部滑动；<br>• 地震基本烈度超过Ⅷ度。 | 0.5～0.99 |

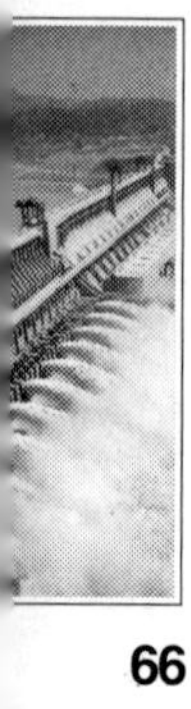

**表 2.3-10　大坝渗透破坏概率估计表**

| 定性评价 | 判断依据 | 相应概率 |
|---|---|---|
| 极不可能发生 | • 工程地质条件良好，构造、裂隙极不发育；<br>• 大坝防渗体系完整、封闭，施工质量优良，渗流安全评价为 A；<br>• 坝后反滤排水设施设计与施工质量满足规范要求，运行正常；<br>• 无穿坝建筑物；<br>• 已经受过多次高水位考验，运行记录中从无坝后散浸、集中渗漏、接触渗透变形、渗流量增大等异常渗流现象；<br>• 渗流观测资料分析认为大坝渗流性态正常；<br>• 有严格的观测与巡视检查制度，发现的局部渗流问题能及时分析，妥善处理；<br>• 地震极不可能引发渗透破坏问题。 | 0.000 1～0.000 001 |
| 不可能发生 | • 工程地质条件良好，构造、裂隙不发育；<br>• 大坝防渗体系较完整、封闭，施工质量良好，渗流安全评价为 A；<br>• 坝后反滤排水设施设计与施工质量满足规范要求，运行基本正常；<br>• 无穿坝建筑物；<br>• 已经受过多次高水位考验，未发现坝后散浸、集中渗漏、接触渗透变形、渗流量增大等异常渗流现象；<br>• 渗流观测资料分析认为大坝渗流性态正常；<br>• 有较严格的观测与巡视检查制度，发现的渗流问题能及时分析处理；<br>• 地震不可能引发渗透破坏问题。 | 0.000 1～0.01 |
| 基本不可能发生 | • 工程地质条件一般，构造、裂隙较发育；<br>• 大坝防渗体系较完整，无大的施工质量缺陷，渗流安全评价为 B；<br>• 坝后反滤排水设施质量基本满足规范要求，但效果有所下降；<br>• 有穿坝建筑物，但为钢筋混凝土整体结构，截渗措施设计与施工质量符合规范要求；<br>• 多年运用中未发现集中渗漏、接触渗透变形、渗流量增大等异常现象，坝后存在渗流出逸点偏高和小范围散浸，已做贴坡反滤保护；<br>• 渗流观测资料分析认为大坝渗流性态基本正常；<br>• 有观测与巡视检查制度，但发现的渗流问题不能及时分析处理；<br>• 地震基本烈度Ⅵ度以上，但基本不可能引发渗透破坏问题。 | 0.01～0.1 |
| 可能发生 | • 工程地质条件一般，构造、裂隙发育；<br>• 大坝防渗体系不完整或因施工质量差遭破坏，渗流安全评价为 C；<br>• 坝后反滤排水设施质量不满足规范要求，或基本淤堵失效；<br>• 有穿坝建筑物，且为圬工结构；<br>• 多年运用中已发现坝后渗流出逸点逐渐抬高与大面积散浸、沼泽化，曾出现集中渗漏、接触渗透变形等异常渗流现象，处理不彻底；<br>• 渗流观测资料分析认为大坝渗流性态异常，渗流量与坝体浸润线有逐年增加的趋势；<br>• 虽有观测与巡视检查制度，但对发现的渗流问题不进行分析处理；<br>• 地震基本烈度Ⅶ度以上，发生过地震引发的横向裂缝，存在地震液化可能。 | 0.1～0.5 |
| 极有可能发生 | • 工程地质条件差，构造、裂隙极为发育；<br>• 大坝防渗设计与施工质量不满足规范要求，现有防渗体系极不完整或因遭严重破坏，坝体、坝基渗漏严重，渗流安全评价为 C；<br>• 坝后反滤排水设施，或设计与施工质量不满足规范要求，已淤堵失效；<br>• 有穿坝建筑物，且为圬工结构，附近坝体明显塌陷；<br>• 多年运用中已发现坝后渗流出逸点逐渐抬高与大面积散浸、沼泽化，曾出现集中渗漏、接触渗透变形等异常渗流险情，处理不彻底；<br>• 渗流观测资料分析认为大坝渗流性态异常，渗流量与坝体浸润线有逐年增加的趋势，超过某一水位后渗流量明显增大；<br>• 大坝观测与巡视检查制度不能严格执行，发现的渗流问题从不进行分析处理；<br>• 地震基本烈度Ⅷ度以上，多次发生过地震引发的横向裂缝，存在地震液化问题。 | 0.5～0.99 |

表 2.3-11　坝下埋涵(管)接触渗透破坏概率估计表

| 定性评价 | 判断依据 | 相应概率 |
|---|---|---|
| 极不可能发生 | • 置于岩基上,无不均匀沉降导致涵(管)断裂或裂缝可能;<br>• 为钢管,或有良好防渗保护的钢筋混凝土涵(管);<br>• 涵(管)和坝体填土间有可靠的防渗;<br>• 坝体和涵(管)结合部位填筑质量优良,施工记录齐全;<br>• 沿涵(管)的渗流观测资料分析结果正常;<br>• 涵(管)出口附近无渗水等异常现象,涵(管)内检查无裂缝。 | 0.000 1～0.000 001 |
| 不可能发生 | • 置于岩基上,基本无不均匀沉降导致涵(管)断裂或裂缝可能;<br>• 为较好防渗保护的钢筋混凝土涵(管);<br>• 涵(管)和坝体填土间有可靠的防渗;<br>• 坝体和涵(管)结合部位填筑质量较好,施工记录齐全;<br>• 沿涵(管)的渗流观测资料分析结果正常;<br>• 涵(管)出口附近无渗水、散浸等明显异常现象;涵(管)内检查无明显裂缝,未发现有细颗粒析出沉淀。 | 0.000 1～0.01 |
| 基本不可能发生 | • 置于风化基岩上,存在不均匀沉降导致涵(管)断裂或裂缝可能;<br>• 为有防渗保护的混凝土涵(管)或圬工结构,与坝体填土间有较可靠的防渗;<br>• 坝体和涵(管)结合部位填筑质量合格,施工记录齐全;<br>• 沿涵(管)的渗流观测资料基本正常,无明显不利发展趋势;<br>• 涵(管)出口附近有散浸现象,但有反滤保护且无明显发展;<br>• 涵(管)内检查发现有裂缝存在,偶有细颗粒析出。 | 0.01～0.1 |
| 可能发生 | • 置于较厚土基上,存在涵(管)裂缝甚至断裂的较大可能;<br>• 为圬工结构,施工质量较差,与坝体填土间无可靠截渗措施;<br>• 坝体和涵(管)结合部位填筑质量较差,施工记录不全;<br>• 沿涵(管)的渗流观测资料分析结果异常,且有发展趋势;<br>• 涵(管)出口附近存在集中渗水现象,无合格反滤保护;<br>• 涵(管)内检查发现有多处环向裂缝,多处细颗粒析出;<br>• 原设计为无压涵(管),实际当成有压涵(管)使用。 | 0.1～0.5 |
| 极有可能发生 | • 置于软基上,非常可能发生断裂;<br>• 为圬工甚至其他类型简易结构,施工质量差,和坝体间无防渗措施;<br>• 坝体和涵(管)结合部位填筑质量很差,无施工记录;<br>• 沿涵(管)的渗流观测资料分析结果异常,近年来迅速恶化;<br>• 涵(管)出口附近集中渗水现象严重,无反滤保护,有浑水冒出;<br>• 涵(管)内检查发现有多处环向断裂、错位,止水失效,多处细颗粒析出,附近坝面有明显沉陷变形或裂缝;<br>• 原设计为无压涵(管),实际当成有压涵(管)使用。 | 0.5～0.99 |

表 2.3-12　大坝裂缝概率估计表

| 定性评价 | 判断依据 | 相应概率 |
|---|---|---|
| 极不可能出现 | • 坝基和岸坡处理彻底，满足设计要求；<br>• 坝体填筑质量优良，干密度、含水率和压实度均满足设计要求，大坝防渗系统完善；<br>• 坝面有良好的排水系统；<br>• 两岸坡缓，基础地形无突变；<br>• 已经受过多次洪水考验，多年运用中未发现纵、横向裂缝，无异常渗流现象；<br>• 探坑、探槽检查中未发现深层隐蔽裂缝；<br>• 观测资料表明大坝总沉降量小，沉降率远小于 1%，变形已经稳定。 | 0.000 1～0.000 001 |
| 不可能出现 | • 坝基和岸坡处理较彻底，基本满足设计要求；<br>• 坝体填筑质量良好，干密度、含水率和压实度满足设计要求，大坝防渗系统较为完善；<br>• 坝面有较好的排水系统；<br>• 两岸坡较缓，基础地形无明显突变；<br>• 已经受过多次洪水考验，多年运用中未发现明显纵、横向裂缝，无明显异常渗流现象；<br>• 探坑、探槽检查中未发现明显的深层隐蔽裂缝；<br>• 观测资料表明大坝总沉降量小，沉降率小于 1%，变形已基本稳定。 | 0.000 1～0.01 |
| 基本不可能出现 | • 坝基和岸坡处理不够彻底，某些方面不满足设计要求；<br>• 坝体填筑质量合格，干密度、含水率和压实度基本满足设计要求，大坝防渗系统欠完善；<br>• 坝面有排水系统；<br>• 两岸坡较陡，基础地形局部有突变；<br>• 运用中发现过纵、横向裂缝，已局部处理，但无明显异常渗流现象；<br>• 探坑、探槽检查中发现过深层隐蔽裂缝，发现处做过灌浆；<br>• 观测资料表明大坝总沉降率接近 1%，但变形已基本稳定。 | 0.01～0.1 |
| 可能出现 | • 坝基和岸坡处理不彻底，基本不满足设计要求；<br>• 坝体填筑质量存在缺陷，干密度、含水率和压实度低于设计要求，大坝防渗系统不完善；<br>• 坝面无排水系统；<br>• 两岸坡陡，基础地形有突变处；<br>• 运用中多次发现过纵、横向裂缝，仅做局部处理，有明显异常渗流现象；<br>• 探坑、探槽检查中多次发现过深层隐蔽裂缝，未做彻底处理；<br>• 观测资料表明大坝总沉降量较大，沉降率 2%～3%，变形尚未稳定。 | 0.1～0.5 |
| 极有可能出现 | • 坝基和岸坡处理不彻底，不满足设计要求；<br>• 坝体填筑质量存在严重缺陷，干密度、含水率和压实度远低于设计要求，大坝防渗系统不完善；<br>• 坝面无排水系统；<br>• 两岸坡很陡，基础地形多处有突变；<br>• 运用中多次发现过纵、横向裂缝，仅做局部处理，有非常明显异常渗流现象；<br>• 探坑、探槽检查中多次发现过深层隐蔽裂缝，未做彻底处理；<br>• 观测资料表明大坝总沉降量大，沉降率大于 3%，变形尚在发展。 | 0.5～0.99 |

**表 2.3-13　大坝地震破坏概率估计表**

| 定性评价 | 判断依据 | 相应概率 |
|---|---|---|
| 极不可能发生 | • 位于地震烈度基本Ⅵ度及以下地区，不用设防已满足抗震安全要求；<br>• 工程地质条件良好，基岩完整，坝体和坝基不存在可液化土层；<br>• 各建筑物抗震设计及抗震安全复核结果均满足规范要求，且有较大裕度；<br>• 已经受过多次不同烈度地震考验，从未出现任何危及大坝安全的纵、横向裂缝及失稳现象。 | 0.000 1～0.000 001 |
| 不可能发生 | • 位于地震基本烈度Ⅵ度及以下地区，不用设防已满足抗震安全要求；<br>• 工程地质条件良好，基岩较完整，无大的裂隙构造通过，坝体和坝基不存在大范围可液化土层；<br>• 各建筑物抗震设计及抗震安全复核结果均满足规范要求；<br>• 多年来已经受过多次不同烈度地震考验，未发现危及大坝安全的纵、横向裂缝及失稳现象。 | 0.000 1～0.01 |
| 基本不可能发生 | • 位于地震基本烈度Ⅶ度及以下地区；<br>• 工程地质条件一般，裂隙构造较发育，坝体和坝基存在可液化土层；<br>• 各建筑物抗震措施基本符合规范要求，抗震安全复核结果基本满足规范要求；<br>• 曾遭遇地震考验，未发现严重危及大坝安全的纵、横向裂缝及液化与失稳现象。 | 0.01～0.1 |
| 可能发生 | • 位于地震基本烈度Ⅶ度及以上地区；<br>• 工程地质条件较差，裂隙构造发育，坝体和坝基存在大范围可液化土层；<br>• 建筑物抗震措施及抗震安全复核结果不符合规范要求；<br>• 曾遭遇地震，发现危及大坝安全的纵、横向裂缝及轻微液化与坝体失稳迹象，未做彻底处理。 | 0.1～0.5 |
| 极有可能发生 | • 水库大坝位于地震基本烈度Ⅷ度及以上地区；<br>• 工程地质条件差，近坝有活断层或大的断裂构造通过，坝体和坝基存在大范围可液化土层；<br>• 无抗震设计与抗震措施，抗震安全复核结果不符合规范要求；<br>• 位于地震频发区，曾多次遭遇地震，每次均出现危及大坝安全的纵、横向裂缝，曾发生液化与坝体失稳现象，未做彻底处理。 | 0.5～0.99 |

**表 2.3-14　人工干预(抢险)无效(失败)概率估计表**

| 定性评价 | 判断依据 | 相应概率 |
|---|---|---|
| 人工干预成功可能性极大 | • 有完善、可操作性强的应急预案，并建立有完善的大坝安全责任制；<br>• 抢险物资、设备准备充分，抢险队伍人员充足，有专业技术人员；<br>• 有可靠的机动车辆上坝交通条件；<br>• 对可能发生的各种险情及出险部位事先有清楚的认识和思想准备；<br>• 有强有力的应急指挥机构和完善的应急机制；<br>• 已经受过多次高水位或地震的考验，有多次抢险经验；<br>• 有操作可靠的闸门控制系统，必要时能及时泄洪，降低库水位；<br>• 发生的险情易抢护，或险情发展慢，允许有充分的抢险时间；<br>• 有严格的汛前检查和汛期巡查制度，能及时发现险情<br>• 每年汛前组织抢险演习；<br>• 有可靠的大坝安全监测系统，出险前能够及时报警提示。 | 0.000 1～0.000 001 |

续表

| 定性评价 | 判断依据 | 相应概率 |
|---|---|---|
| 人工干预成功可能性大 | • 有较完善的应急预案，并按规定建立了大坝安全责任制；<br>• 抢险物资、设备准备较充分，抢险队伍人员较充足，有专业技术人员指导；<br>• 有机动车辆上坝交通条件；<br>• 对可能发生的各种险情及出险部位事先有较清楚的认识和准备；<br>• 有经验丰富的抢险领导班子和应急机制；<br>• 已经受过高水位的考验，有抢险经验；<br>• 有较可靠的闸门控制系统，能较及时泄洪，降低库水位；<br>• 发生的险情较易抢护，或险情发展较慢，允许有较多的抢险时间；<br>• 有较严格的汛前检查与汛期巡查制度，能较及时发现险情；<br>• 不定期组织汛前抢险演习；<br>• 有较可靠的大坝安全监测系统，出险前能够报警提示。 | 0.000 1～0.01 |
| 人工干预有可能成功 | • 有可操作的应急预案和行政首长责任制；<br>• 准备有抢险物资、设备，有抢险队伍，并具有一定抢险经验；<br>• 机动车辆可以到达坝下；<br>• 对可能发生的各种险情及出险部位事先有一定认识和思想准备；<br>• 有抢险领导班子和应急机制；<br>• 闸门控制系统有一定可靠性，可以及时泄洪；<br>• 发生的险情较易抢护，或险情发展较慢，允许有较多的抢险时间；<br>• 有汛前检查与汛期巡查制度，有专人负责巡查，能发现险情；<br>• 曾组织过抢险演习；<br>• 大坝安全监测系统较落后，出险前可能报警提示。 | 0.01～0.1 |
| 人工干预成功可能性小 | • 有应急预案，但可操作性不强，行政首长责任制不够落实；<br>• 抢险物资、设备准备不充分，未事先成立抢险队伍；<br>• 机动车辆难以到达坝下；<br>• 对可能发生的各种险情及出险部位事先没有足够认识和思想准备；<br>• 有抢险领导班子，但经验不足，应急机制尚未建立；<br>• 水库没有经受过高水位考验，缺乏抢险经验；<br>• 闸门控制系统可靠性低，不能保证必要时及时泄洪；<br>• 发生的险情较难抢护，或险情发展快，不允许有较长的抢险时间；<br>• 汛前检查与汛期巡查制度不落实，难以保证及时发现险情；<br>• 无抢险演习；<br>• 大坝安全监测系统落后，出险前报警提示的可能性不大。 | 0.1～0.5 |
| 人工干预成功可能性极小 | • 无应急预案，行政首长责任制不落实；<br>• 未准备抢险物资、设备及抢险队伍；<br>• 对可能发生的各种险情及出险部位事先没有任何认识和思想准备；<br>• 无抢险领导班子和应急反应机制；<br>• 水库没有经受过高水位考验，无抢险经历和经验；<br>• 闸门控制系统可靠性低，运用中多次故障，难以保证及时泄洪；<br>• 发生的险情难抢护，或险情发展极快，不允许有较长的抢险时间；<br>• 未建立汛前检查与汛期巡查制度，及时发现险情的可能性小；<br>• 从未开展过抢险演习；<br>• 无大坝安全监测系统，出险前不可能报警提示。 | 0.5～0.99 |

#### 2.3.2.4 溃坝概率计算

某种荷载状态下某条溃坝路径的溃坝概率 $P_{i,j}$ 可按式(2.3-46)计算：

$$P_{i,j} = \prod_{k=1}^{s} P(i,j,k) \tag{2.3-46}$$

式中：$P_{i,j}$——第 $i$ 种荷载状态、第 $j$ 种溃坝模式的溃坝概率；

$P(i,j,k)$ ——第 $i$ 种荷载状态、第 $j$ 种溃坝模式下第 $k$ 个环节发生的概率；

$i$——荷载状态，$i=1,2,\cdots,n$；

$j$——溃坝模式，$j=1,2,\cdots,m$；

$k$——溃坝路径中的某一环节，$k=1,2,\cdots,s$。

当溃坝模式数量 $m$ 较少时，某种荷载状态下的溃坝概率 $P_i$ 应按式(2.3-47)计算，否则，$P_i$ 可取式(2.3-48)的上限或者上限和下限的均值：

$$P_i = P(A_1 + A_2 + \cdots + A_m) \tag{2.3-47}$$

$$\max(P_{i,1}, P_{i,2}, \cdots, P_{i,m}) \leqslant P_i \leqslant 1 - \prod_{j=1}^{m}(1 - P_{i,j}) \tag{2.3-48}$$

式中：$P_i$——第 $i$ 种荷载状态的溃坝概率；

$A_1, A_2, \cdots, A_m$——第 $i$ 种荷载状态下的 $m$ 个溃坝模式.

溃坝概率 $P$ 按下式计算：

$$P = \sum_{i=1}^{n} P_i \tag{2.3-49}$$

式中：$P$ ——溃坝概率；

$P_i$——第 $i$ 种荷载状态的溃坝概率；

$n$——荷载状态数量。

# 2.4 溃坝影响(后果)估算

风险分析技术刚引入到大坝安全管理领域时，溃坝影响(后果)统一以经济损失来表示，即将生命损失也折算成经济损失。由于无法体现“生命无价”的理念，国际上现在一般将溃坝影响(后果)分成生命损失和经济损失。我国现阶段一般将溃坝影响(后果)分为生命损失、经济损失及社会与环境影响。

## 2.4.1 生命损失估算

#### 2.4.1.1 生命损失影响因素

溃坝生命损失是指溃坝发生后下游洪水淹没范围内受到洪水危害而死亡的人口。影响溃坝生命损失的因素极其复杂，与水库库容、坝高、河道比降、溃坝发生时间、溃坝突发事件监测预警、大坝下游人口分布与经济社会发展布局、公共安全应急管理机制与应急管理水平、应急抢险与救援资源配置、外部救援与应急保障能力、风险人口疏散组织、风险人口对溃坝事件的理解程度等诸多因素都密切相关，其中存在很大的不确定性。

根据国内外的研究及历史溃坝案例的经验总结，目前在估算溃坝生命损失时，主要考虑风险人口 $P_{AR}$、溃坝洪水严重性 $S_d$、警报时间 $W_T$、风险人口对溃坝洪水严重性的理解程度 $U_d$ 等主要影响因素。

(1) 风险人口 $P_{AR}$(Population at Risk)

一般将暴露于溃坝洪水中深度 $D \geqslant 0.3$ m 的居民认为是风险人口 $P_{AR}$。显然，风险人口越多，越靠近坝址和主河槽，生命损失就可能越大。

风险人口随着时间的变化而改变，是一个变量，取决于洪水淹没范围大小、溃坝发生的时间和人口在淹没区的分布与活动状态。要准确地确定风险人口并不容易，其估算结果受诸多不确定性因素的影响。风险人口数量及其组成的确定不仅要考虑其计算方法，还涉及国情、社会变迁、城镇化、人口学、人口地理学、人口统计学、计划生育、人力资源等方面的因素，是一个很复杂的问题。风险人口计算方法有静态统计法和动态统计法，静态统计法又有人口密度估算法、居民点或居住单元数目累计估算法以及基于土地利用类型的风险人口估算法。

1) 人口密度估算法

假设淹没范围内人口是均匀分布的，那么风险人口 $P_{AR}$ 可按下式计算：

$$P_{AR} = \rho \times A \tag{2.4-1}$$

式中：$\rho$——溃坝洪水淹没范围内人口密度，假设均匀分布，人/km$^2$；

$A$——溃坝洪水淹没面积，km$^2$。

显然，这种方法计算得到的风险人口是一个比较粗糙的数，与实际情况往往相差很大，因为风险人口不可能是均匀分布的。

2) 居民点或居住单元数目累计估算法

风险人口 $P_{AR}$ 为各个居民点人数之和，通过调查统计和人口登记数据来确定。可分别按以下两式计算：

$$P_{AR} = \sum_{i=1}^{n} P_{AR\,i} \tag{2.4-2}$$

$$P_{AR} = \overline{P_{AR}} \times n \tag{2.4-3}$$

式中：$P_{AR\,i}$——第 $i$ 个居民点的人口数量，通过调查统计和人口登记数据确定，人；

$\overline{P_{AR}}$——单个居民点人口均值，通过调查统计和人口登记数据确定，人/个；

$n$——居民点数目，个。

3) 基于土地利用类型的风险人口估算法

采用该方法时，风险人口 $P_{AR}$ 按下式计算：

$$P_{AR} = \sum_{i=1}^{n} A_i \rho_i \tag{2.4-4}$$

式中：$A_i$——土地利用类型 $i$ 的面积，km$^2$；

$\rho_i$——土地利用类型 $i$ 的人口密度，人/km$^2$；

$n$——土地利用类型总数，个。

4）动态统计法

采用动态统计法时，风险人口 $P_{AR}$ 可按下式计算：

$$P_{AR}=\sum_{i=1}^{n}P_{ARi}(t)=\sum_{i=1}^{n}f_i(t)P_{ARC\,i} \tag{2.4-5}$$

式中：$P_{ARi}(t)$——第 $i$ 个居民点在时刻 $t$ 的人口，人；

$n$——居民点数目，个；

$P_{ARC\,i}$——第 $i$ 个居民点人口常量，通过调查统计和人口登记数据确定，人；

$f_i(t)$——第 $i$ 个居民点在时刻 $t$ 的人口分布系数。

除数量外，风险人口组成对溃坝生命损失也有很大影响。如果风险人口都是男性青壮年，那么逃生的可能性会相对较大；如果风险人口为妇女、儿童和老弱病残，那么逃生的可能性会相对较低。因此，需要确定风险人口中儿童、青年人、中年人、老人以及妇女的比例；健康人与非健康人的比例。

（2）溃坝洪水严重性 $S_D$（Severity Degree）

溃坝洪水严重性 $S_D$ 与坝型、库容、下游地形地貌及溃坝模式等有关。它是一个表示洪水对居民和建筑物等毁损程度的参数。一般认为，洪水深度 $D$ 与洪水流速 $v$ 的函数可以确定溃坝洪水严重性，因此可定义为 $S_D=D\times v$。实际应用中，常用某个计算断面水深与流速的平均乘积 $D_V$ 来表示 $S_D$，即

$$D_V=\frac{Q_{df}-Q_{2.33}}{W_{df}} \tag{2.4-6}$$

式中：$Q_{df}$——溃坝所引起的某个计算断面的流量，$m^3/s$；

$Q_{2.33}$——计算断面的年均流量，$m^3/s$；

$W_{df}$——溃坝所引起的计算断面最大洪水泛滥宽度，m。

$D_V$ 并不代表任何一个建筑物所处的水流深度与速率，但是它代表洪水泛滥所引起的破坏性的大致平均水平。$D_V$ 值随着溃坝峰值流量增加而增大，也会随着洪水泛滥区域的宽度变窄而增大。随着洪水向下游演进，溃坝洪水严重性通常会逐渐降低。

溃坝洪水严重性 $S_D$ 可划分为高、中、低。根据国外经验，划分标准如下：

1）低严重性。洪水没有冲走建筑物基础，$D_V\leqslant 4.6\ m^2/s$。

2）中严重性。房屋一般被洪水摧毁，但树木或被毁坏的房屋仍可为人提供避难场所，$D_V>4.6\ m^2/s$。

3）高严重性。洪水冲毁所在区域的一切东西，$D_V$ 很大。

Clausen 和 Clark（1990）根据水深和流速的关系得出建筑物的破坏情况分区如图 2.4-1 所示。水流速度小于 2 m/s 时为淹没区；当 $3\ m^2/s\leqslant S_D<7\ m^2/s$ 时，为部分破坏区；当

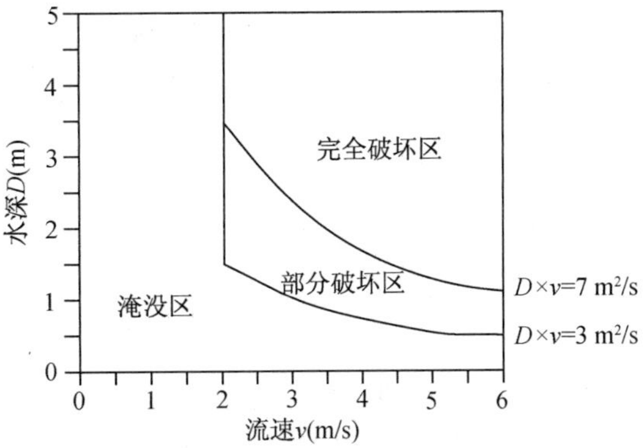


图 2.4-1 建筑物破坏标准划分

$S_D \geqslant 7\ m^2/s$ 时，为完全破坏区。

木制房屋在 $S_D \geqslant 3\ m^2/s$ 的地区存在破坏风险；当 $S_D \geqslant 7\ m^2/s$ 时，砖砌或梯形式房屋也存在破坏风险；当 $0.3\ m^2/s \leqslant S_D < 1\ m^2/s$ 时，人在洪水中行走将会有危险。

对处于洪水淹没范围内的人来说，溃坝洪水严重性应当有另外一个划分标准。一般认为，当 $S_D$ 为 $0 \sim 0.5\ m^2/s$ 时，对人是低严重性的；当 $S_D$ 为 $0.5 \sim 1.0\ m^2/s$ 时，对人是高严重性的。

洪水上涨速率也是反映溃坝洪水严重性的一个因素。如果洪水上涨率很快，逃脱路线又较远，风险人口可能在洪水到来之前来不及逃脱。一般采用洪水上涨速率、淹没水深和人在水中的临界稳定性水深来评价风险人口逃脱的可能性。

(3) 警报时间 $W_T$(Warning Time)

警报时间 $W_T$ 是指大坝下游风险人口接收到撤退警报到溃坝洪水到达之间的逃脱时间，是影响和确定溃坝生命损失的一个极重要参数。警报时间长短受客观环境和人为因素的双重制约，若溃坝发生在白天、现场有管理人员或其他人员、有仪器直接监测(控)的水库，容易及时发布警报，警报时间长；若溃坝发生在夜间，则不易发现，及时发布溃坝警报的可能性小，警报时间短。离大坝越近的地区，洪水到达所经历的时间越短，警报时间也越短。

警报传递方式不同，会影响风险人口接受警报的效果，警报时间可能会随之变化。

一般地，若水库拥有较高的管理水平、较强的预警能力和通畅的报警设施，能够提前向下游居民发布准确的溃坝警报，警报时间达到 1 h 以上，那么有助于风险人口及时安全地撤离，生命损失将会大大地减少，甚至不会造成任何生命损失。

警报时间 $W_T$ 的划分标准如下：

1) 无警报。$W_T \leqslant 15$ min；

2) 部分警报。15 min $< W_T \leqslant 60$ min；

3) 充分警报。$W_T > 60$ min。

(4) 风险人口对溃坝洪水严重性的理解程度 $U_D$

风险人口对溃坝事件严重性的理解程度 $U_D$ 会在很大程度上影响到风险人口在溃坝事件发生后所采取的自救措施和政府救援行动的成功率，是溃坝生命损失研究中个人作用的一个重要方面，与政府的宣传、组织有很大关系，包括风险人口对溃坝洪水到达的距离、时间及破坏性三者的了解与理解。

风险人口对溃坝洪水严重性的理解程度可分为如下两种类型：

1) 理解是模糊的。风险人口在警报发布时对实际存在的溃坝洪水严重性没有正确理解和反应，对洪水可能淹没的范围和程度缺乏足够了解，对逃生的必要性、措施、路径、避难场所也缺乏了解。

2) 理解是明确的。风险人口在警报发布时对实际存在的溃坝洪水严重性有清醒和正确的理解与反应，对洪水可能淹没的范围和程度有足够了解，对逃生的必要性、措施、路径、避难场所有着明确的了解。

(5) 溃坝发生时间

溃坝发生时间按照是否降雨可分为晴天、雨天；按照季节可分为春、夏、秋、冬；按照是否工作可划分为工作日和非工作日(节假日)；按照每天的时间段，可分为工作时间(7:00—17:00)、休息时间(17:00—22:00)和睡眠时间(22:00—07:00)。

溃坝发生于何时具有随机性，不仅影响风险人口和警报时间的确定，也对风险人口的逃生成功率有很大影响。晚上，大部分居民都在家中，住宅区的人口密度大于企事业单位、学校和旅游景点；工作日白天，除老人和学龄前儿童之外，大部分居民在单位，企事业单位、学校，这些区域的人口多于住宅区；非工作日白天，旅游景点的人口可能会增多，住宅区的人口相对晚上较少，相对于工作日白天较多。

溃坝发生在白天，有可能及时发布警报；发生在夜间，则及时发布警报的可能性小。溃坝发生在夏季、白天和晴天，风险人口逃生的可能性大；发生在冬天、夜间和雨天，逃生的可能性则小。

(6) 其他影响因素

除了上述主要影响因素外，影响溃坝生命损失的其他因素还包括工程特性（坝型、筑坝材料等）、溃坝模式（漫顶、管涌等）、是否制定有完善可行的应急预案（EPP）、风险人口的居住和撤离条件、风险人口从事的活动以及公共救援能力等。

#### 2.4.1.2 生命损失计算方法

国内外对溃坝生命损失估算方法开展了大量研究，提出了一些较实用的经验公式。

(1) 国外溃坝生命损失估算方法

1) B&G 法（USBR）

Brown 与 Graham（1988）最早研究了溃坝生命损失。他们通过对美国和世界各国发生的溃坝生命损失数据的统计分析，建立如下溃坝生命损失 $L_{OL}$（即死亡人数）估算公式，见式(2.4-7)～式(2.4-9)：

当 $W_T<0.25$ h 时，

$$L_{OL}=0.5P_{AR} \tag{2.4-7}$$

当 $0.25\ \text{h}<W_T<1.50$ h 时，

$$L_{OL}=0.06P_{AR} \tag{2.4-8}$$

当 $W_T>1.50$ h 时，

$$L_{OL}=0.0002P_{AR} \tag{2.4-9}$$

式中：$P_{AR}$——风险人口，人；

$W_T$——警报时间，h。

2) D&M 法（USBR）

Colorado 大学 Dekay 与美国垦务局（USBR）McClelland 合作，拓展了 Brown 与 Graham 的研究，得到类似于 B&G 法的生命损失经验估算公式，并提出溃坝生命损失 $L_{OL}$ 与风险人口 $P_{AR}$ 之间存在如下非线性关系：

当 $W_T<1.5$ h 时，

$$L_{OL}={P_{AR}}^{0.56} \tag{2.4-10}$$

当 $W_T>1.5$ h 时，

$$L_{OL}=0.0002P_{AR} \tag{2.4-11}$$

当无警报或 $W_T$ 很短时（$W_T<15$ min），生命损失会远远大于式(2.4-10)，此时：

$$L_{OL}=0.5P_{AR} \tag{2.4-12}$$

包括风险人口 $P_{AR}$、警报时间 $W_T$、溃坝洪水严重性 $S_D$ 的生命损失估算公式如下：

$$L_{OL}=\frac{P_{AR}}{1+13.277(P_{AR}^{0.440})\exp(0.759W_T-3.790F+2.223W_TF)} \tag{2.4-13}$$

式中：$F$ 为溃坝洪水严重性 $S_D$ 的函数符号。

上式的近似公式为

$$L_{OL}\approx 0.075(P_{AR}^{0.560})e^{(-0.759W_T+3.790F-2.223W_TF)} \tag{2.4-14}$$

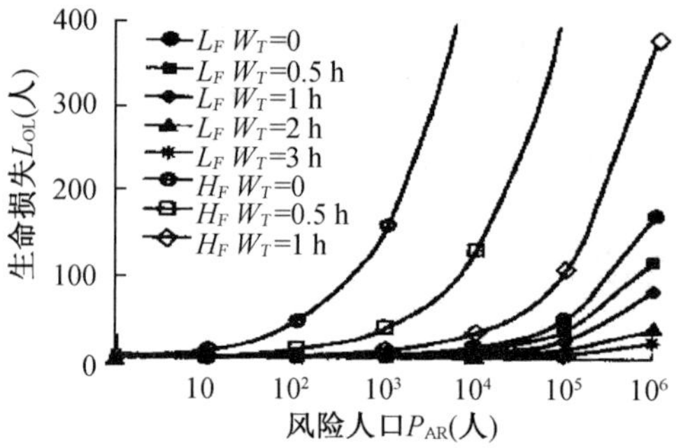


**图 2.4-2 $L_{OL}$-$P_{AR}$ 关系图**

由式(2.4-14)绘制的生命损失 $L_{OL}$ 与风险人口 $P_{AR}$ 的关系见图 2.4-2。可见，$L_{OL}$ 随 $P_{AR}$ 增加呈非线性增加。在相同警报条件下，高溃坝洪水严重性区域($H_F$)的生命损失率 $L_{OL}/P_{AR}$ 远大于低溃坝洪水严重性区域($L_F$)。警报时间 $W_T$ 对 $L_{OL}$ 的影响甚大，但在 $H_F$ 与 $L_F$ 区域，生命损失 $L_{OL}$ 对警报时间 $W_T$ 的敏感性不同。

D&M 法分别按溃坝洪水严重性高、低给出了生命损失计算公式。对于高严重性溃坝洪水，如淹没居民区高于 20%被摧毁的地方，取 $F=1$，其式为

$$L_{OL}=\frac{P_{AR}}{1+13.277(P_{AR}^{0.440})e^{(2.982W_T-3.790)}} \tag{2.4-15}$$

对于低严重性溃坝洪水，如淹没居民区少于 20%被摧毁的地方，取 $F=0$，其式为

$$L_{OL}=\frac{P_{AR}}{1+13.277(P_{AR}^{0.440})e^{0.759W_T}} \tag{2.4-16}$$

对中严重性溃坝洪水，取 $F$ 值($0\leqslant F\leqslant 1$)的平均值 0.5 进行计算。

3) Graham 法(USBR)

B&G 法和 D&M 法没有考虑风险人口对溃坝洪水严重性的理解程度影响。为此，美国垦务局(USBR)的 Graham(1999)建议应用基于溃坝洪水严重性的新方法来估算溃坝生命损失，并给出了估算溃坝生命损失的风险人口死亡率表，如表 2.4-1 所示。

Graham 法估算溃坝生命损失的基本步骤如下：

① 确定溃坝工况(溃坝模式、溃坝洪水情况等)；

② 确定溃坝发生时间；

③ 确定发布溃坝的警报时间 $W_T$；

④ 确定各种溃坝工况下的淹没区域；

⑤ 估算各种溃坝工况和时间条件下的风险人口 $P_{AR}$；

⑥ 按表 2.4-1 选择合适的死亡率，估算生命损失 $L_{OL}$；

⑦ 评估不确定性。

表 2.4-1 的数据来自包括美国及美国以外的近 40 座溃坝事件，覆盖了溃坝洪水严重性 $S_D$、警报时间 $W_T$ 和风险人口对溃坝洪水严重性理解程度 $U_D$ 的各种组合。

**表 2.4-1　Graham 法估算溃坝生命损失 $L_{OL}$ 所建议的风险人口死亡率**

| 溃坝洪水严重性 $S_D$ | 警报时间 $W_T$(h) | 风险人口对溃坝洪水严重性的理解程度 $U_D$ | 死亡率 $f$ | |
|---|---|---|---|---|
| | | | 建议值 | 建议值范围 |
| 高 | 无警报 | 不适合应用 | 0.75 | 0.30～1.00 |
| | 0.25～1.0 | 模糊 | 暂无 | |
| | | 明确 | | |
| | >1.0 | 模糊 | | |
| | | 明确 | | |
| 中 | 无警报 | 不适合应用 | 0.25 | 0.03～0.35 |
| | 0.25～1.0 | 模糊 | 0.04 | 0.01～0.08 |
| | | 明确 | 0.02 | 0.005～0.04 |
| | 大于 1.0 | 模糊 | 0.03 | 0.005～0.06 |
| | | 明确 | 0.01 | 0.002～0.02 |
| 低 | 无警报 0.0 | 不适合应用 | 0.01 | 0.0～0.02 |
| | 0.25～1.0 | 模糊 | 0.007 | 0.0～0.015 |
| | | 明确 | 0.002 | 0.0～0.004 |
| | >1.0 | 模糊 | 0.000 3 | 0.0～0.000 6 |
| | | 明确 | 0.000 2 | 0.0～0.000 4 |

4) Assaf 法(加拿大 BC Hydro)

加拿大 BC Hydro 公司的 Assaf 等人在前人基于经验统计与回归分析的溃坝生命损失估算方法上，引入概率理论，利用风险人口分布、人口统计数据、溃坝模拟结果，估算不同情况下的溃坝生命损失。

假设溃坝下游某处的生命损失是淹没范围内所有单元(包括居民区、工厂、医院、学校、商店与办公设施等)的生命损失总和。某个单元的生命损失可按下式计算：

$$L_{OL} = P_{AR} \times (1 - P_S) \qquad (2.4\text{-}17)$$

式中：$L_{OL}$——某个给定单元的生命损失，人；

$P_{AR}$——洪水泛滥时居住在该单元的人数，人；

$P_S$——洪水中风险人口生还率。

5) 简化 Graham 法(芬兰)

芬兰 Peter Reiter(2001)在 Graham 提出的基于溃坝洪水严重性的生命损失死亡率的基础上，提出了估算溃坝生命损失的修正公式，即 RESCDAM 法(亦称 Reiter 法或简化 Graham 法)，具体见下式：

$$L_{OL} = P_{AR} \times f \times i \times c \tag{2.4-18}$$

式中：$f$——风险人口死亡率，采用 Graham 法给出的死亡率建议平均值，如表 2.4-1；

$i$——溃坝洪水严重性影响因子；

$c$——修正因子。

上述国外溃坝生命损失估算方法中，B&G 法考虑的影响因素少，过于简单；Assaf 法对风险人口主观能动性及其和溃坝洪水的互动性研究还不够深入，且迭代计算过程烦琐，很少使用。目前应用较多的为 D&M 法和 Graham 法。

D& M 法主要是根据美国溃坝资料建立的统计分析模型，计算结果结果往往与我国实际发生的溃坝生命损失相差较大，如表 2.4-2 所示。因此，有必要基于中国历史溃坝数据研究提出符合我国实际的溃坝生命损失估算模型。

**表 2.4-2　溃坝案例生命损失计算值及风险人口死亡率与实际情况比较(D&M 法)**

| 大坝名称 | 风险人口 $P_{AR}$（人） | 生命损失 $L_{OL}$ 及风险人口死亡率 $f$ | | | | | | | | | | |
|---|---|---|---|---|---|---|---|---|---|---|---|---|
| | | Graham 法 | | | D&M 法 | | | | | | 实际发生 | |
| | | 估算总值 | 死亡率 $f_1$ | $e_1=f_1/f_0$ | 估算总值(1) | 死亡率 $f_2$ | $e_2=f_2/f_0$ | 估算总值(2) | 死亡率 $f_2$ | $e_2=f_2/f_0$ | 实际值 | 死亡率 $f_0$ |
| 洞口庙 | 4 700 | 47 | 0.010 0 | 0.250 | 16 | 0.003 4 | 0.086 0 | 16 | 0.003 4 | 0.086 0 | 186 | 0.040 0 |
| 李家咀 | 1 034 | 259 | 0.250 0 | 0.502 | 24 | 0.023 2 | 0.046 5 | 24 | 0.023 2 | 0.046 5 | 516 | 0.499 0 |
| 史家沟 | 300 | 12 | 0.040 0 | 0.148 | 6 | 0.020 0 | 0.074 1 | 6 | 0.020 0 | 0.074 1 | 81 | 0.270 0 |
| 沟　后 | 3 060 | 31 | 0.010 0 | 0.096 | 7 | 0.002 2 | 0.021 0 | 7 | 0.002 2 | 0.021 0 | 320 | 0.104 6 |
| 刘家台 | 64 911 | 1 558 | 0.024 0 | 1.663 | 67 | 0.001 0 | 0.071 5 | 57 | 0.000 9 | 0.060 8 | 937 | 0.014 4 |
| 横　江 | 145 000 | 3 630 | 0.025 0 | 3.858 | 494 | 0.003 4 | 0.525 0 | 373 | 0.002 6 | 0.396 4 | 941 | 0.007 2 |
| 石漫滩 | 204 490 | 4 571 | 0.022 4 | 1.816 | 201 | 0.001 0 | 0.079 9 | 158 | 0.000 8 | 0.062 8 | 2 517 | 0.012 3 |
| 板　桥 | 402 500 | 5 585 | 0.013 9 | 0.283 | 207 | 0.000 5 | 0.010 5 | 171 | 0.000 4 | 0.008 7 | 19 701 | 0.048 9 |

(2) 李-周法

姜树海、范子武等人认为溃坝洪水造成的生命损失数 $L_{OL}$ 是洪水的物理特征和洪水淹没区社会特征的函数，并给出了其一般表达形式，即

$$L_{OL} = f(F, W, L, N) \tag{2.4-19}$$

式中：$F$——洪水特征，其很大程度上取决于大坝的失事模式（坝型、筑坝材料、溃口位置及大小等）和溃坝洪水淹没区的地理状况，可通过数值计算的方法，确定淹没区的最大洪水深度及增长速率、流速、洪水波到达时间等，当水深和流速超过某一模糊阈值，人的生命将会受到较大威胁；

$W$——洪水预警系统和溃坝洪水淹没区内的撤离条件；

$L$——溃坝洪水淹没区的土地利用情况和区内建筑物的抗冲能力等；

$N$——溃坝洪水淹没区的人口总数，不同时段（包括每天、每周、每季）人口的近似分布及位置（离大坝的距离、高程等）。

李雷、周克发等人在国外溃坝生命损失研究方法的基础上，选取8座中国具有代表性的典型溃坝案例（表2.4-2）进行了现场调研，获得了我国水库溃坝及其生命损失翔实资料，对Graham法风险人口死亡率推荐表进行了修正，提出了符合中国实际情况的溃坝生命损失评价模型，填补了Graham法风险人口死亡率推荐表的空白。李-周法也可看作改进的Graham法。

李-周模型估算溃坝生命损失的计算公式如下：

$$L_{OL} = P_{AR} \times f \times a \tag{2.4-20}$$

式中：$P_{AR}$——风险人口，人；

$f$——风险人口死亡率，见表2.4-3；

$a$——风险人口死亡率修正系数，采用如下溃坝生命损失直接影响因子 $m_1$ 与间接影响因子 $m_2$ 的一个关系式来表示：

$$a = m_1 + bm_2 \tag{2.4-21}$$

式中：$m_1$——溃坝生命损失的直接影响因子，包括风险人口数量、溃坝洪水严重性、警报时间、风险人口对溃坝洪水严重性的理解程度，$m_1 \leqslant 1$，代表了直接影响因素对风险人口死亡率综合影响程度的显著性，其定性判别标准见表2.4-4；

$m_2$——溃坝生命损失的间接影响因子，主要包括风险人口组成、溃坝发生的季节（夏天或冬天）和时间（白天或夜晚）、天气（气温、水温）、与大坝距离、应急预案的完善情况、坝高、库容、大坝下游坡降及淹没范围内建筑物抗冲能力等九方面，$m_2 \leqslant 1$，代表了间接影响因素对风险人口死亡率综合影响程度的显著性，其定性判别标准见表2.4-5；

$b$——间接影响因子的折减系数，$0 < b < 1$。

**表2.4-3 我国水库溃坝风险人口死亡率建议表**

| 溃坝洪水严重性 $S_D$ | 警报时间 $W_T$(h) | 风险人口对溃坝洪水严重性的理解程度 $U_D$ | 死亡率 $f$（预期风险人口中会死亡的百分数） | |
|---|---|---|---|---|
| | | | 建议均值 | 建议值范围 |
| 高 | 无警报 <0.25 | 模糊 | 0.750 0 | 0.300 0～1.000 0 |
| | | 明确 | 0.250 0 | 0.100 0～0.500 0 |
| | 部分警报 0.25～1.0 | 模糊 | 0.200 0 | 0.050 0～0.400 0 |
| | | 明确 | 0.001 0 | 0.000 0～0.002 0 |
| | 充分警报 大于1.0 | 模糊 | 0.180 0 | 0.010 0～0.300 0 |
| | | 明确 | 0.000 5 | 0.000 0～0.001 0 |
| 中 | 无警报 <0.25 | 模糊 | 0.500 0 | 0.100 0～0.800 0 |
| | | 明确 | 0.075 0 | 0.020 0～0.120 0 |
| | 部分警报 0.25～1.0 | 模糊 | 0.130 0 | 0.015 0～0.270 0 |
| | | 明确 | 0.000 8 | 0.000 5～0.002 0 |
| | 充分警报 大于1.0 | 模糊 | 0.050 0 | 0.010 0～0.100 0 |
| | | 明确 | 0.000 4 | 0.000 2～0.001 0 |

续表

| 溃坝洪水严重性 $S_D$ | 警报时间 $W_T$(h) | 风险人口对溃坝洪水严重性的理解程度 $U_D$ | 死亡率 $f$(预期风险人口中会死亡的百分数) | |
|---|---|---|---|---|
| | | | 建议均值 | 建议值范围 |
| 低 | 无警报<br>＜0.25 | 模糊 | 0.030 0 | 0.001 0～0.050 0 |
| | | 明确 | 0.010 0 | 0.000 0～0.020 0 |
| | 部分警报<br>0.25～1.0 | 模糊 | 0.007 0 | 0.000 0～0.015 0 |
| | | 明确 | 0.000 6 | 0.000 0～0.001 0 |
| | 充分警报<br>大于1.0 | 模糊 | 0.000 3 | 0.000 0～0.000 6 |
| | | 明确 | 0.000 2 | 0.000 0～0.000 4 |

**表 2.4-4　溃坝生命损失直接影响因子 $m_1$ 定性判别建议标准**

| 溃坝生命损失直接影响因素对风险人口死亡率综合影响程度的显著性 | 极不显著 | 不显著 | 较显著 | 显著 | 极显著 |
|---|---|---|---|---|---|
| $m_1$ 建议值范围 | 0.00～0.20 | 0.20～0.40 | 0.40～0.60 | 0.60～0.80 | 0.80～1.00 |

**表 2.4-5　溃坝生命损失间接影响因子 $m_2$ 定性判别建议标准**

| 溃坝生命损失间接影响因素对风险人口死亡率综合影响程度的显著性 | 极不显著 | 不显著 | 较显著 | 显著 | 极显著 |
|---|---|---|---|---|---|
| $m_2$ 建议值范围 | 0.00～0.20 | 0.20～0.40 | 0.40～0.60 | 0.60～0.80 | 0.80～1.00 |

李-周法应用于我国典型溃坝案例的溃坝生命损失估算结果见表 2.4-6，明显优于国外溃坝生命损失估算方法，但计算较为复杂、专业性强，资料受限时，建议采用 D&M 法进行估算。

## 2.4.2　经济损失计算

溃坝经济损失包括直接经济损失和间接经济损失。

直接经济损失包括溃坝导致工程损毁所造成的经济损失和溃坝洪水直接淹没所造成的可用货币计量的各类损失。直接淹没损失包括工业、农业、林业、牧业、副业、渔业、商业、交通、邮电、文教卫生、粮油贮存、工程设施、物资库存、农业机械、房屋、群众家产和专项损失这17类。

间接经济损失指直接经济损失以外的可用货币计量的损失，包括由于采取各种应急措施（如防汛、抢险、避难、开辟临时交通线等）而增加的费用；交通线路中断给有关工矿企业造成原材料中断而停工停产及产品积压的损失或运输绕道增加的费用；农产品减产给农产品加工企业和轻工业造成的损失等。

**表 2.4-6　我国典型溃坝案例生命损失估算结果对比表**

| 水库大坝名称 | $S_D$ | $W_T$ (h) | $U_D$ | $P_{AR}$（人） | $L_{OL}=P_{AR}\times f\times a$ | | | | | | | | | | | | | 实际 | Graham 法 |
|---|---|---|---|---|---|---|---|---|---|---|---|---|---|---|---|---|---|---|---|
| | | | | | 风险人口死亡率 $f$ | $b$=0.10 | | $b$=0.20 | | $b$=0.25 | | $b$=0.30 | | $b$=0.50 | | $b$=0.80 | | | |
| | | | | | | $a$ | $L_{OL}$（人） | $a$ | $L_{OL}$（人） | $a$ | $L_{OL}$（人） | $a$ | $L_{OL}$（人） | $a$ | $L_{OL}$（人） | $a$ | $L_{OL}$（人） | $L_{OL}$（人） | $L_{OL}$（人） |
| 洞口庙 | 低 | 0.00 | 模糊 | 4 700 | 0.030 0 | 0.706 5 | 100 | 0.765 5 | 108 | 0.795 0 | 112 | 0.824 5 | 116 | 0.942 5 | 133 | 1.119 5 | 158 | 186 | 47 |
| 李家咀 | 中 | 0.00 | 模糊 | 1 034 | 0.500 0 | 0.739 0 | 382 | 0.798 0 | 413 | 0.827 5 | 428 | 0.857 0 | 443 | 0.975 0 | 504 | 1.152 0 | 596 | 516 | 259 |
| 史家沟 | 中 | 0.40 | 模糊 | 300 | 0.130 0 | 0.617 8 | 24 | 0.676 8 | 26 | 0.706 3 | 28 | 0.735 8 | 29 | 0.853 8 | 33 | 1.030 8 | 40 | 81 | 12 |
| 沟　后 | 低 | 0.00 | 模糊 | 30 000 | 0.030 0 | 0.731 5 | 658 | 0.790 5 | 711 | 0.820 0 | 738 | 0.849 5 | 765 | 0.967 5 | 871 | 1.144 5 | 1 030 | 320 | 300 |
| 刘家台 | 高 | >1.00 | 模糊 | 2 784 | 0.180 0 | 0.606 5 | 304 | 0.665 5 | 333 | 0.695 0 | 348 | 0.724 5 | 363 | 0.842 5 | 574 | 1.019 5 | 511 | 525 | 835 |
| | 中 | <1.00 | 模糊 | 3 395 | 0.130 0 | 0.626 5 | 277 | 0.685 5 | 303 | 0.715 0 | 316 | 0.744 5 | 329 | 0.862 5 | 367 | 1.039 5 | 459 | 352 | 136 |
| | 低 | 0.00 | 模糊 | 58 762 | 0.001 0 | 0.766 5 | 40 | 0.825 5 | 49 | 0.855 0 | 50 | 0.884 5 | 52 | 1.002 5 | 59 | 1.179 5 | 69 | 60 | 587 |
| 横　江 | 高 | 0.25 | 明确 | 2 500 | 0.001 0 | 0.679 0 | 2 | 0.738 0 | 2 | 0.767 5 | 2 | 0.797 0 | 2 | 0.915 0 | 2 | 1.092 0 | 3 | 0 | 750 |
| | 中 | 0.25 | 明确 | 17 500 | 0.000 8 | 0.639 0 | 9 | 0.698 0 | 10 | 0.727 5 | 10 | 0.757 0 | 11 | 0.875 0 | 12 | 1.052 0 | 15 | 1 | 350 |
| | 中 | 0.25 | 模糊 | 60 000 | 0.015 0 | 0.759 0 | 683 | 0.818 0 | 736 | 0.847 5 | 763 | 0.877 0 | 789 | 0.995 0 | 896 | 1.172 0 | 1 055 | 900 | 2 400 |
| | 低 | 0.25 | 明确 | 65 000 | 0.000 6 | 0.599 0 | 23 | 0.658 0 | 26 | 0.687 5 | 27 | 0.717 0 | 28 | 0.835 0 | 33 | 1.012 0 | 39 | 40 | 130 |
| 石漫滩 | 中 | 0.00 | 明确 | 10 524 | 0.075 0 | 0.719 0 | 577 | 0.778 0 | 614 | 0.807 5 | 637 | 0.837 0 | 661 | 0.955 0 | 754 | 1.132 0 | 893 | 220 | 2 631 |
| | 低 | 0.00 | 模糊 | 193 966 | 0.030 0 | 0.799 0 | 4 649 | 0.858 0 | 4 993 | 0.887 5 | 5 164 | 0.917 0 | 5 336 | 1.035 0 | 6 023 | 1.212 0 | 7 053 | 2 297 | 1 940 |
| 板　桥 | 中 | 0.00 | 明确 | 6 500 | 0.075 0 | 0.719 0 | 351 | 0.778 0 | 379 | 0.807 5 | 394 | 0.837 0 | 408 | 0.955 0 | 466 | 1.132 0 | 552 | 827 | 1 625 |
| | 低 | 0.00 | 模糊 | 396 000 | 0.030 0 | 0.799 0 | 9 492 | 0.858 0 | 10 193 | 0.887 5 | 10 544 | 0.917 0 | 10 894 | 1.035 0 | 12 296 | 1.212 0 | 14 399 | 18 874 | 3 960 |

注：1. 风险人口死亡率 $f$ 一般采用均值；2. 横江水库由于溃坝发生在白天，某些洪水淹没区域可取风险人口死亡率下限值；3. 刘家台水库由于溃坝洪水在出山谷后进入平原地区，溃坝洪水严重性降低极快，低溃坝洪水严重性淹没区域取风险人口死亡率下限值。

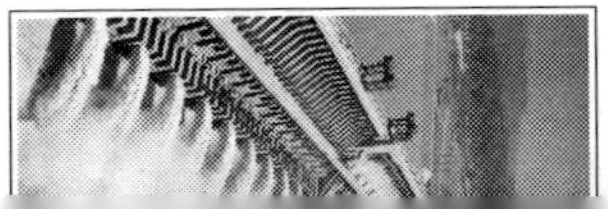

#### 2.4.2.1 直接经济损失计算

直接经济损失可根据水库下游经济社会调查统计资料，采用分类损失率法计算。条件受限时，可采用单位面积综合损失法或人均综合损失法估算。

(1) 分类损失率法

采用分类损失率法时，溃坝直接经济损失 $D$ 可按下式计算：

$$D=\sum_{i=1}^{n}R_i=\sum_{i=1}^{n}\sum_{j=1}^{m}R_{ij}=\sum_{i=1}^{n}\sum_{j=1}^{m}\sum_{k=1}^{l}V_{ijk}\eta_{ijk} \tag{2.4-22}$$

式中：$R_i$——第 $i$ 个行政区的各类财产损失总值，万元；

$R_{ij}$——第 $i$ 个行政区内、第 $j$ 类财产的损失值，万元；

$V_{ijk}$——第 $i$ 个行政区内、第 $k$ 级淹没水深下第 $j$ 类资产价值，万元；

$\eta_{ijk}$——第 $i$ 个行政区内、第 $k$ 级淹没水深下第 $j$ 类资产损失率，根据溃坝洪水严重性、历时等因素确定，%；

$n$——行政区数；

$m$——资产种类数；

$l$——淹没水深等级数。

可根据损失特征按如下五类分别进行计算：

1) 按损失率计算。适用于各类社会固定资产、流动资产损失的计算。

2) 按毁坏长度、面积等指标计算。适用于铁路、公路、输油(气、水、煤)管道、高压电网、邮电通信线路、水利工程(堤防、渠道等)、房屋等设施的修复费用计算。

3) 按经济活动中断时间计算。适用于工业、商业、铁路、公路、航运、供电(水、气、油)、邮电等部门经济活动中断所造成损失的计算。

4) 按农业收益型损失计算。农业收益型损失是指因溃坝洪水淹没及砂压水毁土地造成的农、林、牧、副、渔业当年(季)减产、绝产损失，多年生作物、树木生长期丧失的净收益损失和补种补植的费用。

5) 按工程设施毁弃损失计算。水利、市政工程和其他专项设施毁坏或废弃造成的损失，应包括灾前价值、修复或重置所增加的费用两部分，即为恢复到原有效能所需的全部费用。

(2) 单位面积综合损失法和人均综合损失法

采用单位面积综合损失法和人均综合损失法，溃坝直接经济损失 $D$ 可分别按式(2.4-23)或式(2.4-24)计算：

$$D=AL_A \tag{2.4-23}$$

$$D=P_{AR}L_P \tag{2.4-24}$$

式中：$A$——溃坝洪水淹没范围，$km^2$；

$L_A$——溃坝洪水淹没范围内单位面积损失值，万元/$km^2$；

$P_{AR}$——溃坝洪水淹没范围内的风险人口，人；

$L_P$——风险人口人均损失值，万元/人。

#### 2.4.2.2 间接经济损失计算

间接经济损失计算涉及面广，内容繁杂，范围无明显界限，目前一般采用系数折算法和调查分析法计算。

(1) 系数折算法

系数折算法是指通过典型抽样调查，进行抽样数据处理和分析，找出溃坝给不同部门和事业造成的间接经济损失与直接经济损失之间的关系，并按下式计算溃坝间接经济损失 $S$：

$$S = \sum_{i=1}^{n} k_i R_i \tag{2.4-25}$$

式中：$R_i$——第 $i$ 个行政区的直接经济损失总值，万元；

$k_i$——系数，可根据实际洪灾损失调查资料确定，缺少资料时，可取 $k_i = 0.63$；

$n$——行政区数量，个。

(2) 调查分析法

通过实地调查溃坝洪水淹没区经济社会受灾程度，在相关的经济社会统计资料基础上，运用数理统计及时间序列分析等方法估算受灾区的间接经济损失。

### 2.4.3 社会与环境影响计算

国际上溃坝后果一般只考虑生命损失和经济损失，社会与环境影响是考虑我国国情提出的，难以直接量化，一般采用社会与环境影响指数 $I_{SE}$ 度量。社会影响除与溃坝生命损失和经济损失严重程度相关外，还包括对社会安定和大坝安全管理行业发展的不利影响，给人们身心健康造成的损害，受灾公众生活水平和生活质量下降，无法补救的历史文物古迹和稀有动植物损失等。环境影响主要包括对河道形态、生物及其生长栖息地(河流、湿地、表土和植被等)、自然景观等的破坏，以及因化学储存设施、农药厂、核电站等破坏而造成的环境污染等。

溃坝社会与环境影响主要考虑溃坝洪水淹没范围内风险人口数量、城镇规模、基础设施重要性、文物古迹级别、河道形态破坏程度、动植物栖息地保护级别、自然景观级别、潜在污染企业规模等因素，按下式计算社会与环境影响指数 $I_{SE}$：

$$I_{SE} = \prod_{i=1}^{8} C_i \tag{2.4-26}$$

式中：$C_1$——风险人口系数；

$C_2$——城镇规模系数；

$C_3$——基础设施重要性系数；

$C_4$——文物古迹级别系数；

$C_5$——河道形态破坏程度系数；

$C_6$——动植物栖息地保护级别系数；

$C_7$——自然景观级别系数；

$C_8$——潜在污染企业规模系数。

社会与环境影响各影响因素的赋值标准参见表 2.4-7。

溃坝社会与环境影响严重程度根据 $I_{SE}$ 划分为 4 级，即：$I_{SE} < 10$，轻微；$10 \leqslant I_{SE} < 100$，较严重；$100 \leqslant I_{SE} < 1\,000$，严重；$I_{SE} \geqslant 1\,000$，极严重。

**表 2.4-7　社会与环境影响因素及其赋值标准**

| 社会影响因素 | | | | | | | | 环境影响因素 | | | | | | | |
|---|---|---|---|---|---|---|---|---|---|---|---|---|---|---|---|
| 风险人口 | | 城镇 | | 基础设施 | | 文物古迹 | | 河道形态 | | 动植物栖息地 | | 自然景观 | | 潜在污染企业 | |
| 数量（人） | $C_1$ | 规模 | $C_2$ | 重要性 | $C_3$ | 保护级别 | $C_4$ | 破坏程度 | $C_5$ | 保护级别 | $C_6$ | 级别 | $C_7$ | 规模 | $C_8$ |
| $1\sim10^2$ | 1.0～2.0 | 散户或村庄 | 1.0～2.0 | 乡镇一般基础设施 | 1.0～1.25 | 一般或县级 | 1.0～1.25 | 中小河流轻微破坏 | 1.0～2.0 | 国家三级及以下 | 1.0～1.25 | 1A 级 | 1.0～1.25 | 小型化工厂或农药厂 | 1.0～1.7 |
| $10^2\sim10^4$ | 2.0～3.0 | 乡镇或人口集居区 | 2.0～3.0 | 市级交通、输电、油气线路及厂矿企业 | 1.25～1.5 | 省、市级 | 1.25～1.5 | 中小河流严重破坏 | 2.0～3.0 | 国家二级 | 1.25～1.5 | 2A 级 | 1.25～1.5 | 中型化工厂或农药厂 | 1.7～2.4 |
| $10^4\sim10^6$ | 3.0～4.0 | 县、地级城市 | 3.0～4.0 | 省级交通、输电、油气线路及厂矿企业 | 1.5～1.75 | 国家级 | 1.50～2.0 | 中小河流改道或大江大河严重破坏 | 3.0～4.0 | 国家一级 | 1.5～1.75 | 3A 级 | 1.5～1.75 | 大型化工厂或农药厂 | 2.4～3.0 |
| $>10^6$ | 4.0～5.0 | 省会、计划单列市及直辖市 | 4.0～5.0 | 国家级交通、输电、油气线路及厂矿企业、军事设施 | 1.75～2.0 | 世界级 | 2.0～2.5 | 大江大河改道 | 4.0～5.0 | 世界级 | 1.75～2.0 | 4A 级及以上 | 1.75～2.0 | 特大型化工厂、农药厂或核电站、核储库 | 3.0～4.0 |

# 2.5 大坝风险计算

大坝风险计算包括个体生命风险、群体生命风险、经济风险、社会与环境风险以及大坝综合风险指数的计算。

## 2.5.1 溃坝个体生命风险计算

个体生命风险(individual life risk)是指具有溃坝风险的大坝对下游可能淹没范围内个体生命构成的生命基本风险之外的潜在附加风险,可用溃坝概率和个体死亡率的乘积来度量。生命基本风险(life background risk)是指溃坝洪水淹没范围内风险人口在建坝之前所面对的(洪水)固有风险。

溃坝个体生命风险 $R_I$采用下式计算:

$$R_I = P_f P_{d/f} \tag{2.5-1}$$

式中:$P_f$——溃坝概率;

$P_{d/f}$——溃坝条件下个体可能最大死亡概率。

## 2.5.2 溃坝群体生命风险、经济风险、社会与环境风险计算

溃坝群体生命风险(societal life risk)是指具有溃坝风险的大坝作用于下游可能淹没范围内群体生命的风险增量,可用溃坝概率和生命损失的乘积来度量,亦即通常所称的溃坝生命风险。

溃坝经济风险(economic risk)是指具有溃坝风险的大坝作用于下游可能淹没范围内引起经济损失的风险增量,可用溃坝概率和经济损失的乘积来度量。

溃坝社会与环境风险(societal and environmental risk)是指具有溃坝风险的大坝作用于下游可能淹没范围内导致社会与环境影响的风险增量,可用溃坝概率和社会与环境影响指数的乘积来度量。

群体生命风险通常以 $F$-$N$ 曲线表示(图 2.5-1)。$F$-$N$ 曲线为双对数坐标,其横坐标为生命损失 $N$,纵坐标为溃坝概率 $F$。$F$ 为 $N$ 的累积分布函数,即大于或等于 $N$ 个生命损失的溃坝概率。$F$-$N$ 曲线下的面积等于生命损失的期望值 $E(N)$,即

$$p_f(x) = 1 - F_N(x) = P(N) = P(N > x) = \int_x^{\infty} f_N(x)\mathrm{d}x \tag{2.5-2}$$

$$R_{OL} = (1 - F_N(x)) \times x = \int_0^{\infty} x(1 - F_N(x))\mathrm{d}x \tag{2.5-3}$$

$$E(N) = \int_0^{\infty} x \cdot f_N(x)\mathrm{d}x \tag{2.5-4}$$

式中:$p_f(x)$——死亡人数大于 $x$ 的年溃坝概率;

$F_N(x)$——年死亡人数 $N$ 的概率分布函数，表示死亡人数小于或等于 $x$ 的年溃坝概率；

$f_N(x)$——年死亡人数 $N$ 的概率密度函数；

$R_{OL}$——群体生命风险；

$E(N)$——生命损失期望值。

个体生命风险考虑的是溃坝洪水淹没区内特定地点个体死亡的概率，群体生命风险考虑的是整个溃坝洪水淹没区的公众死亡概率。

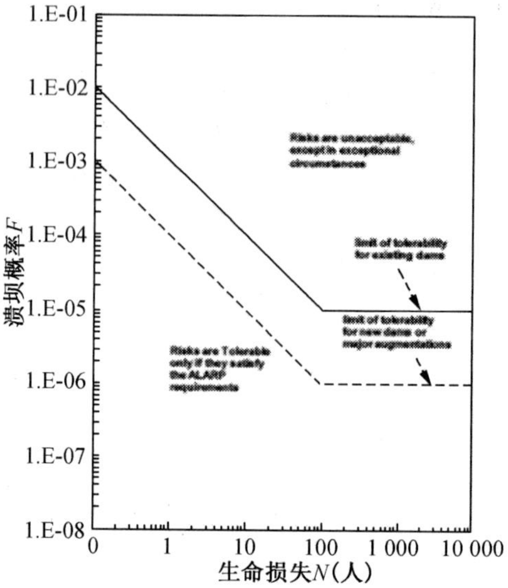


**图 2.5-1　溃坝生命损失 *F*-*N* 曲线示意图**

溃坝经济风险、社会与环境风险理论计算可依此类推。

溃坝生命风险 $R_{OL}$、经济风险 $R_{OE}$、社会与环境风险 $R_{SE}$ 可按下式计算：

$$R_j = \sum_{i=1}^{n} P_i l_{ji} \qquad j = 1,2,3 \tag{2.5-5}$$

式中：$R_j$——第 $j$ 类水库大坝风险，$j=1,2,3$，分别代表生命风险 $R_{OL}$、经济风险 $R_{OE}$ 和社会与环境风险 $R_{SE}$；

$P_i$——第 $i$ 种荷载状态的溃坝概率，$i=1,2,\cdots,n$；

$l_{ji}$——第 $i$ 种荷载状态下的第 $j$ 类损失，$j=1,2,3$，分别代表溃坝生命损失 $L_{OL}$、经济损失 $L_{OE}$ 和社会与环境影响指数 $I_{SE}$；

$n$——荷载状态数。

### 2.5.3　大坝综合风险指数计算

溃坝生命风险、经济风险、社会与环境风险的量纲不同，无法直接相加。当对群坝进行风险排序时，需要计算大坝综合风险。大坝综合风险一般以大坝综合风险指数 $R_{CI}$ 来度量。

在大坝综合风险指数 $R_{CI}$ 计算中，突出“生命至上”原则，以溃坝生命损失为主，认为生命损失与经济损失重要程度相比为强烈，定为 7 和 1 的关系；经济损失同社会与环境影响重要程度相比为稍次，定为 2 和 3 的关系。由此，根据层次分析法（AHP）可求得生命损失、经济损失、社会与环境影响在溃坝后果综合分析中的权重系数分别为 0.737、0.105、0.158。

大坝综合风险指数 $R_{CI}$ 计算步骤如下：

(1) 第 $i$ 种荷载状态下溃坝生命损失、经济损失、社会与环境影响的严重程度系数 $F_{1i}$、$F_{2i}$、$F_{3i}$ 分别按式(2.5-6)～式(2.5-8)计算：

$$F_{1i}=\begin{cases}0.4997\lg L_{OLi}+0.008 & L_{OLi}\leqslant 30\\ -0.0321\lg^2 L_{OLi}+0.2802\lg L_{OLi}+0.4023 & L_{OLi}>30\end{cases}\quad i=1,2,\cdots,n \tag{2.5-6}$$

$$F_{2i}=\begin{cases}0.4728\lg^2 L_{OEi}-0.9184\lg L_{OEi}+0.6956 & L_{OEi}\leqslant 100\\ 0.125\lg L_{OEi}+0.5 & L_{OEi}>100\end{cases}\quad i=1,2,\cdots,n \tag{2.5-7}$$

$$F_{3i}=0.25\lg I_{SEi}\qquad i=1,2,\cdots,n \tag{2.5-8}$$

式中：$L_{OLi}$——第 $i$ 种荷载状态下的溃坝生命损失，人；

$L_{OEi}$——第 $i$ 种荷载状态下的溃坝经济损失，万元；

$I_{SEi}$——第 $i$ 种荷载状态下的溃坝社会和环境影响指数。

(2) 第 $i$ 种荷载状态下的综合溃坝后果 $L_{Ci}$ 按下式计算：

$$L_{Ci}=S_1F_{1i}+S_2F_{2i}+S_3F_{3i}\qquad i=1,2,\cdots,n \tag{2.5-9}$$

式中：$S_1$、$S_2$、$S_3$——分别为溃坝生命损失、经济损失、社会与环境影响的权重系数，分别取 $S_1=0.737$，$S_2=0.105$，$S_3=0.158$。

(3) 按下式计算大坝综合风险指数 $R_{CI}$：

$$R_{CI}=\sum_{i=1}^{n}P_iL_{Ci} \tag{2.5-10}$$

式中：$P_i$——第 $i$ 种荷载状态下的溃坝概率，$i=1,2,\cdots,n$；

$n$——荷载状态数。

## 2.6 安徽沙河集水库大坝风险分析

沙河集水库位于安徽省滁州市，总库容 $1.855\times10^8\,m^3$，是一座具有防洪、灌溉、供水等综合利用的大(2)型水库。水库正常蓄水位 40.50 m，死水位 31.60 m。防洪标准按 500 年一遇洪水设计，设计洪水位 42.35 m；10 000 年一遇洪水校核，校核洪水位 43.20 m。

2000 年 5 月—2002 年 12 月，沙河集水库进行了除险加固。除险加固前，水库一直限制水位在高程 37.50 m 以下运行。

### 2.6.1 溃坝概率计算

(1) 根据溃坝模式分析结果，结合水库洪水荷载状态，构造事件树，利用事件树分析计算水库大坝溃决概率(表 2.6-1)。

**表 2.6-1 大坝溃决概率计算**

| | 荷载状态 | 概率 | 所有破坏模式 | | | |
|---|---|---|---|---|---|---|
| | | | 破坏概率 | | 年溃坝概率 | |
| | | | 下限 | 上限 | 下限 | 上限 |
| 洪水 | 10 000～ PMP | $f_1$ | $p_{d1}$ | $p_{u1}$ | $f_1\times p_{d1}$ | $f_1\times p_{u1}$ |
| | 1 000～10 000 | $f_2$ | $p_{d2}$ | $p_{u2}$ | $f_2\times p_{d2}$ | $f_2\times p_{u2}$ |
| | 500～ 1 000 | $f_3$ | $p_{d3}$ | $p_{u3}$ | $f_3\times p_{d3}$ | $f_3\times p_{u3}$ |
| | 100～ 500 | $f_4$ | $p_{d4}$ | $p_{u4}$ | $f_4\times p_{d4}$ | $f_4\times p_{u4}$ |
| | 20～ 100 | $f_5$ | $p_{d5}$ | $p_{u5}$ | $f_5\times p_{d5}$ | $f_5\times p_{u5}$ |
| | 1～ 20 | $f_6$ | $p_{d6}$ | $p_{u6}$ | $f_6\times p_{d6}$ | $f_6\times p_{u6}$ |
| | 合计 | | | | $\sum$(1－6) | $\sum$(1－6) |

(2) 各洪水荷载状态发生概率等于区间洪水频率之差,计算结果见表 2.6-2。

**表 2.6-2 各荷载状态发生概率计算**

| 洪水重现期 | 洪水频率 | 库水位(m) | 洪水频率区间 | 平均库水位(m) | 概率 $f$ |
|---|---|---|---|---|---|
| 1 | 1 | 37.50 | | | |
| 20 | 0.05 | 37.97 | 1/1～1/20 | 37.73 | 0.950 000 3 |
| 100 | 0.01 | 39.36 | 1/20～1/100 | 38.66 | 0.04 |
| 500 | 0.002 | 40.42 | 1/100～1/500 | 39.89 | 0.008 |
| 1 000 | 0.001 | 40.89 | 1/500～1/1 000 | 40.66 | 0.001 |
| 10 000 | 0.000 1 | 41.96 | 1/1 000～1/10 000 | 41.42 | 0.000 9 |
| PMP(3 333 333) | 0.000 000 3 | 43.77 | 1/10 000～1/PMP | 42.87 | 0.000 099 7 |
| 合计 | 1 | | | | |

(3) 根据洪水荷载状态构造事件树,如图 2.6-1 所示。然后根据破坏模式和破坏原因/机理确定破坏路径,根据破坏路径构造各分支事件树,求出不同破坏模式下的溃坝概率,见图 2.6-2。

(4) 整理事件树,可得到不同事件(荷载状态)不同破坏模式的年溃坝概率,见表 2.6-3。

在同一事件(如 PMP～10 000)下,各种破坏模式(如大坝管涌、溢洪道管涌)同时发生的概率极低,假设各种破坏模式是相互独立的,并以各种破坏模式的下限和上限平均值作为事件发生概率,则可得到不同事件年溃坝概率及总的溃坝概率,见表 2.6-4。同理,可得加固后溃坝概率计算结果,见表 2.6-5。

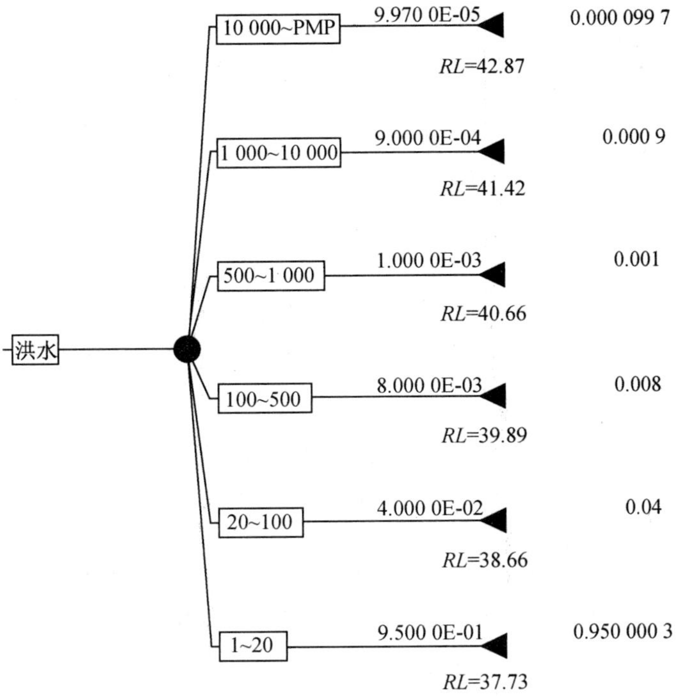


**图 2.6-1　洪水事件树**

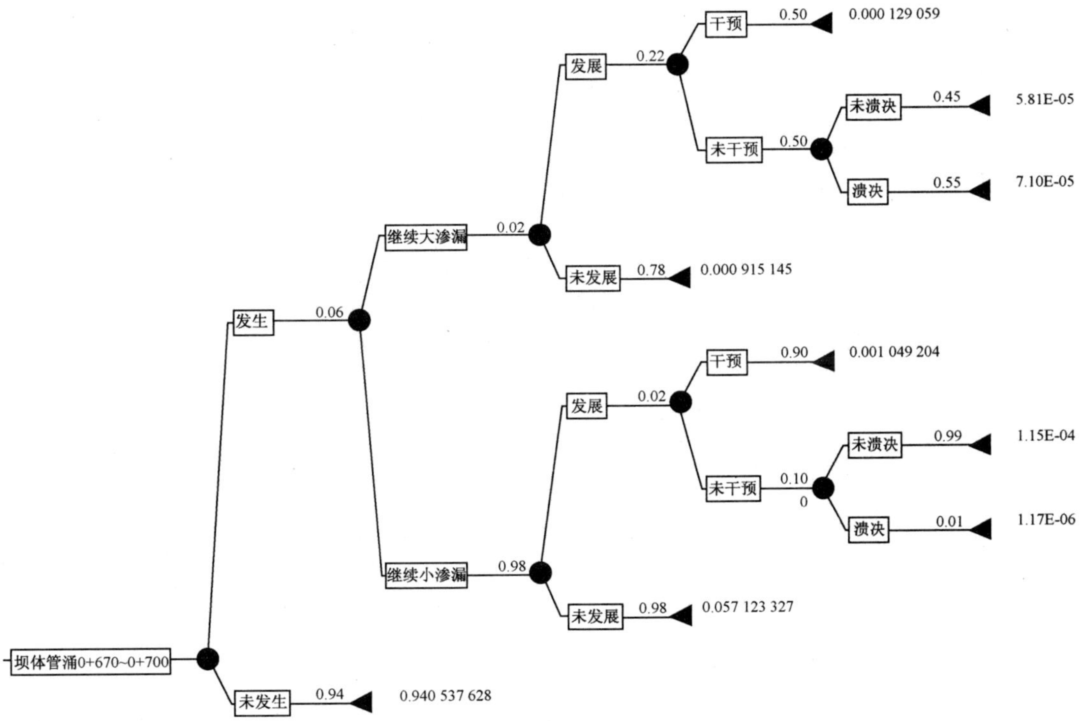


**图 2.6-2　分支事件树**

**表 2.6-3　加固前不同事件不同破坏模式的年溃坝概率**

| 事件 | 年溃坝概率(年$^{-1}$) | | | | | | | |
|---|---|---|---|---|---|---|---|---|
| | 大坝管涌(包括坝体、坝基及涵管) | | 溢洪道管涌 | | 塌陷/超高不足 | | 边坡失稳后漫顶 | |
| | 下限 | 上限 | 下限 | 上限 | 下限 | 上限 | 下限 | 上限 |
| PMP～10 000 | $8.1\times10^{-6}$ | $8.3\times10^{-6}$ | $2.7\times10^{-9}$ | $2.8\times10^{-9}$ | $1.3\times10^{-7}$ | $1.3\times10^{-7}$ | $2.8\times10^{-9}$ | $3.0\times10^{-9}$ |
| 10 000～1 000 | $5.8\times10^{-5}$ | $5.9\times10^{-5}$ | $1.6\times10^{-8}$ | $1.7\times10^{-8}$ | $9.3\times10^{-7}$ | $9.4\times10^{-7}$ | $1.4\times10^{-8}$ | $1.5\times10^{-8}$ |
| 1 000～500 | $5.6\times10^{-5}$ | $5.7\times10^{-5}$ | $1.3\times10^{-8}$ | $1.4\times10^{-8}$ | $9.0\times10^{-7}$ | $9.1\times10^{-7}$ | $1.0\times10^{-8}$ | $1.1\times10^{-8}$ |
| 500～100 | $3.6\times10^{-4}$ | $3.6\times10^{-4}$ | $7.9\times10^{-8}$ | $8.6\times10^{-8}$ | $5.7\times10^{-6}$ | $5.8\times10^{-6}$ | $5.2\times10^{-8}$ | $5.9\times10^{-8}$ |
| 100～20 | $1.1\times10^{-3}$ | $1.1\times10^{-3}$ | $2.3\times10^{-7}$ | $2.5\times10^{-7}$ | $1.8\times10^{-5}$ | $1.8\times10^{-5}$ | $1.1\times10^{-7}$ | $1.4\times10^{-7}$ |
| 20～1 | $1.7\times10^{-2}$ | $1.7\times10^{-2}$ | $3.1\times10^{-6}$ | $3.4\times10^{-6}$ | $2.7\times10^{-4}$ | $2.8\times10^{-4}$ | $8.6\times10^{-7}$ | $1.6\times10^{-6}$ |
| 合计 | $1.9\times10^{-2}$ | $1.9\times10^{-2}$ | $3.4\times10^{-6}$ | $3.8\times10^{-6}$ | $3.0\times10^{-4}$ | $3.0\times10^{-4}$ | $1.1\times10^{-6}$ | $1.8\times10^{-6}$ |

**表 2.6-4　加固前不同事件的年溃坝概率**

| 事件 | 年溃坝概率(年$^{-1}$) | | |
|---|---|---|---|
| | 下限 | 上限 | 平均 |
| PMP～10 000 | $8.257\times10^{-6}$ | $8.446\times10^{-6}$ | $8.351\times10^{-6}$ |
| 10 000～1 000 | $5.895\times10^{-5}$ | $5.997\times10^{-5}$ | $5.946\times10^{-5}$ |
| 1 000～500 | $5.708\times10^{-5}$ | $5.789\times10^{-5}$ | $5.748\times10^{-5}$ |
| 500～100 | $3.643\times10^{-4}$ | $3.693\times10^{-4}$ | $3.668\times10^{-4}$ |
| 100～20 | $1.143\times10^{-3}$ | $1.158\times10^{-3}$ | $1.150\times10^{-3}$ |
| 20～1 | $1.741\times10^{-2}$ | $1.768\times10^{-2}$ | $1.754\times10^{-2}$ |
| 合计 | $1.904\times10^{-2}$ | $1.933\times10^{-2}$ | $1.918\times10^{-2}$ |

**表 2.6-5　加固后不同事件的年溃坝概率**

| 事件 | 年溃坝概率(年$^{-1}$) | | |
|---|---|---|---|
| | 下限 | 上限 | 平均 |
| PMP～10 000 | $4.748\times10^{-8}$ | $7.249\times10^{-8}$ | $5.998\times10^{-8}$ |
| 10 000～1 000 | $2.895\times10^{-7}$ | $3.987\times10^{-7}$ | $3.441\times10^{-7}$ |
| 1 000～500 | $2.479\times10^{-7}$ | $3.314\times10^{-7}$ | $2.897\times10^{-7}$ |
| 500～100 | $1.639\times10^{-6}$ | $2.212\times10^{-6}$ | $1.925\times10^{-6}$ |
| 100～20 | $5.143\times10^{-6}$ | $7.106\times10^{-6}$ | $6.124\times10^{-6}$ |
| 20～1 | $5.512\times10^{-5}$ | $7.969\times10^{-5}$ | $6.741\times10^{-5}$ |
| 合计 | $6.249\times10^{-5}$ | $8.981\times10^{-5}$ | $7.615\times10^{-5}$ |

## 2.6.2 溃坝后果估算

（1）溃坝生命损失估算

采用 D&M 法计算。风险人口根据溃坝洪水淹没面积与平均人口密度（约 1 936 人/$km^2$）计算，假定警报时间为 1 h，洪水强度 $F$ 取 1，则溃坝生命损失计算结果见表 2.6-6。

**表 2.6-6 不同事件下溃坝生命损失估算结果**

| 事件 | 溃口洪峰流量（$m^3/s$） | 淹没面积（$km^2$） | 风险人口 $P_{AR}$（人） | 警报时间 $W_T$（h） | 洪水强度 $F$ | 生命损失 $L_{OL}$（人） |
|---|---|---|---|---|---|---|
| PMP～10 000 | 8 811 | 172 | 299 749 | 1 | 1 | 197 |
| 10 000～1 000 | 7 957 | 132 | 255 043 | 1 | 1 | 180 |
| 1 000～500 | 7 517 | 111 | 236 334 | 1 | 1 | 172 |
| 500～100 | 7 090 | 105 | 202 415 | 1 | 1 | 158 |
| 100～20 | 6 431 | 79 | 152 416 | 1 | 1 | 135 |
| 20～1 | 5 953 | 60 | 116 156 | 1 | 1 | 116 |

（2）溃坝经济损失计算

计算各事件在溃坝情况下的经济损失，减去各事件在未溃坝情况下的经济损失，便得到各事件在溃坝情况下的增量损失，计算结果见表 2.6-7。

**表 2.6-7 不同事件下溃坝经济损失估算结果**

| 事件 | 溃口流量（$m^3/s$） | 总损失（亿元） | 增量损失 $L_{OE}$（亿元） |
|---|---|---|---|
| PMP～10 000 | 8 811 | 34.40 | 27.04 |
| 10 000～1 000 | 7 957 | 19.81 | 17.31 |
| 1 000～500 | 7 517 | 12.29 | 12.29 |
| 500～100 | 7 090 | 10.86 | 10.86 |
| 100～20 | 6 431 | 8.64 | 8.64 |
| 20～1 | 5 953 | 7.02 | 7.02 |

（3）溃坝社会与环境影响计算

溃坝社会与环境影响指数根据式（2.4-26）计算，结果见表 2.6-8。

**表 2.6-8 不同事件下溃坝社会与环境影响指数**

| 事件 | 社会影响因素 | | | | 环境影响因素 | | | | 社会与环境影响指数 $I_{SE}$ |
|---|---|---|---|---|---|---|---|---|---|
| | $C_1$ | $C_2$ | $C_3$ | $C_4$ | $C_5$ | $C_6$ | $C_7$ | $C_8$ | |
| PMP～10 000 | 4.0 | 3 | 2 | 1.25 | 4 | 1.25 | 1.25 | 1.7 | 318.75 |
| 10 000～1 000 | 3.8 | 3 | 2 | 1.20 | 3.8 | 1.20 | 1.20 | 1.6 | 239.54 |
| 1 000～500 | 3.6 | 3 | 2 | 1.15 | 3.6 | 1.15 | 1.15 | 1.4 | 165.57 |

续表

| 事件 | 社会影响因素 | | | | 环境影响因素 | | | | 社会与环境影响指数 $I_{SE}$ |
|---|---|---|---|---|---|---|---|---|---|
| | $C_1$ | $C_2$ | $C_3$ | $C_4$ | $C_5$ | $C_6$ | $C_7$ | $C_8$ | |
| 500～100 | 3.4 | 3 | 2 | 1.10 | 3.4 | 1.10 | 1.10 | 1.3 | 120.01 |
| 100～20 | 3.2 | 3 | 2 | 1.05 | 3.2 | 1.05 | 1.05 | 1.1 | 78.24 |
| 20～1 | 3.0 | 3 | 2 | 1.00 | 3.0 | 1.00 | 1.00 | 1.0 | 54.00 |

## 2.6.3 大坝风险计算

(1) 个体生命风险计算

个体生命风险根据式(2.5-1)计算，沙河集水库大坝加固前溃坝概率为 $1.918\times10^{-2}$/年，加固后为 $7.615\times10^{-5}$/年。假设溃坝条件下坝址下游个体可能最大死亡概率为 1，则加固前个体生命风险为 $1.918\times10^{-2}$/年，加固后为 $7.615\times10^{-5}$/年。

(2) 群体生命风险计算

群体生命风险根据式(2.5-5)计算。加固前群体生命风险计算结果见表 2.6-9，加固后见表 2.6-10。

**表 2.6-9　大坝加固前生命风险计算结果**

| 事件 | 溃坝概率 $f$(年$^{-1}$) | 生命损失 $L_{OL}$(人) | 累积概率 $F$(年$^{-1}$) | 生命风险 $R_{OL}$(人/年) |
|---|---|---|---|---|
| PMP～10 000 | $8.351\times10^{-6}$ | 197 | $8.351\times10^{-6}$ | $1.645\times10^{-3}$ |
| 10 000～1 000 | $5.946\times10^{-5}$ | 180 | $6.781\times10^{-5}$ | $1.070\times10^{-2}$ |
| 1 000～500 | $5.748\times10^{-5}$ | 172 | $1.253\times10^{-4}$ | $9.913\times10^{-3}$ |
| 500～100 | $3.668\times10^{-4}$ | 158 | $4.921\times10^{-4}$ | $5.800\times10^{-2}$ |
| 100～20 | $1.150\times10^{-3}$ | 135 | $1.642\times10^{-3}$ | $1.551\times10^{-1}$ |
| 20～1 | $1.754\times10^{-2}$ | 116 | $1.918\times10^{-2}$ | 2.032 |
| 合计 | $1.918\times10^{-2}$ | — | — | 2.267 |

**表 2.6-10　大坝加固后生命风险计算结果**

| 事件 | 溃坝概率 $f$(年$^{-1}$) | 生命损失 $L_{OL}$(人) | 累积概率 $F$(年$^{-1}$) | 生命风险 $R_{OL}$(人/年) |
|---|---|---|---|---|
| PMP～10 000 | $5.998\times10^{-8}$ | 197 | $5.998\times10^{-8}$ | $1.182\times10^{-5}$ |
| 10 000～1 000 | $3.441\times10^{-7}$ | 180 | $4.041\times10^{-7}$ | $6.193\times10^{-5}$ |
| 1 000～500 | $2.897\times10^{-7}$ | 172 | $6.938\times10^{-7}$ | $4.996\times10^{-5}$ |
| 500～100 | $1.925\times10^{-6}$ | 158 | $2.619\times10^{-6}$ | $3.044\times10^{-4}$ |
| 100～20 | $6.124\times10^{-6}$ | 135 | $8.743\times10^{-6}$ | $8.260\times10^{-4}$ |
| 20～1 | $6.741\times10^{-5}$ | 116 | $7.615\times10^{-5}$ | $7.808\times10^{-3}$ |
| 合计 | $7.615\times10^{-5}$ | — | — | $9.062\times10^{-3}$ |

(3) 经济风险计算

经济风险根据式(2.5-5)计算。沙河集水库加固前经济风险计算结果见表 2.6-11,加固后见表 2.6-12。

**表 2.6-11　大坝加固前经济风险计算结果**

| 事件 | 溃坝概率 $f$(年$^{-1}$) | 经济损失 $L_{OE}$(万元) | 累积概率 $F$(年$^{-1}$) | $R_{OE}$(元/年) |
|---|---|---|---|---|
| PMP～10 000 | $8.351\times10^{-6}$ | 270 400 | $8.351\times10^{-6}$ | 22 581 |
| 10 000～1 000 | $5.946\times10^{-5}$ | 173 100 | $6.781\times10^{-5}$ | 102 925 |
| 1 000～500 | $5.748\times10^{-5}$ | 122 900 | $1.253\times10^{-4}$ | 70 643 |
| 500～100 | $3.668\times10^{-4}$ | 108 600 | $4.921\times10^{-4}$ | 398 345 |
| 100～20 | $1.150\times10^{-3}$ | 86 400 | $1.642\times10^{-3}$ | 993 600 |
| 20～1 | $1.754\times10^{-2}$ | 70 200 | $1.918\times10^{-2}$ | 12 313 080 |
| 合计 | $1.918\times10^{-2}$ | — | — | 13 901 174 |

**表 2.6-12　大坝加固后经济风险计算结果**

| 事件 | 溃坝概率 $f$(年$^{-1}$) | 经济损失 $L_{OE}$(万元) | 累积概率 $F$(年$^{-1}$) | $R_{OE}$(元/年) |
|---|---|---|---|---|
| PMP～10 000 | $5.998\times10^{-8}$ | 270 400 | $5.998\times10^{-8}$ | 162 |
| 10 000～1 000 | $3.441\times10^{-7}$ | 173 100 | $4.041\times10^{-7}$ | 596 |
| 1 000～500 | $2.897\times10^{-7}$ | 122 900 | $6.938\times10^{-7}$ | 356 |
| 500～100 | $1.925\times10^{-6}$ | 108 600 | $2.619\times10^{-6}$ | 2 091 |
| 100～20 | $6.124\times10^{-6}$ | 86 400 | $8.743\times10^{-6}$ | 5 291 |
| 20～1 | $6.741\times10^{-5}$ | 70 200 | $7.615\times10^{-5}$ | 47 322 |
| 合计 | $7.615\times10^{-5}$ | — | — | 55 818 |

(4) 社会与环境风险计算

社会与环境风险根据式(2.5-5)计算。沙河集水库加固前社会与环境风险计算结果见表 2.6-13,加固后见表 2.6-14。

**表 2.6-13　大坝加固前社会与环境风险计算结果**

| 事件 | 溃坝概率 $f$(年$^{-1}$) | 社会与环境影响指数 $I_{SE}$ | 累积概率 $F$(年$^{-1}$) | 社会与环境风险 $R_{SE}$(年$^{-1}$) |
|---|---|---|---|---|
| PMP～10 000 | $8.351\times10^{-6}$ | 318.75 | $8.351\times10^{-6}$ | $2.662\times10^{-3}$ |
| 10 000～1 000 | $5.946\times10^{-5}$ | 239.54 | $6.781\times10^{-5}$ | $1.424\times10^{-2}$ |
| 1 000～500 | $5.748\times10^{-5}$ | 165.57 | $1.253\times10^{-4}$ | $9.517\times10^{-3}$ |
| 500～100 | $3.668\times10^{-4}$ | 120.01 | $4.921\times10^{-4}$ | $4.402\times10^{-2}$ |
| 100～20 | $1.150\times10^{-3}$ | 78.24 | $1.642\times10^{-3}$ | $8.997\times10^{-2}$ |
| 20～1 | $1.754\times10^{-2}$ | 54.00 | $1.918\times10^{-2}$ | $9.472\times10^{-1}$ |
| 合计 | $1.918\times10^{-2}$ | — | — | 1.108 |

**表 2.6-14 大坝加固后社会与环境风险计算结果**

| 事件 | 溃坝概率 $f$(年$^{-1}$) | 社会与环境影响指数 $I_{SE}$ | 累积概率 $F$(年$^{-1}$) | 社会与环境风险 $R_{SE}$(年$^{-1}$) |
|---|---|---|---|---|
| PMP～10 000 | $5.998\times10^{-8}$ | 318.75 | $5.998\times10^{-8}$ | $1.912\times10^{-5}$ |
| 10 000～1 000 | $3.441\times10^{-7}$ | 239.54 | $4.041\times10^{-7}$ | $8.243\times10^{-5}$ |
| 1 000～500 | $2.897\times10^{-7}$ | 165.57 | $6.938\times10^{-7}$ | $4.797\times10^{-5}$ |
| 500～100 | $1.925\times10^{-6}$ | 120.01 | $2.619\times10^{-6}$ | $2.310\times10^{-4}$ |
| 100～20 | $6.124\times10^{-6}$ | 78.24 | $8.743\times10^{-6}$ | $4.791\times10^{-4}$ |
| 20～1 | $6.741\times10^{-5}$ | 54.00 | $7.615\times10^{-5}$ | $3.640\times10^{-3}$ |
| 合计 | $7.615\times10^{-5}$ | — | — | $4.500\times10^{-3}$ |

# 第3章

# 大坝风险评估与处置

## 3.1　大坝风险等级划分标准

### 3.1.1　大坝工程安全分级

根据水库大坝工程病险严重程度，可将其工程安全等级分为重大病险、严重病险、一般病险和无病险四级，分别以Ⅰ级、Ⅱ级、Ⅲ级、Ⅳ级来表示，对应极不安全、不安全、基本安全、安全。大坝工程安全分级及其定性描述见表3.1-1。

**表3.1-1　大坝工程安全分级标准**

| 病险严重程度分级 | 工程安全等级 | | 综合描述 |
|---|---|---|---|
| 重大病险 | Ⅰ级 | 极不安全 | 安全系数不满足规范或设计要求，或工程存在严重质量缺陷；曾出现过重大险情，未彻底处理；安全保障体系缺失，溃坝可能性较大 |
| 严重病险 | Ⅱ级 | 不安全 | 安全系数不满足规范或设计要求，或工程存在明显质量缺陷，安全保障体系不完善，但导致溃坝可能性较小，可以较快控制 |
| 一般病险 | Ⅲ级 | 基本安全 | 安全系数满足规范和设计要求，但安全裕度不大；现状运用中未出现过重大的工程性态异常；安全保障体系较健全；工程存在一般缺陷，在一定控制运用条件下可安全运行 |
| 无病险 | Ⅳ级 | 安全 | 安全系数满足规范和设计要求，安全裕度较大；现状运用中未出现过工程性态异常；安全保障体系健全 |

### 3.1.2　溃坝后果分级

#### 3.1.2.1　溃坝生命损失和经济损失分级

根据《生产安全事故报告和调查处理条例》(2007年国务院令第493号)，安全生产事故分为以下四级：

(1) 特别重大事故。造成 30 人以上死亡，或者 100 人以上重伤(包括急性工业中毒，下同)，或者 1 亿元以上直接经济损失的事故。

(2) 重大事故。造成 10 人以上 30 人以下死亡，或者 50 人以上 100 人以下重伤，或者 5 000 万元以上 1 亿元以下直接经济损失的事故。

(3) 较大事故。造成 3 人以上 10 人以下死亡，或者 10 人以上 50 人以下重伤，或者 1 000 万元以上 5 000 万元以下直接经济损失的事故。

(4) 一般事故。造成 3 人以下死亡，或者 10 人以下重伤，或者 1 000 万元以下直接经济损失的事故。

水库运行也是生产经营行为，因此溃坝生命损失和经济损失分级标准可直接引用上述条例规定，具体见表 3.1-2。

**表 3.1-2　溃坝生命损失和经济损失分级标准**

| 溃坝生命损失和经济损失等级 | 溃坝生命损失和经济损失严重性 | 分级标准 | |
|---|---|---|---|
| | | 生命损失 $L_{OL}$(人) | 经济损失 $L_{OE}$(亿元) |
| Ⅰ级 | 特别重大 | $L_{OL} \geqslant 30$ | $L_{OE} \geqslant 1$ |
| Ⅱ级 | 重大 | $10 \leqslant L_{OL} < 30$ | $0.5 \leqslant L_{OE} < 1$ |
| Ⅲ级 | 较大 | $3 \leqslant L_{OL} < 10$ | $0.1 < L_{OE} < 0.5$ |
| Ⅳ级 | 一般 | $L_{OL} < 3$ | $L_{OE} < 0.1$ |

#### 3.1.2.2　溃坝社会与环境影响分级

溃坝社会与环境影响按社会与环境影响指数 $I_{SE}$ 进行分级，具体见表 3.1-3。

**表 3.1-3　溃坝社会与环境影响分级标准**

| 溃坝社会与环境影响等级 | 溃坝社会与环境影响严重性 | 溃坝社会与环境影响指数 $I_{SE}$ |
|---|---|---|
| Ⅰ级 | 特别重大 | $I_{SE} \geqslant 1\,000$ |
| Ⅱ级 | 重大 | $100 \leqslant I_{SE} < 1\,000$ |
| Ⅲ级 | 较大 | $10 \leqslant I_{SE} < 100$ |
| Ⅳ级 | 一般 | $I_{SE} < 10$ |

### 3.1.3　大坝风险分区

#### 3.1.3.1　国外风险分区分析

根据英国健康和安全委员会(HSE) 2001 年提出的风险的可容忍性框架(见图 3.1-1)，HSE 将风险分为不可接受风险、可容忍风险和广泛可接受风险。

不可接受风险位于三角形顶部，这个区域的风险是无论如何都不能接受的，必须采取强制性的措施把风险降低到不可接受风险区域以下。广泛可接受风险位于三角形的底部，这个区域的风险是完全可以控制的，一般情况下不需要采取任何措施来降低风险。可容忍风险位于不可接受风险区和广泛可接受风险区之间，这个区域的风险是人们为了取得某种效

益和利润而准备容忍的。当然，这种容忍是有条件的，即需要满足以下 4 个条件：

（1）能够取得某种净收益；

（2）风险可控；

（3）定期复核，采用传统的大坝安全鉴定办法复核大坝是否安全，包括大坝安全监测、定期巡视检查、定期大坝安全鉴定；

（4）通过工程和非工程措施，包括提高大坝安全管理水平，把大坝风险降低到满足 ALARP 原则为止。

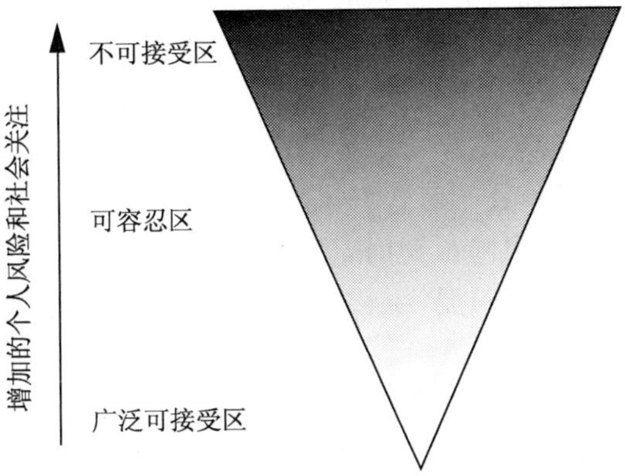


**图 3.1-1　风险的可容忍性框架**

美国 Utah 州立大学 David S. Bowles 教授认为在不可接受风险区之下的风险不一定是可容忍风险，如果这一风险不满足可容忍风险的所有 4 个条件，那么这一风险是不可容忍风险。也就是说，不可接受风险的对立面包括 3 种可能性，即不可容忍风险、可容忍风险和广泛可接受风险。因此 David 建议将图 3.2-1 中的可容忍风险区分为不可容忍风险和可容忍风险两个区。

可见，大坝风险可分为可接受风险、可容忍风险、不可容忍风险和不可接受风险 4 种。采用“目标线”区分可接受风险和可容忍风险，“容许线”区分可容忍风险和不可容忍风险，“不可接受线”区分不可容忍风险和不可接受风险。但是，这 4 种风险在各国应用中有点混乱。同是不成文法国家的澳大利亚和英国，并没有采纳“不可接受线”这一概念，而是采纳“容许线”这一概念，但是澳大利亚大坝委员会（ANCOLD）在容许线之上应用的是“不可容忍风险”这一概念，而英国健康和安全委员会（HSE）在容许线之上应用的是“不可接受风险”这一概念。

在荷兰等成文法国家中，大坝业主减少大坝风险的目的仅仅是为了满足风险目标线，并使上级主管部门相信他确实这样做了，即大坝业主确保在其法律责任范围内降低风险就可以了。

相比之下，在英国等不成文法国家中，容许线是大坝业主必须满足的一个必要但非充分条件，即大坝业主必须满足容许线，但仅仅满足容许线是不够的，还必须满足 ALARP 原则。因此，大坝业主必须使风险水平低于容许线，并继续降低风险直至满足 ALARP。可见，在不成文法体系中，不存在管理部门提供对未来绝对保护的法规，而在成文法体系中这样的保护原则上是存在的。

#### 3.1.3.2 我国大坝风险区域的划分

在欧美不成文法国家，风险区域的划分仅仅是将风险以不可接受线（或容许线）划分为不可接受风险区（或不可容忍风险区）和依据 ALARP 原则需要不断降低风险的区域。根据这一原则，在成文法国家规定的目标线以下的风险，依然需要降低风险，这需要有强大的经济能力作为支撑。

我国目前仍是发展中国家，水库大坝数量多、经济实力有限，如果按不成文法国家的风险区域划分，经济实力难以支撑。作为成文法国家构建风险区域，一方面需要满足成文法法律体系的要求，另一方面也要和世界接轨，并考虑自身的实际情况。

在我国，大坝风险区域划分可以兼顾这两种法律体系。从大坝风险决策的角度考虑，大坝风险处于可接受风险区域时，不需要采取进一步措施降低大坝风险，即无须加固大坝；大坝风险处于不可容忍风险区域和不可接受风险区域时，必须采取加固大坝、改进管理等途径进一步降低大坝风险；大坝风险处于可容忍风险区域时，需根据我国的 ALARP 评价标准来决策是否需要进一步降低大坝风险。此时，区分不可容忍风险和不可接受风险是没有实际意义的，故可将这两种风险归为一类，统称为不可接受风险。这样，我国大坝风险划分和 HSE 的划分是一样的，分为可接受风险、可容忍风险和不可接受风险，但和 HSE 的内涵是不一样的，我国的不可接受风险包含了不可容忍风险。仍用“容许线”区分我国大坝不可接受风险和可容忍风险，“目标线”区分可容忍风险和可接受风险。

为与《国家突发公共事件总体应急预案》确定的四级预警级别相衔接，将高于容许线一个数量级以上的风险定义为极高风险，容许线以上、极高风险以下的风险仍定义为不可接受风险，并用一条虚线来区分极高风险和不可接受风险，将这条虚线命名为高风险线。

综上所述，我国大坝风险可分为可接受风险、可容忍风险、不可接受风险和极高风险 4 个区域，分别对应低、中、高、极高风险，可用目标线、容许线和高风险线区分，具体如下：

(1) 位于目标线之下的风险为可接受风险；

(2) 位于目标线和容许线之间的风险为可容忍风险；

(3) 位于容许线和高风险线之间的风险为不可接受风险；

(4) 位于高风险线之上的风险为极高风险。

### 3.1.4 大坝风险分级

根据《国家突发公共事件总体应急预案》(2006)和《突发事件应对法》(2007)，溃坝突发事件预警级别依据其可能造成的危害程度、紧急程度和发展势态划分为四级，即Ⅰ级（特别重大）、Ⅱ级（重大）、Ⅲ级（较大）和Ⅳ级（一般），依次用红色、橙色、黄色和蓝色表示。因此，大坝风险可相应划分为如下四级：

1) Ⅰ级，极高风险，以红色表示；

2) Ⅱ级，高风险，以橙色表示；

3) Ⅲ级，中风险，以黄色表示；

4) Ⅳ级，低风险，以蓝色表示。

(1) 定性分级标准

大坝风险是溃坝概率和溃坝后果的组合，其定性分级可采用风险矩阵图表示。由于溃坝概率计算难度较大，且具有较大的不确定性，在大坝风险定性分级中一般不直接计算溃坝概率。溃坝概率与工程安全程度直接相关，工程越不安全，溃坝概率越高。因此，可以用工程安全等级来替代溃坝概率等级。

大坝风险定性分级可根据水库大坝工程安全等级（表 3.1-1）和水库溃坝后果等级（表 3.1-2、表 3.1-3）采用风险矩阵图来表示，见图 3.1-2。

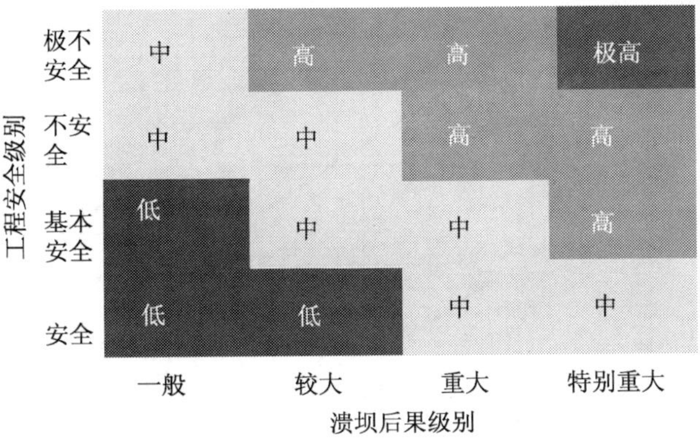


**图 3.1-2　水库大坝风险定性分级图**

（2）定量分级标准

大坝风险定量分级标准如图 3.1-3～图 3.1-5 所示。处于高风险线以上时，为Ⅰ级风险；处于容许线之上、高风险线及其以下时，为Ⅱ级风险；处于目标线及其以上、容许线及其以下时，为Ⅲ级风险；处于目标线之下时，为Ⅳ级风险。

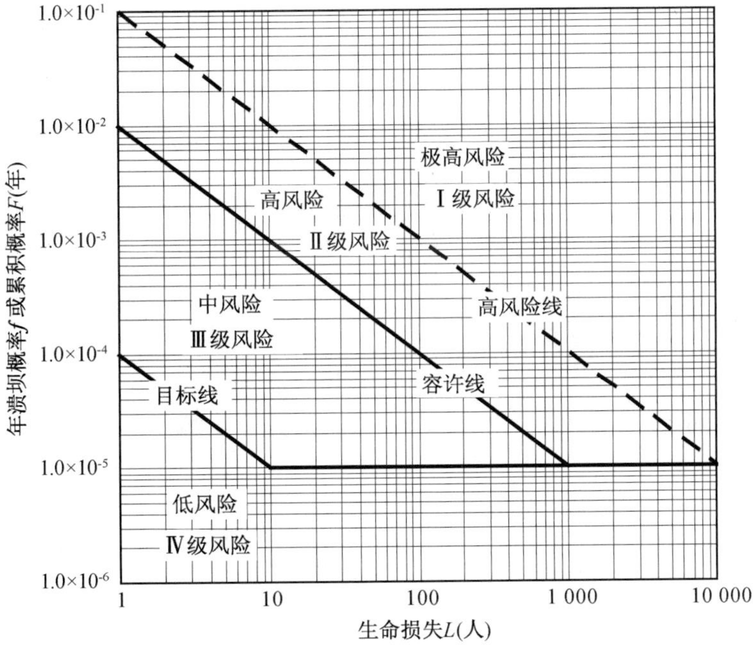


**图 3.1-3　群体生命风险定量分级标准**

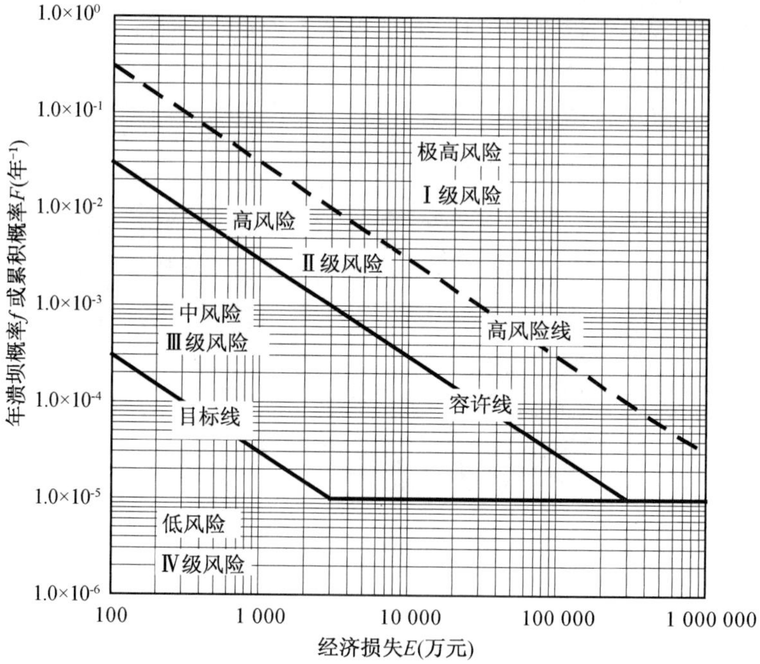


**图 3.1-4　经济风险定量分级标准**

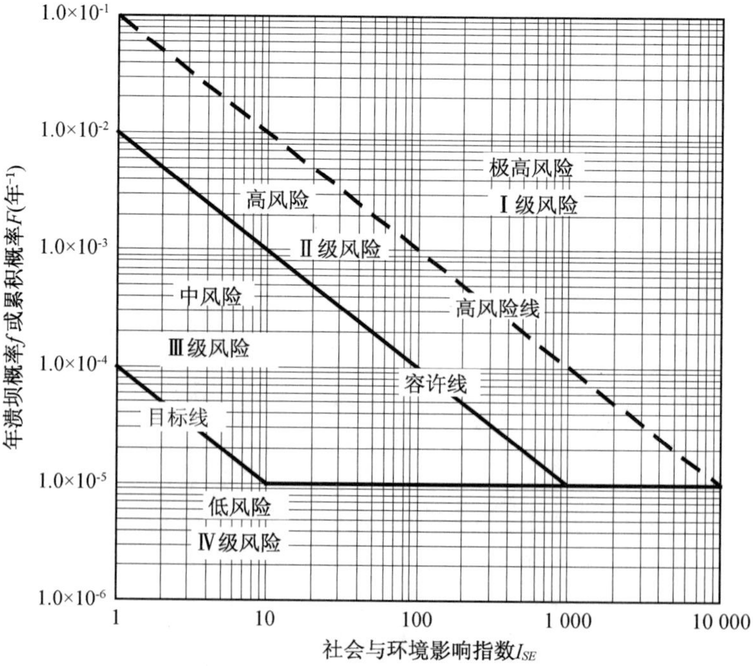


**图 3.1-5　社会与环境风险定量分级标准**

当群体生命风险、经济风险、社会与环境风险所处风险等级不同时，可按最高等级确定水库大坝风险等级。

# 3.2 大坝风险决策

## 3.2.1 ALARP 原则

### 3.2.1.1 概念

ALARP 原则(as low as reasonably practicable principle)是使风险在合理可行情况下尽可能低的原则。根据 HSE 的定义，其内涵包括如下两方面：

(1) 只有当风险降低是不可行的，或当降低风险支出的费用与取得的效益严重失衡时，风险才是可容忍的；

(2) 只有当进一步降低风险是不可行的，或需采取的措施与降低的风险在时间、难度和付出上严重失衡时，剩余风险才是可容忍的。

在不成文法国家中，只有容许线而没有目标线，不存在目标线下停止应用 ALARP 原则的问题。在成文法国家中，在目标线之下是不需要应用 ALARP 原则的。如果在目标线之下还要应用 ALARP 原则，就相当于传统的安全系数法，在满足安全系数的前提下还不能确定大坝是否稳定一样。因此，在我国，目标线之下是不需要应用 ALARP 原则的，ALARP 原则只应用于可容忍风险区域。同时，ALARP 原则在我国的内涵和不成文法国家是有区别的。在不成文法国家中，容许线之下的风险只有满足 ALARP 原则时风险才是可容忍的，也就是说，容许线之下的风险不一定是可容忍的。我国已将目标线和容许线之间的风险定义为可容忍风险，这一区域的风险就是可容忍的，在这一区域应用 ALARP 原则不是用来判断风险是否可以容忍，而是用来决策是否需要进一步采取措施降低风险。

### 3.2.1.2 ALARP 评价方法

在不成文法国家，ALARP 评价方法主要有成本效益法和失衡法。我国在可容忍风险区域也可应用这两种方法来评价 ALARP，并据此进行风险决策。

(1) 成本效益法(CSLS 法)

成本效益法是根据每挽救一个统计意义上的生命所需要付出的成本的合理性来决策是否需要进一步采取措施降低容许线下的风险，通过采取措施所需的净投入与采取措施降低生命损失能够获得的效益的比值 $R_L$ 来计算。

CSLS 即生命成本，用来衡量降低生命风险的成本效益。ACSLS(Adjusted cost per statistical life saved)是经过修正的 CSLS，CSLS 和 ACSLS 的计算公式如下：

$$R_{UL} = c_1/r_L \tag{3.2-1}$$

$$R_L = \begin{cases} (c_1 - b_E)/r_L & c_1 > b_L \\ 0 & c_1 \leqslant b_L \end{cases} \tag{3.2-2}$$

其中

$$\begin{aligned} c_1 &= rc_2 \\ b_E &= E(P_b - P_a) \\ r_L &= N(P_b - P_a) \end{aligned} \tag{3.2-3}$$

式中：$R_{UL}$——即 CSLS，每挽救一个统计意义上的人所需要付出的成本，元/人；

$R_L$——即 ACSLS，考虑了经济效益，每挽救一个统计意义上的人所需要付出的实际成本，元/人；

$c_1$——每年为降低风险而采取措施所需要的成本，元/年；

$r$——贴现率，年$^{-1}$；

$c_2$——为降低风险而采取措施所需投入，元；

$b_E$——每年因采取措施降低风险而取得的经济效益，元/年；

$P_b$——采取措施前溃坝概率，年$^{-1}$；

$P_a$——采取措施后溃坝概率，年$^{-1}$；

$r_L$——采取措施后每年降低的生命损失，人/年；

$b_L$——每年因采取措施降低生命风险而取得的效益，万元/年；

$E$——溃坝经济损失，万元；

$N$——溃坝生命损失，人。

（2）失衡法

失衡法是根据降低一个生命损失所需要付出相应措施的成本与当时每个生命价值的比例的失衡程度来决策是否需要进一步降低容许线下的风险。HSE(2000)建议对降低风险措施的失衡程度采用定量方法计算，作为 ALARP 评价的依据。失衡程度用“失衡系数”(disproportionality ratio)$R$ 来表示。失衡系数用 ACSLS 作为净单位成本与因风险降低而产生的单位健康和安全效益之比来表示。生命安全效益根据预防一个生命死亡的支付意愿来评估，一般用生命价值 $V_L$ 来计算。

失衡系数 $R$ 的计算公式如下：

$$R = \begin{cases} (c_1 - b_E)/b_L & c_1 > b_L \\ 0 & c_1 \leqslant b_L \end{cases} \tag{3.2-4}$$

其中

$$b_L = V_L \times N \times (P_b - P_a) \tag{3.2-5}$$

或

$$R = \frac{R_L}{V_L} \tag{3.2-6}$$

式中：$b_L$——每年因采取措施降低生命风险而取得的效益，元/年；

$V_L$——当时生命价值，元/人；

$R_L$——成本效益比，元/人。

其他符号意义同前。

HSE 对失衡系数 $R$ 有如下规定：

（1）溃坝概率为 $10^{-4}$/年时，失衡比率不应小于 10；

（2）溃坝概率为 $10^{-6}$/年时，失衡比率不应小于 3。

失衡系数评价指导图见图 3.2-1，将($1\times10^{-4}$，10)和($1\times10^{-6}$，3)两点连成一条直线，此线向下延伸到$R=1$，然后向左平移到与纵坐标相交，该线是可容忍风险区和不可容忍风险区的分界线。如果失衡系数 $R$ 小于 1.0，加固可以一直进行下去，而不管加固前溃坝概率如何低。

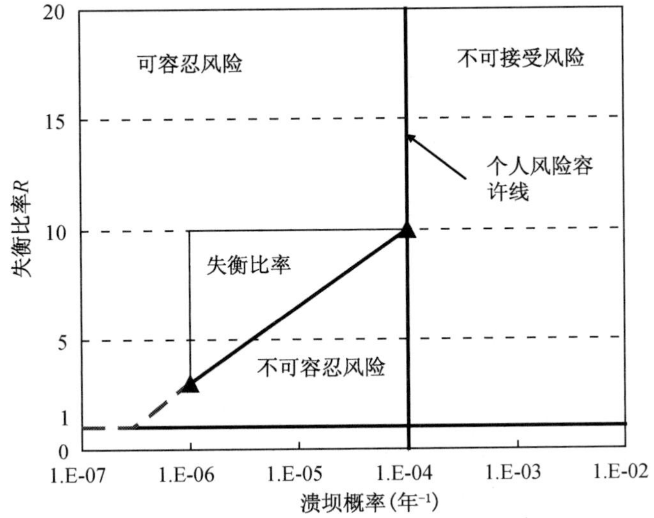


图 3.2-1 失衡系数评价指导图

#### 3.2.1.3 我国 ALARP 评价标准

对于位于可容忍风险区域的风险，须根据我国的 ALARP 评价标准确定是否需要采取措施降低风险。

(1) 成本效益比评价标准

根据《生产安全事故报告和调查处理条例》，1 人死亡事故相当于 300 万元的直接经济损失事故，故成本效益比 $R_L$可以 300 万元/人为分界线。当 $R_L\leqslant$300 万元/人时，可定为 1 级风险；当 300 万元/人$<R_L\leqslant$1 000 万元/人，可定为 2 级风险；当 1 000 万元/人$<R_L\leqslant$1 亿元/人时，可定为 3 级风险；当 $R_L>$1 亿元/人时，可定为 4 级风险。成本效益比 $R_L$评价标准及相应决策见表 3.2-1。

表 3.2-1 成本效益比评价标准

| 成本效益比 $R_L$(百万元/人) | 等 级 | 决 策 |
|---|---|---|
| 0～3 | 1 | 采取降低风险的措施是必要和合适的 |
| 3～10 | 2 | 采取降低风险的措施是比较必要和合适的 |
| 10～100 | 3 | 采取降低风险的措施基本上是不必要和不合适的 |
| >100 | 4 | 采取降低风险的措施是不必要和不合适的 |

(2) 失衡法评价标准

西方有两大关于生命价值的理论，即人力资本理论和风险交易理论。

人力资本理论是从人的生产能力即创造价值或收入的能力角度来定义人的生命价值的。一个人的伤残或死亡，不仅对他人即家庭和企业造成了损失，而且还对整个国家的财富创造或经济增长造成重大的损失。运用这一理论来估算人的生命价值，要用到成本与收益的分析方法，按照生产和再生产一个劳动能力的成本，以及这个劳动者一生的总收入与其成本的关系，来估算人的生命价值。该理论和方法主要用于评估战争、灾害或瘟疫导致大量人口死亡所造成的经济损失，以及在人寿保险领域用于分析健康和人寿保险如何弥补提前死亡对家庭和企业造成的损失。

风险交易理论是从个人对风险的权衡与交易角度来定义人的生命价值的。为避免人身伤害或死亡而采取预防风险的行为是有成本的，它强调的是一个人对伤残或死亡风险的个人支付意愿。运用这种理论和方法来估算人的生命价值，在很大程度上依赖于对个人风险交易行为的大量调查，或者市场交易价格的统计数据，或者对个人在劳动力市场上行为的经验观察等资料。

根据国务院 2010 年 7 月印发的《关于进一步加强企业安全生产工作的通知》，从 2011 年 1 月 1 日起，对因生产安全事故造成的职工死亡，其一次性工亡补助金标准调整为按全国上一年度城镇居民人均可支配收入的 20 倍计算。按 2009 年度全国平均城镇居民人均可支配收入 17 175 元的水平，全国平均一次性工亡补助金为 34.35 万元。加上同时实行的丧葬补助金和供养亲属抚恤金(按供养 2 位亲属测算)，三项合计约为 61.8 万元。因此在该标准实施后，生命价值可暂按照 60 万元/人计算，则我国目前的失衡法评价标准可用表 3.2-2 表示。

**表 3.2-2　失衡法评价标准(自 2011 年起)**

| 失衡系数 $R$ | 等　级 | 决　策 |
|---|---|---|
| 0～5 | 1 | 采取降低风险的措施是必要和合适的 |
| 5～16.7 | 2 | 采取降低风险的措施是比较必要和合适的 |
| 16.7～167 | 3 | 采取降低风险的措施基本上是不必要和不合适的 |
| >167 | 4 | 采取降低风险的措施是不必要和不合适的 |

## 3.2.2　大坝风险决策

将大坝风险计算结果与大坝风险标准进行比较，评估风险是否极高、不可接受、可容忍或可接受，并作为大坝风险决策的依据。大坝风险决策原则如下：

(1) 当大坝风险位于极高风险区域时，应立即采取强制措施降低风险。如立即降低库水位控制运用，制订针对性的应急预案，并筹措资金采取工程措施(如除险加固)或非工程措施(降等或报废)降低大坝风险。

(2) 当大坝风险位于不可接受风险区域时，应尽快采取措施降低风险。如控制水位运用，制订针对性的应急预案，并尽快筹措资金采取工程或非工程措施降低大坝风险。

(3) 当大坝风险位于可容忍风险区域时，应根据 ALARP 原则，通过成本效益法或失衡法分析，确定是否需要对风险作进一步处理。

(4) 当大坝风险位于可接受风险区域时，可不对风险进行处理。

对于单座水库来说，当风险处理资金不足时，可对大坝风险要素进行排序，确保主要风险要素得以优先处理。大坝风险要素排序可采用 FMECA 法，具体参见本书 4.1.1 节。

当需要对群坝进行风险处理而资金不足时，可按大坝综合风险指数排序，确定除险顺序。群坝风险排序方法具体参见本书 4.1.2 节。

目前，我国主要依据工程安全性决定水库大坝是否需要除险加固。一些水库大坝尽管工程安全性差，但因溃坝后果较轻，风险并不大，却优先得到加固处理；有的水库大坝虽然安全性稍好，但下游影响大，潜在风险很高，却迟迟得不到加固除险；还有一些水库大坝虽然工程安全状况相近，但由于库容、高程、坝高以及下游经济社会发展水平、防洪保护对象等条件不同，对下游造成的风险差别很大，决策时却无法定量考虑这些因素。因此，现行的病险水库除险加固决策机制很难区别轻重缓急，科学合理地安排除险加固计划，确保风险巨大的病险水库优先得到加固。按风险大小进行除险加固排序才是更加合理和科学的方法。

同时，我国水库大坝工程等别及其设计、管理标准主要依据库容划分，没有充分考虑溃坝后果（风险）的影响，导致很多潜在风险高的小型水库大坝设计、建设和管理标准偏低，应尽快研究制订基于风险的水库大坝分类标准和管理体系，彻底扭转小型水库安全管理薄弱的局面。

# 3.3 大坝风险处置

风险处置是通过制定并实施控制风险的计划，降低风险发生的可能性和降低潜在后果影响的过程性活动。风险处置需要根据风险的类型与规模、发生的可能性和后果影响等，采取相应的对策、措施或方法，用最小的成本使风险控制在可接受或可容忍的范围之内。水库大坝风险处置需要从降低工程破坏的可能性及潜在后果影响两方面着手，可采取的对策和措施及流程见图 3.3-1。常用的风险处置方式有降低风险、回避风险、转移风险、保留风险、风险补偿等。

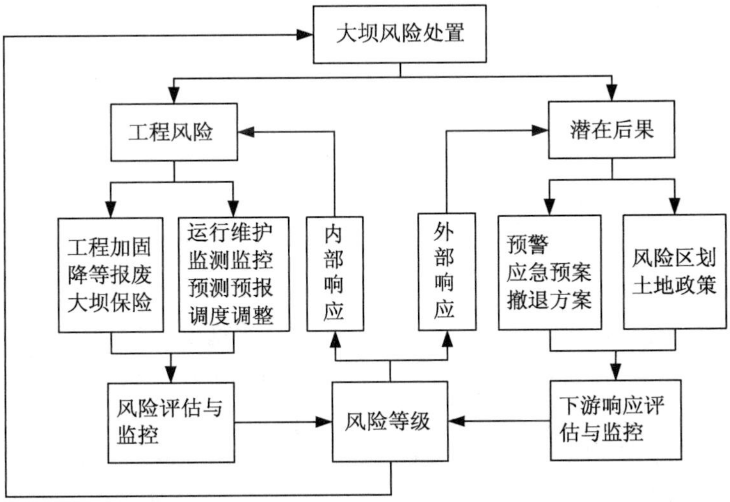


图 3.3-1 水库大坝风险处置对策和措施及流程示意图

## 3.3.1 降低风险

对于无法简单回避的不可容忍和不可接受风险，可通过工程与非工程措施主动降低风险。降低风险的决策应重视多方案的比选和优化。降低大坝风险的通常措施和对策包括：

(1) 除险加固。对存在严重工程质量缺陷和安全隐患的水库大坝，应采取工程措施进行除险加固，以降低溃坝概率，从而降低溃坝风险。除险加固工程的标准应依据现有标准，设定一定的风险控制目标，通过风险排序确定主要风险途径和风险环节，以选择合适的除险加固技术方案及控制措施，消除工程病险并达到风险控制目标的要求。除险加固后还应进行后评估。

(2) 建立内部风险预警机制和风险控制管理体系。通过机制与体系建设，提升风险管理能力，通过预防、控制有效减少风险。建立文件化的风险控制质量体系，完善制度建设，形成风险管理手册、OMS 与 EPP 控制文件和记录，并加强培训和演练，提高突发事件应对能力；根据可能的破坏模式，针对性地加强巡视检查和开展监测预警，及时发现事故征兆，做好应急处置的各种准备；明确风险控制目标，确定职责权限、风险处置实施步骤和不同环节的有效沟通，建立评审机制，确保风险控制管理体系的持续性；完善管理所需的人力资源、基础设施、工作环境等基础建设等。

(3) 外部风险控制。相对于工程的复杂性，控制后果往往更为可行。政府应对受水库大坝影响的风险区域进行风险区划，以便规避不必要的新增风险和调整经济社会结构以减少风险。管理单位应加强与政府之间的联系，沟通了解与大坝风险有关的政策、规划以便及时建议和应对；还应加强与相关风险单位(对象)之间的联系，重视信息互通，以便风险联动，减少风险；加强对溃坝洪水淹没区内公众的风险宣传和应急演练，鼓励公众配合和参与突发事件应急处置，提高风险人口的逃生效率。

## 3.3.2 回避风险

回避风险是指为避免未来可能的不可控事件风险而采取的风险处置方式。回避风险是一种避重就轻的风险处置方式，往往意味着要放弃一定的收益。通常在以下情况时采用：一是当某特定风险所致损失频率和损失幅度相当高时；二是当处置风险的成本大于其产生的效益时。

在汛期或工程存在明显病险、情况不明且时间紧迫时，回避风险是降低风险的有效方法之一。常用的回避大坝风险措施包括：

(1) 控制运用。对存在病险的高风险水库，应采取限制水位运行甚至空库度汛的方式控制风险，是最常用的大坝风险处置措施。当水库大坝出现险情或遭遇地震等突发情况时，最常用也是最有效的对策就是快速降低水库运行水位。

(2) 降等与报废。对投入产出比严重失衡、存在病险或已全部或部分丧失原有功能的水库大坝，应选择降等或报废处理。水库降等或报废应满足相关标准及风险控制目标要求。

由于工程病险的复杂性，回避风险过程中应特别重视对剩余风险的监督和及时应对。

### 3.3.3 转移风险

转移风险也叫分散风险，是一种风险分担的处置方式，利用合法的交易方式和业务手段将风险全部或部分地转移给他人。

转移风险的有效办法是保险投保和非保险合同委托。保险投保是指在明确的风险战略的指导下，与资金雄厚的保险机构签订保险合同。非保险合同委托是指通过与独立机构签订合同，将具有风险的经营活动承包给对方，并在合同中明确规定由对方承担风险损失的赔偿责任等，以便风险发生时可以得到补偿。

目前，我国水库大坝风险保险尚未开展，转移风险的主要方式主要依赖于非保险合同委托，如大坝工程设计、建设中的代建管理、除险加固、疑难杂症咨询等的合同委托。水库大坝是一种重要和特殊的建筑物，风险转移并不是风险处置的目的，仅是作为后果发生的有限补偿考虑。风险转移的目的在于能够依赖于第三方的技术能力与管理经验提升水库大坝安全管理能力，保障风险控制目标的实现。面对小型水库管理薄弱的现状，为有效防控其风险，区域集中管理及委托专业机构管理具有较为广阔的发展前景。

### 3.3.4 保留风险与风险补偿

保留风险是管理单位自我承受风险后果，维持现有风险水平的方式。它包括主动自留和被动自留。通常情况下，在风险所致损失频率和幅度低、损失短期内可预测以及最大损失小时采用。对大坝风险而言，只有当风险处于可接受或可容忍时，才可以主动保留。当风险不能容忍时，应根据实际情况采取上述有关方式方法进行处置或应对。

风险补偿是指当水库运行管理单位承担无法规避的风险或采取回避风险导致效益损失时，由政府财政或社会对其进行经济补偿。管理单位应按照法律法规等要求开展工程运行管理和风险防控工作，对存在的问题应及时汇报、控制和争取财政投入消除风险，必要时应争取风险补偿。

## 3.4 沙河集水库大坝风险评估

### 3.4.1 个体生命风险

沙河集水库大坝加固前个体生命风险为 $1.918\times10^{-2}$ 人/年，位于极高风险区；加固后个体生命风险为 $7.615\times10^{-5}$ 人/年，位于可容忍风险区。

### 3.4.2 群体生命风险

沙河集水库大坝加固前、后群体生命风险见图 3.4-1。可见，加固前群体生命风险为

2.267 人/年，位于极高风险区；加固前群体生命风险加固后降为 9.062×$10^{-3}$ 人/年，位于可容忍风险区。

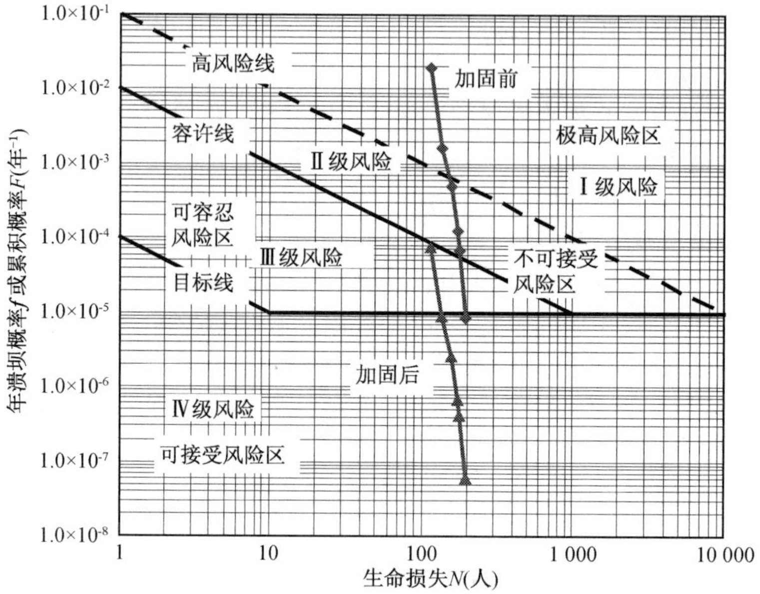


**图 3.4-1　沙河集水库大坝加固前、后群体生命风险**

加固前溃坝概率为 1.918×$10^{-2}$/年，加固后下降为 7.615×$10^{-5}$/年。溃坝生命损失为 197 人，经济损失为 27.04 亿元。加固资金为 3 300.00 万元。假设贴现率为 0.08/年，生命价值为 60.0 万元/人。则根据式(3.2-2)可算得成本效益比 $R_L<0$；令 $R_L=0$，则根据式(3.2-6)可求得失衡系数 $R=0$。根据我国的 ALARP 评判标准(表 3.2-1 或表 3.2-2)，沙河集水库大坝加固后群体生命风险为 III－1 级风险，仍然偏高，有必要采取进一步降低风险的措施。由于大坝防渗体系不完善、南涵洞加固不彻底等病险，沙河集水库于 2012 年又被鉴定为“三类坝”，符合大坝加固后风险仍然偏高的结论，于近年再次立项进行了除险加固。

## 3.4.3　经济风险

沙河集水库大坝加固前、后经济风险见图 3.4-2。加固前经济风险为 13 901 174 元/年，位于极高风险区，为 I 级风险；加固后经济风险降为 55 818 元/年，为 II 级风险，仍是不可接受的，仍需进一步采取措施降低经济风险。

## 3.4.4　社会与环境风险

沙河集水库大坝加固前、后社会与环境风险见图 3.4-3。加固前社会与环境风险为 1.108/年，位于极高风险区，为 I 级风险；加固后社会与环境风险降为 4.50×$10^{-3}$/年，是可容忍的。

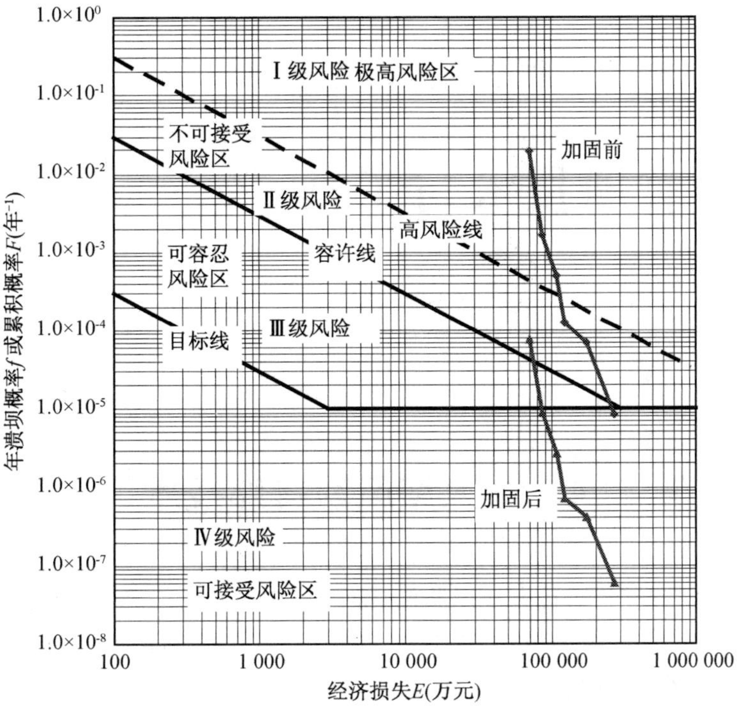


**图 3.4-2　沙河集水库大坝加固前、后经济风险**

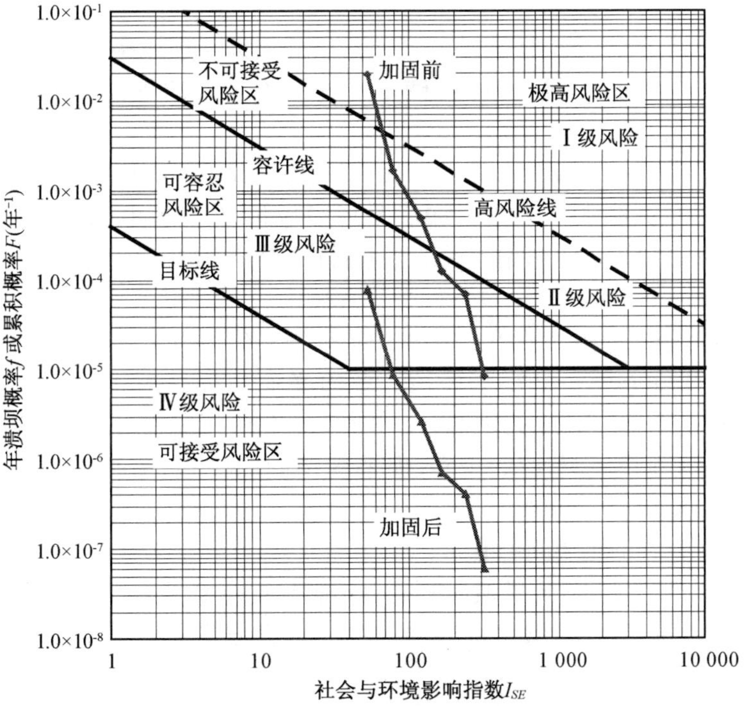


**图 3.4-3　沙河集水库大坝加固前、后社会与环境风险**

# 第 4 章

# 大坝风险管理技术与工具

## 4.1 大坝风险排序技术

我国水库大坝数量巨大，且大多以防洪、灌溉等公益性功能为主，除险加固和日常维修养护经费严重短缺的问题特别突出，尤其是经济欠发达的中西部地区。这种情况下，风险排序技术可以确保风险高的病险水库或其主要风险要素优先得到处理。

### 4.1.1 单座大坝风险要素排序

对某一单座水库来说，溃坝后果是一定的，只需根据溃坝概率分析中不同事件（要素）的定性或定量分析结果进行排序，即可确定不同风险要素的重要性程度，供下一步决策使用。

本书 2.1.2 节介绍的 FMECA 法（Failure Mode，Effects and Criticality Analysis）适用于单座水库大坝风险要素排序，首先由加拿大 BC Hydro 公司提出。

以下结合江苏省沙河水库东副坝风险要素排序，介绍 FMECA 法的应用。

（1）工程概况

沙河水库总库容 $1.083\times10^{8}\,m^{3}$，1958 年动工兴建，1961 年建成。防洪标准按 100 年一遇洪水设计，2 000 年一遇洪水校核。枢纽平面布置见图 4.1-1，其中东副坝为均质土坝，坝顶高程 25.60 m，最大坝高 17.3 m，典型断面见图 4.1-2；溢洪道堰顶高程 17.50 m，设计最大泄洪流量 172 $m^{3}/s$，配平板钢闸门 3 扇，采用 QPQ-160 kN 卷扬式启闭机操作。

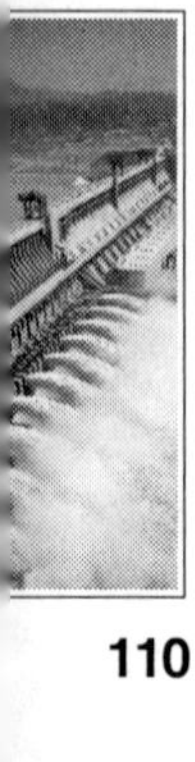

东副坝运行中存在的主要问题有：

1）上游面护砌厚度偏小，抗风浪冲刷能力不满足规范要求。

2）坝体浸润线过高，校核洪水位时坝体最大水力坡降为 0.78，稍大于设计允许坡降 0.70。

3）下游坝址处排水沟衬砌大范围坍塌。

4）坝脚反滤排水出水杂乱，无规律，部分自然集中从低凹处排出，长期积水，已导致沼泽化；下游护坡浆砌石多处松动、脱落、缺失。

5）据地质雷达探查，桩号 0＋120 m～0＋168 m 范围坝体土质杂乱、松散。

6）在正常运用条件设计洪水位工况下，下游坡抗滑稳定不满足规范要求。

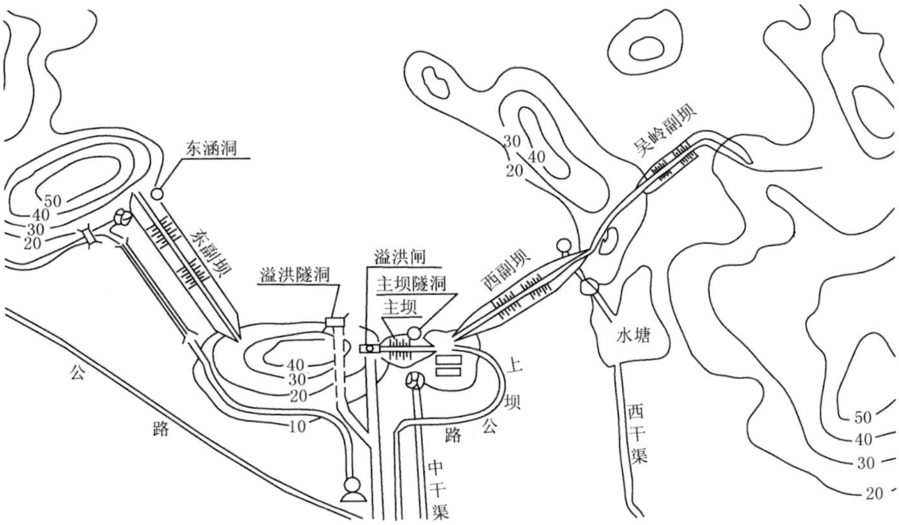


**图 4.1-1　沙河水库枢纽平面布置示意图**（单位：m）

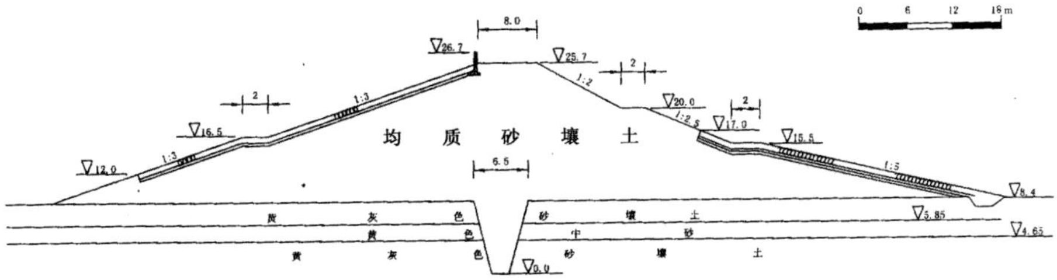


**图 4.1-2　沙河水库东副坝典型断面示意图**（单位：m）

（2）系统分解与要素分析

东副坝与溢洪道是水库枢纽的一级子系统，分别编号为 01、02。东副坝二级子系统包括坝顶（0 101）、坝体（0 102）、坝基和坝肩（0 103）、下游坝脚及附近地面（0 104）等；溢洪道二级子系统包括引水渠（0 201）、控制段（0 202）、泄洪渠（0 203）。每个二级子系统下都有多个要素，具体见表 4.1-1。

（3）要素危害程度分析

每个要素都有一种或多种破坏模式。针对每种破坏模式，分析发生的可能性、导致后果的严重性和后果发生的可能性，得到如表 2.1-1～表 2.1-3 中所示的分级。根据分级情况，依据表 2.1-4 可得到要素的危害性程度指标，结果见表 4.1-1。可见，东副坝坝体白蚁危害、坝体管涌破坏、地震作用下的坝坡失稳是危害程度高的破坏模式；溢洪道控制段混凝土边墙砂浆脱落与地震破坏、泄洪渠左浆砌石导流墙因冲刷导致部分坍塌是危害程度高的破坏模式，也是采取工程措施或工程管理中需要认真对待的主要问题。

**表 4.1-1　沙河水库东副坝破坏模式、影响和危害程度分析表**

| 要素/功能编号 | 子系统 | 要素 | 破坏模式 | 破坏模式相互影响 | | 直接影响 | 后果（最终影响） | 破坏模式可能性 | 后果可能性 | 后果严重性 | 危害性 |
|---|---|---|---|---|---|---|---|---|---|---|---|
| | | | | 被影响 | 影响 | | | | | | |
| 01 | 东副坝 | | | | | | | | | | |
| 0101 | 坝顶 | | | | | | | | | | |
| 01010101 | | 公路 | 磨损 | | | 路面粗糙 | 路面粗糙 | 可能 | 肯定 | 不严重 | 9 |
| 01010102 | | | 表面裂缝 | | 010203 | 地表水进入到坝体内 | 侵蚀大坝 | 可能 | 不可能 | 严重 | 13 |
| 01010103 | | | 意外破坏 | | | 公路开裂/雨水进入坝体 | 侵蚀大坝 | 不可能 | 不可能 | 严重 | 11 |
| 01010201 | | 上游挡墙 | 弄坏 | | | 降低防浪作用 | 波浪涌过坝顶 | 不可能 | 极不可能 | 不严重 | 4 |
| 01010202 | | | 开裂 | | | 降低防浪作用 | 波浪涌过坝顶 | 经常发生 | 极不可能 | 不严重 | 7 |
| 01010203 | | | 墙体遭受机动车破坏 | | | 墙体坍塌 | 人员伤亡 | 不可能 | 可能 | 严重 | 12 |
| 01010301 | | 下游挡墙 | 弄坏 | | | 无直接影响 | 公共安全 | 不可能 | 不可能 | 不严重 | 5 |
| 01010302 | | | 开裂 | | | 无直接影响 | 公共安全 | 经常发生 | 不可能 | 不严重 | 8 |
| 01010303 | | | 墙体遭受机动车破坏 | | | 墙体坍塌 | 人员伤亡 | 不可能 | 可能 | 严重 | 12 |
| 01010401 | | 坝顶排水管 | 堵塞/路面开裂 | | 010101 | 坝顶积水 | 侵蚀大坝 | 可能 | 不可能 | 严重 | 13 |
| 01010402 | | | 堵塞/路面未开裂 | | | 坝顶积水 | 坝顶积水 | 可能 | 肯定 | 不严重 | 9 |
| 01010403 | | | 漏水 | 010101 | 010204 | 侵蚀下游坡 | 下游坡失稳 | 经常发生 | 不可能 | 严重 | 14 |
| 01010501 | | 路面支墩 | 过载失效 | | | 公共安全 | 人员伤亡 | 不可能 | 可能 | 严重 | 12 |
| 01010601 | | 电缆及电缆沟 | 人为故意破坏 | | | 电力/通信/仪器读数中断 | 延迟启动泄洪设施 | 可能 | 不可能 | 中等 | 9 |
| 01010602 | | | 弄坏 | | | 电力/通信/仪器读数中断 | 延迟启动泄洪设施 | 可能 | 不可能 | 中等 | 9 |

续表

| 要素/功能编号 | 子系统 | 要素 | 破坏模式 | 破坏模式相互影响 | | 直接影响 | 后果（最终影响） | 破坏模式可能性 | 后果可能性 | 后果严重性 | 危害性 |
|---|---|---|---|---|---|---|---|---|---|---|---|
| | | | | 被影响 | 影响 | | | | | | |
| 0102 | 坝体 | | | | | | | | | | |
| 01020101 | | 上游砌石护坡 | 砂浆失效 | 010202 | 010202/010203 | 雨水渗入 | 破坏护坡，导致边坡失稳 | 经常发生 | 不可能 | 严重 | 14 |
| 01020102 | | | 波浪作用/砂浆失效 | 010202 | 010202/010203 | 表面局部破坏 | 边坡失稳 | 极不可能 | 极有可能 | 非常严重 | 14 |
| 01020201 | | 上游垫层 | 局部侵蚀 | 010201 | 010201 | 护坡失效 | 破坏护坡，导致边坡失稳 | 可能 | 不可能 | 严重 | 12 |
| 01020301 | | 均质坝体土 | 地震引起失稳 | | | 大坝坍塌 | 库水无控制下泄 | 极不可能 | 肯定 | 灾难性 | 16 |
| 01020302 | | | 上游护坡失效引起侵蚀 | | | 降低大坝强度 | 大坝表面滑坡 | 不可能 | 不可能 | 中等 | 8 |
| 01020303 | | | 排水引起下游面破坏 | | | 降低大坝强度 | 大坝表面滑坡 | 不可能 | 可能 | 中等 | 9 |
| 01020304 | | | 管涌 | | | 内部侵蚀 | 大坝坍塌 | 不可能 | 可能 | 灾难性 | 17 |
| 01020305 | | | 动物洞穴引起破坏 | | | 内部侵蚀 | 大坝坍塌 | 可能 | 可能 | 灾难性 | 19 |
| 01020401 | | 下游草坡 | 表面冲刷 | | | 坝体土出露 | 大坝表面局部滑坡 | 不可能 | 不可能 | 中等 | 8 |
| 01020501 | | 木桩 | 人为故意破坏 | | | 蚁穴 | 内部侵蚀 | 不可能 | 极不可能 | 严重 | 10 |
| 01020601 | | 下游砌石护坡 | 局部滑坡 | | | 垫层出露 | 垫层表面侵蚀 | 极不可能 | 可能 | 不严重 | 5 |
| 01020701 | | 下游垫层 | 雨水冲刷 | | | 砌石护坡失效 | 大坝表面局部滑坡 | 不可能 | 可能 | 不严重 | 7 |
| 01020801 | | 变形标点 | 人为故意破坏 | | | 丢失测量数据 | 数据不连续 | 经常发生 | 肯定 | 不严重 | 10 |
| 01020901 | | 渗压计 | 导管堵塞 | | | 无法读数 | 数据不连续 | 不可能 | 肯定 | 不严重 | 7 |

续表

| 要素/功能编号 | 子系统 | 要素 | 破坏模式 | 破坏模式相互影响 | | 直接影响 | 后果（最终影响） | 破坏模式可能性 | 后果可能性 | 后果严重性 | 危害性 |
|---|---|---|---|---|---|---|---|---|---|---|---|
| | | | | 被影响 | 影响 | | | | | | |
| 01021001 | | 下游反滤层 | 管涌 | | | 坝体管涌 | 大坝坍塌 | 不可能 | 极不可能 | 灾难性 | 14 |
| 0103 | 坝基和坝肩 | | | | | | | | | | |
| 01030101 | | 坝基 | 管涌 | | | 侵蚀大坝 | 大坝坍塌 | 极不可能 | 可能 | 灾难性 | 15 |
| 01030201 | | 截水槽 | 管涌 | | | 侵蚀大坝 | 大坝坍塌 | 极不可能 | 可能 | 灾难性 | 15 |
| 01030301 | | 右坝肩 | 坝肩滑坡 | | | 大坝支撑失效 | 大坝强度降低 | 极不可能 | 不可能 | 严重 | 9 |
| 01030302 | | | 管涌破坏 | | | 大坝侵蚀 | 大坝坍塌 | 极不可能 | 可能 | 灾难性 | 15 |
| 01030401 | | 左坝肩 | 坝肩滑坡 | | | 大坝支撑失效 | 降低大坝强度 | 极不可能 | 不可能 | 严重 | 9 |
| 01030402 | | | 管涌破坏 | | | 大坝侵蚀 | 大坝坍塌 | 极不可能 | 可能 | 灾难性 | 15 |
| 0104 | 下游地面 | | | | | | | | | | |
| 01040101 | | 排水沟 | 堵塞 | | | 无法测量渗流量 | 无法评估渗流问题 | 可能 | 肯定 | 不严重 | 9 |
| 01040102 | | | 渗漏 | | | 无法测量渗流量 | 无法评估渗流问题 | 经常发生 | 肯定 | 不严重 | 10 |
| 01040201 | | 排水渠 | 堵塞 | | | 下游地面沼泽化 | 无法评估渗流问题 | 可能 | 肯定 | 不严重 | 9 |
| 02 | 溢洪道 | | | | | | | | | | |
| 0201 | 引水渠 | | | | | | | | | | |
| 02010101 | | 左导流墙 | 地震坍塌 | | | 水流流态紊乱 | 降低泄流能力 | 不可能 | 肯定 | 中等 | 11 |
| 02010102 | | | | | | 坝体土与库水接触 | 冲刷坝体土 | 不可能 | 可能 | 严重 | 12 |
| 02010103 | | | 弄坏 | | | 破坏边墙 | 水流流态紊乱 | 极不可能 | 肯定 | 中等 | 8 |
| 02010104 | | | | | | | 坝体土与库水接触 | 极不可能 | 可能 | 严重 | 11 |
| 02010201 | | 右引水墙 | 滑坡 | | | 进水口部分堵塞 | 降低泄流能力 | | | | |
| 02010301 | | 底板 | 冲刷 | | | 基础与水流接触 | 冲刷控制段基础 | 极不可能 | 极不可能 | 严重 | 8 |

续表

| 要素/功能编号 | 子系统 | 要素 | 破坏模式 | 破坏模式相互影响 | | 直接影响 | 后果（最终影响） | 破坏模式可能性 | 后果可能性 | 后果严重性 | 危害性 |
|---|---|---|---|---|---|---|---|---|---|---|---|
| | | | | 被影响 | 影响 | | | | | | |
| 02010401 | | 拦污栅 | 过载失效 | | | 堵塞溢洪道 | 无法泄流 | 极不可能 | 可能 | 严重 | 11 |
| 02010402 | | | 地震破坏 | | | 堵塞溢洪道 | 无法泄流 | 极不可能 | 不可能 | 中等 | 9 |
| 0202 | 控制段 | | | | | | | | | | |
| 02020101 | | 基础底板 | 冲刷混凝土 | | | 结构强度降低 | 破坏边墙和中墩 | 几乎不可能 | 可能 | 灾难性 | 14 |
| 02020102 | | | 老化 | | | 结构强度降低 | 破坏边墙和中墩 | 几乎不可能 | 可能 | 灾难性 | 14 |
| 02020201 | | 混凝土边墙 | 砂浆脱落 | | | 墙体部分坍塌 | 墙整体坍塌，大坝溃决 | 可能 | 极不可能 | 灾难性 | 16 |
| 02020202 | | | 地震破坏 | | | 溢洪道结构坍塌 | 大坝溃决 | 极不可能 | 极有可能 | 灾难性 | 16 |
| 02020203 | | | 地震产生位移变形 | | | 无法操作闸门 | 不能启动溢洪道 | 不可能 | 极有可能 | 严重 | 13 |
| 02020301 | | 中墩 | 地震导致横向位移破坏 | | | 闸门和上部结构失去支撑 | 上部结构遭到破坏无法泄洪 | 极不可能 | 肯定 | 非常严重 | 14 |
| 02020302 | | | 地震产生纵向位移 | | | 无法操作闸门 | 无法泄洪 | 不可能 | 肯定 | 严重 | 13 |
| 02020303 | | | 老化 | | | 闸门和上部结构失去支撑 | 上部结构遭到破坏无法泄洪 | 几乎不可能 | 肯定 | 非常严重 | 13 |
| 02020401 | | 闸门底板 | 磨损 | | | 闸门漏水 | 损失库水 | 极不可能 | 肯定 | 不严重 | 5 |
| 02020501 | | 闸门滑轮 | 堵塞 | | | 无法操作闸门 | 无法控制溢洪道 | 可能 | 可能 | 不严重 | 6 |
| 02020502 | | | 磨损 | | | 无法操作闸门 | 无法控制溢洪道 | 不可能 | 可能 | 不严重 | 5 |
| 02020601 | | 检修闸门 | 过载失效 | | | 淹没工作区 | 人员伤亡 | 不可能 | 不可能 | 严重 | 11 |
| 02020701 | | 闸门 | 老化 | | | 无法控制库水下泄 | 损失库水 | 不可能 | 肯定 | 严重 | 13 |
| 02020801 | | 上部结构 | 地震破坏 | | | 启闭设备失去保护不安全 | 无法操作溢洪道 | 不可能 | 肯定 | 中等 | 10 |
| 02020901 | | 升降机底座 | 老化 | | | 升降机失去支撑 | 无法操作溢洪道 | 极不可能 | 肯定 | 中等 | 8 |



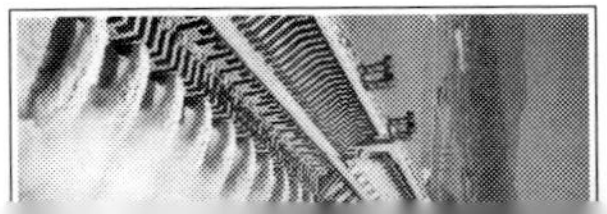

续表

| 要素/功能编号 | 子系统 | 要素 | 破坏模式 | 破坏模式相互影响 | | 直接影响 | 后果（最终影响） | 破坏模式可能性 | 后果可能性 | 后果严重性 | 危害性 |
|---|---|---|---|---|---|---|---|---|---|---|---|
| | | | | 被影响 | 影响 | | | | | | |
| 02021101 | | 升降机基础 | 振动开裂 | | | 升降机失去支撑 | 丧失部分操作溢洪道能力 | 不可能 | 可能 | 不严重 | 7 |
| 02021201 | | 操纵杆和升降机 | 齿轮磨损失效 | | | 无法提升闸门 | 丧失部分操作溢洪道能力 | 可能 | 可能 | 不严重 | 8 |
| 02021202 | | | 操作失误操纵杆变形 | | | 无法操作闸门 | 丧失部分操作溢洪道能力 | 可能 | 极有可能 | 不严重 | 9 |
| 02021301 | | 电动机 | 过载、老化不能启动 | | | 延迟启动闸门 | 临时降低溢洪道泄洪能力 | 可能 | 极有可能 | 不严重 | 9 |
| 02021401 | | 电源 | 电缆割断，电源中断 | | | 延迟启动闸门 | 临时降低溢洪道泄洪能力 | 经常发生 | 极有可能 | 不严重 | 10 |
| 02021501 | | 备用电源 | 不工作 | | | 延迟启动闸门 | 严重降低溢洪道泄洪能力 | 不可能 | 极有可能 | 不严重 | 7 |
| 02021601 | | 仪器盘和限制开关 | 不能读数 | | | 引起闸门破坏或流量读数错误 | 降低控制溢洪道能力 | 可能 | 可能 | 中等 | 11 |
| 02021701 | | 控制电缆 | 电缆割断 | | | 不能对溢洪道进行远程操作 | 降低控制溢洪道能力 | 可能 | 可能 | 不严重 | 8 |
| 0203 | 泄洪渠 | | | | | | | | | | |
| 02030101 | | 底板 | 冲刷 | | | 底板破裂 | 冲刷基础，两边导流墙和消力墙失去支撑 | 可能 | 极不可能 | 非常严重 | 14 |
| 02030201 | | 右导流墙 | 冲刷浆砌石 | | | 墙体坍塌滑进泄洪渠 | 泄洪渠部分堵塞，降低溢洪道泄洪能力 | 可能 | 不可能 | 中等 | 9 |
| 02030202 | | | | | | | 洪水溢过左导流墙 | 可能 | 可能 | 严重 | 14 |
| 02030301 | | 左导流墙 | 冲刷导致部分坍塌 | | | 淹没左边房子 | 房屋破坏并可能引起人员伤亡 | 可能 | 极有可能 | 非常严重 | 17 |
| 02030401 | | 消力墙 | 冲刷倒塌 | | | 失去消能作用 | 水流速度快，产生水跃，冲刷下游河道 | 极不可能 | 极有可能 | 不严重 | 5 |

### 4.1.2 群坝风险排序

对一系列需要除险加固的病险水库，可分别采用式(2.5-10)计算大坝综合风险指数 $R_{CI}$ 然后按大小排序，即可确定需要优先加固的水库。

以下结合江西省赣州市 5 座中型水库和河南省安阳市 10 座小(1)型水库风险排序，介绍群坝风险排序方法的应用。

#### 4.1.2.1 江西省赣州市 5 座中型水库风险排序

(1) 工程概况

1) 长龙水库

位于兴国县高兴镇长迳村，总库容 1 655 万 $m^3$，1955 年动工兴建，1960 年基本建成。枢纽工程主要建筑物包括大坝、溢洪道、灌溉及发电引水隧洞等。

大坝为土石混合坝，最大坝高 42.96 m；溢洪道位于大坝左岸垭口，无闸控制克奥堰；灌溉及发电引水隧洞位于大坝右岸山体，洞径 1.7 m，钢筋混凝土衬砌。

该水库下游防洪保护 20 万人口、5.5 万亩①耕地以及兴国县城（下游 17 km）、京九铁路（下游 300 m）、319 国道（下游 500 m）、爱国主义教育基地“将军园”等重要城镇和基础设施安全。

根据现场安全检查和大坝安全鉴定成果，长龙水库存在如下工程安全隐患：

① 现状坝顶高程仅能满足近期非常运用洪水标准，水库抗洪能力不足。

② 下游坡抗滑稳定安全系数不满足规范要求；上游护坡块石风化破碎，局部沉陷；坝顶防浪墙多处开裂，右坝端存在严重横向裂缝；下游近岸坝坡变形明显；已封堵的老涵洞上部上游坝坡出现过塌陷；坝后渗漏量逐年加大，2002 年汛期下游坝脚出现冒“浑水”现象；两坝肩岩体风化破碎，存在绕坝渗漏；坝体存在白蚁危害。

③ 溢洪道堰体砌筑质量差，堰体、堰基渗漏严重；泄槽宽度和边墙高度不足，两岸岩体存在局部坍滑可能；下游泄洪区过流能力不足，交通桥阻水。

④ 灌溉及发电引水隧洞衬砌混凝土质量差，多处裂缝；闸门和启闭设备老化锈蚀严重，不能正常运行。

⑤ 大坝安全监测设施不满足规范要求，无水情测报系统，防汛交通在遭遇大洪水时有可能中断。

2) 下栏水库

位于于都县仙下乡吉村村，总库容 1 165 万 $m^3$，1966 年动工兴建，1969 年基本建成。枢纽工程主要建筑物包括大坝、溢洪道、灌溉及发电引水隧洞等。

大坝为黏土斜墙堆石坝，最大坝高 33.40 m；溢洪道布置在大坝右岸，离右坝头约 5 m，为有闸控制宽顶堰，设 3 孔，平板混凝土闸门，启闭设备为双吊点卷扬机；灌溉发电管位于大坝左侧，为原施工导流洞。

该水库下游 4 km 有省道于宁公路，还有重要军事设施、长征第一渡等。下游仙下、车溪 2 个圩镇，人口 24 万。

① 中国市制面积单位，1 亩≈666.7 平方米($m^2$)。

根据现场安全检查和大坝安全鉴定成果，下栏水库存在如下工程安全隐患：

① 现状坝顶高程仅能满足 100 年一遇洪水标准，水库抗洪能力不足。

② 坝基斜墙部位清基不彻底，未开挖截水槽，现状坝基渗漏严重；上下游坝坡抗滑稳定安全系数不满足规范要求；1974 年大坝右端库水面产生漏水旋涡，1975 年追踪开挖时，发现一直径约 10 cm 的漏斗状空腔，位于溢洪道左侧翼墙后，之后用黏壤土回填夯实。1996 年大坝右端坝体靠溢洪道导墙外侧水面又出现漏斗状旋涡，同年冬对右坝头进行了黏土包裹处理。至 1989 年，坝体累计沉陷量达 3.59%，坝体斜墙可能存在裂缝。两坝肩岩体分布有多条断层，岩体风化破碎，存在绕坝渗漏问题。

③ 溢洪道进口岩体未衬砌，完整性差；混凝土闸门老化、破损，强度等级低；陡槽段边墙高度不够，陡槽右侧边坡多次发生滑坡；消力池长度不满足要求；出流不畅，岩体冲刷严重；启闭机露天摆放，锈蚀严重，无备用电源。

④ 灌溉及发电管混凝土质量差，老化剥蚀、多处裂缝，渗漏严重；存在围岩稳定与坝体接触冲刷问题，启闭框架多处裂缝，闸门和启闭设备老化锈蚀严重，不能正常运行。

⑤ 大坝安全监测设施不满足规范要求，无水情测报系统，大坝左坝肩山体岩石破碎，存在崩塌现象，堵塞上坝公路，防汛交通在遭遇大洪水时有可能中断。

3）石壁坑水库

位于会昌县文武镇小坝村，总库容 5 560 万 $m^3$，1955 年动工兴建，1971 年基本建成，经 1982—1986 年加固处理达到现状规模。枢纽工程主要建筑物包括主坝、6 座副坝、溢洪道、灌溉及发电引水隧洞等。

主坝为心墙土石坝，最大坝高 36 m；6 座副坝全部为均质土坝，其中 $4^{\#}$ 副坝最大坝高 15.55 m；溢洪道位于主坝右岸，有闸控制；灌溉及发电输水隧洞位于主坝左岸。

该水库下游 5 km 有会昌县城、文武坝镇、庄口镇、庄堡乡、白鹅乡等重要城镇及 206 国道、省道等基础设施，防洪保护 24 万人口、7.4 万亩耕地。

根据现场安全检查和大坝安全鉴定成果，石壁坑水库存在如下工程安全隐患：

① 现状主坝及 6 座副坝坝顶高程均不能满足规范洪水标准要求，水库抗洪能力不足，主坝仅能满足 100 年一遇洪水标准。

② 主坝防渗心墙填筑土与坝体土相近；防浪墙多处开裂，且未与防渗体结合；库水位超过 199.64 m 时，测压管可听见明显滴、流水声，上游坝坡在坝下涵管轴线附近出现明显块石错动裂缝，地勘下游钻孔时有涌砂现象；$1^{\#}$、$3^{\#}$ 副坝上游坡抗滑稳定安全系数不满足规范要求；$3^{\#}$ 副坝上游坝脚为陡坎，运行中曾出现涌砂现象。

③ 溢洪道结构质量差，水流流态复杂，进口段右岸及底板未衬砌，右岸为开挖裸岩，局部稳定性差；左侧与坝体接合处墙体裂缝、渗水；存在绕坝渗透问题；消力池边墙未按设计要求完工。

④ 主坝及 $5^{\#}$ 副坝已封堵的坝下涵管存在渗漏现象且有流水声，存在接触渗流冲刷问题；灌溉及发电引水隧洞衬砌混凝土质量差，多处裂缝、漏水。

⑤ 溢洪道及隧洞闸门和启闭设备老化锈蚀严重，无备用电源，不能正常运行。

⑥ 大坝安全监测设施不满足规范要求，无水情测报系统，副坝防汛交通不便。

4）龙山水库

位于瑞金市壬田镇车头村，总库容 2 510 万 $m^3$，1955 年动工兴建，1960 年基本建成，经 1979 年、1989 年续建及加固处理达到现状规模。枢纽工程主要建筑物包括主坝、副坝、溢洪道、灌溉及发电引水隧洞等。

主坝为黏土心墙坝，最大坝高 33.5 m；副坝位于主坝右边山凹处，为均质土坝，最大坝高 17 m；溢洪道位于主坝右坝头，为岸坡开敞式。

该水库下游有瑞金市市区、中华苏维埃临时中央政府叶坪旧址群以及赣龙铁路与 206、319、323 国道等重要设施，防洪保护 24 万人口、2.34 万亩耕地。

根据现场安全检查和大坝安全鉴定成果，龙山水库存在如下工程安全隐患：

① 主坝坝基表层全、强风化岩体具中等透水性，左坝端坝脚存在大面积沼泽带，坝基存在浅层渗漏及接触渗漏问题；左坝端与坝体接合处边坡陡，局部呈倒坡，存在接触渗漏。坝顶浆砌石防浪墙多处裂缝，上游护坡块石风化和变形严重。下游坝坡抗滑稳定不满足规范要求；1987 年上游坝坡发生大体积滑坡；大坝存在白蚁危害。

② 副坝防浪墙裂缝，存在坝基坝肩渗漏，坝脚有一集中渗水点。下游坝坡抗滑稳定不满足规范要求。

③ 溢洪道布置不合理，泄水冲刷坝脚；混凝土结构老化、裂缝、渗水，边墙抗滑稳定不满足规范要求，存在严重结构安全隐患。

④ $2^{\#}$ 隧洞混凝土结构不满足规范要求；$3^{\#}$、$4^{\#}$ 隧洞大部分洞身未衬砌。4 座隧洞进水口设备陈旧老化，闸门不能正常启闭。

5）灵潭水库

位于上犹县紫阳乡长岭村，总库容 1 500 万 $m^3$，1973 年动工兴建。枢纽工程主要建筑物包括主坝、副坝、溢洪道、灌溉及发电引水涵管等。

主坝为浆砌块石重力坝，最大坝高 35.4 m；副坝位于主坝左岸 260 m 的垭口处，为均质土坝，最大坝高 14 m；溢洪道位于大坝左侧 60 m 的垭口处，无闸控制曲线堰，挑流消能；灌溉发电涵管为坝内埋管，内径 1.0 m，铰链钢闸门控制。

该水库下游有上犹县和南康区 5 个乡镇以及重要军事设施、湘赣省际公路，防洪保护 15 万人口。

根据现场安全检查和大坝安全鉴定成果，龙山水库存在如下工程安全隐患：

① 主坝坝体多处裂缝、错位，右岸下游上部挡土墙存在多条裂缝，下部堆石坝面明显凹凸隆起，下部侧墙存在裂缝；中间坝段原为溢流坝，后加固为挡水坝段，目前坝顶存在数条纵、横向裂缝，且墩体开裂；左岸坝顶存在开裂错动，约向下游错动 5～15 mm；坝顶拱顶存在变位开裂；防渗面板存在 15 条明显裂缝，并有错位、渗漏现象；坝基及两坝肩存在渗漏问题。大坝抗滑稳定不满足规范要求。

② 副坝坝体存在渗漏问题，下游坝坡抗滑稳定不满足规范要求。

③ 溢洪道两岸边坡未衬护，时常出现塌方，泄槽混凝土老化。

④ 灌溉发电涵管进水口布置不合理，结构强度不满足规范要求，管壁混凝土出现裂缝，渗漏严重。闸门启闭设施陈旧老化。

⑤ 上坝公路自库尾沿库岸布置，路况差，路面狭窄。

（2）风险指数计算

1）溃坝概率

根据 5 座水库存在的工程安全隐患，由专家在现场安全检查基础上所确定的溃坝模式、溃坝路径及溃坝概率见表 4.1-2。

**表 4.1-2　赣州市 5 座中型水库溃坝模式、溃坝路径及溃坝概率分析计算表**

| 水库名称 | 部位 | 破坏模式序号 | 破坏路径 | | | | | | | | | 破坏概率 | 总溃坝率 |
|---|---|---|---|---|---|---|---|---|---|---|---|---|---|
| 长龙 | 大坝 | 1 | 洪水 | 坝顶高程不足 | 漫顶 | 冲刷坝体 | 干预无效 | 大坝溃决 | | | | | 0.004 098 |
| | | | 0.002 | 0.635 714 | 0.762 857 | 0.771 429 | 0.571 429 | | | | | 0.000 428 | |
| | | 2 | 洪水 | 坝体下游滑坡 | 坝顶高程不足 | 漫顶 | 冲刷坝体 | 干预无效 | 大坝溃决 | | | | |
| | | | 0.001 | 0.471 429 | 0.585 714 | 0.748 571 | 0.742 857 | 0.485 714 | | | | 0.000 075 | |
| | | 3 | 洪水 | 坝体贯穿裂缝(白蚁) | 集中渗流破坏 | 干预无效 | 大坝溃决 | | | | | | |
| | | | 0.02 | 0.421 429 | 0.115 714 | 0.151 429 | | | | | | 0.000 148 | |
| | | | 非汛期 | 坝体贯穿裂缝(白蚁) | 集中渗流破坏 | 干预无效 | 大坝溃决 | | | | | | |
| | | | 0.75 | 0.130 000 | 0.025 871 | 0.008 014 | | | | | | 0.000 020 | |
| | | 4 | 洪水 | 坝基渗漏 | 集中渗流破坏 | 干预无效 | 大坝溃决 | | | | | | |
| | | | 0.02 | 0.785 714 | 0.300 000 | 0.135 714 | | | | | | 0.000 640 | |
| | | | 非汛期 | 坝基渗漏 | 集中渗流破坏 | 干预无效 | 大坝溃决 | | | | | | |
| | | | 0.75 | 0.592 857 | 0.105 714 | 0.028 571 | | | | | | 0.001 343 | |
| | | 5 | 洪水 | 坝下埋管接触渗透变形 | 集中渗漏 | 干预无效 | 大坝溃决 | | | | | | |
| | | | 0.02 | 0.657 143 | 0.328 571 | 0.207 143 | | | | | | 0.000 895 | |
| | | | 非汛期 | 坝下埋管接触渗透变形 | 集中渗漏 | 干预无效 | 大坝溃决 | | | | | | |
| | | | 0.75 | 0.235 714 | 0.080 143 | 0.038 871 | | | | | | 0.000 551 | |
| 下栏 | 大坝 | 1 | 洪水 | 坝顶高程不足 | 漫顶 | 冲刷坝体 | 干预无效 | 大坝溃决 | | | | | 0.005 098 |
| | | | 0.01 | 0.570 000 | 0.522 143 | 0.714 286 | 0.392 857 | | | | | 0.000 835 | |
| | | | 汛期 | 闸门故障 | 坝顶高程不足 | 漫顶 | 冲刷坝体 | 干预无效 | 大坝溃决 | | | | |
| | | | 0.1 | 0.271 429 | 0.377 143 | 0.400 000 | 0.635 714 | 0.138 571 | | | | 0.000 361 | |
| | | 2 | 洪水 | 下游滑坡 | 坝顶高程不足 | 漫顶 | 冲刷坝体 | 干预无效 | 大坝溃决 | | | | |

续表

| 水库名称 | 部位 | 破坏模式序号 | 破坏路径 | | | | | | | | | 破坏概率 | 总溃坝率 |
|---|---|---|---|---|---|---|---|---|---|---|---|---|---|
| 下栏 | 大坝 | | 0.02 | 0.507 143 | 0.555 714 | 0.650 000 | 0.750 000 | 0.271 429 | | | | 0.000 746 | 0.005 098 |
| | | | 正常水位 | 下游滑坡 | 坝顶高程不足 | 漫顶 | 冲刷坝体 | 干预无效 | 大坝溃决 | | | | |
| | | | 0.75 | 0.305 000 | 0.464 286 | 0.464 429 | 0.642 857 | 0.016 429 | | | | 0.00 0521 | |
| | | 3 | 洪水 | 骤降条件 | 上游滑坡 | 坝顶高程不足 | 漫顶 | 冲刷坝体 | 干预无效 | 大坝溃决 | | | |
| | | | 0.02 | 0.271 429 | 0.657 143 | 0.620 000 | 0.685 714 | 0.671 429 | 0.300 000 | | | 0.000 305 | |
| | | | 正常水位 | 骤降条件 | 上游滑坡 | 坝顶高程不足 | 漫顶 | 冲刷坝体 | 干预无效 | 大坝溃决 | | | |
| | | | 0.75 | 0.040 000 | 0.414 286 | 0.392 857 | 0.455 857 | 0.571 429 | 0.016 429 | | | 0.000 021 | |
| | | 4 | 洪水 | 斜墙接触渗透变形 | 集中渗漏 | 干预失效 | 大坝溃决 | | | | | | |
| | | | 0.02 | 0.650 000 | 0.364 286 | 0.207 143 | | | | | | 0.000 981 | |
| | | | 正常水位 | 斜墙接触渗透变形 | 集中渗漏 | 干预失效 | 大坝溃决 | | | | | | |
| | | | 0.75 | 0.268 571 | 0.261 429 | 0.013 000 | | | | | | 0.000 685 | |
| | | 5 | 洪水 | 坝下埋管接触渗透变形 | 集中渗漏 | 干预无效 | 大坝溃决 | | | | | | |
| | | | 0.02 | 0.407 143 | 0.307 143 | 0.178 571 | | | | | | 0.000 447 | |
| | | | 正常水位 | 坝下埋管接触渗透变形 | 集中渗漏 | 干预无效 | 大坝溃决 | | | | | | |
| | | | 0.75 | 0.194 286 | 0.108 586 | 0.012 429 | | | | | | 0.000 197 | |
| 石壁坑 | 主坝 | 1 | 洪水 | 坝顶高程不足 | 漫顶 | 冲刷坝体 | 干预无效 | 大坝溃决 | | | | | 0.004 276 |
| | | | 0.01 | 0.531 667 | 0.758 333 | 0.741 667 | 0.450 000 | | | | | 0.001 346 | |
| | | | 汛期 | 闸门故障 | 逼高上游水位 | 坝顶高程不足 | 漫顶 | 冲刷坝体 | 干预无效 | 大坝溃决 | | | |
| | | | 0.25 | 0.192 857 | 0.492 857 | 0.370 000 | 0.534 286 | 0.635 714 | 0.135 714 | | | 0.000 405 | |
| | | 2 | 洪水 | 坝下埋管接触渗透变形 | 集中渗漏 | 干预无效 | 大坝溃决 | | | | | | |

续表

| 水库名称 | 部位 | 破坏模式序号 | 破坏路径 | | | | | | | | | 破坏概率 | 总溃坝率 |
|---|---|---|---|---|---|---|---|---|---|---|---|---|---|
| 石壁坑 | 主坝 | | 0.01 | 0.578 571 | 0.300 000 | 0.207 143 | | | | | | 0.000 360 | 0.004 276 |
| | | | 非汛期 | 坝下埋管接触渗透变形 | 集中渗漏 | 干预无效 | 大坝溃决 | | | | | | |
| | | | 0.75 | 0.307 143 | 0.157 143 | 0.022 857 | | | | | | 0.000 827 | |
| | | 3 | 地震 | 溢洪道结构破坏 | 闸门故障 | 遭遇洪水 | 坝顶高程不足 | 漫顶 | 冲刷坝体 | 干预无效 | 大坝溃决 | | |
| | | | 0.002 | 0.542 857 | 0.657 143 | 0.221 429 | 0.527 143 | 0.705 714 | 0.664 286 | 0.307 143 | | 0.000 012 | |
| | 1号副坝 | 1 | 洪水 | 上游水位骤降 | 上游滑坡 | 坝顶高程不足 | 漫顶 | 冲刷坝体 | 干预无效 | 大坝溃决 | | | |
| | | | 0.001 | 0.421 429 | 0.578 571 | 0.598 571 | 0.641 429 | 0.685 714 | 0.371 429 | | | 0.000 024 | |
| | | | 非汛期 | 上游水位骤降 | 上游滑坡 | 坝顶高程不足 | 漫顶 | 冲刷坝体 | 干预无效 | 大坝溃决 | | | |
| | | | 0.75 | 0.107 143 | 0.407 143 | 0.290 000 | 0.351 429 | 0.544 286 | 0.034 286 | | | 0.000 062 | |
| | 3号副坝 | 1 | 洪水 | 上游水位骤降 | 上游滑坡 | 坝顶高程不足 | 漫顶 | 冲刷坝体 | 干预无效 | 大坝溃决 | | | |
| | | | 0.001 | 0.421 429 | 0.621 429 | 0.655 714 | 0.684 286 | 0.771 429 | 0.442 857 | | | 0.000 040 | |
| | | | 非汛期 | 上游水位骤降 | 上游滑坡 | 坝顶高程不足 | 漫顶 | 冲刷坝体 | 干预无效 | 大坝溃决 | | | |
| | | | 0.75 | 0.107 143 | 0.450 000 | 0.327 143 | 0.408 571 | 0.507 143 | 0.068 714 | | | 0.000 168 | |
| | | 2 | 洪水 | 坝基集中渗漏 | 集中渗流破坏 | 干预无效 | 大坝溃决 | | | | | | |
| | | | 0.01 | 0.571 429 | 0.264 286 | 0.157 143 | | | | | | 0.000 237 | |
| | | | 非汛期 | 坝基集中渗漏 | 集中渗流破坏 | 干预无效 | 大坝溃决 | | | | | | |
| | | | 0.75 | 0.335 714 | 0.068 571 | 0.014 300 | | | | | | 0.000 247 | |
| | 5号副坝 | 1 | 洪水 | 坝下埋管接触渗透变形 | 集中渗漏 | 干预无效 | 大坝溃决 | | | | | | |
| | | | 0.01 | 0.514 286 | 0.271 429 | 0.128 571 | | | | | | 0.000 179 | |
| | | | 非汛期 | 坝下埋管接触渗透变形 | 集中渗漏 | 干预无效 | 大坝溃决 | | | | | | |
| | | | 0.75 | 0.178 571 | 0.082 857 | 0.033 143 | | | | | | 0.000 368 | |

续表

| 水库名称 | 部位 | 破坏模式序号 | 破坏路径 | | | | | | | | | 破坏概率 | 总溃坝率 |
|---|---|---|---|---|---|---|---|---|---|---|---|---|---|
| 龙山 | 主坝 | 1 | 非汛期 | 下游坡滑坡 | 坝顶高程不足 | 漫顶 | 冲刷坝体 | 干预无效 | 大坝溃决 | | | | 0.005 222 |
| | | | 0.75 | 0.254 286 | 0.357 143 | 0.522 857 | 0.678 571 | 0.042 857 | | | | 0.001 036 | |
| | | 2 | 洪水 | 左岸接触渗漏 | 左岸接触冲刷 | 干预无效 | 大坝溃决 | | | | | | |
| | | | 0.02 | 0.571 429 | 0.328 571 | 0.092 857 | | | | | | 0.000 349 | |
| | | | 非汛期 | 左岸接触渗漏 | 左岸接触冲刷 | 干预无效 | 大坝溃决 | | | | | | |
| | | | 0.75 | 0.408 333 | 0.095 714 | 0.020 286 | | | | | | 0.000 595 | |
| | | 3 | 洪水 | 坝基、坝体渗漏 | 渗流破坏 | 干预无效 | 大坝溃决 | | | | | | |
| | | | 0.02 | 0.785 714 | 0.175 429 | 0.215 714 | | | | | | 0.000 595 | |
| | | | 非汛期 | 坝基、坝体渗漏 | 渗流破坏 | 干预无效 | 大坝溃决 | | | | | | |
| | | | 0.75 | 0.621 429 | 0.074 157 | 0.013 014 | | | | | | 0.000 450 | |
| | | 4 | 洪水 | 溢洪道破坏 | 冲刷主坝 | 干预无效 | 大坝溃决 | | | | | | |
| | | | 0.02 | 0.457 143 | 0.585 714 | 0.201 429 | | | | | | 0.001 079 | |
| | | 5 | 洪水 | 泄洪尾水冲淘坝脚 | 下游滑坡 | 坝顶高程不足 | 漫顶 | 冲刷坝体 | 干预无效 | 大坝溃决 | | | |
| | | | 0.02 | 0.800 000 | 0.400 000 | 0.555 714 | 0.655 714 | 0.800 000 | 0.235 714 | | | 0.000 440 | |
| | 副坝 | 1 | 洪水 | 下游坝坡滑坡 | 坝顶高程不足 | 漫顶 | 冲刷坝体 | 干预无效 | 大坝溃决 | | | | |
| | | | 0.02 | 0.471 429 | 0.548 571 | 0.627 143 | 0.714 286 | 0.128 571 | | | | 0.000 298 | |
| | | 2 | 洪水 | 坝基渗漏 | 坝基渗流破坏 | 干预无效 | 大坝溃决 | | | | | | |
| | | | 0.02 | 0.707 143 | 0.085 714 | 0.188 571 | | | | | | 0.000 229 | |
| | | | 非汛期 | 坝基渗漏 | 坝基渗流破坏 | 干预无效 | 大坝溃决 | | | | | | |
| | | | 0.75 | 0.550 000 | 0.050 143 | 0.007 429 | | | | | | 0.000 154 | |

续表

| 水库名称 | 部位 | 破坏模式序号 | 破坏路径 | | | | | | | | | 破坏概率 | 总溃坝率 |
|---|---|---|---|---|---|---|---|---|---|---|---|---|---|
| 灵潭 | 主坝 | 1 | 洪水 | 大坝整体失稳 | 干预无效 | 大坝溃决 | | | | | | 0.000 000 | 0.007 317 |
| | | | 0.02 | 0.271 429 | 0.570 000 | | | | | | | 0.003 094 | |
| | | 2 | 洪水 | 坝体下游滑坡 | 坝顶高程不足 | 漫顶 | 冲刷坝体 | 干预无效 | 大坝溃决 | | | | |
| | | | 0.02 | 0.500 000 | 0.500 000 | 0.950 000 | 0.750 000 | 0.500 000 | | | | | |
| | | | 0.02 | 0.521 429 | 0.635 714 | 0.650 000 | 0.650 000 | 0.585 714 | | | | 0.001 641 | |
| | | | 非汛期 | 坝体下游滑坡 | 坝顶高程不足 | 漫顶 | 冲刷坝体 | 干预无效 | 大坝溃决 | | | | |
| | | | 0.75 | 0.314 286 | 0.205 714 | 0.325 714 | 0.380 000 | 0.095 714 | | | | 0.000 574 | |
| | | 3 | 洪水 | 面板裂缝 | 坝体渗漏 | 坝体滑坡 | 坝顶高程不足 | 漫顶 | 冲刷坝体 | 干预无效 | 大坝溃决 | | |
| | | | 0.02 | 0.762 857 | 0.735 714 | 0.272 857 | 0.278 571 | 1.635 714 | 0.450 000 | 0.471 429 | | 0.000 296 | |
| | | | 非汛期 | 面板裂缝 | 坝体渗漏 | 坝体滑坡 | 坝顶高程不足 | 漫顶 | 冲刷坝体 | 干预无效 | 大坝溃决 | | |
| | | | 0.75 | 0.650 000 | 0.557 143 | 0.127 143 | 0.174 286 | 0.367 143 | 0.337 143 | 0.174 286 | | 0.000 130 | |
| | | 4 | 洪水 | 灌溉发电涵管结构破坏 | 渗漏 | 冲刷坝体 | 干预无效 | 大坝溃决 | | | | | |
| | | | 0.02 | 0.300 000 | 0.507 143 | 0.228 571 | 0.364 286 | | | | | 0.000 253 | |
| | | | 非汛期 | 灌溉发电涵管结构破坏 | 坝体渗漏 | 冲刷坝体 | 干预无效 | 大坝溃决 | | | | | |
| | | | 0.75 | 0.172 857 | 0.378 571 | 0.090 000 | 0.083 000 | | | | | 0.000 367 | |
| | | 5 | 洪水 | 坝顶结构破坏 | 坝顶高程不足 | 漫顶 | 冲刷坝体 | 干预无效 | 大坝溃决 | | | | |
| | | | 0.02 | 0.471 429 | 0.442 857 | 0.528 571 | 0.614 286 | 0.385 714 | | | | 0.000 523 | |
| | 副坝 | 1 | 洪水 | 副坝下游滑坡 | 坝顶高程不足 | 漫顶 | 冲刷坝体 | 干预无效 | 大坝溃决 | | | | |
| | | | 0.02 | 0.464 286 | 0.428 571 | 0.621 429 | 0.701 429 | 0.252 857 | | | | 0.000 439 | |

2）溃坝后果

根据 5 座水库防洪保护的人口数量，并根据水库管理水平和监测预警设施，确定警报时间 $W_T=25$ min，根据地形确定洪水强度 $F_C=1.0$，按 Dekay&McClelland 法估算的溃坝生命损失见表 4.1-3。

**表 4.1-3　各水库溃坝生命损失计算结果**

| 水库名称 | 长龙 | 下栏 | 石壁坑 | 龙山 | 灵潭 |
|---|---|---|---|---|---|
| 生命损失（人） | 591 | 635 | 1 010 | 957 | 540 |
| 生命损失严重程度系数 $F_1$ | 0.276 | 0.219 | 0.300 | 0.297 | 0.264 |

根据 5 座水库下游城镇、房屋与耕地面积和重要基础设施分布等估算的各水库溃坝经济损失估计见表 4.1-4。

**表 4.1-4　各水库溃坝经济损失**

| 水库名称 | 长龙 | 下栏 | 石壁坑 | 龙山 | 灵潭 |
|---|---|---|---|---|---|
| 经济损失（万元） | 35.0 | 25.0 | 41.0 | 25.0 | 20.0 |
| 经济损失严重程度系数 $F_2$ | 0.353 | 0.350 | 0.403 | 0.350 | 0.333 |

根据 5 座水库下游防洪保护对象确定的溃坝社会与环境影响结果见表 4.1-5。

**表 4.1-5　各水库溃坝社会与环境影响赋值**

| 水库名称 | 长龙 | 下栏 | 石壁坑 | 龙山 | 灵潭 |
|---|---|---|---|---|---|
| 社会与环境影响严重程度系数 $F_3$ | 0.61 | 0.32 | 0.52 | 0.75 | 0.27 |

3）溃坝后果综合系数计算

依式（2.5-9）计算的 5 座水库综合溃坝后果 $L$ 见表 4.1-6。

**表 4.1-6　各水库的综合溃坝后果 L**

| 水库名称 | 长龙 | 下栏 | 石壁坑 | 龙山 | 灵潭 |
|---|---|---|---|---|---|
| 报警时间 25 min | 0.339 9 | 0.249 1 | 0.346 6 | 0.379 0 | 0.272 6 |

4）大坝综合风险指数计算及其排序

按式（4.1-1）计算的 5 座水库的大坝综合风险指数 $R_{CI}$，结果见表 4.1-7，从高到低依次为灵潭水库、龙山水库、石壁坑水库、长龙水库、下栏水库。在资金短缺情况下，应按此排序依次安排除险加固项目。

$$R_{CI}=1\,000P_f L \tag{4.1-1}$$

**表 4.1-7　各水库大坝综合风险指数 $R_{CI}$**

| 水库名称 | 长龙 | 下栏 | 石壁坑 | 龙山 | 灵潭 |
|---|---|---|---|---|---|
| 报警时间 25 min | 1.39 | 1.27 | 1.45 | 1.95 | 1.99 |

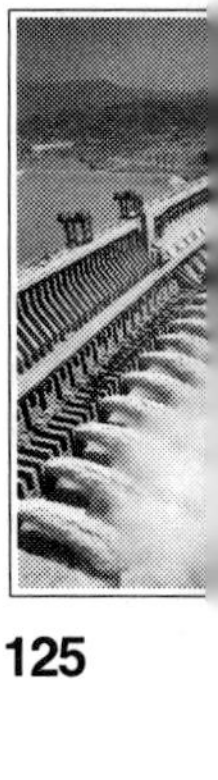

#### 4.1.2.2 河南安阳市10座小(1)型水库风险排序

(1) 工程概况

1) 团结水库

位于安阳林州市东姚镇芬草峪村东 1 km 处,总库容 125 万 $m^3$。1974 年底动工兴建,1981 年 8 月建成。水库下游有 2 个村庄,居民 800 人,耕地 600 亩。

水库防洪标准为 50 年一遇洪水设计,下泄流量 224 $m^3/s$;200 年一遇洪水校核,最大泄量 296 $m^3/s$。

枢纽工程由大坝、溢流堰、副溢洪道、输水洞等组成。大坝为砌石溢流坝,最大坝高 25.8 m。

工程存在的主要问题包括:大坝右坝头渗水;防洪标准偏低;坝顶砌石冻蚀松动。

2) 大峪水库

位于安阳林州市茶店乡大峪村,总库容 157 万 $m^3$。1957 年冬动工兴建,1958 年建成。水库下游有 3 个村庄,居民 3 000 人。

水库防洪标准为 50 年一遇洪水设计,下泄流量 662 $m^3/s$;300 年一遇洪水校核,最大泄量 1 016 $m^3/s$。

枢纽工程由大坝、溢洪道、输水洞等组成。大坝为砌石溢流坝,最大坝高 10.7 m。

工程存在的主要问题包括:1975 年 8 月大洪水时,坝顶溢洪被揭顶,副坝局部被淘空,1976 年修复为原状;现库区渗漏严重。

3) 罗圈水库

位于安阳林州市采桑镇幸福庄村,1957 年春动工兴建,1958 年 11 月建成,1985 年扩建溢洪道。水库下游有 3 个村庄,居民 1 200 人,耕地 5 000 亩。

水库防洪标准为 50 年一遇洪水设计,相应下泄流量 211 $m^3/s$。

枢纽工程由大坝、溢洪道、输水洞等组成。大坝为均质土坝,最大坝高 15.0 m。

工程存在的主要问题包括:防洪标准低,溢洪道断面偏小。

4) 北采桑水库

位于安阳林州市采桑镇北采桑村,总库容 267.50 万 $m^3$。1957 年春动工兴建,1958 年 10 月建成。水库下游有 3 个村庄,居民 4 000 人,耕地 5 000 亩。

水库防洪标准为 50 年一遇洪水设计,相应下泄流量 103 $m^3/s$。

枢纽工程由大坝、溢洪道、输水洞等组成。大坝为均质土坝,最大坝高 18.5 m。

工程存在的主要问题包括:防洪标准低,溢洪道断面偏小。

5) 磊口水库

位于安阳县磊口乡磊口村,总库容 251.5 万 $m^3$。1958 年 2 月动工兴建,1959 年春完成大坝,溢洪道未挖至设计断面而停工。1963 年 8 月遭遇大洪水险些溃坝,因此扒坝废库。1969 年修复该库,1982 年春开通副溢洪道。水库下游有 3 个村庄,居民 600 人,耕地 150 亩。

水库防洪标准为 30 年一遇洪水设计,下泄流量 542 $m^3/s$;200 年一遇洪水校核,最大泄量 810 $m^3/s$。

枢纽工程由大坝、主溢洪道、副溢洪道、输水洞等组成。大坝为均质土坝,最大坝高 16.0 m。

工程存在的主要问题包括:1976 年大坝扒口段两端曾发生沉陷裂缝;现主溢洪道下游出口防冲槽冲毁;副溢洪道无消能工,冲淘坍岸严重;现有防洪能力不满足防洪标准。

6) 合山水库

位于安阳县铜冶镇西南 3 km 处,总库容 116 万 $m^3$。1970 年 4 月动工兴建,1974 年元月完成坝高 20 m 第一期工程，1974 年冬续建，1976 年 3 月完成坝高 23 m 第二期工程。1981 年进行除险加固。水库下游有 2 个村庄、居民 70 人。

水库防洪标准为 30 年一遇洪水设计，下泄流量 66 $m^3/s$；200 年一遇洪水校核，最大泄量 125 $m^3/s$。

枢纽工程由大坝、溢洪道、输水洞等组成。大坝为均质土坝，最大坝高 23.0 m。

工程存在的主要问题包括：1977 年 7 月蓄水后，大坝发生沉陷裂缝，输水洞上部与山坡衔接部位发生管涌流土，后放空库水，扒开大坝左端，削缓左山坡，重新进行了回填；库区属喀斯特地貌，裂隙溶洞发育，水库漏水严重，1992 年和 1994 年曾采用复合土工膜治理库区渗漏。

7）石门翁水库

位于安阳县铜冶镇上蔡村，总库容 182.5 万 $m^3$。1956 年秋动工兴建，1957 年 3 月基本建成。水库下游有 1 个村庄、居民 380 人，耕地 600 亩。

水库防洪标准为 30 年一遇洪水设计，下泄流量 190 $m^3/s$；200 年一遇洪水校核，最大泄量 328 $m^3/s$。

枢纽工程主要建筑物包括大坝、溢洪道、输水洞等。大坝为均质土坝，坝顶高程 190.00 m，防浪墙高 0.8 m，最大坝高 19.0 m，坝顶宽 8.0 m，坝顶长 187.0 m。

工程存在的主要问题包括：1958 年秋拦洪后，因坝基透水层未处理好，坝后发生管涌，后将坝体扒开，重新处理坝基；1983 年白垩土上部发生滑坡，采用削坡减载方法进行处理；溢洪道出口陡坡段为土质，无消能工，泄洪冲淘坍岸。

8）何坟水库

位于安阳县伦掌乡何坟村，总库容 137.3 万 $m^3$。1976 年春动工兴建，1978 年冬季完成。大坝高 17 m，1985 年由斜卧管平板闸门改为斜插铸铁闸板，大坝加高 3.5 m。水库下游有 3 个村庄，居民 4 300 人。

水库防洪标准为 50 年一遇洪水设计，下泄流量 3.45 $m^3/s$；500 年一遇洪水校核，最大泄量 8.80 $m^3/s$。

枢纽工程由大坝、溢洪道、输水洞等组成。大坝为均质土坝，最大坝高 20.5 m。

工程未曾出现严重工程安全问题。

9）小坟水库

位于安阳县蒋村乡小坟村，总库容 105.7 万 $m^3$。1978 年春动工兴建，1978 年完成大坝工程，1985 年开挖溢洪道。水库下游有 2 个村庄，居民 2 300 人。

水库防洪标准为 50 年一遇洪水设计，下泄流量 38.5 $m^3/s$；500 年一遇洪水校核，最大泄量 70.3 $m^3/s$。

枢纽工程由大坝、溢洪道、输水洞等组成。大坝为黏土斜墙土坝，最大坝高 19.6 m。

工程存在的主要问题包括：1982 年坝体右端沉陷裂缝，1987 年处理。现坝顶有严重裂缝、沉陷。

10）上天助水库

位于安阳县安丰乡上天助村，总库容 135.5 万 $m^3$。1975 年春动工兴建，1977 年 5 月完成，无溢洪道。水库下游有 3 个村庄，居民 4 000 人，耕地 3 800 亩。

水库防洪标准为 50 年一遇洪水设计，100 年一遇洪水校核。

枢纽工程由大坝、输水洞等组成。大坝为均质土坝，最大坝高 15.75 m。

工程存在的主要问题包括：1982 年坝体表面出现裂缝，做过灌浆处理；坝体部分滑坡；防洪标准低；输水设施损坏；无溢洪道。

(2) 溃坝概率计算

根据工程存在的问题，借助专家经验，确定每一座水库的溃坝模式及溃坝路径，然后根据专家经验对溃坝路径中各环节的发生概率进行赋值，最后计算各溃坝路径的溃坝概率及水库总溃坝概率，结果见表 4.1-8。

**表 4.1-8　安阳市 10 座小(1)型水库溃坝模式、溃坝路径及溃坝概率分析计算表**

| 序号 | 水库名称 | 溃坝模式序号 | 溃坝路径 | | | | | | | 溃坝概率 | 总溃坝概率 |
|---|---|---|---|---|---|---|---|---|---|---|---|
| 1 | 团结 | 1 | 洪水 | 坝顶高程不足 | 漫顶 | 冲刷坝体 | 干预无效 | 大坝溃决 | | | 0.000 895 |
| | | | 0.005 | 0.5 | 0.9 | 0.5 | 0.5 | | | 0.000 562 5 | |
| | | 2 | 洪水 | 坝体渗漏 | 集中渗流破坏 | 干预无效 | 大坝溃决 | | | | |
| | | | 0.005 | 0.9 | 0.5 | 0.1 | | | | 0.000 225 | |
| | | 3 | 洪水 | 坝体渗漏 | 渗流破坏 | 干预无效 | 大坝溃决 | | | | |
| | | | 0.02 | 0.5 | 0.1 | 0.1 | | | | 0.000 1 | |
| | | 4 | 非汛期 | 坝体渗漏 | 渗流破坏 | 干预无效 | 大坝溃决 | | | | |
| | | | 0.75 | 0.1 | 0.01 | 0.01 | | | | 0.000 007 5 | |
| 2 | 大峪 | 1 | 洪水 | 坝顶高程不足 | 漫顶 | 冲刷坝体 | 干预无效 | 大坝溃决 | | | 0.001 592 5 |
| | | | 0.003 3 | 0.5 | 0.9 | 0.5 | 0.5 | | | 0.000 742 5 | |
| | | 2 | 洪水 | 坝基渗漏 | 集中渗流破坏 | 干预无效 | 大坝溃决 | | | | |
| | | | 0.003 3 | 0.9 | 0.5 | 0.5 | | | | 0.000 742 5 | |
| | | 3 | 洪水 | 坝基渗漏 | 渗流破坏 | 干预无效 | 大坝溃决 | | | | |
| | | | 0.02 | 0.5 | 0.1 | 0.1 | | | | 0.000 1 | |
| | | 4 | 非汛期 | 坝基渗漏 | 渗流破坏 | 干预无效 | 大坝溃决 | | | | |
| | | | 0.75 | 0.1 | 0.01 | 0.01 | | | | 0.000 007 5 | |
| 3 | 罗圈 | 1 | 洪水 | 坝顶高程不足 | 漫顶 | 冲刷坝体 | 干预无效 | 大坝溃决 | | | 0.000 457 5 |
| | | | 0.02 | 0.5 | 0.9 | 0.5 | 0.1 | | | 0.000 45 | |
| | | 2 | 非汛期 | 坝体渗流 | 渗流破坏 | 干预无效 | 大坝溃决 | | | | |
| | | | 0.75 | 0.1 | 0.01 | 0.01 | | | | 0.000 007 5 | |

续表

| 序号 | 水库名称 | 溃坝模式序号 | 溃坝路径 | | | | | | | 溃坝概率 | 总溃坝概率 |
|---|---|---|---|---|---|---|---|---|---|---|---|
| 4 | 北采桑 | 1 | 洪水 | 坝顶高程不足 | 漫顶 | 冲刷坝体 | 干预无效 | 大坝溃决 | | | 0.000 457 5 |
| | | | 0.02 | 0.5 | 0.9 | 0.5 | 0.1 | | | 0.000 45 | |
| | | 2 | 非汛期 | 大坝渗流 | 渗流破坏 | 干预无效 | 大坝溃决 | | | | |
| | | | 0.75 | 0.1 | 0.01 | 0.01 | | | | 0.000 007 5 | |
| 5 | 磊口 | 1 | 洪水 | 坝顶高程不足 | 漫顶 | 冲刷坝体 | 干预无效 | 大坝溃决 | | | 0.002 683 |
| | | | 0.005 | 0.5 | 0.9 | 0.5 | 0.5 | | | 0.000 562 5 | |
| | | 2 | 洪水 | 溢洪道破坏 | 冲刷坝脚 | 干预无效 | 大坝溃决 | | | | |
| | | | 0.005 | 0.9 | 0.9 | 0.5 | | | | 0.002 025 | |
| | | 3 | 洪水 | 坝体裂缝 | 集中渗流破坏 | 干预无效 | 大坝溃决 | | | | |
| | | | 0.005 | 0.5 | 0.1 | 0.1 | | | | 0.000 025 | |
| | | 4 | 洪水 | 溢洪道破坏 | 冲刷坝脚 | 干预无效 | 大坝溃决 | | | | |
| | | | 0.033 | 0.1 | 0.5 | 0.01 | | | | 0.000 016 5 | |
| | | 5 | 洪水 | 坝体裂缝 | 渗流破坏 | 干预无效 | 大坝溃决 | | | | |
| | | | 0.033 | 0.5 | 0.1 | 0.01 | | | | 0.000 016 5 | |
| | | 6 | 非汛期 | 坝体裂缝 | 渗流破坏 | 干预无效 | 大坝溃决 | | | | |
| | | | 0.75 | 0.5 | 0.01 | 0.01 | | | | 0.000 037 5 | |
| 6 | 合山 | 1 | 洪水 | 坝顶高程不足 | 漫顶 | 冲刷坝体 | 干预无效 | 大坝溃决 | | | 0.001 886 |
| | | | 0.005 | 0.5 | 0.9 | 0.5 | 0.5 | | | 0.000 562 5 | |
| | | 2 | 洪水 | 坝基渗漏 | 管涌 | 干预无效 | 大坝溃决 | | | | |
| | | | 0.005 | 0.5 | 0.5 | 0.5 | | | | 0.000 625 | |
| | | 3 | 洪水 | 坝体渗漏 | 管涌 | 干预无效 | 大坝溃决 | | | | |
| | | | 0.005 | 0.5 | 0.5 | 0.5 | | | | 0.000 625 | |
| | | 4 | 洪水 | 坝基渗漏 | 管涌 | 干预无效 | 大坝溃决 | | | | |
| | | | 0.033 | 0.1 | 0.1 | 0.1 | | | | 0.000 033 | |

续表

| 序号 | 水库名称 | 溃坝模式序号 | 溃坝路径 | | | | | | | 溃坝概率 | 总溃坝概率 |
|---|---|---|---|---|---|---|---|---|---|---|---|
| 6 | 合山 | 5 | 洪水 | 坝体渗漏 | 管涌 | 干预无效 | 大坝溃决 | | | | |
| | | | 0.033 | 0.1 | 0.1 | 0.1 | | | | 0.000 033 | |
| | | 6 | 非汛期 | 坝基渗漏 | 管涌 | 干预无效 | 大坝溃决 | | | | |
| | | | 0.75 | 0.1 | 0.01 | 0.01 | | | | 0.000 007 5 | |
| 7 | 石门翁 | 1 | 洪水 | 坝顶高程不足 | 漫顶 | 冲刷坝体 | 干预无效 | 大坝溃决 | | | 0.000 849 55 |
| | | | 0.005 | 0.5 | 0.9 | 0.5 | 0.5 | | | 0.000 562 5 | |
| | | 2 | 洪水 | 溢洪道破坏 | 冲刷坝脚 | 干预无效 | 大坝溃决 | | | | |
| | | | 0.005 | 0.5 | 0.5 | 0.1 | | | | 0.000 125 | |
| | | 3 | 洪水 | 坝基渗漏 | 管涌 | 干预无效 | 大坝溃决 | | | | |
| | | | 0.005 | 0.5 | 0.1 | 0.5 | | | | 0.000 125 | |
| | | 4 | 洪水 | 溢洪道破坏 | 冲刷坝脚 | 干预无效 | 大坝溃决 | | | | |
| | | | 0.033 | 0.1 | 0.1 | 0.1 | | | | 0.000 033 | |
| | | 5 | 洪水 | 坝基渗漏 | 管涌 | 干预无效 | 大坝溃决 | | | | |
| | | | 0.033 | 0.1 | 0.01 | 0.1 | | | | 0.000 003 3 | |
| | | 6 | 非汛期 | 坝基渗漏 | 管涌 | 干预无效 | 大坝溃决 | | | | |
| | | | 0.75 | 0.01 | 0.01 | 0.01 | | | | 0.000 000 75 | |
| 8 | 何坟 | 1 | 洪水 | 闸门故障 | 坝顶高程不足 | 漫顶 | 冲刷坝体 | 干预无效 | 大坝溃决 | | 0.000 114 25 |
| | | | 0.002 | 0.5 | 0.5 | 0.9 | 0.5 | 0.5 | | 0.000 112 5 | |
| | | 2 | 洪水 | 闸门故障 | 坝顶高程不足 | 漫顶 | 冲刷坝体 | 干预无效 | 大坝溃决 | | |
| | | | 0.02 | 0.1 | 0.1 | 0.5 | 0.1 | 0.1 | | 0.000 001 | |
| | | 3 | 非汛期 | 坝基渗漏 | 渗流破坏 | 干预无效 | 大坝溃决 | | | | |
| | | | 0.75 | 0.01 | 0.01 | 0.01 | | | | 0.000 000 75 | |
| 9 | 小坟 | 1 | 洪水 | 坝体裂缝 | 集中渗流破坏 | 干预无效 | 大坝溃决 | | | | 0.000 5 |
| | | | 0.002 | 0.5 | 0.5 | 0.5 | | | | 0.000 25 | |

续表

| 序号 | 水库名称 | 溃坝模式序号 | 溃坝路径 | | | | | | | 溃坝概率 | 总溃坝概率 |
|---|---|---|---|---|---|---|---|---|---|---|---|
| 9 | 小玟 | 2 | 洪水 | 坝顶沉陷 | 坝顶高程不足 | 漫顶 | 冲刷坝体 | 干预无效 | 大坝溃决 | | 0.000 5 |
| | | | 0.002 | 0.5 | 0.5 | 0.9 | 0.5 | 0.5 | | 0.000 112 5 | |
| | | 3 | 洪水 | 坝体裂缝 | 渗流破坏 | 干预无效 | 大坝溃决 | | | | |
| | | | 0.02 | 0.5 | 0.1 | 0.1 | | | | 0.000 1 | |
| | | 4 | 非汛期 | 坝体裂缝 | 渗流破坏 | 干预无效 | 大坝溃决 | | | | |
| | | | 0.75 | 0.5 | 0.01 | 0.01 | | | | 0.000 037 5 | |
| 10 | 上天助 | 1 | 洪水 | 坝顶高程不足 | 漫顶 | 冲刷坝体 | 干预无效 | 大坝溃决 | | | 0.004 304 |
| | | | 0.01 | 0.9 | 0.9 | 0.5 | 0.5 | | | 0.002 025 | |
| | | 2 | 洪水 | 坝体滑坡 | 坝顶高程不足 | 漫顶 | 冲刷坝体 | 干预无效 | 大坝溃决 | | |
| | | | 0.01 | 0.5 | 0.9 | 0.9 | 0.9 | 0.5 | | 0.001 822 5 | |
| | | 3 | 洪水 | 坝顶高程不足 | 漫顶 | 冲刷坝体 | 干预无效 | 大坝溃决 | | | |
| | | | 0.02 | 0.5 | 0.9 | 0.5 | 0.1 | | | 0.000 45 | |
| | | 4 | 洪水 | 坝体滑坡 | 坝顶高程不足 | 漫顶 | 冲刷坝体 | 干预无效 | 大坝溃决 | | |
| | | | 0.02 | 0.1 | 0.1 | 0.5 | 0.5 | 0.1 | | 0.000 005 | |
| | | 5 | 非汛期 | 坝体裂缝 | 集中渗流 | 渗流破坏 | 干预无效 | 大坝溃决 | | | |
| | | | 0.75 | 0.2 | 0.01 | 0.01 | 0.1 | | | 0.000 001 5 | |

(3) 溃坝后果估算

溃坝生命损失采用 Dekay & McClelland 方法估算，风险人口近似取下游村庄人口数，警报时间假设为 0，取 $F_C=1$，计算结果见表 4.1-9；溃坝经济损失估算结果见表 4.1-10；溃坝社会与环境影响估算结果见表 4.1-11。

**表 4.1-9 安阳市 10 座小(1)型水库溃坝生命损失计算结果** 单位：人

| 编号 | 水库名称 | 风险人口 $P_{AR}$ | 生命损失 $L_{OL}$ |
|---|---|---|---|
| 1 | 团结 | 800 | 140 |
| 2 | 大峪 | 3 000 | 294 |
| 3 | 罗圈 | 1 200 | 176 |
| 4 | 北采桑 | 4 000 | 345 |
| 5 | 磊口 | 600 | 119 |

续表

| 编号 | 水库名称 | 风险人口 $P_{AR}$ | 生命损失 $L_{OL}$ |
|---|---|---|---|
| 6 | 合山 | 70 | 36 |
| 7 | 石门翁 | 380 | 92 |
| 8 | 何坟 | 4 300 | 360 |
| 9 | 小坟 | 2 300 | 253 |
| 10 | 上天助 | 4 000 | 345 |

**表 4.1-10　安阳市 10 座小(1)型水库溃坝经济损失**　　单位:万元

| 编号 | 水库名称 | 经济损失 |
|---|---|---|
| 1 | 团结 | 1 200 |
| 2 | 大峪 | 1 500 |
| 3 | 罗圈 | 1 100 |
| 4 | 北采桑 | 2000 |
| 5 | 磊口 | 800 |
| 6 | 合山 | 500 |
| 7 | 石门翁 | 1 600 |
| 8 | 何坟 | 5 000 |
| 9 | 小坟 | 4 000 |
| 10 | 上天助 | 3 000 |

**表 4.1-11　安阳市 10 座小(1)型水库溃坝社会与环境影响指数计算结果**

| 编号 | 水库名称 | 风险人口 | 重要城市 | 重要设施 | 文物古迹 | 河道形态 | 生物栖息地 | 人文景观 | 污染工业 | 社会与环境影响指数 |
|---|---|---|---|---|---|---|---|---|---|---|
| 1 | 团结 | 1.5 | 1.3 | 1.2 | 1.0 | 2.0 | 1.0 | 1.0 | 1.0 | 4.68 |
| 2 | 大峪 | 2.1 | 1.3 | 1.2 | 1.0 | 2.0 | 1.0 | 1.0 | 1.0 | 6.55 |
| 3 | 罗圈 | 1.7 | 1.3 | 1.2 | 1.0 | 2.0 | 1.0 | 1.0 | 1.0 | 5.30 |
| 4 | 北采桑 | 2.2 | 1.3 | 1.2 | 1.0 | 2.0 | 1.0 | 1.0 | 1.0 | 6.86 |
| 5 | 磊口 | 1.4 | 1.3 | 1.2 | 1.0 | 2.0 | 1.0 | 1.0 | 1.0 | 4.37 |
| 6 | 合山 | 1.2 | 1.0 | 1.0 | 1.0 | 2.0 | 1.0 | 1.0 | 1.0 | 2.40 |
| 7 | 石门翁 | 1.3 | 1.3 | 1.0 | 1.0 | 2.0 | 1.0 | 1.0 | 1.0 | 3.38 |
| 8 | 何坟 | 2.3 | 1.3 | 1.2 | 1.0 | 2.0 | 1.0 | 1.0 | 1.0 | 7.18 |
| 9 | 小坟 | 2.0 | 1.3 | 1.2 | 1.0 | 2.0 | 1.0 | 1.0 | 1.0 | 6.24 |
| 10 | 上天助 | 2.2 | 1.3 | 1.2 | 1.0 | 2.0 | 1.0 | 1.0 | 1.0 | 6.86 |

（4）综合溃坝后果计算

10 座水库的综合溃坝后果 $L$ 计算结果见表 4.1-12。

**表 4.1-12　安阳市 10 座小(1)型水库溃坝后果综合系数计算结果**

| 编号 | 水库名称 | $S_1 \times F_1$ | $S_2 \times F_2$ | $S_3 \times F_3$ | $L$ |
|---|---|---|---|---|---|
| 1 | 团结 | 677.25 | 95.30 | 26.47 | 799.02 |
| 2 | 大峪 | 686.77 | 95.89 | 32.25 | 814.90 |
| 3 | 罗圈 | 680.30 | 95.06 | 28.62 | 803.98 |
| 4 | 北采桑 | 688.69 | 96.63 | 33.04 | 818.37 |
| 5 | 磊口 | 675.01 | 94.18 | 25.29 | 794.48 |
| 6 | 合山 | 655.73 | 92.82 | 15.02 | 763.56 |
| 7 | 石门翁 | 671.31 | 96.06 | 20.89 | 788.26 |
| 8 | 何坟 | 689.16 | 98.86 | 33.81 | 821.83 |
| 9 | 小坟 | 684.95 | 98.33 | 31.41 | 814.69 |
| 10 | 上天助 | 688.69 | 97.64 | 33.04 | 819.38 |

（5）综合风险指数计算及排序

10 座水库的综合风险指数 $R_{CI}$ 计算结果见表 4.1-13，其中上天助水库的风险最高，风险指数为 3.527；何坟水库风险最低，风险指数为 0.094。

**表 4.1-13　安阳市 10 座小(1)型水库的风险排序**

| 编号 | 水库名称 | 溃坝概率 | 综合溃坝后果 $L$ | 综合风险指数 $R_{CI}$ | 风险排序 |
|---|---|---|---|---|---|
| 1 | 团结 | 0.000 90 | 799.02 | 0.715 | 5 |
| 2 | 大峪 | 0.001 59 | 814.90 | 1.298 | 4 |
| 3 | 罗圈 | 0.000 46 | 803.98 | 0.368 | 9 |
| 4 | 北采桑 | 0.000 46 | 818.37 | 0.374 | 8 |
| 5 | 磊口 | 0.002 68 | 794.48 | 2.132 | 2 |
| 6 | 合山 | 0.001 89 | 763.56 | 1.440 | 3 |
| 7 | 石门翁 | 0.000 85 | 788.26 | 0.670 | 6 |
| 8 | 何坟 | 0.000 11 | 821.83 | 0.094 | 10 |
| 9 | 小坟 | 0.000 50 | 814.69 | 0.407 | 7 |
| 10 | 上天助 | 0.004 30 | 819.38 | 3.527 | 1 |

## 4.2　运行维护和监测手册(OMS)

随着技术进步以及除险加固工程建设和水管体制改革取得阶段性成果，管理不当甚至

人为失误等人为因素已成为当前和今后水库大坝工程出险甚至溃决的重要原因，近年来的溃坝事故调查结论大多为责任事故。如何尽可能降低人为失误风险，是大坝风险管理需要面对的重要课题。

运行、维护与监测(Operation，Maintenance，Surveillance，OMS)手册是为了指导和规范水库大坝运行管理人员在运行、维护与监测过程中的行为，按照现行有关大坝日常管理、调度运行、安全监测、养护修理、应急管理等方面的法规与技术标准编制的一份保障水库大坝安全运行的制度化、程序化、精细化的技术性文件，是水库管理单位开展运行、维护和监测工作的作业指导书，也是重要和有效的大坝风险管理工具。

水库大坝运行管理人员按 OMS 手册要求规范开展运行、维护与监测工作，可以保证相关工作的连贯性、一致性，使其不受管理人员变更的影响，从而可以将人为失误风险降低至最低程度。

## 4.2.1　主要内容

包括编制说明、工程基本情况、运行管理条件、调度运行、维修养护、安全检查、安全监测、大坝安全年度报告、附件等。根据该手册，大坝运行管理人员知道自己为保障大坝安全运行应该做什么、怎么做。

### 4.2.1.1　编制说明

介绍 OMS 手册编制的目的、适用范围及依据、编制人、审批人、生效日期、版本号、手册发放记录、修订、更新信息以及手册培训要求等。

### 4.2.1.2　工程基本情况

简单介绍工程基本情况、工程管理设施及安全告知事项。工程管理设施包括管理用房及办公设施、安全监测设施、水情测报设施、交通设施(包括各种情况下进入工程所在地的交通方式)、通信设施、报警设施等。

### 4.2.1.3　运行管理条件

(1) 运行管理体制

说明水库大坝管理单位和上级管理单位的隶属关系(行政和技术)，水库管理单位内部各部门之间的关系，以及各部门的负责人、联系方式。

(2) 运行管理职责

水库运行管理职责主要包括：

1) 明确水库安全管理范围和保护范围；

2) 明确安全管理职责，如负责编制大坝安全管理年度计划和长远规划，建立健全大坝安全管理规章制度等；

3) 对大坝勘测、设计、施工、监理、运行、安全监测的资料以及其他有关安全技术资料的收集、分析、整理和保存，建立大坝安全技术档案以及相应数据库；

4) 按照批复的调度原则和度汛方案科学调度运行；

5) 大坝日常安全运行的巡视检查、仪器观测和维修养护；

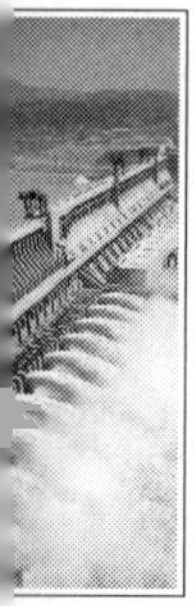

6）按规定开展大坝注册登记、大坝安全鉴定等相关工作，开展和配合定期检查、特别检查；

7）定期对大坝安全监测仪器进行检查、率定，保证监测仪器能够可靠监测工程的安全状况；

8）配合组织实施大坝的除险加固、更新改造和隐患治理；

9）大坝险情、事故等突发事件的报告、抢险和救护工作；

10）负责大坝安全管理人员的培训和业绩考核；

11）接受社会监督及安全信息汇报。

（3）运行管理制度

水库管理机构或主管部门（业主）应按照相关法规与规范性文件要求，制定适合水库实际的运行管理制度，包括大坝安全责任制、调度运用、巡视检查、安全监测、维修养护、防汛抢险、汛期值守、应急管理、闸门操作以及行政管理、水政监察、技术档案等管理制度。

（4）管理设施

水库管理机构或主管部门（业主）应按照相关法规与技术标准要求，配置必要的大坝安全运行管理设施，包括：

1）管理用房及办公设施。大中型水库及设有运行管理机构的小型水库，应根据管理人员数量与水库日常管理和防汛抢险需要，按《水库工程管理设计规范》（SL 106）确定的标准配备办公、生产用房和办公设施（备）；其他小型水库应配备必要的管理用房，满足管护人员汛期值守要求。

2）安全监测设施。大中型水库应按照《土石坝安全监测技术规范》（SL 551）或《混凝土坝安全监测技术规范》（SL 601）要求，设置满足水库运行管理需要的大坝安全监测设施；小型水库应按照《小型水库安全管理办法》要求，参照相关规范设置必要的工程安全监测设施。对具有供水功能的水库，应设置供水水量计量设施以及水质监测设施。

3）水情测报设施。大型及重点中型水库应按照《水文自动测报系统技术规范》（SL 61）要求，建立水文测报站网及自动测报系统，并与上一级系统联网；一般中型和小型水库至少应设置库区降水观测设施。

4）防汛交通设施。大中型水库应建立对外以及水库工程管理范围内各建筑物之间的交通道路，并配备足够数量的交通工具，满足水库日常运行管理和防汛抢险需要，大型水库道路标准应达三级以上，中型水库道路标准应达四级以上。对外道路应与正式公路相接。在道路适当地点应设置回车场、停车场，并设置路标和里程碑。小型水库应有到达枢纽主要建筑物的必要交通条件，防汛道路应到达坝肩或坝下，道路标准应满足防汛抢险需要。

5）通信设施。大中型水库应配备可靠的对内、对外通信设施（备），满足水库日常管理信息传递、汛期报汛及紧急情况下报警的要求。对外通信应建立与主管部门和上级防汛指挥部门以及水库上、下游主要水文站和上、下游有关地点的有线及无线通信网络。小型水库应配备必要的通信设施，满足汛期报汛或紧急情况下报警的要求。重要小型水库应具备两种以上有效通信手段，其他小型水库应具备一种以上的有效通信手段。

6）报警设施。报警设施不仅需要在水库工程管理范围内设置，还需在下游溃坝洪水淹没范围内的居民点和公共场所（如垂钓点、游泳池、野营地等）等地设置，以确保公众能够及时得到紧急情况的报警信息。报警设施可采用电子警报器、广播喇叭、蜂鸣器等，淹没范围内居民点还可以采用电视、电话、手机短信作为补充报警手段。对小型水库和偏僻地区，可以通过鸣枪、发射信号弹甚至扩音喇叭沿途喊话、吹口哨、敲打锣（鼓）等手段报警，报警信号应事先约定，并进行宣传和约定。

7）工程维修养护设备和防汛设施。大中型水库应根据水库工程规模和特点，按 SL 106 等规范要求配备备用电源、照明设备、工程维修养护和防汛抢险物资与设备、应急救援设备，以及用于储备物资和设备的仓库、料场等，小型水库应结合防汛抢险需要，储备必要的防汛抢险、应急救援物料器材与供电设施。

#### 4.2.1.4 调度运行

（1）调度运用计划和度汛方案

按照批复的调度原则，结合工程安全状况，编制水库当年的调度运用计划和度汛方案，报上级主管部门审批。调度运用计划至少应包括以下内容：

1）当年汛期水文气象预报趋势和数值。

2）洪水调度计划（应包括正常洪水调度方案和非常洪水时应急调度预案）。

3）汛期防洪限制水位的确定。

4）水库洪水调度控制水位、控制下泄流量要求。

5）建议和存在的问题。

（2）正常运行程序

根据批复的调度运用计划和度汛方案，拟定正常运行情况下的闸门操作规程，并针对运行中可能发生的问题拟定相应处理方案及报告流程。

（3）紧急操作程序

根据水库的工程安全状况、洪水特点、运行环境、管理水平等因素以及调度运行经验，分析可能出现的紧急情况（突发事件），拟定紧急情况监测预警方案及水库控制与泄流程序。

（4）运行记录（工作日志）

1）规定工作日记记录内容，应包括天气情况、水位和流量、运行是否正常（如有异常事件出现，应记录事件的特征与处置情况）、上级是否有指令及如何执行、是否进行了检查及检查结果、是否有警报和通知、记录人等。

2）报告制度（不同情况如何报告）

规定汛期水情、雨情的记录和报告制度，以及调度中可能发生问题的相应处理方案、报告制度。原则要求如下：

- 一般性情况，只纪录，不报告。
- 较重要情况，应在当天报告给有关领导。
- 特别重要情况，应在规定的时间内报告给有关领导，并记录报告时间。
- 突发事件，立即报告给有关领导和部门，并记录报告时间和报告内容。

3）记录表格式。参见表 4.2-1。

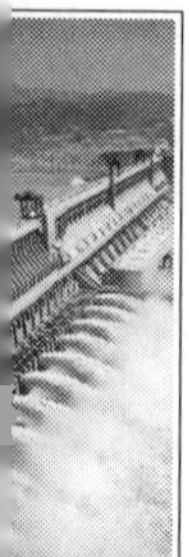

表 4.2-1 水库大坝安全运行日记 记录人：________

| | | | | |
|---|---|---|---|---|
| ____年___月___日 天气___ 降雨量___mm 库水位___m 入库流量___$m^3$ 出库流量___$m^3$ | | | | |
| 上级通知记录：(通知名和编号，何时通知领导，以及处理指示等) | | | | |
| 上级调度指令记录：(电话或发文，电话内容，通知人，接讯人，何时报告有关领导等) | | | | |
| 事故或报警：(是否有人报告事故以及事故情况，事故类型及严重程度、是否报告分管领导，何时报告，有何指示) | | | | |
| 大坝安全情况： | | | | |
| □无任何异常 | □基本无异常 | □局部异常 | □较大异常 | □严重异常 |
| 报告情况： | | | | |
| □尚未报告 | □已经按规定报告 | □已经紧急报告 | | |
| 处理情况： | | | | |
| □尚未处理 | □正在处理 | □处理完毕 | | |

（5）水库调度年度工作总结

一般在汛后或年末编制年度水库调度工作总结，其主要内容包括：

1）水库洪水调度概况和评价，包括水库洪水调度的基本情况和特点，取得的成绩，存在的问题，今后应吸取的教训。

2）水文气象预报情况、预报成果、预报误差等，对预报工作的建议。

3）本年度处理防洪与兴利之间的矛盾以及建议。

4）水库洪水调度的主要经验、教训、体会、建议。

#### 4.2.1.5 工程维修养护

工程维修养护包括对水库枢纽水工建筑物、闸门与启闭设备、监测设施、防汛交通和通信设施、备用电源等的检查、测试及养护和修理，以及对影响大坝安全的白蚁危害进行防治。维修养护应遵循“经常养护、随时维修、养重于修、修重于抢”的原则。维修养护的基本要求是恢复或局部改善原有工程面貌。超标准洪水和重大险情造成的工程修复及工程抢险、水利工程更新改造等不属于日常维修养护范围。

水库管理单位和主管部门(业主)应按照相关大坝安全管理法规和技术标准要求，制订年度维修养护计划与实施方案，落实维修养护经费，对大坝和相关设施(备)进行经常性的养护和修理，使其处于安全和完整的工作状态。

（1）主体工程维修养护

包括混凝土结构、土石坝坝面及其他设施的维修养护方法。

1）混凝土结构维修养护。包括混凝土表面自然劣化部分的修复、表面空蚀磨损的修复、裂缝修补及混凝土的补强加固和防渗处理。

2）土石坝坝面的维修养护。包括裂缝处理、滑坡处理、坝基渗漏和绕坝渗漏的处理、坝顶沉降处理、护坡维修等。

3）其他设施维修养护。包括导墙、消能墩、防冲护坦、护坡等大坝下游防冲设施维修；

水雨情测报设施和工情监测设施维修；金属结构维修及防腐。

（2）闸门维修养护

包括闸门表面损伤处理；止水材料更换；行走支承装置和启闭辅助装置的维修养护。

（3）启闭机维修养护

包括机体表面防腐处理；钢丝绳维修养护；传动（制动）系统维修养护。

（4）机电设备维修养护

包括水轮机、电动机、操作系统、配电设施、输变电系统、避雷设施的维修养护。

（5）附属设施维修养护

包括机房及管理房维修养护；坝区绿化；围墙护栏维修养护；自动控制设施维修养护；大坝电梯维修；门式启闭机定期维修；检修闸门维修；通风机维修养护；自备发电机组维修养护；对外交通设施维修；照明设施维修；专用设施（破冰、清污、抽排水等设施）维修等。

（6）白蚁防治

我国黄河（北纬 35°）以南省区的土石坝需要开展白蚁普查与防治工作。应按照白蚁防治有关技术标准要求，并结合工程实际，拟订具体的白蚁普查方案及防治对策与措施。

**4.2.1.6 安全检查**

水库管理单位或主管部门（业主）应按照相关法规和大坝安全监测技术规范要求定期对大坝及设备的运行状况进行检查，并根据工程的具体情况和特点，制定检查计划，包括检查项目、检查路线、记录表、报告的编写要求及检查人员的组成及职责等内容。

（1）安全检查分类

一般分为日常巡视检查、定期检查和特别检查三类。

1）日常巡视检查。水库管理单位指定专职人员对建筑物各部位、闸门及启闭设备、监测设施、管理设施、动力设备、泄水建筑物水流形态和库区岸坡等进行经常性的检查观测，填写现场安全检查表。

2）定期检查。每年汛前、汛后，供水期前后，冰冻较严重地区在冰冻期，由水库主管部门（业主）组织对水库工程及各项设施进行定期检查。定期检查应结合观测及资料分析进行。

3）特别检查。当发生特大洪水、库水位暴涨暴落、暴雨、强烈地震、工程非常运用及发生重大事故等情况时，水库管理单位应组织开展特别检查，必要时报请上级主管部门（业主）及有关单位会同检查。当水库放空时，亦应进行全面巡视检查。

（2）检查项目和内容

安全检查的部位包括坝体、坝基及坝区、输泄水洞（管）、溢洪道、闸门与启闭机、近坝岸坡、大坝安全监测设施等，应按规范规定的频次、内容和巡视路线，检查、记录、确认各部位的运行状况，特别关注损坏部位和异常现象。

土石坝安全检查项目和内容参照《土石坝安全监测技术规范》（SL 551）执行，见表 4.2-2；混凝土坝和砌石坝安全检查项目和内容参照《混凝土坝安全监测技术规范》（SL 601）执行，见表 4.2-3。具体检查项目和检查内容可根据水库实际情况增减调整。

**表 4.2-2　土石坝安全检查项目和内容**

| 对象部位 | 检查内容 | |
|---|---|---|
| 坝体 | 坝顶 | 有无裂缝、异常变形、积水或植物滋生等现象；防浪墙有无开裂、挤碎、架空、错断、倾斜等情况。 |
| | 迎水坡 | 护面或护坡是否损坏；有无裂缝、剥落、滑动、隆起、塌坑、冲刷、或植物滋生等现象；近坝水面有无冒泡、变浑或旋涡等异常现象。 |
| | 背水坡及坝趾 | 有无裂缝、剥落、滑动、隆起、塌坑、雨淋沟、散浸、积雪不均匀融化、冒水、渗水坑或流土、管涌等现象；排水系统是否通畅；草皮护坡植被是否完好；有无兽洞、蚁穴等隐患；滤水坝趾、减压井(或沟)等导渗降压设施有无异常或破坏现象。有条件时尚应检查上游铺盖有无裂缝、塌坑。 |
| 坝基和坝区 | 坝基 | 基础排水设施的工况是否正常；渗漏水的水量、颜色、气味及浑浊度、酸碱度、温度有无变化；基础廊道是否有裂缝、渗水等现象。 |
| | 坝端 | 坝体与岸坡连接处有无裂缝、错动、渗水等现象；两岸坝端区有无裂缝、滑动、崩塌、溶蚀、隆起、塌坑、异常渗水和蚁穴、兽洞等。 |
| | 坝趾近区 | 有无阴湿、渗水、管涌、流土或隆起等现象；排水设施是否完好。 |
| | 坝端岸坡 | 绕坝渗水是否正常；有无裂缝、滑动迹象；护坡有无隆起、塌陷或其他损坏现象。 |
| 输、泄水洞(管) | 引水段 | 有无堵塞、淤积、崩塌。进水塔(或竖井)有无裂缝、渗水、空蚀等损坏现象。 |
| | 洞(管)身 | 洞壁有无裂缝、空蚀、渗水等损坏现象；洞身伸缩缝、排水孔是否正常。 |
| | 出口 | 放水期水流形态、流量是否正常；停水期是否有水渗漏。 |
| | 消能工 | 有无冲刷或砂石、杂物堆积等现象。 |
| | 工作桥 | 是否有不均匀沉陷、裂缝、断裂等现象。 |
| 溢洪道 | 进水段(引渠) | 有无坍塌、崩岸、淤堵或其他阻水现象；流态是否正常。 |
| | 堰顶或闸室、闸墩、胸墙、边墙、溢流面、底板 | 有无裂缝、渗水、剥落、冲刷、磨损、空蚀等现象；伸缩缝、排水孔是否完好。 |
| | 消能工 | 有无冲刷或砂石、杂物堆积等现象。 |
| | 工作桥(或交通桥) | 是否有不均匀沉陷、裂缝、断裂等现象。 |
| 闸门及启闭机 | | 闸门及其开度指示器、门槽、止水等能否正常工作，有无不安全因素。启闭机能否正常工作；备用电源及手动启闭是否可靠。 |
| 其他 | 观测及通信设施 | 设施是否完好、畅通；照明及交通设施有无损坏及障碍。 |

**表 4.2-3　混凝土(砌石)坝安全检查项目和内容**

| 对象部位 | 检查内容 |
|---|---|
| 坝体 | 1. 相邻坝段之间有无错动。 |
| | 2. 伸缩缝开合和止水工作情况。 |
| | 3. 上下游坝面、宽缝、廊道有无裂缝,裂缝中漏水情况。 |
| | 4. 混凝土有无破损。 |
| | 5. 混凝土有无溶蚀、水流侵蚀或冻融现象。 |
| | 6. 坝体排水孔的工作状态,渗漏水的漏水量和水质有无显著变化。 |
| | 7. 坝顶防浪墙有无开裂、损坏情况。 |
| 坝基和坝肩 | 1. 基础岩体有无挤压、错动、松动和鼓出。 |
| | 2. 坝体与基岩(或岸坡)结合处有无错动、开裂、脱离及渗水等情况。 |
| | 3. 两岸坝肩区有无裂缝、滑坡、溶蚀及绕渗等情况。 |
| | 4. 基础排水及渗流监测设施的工作状况、渗漏水的漏水量及浑浊度有无变化。 |
| 引水建筑物 | 1. 引水建筑物主要检查进水口和引水渠道有无堵淤、裂缝及损伤,控制建筑物及进水口拦污设施状况、水流流态。 |
| 输、泄水洞(管) | 1. 进水口有无滑坡,进水塔或竖井有无裂缝、渗漏、溶蚀、磨损、空蚀、碳化、钢筋锈蚀和冻害等情况。 |
| | 2. 洞身有无裂缝、渗漏、溶蚀、磨损、空蚀等情况,伸缩缝开合和止水情况是否正常。 |
| | 3. 消能设施有无冲刷、磨损和空蚀情况。 |
| 泄水建筑物 | 1. 溢洪道(泄水洞)的闸墩、边墙、胸墙、溢流面(洞身)、工作桥等处有无裂缝和损伤。 |
| | 2. 消能设施有无磨损冲蚀和淤积情况。 |
| | 3. 下游河床及岸坡的冲刷和淤积情况。 |
| | 4. 水流流态。 |
| | 5. 上游拦污设施的情况。 |
| 闸门及金属结构 | 1. 闸门(包括门槽、门支座、止水及平压阀、通气孔等)工作情况。 |
| | 2. 启闭设施启闭工作情况。 |
| | 3. 金属结构防腐及锈蚀情况。 |
| | 4. 电气控制设备、正常动力和备用电源工作情况。 |
| 电站厂房 | 1. 厂房整体结构有无不均匀沉陷、墙体裂缝等情况。 |
| | 2. 机墩和尾水管有无裂缝和磨损等情况。 |
| | 3. 梁、柱、板受力结构有无裂缝、碳化和钢筋锈蚀情况。 |
| | 4. 屋顶有无渗漏和损坏情况,内顶抹面有无空鼓和脱落情况。 |
| | 5. 尾水渠有无淤积和冻害,岸坡有无冲刷和滑坡,厂区排水设施工况是否正常。 |

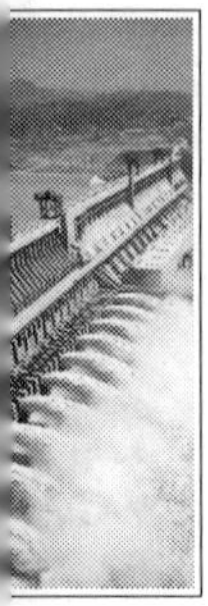

续表

| 对象部位 | 检查内容 |
|---|---|
| 近坝区岸坡 | 1. 地下水露头及绕坝渗流情况。 |
| | 2. 岸坡有无冲刷、塌陷、裂缝及滑移迹象。 |
| 过坝建筑物 | 1. 建筑物有无裂缝、渗漏、溶蚀、磨损、空蚀、碳化和钢筋锈蚀等情况。 |
| | 2. 闸室、筏道、斜坡道、输水廊道有无不均匀沉陷。 |
| | 3. 伸缩缝和排水管(孔)是否完好。 |
| 监测设施 | 1. 埋设仪器电缆、监测自动化系统网络电缆及电源。 |
| | 2. 边角网及视准线各观测墩。引张线的线体、测点装置及加力端。 |
| | 3. 垂线的线体、浮体及浮液。 |
| | 4. 激光准直的管道、测点范及波带板。 |
| | 5. 水准点。 |
| | 6. 测压管。 |
| | 7. 量水堰。 |
| | 8. 各测点的保护装置、防潮装置及接地防雷装置。 |
| | 9. 其他监测设施。 |

(3) 检查方法和要求

1) 常规方法。用眼看、耳听、手摸、鼻嗅、脚踩等直观方法，或辅以锤、钎、钢卷尺、测距仪、量筒、秒表、放大镜、石蕊试纸等简单工具对大坝、泄输水建筑物、设备设施、近坝边坡等表面和异常现象进行检查。

2) 特殊方法。采用开挖探抗(或槽)、探井、钻井、钻孔取样或孔内电视、向孔内注水试验、投放化学试剂、潜水员探摸或水下电视、水下摄影或录像等方法，对工程内部、水下部位或坝基进行检查。

3) 检查工作具体要求如下：

① 安全检查应有熟悉大坝情况的管理人员参加。日常巡视检查人员和检查线路应相对固定，检查时应带好必要的辅助工具和记录笔、簿以及照相、摄像等设备。

② 汛期高水位情况下对大坝表面(包括坝脚、镇压层)进行检查时，宜由数人列队进行拉网式检查，防止疏漏。

③ 定期检查和特别检查需制定详细的检查计划，并做好如下准备：

- 安排好水库调度，为检查输水、泄水建筑物或进行水下检查创造条件。
- 做好电力安排，为检查工作提供必要的动力和照明。
- 排干检查部位的积水，清除检查部位的堆积物。
- 安装好临时交通设施，便于检查人员行动。
- 采取安全防范措施，确保工程、设备及人身安全。
- 准备好工具、设备、车辆或船只，以及量测、记录、摄像等器具。

(4) 检查记录及报告

每次检查均应参照表 4.2-4、表 4.2-5 记录检查结果，检查记录表可根据水库实际情况调

整。如发现异常情况，除应详细记述时间、部位、险情和绘出草图外，必要时应测图、摄影或录像。对于有可疑迹象部位的记录，应在现场就地对其进行校对，确定无误后再离开现场。

**表 4.2-4　土石坝安全检查记录表**

工程名称：

日期：______年___月___日　　库水位：___m　　天气：___　　当日降雨量：___mm

| 巡视检查部位 | | 损坏或异常情况 | 备注 |
|---|---|---|---|
| 坝体 | 坝顶<br>防浪墙<br>迎水坡/面板<br>背水坡<br>坝趾<br>排水系统<br>导渗降压设施 | | |
| 坝基和坝区 | 坝基<br>基础廊道<br>两岸坝端<br>坝趾近区<br>坝端岸坡<br>上游铺盖 | | |
| 输、泄水洞(管) | 引水段<br>进水口<br>进水塔(竖井)<br>洞(管)身<br>出水口<br>消能工<br>闸门<br>动力及启闭机<br>工作桥 | | |
| 溢洪道 | 进水段(引渠)<br>内外侧边坡<br>堰顶或闸室<br>溢流面<br>消能工<br>闸门<br>动力及启闭机<br>工作(交通)桥<br>下游河床及岸坡 | | |
| 近坝岸坡 | 坡面<br>护面及支护结构<br>排水系统 | | |
| 其　他(包括备用电源等情况) | | | |

检查人：____________　　负责人：____________

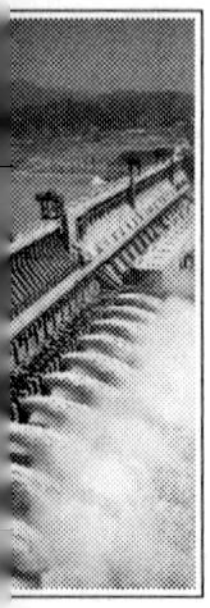

**表 4.2-5　混凝土坝(砌石坝)安全检查记录表**

工程名称：

日期：　　　　库水位：　　　　当日降雨量：　　　　下游水位：　　　　天气：

| 项目(部位) | | 检查情况 | 检查人员 | 备注 |
|---|---|---|---|---|
| 坝体 | 坝顶 | | | |
| | 上游面 | | | |
| | 下游面 | | | |
| | 廊道 | | | |
| | 排水系统 | | | |
| 坝基及坝肩 | 坝基 | | | |
| | 两岸坝段 | | | |
| | 坝趾附近 | | | |
| | 廊道 | | | |
| 输、泄水洞(管) | 进水塔(竖井) | | | |
| | 洞(管)身 | | | |
| | 出口 | | | |
| | 下游渠道 | | | |
| 溢洪道 | 进水段(引渠) | | | |
| | 控制段 | | | |
| | 泄水段 | | | |
| | 消能设施 | | | |
| | 下游河床及岸坡 | | | |
| 闸门及金属结构 | 闸门 | | | |
| | 启闭设施 | | | |
| | 其他金属结构 | | | |
| | 电气设备 | | | |
| 监测设施 | 监测仪器设备 | | | |
| | 传输线缆 | | | |
| | 通信设施 | | | |
| | 防雷设施 | | | |
| | 供电设施 | | | |
| | 保护设施 | | | |

续表

| 项目(部位) | | 检查情况 | 检查人员 | 备注 |
|---|---|---|---|---|
| 近坝岸坡 | 库面 | | | |
| | 近坝区岩体 | | | |
| | 高边坡 | | | |
| | 滑坡体 | | | |
| 电站 | | | | |
| 管理与保障设施 | 应急预案 | | | |
| | 预警设施 | | | |
| | 备用电源 | | | |
| | 照明与应急照明设施 | | | |
| | 对外通信与应急通信设施 | | | |
| | 对外交通与应急交通工具 | | | |
| 其他 | | | | |

检查人：________　　负责人：________

巡视检查记录必须及时整理，还应将本次巡视检查结果与以往巡视检查结果进行比较分析，如有问题或发现异常现象，应立即进行复查，以保证记录的准确性。

日常巡视检查中发现异常现象时，应分析原因，及时采取应急措施，并上报主管部门；年度巡视检查和特别巡视检查结束后，应提出简要报告，并对发现的问题及时采取应急措施，然后根据设计、施工、运行资料进行综合分析比较，写出详细报告，并立即报告主管部门。

各种巡视检查的记录、图件和报告等均应及时整理归档。

(5) 检查结果判断标准

1) 良好。指各建筑物、设备设施运行性态正常，无明显质量缺陷，能按设计条件安全运行，发挥预期功能和效益。

2) 正常。指建筑物、设备设施运行性态基本正常，局部质量缺陷不影响大坝整体安全，能按设计发挥预期功能和效益，但需要对局部质量缺陷进行养护和修理。

3) 较差。指建筑物、设备设施存在明显质量缺陷，影响大坝安全运行和功能发挥，需进行修理或加固。

4) 很差。指工程存在严重质量缺陷，无法按设计条件正常运行，需控制运行才能确保安全，应进行除险加固。

(6) 安全检查报告

日常巡视检查填写检查记录表即可，定期检查和特别检查可根据需要编制安全检查报告。安全检查报告可简(无问题时)、可繁(有问题时)，格式参见表 4.2-6。

表 4.2-6 水库汛前(后)现场检查报告格式

| | |
|---|---|
| 现场检查简述 | 包括人员组成、检查时间、检查内容、现场基本情况等。 |
| 发现的主要问题、隐患和不安全因素 | 挡水建筑物： |
| | 输水建筑物： |
| | 泄水建筑物： |
| | 监测设施： |
| | 其他： |
| 大坝安全管理需要进一步改进的问题 | |
| 检查结论和建议 | 结论：<br>建议：<br>检查组组长(签字)：<br>年 月 日 |
| 建议落实情况 | 是否根据检查组意见整改？做了哪些改进？采取了哪些措施？还遗留什么问题？<br>填写人(签字)：<br>年 月 日 |

### 4.2.1.7 水文测报与大坝安全监测

(1) 监测项目与设施

简要叙述水文测报与大坝安全监测项目、监测设施及其埋设安装考证表。

(2) 监测回顾

通过回顾上一年度监测资料分析结论和需要重点关注的部位和仪器，以指导更好地做好今年安全监测工作。

(3) 监测工作基本要求

包括人员配置、监测频次、数据采集与入库、资料分析、报告、异常测值处置等。

(4) 监测记录要求

读数、记录表(本)、数据库。

(5) 监测资料分析

大坝安全监测资料分析内容包括监测系统完备性评价、监测资料可靠性分析、监测资料正反分析以及大坝安全性态评估。

施工质量缺陷、不同建筑物接合面、坝肩结合部以及运行中出现异常现象部位附近的监测资料应作为分析重点;对因除险加固或监测系统更新改造造成监测资料不连续的,应分时段进行分析,并注意前后系列资料之间的对比。

1) 监测系统完备性评价

• 监测项目是否满足规范要求,测点布置是否合理。

• 是否建立监测数据信息管理系统,系统功能是否完备。

• 观测频次是否满足规范要求,监测资料是否按规范要求及时整编分析。

2) 监测数据可靠性评价

• 监测仪器选型是否合适,埋设安装是否满足相关规范规定。

• 监测仪器性能是否稳定或完好,仪器观测精度是否满足设计或规范要求。

• 自动监测系统运行是否稳定,平均无故障工作时间和采集数据缺失率是否符合 SL 268 的规定。

• 监测数据物理意义是否合理,是否超过仪器量程和材料的物理限值,检验结果是否在限差内。

• 监测数据是否符合连续性、一致性、相关性等原则。

3) 监测资料分析方法与主要内容

监测资料分析可采用比较法、作图法、特征值统计法、数学模型法,具体见《土石坝安全监测技术规范》(SL 551)或《混凝土坝安全监测技术规范》(SL 601)。

主要分析工作包括:

• 分析历次巡视检查资料,通过大坝外观异常现象及其部位、变化规律和发展趋势,定性判断与工程安危的可能联系。

• 分析效应量随时间的变化规律,考察相同运行条件下的变化趋势和稳定性,以判断大坝运行性态有无异常和存在向不利安全方向发展的时效作用。

• 分析效应量的空间分布情况和特点,判断大坝是否存在异常区或不安全部位。

• 分析各效应量的特征值和异常值,并与相同条件下的设计值、试验值、模型预报值,以及历年变化范围相比较。当效应量超出警戒值时,应分析原因及对大坝安全的影响。

• 利用相关图或数学模型,分析效应量的主要影响因素及其定量关系和变化规律,以寻求效应量异常的主要原因,考察效应量与原因量相关关系的稳定性,预测效应量的发展趋势,并判断其是否影响大坝安全运行。当监测资料序列较长时,可采用统计模型,有条件时亦可采用确定性模型或混合模型。

4) 监测资料分析结论

大坝安全监测资料分析应作出以下明确结论:

• 大坝变形是否符合一般规律和趋于稳定;大坝渗流场是否稳定,土石坝的浸润线(面)及混凝土坝的坝基扬压力是否正常;大坝应力(压力)、应变是否小于规范或设计允许值。在此基础上，综合评价大坝安全性态。

• 巡视检查或监测资料应反映大坝安全性态异常的部位、性质、特征和出现的时间、运行条件，以及异常情况的处理情况与效果。

• 根据监测工作中存在的问题，对监测设备、方法、测次等提出改进意见。

• 根据监测资料分析结果，指出可能影响大坝安全的潜在隐患与原因，并针对性提出改善大坝运行管理、维修养护或除险加固的建议。

根据监测资料分析结果对大坝安全性态评价应遵循下列原则：

• 当所有监测资料变化规律正常，测值在经验值及规范、设计、试验规定的允许值内，运行过程中无异常情况，可认为大坝安全性态正常。

• 当局部监测资料存在趋势性变化现象，但测值仍在警戒值或经验值及规范、设计、试验规定的允许值以内，可认为大坝安全性态基本正常。

• 当监测资料有向大坝安全不利方向发展的明显趋势性变化，或测值发生突变，超出警戒值或经验值及规范、设计、试验规定的允许值，可认为大坝安全性态异常。

### 4.2.2 OMS手册编制大纲

OMS手册编制目前尚无行业技术标准（导则、指南）的指导。参照国际上的经验，并结合我国水库大坝安全管理特点，可参照如下大纲编制。

**1 总 则（编制说明）**

（1）编制目的、编制依据和适用范围

（2）编制单位、审批单位、生效日期及版本号

（3）手册发放、修订、更新

（4）手册培训

1）培训对象

2）培训内容

3）培训时间安排计划

**2 工程基本情况**

（1）工程概况

（2）工程管理设施概况

1）管理用房及办公设施

2）安全监测设施

3）水情测报设施

4）交通设施

5）通信设施

6）报警设施

7）工程维修和防汛设施

（3）公众安全（工作人员和非工作人员在水库大坝及其附近的安全保护措施、标示和通知）

**3 运行管理条件**

（1）水库运行管理机构及组织体系框图、行政隶属关系

(2) 运行管理人员配置、资质及职责

(3) 运行管理职责

(4) 运行管理制度

(5) 运行管理设施

**4　调度运行**

(1) 运行程序

1) 正常运行程序

- 批准的水库调度原则与度汛方案
- 闸门操作规程
- 运行中可能发生的问题及相应处理方案、报告制度

2) 紧急操作程序

- 可能的紧急情况分析
- 紧急情况预警及处置
- 紧急情况下的水库控制与泄流程序

(2) 运行记录

(3) 大坝安全复核

1) 专题论证(如地震液化分析、大坝风险评估、近坝库岸稳定分析等)

2) 下闸蓄水安全鉴定

3) 定期安全鉴定

(4) 大坝安全年度报告

1) 编制人

2) 编制内容

3) 报送程序和报送对象

**5　养护修理**

(1) 工程养护修理规章制度

(2) 养护修理人员配置、资质及职责

(3) 养护修理程序

(4) 养护修理记录

(5) 养护修理资金安排

(6) 建筑物及与大坝安全有关的设备养护修理

1) 大坝

- 坝顶、坝坡
- 坝肩
- 坝体裂缝
- 坝体沉陷
- 坝体滑坡
- 坝体、坝基渗漏
- 排水设施

2) 泄水建筑物

- 混凝土结构

- 砌石结构
- 止水、排水系统
- 消能防冲设施
- 闸门与拦污栅
- 启闭设施
- 电气设备
- 电源

3）输(引)水建筑物

- 混凝土结构
- 砌石结构
- 止水、排水系统
- 闸门与拦污栅
- 启闭设施
- 电气设备
- 电源维修养护

4）其他水工建筑物(电站厂房、泵站、过船(木)建筑物、鱼道等)

5）水力机械及辅助设备

- 水轮机
- 调速器
- 机组辅助设备系统
- 厂内桥式起重机
- 电气一次
- 电气二次

6）安全监测设施

7）管理设施

- 管理用房及办公设施
- 交通道路
- 通信设施
- 报警设施

(7) 年度养护修理报告

1）编制人

2）编制内容

3）报送程序和报送对象

**6　安全检查**

(1) 安全检查规章制度

(2) 安全检查人员配置、资质及职责

(3) 安全检查种类及时间安排

1）日常巡视检查

2）蓄水前检查

3）定期(年度)检查
4）特别检查
（4）检查组织
（5）检查方法
（6）检查范围与检查内容
1）大坝
2）泄水建筑物及其闸门和启闭设施
3）输(引)水建筑物及其闸门和启闭设施
4）其他水工建筑物
5）管理设施
6）管理制度
7）文件与档案
8）设备检查与测试
9）检查记录和报告

**7　安全监测**

（1）安全监测规章制度
（2）不同时期的监测重点分析
1）施工期
2）运行初期
3）运行期
（3）施工期监测
1）监测项目及内容
2）监测仪器和设备布置及埋设安装考证记录
• 永久监测仪器和设备
• 临时监测仪器和设备
3）监测人员配置、资质及职责
4）监测频次与观测方法
5）监测记录与存储
6）“报警”值
7）监测资料分析
（4）运行期监测
1）监测项目及内容
2）监测仪器和设备布置及埋设安装考证记录
3）监测人员配置、资质及职责
4）监测频次与观测方法
5）监测记录与存储
6）“报警”值
7）监测资料整编与分析
8）监测仪器和设备的维护与更新改造

(5) 年度监测报告

1) 编制人

2) 编制内容

3) 报送程序和报送对象

**8 大坝安全年度报告**

(1) 编制人

(2) 编制内容与编制大纲

(3) 报送程序和报送对象

(4) 问题与建议的处置

**9 附件**

(1) 水库工程特性表

(2) 水库枢纽平面布置图

(3) 大坝典型纵、横断面图

(4) 泄水建筑物平面布置、剖面图

(5) 输水建筑物平面布置、剖面图

(6) 水位-面积-库容关系

(7) 监测设施平面布置与断面图

(8) 监测记录表格

(9) 巡视检查表格

(10) 有关水库大坝安全管理的法规与规程、规范

(11) 制造商与设计提供的所有维护手册

### 4.2.3 新疆鄯善县坎尔其水库 OMS 手册编制

坎尔其水库位于新疆维吾尔自治区鄯善县，总库容 1 180 万 $m^3$，是一座具有工农业供水、滞洪、改善生态等综合效益的中型水库。枢纽工程主要由拦河坝、溢洪道以及导流兼放水洞等建筑物组成。1998 年 10 月开工建设，2001 年 11 月验收。拦河坝为碾压式沥青混凝土心墙砂砾石坝，最大坝高 51.3 m。

坎尔其水库是吐鲁番市世界银行贷款节水灌溉项目的供水工程之一，触发了世界银行大坝安全保障政策(OP4.37)，因此本书按照 OP4.37 要求编制了该水库 OMS 手册，具体见本书附录一。

## 4.3 应急预案(EPP)

### 4.3.1 应急预案在大坝风险管理中的重要作用

溃坝属典型突发公共安全事件，可能造成重大生命和财产损失，国内外均有惨痛教训。

由于水库工程的复杂性、运行环境变化的随机性，以及地震、特大洪水、异常干旱、先天不足、工程老化、管理薄弱等不利因素的影响，大坝出险甚至溃决失事的可能性会长期存在。通过事前周密的分析和准备，并在紧急时刻以此为依据，结合当时的具体情况安排抢险和组织人员转移，不仅可以避免一些溃坝事故的发生，而且即使失事，也可以有效减少生命与财产损失，缓解溃坝对经济、社会的巨大冲击。应急预案(Emergency Preparedness Plan，EPP)正是避免或减少溃坝对下游生命、财产、基础设施、生态环境造成灾难性后果而预先制定的方案，是提高水库大坝运行管理单位及政府、水行政主管部门、社会、公众应对水库突发事件能力，降低溃坝风险的重要非工程措施，也是最重要的大坝风险管理工具。

在发达国家，社会和公众不能容忍大坝溃决造成的灾难性后果，哪怕是极少的人员伤亡。因此，政府和大坝业主总是尽力采取各种措施避免溃坝事故的发生，或是在溃坝发生后尽力减少人员伤亡，其中的一个重要措施与经验就是建立健全完善的公共突发事件应急管理机制，每一座大坝均事先制订有周密的突发事件应急预案，并通过经常性的演习检验其有效性和可行性，以在紧急时刻以此为依据，安排抢险与组织人员转移，将生命损失降低到最低程度。例如，1985—1994 年，美国发生的溃坝次数超过 400 例，但总共仅造成 10 人死亡，90%以上溃坝事故没有造成人员伤亡。瑞士基于风险理念建立了如图 1.4-5 所示的“三足鼎立”的现代大坝安全理念，应急预案成为保障大坝安全的三足之一。

我国早期溃坝事故频发。1954—1982 年共溃坝 3 115 座，年均 107 座，年均溃坝率 1.23‰，其中 1973 年溃坝 570 座。20 世纪 80 年代后，伴随经济社会发展，大坝安全日益受到高度重视，特别是 1991 年《水库大坝安全管理条例》发布后，通过落实安全责任制、强化运行管理、水管体制改革、除险加固等一系列举措，我国溃坝事故得到有效遏制，溃坝概率大幅度下降。1983—1999 年溃坝 332 座，年均 19.5 座，年均溃坝率 0.23‰；2000—2014 年溃坝 71 座，年均 4.8 座，年均溃坝率约 0.05‰，低于世界上可接受的溃坝率 0.1‰，我国进入世界低溃坝率国家行列。这反映在水库大坝工程安全管理方面，我国已达到国际先进水平，但在非工程措施建设方面仍相对落后，大坝风险管理体系尚未建立，大多数水库特别是小型水库没有事先制订科学有效的突发事件应急预案，应急管理机制还不完善，应对突发事件的保障能力薄弱，在地震、特大洪水、异常干旱等极端事件以及先天缺陷、工程老化、管理薄弱等不利因素影响下，水库溃坝事故仍时有发生，少数溃坝事故还造成严重后果。1993 年 8 月 27 日，青海沟后水库溃坝，近 300 人丧生，1 000 多人受伤；2001 年 10 月 3 日，四川大路沟水库溃坝，38 人死亡；2005 年 7 月 21 日，云南省彝良县七仙湖小型水电站溃坝，16 人死亡；2007 年 7 月 26 日，贵州省丹寨县马颈坳水电站溃决，5 人死亡、1 人失踪；2010 年汛期，湖南、江西、吉林、海南等地区出现历史最大暴雨，造成大量水库出险，10 座水库溃坝，其中 7 月 27 日溃决的吉林大河水库，造成 9 人死亡、29 人失踪；2012 年 8 月 10 日，浙江舟山市岱山县沈家坑水库溃坝，11 人死亡；2013 年初 15 天内连续发生新疆联丰水库、黑龙江星火水库、山西曲亭水库等 3 起溃坝事故，其中曲亭水库为全国防汛重点中型水库，这些事故的发生造成重大损失和严重负面社会影响；2018 年 8 月 1 日，新疆射月沟水库溃坝，导致 28 人死亡或失踪，是近年来人员伤亡最严重的溃坝事故。

不过，我国也有不少因及时采取有效应急处置措施，避免溃坝和人员伤亡的成功案例。2004 年春节期间，新疆生产建设兵团八一水库因放水涵洞接触渗漏导致大坝溃决，因管理人员提前发现险情并及时通知下游 1.38 万人进行了转移，没有造成人员死亡；2005 年 7 月

24日，湖北襄阳市黄龙潭水库因强降雨引发山体塌方，造成引水渠被堵决口，洪水直冲主坝，严重威胁大坝安全，管理部门立即通知下游做好转移准备，迅速组织抢险，成功控制了险情，避免了溃坝事故的发生；2008年“5·12”汶川8级特大地震造成四川省1 803座水库出险，其中高危以上险情379座，但没有一座水库溃坝造成人员伤亡，其中的一个重要原因就是地方政府、水行政主管部门及水库管理单位在震后第一时间内立即启动了应急响应系统，包括险情排查、加强监测与巡视检查、增设报警手段、降低库水位、应急抢险、人员转移等一系列具体措施。虽然上述应急处置并没有事先制订好的预案作为指导，但暗合了溃坝应急管理的理念、方法和处置过程，同样可以证明应急预案对避免或降低溃坝生命损失的重要性和有效性。

随着经济社会的迅速发展，公众对涉及公共安全的水库大坝安全提出了更高要求，水库大坝安全已成为党和政府及社会与公众高度关注的重大公共安全问题。2003年初“非典”疫情考验和锻炼了我国面对突发公共安全事件的应急处置和应急管理能力。在付出高昂代价的同时，也给了政府、社会和公众深刻的警示和启迪，切实认识到了增强忧患意识，未雨绸缪，加强突发公共安全事件应急管理的极端重要性。为此，国务院于2006年1月8日发布了《国家突发公共事件总体应急预案》；当年5—6月，国务院又印发了四大类25件专项应急预案；随后，80件部门预案和省级总体应急预案相继发布，初步建立了我国突发公共安全事件应急管理体系。2007年，国家出台了《中华人民共和国突发事件应对法》(以下简称《突发事件应对法》)，突发公共安全事件应急管理成为各级政府和相关责任主体的法律责任。

2005年，原国家防办发布了《洪水风险图编制导则(试行)》，2006年3月又发布了《水库防洪应急预案编制大纲》。水库防洪应急预案是针对汛期超标准洪水或特大洪水可能导致的溃坝突发事件，为避免或减少损失而预先制定的应急处置方案。显然，水库防洪应急预案不能完全替代水库大坝安全管理应急预案，因为防洪应急预案主要针对的是汛期洪水可能导致的突发事件，而没有考虑地震、地质灾害、工程质量缺陷、管理不当、战争或恐怖袭击、人为破坏等可能导致的突发事件。根据溃坝事故原因的调查统计资料，几乎一半的溃坝事故是因为工程质量缺陷、管理不当等非洪水原因造成的。

水利部于2006年4月发布了《关于加强水库安全管理工作的通知》，要求所有水库制定突发事件应急预案，提高应对突发事件的能力。为指导和规范水库大坝突发事件应急预案编制工作，水利部于2007年5月发布了规范性文件《水库大坝安全管理应急预案编制导则(试行)》(水建管〔2007〕164号)，2015年又在研究与实践基础上出台了技术标准《水库大坝安全管理应急预案编制导则》(SL/Z 720)，标志水库大坝安全突发事件应急管理在国家层面上得到高度重视，成为现代大坝安全管理的基本制度之一。从行业管理角度来看，编制水库突发事件应急预案也是贯彻落实国家法律法规要求以及确保公共安全的一个重要举措。尽管水库大坝安全管理应急预案编制工作还远谈不上尽善尽美，但其在溃坝事故防范特别是减少溃坝造成的人员伤亡方面仍发挥了重要作用。2010—2014年全国分别有11座、3座、2座、5座、4座共计25座水库溃坝，绝大多数没有造成人员伤亡。2013年初发生的山西曲亭中型水库溃坝事故，由于提前发现了事故征兆，在抢险延迟溃坝发生时间的同时，及时转移了下游群众，没有造成人员伤亡；2013年7月28日，山东省烟台招远市朱家沟小(2)型水库遭遇特大暴雨溃坝，由于水库值守人员在13:00时及时发现大坝中间位置的纵向裂缝，并立即告知村委和辛庄镇政府并上报招远市防办，招远市立即组织技术人员和施工机械紧急扩挖溢洪道溢洪，迅速降低水位，同时紧急转移附近5个村的3 740名群众到安全地带，19:00时大坝溃决没有造成人员伤亡。近年来，按照应急管理要求及时采取处置措施避免溃坝的典型水库还有广西卡马水库(2009.7)、青海温泉水库(2010.6)、甘肃李桥水库(2012.12)。近年来，云南和四川先后发生多次地震，造成部分水库出现震损险请，由于及时启动应急预案有序应对，均没有造成严重后果。

水库突发事件特别是溃坝一旦发生或即将发生，情况瞬息万变，需要在第一时间内科学决策，安排抢险和组织人员转移，并需要实时根据水情、险情与灾情变化情况不断对应急处置方案进行调整。这一过程涉及信息收集与处理、预测预警、溃坝洪水及其后果分析、会商、决策、抢险、救灾等环节，各种不确定性相互交织，需要政府及相关职能部门、水库管理单位、公众之间的相互配合和协调，无论哪一个环节出现差错，都可能使突发事件后果特别是生命损失成倍增加。在全球气候变化加剧、各类自然灾害频发的大背景下，需要事先编制科学有效的水库突发事件应急预案，指导做好突发事件监测预警和应急处置各种准备，一旦突发事件真正发生，政府、水库主管部门和管理单位、公众可以按照应急预案有序和有效应对，提高水库运行管理单位以及社会、公众应对水库大坝突发事件能力，切实保障大坝工程安全和人民生命财产安全。

因此，水库突发事件应急预案是溃坝事故防范和溃坝后果控制的有效手段，编制水库突发事件应急预案是国家《突发事件应对法》的要求，是各级政府和水库相关责任主体的法律责任和应尽的义务，是大坝风险管理与政府公共安全管理的重要内容。实际上，我国古人在很久以前就认识到事故防范的重要性，并提出“居安思危、思则有备、备则无患”“未雨绸缪”“防患于未然”“亡羊补牢”等暗合现代风险管理理念的思想。

## 4.3.2 编制原则

水库大坝安全管理应急预案编制应坚持“以人为本、分级负责、预防为主、便于操作、协调一致、动态管理”的基本原则。

(1) 以人为本

编制水库大坝安全管理应急预案的主要目的是避免和减少溃坝可能导致的生命损失，应急处置应以确保生命安全为第一要务。

(2) 分级负责

预案实行分级负责、属地管理，对相关人员的权利、职责和义务作出明确规定。水库大坝突发事件特别是溃坝事件应急处置结束后，往往涉及责任追究，水库大坝安全第一责任人即行政首长承担首要责任。因此，按照责权对等原则，预案应由水库大坝安全第一责任人所在同级人民政府或由其委托防汛指挥机构批准和发布，并报上一级人民政府水行政主管部门和防汛指挥机构备案。

(3) 预防为主

通过对可能突发事件的深入分析，事先制定避免事故发生和减少损失的对策和措施，并做好突发事件监测预警与应急处置准备。

(4) 便于操作

突发事件监测预警与应急处置方案应符合工程实际，预案文本尽量减少文字表述，多以图表形式直观表达。预案是指导水库运行管理单位和主管部门(或业主)以及下游公众应对水库大坝突发事件的行动指南,应该简单明了,便于操作和使用,重点需要明确规定水库运行管理单位和主管部门(或业主)以及当地政府公共安全突发事件应急机构各自的职责和任务,并建立预案与当地其他公共安全突发事件应急预案之间的连接,而不必将设计文件、洪水淹没研究、预测预警系统开发建设等包含在内,但可作为预案的附件。

(5) 协调一致

水库大坝安全管理应急预案是政府应急管理体系中的专门预案,应与当地人民政府及其相关部门的公共突发事件应急预案协调和衔接,应急保障资源应尽量共享。

(6) 动态管理

预案应根据实际情况变化和演习(练)发现的不足适时修订,不断补充完善。为保证预案的有效性,应根据大坝工程安全状况、运行条件与应急组织体系中涉及的相关单位与人员变化,及时对预案进行更新。

## 4.3.3 应急预案定位

### 4.3.3.1 应急预案适用条件

水库大坝安全管理应急预案是针对水库运行过程中遭遇的可能导致溃坝或危及大坝工程安全或公共安全的突发事件,为避免或减少损失而预先制定的应急处置方案,其应对的突发事件即适用条件主要包括:

(1) 自然灾害类事件。因暴雨、洪水、干旱、地震、地质灾害、上游水库溃坝、上游大体积漂浮物撞击等原因导致的溃坝、重大工程险情、超标准泄洪、极端枯水位等事件。

(2) 事故灾难类事件。因工程质量缺陷、调度与运行管理不当等原因导致的溃坝、重大工程险情、超标准泄洪事件;或影响生产生活、生态环境的水污染事件。

(3) 社会安全类事件。因战争、恐怖袭击、人为破坏等原因导致的溃坝、重大工程险情、超标准泄洪、水污染事件。

(4) 其他可能导致溃坝、重大工程险情、超标准泄洪、水污染的突发事件。

### 4.3.3.2 应急预案定位与边界

水库突发事件及其处置影响范围和牵涉面非常之广,仅靠水库主管部门和管理单位根本无法有效应对,需要在当地政府主导下,调动各方面力量和资源进行应急处置,才可能控制事态发展和将损失减小到最低程度。2006 年《国家突发公共事件总体应急预案》及 2007 年《突发事件应对法》颁布实施后,突发公共安全事件应急管理成为各级政府的重要职责,每一级政府均编制有突发公共事件总体应急预案,水库突发事件也是其适用对象之一。

因此,水库大坝安全管理应急预案应该是当地政府突发公共事件总体应急预案下的一个专门预案,与当地其他应急预案互为补充和协调,条块结合、资源共享、连接成网。

国外水库大多为业主所有,业主是大坝安全的责任主体,政府主要承担监管责任。由于业主处置水库突发事件的能力和资源有限,加拿大的水库突发事件应急预案适用边界仅限于水库工程管理范围,工程管理范围之外的溃坝洪水淹没区的应急管理纳入政府应急预案。

我国水库绝大多数为政府所有,政府承担了大坝安全和监管的双重职责,而且政府是大坝安全的第一责任人。因此,水库大坝安全管理应急预案的适用边界应包括整个溃坝洪水淹没范围，不过，重点应该是水库工程管理范围，即重点明确水库主管部门和管理单位有关人员在突发事件应急管理中的权力、职责及任务，主要是做好突发事件与后果分析、监测预警、险情报告、应急调度、预案宣传和演练及工程抢险准备等工作，应急指挥、重大工程险情抢护、应急保障、人员应急转移等主要依靠当地政府突发公共事件总体应急预案的资源。

## 4.3.4 应急预案主要内容

根据上述水库大坝安全管理应急预案的定义、定位和边界，其主要内容包括：

### 4.3.4.1 预案版本号与发放对象

为保证应急预案的有效性，应根据大坝工程安全状况、运行环境、管理条件与人员、应急组织体系中涉及的相关单位与人员的变化，适时对预案进行修订。应在预案扉页标注预案版本编号、编制单位、审查单位与审查日期、批准部门与批准日期、监管部门、备案日期、有效期等。

为便于预案修订后收回与更新，保证预案的一致性，应在预案的扉页记录预案发放对象。预案发放对象一般包括应急指挥部各成员单位或部门的责任人，应急指挥部办公室各部门、应急抢险与救援队伍各小组、水库运行管理单位各科室的负责人。

### 4.3.4.2 编制说明

简要说明编制应急预案的目的、依据、适用范围、突发事件分级以及编制单位与人员、预案受控和修订原则等。应特别要强调，预案是水库大坝遭遇突发事件时的应急行动计划，对于培训和开展应急抢险、人员转移与援救等工作起指导作用，即使没有预案，相关人员也应知道报警、抢险、疏散撤离及救援应遵循的一般原则。

### 4.3.4.3 突发事件及其后果分析

根据水库流域洪水特点以及工程安全状况与运行环境，分析可能导致溃坝、重大工程险情、超标准泄洪、水污染的突发事件，并按可能性大小对突发事件进行排序，选择发生可能性较大的突发事件，作为预测预警与应急处置（抢险、调度、人员转移）的主要目标。

针对可能发生的溃坝事件，进行溃坝洪水演进分析，确定洪水流速、历时和淹没深度，绘制各种突发事件可能导致的溃坝洪水淹没图，包括最大淹没水深图、洪水演进淹没图、洪水严重性分布图等，作为制定人员应急转移方案的依据；对淹没区基本情况进行统计，并确定不同报警时间、发生时段、洪水严重性等因素条件下的生命损失、经济损失和社会环境危害，据此划分突发事件等级，作为突发事件预测预警的依据。

针对可能发生的水污染事件，根据水库功能和供水对象，分析影响范围和严重程度，评估对水库正常调度运行可能造成的后果，并作为突发水污染事件分级与确定应急响应级别的依据。

应急预案是指导水库运行管理单位、主管部门、相关政府和职能部门以及公众在突发事件发生时的行动指南，应该简单明了，便于操作和使用，相关人员只需要知道自己在突发事件应急处置中做什么、怎么做，而不需要了解为什么这样做。因此，不必将详细的突发事件及其后果分析研究过程写于预案文本内，详细的突发事件及其后果分析研究报告可作为预案的附件。

### 4.3.4.4 应急组织体系

水库突发事件应急管理并非事件发生后的被动应对，而需要事前、事中、事后的系统应对，这需要构建一套科学、有效的应急组织体系，以调动、指挥、协调参与应急管理的应急资源。

预案中应建立水库突发事件应急组织体系，明确参与突发事件应急处置的相关各方在预案启动、实施、结束整个过程中承担的角色与相互之间的关系，重点是明确水库管理单位与主管部门（业主）的角色。

应急组织体系主要包括应急指挥机构、应急保障机构、专家组、抢险与救援队伍。

应急指挥机构是应急组织体系的核心，是应急处置过程中的领导者和决策者，其成员单位一般包括属地政府、地方驻军、防汛抗旱指挥部门、水行政主管部门、水库主管部门、水库管理单位及政府直属机构，如应急厅（局）、财政局、民政局、卫生局、交通局、电信局、气象局、环保局等。

应急保障机构负责保障应急处置过程中对人力、物力和财力的需求，这是应急预案顺利、有效实施的基础。应急保障机构的成员单位组成应根据水库突发事件的致灾特点选取，一般包括水行政主管部门、水库主管部门、水库管理单位以及属地政府的通信、交通、卫生、公安、环保、救援等职能部门，应尽量利用当地突发公共事件总体应急预案中的资源。

专家组负责收集技术资料，参与会商，为应急决策和处置提供技术支撑，必要时参加突发事件应急处置。专家组的专业组成和规模大小等应根据工程具体情况和人力资源条件确定，一般由水工、地质、水文、金属结构、工程管理、气象、卫生、环保、通信、救灾、公共安全等不同领域专家组成，包括熟悉工程设计、施工、运行管理和参与应急预案编制与审查的专家。

抢险队伍是指大坝工程抢险队伍，要求身体强健、适合紧急召集、有一定的工程抢护技能，一般由水库各级管理人员、当地驻军（武警）部队战士、民兵等组成，规模和组织分工根据工程具体情况确定，并加强演练；救援队伍是针对洪水淹没区人员转移的应急救援队伍，一般由当地驻军（武警）部队、医院、政府与群众、工矿企事业单位人员组成，同时尽量包括如慈善机构、红十字会等非政府组织参加救援工作。抢险与救援队伍应尽量利用当地突发公共事件总体应急预案中的资源。

应急指挥机构可下设办公室，负责应急预案的编制、审查、宣传、培训和演练，以及对应急保障情况的检查和监督。

#### 4.3.4.5 运行机制

应急预案平时是一个计划，应急处置时是行动指南，预案运行机制是周密计划落实为有效行动的重要保障。预案应按照“科学高效、规范有序”的原则建立运行机制，规范突发事件预测预警、会商、应急响应、应急处置、应急结束、信息发布等各个环节流程，明确水库管理单位、政府及相关职能部门、公众等在突发事件应急处置中的职责。其中突发事件预测预警与应急处置是关键环节，预测预警包括水情与工情监测、建立通信与报警系统、确定预警级别以及突发事件信息（紧急状况）报告；应急处置包括险情与灾情报告、应急调度、应急抢险、应急监测和巡查、人员应急转移、临时安置、信息发布。

#### 4.3.4.6 应急保障

应急保障是应急预案有效运转的物质基础。预案中应根据应急处置的需要，充分利用当地政府总体应急预案中的应急保障资源，制定应急保障计划，建立应急保障体系，为水库突发事件应急处置提供人力资源、经费、设备及物资保障，并满足交通、通信、电力、医疗卫生、基本生活、治安保障需求。

水库管理单位或主管部门(业主)应根据突发事件应急处置需要,事先储备必要的抢险与救援设备及材料,以应对一般险情或突发事件前期处置需求。应急预案启动后,可由应急保障机构在抢险与救援过程中根据需要调拨当地政府总体应急预案中的应急保障资源,或临时采购,必要时还可征用社会资源。

一般险情抢护或突发事件前期处置过程中的交通、通信及电力保障,应由水库管理单位或主管部门(业主)负责。应急预案启动后,可由应急保障机构利用当地政府总体应急预案中的应急保障资源,根据需要及时赶赴现场抢修交通、通信及电力设施,确保应急处置过程中的电力供应与交通、通信通畅;交通保障计划包含可能需要的交通运输工具数量和型号,必要时可临时征用社会交通运输工具,用以运送应急抢险与救援队伍、物资及应急转移人员。

应急经费即包括预案培训、演练以及事先采购和储存应急抢险与救援设备和物资的费用,也包括应急处置过程中发生的费用。一般工程险情抢护物资和设备购置与保管费用、水库管理单位或主管部门(业主)参与预案培训和演练的费用、一般险情应急处置发生的直接费用等应由水库管理单位或主管部门(业主)承担;溃坝或重大工程险情应急抢险物资和设备的购置和保管费用、救援物资和设备购置与保管费用、重大险情应急处置发生的直接费用主要由政府公共财政负担。

基本生活、卫生防疫及治安等其他保障应在当地政府总体应急预案中考虑,预案中明确相关责任单位和责任人即可。

#### 4.3.4.7 宣传、培训与演练

预案编制完成后如不通过适当的方式进行宣传、培训和演练,将使预案的执行效果大打折扣。通过对预案的宣传、培训和演练,可以使参与应急处置的相关人员掌握突发事件应急处置的流程和各自的职责,公众充分了解和熟悉报警和撤离信号,以及撤离路径和避难场所。因此,预案中应制定预案宣传、培训、演练的方案和计划,确定组织宣传、培训、演练的责任单位。

宣传主要针对水库下游溃坝洪水淹没范围内的公众,需要以适当的方式向溃坝洪水淹没区内的公众宣传水库大坝存在的潜在风险,让公众了解溃坝突发事件的应急处置流程,充分理解报警和撤离信号,知道大坝发生意外时如何撤离及撤离路径与安置点,避免真正遭遇突发事件时公众不配合和不必要的人为恐慌。宣传方式包括传媒报道、知识手册、讲座展览、参与演练等

培训主要针对应急指挥部各成员单位以及水库运行管理单位员工,确保他们完全熟悉溃坝应急预案的所有内容及有关设备情况,了解他们各自的权力、职责和任务。

演练(习)是针对所有相关责任部门、水库运行管理单位及公众的。主要演练(习)报警和撤离信号发布,测试公众对事先约定的报警和撤离信号的理解程度,并组织重点区域的公众演练撤离转移。通过演练(习),检验水库管理单位、主管部门(业主)及公众的反应,核实报警和通信设施的有效性,发现问题和不足,对预案进行改进和完善。根据发达国家经验,预案演练(习)可分为如下五种类型:

(1) 专题讨论会。水库管理单位与主管部门(或业主)、地方政府应急管理办公室参与。共同讨论应急预案,以及为每年的训练或范围、更深更广的演习提出初步计划。

(2) 训练。最低水平的实际演习。检验与完善部门与个人的应急反应技能。这类训练必不可少,可以在室内完成,以检验水库管理单位与主管部门(或业主)及相关人员的反应,核实电话号码及其他通信设施的有效性。

(3) 桌面演习。比训练高一个级别的演习。召开有水库管理单位与主管部门(或业主)、地方政府应急管理办公室人员参加的会议,以一个模拟突发事件开始,参与者进行讨论,评价积极行动计划和应对步骤,解决协调职责划分中的有关问题。

(4) 操作演习。最高水平的演习。设定一个特定的突发事件环境(如工程出险及抢险、警报发布、人员转移等),水库管理单位与主管部门(或业主)、地方政府应急管理办公室的人员参与,演练在限定时间内操作演习参与者履行他们实际职责的过程和应对能力。如江苏省水利厅成立了防汛防旱抢险中心,建设了防汛抢险训练场,每年汛前针对土石坝渗水散浸、管涌、漏洞、滑坡、溃坝等险情,组织各地防汛专业抢险队带水作业,真实演练工程抢险能力。

(5) 大规模演习。最复杂的演习。在实际水库大坝现场,模拟一个高度逼真的突发事件动态环境,应急预案中涉及的所有参与者参加,按照预案运行机制履行各自的职责,如果预先通知了公众,也可演习洪水淹没范围内的居民撤离转移。如浙江省不少地方每年汛前举行防汛防台综合演练现场会,演练堵口抢险,警报发布和人员、设备、物资转移,以提高当地防汛抢险救灾实战水平和保障公众安全的应急处置能力。

对某一座具体水库,可以根据实际情况确定以上述适当的方式和规模组织相关部门、水库运行管理单位员工、公众参与预案演练(习)。

## 4.3.5 应急预案编制、修订与审批

应急预案编制是一项技术性强的工作,对有运行管理单位的水库,可由管理单位委托相关设计单位或科研院所编制;对没有运行管理单位的小型水库,可由水库主管部门或业主委托相关设计单位或科研院所编制。

水库大坝突发事件特别是溃坝事故应急处置结束后,往往涉及责任追究,水库大坝安全第一责任人即当地政府行政首长承担首要责任。因此,按照"责权对等"的原则,应急预案一般应由水库大坝安全第一责任人所在同级人民政府或由其委托防汛指挥机构组织审查和批准发布,并报上一级人民政府水行政主管部门和防汛指挥机构备案。

应急组织体系内的相关责任人往往变动较为频繁,为保证预案的有效性,应根据大坝工程安全状况、运行条件与应急组织体系中涉及的相关单位与人员变化,及时对应急预案进行修订,修订的预案也需要履行审批手续。

## 4.3.6 应急预案编制大纲

### 4.3.6.1 世界银行 EPP 大纲

以下是世界银行建议的 EPP 大纲,可供借鉴:

1 EPP 发放记录及版本号

2 大坝工程概况简述及制订 EPP 的目的

3 有关人员的权力、职责及任务

4 紧急状况(突发事件)的识别及评估程序

5 预防措施(监测预警、抢险与人员转移预案)

6 通告程序及通告流程图

7　通信系统与进库道路
8　应急设备、材料及电力
9　溃坝洪水淹没图、表
10　预警系统
11　EPP 的测试及更新
12　培训

**4.3.6.2　水库大坝安全管理应急预案编制大纲**

根据《水库大坝安全管理应急预案编制导则》(SL/Z 720)，水库大坝安全管理应急预案编制大纲如下：

**扉　页**
预案版本号
预案编制或修订单位
预案批准单位
预案备案单位
预案发布日期
有效期
预案发放对象

**1　编制说明**
1.1　编制目的和适用范围
1.2　编制单位和编制人员
1.3　编制依据
1.4　编制原则
1.5　突发事件分级
1.6　预案版本受控和修订

**2　突发事件及其后果分析**
2.1　水库工程概况
2.2　突发事件分析
2.3　突发洪水事件及其后果分析
2.4　突发水污染事件及其后果分析
2.5　其他突发事件及其后果分析

**3　应急组织体系**
3.1　应急组织体系框架
3.2　应急指挥机构
3.3　专家组
3.4　抢险与救援队伍

**4　运行机制**
4.1　预测与预警
　4.1.1　水情与工情监测
　4.1.2　通信

4.1.3 报警系统

4.1.4 预警级别

4.1.5 突发事件信息(紧急状况)报告

4.2 应急响应

4.3 应急处置

4.3.1 险情、灾情信息报告

4.3.2 应急调度

4.3.3 应急抢险

4.3.4 应急监测和巡查

4.3.5 人员应急转移

4.3.6 临时安置

4.3.7 信息发布

4.4 应急结束

4.5 善后处理

**5 应急保障**

5.1 应急抢险与救援物资保障

5.2 交通、通信及电力保障

5.3 经费保障

5.4 其他保障

**6 宣传、培训与演练**

6.1 宣传

6.2 培训

6.3 演练

**7 附表与附图**

(1) 水库工程特性表

(2) 工程地理位置图

(3) 枢纽平面布置图

(4) 大坝及主要水工建筑物典型纵、横断面图

(5) 水位、泄量、库容关系曲线

(6) 溃坝洪水淹没图、表

(7) 风险人口转移路线及安置点规划图

(8) 大坝巡视检查记录表等

**8 附件**

(1) 水库工程概况

(2) 突发洪水事件及其后果分析

(3) 突发水污染事件及其后果分析

(4) 工程抢险预案

(5) 水污染处理预案

(6) 人员应急转移和临时安置预案等

### 4.3.7 港口湾水库大坝安全管理应急预案编制

港口湾水库位于安徽省宁国市境内，总库容 9.41 亿 $m^3$，是一座以防洪为主，结合发电、灌溉、城市供水、水产养殖、旅游开发等综合利用的大(2)型水利枢纽工程。枢纽工程由主坝、副坝、溢洪道、泄洪隧洞、发电引水隧洞、发电厂房和升压开关站等组成。主坝为混凝土面板堆石坝，最大坝高 68 m；副坝位于宁国市桥头埠东北约 2 km 处，为均质土坝，最大坝高 31 m。

港口湾水库出库洪水自南向北演进，主要影响区域为宣城市，以及宣城市以北的芜湖市、马鞍山市及南京市高淳区。作者团队在现场调研的基础上，结合港口湾水库运行情况、水库初步设计、竣工技术鉴定、大坝安全鉴定、宣城市相关预案，对港口湾水库的突发事件及其后果进行了分析，绘制了各工况的洪水风险图，对淹没区域进行了统计，提出了突发事件应急组织体系、预案运行机制和应急保障体系。在此基础上，编制了《安徽省宣城市港口湾水库大坝安全管理应急预案》，具体见附录二。

## 4.4 大坝安全年度报告

### 4.4.1 建立大坝安全年度报告制度的必要性

目前，我国水库大坝安全管理已经建立了从注册登记、调度运用、防汛抢险、检查监测、养护修理、安全鉴定、除险加固、应急管理到降等报废，涵盖水库大坝全生命周期的制度体系，但除多年一次定期开展的安全鉴定工作能全面反映大坝安全性态和运行管理状况外，水库调度运用、巡视检查、仪器观测、养护修理等不同层(方)面的工作相互之间的联系不强或未能有效地系统整合处理，资料处于不同程度的分散隔离状态，缺乏定期对资料相互之间联系的系统分析和有效整合处理手段，如安全监测工作存在不同程度的巡视检查粗放和记录不完整、仪器观测不规范、资料整理分析不及时、未明确成果报告要求等问题，以致无法真正发挥突发事件监测预警作用，也难以给水库科学调度运用和养护修理提供科学依据和指导；不少水库存在不按要求编制或修订应急预案和调度规程、不定期开展安全鉴定工作、水管体制改革方案不落实、养护修理经费不到位等各种影响大坝安全运行的问题，但主管部门没有可靠与正常途径全面掌握真实情况，对汛前检查与各种专项检查、稽查中发现的问题及提出的整改要求是否得到落实也没有正常途径得以核实和确认。总体上看，目前水库主管部门还难以及时、全面掌握所辖区域内水库大坝安全性态与各项制度落实情况，从而不能有效监管大坝安全与管控大坝风险，大坝安全与风险管理制度建设还需要进一步创新。

为克服大坝定期安全鉴定间隔时间长、大坝安全性态变化和管理状况反映不及时的制度缺陷，改进各级水行政主管部门加强水库大坝安全监管与风险防控的工作手段和质量成效，进一步强化水库管理单位及其主管部门的风险意识和大坝安全责任意识，确保注册登记、调度运用、防汛抢险、巡视检查、安全监测、养护修理、安全鉴定、除险加固、应急管理等各项制度真正落到实处，切实保障水库大坝安全运行，可借鉴瑞士等发达国家经验，在我国逐步推行建立水库大坝安全年度报告制度。

水库大坝安全年度报告主要总结上一年度存在问题的整改落实情况与效果，以及本年度内调度运用、巡视检查、安全监测、操作测试、养护维修、应急准备与突发事件应对等方面的工作成果与经验，并对闸门测试、安全监测和现场检查结果进行分析，梳理大坝运行管理工作中存在的不足及需改进之处，评价一个年度内的大坝安全状况与管理工作状况，提出必要的维修、加固、监测等措施建议，为下一年度养护修理计划制订、经费安排和其他工作安排提供科学依据，也为水行政主管部门有效监管大坝安全与管控大坝风险提供了有效手段，可有效促进水库大坝安全保障能力的提升。

瑞士联邦法律明确规定，所有大坝都必须编制大坝安全年度报告。大坝业主需要在每年 6 月前向联邦或州政府大坝监管部门提交大坝安全年度报告。《大坝安全指南》规定了大坝安全年度报告的内容和编写格式，但不同规模的大坝可以侧重于繁简不同。对小型坝也同样要求，但内容可以简化。联邦或州政府大坝监管部门通过年度报告了解大坝安全状况；业主则根据年度报告中发现的缺陷与建议的整改措施安排维修养护计划和资金，达到积极主动的事先安全管理与风险防控；每 5 年一次的深度大坝安全评估也是在年度安全报告基础上作进一步的深入分析。因此，大坝安全年度报告在瑞士是非常重要的大坝安全和风险管理工具，也是瑞士保持良好大坝安全纪录的重要保障手段。

美国在大坝安全年度报告制度基础上，还建立了大坝运行许可制度，政府大坝监管部门根据年度报告反映的大坝安全性态，决定是否允许水库业主继续运行大坝。

2016 年 3 月，水利部下发了《关于部署开展水库大坝安全运行年度报告编制工作的通知》(建管函〔2016〕6 号)，决定对部直属水库先行开展水库大坝安全年度报告编制试点工作，要求小浪底、丹江口等 15 座部直属大型水库在大坝安全年度检查以及监测资料分析等基础上编制各自水库 2016 年大坝安全年度报告，并上报水利部建设与管理司(现运行管理司)和抄送水利部大坝安全管理中心备案，水利部大坝安全管理中心汇总分析后，编制水利部直属大型水库大坝安全年度综合报告。

2017 年 5 月，水利部组织召开了水利部直属水库大坝安全年度报告编制试点工作经验交流会，充分肯定了建立水库大坝安全年度报告制度的必要性，并决定 2017 年在全国大型水库中推行，同时研究制订配套的规范性文件或技术标准，推动建立水库大坝安全年度报告制度。

### 4.4.2 大坝安全年度报告编制大纲与要点

不论从主管部门(业主)角度还是从专家角度，大坝安全年度报告都不能太长，应言简意赅、结论和建议明确。根据瑞士经验，大型坝的大坝安全年度报告通常只有 20～30 页，小型坝可能只有 1 页，对于超过 100 页的年度报告，瑞士专家认为不可想象。

根据我国水库大坝安全管理特点，并便于与其他大坝安全管理制度有机衔接和协调，水库大坝安全年度报告可参照以下大纲与要求编制。

**1 基本情况**

(1) 工程概况

简述工程所在位置与河流，主要功能和规模，枢纽组成和主要建筑物，工程等别和主要

建筑物级别，防洪标准和特征水位，地震基本烈度与抗震设防标准，工程建设和验收、改(扩)建、除险加固等情况。

(2) 管理情况

简述水库管理单位(名称、内设机构、人员情况)、主管部门，大坝安全三级责任人，水库管理体制改革分类定性，人员基本支出和工程养护修理经费渠道及落实情况，工程管理范围和保护范围划定情况，主要工程管理制度。

(3) 管理设施

简述水情测报、工程安全监测、防汛交通、通信、警报、供电、管理用房等管理设施情况。

(4) 前一年度大坝安全年度报告建议落实情况

简述针对前一年度大坝安全年度报告建议采取的主要整改措施与效果。

**2 运行调度**

(1) 运行简况

年度水库运行情况，包括来水、供水、弃水，最高库水位、最低库水位，年度主要洪水及洪水调度情况。

(2) 调度依据

调度原则，调度规程编制或修订及审批情况，年度防洪与兴利调度运用计划。

(3) 年度调度情况

年度防洪与兴利调度执行情况，工程水毁情况，防洪调度中是否发生事故及其原因分析和处理情况。

(4) 运行调度小结

年度运行调度基本评价，成效和问题，主要经验，相关建议。

**3 安全检查与设备测试**

(1) 日常检查

水库管理单位组织的大坝日常安全检查活动，包括检查次数、时间、人员和内容等，检查发现的问题与分析。附必要的数据、图表或照片。

(2) 监督检查

各级水行政主管部门、防汛抗旱指挥机构等相关部门开展的安全检查活动(如汛前检查)，包括检查的时间、背景、组织单位、人员、检查内容、检查结论和指出的主要问题，整改措施落实情况及成效。

(3) 特别检查

本年度是否遭遇特大洪水、极枯水位、地震、库水位骤降或重大事故、工程险情等突发事件，以及是否针对突发事件开展特别安全检查。如果有，介绍检查组织单位、内容、方式、人员和主要结论和建议，建议落实情况与成效。

(4) 设备测试

泄水建筑物闸门、启闭机、电源等年度(汛前)检查测试情况，其他重要设施设备检查测试情况，包括检查测试的时间、人员、对象和内容、手段和方法、结论和存在问题、整改情况等。

(5) 安全检查与设备测试小结

年度安全检查与设备测试情况基本评价，存在问题与整改情况，相关建议。

**4 工程安全监测**

(1) 监测项目及设备

大坝安全监测项目及布置，监测仪器设备及主要参数，仪器设备完好率，监测频次及方法，尽量以列表方式表述。

(2) 监测数据采集与管理

监测数据采集方式，数据管理。

(3) 监测资料整编与分析

在甄别监测数据可靠性的基础上，通过过程线、相关性和特征值等分析，评判大坝安全性态，揭示的工程问题或隐患。对异常测值应重点分析原因和变化趋势，指出需重点关注和加强观测的部位和仪器。应附上异常测点及能够反映大坝渗流、变形特征的主要测点过程线、相关线等图表。

(4) 安全监测小结

年度大坝安全监测工作基本评价，存在问题与整改情况，监测资料反应的大坝安全性态，相关建议。

**5 工程养护修理**

(1) 养护修理计划

针对上一年度大坝安全年度报告提出的建议，本年度工程养护修理计划与方案编制、审批及经费落实情况。

(2) 养护修理实施情况

养护修理计划组织实施和验收情况，效果评价；年度运行中暴露的新问题的养护修理；遗留问题。

(3) 养护修理小结

年度工程养护修理主要成效、遗留问题及下年度养护修理重点和实施计划建议等。

**6 应急管理**

(1) 应急预案编制和演练

水库大坝安全管理应急预案编制或修订、审查、备案情况。预案宣传与演练情况。

(2) 应急准备

应急队伍建设、应急物资储备情况，应急抢险与救援装备，紧急情况下的交通、通信、电力等保障条件。

(3) 突发事件以及应对情况

年度内是否发生特大洪水、地震、工程险情等突发事件，是否启动应急响应。如果启动，是否按原有应急预案实施，并介绍相应的突发事件、应急响应级别与应急措施、处置情况与效果。

(4) 应急管理小结

针对年度内突发事件实际应对过程和效果，总结主要成效、经验及教训，建议今后如何进一步完善应急预案。

**7 其他**

(1) 安全鉴定

上次定期大坝安全鉴定时间，主要结论及安全分类，下次大坝安全鉴定计划安排。

(2) 安全生产

年度安全生产情况。

(3) 专题研究

年度开展的与大坝安全有关的专题研究项目、承担单位、经费、实施过程及主要结论意见。

(4) 其他重要事项

其他有关大坝安全的重要事项。

**8 结论与建议**

(1) 年度大坝安全运行及安全性状的结论意见和主要经验。

(2) 指出年度运行调度、检查测试、安全监测、养护修理、应急管理等方面存在的主要问题。

(3) 针对存在的主要问题,提出下一年度大坝安全管理工作计划与重点工作,请求主管部门帮助解决的主要问题和有关建议。

### 4.4.3 丹江口水利枢纽大坝安全年度报告编制

丹江口水利枢纽是开发治理汉江的关键性控制工程,也是南水北调工程中线的水源工程。枢纽工程分两期建设,初期工程于 1958 年 9 月开工兴建,1967 年 11 月下闸蓄水,1973 年底建成;二期大坝加高工程于 2005 年 9 月开工建设,2013 年 5 月主体工程完工。

初期工程枢纽主要建筑物包括大坝、坝后式电站、升船机及引水渠首工程。正常蓄水位 157.00 m,总库容 209.7 亿 $m^3$。大坝由混凝土坝和左、右岸土石坝组成。混凝土坝最大坝高 97 m;左、右岸土石坝均为土质心墙坝,最大坝高分别为 56 m、32 m。

大坝加高工程是在已建成的初期工程基础上进行。加高后,枢纽正常蓄水位抬升至 170.00 m,总库容 339.1 亿 $m^3$。大坝加高工程主要包括:混凝土坝扩建加高,左岸土石坝培厚加高及延长,新建右岸土石坝及副坝,改扩建升船机,金属结构及机电设备更新改造等。加高后,大坝全长 3 446 m,坝顶高程 176.60 m,其中混凝土坝长 1 141 m,最大坝高 117 m,溢流段堰顶高程加高至 152.00 m;左岸土石坝坝顶长 1 424 m,最大坝高 71.6 m;右岸土石坝改线新建,坝顶长 877 m,最大坝高 60 m。新增副坝均为均质土坝。加高工程完成后,通过优化调度,可使汉江中下游防洪能力由 20 年一遇提高到近 100 年一遇,满足近期向北方调水 95 亿 $m^3$ 的要求。

根据水利部下发的《关于部署开展水库大坝安全运行年度报告编制工作的通知》(建管函〔2016〕6 号)要求,汉江水利水电(集团)有限责任公司组织编制了《丹江口水利枢纽 2017 年大坝安全运行管理年度报告》,具体见附录三。

## 4.5 水库降等与报废

水库降等特别是报废是水库生命周期中的一个重要阶段,是水库工程建设与管理工作的一个重要方面,对控制水库大坝风险、促进病险水库除险科学决策、提高水库大坝安全管理水平都具有重要意义。

自有水库大坝建设历史以来,人类建设的水库数量远远多于现存数量,其中的差额主要是因水毁、震害、老化荒废等原因自然消亡的，这种消亡实际上也是一种报废行为。

我国水库大坝90%以上建于20世纪50—70年代，随着运行年限的增长，相当一部分水库(特别是面广量大的小型水库)老化失修日益严重；同时，随着经济社会的不断发展，水库功能和运行环境也发生了很大变化，社会和公众对大坝安全的要求也越来越高，为加强大坝安全管理，确保防洪安全，减少汛期不必要的人力、物力和财力投入，对效益衰减或功能丧失或病险、老化严重而又缺乏除险加固条件的水库实施降等或报废是非常必要的。目前，很多面临降等或报废的水库，实质上已不具备水库功能；一些本不该是水库的工程(如部分蓄滞洪工程、引蓄灌溉工程、天然湖泊引灌工程、河道壅水灌溉工程、拦沙水保工程、岩溶或矿坑形成的地下蓄水工程等)也登记为水库，并长期作为水库管理，牵制了行业管理的精力，增加了行业管理成本和负担。对除险加固投入与效益比不合理的水库执行降等或报废处理也是提高病险水库除险加固科学决策水平、优化水库布局的重要措施。

## 4.5.1 国外水库降等与报废(拆坝)及其研究现状

### 4.5.1.1 水库降等

国外关于水库降等的研究和案例很少，未见相关文献，主要由于国外大坝等别划分方法与我国不同。

我国主要按库容和功能效益指标划分水库工程规模和工程等别(见表4.5-1)，按工程安全程度划分大坝安全类别；而国外欧美等发达国家目前已经建立大坝风险管理体系，普遍采用风险分类方法，即根据溃坝后果对大坝等别进行分类，据此确定大坝设计与运行管理标准(见表1.1-4～表1.1-8)。

**表4.5-1 中国水库工程等别与大坝等级划分标准**

| 工程等别 | 大坝级别 | 水库 | | 防洪 | | 治涝 | 灌溉 | 供水 | 水电站 |
|---|---|---|---|---|---|---|---|---|---|
| | | 工程规模 | 总库容($10^8 m^3$) | 城镇及工矿企业的重要性 | 保护农田(万亩) | 治涝面积(万亩) | 灌溉面积(万亩) | 城镇及工矿企业的重要性 | 装机容量($10^4$kW) |
| Ⅰ | 1 | 大(1)型 | ≥10 | 特别重要 | ≥500 | ≥200 | ≥150 | 特别重要 | ≥120 |
| Ⅱ | 2 | 大(2)型 | 10～1.0 | 重要 | 500～100 | 200～60 | 150～50 | 重要 | 120～30 |
| Ⅲ | 3 | 中　型 | 1.0～0.10 | 中等 | 100～30 | 60～15 | 50～5 | 中等 | 30～5 |
| Ⅳ | 4 | 小(1)型 | 0.10～0.01 | 一般 | 30～5 | 15～3 | 5～0.5 | 一般 | 5～1 |
| Ⅴ | 5 | 小(2)型 | 0.01～0.001 | | ≤5 | ≤5 | ≤0.5 | | ≤1 |

在风险管理体系中，当一座大坝因工程老化、管理不善，或在不利荷载作用下结构受损出现险情与安全隐患时，风险会增加，风险等级将提高，对运行管理的要求也随之加强；反之，当通过工程措施改善大坝工程安全状况和(或)通过非工程措施改进大坝管理设施和管理水平后，大坝风险等级将降低，管理上的要求也可以随之降低，有点类似我国降等后的水库管理。

显然，水库大坝风险等级是动态的，提高和降低与工程规模无关。不妨将大坝风险等级的提高视作为大坝“降等”，因为风险等级提高在很大程度上反映大坝安全等级降低了，不过

这与我国水库降等完全不是同一概念了。

#### 4.5.1.2 美国的大坝退役与拆坝及其研究现状

国外将水库报废称为大坝退役或拆坝(dam retirement/removal),相关研究主要集中在美国。1980年代以前,美国仅有数量很少的水坝被拆除;1980年代以后,特别是2000年以后,拆坝数量才明显增多,具体数量没有准确的统计资料。2002年,美国河流联合会(American Rivers)有文件记载的拆坝数量为467座,同时估计实际数量可能多得多;美国ICF咨询公司通过大量的问卷调查,至2005年已经收集整理了超过600座被拆除的小型坝的相关资料,并建立了相应的数据库;截至2013年统计,美国共拆除大坝1 108座,散布于47个州,且多集中于河网密集的东部。美国拆除的水坝大多是私人拥有的、建于20世纪初期以前的低水头径流式小型坝(滚水坝、溢流堰),主要用于农业灌溉、小农庄的电力自给以及伐木、采矿等,目前已经基本丧失功能,效益低下,绝大多数坝高在30英尺①(9.14 m)以下、库容在$1\times10^4$ $m^3$以下,在我国称不上水库大坝。因此,认为国外现在到了"拆坝时代"的观点是一种片面误导。

不过,美国也有少数库容在$1\times10^4\sim1\times10^6$ $m^3$的中型水坝被拆除,相当于我国小型水库和中型水库大坝报废。另外,美国也有少数比较高的大坝被拆除,如南加利福尼亚州Mad河流上的Sweasey大坝,坝高为16.76 m;密西西比河水闸和26号大坝,坝高为29.87 m;田纳西州拆除的几座工业供水大坝,坝高超过30.48 m;少数较大规模的混凝土拱坝也正考虑拆除,如南加利福尼亚Matilija河上的Matilija大坝,该坝坝高49.68 m,坝长188.98 m,库容2 230$\times10^4$ $m^3$。

美国大坝拆除历史大致可分为三个阶段,各阶段的划分及其特点见表4.5-2。

**表4.5-2 美国拆坝历史三阶段概况**

| 阶段 | 时期 | 时期特征 |
|---|---|---|
| 第一阶段 | 1920年前 | 建坝高峰期,多修建堰坝,坝高以中低坝居多,以满足地方工农业发展及供水需求。米尔塘坝于1903年坝因功能丧失被拆除,被认为美国拆坝行动的开端。 |
| | 1920—1960年 | 高坝建造数量剧增,以满足能源需求,为拆坝低谷期。<br>大坝老化、功能丧失是拆坝的主要原因。 |
| 第二阶段 | 1960—1980年 | 第一次拆坝高峰,因坝体及其配套设施老化,民众环保意识逐渐提高,各州颁布了一系列环保法规,部分老坝、病坝被拆除,在大坝的建设和管理方面提出了严格的环境限制。拆坝决策很大程度上受环保意识的影响,弱化了大坝的经济效益。 |
| | 1980—2000年 | 第二次拆坝高峰,政府工作重点由大坝建设转向水资源管理和环境保护。拆坝理论和技术快速发展,经济学、泥沙运移等理论及水力试验均被融入坝拆除研究。<br>爱德华兹大坝因其对生态造成严重负面影响,被强制拆除,为第一座政府否决业主意愿而拆除的大坝,被视为恢复河流生态的标志性案例。 |
| 第三阶段 | 2000年至今 | 拆坝理念革新。以恢复河流自然流态为目标,河流上梯级大坝接连拆除,并开始注重拆坝评估研究。<br>2001年10月,威斯康星州巴拉布河上拆除了一系列水坝,使长达115 km河段恢复原状,是美国历史上河流恢复自由流淌的最长的河段。 |

① 英尺为英制长度单位,1英尺(ft)≈0.304 8米(m)。

(1) 拆坝理由

美国拆坝主要因为如下几方面原因,见图 4.5-1:

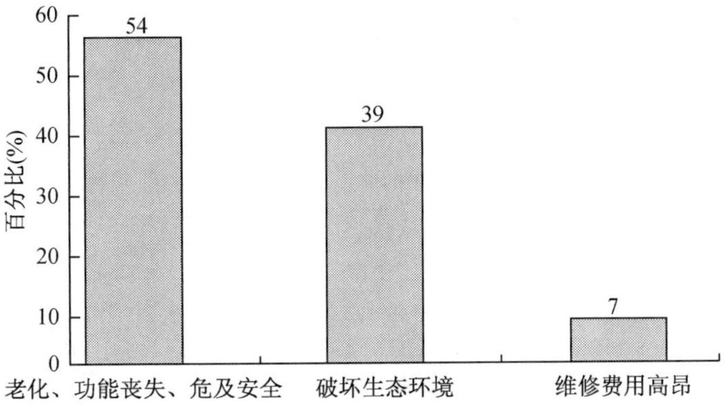


**图 4.5-1 美国拆坝原因**

1) 结构老化。老坝的结构老化不可避免,需要投入大量经费维修加固才能保证安全与良好的运行状态,有时拆坝是唯一经济和合理的选择。

2) 规避风险考虑。对存在高风险的大坝,业主采取拆坝措施比继续运行能更有效地规避风险。

3) 功能和效益衰减。美国河流上大多数被拆除的水坝已失去了其原设计功能,如东部地区许多为磨坊供水或为水车提供电力的水坝,其服务对象早已不复存在;另外,由于更有效的电力供给,早期的水电设施已废弃,这些水坝已不再产生效益,但维护和保险费用却持续增长,此时,拆除水坝无疑是更好的选择。中西部地区的小型径流式水坝拆除费用一般约 10 万美元,比增加新功能而进行改建或结构修复的费用少得多。

4) 提供更好的休闲环境。大坝拆除后,尽管水库不存在了,但可能改变或改善下游休闲条件,更加天然的水流条件增强了人们在溪谷中划船的兴趣;在平坦的溪流地区,划船者和乘船者追寻绵长的河流,露营者享受着连绵的滨水自然森林;垂钓生长在东部和中西部溪流中的鲑鱼,更适合在没有被水坝分割的天然河流中进行。

5) 生态系统修复。自然条件下的河流是一个完整的生态系统。建坝将水网分割开来,其间的生物和自然条件也被割断。大坝拆除后,原先被水库淹没的河道恢复,下游也恢复到更加自然的状态。迄今,拆除的主要是切断了鲑鱼洄游产卵河段上的坝,西北太平洋一些地区待拆除的坝也是因为这一原因。威斯康星州拆除了 Baraboo 河流上的四座水坝,恢复了原先连通的生态系统;大西洋海岸溪流上许多小坝的拆除为溯河产卵鱼类提供了产卵条件。拆除低水头径流式水坝尤其具有明显的环境效益,如北卡罗来纳州 Neuse 河流上的 Quaker Neck 水坝高仅 2.13 m,1998 年拆除后,已为溯河产卵的鱼类提供了约 1 609 km 长的栖息地。

(2) 与拆坝相关的联邦法规

在美国,拆坝既不存在一个综合的、一致的国家政策,也不存在指导拆坝的专门联邦法规和政策。但在拆坝的相关事务中,联邦政府发挥着各种各样的作用,许多联邦机构在拆坝决策中行使管辖权,这些机构包括联邦能源管理委员会(FERC)、美国内政部(USDI)、美国

陆军工程兵团(USACE)、美国环境保护局(USEPA)和美国农业部(USDA)。与拆坝相关的联邦法规主要包括《清洁水体法》(CWA)、《濒危物种法》(ESA)、《国家环境政策法》(NEPA)、《未开发景观河流法》、《动力法》、《电力消费者保护法》(ECPA)、《国家文物保护法》(NHPA)、《西部水权法》、《小流域修复修正案》、《印第安大坝安全法》、国家大坝安全计划和 FERC 大坝安全计划等。

(3) 拆坝决策

根据联邦和州政府的有关法规,批准拆坝是一个公共决策过程。首先由大坝业主提出拆坝申请,然后是确认大坝业主和(或)相关社区希望拆坝所达到的具体目的,同时公众可对大坝保留或拆除的利弊进行讨论。

大坝保留或拆除决策的一般方法见图 4.5-2,包括以下步骤:

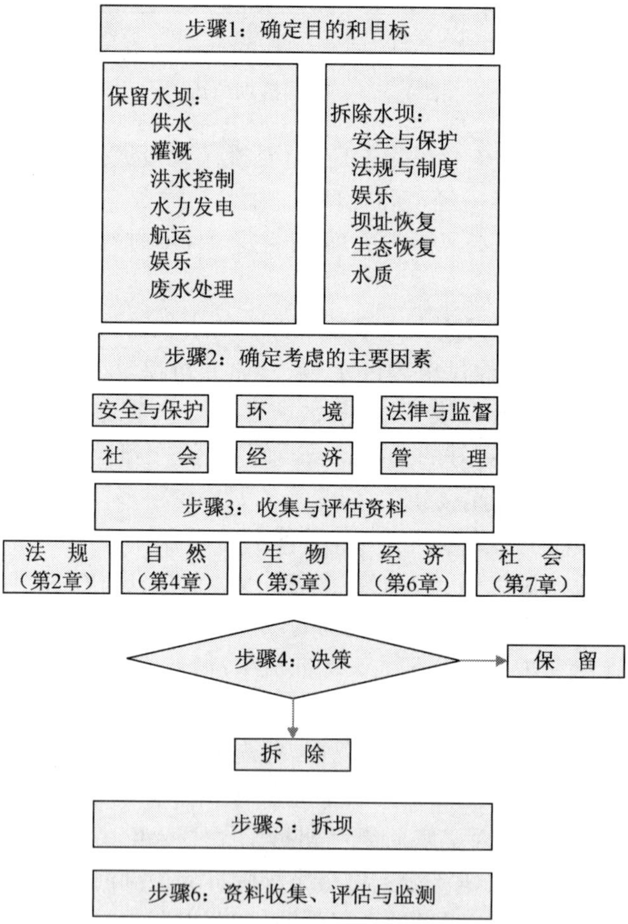


图 4.5-2　大坝拆除决策总体框架

1) 确定目的和目标。

2) 确定考虑的主要因素。

3) 收集资料并评估潜在影响(后果)。

4) 在分析得与失、投资与效益、公众支持与反对以及个人与公众利益的相关信息前提下进行保留或拆坝的决策。

5）拆坝。

6）资料收集、评估与监测。

（4）拆坝费用

拆坝的直接费用包括计划拆坝所必需的研究和调查费用、监测费用、拆除建筑物费用、泥沙管理费用等。表 4.5-3 是美国各州拆坝费用统计结果。

**表 4.5-3 美国拆坝费用统计**

| 编号 | 州 | 河道 | 工程名称 | 高（m/英尺） | 长（m/英尺） | 拆除费用（百万美元） |
|---|---|---|---|---|---|---|
| 1 | CA | Cold 溪 | Christopher Lake 坝 | 3.05/10 | 121.92/400 | 0.100 |
| 2 | CA | Lost man 溪 | Upper 坝 | 2.13/7 | 17.37/57 | 0.029 |
| 3 | CO | Ouzel 溪 | Bluebird 坝 | 17.07/56 | 60.96/200 | 1.500 |
| 4 | FL | Chipola 河 | Dead Lakes 坝 | 5.48/18 | 239.88/787 | 0.032 |
| 5 | ID | Colburn 溪 | Colburn Mill Pond 坝 | 3.66/12 | 10.67/35 | 0.030 |
| 6 | ID | Clearwater 河 | Lewiston 坝 | 13.72/45 | 323.09/1,060 | 0.633 |
| 7 | ME | Kennebec 河 | Edwards 坝 | 7.32/24 | 279.50/917 | 2.1 |
| 8 | ME | Pleasant 河 | Brownville 坝 | 3.66/12 | 91.44/300 | 0.078 |
| 9 | ME | Pleasant 河 | Columbia Falls 坝 | 2.74/9 | 106.68/350 | 0.030 |
| 10 | ME | Souadabscook 溪 | Grist Mill 1 坝 | 1.22/4 | 22.86/75 | 0.056 |
| 11 | ME | Stetson 溪 | Archer’s Mill 坝 | 3.66/12 | 15.24/50 | 0.013 |
| 12 | MI | Muskegon 河 | Newaygo 坝 | | | 1.300 |
| 13 | MN | Cannon 河 | Welch 坝 | 2.74/9 | 36.58/120 | 0.046 |
| 14 | MN | Kettle 河 | Sandstone 坝 | 6.10/20 | 45.72/150 | 0.208 |
| 15 | NC | Little 河 | Cherry Hospital 坝 | 2.13/7 | 41.15/135 | 0.069 |
| 16 | NC | Neuse 河 | Quaker Neck 坝 | 2.13/7 | 79.25/260 | 0.206 |
| 17 | NM | Santa Fe 河 | Two-Mile 坝 | 25.91/85 | 219.46/720 | 3.200 |
| 18 | OH | Little Miami 河 | Jacoby Road 坝 | 2.44/8 | 30.48/100 | 0.010 |
| 19 | OR | Bear 溪 | Jackson Street 坝 | 3.35/11 | 36.58/120 | 1.200 |
| 20 | OR | Evans 溪 | Alphonso 坝 | 3.05/10 | 17.07/56 | 0.055 |
| 21 | PA | Conestoga 河 | American Paper Products 坝 | 1.22/4 | 39.62/130 | 0.060 |
| 22 | PA | Conestoga 河 | Rock Hill 坝 | 3.96/13 | 91.44/300 | 0.110 |
| 23 | PA | Little Conestoga 河 | East Petersburg Authority 坝 | 1.22/4 | 6.10/20 | 0.005 |
| 24 | PA | Little Conestoga 河 | Maple Grove 坝 | 1.83/6 | 18.29/60 | 0.017 |
| 25 | PA | Muddy 溪 | Amish 坝 | 0.91/3 | 12.19/40 | 0.002 |
| 26 | P A | Muddy 溪 | Castle Fin 坝 | 1.52/5 | 116.74/383 | 0.210 |

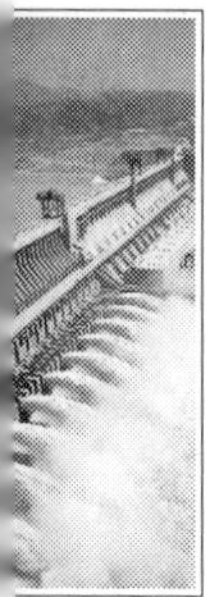

续表

| 编号 | 州 | 河道 | 工程名称 | 高（m/英尺） | 长（m/英尺） | 拆除费用（百万美元） |
|---|---|---|---|---|---|---|
| 27 | VT | Clyde 河 | Newport No. 11 坝 | 5.79/19 | 27.43/90 | 0.550 |
| 28 | WA | Whitestone 溪 | Rat Lake 坝 | 9.75/32 | 73.15/240 | 0.052 |
| 29 | WI | Baraboo 河 | Waterworks 坝 | 4.27/14 | 67.06/220 | 0.213 |
| 30 | WI | Bark 河 | Slabtown 坝 | 3.05/10 | 18.29/60 | 0.030 |
| 31 | WI | Eighteen Mile 溪 | Colfax 坝 | 6.10/20 | 106.68/350 | 0.241 |
| 32 | WI | Manitowoc 河 | Manitowoc Rapids 坝 | 4.88/16 | 121.92/400 | 0.045 |
| 33 | WI | Milwaukee 河 | Milwaukee 坝 | 5.79/19 | 131.67/432 | 0.345 |
| 34 | WI | Pine 河 | Parfrey Glen 坝 | 5.79/19 | 137.16/450 | 0.154 |
| 35 | WI | Willow 河 | Mounds 坝 | 17.68/58 | 131.06/430 | 0.170 |
| 36 | WI | Willow 河 | Willow Falls 坝 | 18.29/60 | 48.77/160 | 0.450 |

（5）拆坝研究

目前对拆坝影响的研究仍处于起步阶段，还没有形成成熟的理论，很多拆坝调查资料没有在科技文献中报道。早期拆坝研究主要针对大型坝，多数研究成果是关于拆坝后对下游的影响，2002 年以后才逐步转向小型坝，包括基础数据收集、拆坝影响分析及其监测技术、拆坝决策技术等。美国特别重视退役坝基础资料的收集，包括拆坝数量、拆坝缘由、坝型、拆坝费用等方面的内容，但 2000 年以前的拆坝资料实际上很难获得，许多已拆坝基本上没有留下先前结构的遗迹，甚至没有档案资料。目前最全面的拆坝信息整理工作是由美国 ICF 咨询公司进行的，他们开展了大量的问卷调查工作，至 2005 年已经收集整理了超过 600 座被拆除的小型坝的相关资料，并建立了相应的数据库。

尽管关于拆坝影响研究的论文较少，但在学术会议的口述报告中有很多关于拆坝影响的科学调查和研究成果，一些组织还主办了关于水坝拆除影响的专题讨论会，如美国钓鱼协会 1999 年 8 月在北卡罗来纳州主办的年会上，就拆坝进行了专题讨论；美国地质学会在 2000 年 10 月召开的全国会议中也开展了有关拆坝的专题讨论；2001 年 2 月，美国地理学会举办了两次涉及拆坝研究的专题讨论会；2001 年 6 月，北美海底协会主办了三次拆坝专题讨论会，包括拆坝后的生态影响评估；2001 年 8 月，美国生态协会举办了水坝拆除专题讨论会，将讨论议题由科学研究延伸到法律与政策方面。

（6）美国典型拆坝案例

1）Saluda 河上的水坝

数十年以前，南卡罗来纳州 Saluda 河上的一座为磨粉厂服务的低水头水坝被爆破拆除，遗留在原坝址前的突兀变质岩层使水流成为急流。Murray Lake 坝是一座用于发电的中型水坝，下游 9 英里[①]是 Mill Race 急流，开发有独木舟、橡皮船及原坝址处钓鱼、涉水和游泳等休闲活动。Murray Lake 坝发电运行造成泄量的快速骤变，下游游客常常因水位突然抬高而被困在岩石上。2001 年，一名游泳爱好者试图营救一名溺水的涉水者而卡在岩石

① 英里为英制长度单位，1 英里(mi)≈1 609.344 米(m)。

间因水位突然抬高而被淹死。Murray Lake 坝的业主已安装警示灯和汽笛在泄流发电时警告休闲者水位将抬高，南卡罗来纳州自然资源部门也已在河流上进行巡逻。尽管这样，过去7年仍有4人溺死。

Mill Race 急流的教训为决策者在考虑其他水坝拆除时提供了参考。在拆除为磨粉厂供水的水坝时，这些问题没有引起公众关注。现在休闲爱好者给河流资源管理增添了新的压力，任何一座水坝的拆除计划都需考虑在拆除后的相当长时间内，人们利用原坝址的各种问题。

2）Edwards 坝

1999年，位于缅因州的 Edwards 坝是联邦能源管理委员会（FERC）不同意业主的意愿而强令实施拆坝的第一个案例。1993年，Edwards 坝30年的运营许可证已经过期，该坝的业主 Edwards 制造公司和奥古斯塔市向 FERC 申请新的30年运营期，以便他们能够继续运行这座已有150年寿命的水电站大坝。作为重新核发运营许可证的工作程序，《国家环境政策法》要求进行环境影响评估。在 FERC 准备其环境影响评估报告（EIS）过程中，业主根据要求计划建造临时鱼道以补偿因筑坝对环境造成的损害。自1986年国会通过了《电力消费者保护法》（ECPA）后，FERC 必须对项目的非动力（如环境、休闲、鱼类和野生动物方面的）价值与动力及其开发目标给予同等水平的考虑。

1996年1月，FERC 发布的 EIS 草案建议同意给该坝重新发放许可证，但要求业主为了7种生物修建鱼道。当原许可证过期时，Kennebec 河联盟（由4个公益性环境小组于1993年组成的团体）向 FERC 提出了大量意见与建议，主张不论基于生物学还是经济方面的理由，都应将拆除该坝作为优先选择。FERC 对这些问题进行了复审，并在1997年7月最终发布 EIS 时，建议否决重发许可证的申请并下令拆除该坝。应 EIS 要求进行的研究表明，拆除该坝后将使9种洄游鱼类上溯24 km到达原产卵栖息地；而增设重新核发许可证所要求的鱼道设施将比拆除该坝所需要的费用高1.7倍以上；此外，消费者使用其他能源（如热电厂电源或天然气）将比使用该坝电站的电能节省一半多。

1997年11月25日，5个 FERC 委员投票否决了重发许可证的申请，并且提出由业主出资拆除 Edwards 坝。随后，业主们向 FERC 提出了重新听证的要求，并且要求延缓执行经 FERC 批准的决议。业主同意拆除该坝，但争辩不应由其承担全部的拆坝费用。为避免漫长的法庭辩论，1998年5月，积极参与该项重发许可证程序的所有团体签署了一个协议，决定将该坝的所属权转移给缅因州。拆坝和渔业修复所需经费分别由上游坝的业主和下游的一个造船厂承担。作为交换条件，同意前者延缓履行其建设鱼道的义务，允许后者扩展其运营业务。1999年，Edwards 坝被拆除。目前，FERC 下令拆除 Edwards 坝的权威性正在法庭进行辩论，因为拆坝的费用没有由业主承担，而是由该坝利益攸关者以缓解对该地区其他水利设施的影响为由而出资承担。

3）Manatawny 溪上的水坝

1999年末，Patrick 环境研究中心、Delaware 大学、Greater Pottstown 流域联盟（GPWA）及特拉华河流管理网络（DRN）开始合作对宾夕法尼亚州 Manatawny 溪（图4.5-3）上的水坝拆除

图4.5-3 水坝拆除前的 Manatawny 溪

影响进行综合研究。Manatawny 溪上的低水头、径流式水坝分两个阶段被拆除:2000 年 8 月拆除坝的一半,其余的于当年 11 月拆除。这座无主水坝的拆除是因为地方流域机构、GPWA、DRN 关注 Manatawny 溪流系统的完整性。这些机构筹集拆坝资金,而宾夕法尼亚州环保部门为拆坝后的流域恢复研究提供资助。

科学家对坝址上游和下游溪流的地貌、泥沙和水化学、藻类、巨型无脊椎动物、蚌类、鱼类、滨水植物等进行监测,以建立水坝拆除后溪流随空间和时间的变化档案。

水坝刚拆除完毕及拆除一年后的 Manatawny 溪见图 4. 5-4。

**图 4. 5-4　水坝刚拆除完毕及拆除一年后的 Manatawny 溪**

4) Tumwater 坝

位于华盛顿州 Wenatchee 河上的 Tumwater 坝,虽然建设之初就阻断了鲑鱼的洄游通道,但基于历史遗址保护原因而得以原地留存。该坝仅高约 5. 20 m(17 英尺),所发电能为通过 Cascade 山区一条隧道的牵引机车提供动力。此外,由于坐落在一条热线旅游高速公路旁,该坝也成了几乎必看的旅游景点。在经过关于拆坝的辩论后,当地官员决定修建一条鱼道,并原地保留该坝。目前,鱼类可以回溯上游,具有历史意义的水坝结构也被保存下来,而游客们则在鱼类和历史文物保护两方面获得了愉悦。

5) Fort Edward 坝

Fort Edward 坝位于纽约州的 Hudson 河上,建于 1898 年,高 9. 45 m,用于水力发电。因对公共安全构成威胁,其业主 Niagara Mohawk 电力公司于 1973 年拆除了该坝。

由于拆坝前的研究和分析不充分,拆坝后不久,出乎预料的水质和通航等问题出现了,一些问题一直延续至今。例如,没有对建坝拦蓄的沉积物做透彻的分析,未发现其中含有从上游化工厂中排放出来的多氯化联(二)苯(PCBs)。这些污染物的突然排放对河流生态系统的影响是灾难性的,结果导致纽约州于 1976 年禁止在 Hudson 河捕鱼,并且环保署在 1983 年宣布将部分河段纳入联邦超级基金试验点。另外,排放到下游的泥沙严重阻塞了 Hudson 河绝大部分航道、一个码头、几个工业小区以及其他下游区域;河槽容量和过水能力下降增加了 Fort Edward 镇的洪水风险;未经处理的污水排入开始滞流的河中,对公众的健康也造成了风险。

上述事先没有考虑的负面影响,除了增加清洁和恢复费用外,还引发数起诉讼,并造成渔业和通航数百万美元的损失。Fort Edward 坝拆除带来的教训已经被最近的拆坝决策所考虑。这些教训包括应重视淤积泥沙总量和化学成分的测试分析,以确定泥沙排放以及减少的流量对整个上下游环境可能带来的负面影响。

6）加利福尼亚 Butte 河的恢复

1998 年，基于农业和生态两方面考虑，拆除了位于加利福尼亚 Sacramento Vally 地区 Butte 河上的 4 座引水坝和 12 条缺乏监管的引水渠。Butte 河附近种植水稻的农民通常采取传统的焚烧方法处理前一年留在地里的庄稼茎秆。1991 年，焚烧茎秆造成的空气污染成为严重问题，于是农民引用河水灌满田地，以加速水稻茎秆的腐烂。不过，加利福尼亚州渔业和垂钓管理处（The California Department of Fish and Game）关心的是，缺乏监管的引水渠可能进一步危及 Butte 河本已受到威胁的鲑鱼数量。

1987 年，在 Butte 河水坝上游仅发现 14 条洄游的大鳞鲑鱼产卵。曾经是加州最丰富鲑鱼种群的大鳞鲑鱼，被作为受到威胁的种群列入该州濒危物种保护，并被考虑列入《联邦濒危物种法》的保护。如大鳞鲑鱼被列为《联邦濒危物种法》的保护对象，不仅不能再引水灌溉农田，而且也不再容许渔民在 Butte 河捕鱼，并且向南加利福尼亚供水的沿河水厂泵站也只能关闭。加州渔业和垂钓管理处、西运河水管处（Western Canal Water District）（拥有 2 座水坝）、美国内政部及加州市政供水公司联合行动拆除了 4 座水坝和 12 条引水渠，共花费 913 万美元。水坝和引水渠的拆除使 40.23 km 长的 Butte 河恢复了自由流动状态。1998 年，超过 20 000 条成年大鳞鲑鱼在 Butte 河中产卵。

7）Rindge 坝

Rindge 坝（图 4.5-5）位于加利福尼亚州的马里布，由 Rindge 家族始建于 19 世纪 20 年代，该坝用于形成一个农业用水库，但是到 1950 年代水库已被泥沙淤满并丧失了功能。目前，除了不再提供任何蓄水外，该坝也封锁了濒危的铁头鳟鱼的通道，这种鱼的大量的栖息地位于马里布河的上游支流，同时也导致了马里布河下游河滩的侵蚀问题。该坝目前属加利福尼亚州园林与休闲处所有，且位于州园林领地中。由于美国国会的介入，控制任何将来大坝拆除的决策过程已置于联邦政府的权利之下。国会授权美国陆军工程师团洛杉矶分部进行方案比选的评估，包括大坝拆除、论证大坝对濒危铁头鳟鱼在马布里河流域上游河滩产卵能力这一推测的负面影响。加利福尼亚州正在参与该项研究。

拆除 Rindge 坝的建议也存在争论。一些居住在大坝附近的私房业主们，出于对洪水威胁的关注，反对拆除大坝，Rindge 家族的部分成员基于历史场所保护也反对拆除大坝。那些在 Rindgr 坝下游建有豪宅的居民，包括好莱坞名人和一些常去该地区住所休闲的居民，明显担心由于拆除该坝而增长了洪水和泥石流的危险。争论的另一方，一些当地的资源保护团体，关注铁头鳟鱼的生存而支持拆除 Rindge 水坝。这些团体包括加利福尼亚州鳟鱼、马鲛鱼协会的马里布团组；美国河流协会和圣-莫尼卡山区的资源保护机构。这些团体联同美国渔业和野生动物处、加利福尼亚州海岸管理局、Las Virgenes 市政供水机构、加利福尼亚州渔业和野生动物处、国家海洋渔业处和国家园林处等，已经建立了铁头鳟鱼恢复工作组，以研究解决方案并协调一致。

**图 4.5-5　Rindge 坝**

8）Savage Rapids 坝

Savage Rapids 坝（图 4.5-6）位于俄勒冈州的 Rogue 河上，是一座混凝土分水坝，高

11.88 m、长 140.20 m，1921 年建成。坝的业主 Grants Pass 灌区(GPID)多年前已经了解到，该坝阻碍了鲑鱼和虹鳟的洄游通道。此外，该坝不再发挥任何防洪、蓄水及发电效益。因此，1994 年和 1997 年，GPID 董事会两次投票决定拆除该坝，并同意国家海洋渔业部(NMFS)为保护濒危鱼类对该坝鱼道进行改造。1995 年，根据美国垦务局的研究，改造鱼道的花费估计将高达 2 100 万美元；相反，拆坝并采取水泵引水满足当地用水需求只需要花费约 1 300 万美元。

新的董事会成员选举出来后，Savage Rapids 坝没有拆除。NMFS 根据《联邦濒危物种法》(ESA)对 GPID 提出控告，因为受到建坝威胁的一种鲑鱼是 ESA 上所列的银大马哈鱼(coho)。几个保护、垂钓及商业渔业机构已经与联邦政府一道加入这个悬而未决的法律诉讼中。尽管 GPID 努力争取不拆除 Savage Rapids 坝，但根据俄勒冈州水法和 ESA 的相关规定，该坝可能将被拆除。拆除水坝并采用水泵抽水替代是解决问题的唯一途径，并且是免去 GPID 所背负的渔业损失债务的唯一解决方案，还是担保 GPID 可以根据 ESA 获得一个补偿捕获量许可证的唯一途径，并容许正在与联邦政府进行的诉讼案件结案。

**图 4.5-6　Savage Rapids 坝**

2001 年 10 月，俄勒冈州州长签署了一份双方接受的判决，取消了州和联邦对 GPID 提出的诉讼。协议提出不迟于 2005 年安装新泵站系统，引水进入灌溉渠道而不妨碍河中鱼类生存；不迟于 2006 年拆除该坝。不过，协议能否执行取决于美国国会能否批准必要的资金用于该项目的实施，估计需要 2 220 万美元。俄勒冈州区联邦参议员 Ron Wyden 在第 106 届国会上介绍了关于 Savage Rapids 坝的 2000 年法案，但在最后的会议上没有足够时间通过该议案，而且没有重新提出替代议案。首期拆坝研究资助经费 50 万美元已经批准下拨。

9) Edward 坝

Edward 坝位于缅因州的 Kennebec 河上，是一座木笼填石结构，高 7.32 m、长 279.50 m，于 1837 年为通航目的修建，后用于水力发电。1993 年，大坝业主向联邦能源管理委员会(FERC)提出了延长运行许可证的申请。但研究表明，恢复几种洄游鱼类的通道所花费的费用比拆除该坝的费用多 1.7 倍；此外，拆除该坝可以恢复上游 17 英里的鱼类产卵地。因此，FERC 否决了大坝业主的请求，Edward 坝在 1999 年被拆除。

拆坝后仅几个月，灭迹多年的鸟类(如秃头鹰和大蓝色苍鹭)开始经常沿河出没。拆坝不到 3 个月，可见成群的条纹石玢鱼在先前坝址上游以灰背西鲱为食；而且钓鱼者在大坝上游 19 英里处钓到超过 40 英寸①长的条纹石玢鱼。曾经一度很少在该河段出现的 10 种洄游鱼类的数量，预计在未来的 20 多年中会持续增长。

10) 宾夕法尼亚州 Conestoga 河流域水坝的拆除

Conestoga 河位于宾夕法尼亚州东南，集水面积约 1 235.42 $km^2$，河流长度约 183.46 km，属 Chsapeake Bay 流域的一部分。Conestoga 河流域水系分布见图 4.5-7。Conestoga 河流域历史上曾经是美洲河鲱、灰背西鲱、蓝背鲱鱼及美洲鳗鱼等洄游鱼类的自然生境。然

① 英寸为英制长度单位，1 英寸(in)≈0.025 4 米(m)。

而，Conestoga 河上的 28 座人造障碍物(包括 23 座大坝)和其主要支流上的 45 座人造障碍物(包括 44 座大坝)的存在，使得洄游鱼类无法到达该流域的许多地区。

1987 年的 Chsapeake Bay 协议承诺，凡在协议上签字的各州为恢复洄游鱼类生境的需要，随时准备在坝上修建鱼道并拆除河上的障碍物。宾夕法尼亚州渔业和船业委员会已经着手设计和资助大约 20 个鱼道项目。另外，还拆除了众多水坝，包括 Conestoga 河上的 Rock Hill、Eden Paper Mill、Wenger Mill、Hinkleton Mill 坝以及支流上的 Maple Grove、Millport Roller Mill、Litize Run、East Petersburg、Martin's 坝。所有原先为发电厂或通航运河供水建造的径流式坝都被废弃了。1997—1999 年间拆除了 7 座坝，坝高从 0.91 m 到 3.96 m 不等。

**图 4.5-7　Conestoga 河流域水系分布图**

上述拆坝已经使超过 45.06 km 长的 Conestoga 河重新对洄游鱼类开放。2000 年 6 月，在 Lancaster 引水坝附近几十年来首次发现了美洲鲱鱼。此外，改善 Conestoga 河及其支流水质的工作也在进行。淤积和富营养化已被认定为流域水质恶化的两个主要原因。流域团体、非营利组织及政府机构在恢复水质和支流河道完整性方面所做的持续努力，将对 Chsapeake Bay 流域溯河产卵鱼类的恢复产生积极影响和作出贡献。

11) Hinkletown Mill 坝

Hinkletown Mill 坝位于宾夕法尼亚州 Conestoga 河口约 38.7 英里处，是一座堆石木笼坝，坝高约 2.13 m、坝顶长 28 m，最早建于 17 世纪，为一家面粉厂提供水能，1940—1965 年间停止运营过。2000 年州公路部门拆除了这座已废弃的径流式坝，并在大坝原址上修建了州公路桥桥墩。Hinkletown Mill 坝拆除前及拆除期间的河流见图 4.5-8。

**图 4.5-8　Hinkletown Mill 坝拆除前及拆除期间的河流**

12) Mitilija 坝

Matilija 坝(图 4.5-9)位于南加利福尼亚州 Ventura 河支流上，1947 年建成，为变径混

图 4.5-9 Matilija 坝

凝土拱坝，坝高 57.90 m。由于该坝不再具有重要的防洪和蓄水能力，而且阻断了濒危 Steelhead 鲑鱼的洄游通道，还阻拦了大量需要补充到下游 Ventura 县海滩的沉积物，1999 年 6 月，Ventura 县同意拆除 Matilija 坝；美国钓鱼协会、美国河流协会、加利福尼亚鲑鱼协会、Ventura 县冲浪基金会等非营利的环境机构也支持拆坝，这些组织赞成拆坝以恢复南部地区濒危的虹鳟鱼栖息地，并为南加利福尼亚沙滩补充河流泥沙；旧金山市原著名运动员 Ed Henke 等一些著名人士也支持拆除该坝。2000 年，Matilija 联盟成立，以增强公众认识、提供资金和获取国会支持而确保拆除 Matilija 坝。该坝将是美国拆除的最大大坝。

一些联邦机构对拆坝可能涉及的问题进行了研究，共花费 420 万美元。根据美国垦务局 2000 年的研究估计，拆除 Matilija 坝的费用为 2 100 万～18 000 万美元。费用变幅大是由于拆除的方法不同引起的。花费最少的方案是分期拆除坝体，允许天然洪水把淤积物带至下游地区，但对下游洪水风险最大；花费最多的方案是用泥浆管直接将淤积物运送至 Ventura 县海滩。

拆除 Matilija 坝带来的损失，一是失去服务功能，包括每年失去约 37.65 万 $m^3$ 可饮用水供应及偶尔用于救火直升机的水源；二是损失大约 20 英亩①湿地；三是加剧下游 Robles Division 水库淤积，清淤频率将会随 Mitilija 坝的拆除而增加。

Mitilija 坝拆除带来的效益，一是恢复环境服务功能，包括为洄游产卵的鱼类打通 30 英里长的河道；使下游 16 英里外的 Ventura 县南部所有海滩增宽 30 英尺，增加沿海岸的海滩旅游；增加原大坝坝址范围和 Ventura 峡谷的休闲机会。二是可避免各种费用，包括为业主省去大坝维护费用；消除业主今后在大坝安全方面的责任；省去下游海滩的保护措施，为处理由于大坝拦截上游天然沉积物引起的海岸陆地高侵蚀率，Ventura 县一直采用各种昂贵的保护措施如海滩营养物、防波堤、护岸以及海堤，这些结构物已经年久失修，需要数以百万美元计的工程来维护。

13) Stoever 坝

1820 年，联合运河公司为向运河供水在宾夕法尼亚州 Lebanon 县 Brandywine 溪的支流上修建了 Stoever 坝(图 4.5-10)。150 多年以后的 1978 年，现场检查发现该坝泄洪能力严重不足，安全状况也差，被认定为高风险设施。1981 年，州环境资源部大坝安全处要求大坝现任业主(Lebanon 市)要么放空水库，要么对大坝进行加固。当地政府和居民希望愿意挽

图 4.5-10 Stoever 坝

① 英亩为英制面积单位，1 英亩(acre)≈4 046.9 平方米($m^2$)。

救大坝，并沿水库修建成新的公园，但是市政府没有经费预算来加固大坝。为此，市政府和当地居民一起组织了“挽救 Stoever 大坝委员会”，从政治和经济方面争取对大坝加固的支持，同时通过多种途径募集资金。

1982 年的 4 月，大坝加固工程动工，1983 年 1 月完工。最后的工程费用为 60.5 万美元，其中宾夕法尼亚州公共事务部以及美国居住和城市发展部提供了 50 万美元；挽救 Stoever 大坝委员会筹集了其余的 10 多万美元。

14）俄勒冈州 Sandy 河上的两座坝

俄勒冈州 Sandy 河上的 Marmot 坝建于 1912 年，是一座高 14.32 m 的混凝土重力坝，水库已经全部淤满；Little Sandy 坝建于 1906 年，高 4.88 m。这两座坝为 Bull Run 水电工程输水，业主为波特兰通用电力公司(PGE)，持有联邦能源管理委员会(FERC)的运行许可，有效期至 2004 年 11 月 16 日。

由于运行许可证换证之前必须投入巨额费用维护这两座大坝，1999 年 5 月，PGE 宣布决定放弃水电站的运行证，让其退役。拆除两座大坝的费用约 2 200 万美元，由 PGE、波特兰市和俄勒冈州承担。波特兰市位于两座大坝以西 30 英里，是第一个在城区拥有列入《联邦濒危物种法》(ESA)特殊鱼种的大城市。波特兰市非常关注这个工程，因为拆坝有助于该市满足《联邦濒危物种法》要求。Little Sandy 坝的拆除可以连通 Little Sandy 流域通向大马哈鱼和鲑鱼的 12 英里水路(目前是干的)；Marmot 坝的拆除可以连通 10 英里的 Sandy 河。联邦海产渔业服务机构以及其他联邦和州立机构将援助该项目。

#### 4.5.1.3 其他国家或地区拆坝及其研究现状

(1) 加拿大

加拿大拥有超过 14 000 座坝高超过 2.5 m 的闸坝，且在国际大坝委员会注册坝高超过 15 m 的坝有 933 座。截至 2002 年，超过 20 座闸坝被拆除，其中一半位于安大略省，不列颠哥伦比亚省位居第二。恢复河流生态、规避溃坝风险以及节约运行维护成本是加拿大拆坝决策主要考虑的因素。

1999 年安大略省自然资源部(Ontario Ministry of Natural Resources，简称 OMNR)推出了一份拆坝准则，该准则提出大坝退役备选方案评估方法，同时列举可能因决策失当而导致的影响，其内容与 1997 年美国土木工程协会(ASCE)提出的《大坝及水电设施退役指南》相近(表 4.5-4)。

**表 4.5-4 安大略准则与 ASCE 准则对比**

| 拆坝步骤 | 安大略准则 | ASCE 准则 |
|---|---|---|
| 第一步 | 准备：与拟退役坝利害相关者和相关部门开展调查和咨询工作 | 拆坝初步研究 |
| 第二步 | 评估：从风险、环境、法律及资金方面进行分析评价 | 公众咨询 |
| 第三步 | 初稿：复核方案，优化方案 | 资料数据收集与分析 |
| 第四步 | 审批：开展环境影响评价及公众咨询 | 拟定拆坝方案并进行评价 |
| 第五步 | 执行：开始招标，拆坝，长期监测 | 按设计方案拆除大坝 |
| 第六步 | 无 | 开展长期监测管理 |

该准则综合考虑了技术、经济和环境三方面因素，从土壤、水体、生物、社会和文化等多

方面评估拆坝的潜在影响，并推荐了60余项环境检测指标。该部门2011年发布了《大坝退役和拆除技术公告》(Dam Decommissioning and Removal Technical Bulletin)，进一步详细指出大坝退役需考虑的因素和决策框架等，为大坝退役提供了依据。

Theodosia坝拦截河道内约70%的水量用以发电，且大坝的阻隔效应导致河内珍稀鱼类濒临灭绝，不列颠哥伦比亚省于2000年2月宣布拆除该坝。Finlayson坝随着当地伐木业衰落完全丧失功能，在1999年被安大略省列入退役名单，并在次年被拆除，该坝是首座按照安大略准则要求，按指定拆坝程序报废的水库。Coursier坝存在较高溃坝风险，危及下游生态与公共安全，在业主BC Hydro公司的申请下于2003年被拆除。

(2) 欧洲

英国的Wadebridge生态中心于1984年公开出版了Edward Goldsmith和Nicholas Hildyard两位学者向欧洲生态行动组织提交的报告《大坝的社会与环境影响》(The Social and Environmental Effects of Large Dams)。该报告认为，修建大坝并非是提供能源、消除水患和解决世界性饥荒的良策，人类终将面对的是淤满的水库和废弃的坝体，以及建坝在经济社会和环境方面所引发的一系列负面影响。该报告唤起了社会各界对建坝影响的重视，促进了欧洲各国拆坝以恢复生态环境的进程。

随着工程老化，面对巨额的运行维护费用及建坝引发的生态环境影响，瑞典政府逐渐将大坝退役拆除视为一条可行的大坝管理途径。政府冻结了大坝建设计划，并专门制定相关法律，以保护鱼类、恢复自然景观。瑞典拆坝的主要原因包括：存在严重安全隐患；法律和政策的要求；运行成本远超过收益；严重干扰河流生态环境，阻碍鱼类洄游。

罗纳河(Rhone River)为法国最大河流，到20世纪80年代，在其法国境内约500 km河段上共修建了约20座大坝。由于高度开发，导致法国5条主要河流中鲑鱼绝迹。到20世纪末，由于社会和公众环保意识日益高涨，法国政府立法强制规定，到2000年4月，在入海的主要河流上，所有拦河建筑物要么拆除，要么增设鱼道供鱼类洄游。此外，政府还积极推进核电替代水能，以拆除老化大坝。截至1992年，水电装机容量不到全国电力装机容量的四分之一，水力发电量仅为全国总发电量的16%。

西班牙河流天然流量不均衡，为此开发建设了大量大坝工程。但随后发现坝体阻隔鱼类洄游通道，导致鲑鱼种群数量急剧减少，且病险大坝还会增加溃坝洪水风险。这使得水资源督查委员会(Water Oversight Committees)、各级地方政府以及各类环保组织意识到，应该采取更健康的方式来管理河流。从20世纪末开始，西班牙拆坝数量持续增加，1998—2008年间共拆坝约50座，主要集中在北部河流上，且多为小型坝。

(3) 亚洲

日本熊本县的Arase坝不但影响其所在的河流，还对八代海(Yatsushiro Sea)河口的生态系统造成严重影响，导致海藻床和潮滩面积缩小，鱼类捕捞量锐减，给居民生活造成极大影响。在当地居民的强烈要求下，熊本县于2010年2月拆除了该坝，成为日本首座全部拆除的大坝。

2007年8月14日，印度喀拉拉邦(Kerala)通过了《喀拉拉邦农田水利法》(Kerala Irrigation and Water Conservation Act 2003)。根据该法案，成立了喀拉拉邦大坝安全局(Kerala Dam Safety Authority)，负责处置大坝突发事件，并被赋予报废危险水库的权利。

## 4.5.2 我国水库降等与报废及其研究现状

### 4.5.2.1 水库降等与报废基本情况

根据水利部大坝安全管理中心组织开展的调研，截止到 2000 年，全国各地根据客观需要对一些水库实施了降等或报废处理。部分地区水库降等和报废数量统计见表 4.5-5～表 4.5-7。据 2002 年的不完全统计结果，全国共有 4 846 座小型水库降等与报废，其中小(1)型水库降等 366 座，报废 224 座；小(2)型水库降等 2 836 座，报废 1 420 座。

表 4.5-5 部分省(市)降等水库统计(2000 年)

| 省(市)名称 | 大型水库 | 中型水库 | 小型水库 | 备 注 |
|---|---|---|---|---|
| 天津市 | 0 | 0 | 2 | |
| 吉林省 | 1 | 1 | 未统计 | 省厅直管大中型水库 |
| 辽宁省 | 0 | 0 | 47 | 包括报废水库 |
| 陕西省 | 1 | 0 | 未统计 | |
| 湖北省 | 0 | 0 | 798 | |
| 云南省 | 0 | 1 | 未统计 | |
| 广东省 | 0 | 0 | 35 | |

表 4.5-6 部分省(市)报废水库统计(2000 年)

| 省(市)名称 | 大型水库 | 中型水库 | 小型水库 | 备 注 |
|---|---|---|---|---|
| 北京市 | 0 | 0 | 2 | |
| 辽宁省 | 0 | 0 | 47 | 包括降等水库 |
| 陕西省 | 0 | 10 | 578 | 溃坝报废 167(小型)，其余多数改为淤地坝或山塘 |
| 河南省 | 0 | 0 | 114 | 不包括自然报废的水库 |
| 广东省 | 0 | 0 | 34 | |

表 4.5-7 部分省(市)拟降等或报废水库统计(2000 年)

| 省(市)名称 | 大型水库 | 中型水库 | 小型水库 | 备 注 |
|---|---|---|---|---|
| 北京市 | 0 | 0 | 2 | |
| 天津市 | 0 | 0 | 4～5 | |
| 辽宁省 | 0 | 0 | 5 | |
| 浙江省 | 0 | 0 | 2 | |
| 广东省 | 0 | 0 | 70 | 其中降等 42 座、报废 28 座 |
| 福建省 | 0 | 0 | 404 | 其中降等 314 座，占小(2)型水库的 16.20%；报废 90 座，占小(2)型水库的 4.64% |

为尽快解决我国病险水库多、安全风险突出的矛盾，也为了确保病险水库除险加固科学决策，水利部于2003年发布了《水库降等与报废管理办法（试行）》。尽管各地均存在适于降等和报废的水库，但由于国家加大了病险水库除险加固投资力度，以及相关机制、配套法规与技术标准不健全，降等与报废论证工作无章可循，经费无着落，在相当长的一段时间内，实际执行降等与报废处理的水库很少。近期，根据“水利工程补短板、水利行业强监管”的新时期水利工作总基调，水利部要求按照“病库及时治、险库坚决停”的原则，分类实施除险加固和降等报废，尽快消除水库大坝安全风险，并于2019年3月印发了《关于加强水库降等与报废工作的通知》（办运管〔2019〕62号）。可以预见，随着水库运行环境和治水理念的深刻变化，降等报废作为控制水库大坝风险的重要途径，未来将会得到进一步强化和推动。

#### 4.5.2.2 水库降等与报废原因

根据调研了解的情况，导致水库降等的主要原因如下：

（1）实际规模低于注册登记规模。如小型水库注册登记为中型水库，全国各地普遍存在。

（2）因洪水或地震等原因，工程遭到局部破坏，无资金修复，自然降等运行。

（3）因防洪标准不足或工程存在严重安全隐患，控制水位降等运行。

（4）因淤积库容减小，现状库容已达不到原设计规模。这种情况在水土流失严重的西北地区大量存在。

（5）因地质缺陷（如喀斯特地貌）和自然条件限制（如跨流域引水），水库建成后实际蓄水量不足，达不到原设计规模。

（6）原设计效益被其他工程部分替代。

（7）因后续其他工程建设（如后建水利工程、铁路、厂矿等）挤占或分割水库流域和库容。

导致水库报废的主要原因包括：

（1）规划、设计不当，无法蓄水（如库区岩溶发育），自然报废。

（2）因洪水或地震等原因，工程遭到破坏或冲毁，无资金修复，自然报废。

（3）水库功能完全丧失或被新建工程完全替代。

（4）工程存在严重病险和安全隐患，且没有除险加固价值。

（5）淤积严重，已失去效益且防洪不安全。在水土流失严重的西北地区较多。

（6）因生态环境修复需要或从经济、旅游开发等角度考虑报废，退库还河（田）或改造为景观。

（7）一些本不是水库（如淤地坝、蓄滞洪区等）的工程原登记为水库，在清理整顿或重新注册登记中，自然予以除名（报废）。

（8）因新建工程（如铁路、厂矿等）致使库容被填埋或集雨面积被阻隔。

（9）交通不便，无通信设施，无人管理，群众反对。

#### 4.5.2.3 降等与报废程序

《水库降等与报废管理办法（试行）》（2003年）颁布实施之前，各地水库降等与报废的程序繁简不同，随意性较大，仅少数地区作了明确规定，如河南省规定小型水库报废由管理单位申报，主管单位审核并签署意见，县级水行政主管部门安排技术人员核查并提出核查意见，市级水行政主管部门审查、批复并上报省水利厅备案；陕西省在《陕西省水库分级管理办法》中规定，小（2）型水库报废由县级水行政主管部门审批，小（1）型水库报废由市级水行政主管部门审批，中型水库报废由省级水行政主管部门审批。

尽管水库降等或报废多数办理了申请和审批手续，但很少对降等或报废的必要性和可行性进行分析论证，主要根据客观事实或需要作出决策。也有少数未办理任何手续，自然降等或报废；还有的仅作口头汇报，或以行政命令方式予以降等或报废。

申请报告有的由水库管理单位提出；有的由受影响的当地村民自发提出；有的则由地方水行政主管部门根据实际情况提出，如 1998 年，天津市蓟州区水利局为确保防汛安全，提请将田家峪和西景峪两座小(2)型水库降为山塘使用。

批复大多由地方水行政主管部门批复，如云南省《对红舍克等二十座水库升、降级问题的审批意见》[(84)云水农字第 91 号]，沈阳市《关于对方家、七一等四座小型水库报废降等管理申请的批复》(1998 年 8 月)，辽宁省铁岭市昌图县《关于对苏家等 18 座水库降级管理的通知》(1998 年)等。

#### 4.5.2.4 善后处理

由于缺乏资金，以及疏于管理或对工程安全问题认识不足等主观原因，绝大多数降等或报废水库的善后处理不规范和不完善，彻底进行善后处理的极少，一般只做部分善后处理，甚至不采取任何善后处理措施，尤其是报废后不拆除大坝的，汛期仍然对下游构成很高的风险。

(1) 不采取任何善后处理措施

一些小型水库降为山塘使用后，原水库设施基本能满足山塘运行要求，一般不做善后处理；还有一些水库降等或报废后，因认为对下游造成的风险不大或善后处理经费无着落而不做善后处理，即使报废也不拆除大坝。

(2) 部分善后处理

因工程泄洪设施尚可使用，或对下游影响有限、风险很低，或缺少资金，只做局部的善后处理。如维护好原水库溢洪道和放水洞，降低溢洪道堰顶高程，局部扒坝使过流能力不低于原河道等。

(3) 彻底的善后处理

水库降等后如仍存在安全隐患，则进行除险加固，确保防洪标准及结构和渗透稳定满足相应规范要求。

报废水库一般要求拆除大坝，对淤积在库区的泥沙进行处理，进行必要的生态修复，恢复原天然河道功能，彻底消除洪水危害。撤销工程管理机构和管理设施，重新安置人员等。对因城市化发展失去功能而报废的水库，可不完全拆除大坝，经适当改造后(如降低坝顶和泄洪设施堰顶高程、增设拦洪或撇洪工程等)，作为水景观和湿地利用，以提高当地居民生活环境质量。

#### 4.5.2.5 配套法规与技术标准

为规范水库降等与报废工作，水利部在调查研究的基础上，于 2003 年 5 月以中华人民共和国水利部第 18 号令发布了《水库降等与报废管理办法(试行)》，并规定于当年 7 月 1 日起实施。该办法兼有法规性文件与技术标准的双重特点。

为进一步规范和指导水库降等与报废工作，水利部于 2013 年又颁布实施了技术标准《水库降等与报废标准》(SL 605—2013)，作为《水库降等与报废管理办法(试行)》的配套技术标准，包括总则、水库降等适用条件、水库报废适用条件、善后处理、附则等五方面主要内容。《水库降等与报废评估导则》也正在编制过程中，计划于 2019 年发布实施。

在《水库降等与报废管理办法(试行)》于 2003 年 5 月颁布实施之前，全国各地因地制宜地探索制定了一些地方性管理办法(见表 4.5-8)。这些地方性管理办法总体上是探索性

的，还很不完善，适用范围窄、可操行性较差，还不能完全满足水库降等与报废实际工作需要，更无法保证水库降等与报废决策的科学性。如陕西省施行的《陕西省水库分级管理办法》仅就水库等级重新核定和报废条件以及如何审批作了简单界定，没有涉及水库降等与报废标准与善后处理；河南省制订的水库报废条件只针对小型水库，且仅在部分地区试点；浙江省拟订的《浙江省水库降级使用和报废管理暂行办法(讨论稿)》并未真正实施；《福建省水利厅关于开展小(2)型水库清理整顿工作的通知》尽管对清理整顿(包括降等和报废)的对象、内容、步骤和要求等都作了明确规定，但仅针对小(2)型水库。

表 4.5-8　我国部分地区出台的与水库降等与报废相关的地方性管理办法

| 地　区 | 管理办法或规定、通知名称 | 施行时间 | 备　注 |
|---|---|---|---|
| 陕西省 | 陕西省水库分级管理办法 | 1998 年 | 已执行 |
| 河南省 | 小型水库报废条件 | 1998 年 | 试点工作 |
| 浙江省 | 浙江省水库降级使用和报废管理暂行办法 | 2000 年 | 讨论稿，未正式操作 |
| 福建省 | 福建省水利厅关于开展小(2)型水库清理整顿工作的通知 | 2000 年 8 月 | 已执行 |

#### 4.5.2.6　相关研究

"十一五"以来，作者团队结合国家科技支撑计划课题"水库大坝风险控制非工程措施研究"(2006BAC14B05)和水利部公益性行业科研专项经费项目"土石坝长效安全运行重大关键技术研究"(201501033)，对水库降等与报废决策技术开展了系统研究，取得如下研究成果：

(1) 从库容、功能效益、工程安全、风险、经济社会与环境影响、运行管理等方面研究提出了水库降等与报废的适用条件；并从工程措施、非工程措施、泥沙管理、河道管理、水土保持和生态修复、功能补偿等方面研究提出了水库降等与报废后的善后处理措施与标准。在此基础上，编制提出了《水库降等与报废标准》(SL 605—2013)，并已作为技术标准发布实施。

(2) 通过对安徽沙河集水库上下游河流生境调查，以及黑洼水库报废拆坝后洪水情势变化分析，对水库报废拆坝对生态环境的影响进行了系统全面的分析，构建了水库报废拆坝生态环境影响评价指标体系和网络层次分析模型，对筛选出的敏感因子通过适应性管理消减不利影响，实现社会-生态目标的均衡。

水库报废使建坝后形成的生态平衡再次被打破，但这并不是一个简单的逆过程，生态系统往往不会完全自动恢复，还有可能对生态环境造成新的胁迫。水库报废拆坝带来的生态环境影响非常广泛，各种影响之间相互联系，其中直接影响河流水文条件和泥沙运动规律，水文影响又更为基本，其余影响均可以视为水沙过程改变的次生影响，各类影响最终将体现为社会影响和经济影响。水库报废拆坝后，河流连续性得以恢复，消除了库内淤积泥沙运动的障碍，同时库区静水条件向动水条件的转化为库内泥沙冲刷提供了动力，泥沙将向下游扩散；河流地貌、水质、洪水等条件都将因河流水文条件和泥沙运动规律的改变而改变，进而影响湿地、水生生境和滨河滨湖植被的分布、面积和类型。

(3) 根据我国国情和水库报废的主要目的，研究提出了水库报废后的环境生态修复目标，以及库区植被修复、下游河道濒水植被修复、泥沙和污染物处理、水生生物保护和恢复、水库社会环境功能补偿、生态环境监测等具体对策，并探讨了水库报废后的环境生态修复宏观对策。

水库报废后的环境生态修复首要目标是避免水库报废对生态环境造成不利影响；其次是立足于河流生态系统现状，在修复初期建设必要的人工辅助措施，主要发挥生态系统自我修复、自我组织功能，使生态系统逐步得到修复，并维持可持续性。

库区植被修复应发挥生态系统的自修复功能，对自行恢复较慢的区域，采用人为措施加快恢复进程；恢复乡土种、控制外来种，提高植被群落多样性；依赖植被演替发展规律，人为地进行种类构建，加速植被恢复；恢复库区植被的同时，兼顾社会和经济需求，提高裸露土地的价值。水库下游濒水植被的修复应注重自然修复与人类需求的融合，充分利用水库报废后河流连通性恢复的优势，在满足社会需求的同时，最大限度地恢复河道横向连通性；在濒水植被恢复的早期施以人为辅助措施促进植被群落的构筑，以实现自然植被群落与人文景观的融合。泥沙和污染物处理是水库报废拆坝后生态环境修复的主要难题，应在库内泥沙数量、质量和稳定性评估及拆坝后泥沙运动方式分析的基础上，综合排沙效果、风险和成本分析等各方面需求，拟订合适的泥沙和污染物处理对策和措施。水生生物保护和恢复应在泥沙和污染物处理的基础上，恢复河流近岸地貌与水文因子，提高水生生境质量，控制外来物种入侵。水库报废增加了下游洪水风险，如可能导致严重后果，应采取措施对水库防洪功能进行补偿。监测是水库报废后河流生态环境修复适应性管理的一项重要内容，借此评价修复目标是否得以实现，也是对修复措施进行调整的依据，监测时间应从水库报废规划阶段延伸至生态环境修复目标的实现。

水库报废后的环境生态修复宏观对策包括适应性管理、建立完善相关制度和法规、拟订合理的环境生态修复目标、加强报废水库基础数据库建设等。

（4）根据水库降等与报废可能造成的物理-化学影响、生态影响及经济社会影响，分别从工程措施和非工程措施两方面研究提出了水库降等与报废善后处理措施和标准。

水库降等后，应根据降等后的工程等别、建筑物级别及特征参数，复核水库大坝的防洪安全性与结构安全性，不满足要求时，应采取工程措施进行除险加固，并对管理机构、管理人员、管理设施作相应精简调整，确保工程安全并节约运行维护成本。

水库报废后，一般情况下应限期拆除大坝等挡水建筑物，否则应采取适当工程措施消除遗留工程安全隐患，确保行洪安全；同时应采取适当的水土保持和生态修复措施，并裁撤管理机构和对人员进行安置；必要时还需要对水库部分功能进行补偿。

（5）在归纳分析水库建设与报废退役综合影响基础上，建立了水库报废退役决策指标体系，提出了简便实用的水库报废退役决策方法与决策模型；筛选并确定了水库报废生态环境影响定量或定性评价指标，建立了水库报废退役生态环境影响评估方法，提出了水库报废拆坝生态环境修复措施及标准；根据上述研究成果，编制了《水库降等与报废评估导则》，规范了水库报废退役论证内容、技术方法以及评价报告编制要求，并选择安徽黑洼、新疆塔里木河大西海子等典型水库开展了水库报废论证，为主管部门决策提供了科学依据。

#### 4.5.2.7 典型案例

（1）果林水库

位于云南省昆明市呈贡区，设计总库容 1 960 万 $m^3$。由于淹没问题及来水量不足，历史最大蓄水量只达到 400 万 $m^3$，长期以来按小(1)型水库运行，管理水平也未达到中型水库要求，但一直以中型水库注册登记。该水库符合降等条件。

(2) 租舍水库

位于云南省弥勒市，设计总库容 1 508 万 $m^3$，按中型水库注册登记。由于库区岩溶发育，渗漏严重，建成近 50 年来的最大蓄水量只能达到约 300 万 $m^3$，长期按小(1)型水库运行。

虽然该水库符合降等条件，但弥勒市水资源紧缺，且水库下游配套工程已建成，当地政府与水库主管部门(县水利局)均不愿降等运用，而是希望通过除险加固对库区渗漏进行封堵，以达到中型水库蓄水规模，为当地少数民族地区经济发展提供条件。

(3) 跃进水库

位于云南省玉溪市红塔区，注册登记为小(2)型水库。因水土流失淤积严重，但由于山区村民农田灌溉需要，先后 3 次加高坝体，维持了小(2)型水库规模。后对水库上游进行了治理，退耕还田，水土流失得到了初步控制。

(4) 下口坝水库

位于云南省姚安县，总库容 725 万 $m^3$，在 2000 年 1 月 15 日的地震中因上游坡滑坡而遭到严重破坏。该水库为姚安县的骨干水利工程，防洪与灌溉效益十分显著，而且地理位置重要，一旦失事，直接威胁姚安、大姚两县县城及沿河乡镇 10 余万人的生命财产安全，当地政府和水行政主管部门根本未考虑对该水库实施报废或者降等处理，而是将其列为云南省和楚雄州的震后恢复重建重点项目进行了恢复重建。当地政府还计划在条件成熟时加高大坝，扩建为中型水库。

(5) 东张水库

位于福建省福清市，总库容 1.99 亿 $m^3$，大(2)型水库。因防洪标准及大坝稳定性不满足规范要求，长期以限制水位运行。该水库地处经济发达地区，经济效益与社会效益巨大，从省到地方均从未考虑作降等处理，而是将其列入国家病险水库除险加固专项规划进行了除险加固，恢复了原设计规模。

(6) 仰天河水库

位于陕西省西安市周至县，由东库和西库组成，两库流域独立，由连通渠道连接，东库可向西库补水。东库总库容 84 万 $m^3$，西库总库容 105 万 $m^3$。该水库 1956 年开工建设，1959 年建成，两库最大坝高均为 17 m，均质土坝，设计灌溉面积 2.46 万亩。

20 世纪末，由于连续多年干旱，无来水可蓄，东库和西库均已干枯，库底已种植农作物。该水库符合报废条件。

(7) 云龙水库

位于陕西省宝鸡市扶风县，总库容 138 万 $m^3$，有效库容 83 万 $m^3$，1958 年动工兴建，属乡镇管理，管理人员 1 人。该水库已基本淤满，现有效库容仅存 2 万 $m^3$，防洪标准仅 12 年一遇，有报废意向，但存在如下制约因素：

1) 水库尚能灌溉约 3 000 亩地，且农民私人建了一座小水电站。

2) 水库上游有 2 座小(1)型水库，2 座小(2)型水库，其中 3 座为干库。万一遇局部暴雨或上游溃坝，云龙水库尚有一定的滞洪作用，在上游水库安全问题未解决之前，不敢报废。

3) 该水库为乡镇边界水库，一个乡镇要求报废，一个乡镇不愿报废。

(8) 官桥水库

位于河南省三门峡市，总库容 72.5 万 $m^3$，最大坝高 10.3 m。

坝址上游 500 m 有一座小(1)型水库(竹乙河水库,总库容 440 万 $m^3$,坝高 38 m),区间流域面积不足 1 $km^2$;水库下游 2 km 有陇海铁路、310 国道。

工程兴建于 1957 年,设计灌溉面积 400 亩,因淤积严重、来水很少和主要效益被上游竹乙河水库取代等原因于 1999 年 11 月经正式批复报废。报废后新增一个泄洪洞,城门洞型,设计流量 45 $m^3/s$。

(9) 王和水库

位于河南省三门峡市,1974 年 6 月建成,总库容 14 万 $m^3$,到 20 世纪 80 年代基本淤满,同时水库水源也短缺,经申请于 1999 年 11 月正式批复同意报废,未采取善后处理措施。

水库原泄洪洞位于右岸山坡内,尚能使用,防洪标准可达 200 年一遇,下游无重要保护对象。

(10) 何沟水库

位于河南省洛阳市新安县,建成于 1967 年 10 月,总库容 36.8 万 $m^3$,坝高 26 m。该水库为卫星渠红星支渠的结瓜水库,支渠从坝顶穿过。1980 年前靠卫星渠灌库,后卫星渠水源中断,之后一直空库运行。1986 年后发现大坝严重裂缝和塌陷。由于加固和恢复投资大,1997 年报市水利局批准后报废,未采取善后处理措施,坝顶渠道已破损、废弃,坝顶塌坑未处理,放水涵管进口已堵塞。

(11) 港沟水库

位于湖北省襄阳市,1959 年冬兴建,总库容 620 万 $m^3$,坝高 12 m。

该水库实际防洪能力仅相当于 20 年一遇洪水,同时坝身单薄、坝身漏水、上游坡未砌护,严重威胁下游公众生命财产安全,拟定的除险加固方案都因工程量大、耗资多、淹没损失大、效益比不合理而放弃。由于其原灌溉效益被后期建设的引丹六干渠所替代,因此当地政府决定报废港沟水库,并于 1982 年由原襄阳县水利局上报地区水利局,再由地区水利局上报省水利厅,湖北省水利厅以鄂水管〔82〕018 号文批复报废。

报废后在大坝上扒口恢复原河道,开口顶宽 70 m、底宽 35 m,底达原河床底高程 86.00 m,并做到行洪时开口处不形成急流冲刷、不发生崩塌和阻塞;原水库管理财产和人员由原襄阳县水利局安置,恢复土地由区镇处理。

(12) 段冲水库

位于湖北省枣阳市,原设计流域面积 2.37 $km^2$、总库容 100 万 $m^3$、最大坝高 8.8 m,1988 年清查整顿时实测流域面积 1.77 $km^2$、总库容 76.7 万 $m^3$,由小(1)型水库降等为小(2)型水库。降等前后均为乡镇管理。

(13) 银冶岭水库

位于北京市密云区东部乡银冶岭村,总库容 203 万 $m^3$,始建于 1959 年 11 月,1960 年 4 月竣工。大坝为心墙坝,最大坝高 18 m。

大坝工程质量差,防洪标准低;坝顶防浪墙及溢流段顶部裂缝严重,上游坡塌坑较多;坝下输水管漏水严重;库区为石灰岩地区,渗漏严重。因此,水库一直未能蓄水发挥效益,当地考虑了如下 3 个处理方案:

方案一:除险加固,投资估算 399.2 万元。

方案二:降低坝顶及溢流堰底板高程,降等为山塘,投资估算 328.1 万元。

方案三:报废,清除土坝,投资估算 161.8 万元。

1990 年前后，北京市水利局向市政府提出申请报废该水库，主管市长也批示同意报废，但由于多方阻力，同时也缺乏依据，最后不了了之。由于近年来病险水库除险加固投资力度加大，当地水行政主管部门又倾向于第一方案，认为即使库区渗漏解决不了，下渗库水也可抬高本区地下水位，改善生态环境。

(14) 鲁家滩水库

位于北京市门头沟区，总库容 125 万 $m^3$，1970 年 10 月竣工。大坝为浆砌石重力坝，最大坝高 29.6 m。

该水库防洪标准低，坝体不稳定；地处石灰岩地区，库区渗漏严重，常年干库无水，无法发挥效益；而且常年无人管理，实际处于废弃状态。

当地曾考虑了 2 个处理方案进行比较。方案一为彻底除险加固方案，但工程量和投资大，效益小，不可取；方案二为报废方案，需投资 191 万元。

(15) 三教寺水库

位于吉林省长岭县太平山乡三教寺村，总库容 1 060 万 $m^3$，1958 年建成。均质土坝，最大坝高 5.4 m。1994 年 7 月 13 日，因遭遇特大暴雨，非常溢洪道左侧坝体被冲毁。

该水库干库时间多，只有防洪效益，无灌溉、供水效益，有管理人员 3 人。吉林省水利厅根据其综合效益，于 1994 年发函将其降等为滞洪区。后根据县水利局多次要求，水利厅口头同意其按小(1)型水库管理。

(16) 黑洼水库

位于安徽省滁州市西南琅琊山脚下，总库容 55.99 万 $m^3$，1954 年 12 月开工建设，1977 年 2 月完工，原为一座以灌溉为主的小(2)型水库。

该水库下游是滁州市开发区，滁州学院位于大坝下游 200 m 处，2005 年扩展南校区时将该水库纳入管理范围。目前水库已基本失去灌溉功能，同时该水库为村民自发兴建，施工质量较差，存在安全隐患。因此，滁州学院拟对其做报废处理，降低大坝和溢洪道堰顶高程，并结合学院发展规划，在确保安全前提下保留一部分水面作为校园内景观。

## 4.5.3 水库报废(拆坝)的生态环境影响

大坝建成蓄水后会造成上下游河流生态环境发生显著改变，但经过多年运行后，往往形成新的平衡。水库报废拆除大坝后，生态平衡将再次被打破，不过这并不是一个简单的逆过程，生态系统往往不会完全自动恢复。相反，拆坝有可能对生态环境造成新的胁迫。拆坝带来的生态环境影响可分为物理影响、化学影响、生态影响及社会环境影响等 4 类，各种影响之间相互联系，呈现出时间和空间上的相继性。

### 4.5.3.1 水库报废对生态环境影响的时空关系

水库报废会对生态环境造成广泛影响(表 4.5-9)，各种影响之间相互联系。拆坝后，河流连续性得以恢复，消除了库内淤积泥沙运动的障碍；同时，库区静水条件向动水条件的转化为库内泥沙冲刷提供了动力，泥沙将向下游扩散。河流地貌、水质、洪水等条件都将因河流水文条件和泥沙运动规律的改变而改变，并进一步影响湿地、水生生境和滨河滨湖植被的分布、面积和类型。其中直接影响的是河流水文条件和泥沙运动规律，水文影响又更为基本，其余影响均为水沙过程改变的次生影响，各类影响最终体现为社会影响和经济影响(图 4.5-11)。

**表 4.5-9　水库报废拆坝的各种影响**

| 对象 | 影响内容 |
|---|---|
| 水文 | 上游：河道比降增加，水流流速加快。<br>库区：库区消失，水流流速加快。<br>下游：水文过程恢复为无调节的自然状态。<br>地下水：水位和补给条件均发生相应变化。 |
| 泥沙 | 上游：水流挟沙能力增加，流速增加，冲刷河床和堤岸。<br>库区：淤积的泥沙及污染物重新运动，向下游扩散。<br>下游：泥沙含量增加，短期内产生淤积。 |
| 地貌 | 上游：河床下切，堤岸坍塌，河道横向变形。<br>库区：恢复为河道；库区暗礁、悬崖等重新出露；地下水位下降可能导致地质灾害。<br>下游：河床抬高，可能堵塞取水口，河滩形态可能改变或形成新的河滩。 |
| 洪水 | 上游：水库顶托作用消失，泄流能力增加，洪水位降低，洪水风险减小。<br>库区：淹没范围大幅缩小，洪水位降低，洪水风险减小。<br>下游：溃坝洪水风险消失；水库调洪能力消失，洪水风险增加。 |
| 水质 | 上游：由于污染物扩散速度加快，水质可能有所改善。<br>库区：静水变化为动水，污染物不再在水体中累积，水质可能因此有所改善；但在短时期内，由于库底泥沙的冲刷，水体浑浊度可能增加，若泥沙中含污染物质，水质有可能恶化。<br>下游：水体中泥沙含量增大，浑浊度增加；若泥沙不含污染物，水质无显著变化，否则水质将恶化。<br>就长期看，水库报废使得河流上下游的水质趋于接近，改变河流水质局部（库区）恶化的趋势。 |
| 水生生境 | 上下游：河流生境的水文、泥沙、地貌和水质条件均可能发生变化，但上下游的变化不同。<br>库区：静水生境变化为动水生境，湖泊生境消失，河流生境增加，可能导致适于湖泊生境的生物灭绝；河道连通性的恢复影响鱼类的洄游和繁殖能力，对洄游鱼类和常栖鱼类利弊有所不同。 |
| 湿地 | 上游：滨河湿地消失或迁移，湿地地下水补给状况发生变化。<br>库区：水库湿地消失；原滨湖湿地消失或迁移；可能在原库区形成新的沼泽湿地和河滩湿地。<br>下游：可能形成新的河滩湿地；原湿地形态和分布范围可能变化；湿地地表水和地下水的水文状态将有所变化。 |
| 植被 | 上下游：植物群落的分布、范围和种类都将发生变化。水文条件的变化可能导致植物群落发生演替；泥沙冲淤位置的变化影响植物群落分布；植物适应变化能力的差异导致植物种类的变化。<br>库区：原滨湖植物群落可能消亡；出露区域形成新的植物群落。 |
| 经济 | • 水库报废的评估、申请许可、规划设计和施工等费用；<br>• 与水库报废相关的河流生态修复费用；<br>• 基础设施改建费用；<br>• 水库功能替代工程建设费用；<br>• 水库收益消失；<br>• 减除水库大坝修复费用；<br>• 减除水库运行和管理费用；<br>• 新的商业机会带来的收益；<br>• 与河流相关的新的旅游休闲功能带来的收益；<br>• 减除大坝安全责任风险带来的效益；<br>• 滨湖滨河财产（土地、地产等）价值的改变，可能是收益也可能是亏损；<br>• 污水处理费用的变化，长期内可能降低，但较短时期内可能有所提高。 |

续表

| 对象 | 影响内容 |
| --- | --- |
| 社会 | • 水库报废产生的所有变化都可能影响相关人群,从而发生社会影响;<br>• 区域防洪公共安全的变化;<br>• 旅游、休闲娱乐功能丧失或改变(从与水库相关转变为与河流相关);<br>• 管理机构员工丧失就业机会;<br>• 管理机构撤销,档案资料需转移管理;<br>• 滨湖滨河财产(土地、地产等)的价值可能发生变化,如降低,可能引发社会矛盾;<br>• 水库大坝的历史文化价值消失;<br>• 水库大坝的审美价值消失,但增加了河流自由流淌的审美价值,出露的土地也可改建为公园、观鸟地、自然走廊等休闲地以增加审美价值;<br>• 水库灌溉、供水和发电等功能的消失给相关人群的生活造成影响;<br>• 水质的变化给相关人群生活造成影响,长期有利,短期内可能不利;<br>• 不同利益相关者之间因水库报废产生的新矛盾;<br>• 其他影响。 |

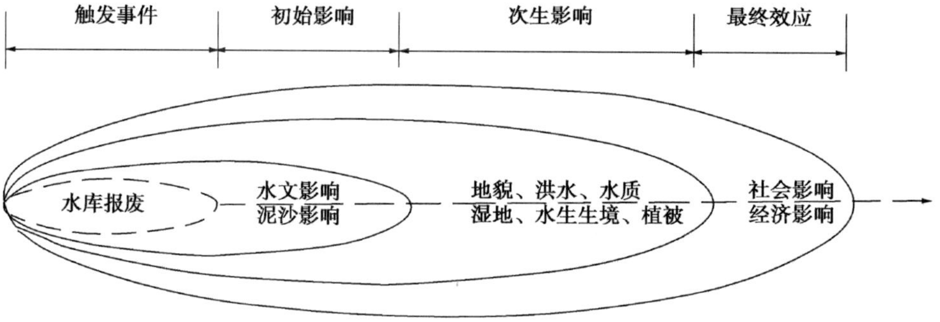


图 4.5-11　水库报废影响的层次划分示意图

拆坝的各种影响之间还表现为时间和空间上的相继性(图 4.5-12)。从空间尺度看,大坝拆除会对紧邻大坝的区域和库区产生重大影响,水生生物可以恢复向上游洄游;库区泥沙侵蚀输出库外,库内河道重新形成,营养盐和污染物随之向下游输移;由于自然水情的恢复,库内水位下降,水力滞留时间变短,滞温现象消失;库内湖泊生境重新转变为河流生境,适宜湖泊生境的物种减少,适宜河流生境的物种则增加,裸露的地表重新有植物定居。从时间尺度看,河流地貌、水生态系统对拆坝的响应随时间而演变。大坝一旦拆除,库内泥沙既开始侵蚀输出,经过相当长时间后,库内可能形成新的稳定河槽;库内裸露泥沙很快就会有植被定居,并逐渐演替为稳定、功能完善的群落;尽管水质在大坝拆除初期时常退化,但自然恢复最终会导致水生栖息地环境改善,鱼类数量常常回升,还可能导致不同于建坝前的水生生物种群出现。

拆坝对上下游生态环境影响的宏观过程时空特征分别见图 4.5-13～图 4.5-15。

#### 4.5.3.2　物理影响

(1) 水文

拆坝产生的水文影响与水库调节库容、泄流能力、调度规则及库区地下水补给等因素相关,而且对上游、库区和下游的影响明显不同。

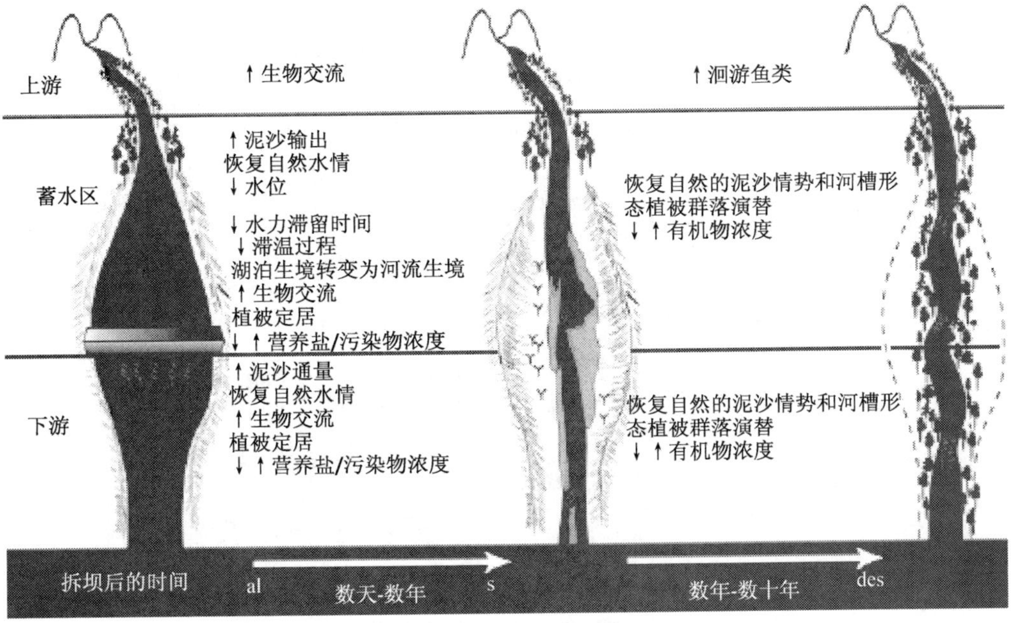


图 4.5-12　大坝拆除生态环境影响的时空影响

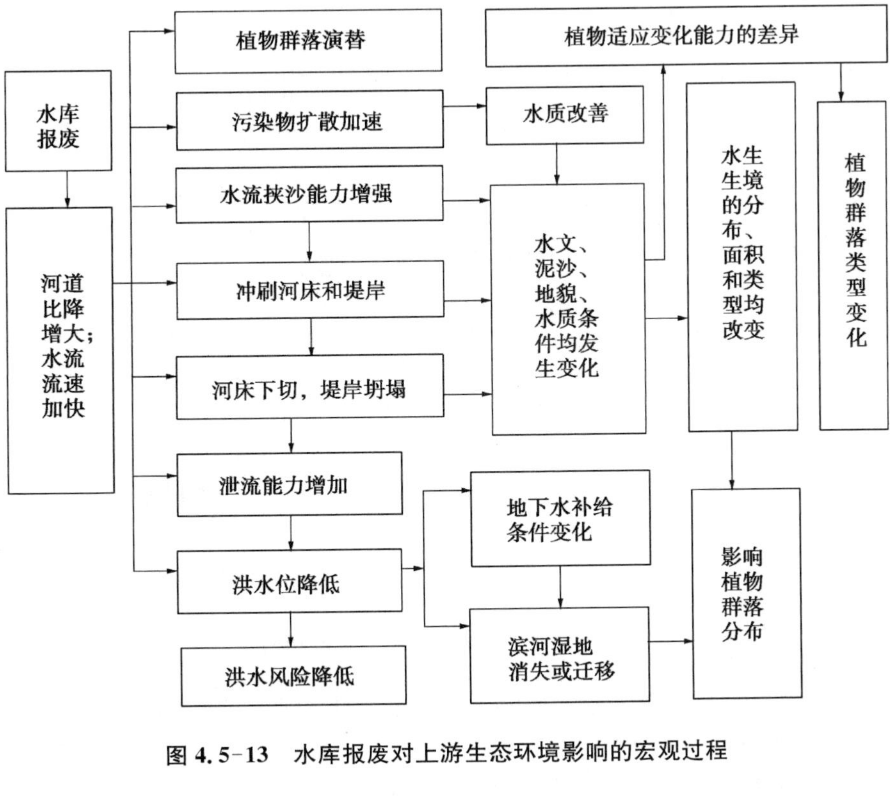


图 4.5-13　水库报废对上游生态环境影响的宏观过程

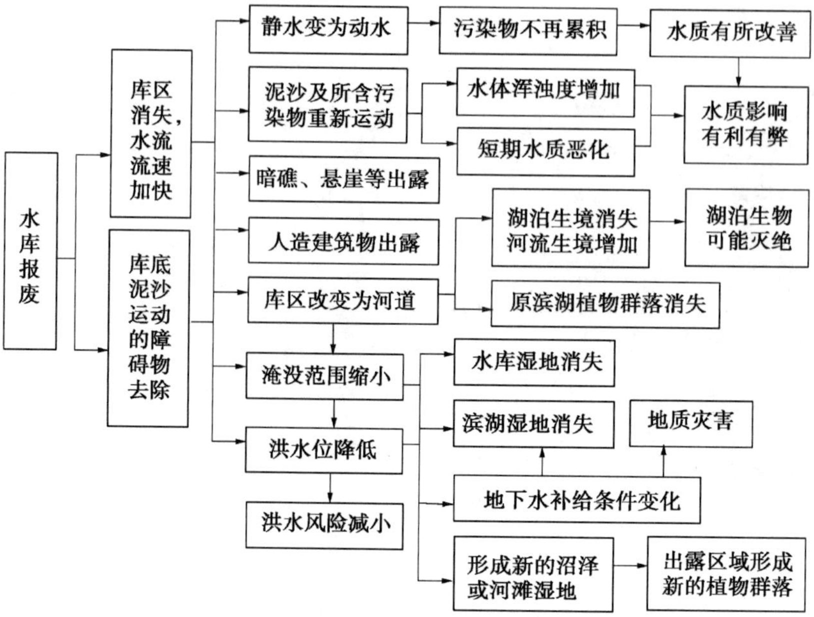


图 4.5-14　水库报废对库区生态环境影响的宏观过程

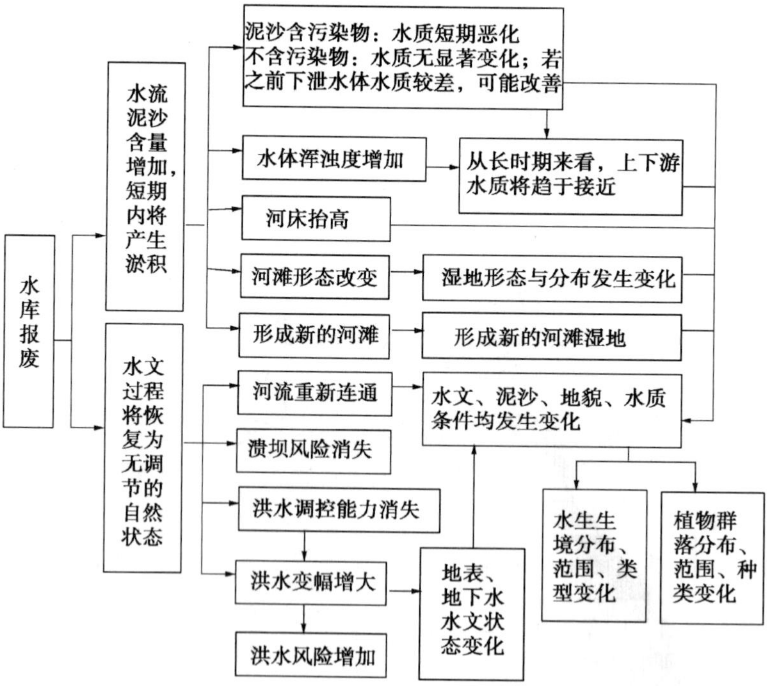


图 4.5-15　水库报废对下游生态环境影响的宏观过程

拆坝可完全逆转建坝带来的水文影响。调蓄能力小的水库报废对河流水文条件的影响也小，如径流式水库大坝报废拆除对河流水文条件几乎不产生影响；调节库容较大的水库报废则对河流洪峰流量、枯水流量、流量变化幅度以及流量历时和变率有显著影响。拆坝后，库区水位大幅降低，顶托作用消失，上游河段的水力坡度和水流流速因此增加；随着水库调蓄能力丧失，水库对下游河道径流的均化作用将消失。

拆坝还将对库区周边的地下水补给产生明显影响，取决于库区的水位降落幅度、水力坡度和水流流速的增加幅度，以及枢纽区和库区水文地质条件。

（2）泥沙

我国西北地区很多水库报废主要由于泥沙淤积。拆除大坝后，由于河流连通性的恢复，坝前淤积的泥沙也将重新运动，很可能对下游河流生境产生重大影响，特别是当泥沙中含有污染物时。

拆坝对泥沙输移的影响与建坝对泥沙输移的影响密切相关。当水库建成时间很短或建坝对泥沙输移规律的影响很小时，拆坝对泥沙输移的影响也很小；若库区淤积了大量泥沙，特别是淤积改变了河道水力几何形态时，拆坝对泥沙输移规律的影响将会较大。

小型径流式水库报废后，淤积的泥沙可能绝大部分被水流冲向下游；库容大的水库报废后，可能仍有大量的泥沙保留在原地。库内泥沙侵蚀、输移将造成下游河流浊度增加。泥沙级配是影响泥沙输移的重要因子，细颗粒泥沙在运动过程中也有可能沿程淤积下来，形成沙岛和洲滩；而淤积在库区的粗沙也可能被冲刷，在平均流量条件下，其输移距离通常较短，但在洪水期间，可能被冲刷至较远的下游，粗沙也可能沿程沉积形成粗沙沙洲。泥沙在下游沉积导致河流地形地貌改变，在生态上可提供较理想的生境，但是细粒泥沙可能覆盖原有生境，阻塞河床基质之间的空隙，破坏鱼类产卵生境，造成鱼类死亡；还可能堵塞下游航道、取水口等。因此，需要对泥沙输移和沉积对水生生境的影响进行预测。

当水库上游有人居住和存在工农业生产活动时，重金属、有机与无机污染物等经常随水流进入水库，溶解、沉积或吸附在库内淤积的泥沙内，污染物的量和特性可以通过流域土地利用方式、地质状况进行评估。水库报废导致淤积的泥沙重新运动，泥沙中吸附的污染物也将随之扩散，可能严重影响下游河道的水质。

（3）地形地貌

1）库内侵蚀

水库报废拆坝将导致库区和上游河段流速加快，水流挟沙能力增大，淤积在库区的泥沙重新运动，通常会在坝址处形成一个明显沟头，从而导致溯源侵蚀（headcut erosion）现象的发生。淤满泥沙的大坝拆除后，溯源侵蚀通常以沟头切割的方式从坝址开始不断地向上游发展，纵向层层剥蚀，较大幅度地调整河道比降，直至河道比降稳定或遭遇不透水的阻碍物。通过溯源侵蚀，水库上下游河段将逐步达到相对稳定的比降，达成新的动态平衡，所需时间通常与泥沙淤积数量、泥沙级配等因素有关。这种新的平衡有时近似于建坝前的平衡状态，但更多时候并非如此。很多情况下，水库报废之后，库区淤积的泥沙既有部分被冲刷至下游，又有很大一部分仍然停留在原地；在另一些情况下，淤积的泥沙全部被冲刷完成后，原库区及其上游河床和河岸堤防继续被水流冲刷侵蚀，河床下切并可能横向变形，当深切至临界岸高，最终岸坡坍塌而河道展宽（图4.5-16）。

没有淤满的水库拆坝后，库内泥沙的传输与淤满的水库不同。低水头坝库内泥沙淤积分布为多数泥沙沉积在远离坝址的上游库段，紧邻坝址的库段淤积很少。这种情况下，库内仍然为净侵蚀，但不会出现沟头切割，侵蚀的泥沙大多重新沉积在下游库段的凹处，使库内河床比降增加，输移出库的泥沙数量较少。

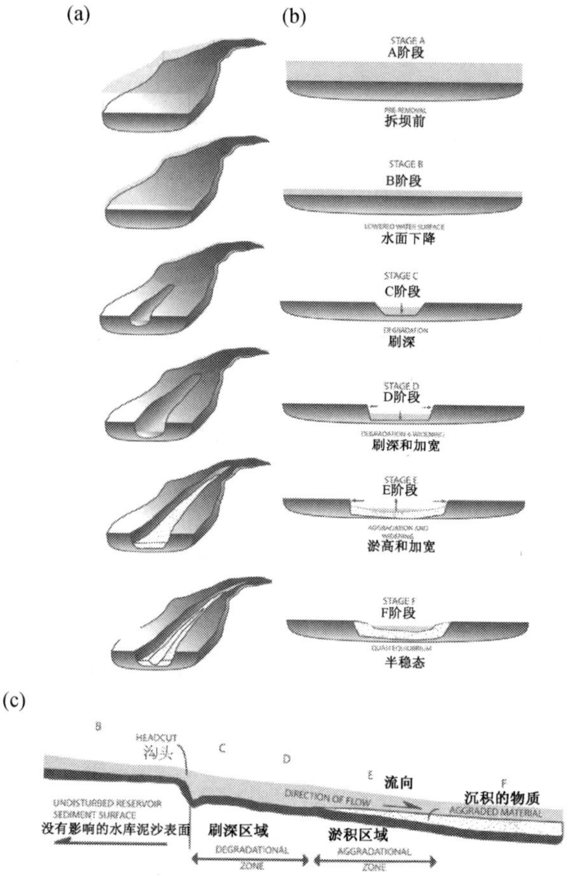


(a) 水库内河道形态演变；(b) 河道断面演变；(c) 某时刻河道纵剖面

**图 4.5-16　低水头坝拆除后地貌调整的河道演变模型**

2）坝址下游河道地貌形态

坝址下游河道将通过新的调整来适应拆坝后泥沙浓度和负荷量的增加。有两种不同的概念模型解释河流地貌形态的变化，两种模型都认为拆坝后库内释放的泥沙类似沙波，沙波的运动方式决定着下游河床高程和泥沙输移的变化。第一种模型认为沙波的运动方式以弥散为主，初始的沙波在原地衰减，河道演变的格局类似典型的扩散过程；第二种模型认为沙波运动以为平移/对流为主，沙波以不变的振幅向下游运动。

沙波在坝址下游的运动方式决定了影响范围和程度(图 4.5-17)。推移质以弥散形式传输，紧邻坝址的下游受到影响最大且持续时间较长，其浓度与距离的关系为指数形式，随距离增加总负荷量减小，影响递减；悬移质由于停留和弥散而衰减，其峰值浓度和负荷量随距离减小，但减小的速度小于推移质，产生的影响也递减；溶解质以平移方式传输，在河流吸附有限的情况下，浓度与距离的关系为直线，在下游较远河段内峰值浓度和总负荷量基本不变，影响波及下游较远的河段，可能到达敏感的受纳水体。但溶解质运动速度快，对于某一河段而言，溶解质浓度的增加是暂时的，影响持续时间短。短时间内，下游河道调整的结果为河床基质和河道形态变化，最终结果为河流-漫滩系统变化。较长时间后，泥沙供给恢复自然水平，可能增加河道横向移动和漫滩表面侵蚀。

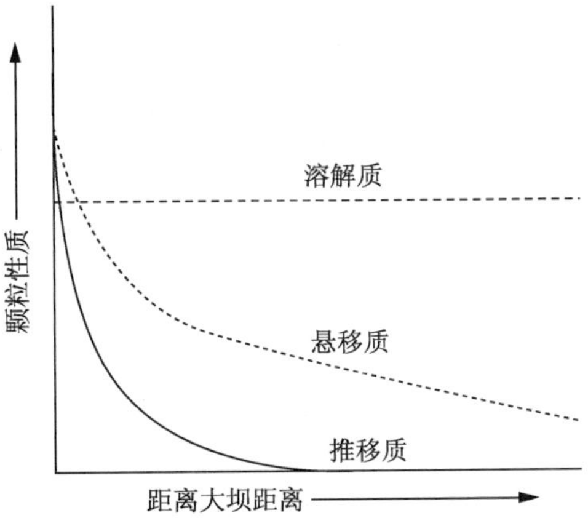


图4.5-17 拆坝后颗粒物质和溶解质通过平移-弥散方式传输

#### 4.5.3.3 化学影响

化学影响主要表现为拆坝对河流水质的影响。大坝建成蓄水后，库内水体流速慢，滞留时间长，有利于悬浮物的沉降，可降低水体浊度、色度；但也会导致水体氧损耗，水温、pH值改变，气体过饱和，富营养化，盐度增加，水体及沉积物中污染物浓度改变等；另外，可能在较深的区域产生厌氧性水体。高坝溢流泄洪时，高速水流也会造成水中氮氧含量过于饱和，进入下游河段会引起气泡病，导致鱼类死亡。水库报废大坝拆除后，上述对水质的不利影响可以得到缓解。但库内淤积的泥沙重新运动会带来下游水体浑浊度上升，特别是吸附有污染物的泥沙扩散到下游后，可能严重影响下游河道的水质。如4.5.2节中介绍的美国纽约州Hudson河上Fort Edward坝拆除的教训。

#### 4.5.3.4 生态影响

水库报废拆除大坝后，河流的连续性得以恢复，对河流生态系统有重要意义。

(1) 河床基质与水生生境

河床基质是重要的生境特征。拆坝后，河道形态调整及泥沙冲淤变化使河床基质发生改变。如果库内细颗粒泥沙侵蚀使得下层的砾石和卵石重新出现，鱼类的生境质量将得以改善，尤其是拆坝消除了河流上阻隔鱼类洄游的屏障，鱼类可以到达上游的重要生境，迁徙的鱼类数量往往回升，水生昆虫及其他生物体的数量和多样性可能增加。美国Snake河以前的鲑鱼产量是整个哥伦比亚河流域的45%，但4座大坝建成以后，大马哈鱼数量和种类急剧减少。为了恢复濒危的鲑鱼种群拆除了大坝，一年后鲑鱼数量明显增加，达到建坝前水平的80%。

但是，拆坝也可能对水生生境产生负面影响。侵蚀出库的细颗粒泥沙在下游沉积减小河床渗透性，改变了河床基质的类型，影响鱼类的产卵和繁殖生境，降低水生生物的存活率、多样性和丰度。美国Colorado水库拆除后释放的大量泥沙沉积在下游12 km内的河道深潭内，阻塞粗颗粒泥沙之间的空隙，造成4 000条鱼死亡，并造成大型无脊椎动物种群密度降低和组成的改变。泥沙输出还会增加了游水体的浊度，造成水质退化。如果泥沙含有持久性污染物，在毫无防范的情况下释放到下游，对水生生态系统的影响更加巨大和持久，如前述美国纽约州Fort Edward坝拆除造成的严重后果。

拆坝对水生生境的另一负面影响是物种入侵。大坝拆除后，外来种将不再受阻向上游活动，对上游生态系统造成威胁。鉴于此，有研究认为最好将水库报废拆坝过程看作对生态系统的扰动。

通常，拆坝对水生生境的影响主要与大坝几何特征、库容、库面面积、库内淤积的泥沙量及其化学成分、水库调度方式、栖息于水库中的本地或引进水生生物种群数量与结构、库区湖沼环境、下游河道稳定性等因素有关，从时间尺度上又分长期影响和短期影响。前者如水库上游河段的泥沙运动、洄游鱼类数量增加等；后者如库区水位的突然降低以及水质的短期恶化等。

（2）湿地

拆坝将改变地表水和地下水的水文状态以及河流的输沙规律，从而导致大坝上下游滨河湿地产生多种变化。

拆坝后，由于水库的顶托作用消失，上游滨河湿地将消失或迁移；滨湖湿地也将消失或迁移，但可能在原库区形成新的沼泽湿地和河滩湿地。

对下游湿地的影响则主要通过下游河道输沙规律的变化以及地下水水文状态的变化而发生。拆坝可能在下游引起泥沙淤积，在淤积地会发生湿地植物的入侵与定居，从而产生新的河滩湿地，原湿地形态和分布范围可能变化。

（3）植被

拆坝将同时影响水生植被和陆生植物，其影响主要与地表水和地下水的水文条件变化相关，特别是回水效应的消失以及库底出露。一般而言，拆坝可为陆生植物提供更多的生长地，而水生植物则不可避免地丧失部分生长地。

陆生植物在新增生长地的分布和类型主要取决于水文、泥沙及地形等因素。报废前的沼泽植被和湿地灌木丛很可能演化为一般性的陆地植被；周期性被洪水淹没的地区可能会发育沼泽植被；由于新增生长地土壤一般比较肥沃，容易被外来物种入侵。

水生植物群落的演替与很多因素有关，特别是拆坝后的水文条件。生长在原库区出露区域的水生植物将被陆生植物代替，而库区河段由湖泊静水生境向河流动水生境的转变也将促使水生植物群落内部发生演替现象，适应静水生境的植物将被抑制，而适应动水生境的植物将占据优势。

需要重视的是，在拆坝后的植被恢复过程中，存在外来入侵物种主宰的潜在缺陷，外来物种将降低生物多样性和野生生物的生境质量，并且很难清除。美国威斯康星州南部 5 个原蓄水区域出露形成的陆地区域，自行恢复的植被中没有一个是由本地植物群落主导的。美国威斯康星州 30 处不同时期拆坝后的裸露地带观测显示，外来植被的定居降低了植被群落的多样性，外来种成为优势种的地点具有最低的物种多样性。

（4）河岸带

河岸带是区域生物多样性的重要孕育地带，对改善水质及河流生态系统的结构与功能有重要作用。拆坝后，库内大面积裸露的泥沙可供植被定居，河岸带可能得到恢复，有利于弥补建坝造成的河岸带生境损失。但是这些区域易被外来物种入侵，一旦成为入侵扩散的源头，反而对河岸带造成不利影响。裸露泥沙上河岸带的恢复程度与本地植被能否持久定居有关，要达到恢复目的，必须对外来种进行控制。

#### 4.5.3.5 社会环境影响

水库报废拆坝对社会环境的最大、最直接影响就是洪水风险。

水库削减了下游洪峰流量，同时由于下游河道漫滩遭受水淹的频率减小，逐渐被利用于耕作、建设等，下游河床萎缩是普遍现象，导致行洪能力下降。水库报废之后，洪峰流量的恢复加剧了下游萎缩河道的行洪压力，可能增加下游洪水风险。

拆坝对区域洪水风险的影响通常包括直接影响和间接影响两方面。

（1）直接影响

水库报废拆坝改变了洪水过程。在库区及其上游地区，库区和回水效应消失，洪水位降低，淹没范围大幅度减小，洪水风险降低。对下游地区，水库报废对洪水的直接影响因水库功能不同而不同。若水库有防洪功能，报废就削弱了调控洪水的能力，下游洪水风险将会增加，区域或流域的防洪规划可能需要修改；若没有防洪功能，拆坝对洪水的影响较小，甚至可能减小下游洪水风险，获得防洪效益，因为溃坝风险消失。

（2）间接影响

河流地貌变化导致河道行洪能力改变。在库区及其上游河段，由于冲刷作用，河床下切，河道比降增加，泄流能力增强，洪水位降低，洪水风险相应降低；在下游，若河道挟沙能力不足，则会产生泥沙沉积，河床抬高，过流断面面积和河道比降减小，泄流能力降低，洪水位将被抬高，洪水风险相应增大。

我国人多地少，土地资源相对稀缺，人水争地矛盾突出，往往难以给洪水留出更多空间。水库通常具有或多或少的防洪功能，对当地防洪安全至关重要。如果水库报废后防洪功能损失可能导致严重后果，必须慎重决策，必要时应对防洪功能进行补偿。

## 4.5.4 水库报废决策方法

水库报废并不是简单地拆除一座大坝，也不是单纯的工程技术问题，还涉及经济、社会、生态、环境、人文等方方面面的影响，必须慎重决策。虽然已有的水库报废案例已经证实，拆坝因恢复了河流的连通性，对河流生态环境改善能起到积极作用。但迄今人们对水库报废影响的认知还存在很大的局限性，不能对拆坝的生态后果一味乐观，美国也的确存在因拆坝导致下游生态恶化的负面案例。

水库报废前应开展深入调查，广泛收集相关资料，系统分析评估拆坝影响，在此基础上综合应用数学模型、物理模型、类比分析以及专业判断等手段进行科学决策。数学模型法适用于能定量评估的水质、水温、局地气候、泥沙输移、河道变迁等环境要素及洪水淹没风险；物理模型法适用于评估有关环境要素及因子的影响，并可验证数学模型评估结果；类比法根据工程情况相近、自然地理条件相似的已有工程案例，采用定性或定量方法类比报废生态环境影响；专业判断法适用于难以定量评估的文物、景观、人群健康影响等指标。

多准则体系决策注重从整体上反映外界的干扰，难以反映出影响因素对决策目标的作用机理以及影响因素间的相互作用，不利于管理者改进决策方案。与之相比，深入研究单一准则对特定压力响应的敏感性，既可加强各种方案间的对比研究，又能提高灵敏度。因此，基于单一准则进行水库报废决策往往可操作性强、灵敏度高。

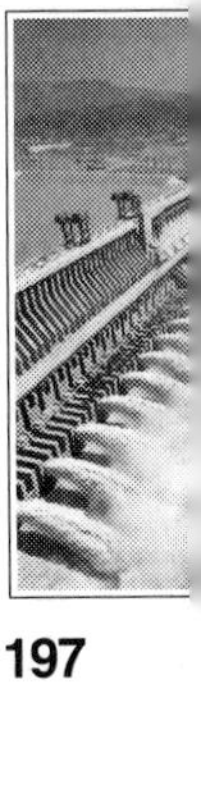

报废决策准则的选择需综合考虑水库大坝安全状态、功能及运行环境。如水库病险严重且功能萎缩，可借助于经济学理论，评估除险加固经济上是否合理；如需考虑水库报废对下游城镇防洪安全的影响，则需针对性地分析评估下游区域洪水风险；若水库淤积严重，则

可建立模型模拟拆坝后的河道输沙过程，评估泥沙输移产生的影响。

#### 4.5.4.1 单一准则决策方法

我国现阶段报废的水库主要为存在安全隐患且功能衰减的中小型水库。决策时可综合衡量水库经济社会效益与运行维护投入、除险加固成本，从经济学的角度出发，评判除险加固方案与拆坝方案的合理性。此外，水库报废固然消除了溃坝风险，但有的水库可能在当地防洪体系中仍发挥着一定作用，失去了其调蓄作用，可能会增加下游的洪水风险，因此，必要时也可以基于增加的洪水风险（后果）进行决策。

（1）经济决策方法

水库运行初期，运行维护投入较少，社会和经济效益较为显著。而随着运行年限增长，工程设施老化使得运行维护成本不断增加，同时由于淤积、设施老化、水质下降等问题，水库社会和经济效益逐步衰减。因此，水库运行成本与效益之间的关系随运行时间增长不断发生变化，特别是当大坝需要除险加固时，运行成本达到最大。

可通过分析水库除险加固工程投资回收期，评判除险加固方案在经济上是否合理，若不合理可进行报废处理。

1）年成本和年效益计算

水库每年投入的运行维护（含除险加固）成本（$C$）包括日常运行管理费用 $V_{运}$、水工建筑物和设备的维护费用 $V_{维}$、清淤费用 $V_{沙}$ 等，可表示为

$$C = V_{运} + V_{维} + V_{沙} \tag{4.5-1}$$

水库每年取得的效益（$B$）包括供水、灌溉、发电、航运等经济效益 $V_{经}$，调蓄洪水产生的社会效益 $V_{社}$，以及水库景观带来的旅游收益 $V_{娱}$ 等，可表示为

$$B = V_{经} + V_{社} + V_{娱} \tag{4.5-2}$$

根据每年的运行成本和取得的效益，可绘制水库年成本-年效益图。通常来说，投入的成本随水库运行时间逐渐递增，而效益则相反，随时间逐年递减。可对多年数据进行回归分析，拟合得到年成本和年效益的时间函数 $c(t)$ 和 $b(t)$，如图 4.5-18 所示。

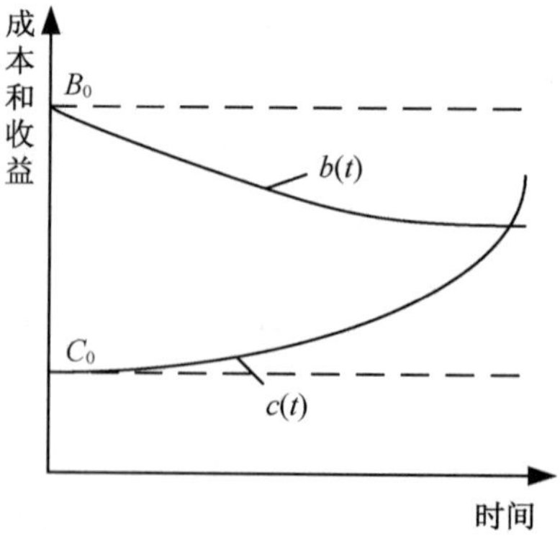


**图 4.5-18 水库年成本和年收益的时间函数示意图**

2）方案合理性判别方法

当一座水库需要在除险加固或退役方案之间进行选择时，年运行成本达到最大，记该年

为第 $t_1$ 年，投入成本为 $C_1$。假定水库效益和成本只随时间变化，则可根据实际成本和收益函数估计除险加固后水库运行成本和效益的时间函数，记为 $c'(t)$ 和 $b'(t)$。当 $c'(t)$ 在 $t_2$ 年再次达到 $C_1$ 时，视水库回到初始决策状态，$[t_1, t_2]$ 为水库除险加固延长的使用年限，期间，多年净收益 $A$（即图 4.5-19 阴影部分面积）及多年平均净收益 $R$，可分别按公式(4.5-3)、公式(4.5-4)计算：

$$A=\int_{t_1}^{t_2}[b'(t)-c'(t)]\mathrm{d}t \tag{4.5-3}$$

$$R=\frac{A}{(t_2-t_1)} \tag{4.5-4}$$

在 $t_1$ 时刻投入的除险加固费用 $F$，需通过 $[t_1, t_2]$ 时段内获得的多年平均净收益 $R$ 来补偿。根据投资回收期法，设除险加固投资 $F$ 的回收期为 $T$，则有：

$$F(1+i)^T=R(1+i)^{T-1}+R(1+i)^{T-2}+\cdots+R(1+i)+R \tag{4.5-5}$$

投资回收期 $T$ 可按下式计算：

$$T=\frac{\lg R-\lg(R-iF)}{\lg(1+i)} \tag{4.5-6}$$

式中：$i$——社会折现率，取 7%。

若 $T>\Delta t(\Delta t=t_2-t_1)$，说明除险加固方案经济上不合理，可考虑对水库作报废处理；若 $T\leqslant\Delta t$，说明除险加固方案在经济上是合理的。

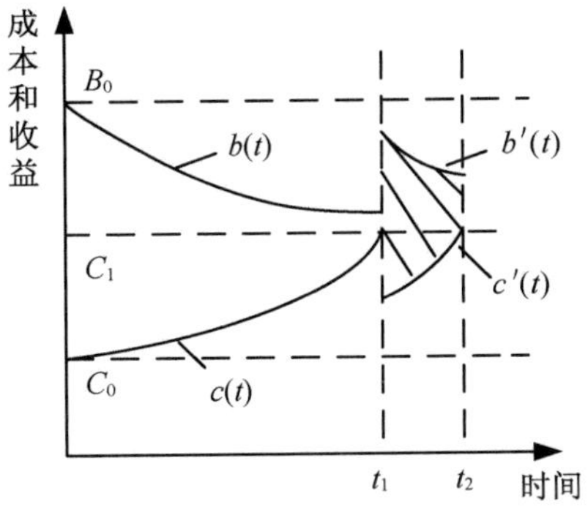


**图 4.5-19 水库除险加固周期 $t_2$ 计算示意图**

(2) 后果决策方法

洪水风险是城市化快速发展背景下水库报废决策的重要评判内容，且模拟水库报废对下游洪水情势的影响有助于提出针对性的规避洪水风险措施，改进决策方案。

基于洪水风险(后果)的水库报废决策过程见图 4.5-20，包括拟订方案、构建评估指标体系、确定洪灾损失指标、构建洪水风险模型、计算洪灾损失和方案评估等步骤。

决策以水库现状调蓄洪水作用为基准，评估水库报废方案的洪水情势变化；评估指标体系准则层考虑经济、社会和环境 3 方面影响。

洪灾经济损失分为直接经济损失和间接经济损失；社会影响通过洪水影响人数和淹没范围进行衡量；环境影响考虑土壤冲刷与景观破坏。

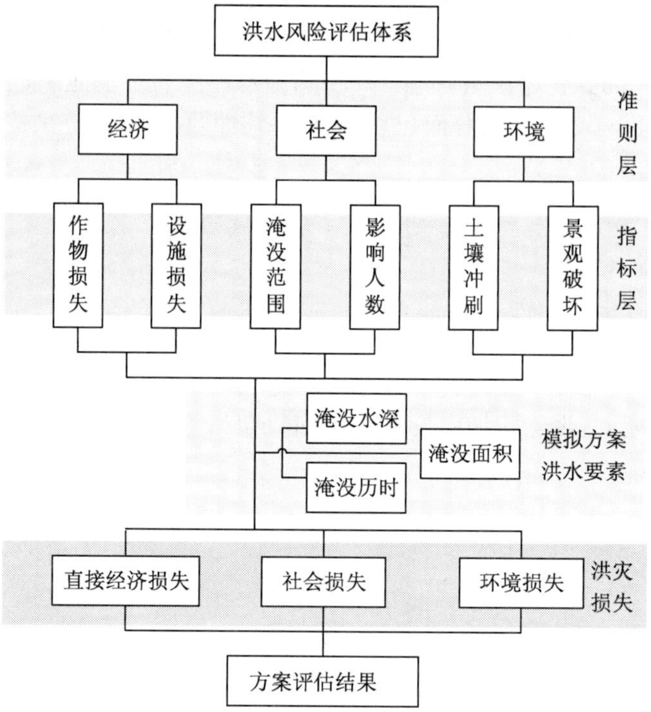


图 4.5-20　洪水后果决策方法框架

1）洪水淹没损失(后果)指标

① 地物类型

按照农田、林地、建筑用地和公共设施 4 类划分。不同的农作物在洪灾中受灾情况不同，需根据各作物类型估算其相应的经济损失；与农田地物相比，林地抵御洪灾能力较强，除植被类别外，其生长年龄及高度粗细也是其灾损评定的要素；建筑用地分为居民住地和工业用地；公共设施包括公路、铁路等。

② 淹没面积

淹没面积是最直观的评价指标，直接反映洪灾影响范围。在洪水淹没图上叠加经济社会统计的行政区划界限、土地使用类型等信息，可获取模拟方案下洪水淹没范围总面积及各类用地受灾面积。

③ 淹没水深

淹没水深是评估洪水后果严重性的重要指标。所有地物类型的受损程度与淹没水深密切相关。淹没区域内积水越深，各类地物的损失越大，反之亦然。

④ 直接经济损失

经济损失是衡量洪灾损失的货币指标，被视为对洪灾损失的最直观描述。直接经济损失可选取具有代表性的经济社会统计指标，如国内生产总值(GDP)、单位面积产值、经济增长率等，按淹没面积或占当地行政区域面积的比例进行估算。

⑤ 影响人数

假设淹没行政区域内人口均匀分布，则人口密度可表示为行政区域内人口总数与居民住地总面积之比。洪灾影响人数可用人口密度与居民住地受灾面积的乘积表示。

2）洪水后果估算

① 损失率及损失估算

洪水淹没损失率 $\alpha_G$ 是指洪灾中财产损失的程度，计算方法如下：

$$\alpha_G = \frac{GDP_l / A_l}{GDP_0} \tag{4.5-7}$$

式中：$GDP_l$——洪灾中 $GDP$ 损失总值，万元；

$A_l$——洪灾淹没范围面积，$m^2$；

$GDP_0$——淹没区单位面积 $GDP$ 生产总值，万元。

② 家庭财产损失

家庭财产直接损失值可采用下式计算：

$$R_{\text{家}} = \sum_{i=1}^{n} R_{\text{家损}i} = \sum_{i=1}^{n}\sum_{j=1}^{m}\sum_{k=1}^{l} W_{ijk}\eta_{ijk} \tag{4.5-8}$$

式中：$R_{\text{家损}i}$——第 $i$ 类居民家庭财产洪灾直接损失值，万元；

$W_{ijk}$——第 $k$ 级淹没水深时，第 $i$ 类第 $j$ 种家庭财产灾前价值，万元；

$\eta_{ijk}$——第 $k$ 级淹没水深时，第 $i$ 类第 $j$ 种家庭财产洪灾损失率，%；

$n$——财产类数；

$m$——财产种数；

$l$——淹没水深等级数。

③ 企业洪灾损失

企业各类财产损失计算公式如下：

$$\begin{aligned} R_{\text{财}} &= R + R' \\ &= \sum_{i=1}^{n} R_i + \sum_{i=1}^{n} R'_i \\ &= \sum_{i=1}^{n}\sum_{j=1}^{m}\sum_{k=1}^{l} \eta_{ijk} W_{ijk} + \sum_{i=1}^{n}\sum_{j=1}^{m}\sum_{k=1}^{l} \beta_{ijk} B_{ijk} \end{aligned} \tag{4.5-9}$$

式中：$R_i$——第 $i$ 类企业固定资产损失，万元；

$R'_i$——第 $i$ 类企业流动资产损失，万元；

$W_{ijk}$——第 $k$ 级淹没水深下，第 $i$ 类企业，第 $j$ 种固定资产值，万元；

$\eta_{ijk}$——第 $k$ 级淹没水深下，第 $i$ 类企业，第 $j$ 种固定资产洪灾损失率，%；

$B_{ijk}$——第 $k$ 级淹没水深下，第 $i$ 类企业，第 $j$ 种流动资产值，万元；

$\beta_{ijk}$——第 $k$ 级淹没水深下，第 $i$ 类企业，第 $j$ 种流动资产洪灾损失率，%；

$n$——企业类别数；

$m$——企业财产种数；

$l$——淹没水深等级数。

④ 农作物损失

农作物损失计算公式如下：

$$R_{农} = \sum_{i=1}^{n}\sum_{k=1}^{m}\eta_{ik}W_{ik} + R_{存} \tag{4.5-10}$$

式中：$\eta_{ik}$——第 $k$ 级淹没水深下，第 $i$ 类农作物洪灾损失率，%；

$W_{ik}$——第 $k$ 级淹没水深下，第 $i$ 类农作物年产值，万元；

$n$——农作物种类数；

$m$——淹没水深等级数；

$R_{存}$——存粮被洪水冲走或因受淹粮食霉变而造成的损失，万元。

⑤ 总经济损失

总经济损失为上述各类经济损失之和，计算公式如下：

$$D = \sum_{i=1}^{n}R_i = \sum_{i=1}^{n}\sum_{j=1}^{m}R_{ij} \tag{4.5-11}$$

式中：$R_i$——第 $i$ 个行政分区的各类财产损失总值，万元；

$R_{ij}$——第 $i$ 个行政分区内，第 $j$ 类财产的损失值，万元；

$n$——行政分区数；

$m$——财产种类数。

3）洪水演进模拟

Higgins 利用降雨-径流-洪水演进模型模拟拆除一个具有洪水控制功能的水库，结果表明，拆坝会加大河道洪峰流量，产生不利影响。

模型计算是根据计算区域地形以及地物特点，将该范围划分为不规则的三角形或四边形单元网格，以这些网格为基本单元求解流体运动基本方程，获得洪水在各运动时刻的流速、流向和水深。

模型输入的几何数据包括建立河系图、断面数据、河段长度、能量损失系数（摩擦损失、收缩/扩散损失）、汇流点信息，以及水工建筑物资料信息等。基于遥感影像定位河道位置，对于影像上难以辨认的河段，需辅以野外调查确定其位置，河道断面资料可通过现场调查获得典型断面参数，在水库下游风险区域划定计算区域。根据获取的计算区域地形数据精度，进行网格剖分、插值，获得下游风险区域的地形文件，河槽及河岸的曼宁系数综合经验取值或通过现场调查的方式确定。

模型建立后输入水文数据，包括流态、边界条件、流量过程等信息。流态分缓流、急流、混合流，缓流曲线以临界水深以上计算；急流曲线以临界水深以下计算；当流态在缓流、急流间过渡，以混合流计算。边界条件选择正常水深，以河床比降近似计算。

#### 4.5.4.2 综合决策方法

水库报废拆坝的影响涉及面广、影响因素多而复杂，且影响因素间相互作用，适合选择网络层次分析法（Analytic Network Process，简称 ANP）构建综合决策模型。

ANP 适用于解决无结构和半结构决策问题，在其构建的系统结构中，既存在层次分析法中的递阶层次结构，也能反映出内部元素相互支配的循环系统结构，如图 4.5-21 所示。ANP 将复杂系统问题分成几组因素组，将这些因素按支配关系以网络结构相连接，在网络结构的基础上由专家评价，判定系统各因素的相对重要性。然后，通过超矩阵综合集成专家的判断信息，最终通过计算超矩阵的极限矩阵来确定决策方案的复合排序。

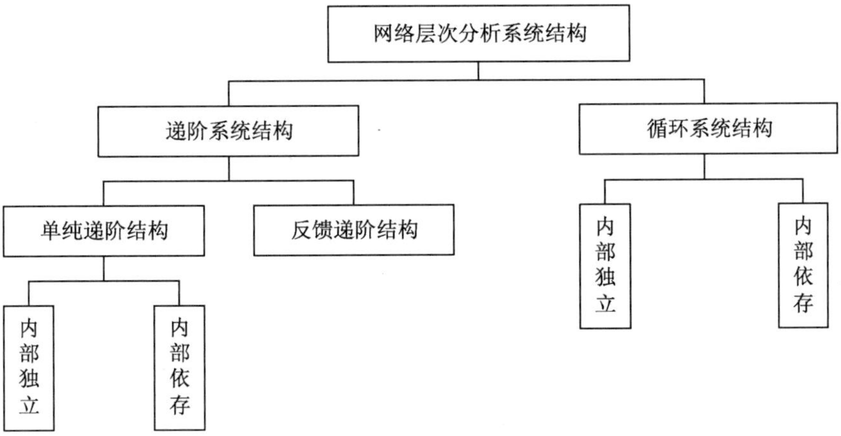


**图 4.5-21　网络层次分析系统结构分解示意图**

(1) 决策模型

网络层次分析法综合了递阶层次结构和网络系统结构，其系统元素也划分为两部分。第一部分为控制层(也称为影响层次)，包括决策目标和评价准则。控制层是一个典型的递阶层次结构，评价准则间视为相互独立，且仅受评价目标的影响，因此各准则的权重可通过层次分析法(AHP)计算得到。第二部分包含受控制层影响的所有元素，称为网络层(又称影响网络)。网络层内元素集间相互影响，各元素相互支配，形成一个内部相互依存、相互反馈的网络结构。图 4.5-22 为典型的网络层次分析法结构。

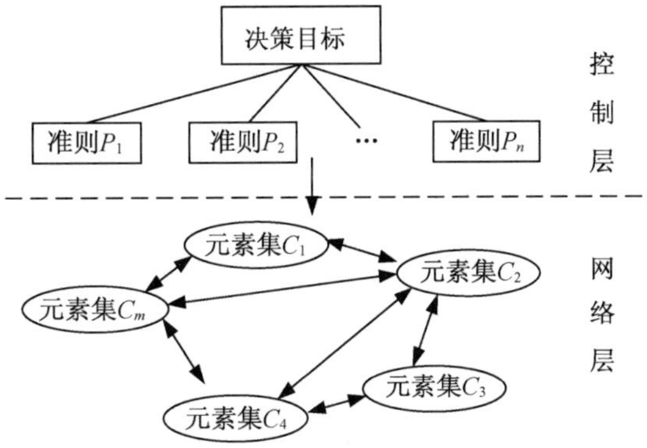


**图 4.5-22　典型的网络层次分析法结构**

水库报废影响范围广，且影响因素定量度量难度大。Saaty 结合“负权重”概念，提出了 ANP/BOCR(Analytic Network Process/Benefits Opportunities Costs Risks)分析模型，将收益、成本、机遇及潜在风险融入网络分析。为从备选方案中选择成本少、获利多且风险低的最优方案，可选用网络层析分析法的收益、成本和风险模型(ANP/BCR)建立水库报废决策模型，其结构如图 4.5-23 所示。

(2) 决策步骤

步骤一：影响因素识别

拟定决策目标，制定评估方案，对评估对象的影响因素进行系统的分析、组合，形成元素和元素集。采用会议讨论、专家填表等方法分析判断元素集是否内部独立，是否存在依存和反馈。

步骤二：构造评估子网络结构

在步骤一的基础上，从 $B$、$C$、$R$ 三个维度分别单独构造针对决策问题的 ANP 评估子网络。在各子网络下，依据制定的评估准则之间的内在联系，确定出各因素集间及因素集内部

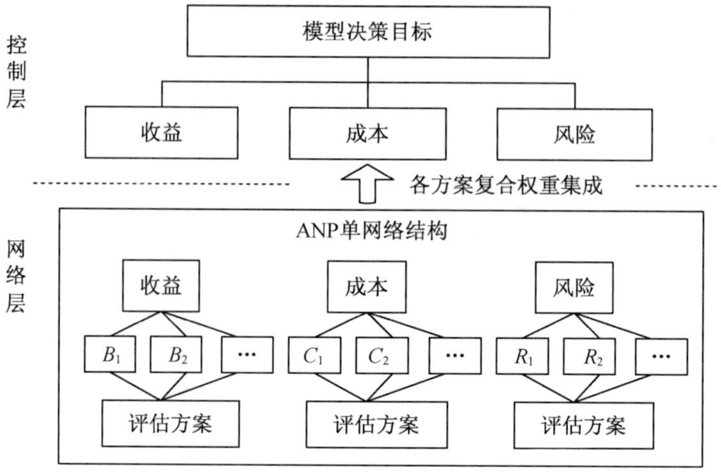


**图 4.5-23　ANP/BCR 决策模型**

各因素间的依存关系，从而构造出各评估方案的 B、C、R 单网络模型结构。

步骤三：构造超矩阵

以控制层因素 $P_i(i=1,2,\cdots,n)$ 为准则，以网络层元素集 $C_j(j=1,2,\cdots,m)$ 内因素 $e_{jl}(l=1,2,\cdots,k)$ 为次准则，对与 $e_{jl}$ 相影响的各因素按照影响力大小进行优势度比较，构造如下判断矩阵：

| $e_{jl}$ | $e_{i1},e_{i2},\cdots,e_{in_i}$ | 归一化特征向量 |
|---|---|---|
| $e_{i1}$ | | $w_{i1}^{(jl)}$ |
| $e_{i2}$ | | $w_{i1}^{(jl)}$ |
| ⋮ | | ⋮ |
| $e_{in_i}$ | | $w_{in_i}^{(jl)}$ |

由特征根法得排序向量，记作 $W_{ij}$：

$$\boldsymbol{W}_{ij}=\begin{bmatrix} w_{i1}^{(j1)} & w_{i1}^{(j2)} & \cdots & w_{i1}^{(jn_j)} \\ w_{i2}^{(j1)} & w_{i2}^{(j2)} & \cdots & w_{i2}^{(jn_j)} \\ \vdots & \vdots & \vdots & \vdots \\ w_{in_i}^{(j1)} & w_{in_i}^{(j2)} & \cdots & w_{in_i}^{(jn_j)} \end{bmatrix} \tag{4.5-12}$$

上式中列向量表示 $C_i$ 中各元素对 $C_j$ 中各元素影响程度，其中，若元素间无影响，其影响程度表示为 0。如此可获得控制层准则 $P_i$ 的未加权超矩阵如下：

$$\boldsymbol{W}_i=\begin{bmatrix} \boldsymbol{W}_{11} & \boldsymbol{W}_{12} & \cdots & \boldsymbol{W}_{1n} \\ \boldsymbol{W}_{21} & \boldsymbol{W}_{22} & \cdots & \boldsymbol{W}_{2n} \\ \vdots & \vdots & \vdots & \vdots \\ \boldsymbol{W}_{n1} & \boldsymbol{W}_{n2} & \cdots & \boldsymbol{W}_{nn} \end{bmatrix} \tag{4.5-13}$$

对 $P_i$ 下各元素对 $C_j$ 的重要性进行两两比较，进而获得如下 $P_i$ 的权重矩阵 $A_i$：

$$\boldsymbol{A}_i = \begin{bmatrix} a_{11} & a_{12} & \cdots & a_{1n} \\ a_{21} & a_{22} & \cdots & a_{2n} \\ \vdots & \vdots & \vdots & \vdots \\ a_{n1} & a_{n2} & \cdots & a_{nn} \end{bmatrix} \tag{4.5-14}$$

由未加权超矩阵和权重矩阵获得如下加权超矩阵 $\overline{\boldsymbol{W}}$：

$$\overline{\boldsymbol{W}} = a_{ij}\boldsymbol{W}_{ij} \tag{4.5-15}$$

设加权超矩阵 $\overline{W}$ 元素 $\overline{w}_{ij}$ 表示因素 $i$ 对因素 $j$ 的一步优势度。因素 $i$ 对因素 $j$ 的优势度还可以表示为 $\sum_{k=1}^{N}\overline{w}_{ik}\overline{w}_{kj}$，，称为二步优势度，它是 $\overline{W}^2$ 的元素，$\overline{W}^2$ 仍属列归一化。若存在 $\overline{W}^{\infty}=\lim\limits_{t\to\infty}\overline{W}^t$，则 $\overline{W}^{\infty}$ 中第 $j$ 列即表示控制准则 $P_j$ 子网络中各元素对于元素 $C_j$ 的优势度向量。计算流程如图 4.5-24 所示。

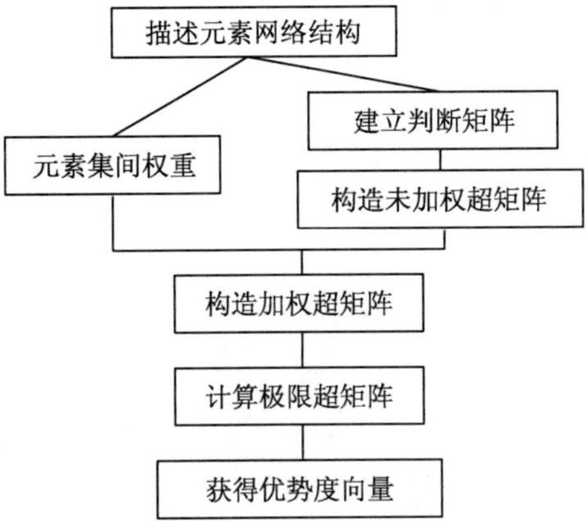


**图 4.5-24　网络层次分析法计算流程图**

步骤四：ANP/BCR 模型复合权重集成

通过以上方法分别得到收益、成本和风险子网络下的方案优势度。其中，收益子网络下的优势度是具有正向影响的优势度，收益越大，方案的优势度越高。而成本和风险子网络则相反，成本越高、风险越大，方案的优势度越低。根据 Saaty 提出的 ANP/BCOR 分析模型，将“正优势度”和“负优势度”综合起来，实现方案复合权重的集成，得到方案的最终优势度。

1）简单比率集成

将决策方案中的成本和风险视为投入，收益视为产出，用投入与产出的比值来衡量方案效率的集成方法，其表达式如下：

$$P = \frac{B_p^i}{C_p^i \times R_p^i} \tag{4.5-16}$$

式中：$B_p^i$、$C_p^i$ 和 $R_p^i$ 分别代表方案 $i$ 在各单网络下计算获得的优势度值。

2）幂指数比率集成

与简单比率集成相比，该集成方法通过将 $B$、$C$、$R$ 3 个控制指标的规一化权重 $b$、$c$ 和 $r$ 分别作为 $B_p^i$、$C_p^i$ 和 $R_p^i$ 的幂指数来反映评估的主观偏好，其表达式如下：

$$P = \frac{(B_p^i)^b}{(C_p^i)^c \times (R_p^i)^r} \tag{4.5-17}$$

3）含有互反关系的总量集成

将各方案的成本、风险优势度的倒数与相应方案的收益优势度同各准则权重相乘后，再进行求和的综合集成方法，其表达式如下：

$$P = b \times B_p^i + c \times (1/C_p^i) + r \times (1/R_p^i) \tag{4.5-18}$$

4）含有加减关系的总量集成

与简单比率集成法相同，将成本和风险视作投入，收益视作产出，通过产出与投入之差

与控制准则权重进行综合集成的一种方法，其表达式如下：

$$P = b \times B_p^i + c \times (1 - C_p^i) + r \times (1 - R_p^i) \tag{4.5-19}$$

#### 4.5.4.3 黑洼水库报废决策

安徽省滁州市黑洼水库为当地村民自发兴建，1977 年完工投入运用，主要用于农业灌溉，总库容 56 万 $m^3$，属小(2)型水库，大坝为均质土坝，最大坝高 12.2 m。

随着滁州市城市化发展，黑洼水库周边农田全部变为城市用地，现地处滁州学院新区中心地带，水库功能由设计之初的农业灌溉转为城市防洪，下游河道由西南至东北穿滁州市主城区(图 4.5-25、图 4.5-26、表 4.5-10)，沿途附近分布着居民区、学校、医疗、行政机构及商业店铺，地理位置极为重要，一旦出现溃坝险情，将带来巨大的经济损失并造成重大社会影响，适用于应用后果决策方法，建立二维水动力数学模型，模拟洪水演进过程，通过洪灾损失评估，分析水库报废对下游的洪水影响。

图 4.5-25　黑洼水库地理位置卫星图

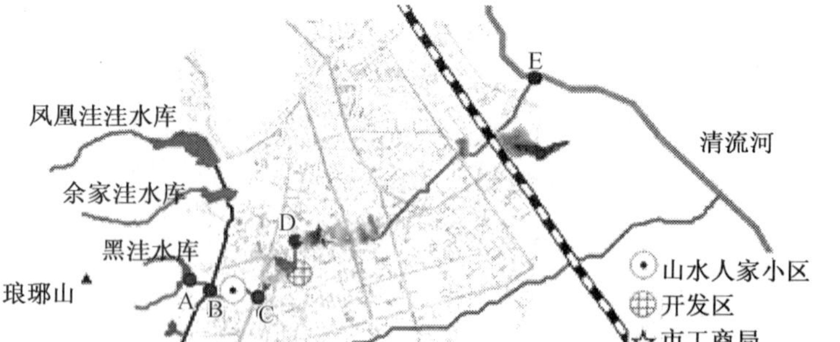


图 4.5-26　黑洼水库下游区域分布及河道示意图

**表 4.5-10　黑洼水库下游河道信息**

| 编号 | 河段 | 河段信息 |
| --- | --- | --- |
| 1 | 水库—A | 水库泄洪河道 |
| 2 | A—B | 滁州学院南校区 |
| 3 | B—C | 居民区景观段 |
| 4 | C—D | 地下排洪沟段 |
| 5 | D—E | 与余家洼水库下泄水流相会，进入明渠段 |
| 6 | E—清流河 | 汇入清流河 |

为改善滁州市城市防洪系统，当地水利部门制订了城市防洪规划，通过拦截城西山区洪水，保护中心城区及清流河以西与京沪铁路之间的工业区。该规划的重点在于将西南丘陵区水库下泄洪水经由新建的撇洪沟绕主城区西侧至南侧排入清流河(图 4.5-26)，缓解 BE 河段的行洪压力。西撇洪沟与水库河道相交于 B 点，该点设计最大流量 50 $m^3/s$。在 B 点左岸设有一个溢洪缺口，超过设计流量的洪水将由该处以最大 8 $m^3/s$ 的流量经城市河道排入清流河。

(1) 单一准则决策

1) 评估方案

黑洼水库遭遇 50 年一遇设计洪水情况下，设置如下 3 种评估方案：

方案一：水库正常运用发挥滞洪功能，设计下泄洪峰流量 34.1 $m^3/s$；

方案二：水库报废，入库峰值流量 54.9 $m^3/s$，河道 D 点与余家洼水库来水汇合；

方案三：水库报废并改善城市防洪系统，撇洪沟分担黑洼水库流域及余家洼水库下泄洪水，超标准流量仍从河段 BE 流至清流河。

各方案的流量数据如表 4.5-11 所示。

**表 4.5-11　洪水模拟方案流量点数据**

| 方案编号 | 方案说明 | 流量($m^3/s$) | | |
| --- | --- | --- | --- | --- |
| | | A 点 | 河段 BD | 河段 DE |
| 1 | 水库正常运用发挥滞洪功能 | 34.1 | 34.1 | 71.6 |
| 2 | 水库报废 | 54.9 | 54.9 | 92.4 |
| 3 | 水库报废+城市防洪规划 | 54.9 | 33.7 | 33.7 |

2) 洪水演进模型

洪水演进采用 DHI MIKE21 二维水动力模型进行模拟，该模型基本计算原理为二维非恒定流浅水方程，即将三维的 Navier - Stokers 方程沿着水深方向积分，得到沿水深平均的二维流动的基本方程，可以表述为如下形式：

$$\frac{\partial \zeta}{\partial t}+\frac{\partial p}{\partial x}+\frac{\partial q}{\partial y}=\frac{\partial h}{\partial t} \tag{4.5-20}$$

$$\frac{\partial p}{\partial t}+\frac{\partial}{\partial x}\left(\frac{p^2}{h}\right)+\frac{\partial}{\partial y}\left(\frac{pq}{h}\right)+gh\frac{\partial \zeta}{\partial x}+gp\frac{\sqrt{p^2+q^2}}{C^2h^2}-\Omega q-fVV_x=0 \tag{4.5-21}$$

$$\frac{\partial q}{\partial t}+\frac{\partial}{\partial x}\left(\frac{q^2}{h}\right)+\frac{\partial}{\partial y}\left(\frac{pq}{h}\right)+gh\frac{\partial \zeta}{\partial y}+gq\frac{\sqrt{p^2+q^2}}{C^2h^2}-\Omega p-fVV_y=0 \quad (4.5\text{-}22)$$

式中：$h$——水深，m；

$\zeta$——水位，m；

$p$ 和 $q$——$x$ 和 $y$ 方向的单宽流量，$m^3/(s \cdot m)$；

$u$，$v$——$x$ 和 $y$ 方向的平均流速；

$C$——谢才系数，$m^{1/2}/s$；

$g$——重力加速度，$m/s^2$；

$f$——风摩擦因素；

$V(x,y,t)$，$V_x$，$V_y$——风速及其在 $x$，$y$ 方向上的分速度，m/s；

$\Omega(x,y)$——科氏力系数。

3）模型率定

黑洼水库流域内无水文站，缺乏实测水文资料、洪水位记录。因此基于 2009 年 3 月一次实测小流量事件对模拟结果进行验证。模拟结果的验证实测数据为沿程随机采样点的水深。模拟与实测结果如图 4.5-27 所示，模拟计算的水深与实测值基本相符。

4）模拟成果

对方案一，城市防洪规划实施前，现有渠系行洪能力不足，遭遇 50 年一遇洪水时城市受灾严重，淹没范围 1.63 $km^2$，详见图 4.5-28，特别是黑洼水库下泄洪水与余家洼水库流量在会峰路明渠汇合，道路两侧均被淹没，平均水深约 0.25 m，最大水深 1.72 m；滁州市开发区部分区域受灾也较为严重，淹没水深在 0.7 m 左右；京沪铁路东侧地势低凹区域受淹最为严重，最大水深 3.77 m。

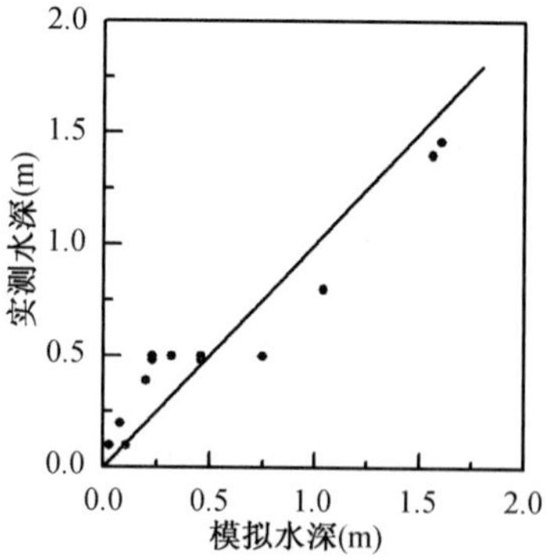


图 4.5-27 模拟水深与实测水深对比

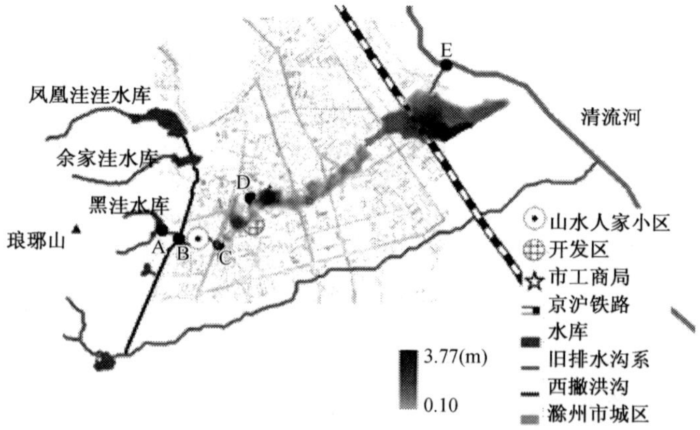


图 4.5-28 50 年一遇洪水时水库调洪方案下游淹没水深

对方案二，由于水库报废，坝址处下泄流量由 34.1 $m^3/s$ 增加至 54.9 $m^3/s$，排洪沟系统行洪压力增加；平均淹没水深约 0.84 m，最大水深 4.02 m；淹没范围由 1.63 $km^2$ 增加至 1.83 $km^2$，新增加的淹没区域主要位于坝址下游的住房区，见图 4.5-29。

对方案三，城市防洪规划实施后，尽管水库报废，由于西撇洪沟可以接纳 21.2 $m^3/s$ 的流量，50 年一遇洪水进入城区河道的流量为 33.7 $m^3/s$，略低于水库调洪流量 34.1 $m^3/s$，且淹没面积大坝减小，仅 0.58 km²，主要集中在地下排洪沟 CD 河段；最大水深由 4.02 m 降低至 2.66 m，京沪铁路所在地的水深由 1.72 m 降低至 0.30 m，详见图 4.5-30。

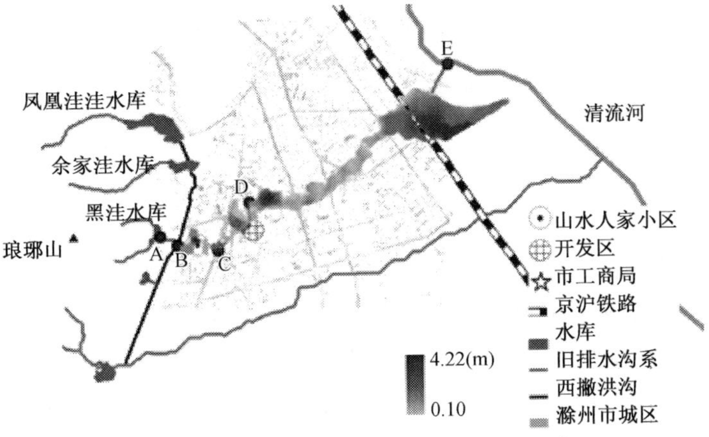


**图 4.5-29　50 年一遇洪水时水库报废方案下游淹没水深**

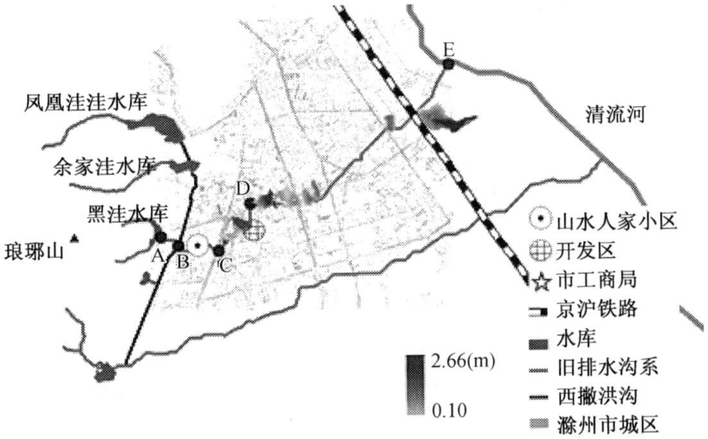


**图 4.5-30　50 年一遇洪水、水库报废联合防洪规划方案下游淹没水深**

5）洪水影响评估

根据计算区域的特点，结合历史上典型的洪涝灾害中农业、商业资产等损失数据，确定的损失率-水深对应关系见表 4.5-12。

**表 4.5-12　地物损失率-水深关系**　　单位：%

| 水深(m) | 建筑物 | 植被 | 铁路 | 道路 |
|---|---|---|---|---|
| 0.05～0.5 | 0 | 5 | 1 | 2 |
| 0.5～1.0 | 1 | 10 | 2 | 3 |
| 1.0～2.0 | 5 | 19 | 6 | 10 |
| 2.0～3.0 | 18 | 50 | 22 | 28 |
| ≥3.0 | 24 | 68 | 32 | 39 |

根据3组方案洪水分析计算结果及计算区域地物分布与经济社会情况，统计各方案的淹没指标与损失，结果见表4.5-13。

**表4.5-13 计算区域受淹地物统计表**

| 方案编号 | 淹没面积($km^2$) | 建筑物淹没面积($km^2$) | 受影响道路长度(km) | 受影响铁路长度(km) | 受影响景观面积($km^2$) | 受影响GDP总额(万元) | 受影响人口总数(人) |
|---|---|---|---|---|---|---|---|
| 1 | 1.63 | 0.97 | 3.15 | 0.70 | 0.58 | 6 337 | 2 798 |
| 2 | 1.83 | 1.12 | 3.52 | 0.76 | 0.66 | 7 100 | 3 184 |
| 3 | 0.58 | 0.24 | 0.97 | 0 | 0.21 | 2 250 | 997 |

建筑物、铁路、道路和城市景观植被资产的灾前单位价值分别取800元/$m^2$、1 800元/m、140元/m、53.33元/$m^2$，按照公式(4.5-8)～公式(4.5-11)计算，可得各模拟方案的洪水淹没损失值，分别见表4.5-14～表4.5-16。3组方案中，水库报废方案的淹没损失最大，但城市防洪规划实施后，损失则大大降低。

**表4.5-14 方案1各等级水深下的淹没损失统计表** 单位：万元

| 水深等级(m) | 建筑物损失 | 景观损失 | 铁路损失 | 道路损失 | 合计 |
|---|---|---|---|---|---|
| 0.05～0.5 | 0.00 | 154.66 | 126.00 | 4.41 | 285.07 |
| 0.5～1.0 | 208.00 | 186.66 | 0.00 | 4.20 | 398.86 |
| 1.0～2.0 | 520.00 | 30.40 | 0.00 | 0.00 | 550.40 |
| 2.0～3.0 | 144.00 | 53.33 | 0.00 | 0.00 | 197.33 |
| ≥3.0 | 192.00 | 72.53 | 0.00 | 0.00 | 264.53 |
| 合计 | 1 064.00 | 497.57 | 126.00 | 8.61 | 1 696.18 |

**表4.5-15 方案2各等级水深下的淹没损失统计表** 单位：万元

| 水深等级(m) | 建筑物损失 | 景观损失 | 铁路损失 | 道路损失 | 合计 |
|---|---|---|---|---|---|
| 0.05～0.5 | 0.00 | 175.99 | 136.80 | 4.41 | 317.20 |
| 0.5～1.0 | 296.00 | 213.32 | 0.00 | 4.20 | 513.52 |
| 1.0～2.0 | 720.00 | 324.25 | 0.00 | 0.00 | 1 044.25 |
| 2.0～3.0 | 1 440.00 | 53.33 | 0.00 | 0.00 | 1 493.33 |
| ≥3.0 | 192.00 | 72.53 | 0.00 | 0.00 | 264.53 |
| 合计 | 2 648.00 | 839.41 | 136.80 | 8.61 | 3 632.82 |

**表4.5-16 方案3各等级水深下的淹没损失统计表** 单位：万元

| 水深等级(m) | 建筑物损失 | 景观损失 | 铁路损失 | 道路损失 | 合计 |
|---|---|---|---|---|---|
| 0.05～0.5 | 0.00 | 56.00 | 0.00 | 1.40 | 57.40 |
| 0.5～1.0 | 80.00 | 37.33 | 0.00 | 0.00 | 117.33 |

续表

| 水深等级(m) | 建筑物损失 | 景观损失 | 铁路损失 | 道路损失 | 合计 |
|---|---|---|---|---|---|
| 1.0～2.0 | 80.00 | 0.00 | 0.00 | 0.00 | 80.00 |
| 2.0～3.0 | 144.00 | 0.00 | 0.00 | 0.00 | 144.00 |
| ≥3.0 | 0.00 | 0.00 | 0.00 | 0.00 | 0.00 |
| 合计 | 304.00 | 93.33 | 0.00 | 1.40 | 398.73 |

6）评价结论

在滁州市城市防洪规划实施前，遭遇 50 年一遇洪水时，黑洼水库报废将使下游淹没损失由 1 696.18 万元大大增加至 3 632.82 万元；滁州市城市防洪规划实施后，同样洪水条件下，即使黑洼水库报废，下游淹没损失也仅 398.73 万元。因此，在滁州市城市防洪规划实施前，不宜报废黑洼水库；城市防洪规划实施后，可对黑洼水库实施报废处理，以规避蓄水风险和节省运行维护投入。

(2）综合决策

仍以上述黑洼水库报废决策为例，针对除险加固、报废拆坝以及报废拆坝结合城市防洪规划实施等 3 个方案，从成本、收益以及风险 3 方面进行综合评估，以选取成本和风险较小、收益较大的方案。

1）影响因素识别

成本、风险和收益是重要的评估因素，将其作为准则指标。

① 收益。水库报废的收益不单包括经济方面可获得的利润，如拆坝后库区及下游土地的增值，同时也需考虑因水库报废水文情势恢复以及生态环境修复后生物种类和数量增长所带来的效益，此外还包括景观及公众评价等社会价值。

② 成本。对于拆坝行为来说，经济花费是一个重要的评估指标。拆坝方案能省去水库除险加固及维护运营花费，同时也会产生拆坝及新建替代工程等其他费用。黑洼水库位于丘陵区，库区泥沙淤积量较少，且无污染，无须进行淤积物处理；此外，由于城市扩张，水库已丧失灌溉功能，无须建设替代工程。

③ 风险。一般来说，风险为事件发生的频率与其后果的乘积。在本案例中，风险为洪灾时各方案对下游生态环境和经济社会产生的影响。拆坝方案仅出现洪水风险，除险加固方案的风险则包括溃坝风险和洪水风险。

2）网络结构

根据上述影响分析，可建立服务于决策目标的指标体系。应用综合决策模型，从收益、成本和风险三项控制准则出发，进行综合权衡评估。

3 项控制准则下还设有子准则，子准则下包含一系列影响元素，加上评估方案组，便确定出网络层的因素集。结合各元素间影响关系，构建各控制准则下单网络的内部结构。网络结构不但需体现出子准则下，网络内各影响因素对于评估方案产生的影响，还需反映出在该子准则下，各元素受到评估方案的影响程度，从而诠释出元素间的相互影响关系。构建黑洼水库报废决策模型收益、成本和风险子网络结构，见图 4.5-31～图 4.5-33。

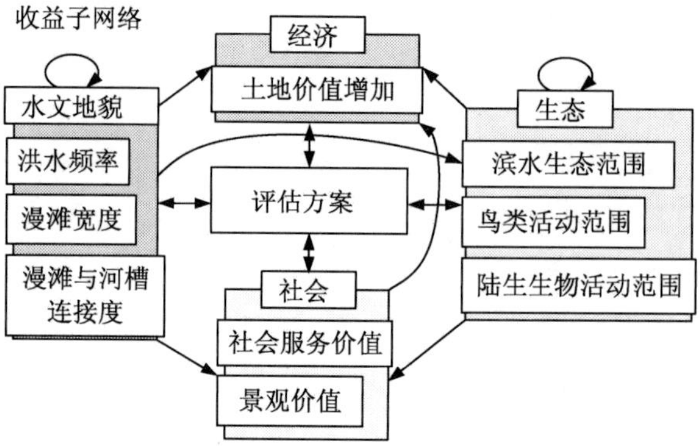


图 4.5-31　收益子网络影响因素

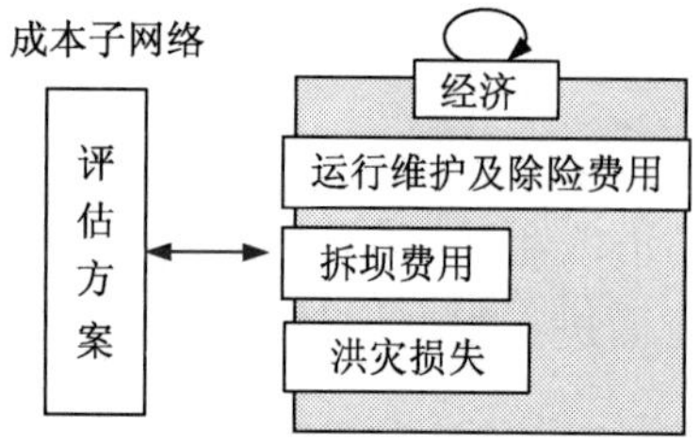


图 4.5-32　成本子网络影响因素

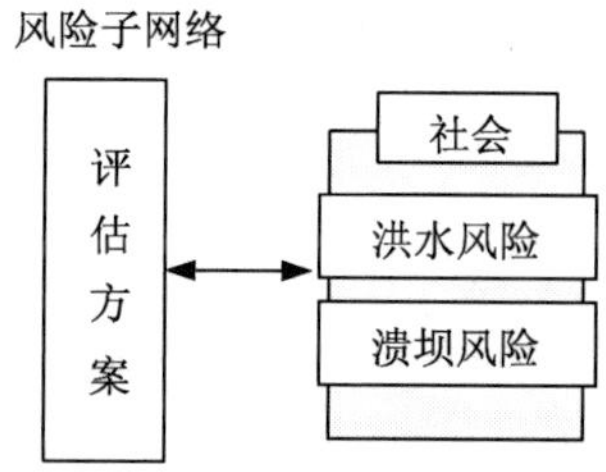


图 4.5-33　风险子网络影响因素

3）方案优势度计算

采用 1～9 标度对相互影响的两因素进行两两比较，给出权重值，构造正互反矩阵，确定相应的判断矩阵。此处以收益子网络为例，其对应的判断矩阵见表 4.5-17～表 4.5-29。

表 4.5-17　评估方案的判断矩阵（$CR=0.0741$）

| 评估方案 | 水文地貌 | 生物 | 经济 | 社会 | 权重 |
|---|---|---|---|---|---|
| 水文地貌 | 1.000 | 0.333 | 3.000 | 3.000 | 0.265 |
| 生物 | 3.000 | 1.000 | 3.000 | 5.000 | 0.508 |
| 经济 | 0.333 | 0.333 | 1.000 | 3.000 | 0.151 |
| 社会 | 0.333 | 0.200 | 0.333 | 1.000 | 0.075 |

表 4.5-18　经济子准则的判断矩阵（$CR=0.0492$）

| 经济 | 水文地貌 | 生物 | 社会 | 方案 | 权重 |
|---|---|---|---|---|---|
| 水文地貌 | 1.000 | 5.000 | 3.000 | 0.333 | 0.274 |
| 生物 | 0.200 | 1.000 | 0.500 | 0.200 | 0.070 |
| 社会 | 0.333 | 2.000 | 1.000 | 0.200 | 0.109 |
| 方案 | 3.000 | 5.000 | 5.000 | 1.000 | 0.548 |

**表 4.5-19　水文地貌子准则的判断矩阵(*CR*= 0.051 5)**

| 水文地貌 | 水文地貌 | 生物 | 方案 | 权重 |
|---|---|---|---|---|
| 水文地貌 | 1.000 | 2.000 | 0.200 | 0.179 |
| 生物 | 0.500 | 1.000 | 0.200 | 0.113 |
| 方案 | 5.000 | 5.000 | 1.000 | 0.709 |

**表 4.5-20　生物子准则的判断矩阵(*CR*= 0.003 5)**

| 生物 | 生物 | 社会 | 方案 | 权重 |
|---|---|---|---|---|
| 生物 | 1.000 | 5.000 | 3.000 | 0.648 |
| 社会 | 0.200 | 1.000 | 0.500 | 0.122 |
| 方案 | 0.333 | 2.000 | 1.000 | 0.230 |

**表 4.5-21　社会子准则的判断矩阵(*CR*= 0.037 0)**

| 社会 | 经济 | 社会 | 方案 | 权重 |
|---|---|---|---|---|
| 经济 | 1.000 | 0.333 | 0.200 | 0.105 |
| 社会 | 3.000 | 1.000 | 0.333 | 0.258 |
| 方案 | 5.000 | 3.000 | 1.000 | 0.637 |

**表 4.5-22　洪水频率对水文地貌中各影响因素的判断矩阵**

| 洪水频率 | 漫滩宽度 | 漫滩与河槽连接度 | 权重 |
|---|---|---|---|
| 漫滩宽度 | 1.000 | 3.000 | 0.750 |
| 漫滩与河槽连接度 | 0.333 | 1.000 | 0.250 |

**表 4.5-23　方案 2 对水文地貌的判断矩阵(*CR*= 0.037 0)**

| 方案 2 | 洪水频率 | 漫滩宽度 | 漫滩与河槽连接度 | 权重 |
|---|---|---|---|---|
| 洪水频率 | 1.000 | 5.000 | 3.000 | 0.637 |
| 漫滩宽度 | 0.200 | 1.000 | 0.333 | 0.105 |
| 漫滩与河槽连接度 | 0.333 | 3.000 | 1.000 | 0.258 |

**表 4.5-24　方案 3 对水文地貌的判断矩阵(*CR*= 0.052 4)**

| 方案 3 | 洪水频率 | 漫滩宽度 | 漫滩与河槽连接度 | 权重 |
|---|---|---|---|---|
| 洪水频率 | 1.000 | 3.000 | 2.000 | 0.528 |
| 漫滩宽度 | 0.333 | 1.000 | 0.333 | 0.140 |
| 漫滩与河槽连接度 | 0.500 | 3.000 | 1.000 | 0.333 |

**表 4.5-25　方案 2 对生物的判断矩阵（$CR=0.0515$）**

| 方案 2 | 滨水生态范围 | 鸟类活动范围 | 陆生动物活动范围 | 权重 |
|---|---|---|---|---|
| 滨水生态范围 | 1.000 | 5.000 | 5.000 | 0.709 |
| 鸟类活动范围 | 0.200 | 1.000 | 0.500 | 0.113 |
| 陆生动物活动范围 | 0.200 | 2.000 | 1.000 | 0.179 |

**表 4.5-26　方案 3 对生物的判断矩阵（$CR=0.0005$）**

| 方案 3 | 滨水生态范围 | 鸟类活动范围 | 陆生动物活动范围 | 权重 |
|---|---|---|---|---|
| 滨水生态范围 | 1.000 | 3.227 | 3.000 | 0.609 |
| 鸟类活动范围 | 0.310 | 1.000 | 1.000 | 0.193 |
| 陆生动物活动范围 | 0.333 | 1.000 | 1.000 | 0.198 |

**表 4.5-27　洪水频率对评估方案的判断矩阵（$CR=0.0035$）**

| 洪水频率 | 方案 1 | 方案 2 | 方案 3 | 权重 |
|---|---|---|---|---|
| 方案 1 | 1.000 | 0.200 | 0.500 | 0.122 |
| 方案 2 | 5.000 | 1.000 | 3.000 | 0.648 |
| 方案 3 | 2.000 | 0.333 | 1.000 | 0.230 |

**表 4.5-28　漫滩宽度对评估方案的判断矩阵（$CR=0.0370$）**

| 漫滩宽度 | 方案 1 | 方案 2 | 方案 3 | 权重 |
|---|---|---|---|---|
| 方案 1 | 1.000 | 0.200 | 0.333 | 0.105 |
| 方案 2 | 5.000 | 1.000 | 3.000 | 0.637 |
| 方案 3 | 3.000 | 0.333 | 1.000 | 0.258 |

**表 4.5-29　漫滩与河槽连接度对评估方案的判断矩阵（$CR=0.0515$）**

| 漫滩与河槽连接度 | 方案 1 | 方案 2 | 方案 3 | 权重 |
|---|---|---|---|---|
| 方案 1 | 1.000 | 0.333 | 0.500 | 0.157 |
| 方案 2 | 3.000 | 1.000 | 3.000 | 0.594 |
| 方案 3 | 2.000 | 0.333 | 1.000 | 0.249 |

由判断矩阵构造未加权超矩阵 $M$，见表 4.5-30。计算加权超矩阵并进行列归一化，见表 4.5-31。最后通过加权矩阵计算极限超矩阵，见表 4.5-32。同理完成成本和风险两控制准则下各方案的网络权重计算，采用公式(4.5-17)和公式(4.5-18)，分别用幂指数的比率集成法和互反关系的总量集成法，计算评估方案的排序值，归一化处理后，可获得模型的综合评估结果，见表 4.5-33。

表 4.5-30　收益子网络未加权超矩阵

| 元素 | | 评估方案 | | | 水文地貌 | | | 生物 | | | 经济 | 社会 | |
|---|---|---|---|---|---|---|---|---|---|---|---|---|---|
| | | 方案 1 | 方案 2 | 方案 3 | 洪水频率 | 漫滩宽度 | 漫滩与河槽连接度 | 滨水生态范围 | 鸟类活动范围 | 陆生动物活动范围 | 土地价值增加 | 社会服务价值 | 景观价值 |
| 方案 | 方案 1 | 0.000 | 0.000 | 0.000 | 0.122 | 0.105 | 0.157 | 0.122 | 0.109 | 0.122 | 0.105 | 0.714 | 0.143 |
| | 方案 2 | 0.000 | 0.000 | 0.000 | 0.648 | 0.637 | 0.594 | 0.648 | 0.582 | 0.648 | 0.258 | 0.143 | 0.429 |
| | 方案 3 | 0.000 | 0.000 | 0.000 | 0.230 | 0.258 | 0.249 | 0.230 | 0.309 | 0.230 | 0.637 | 0.143 | 0.429 |
| 水文地貌 | 洪水频率 | 1.000 | 0.637 | 0.528 | 0.000 | 0.000 | 0.000 | 0.000 | 0.000 | 0.000 | 0.333 | 0.000 | 0.000 |
| | 漫滩宽度 | 0.000 | 0.105 | 0.140 | 0.750 | 0.000 | 0.000 | 0.000 | 0.000 | 0.000 | 0.333 | 0.000 | 0.000 |
| | 漫滩与河槽连接度 | 0.000 | 0.258 | 0.333 | 0.250 | 1.000 | 0.000 | 0.000 | 0.000 | 0.000 | 0.333 | 0.000 | 0.000 |
| 生物 | 滨水生态范围 | 1.000 | 0.709 | 0.609 | 0.000 | 1.000 | 1.000 | 0.000 | 0.000 | 0.000 | 0.333 | 0.000 | 0.000 |
| | 鸟类活动范围 | 0.000 | 0.113 | 0.193 | 0.000 | 0.000 | 0.000 | 0.500 | 0.000 | 0.000 | 0.333 | 0.000 | 0.000 |
| | 陆生动物活动范围 | 0.000 | 0.179 | 0.198 | 0.000 | 0.000 | 0.000 | 0.500 | 0.000 | 0.000 | 0.333 | 0.000 | 0.000 |
| 经济 | 土地价值增加 | 0.000 | 1.000 | 1.000 | 0.000 | 0.000 | 0.000 | 0.000 | 0.000 | 0.000 | 0.000 | 1.000 | 1.000 |
| 社会 | 社会服务价值 | 1.000 | 0.000 | 0.000 | 0.000 | 0.000 | 0.000 | 0.500 | 0.250 | 0.250 | 0.000 | 0.000 | 1.000 |
| | 景观价值 | 0.000 | 1.000 | 1.000 | 0.000 | 0.000 | 0.000 | 0.500 | 0.750 | 0.750 | 1.000 | 0.000 | 0.000 |

**表 4.5-31 收益子网络加权超矩阵**

| 元素 | | 评估方案 | | | 水文地貌 | | | 生物 | | | 经济 | 社会 | |
|---|---|---|---|---|---|---|---|---|---|---|---|---|---|
| | | 方案 1 | 方案 2 | 方案 3 | 洪水频率 | 漫滩宽度 | 漫滩与河槽连接度 | 滨水生态范围 | 鸟类活动范围 | 陆生动物活动范围 | 土地价值增加 | 社会服务价值 | 景观价值 |
| 方案 | 方案 1 | 0.000 | 0.000 | 0.000 | 0.097 | 0.074 | 0.136 | 0.028 | 0.071 | 0.080 | 0.057 | 0.613 | 0.091 |
| | 方案 2 | 0.000 | 0.000 | 0.000 | 0.518 | 0.452 | 0.512 | 0.149 | 0.380 | 0.423 | 0.141 | 0.123 | 0.273 |
| | 方案 3 | 0.000 | 0.000 | 0.000 | 0.183 | 0.183 | 0.215 | 0.053 | 0.202 | 0.150 | 0.349 | 0.123 | 0.273 |
| 水文地貌 | 洪水频率 | 0.313 | 0.169 | 0.140 | 0.000 | 0.000 | 0.000 | 0.000 | 0.000 | 0.000 | 0.091 | 0.000 | 0.000 |
| | 漫滩宽度 | 0.000 | 0.028 | 0.037 | 0.151 | 0.000 | 0.000 | 0.000 | 0.000 | 0.000 | 0.091 | 0.000 | 0.000 |
| | 漫滩与河槽连接度 | 0.000 | 0.069 | 0.088 | 0.050 | 0.179 | 0.000 | 0.000 | 0.000 | 0.000 | 0.091 | 0.000 | 0.000 |
| 生物 | 滨水生态范围 | 0.599 | 0.360 | 0.309 | 0.000 | 0.113 | 0.137 | 0.000 | 0.000 | 0.000 | 0.023 | 0.000 | 0.000 |
| | 鸟类活动范围 | 0.000 | 0.057 | 0.098 | 0.000 | 0.000 | 0.000 | 0.324 | 0.000 | 0.000 | 0.023 | 0.000 | 0.000 |
| | 陆生动物活动范围 | 0.000 | 0.091 | 0.101 | 0.000 | 0.000 | 0.000 | 0.324 | 0.000 | 0.000 | 0.023 | 0.000 | 0.000 |
| 经济 | 土地价值增加 | 0.000 | 0.151 | 0.151 | 0.000 | 0.000 | 0.000 | 0.000 | 0.000 | 0.000 | 0.000 | 0.141 | 0.105 |
| 社会 | 社会服务价值 | 0.089 | 0.000 | 0.000 | 0.000 | 0.000 | 0.000 | 0.061 | 0.087 | 0.087 | 0.000 | 0.000 | 0.258 |
| | 景观价值 | 0.000 | 0.075 | 0.075 | 0.000 | 0.000 | 0.000 | 0.061 | 0.260 | 0.260 | 0.109 | 0.000 | 0.000 |

表 4.5-32 收益子网络极限超矩阵

| 元素 | | 评估方案 | | | 水文地貌 | | | 生物 | | | 经济 | 社会 | |
|---|---|---|---|---|---|---|---|---|---|---|---|---|---|
| | | 方案 1 | 方案 2 | 方案 3 | 洪水频率 | 漫滩宽度 | 漫滩与河槽连接度 | 滨水生态范围 | 鸟类活动范围 | 陆生动物活动范围 | 土地价值增加 | 社会服务价值 | 景观价值 |
| 方案 | 方案 1 | 0.071 | 0.071 | 0.071 | 0.071 | 0.071 | 0.071 | 0.071 | 0.071 | 0.071 | 0.071 | 0.071 | 0.071 |
| | 方案 2 | 0.189 | 0.189 | 0.189 | 0.189 | 0.189 | 0.189 | 0.189 | 0.189 | 0.189 | 0.189 | 0.189 | 0.189 |
| | 方案 3 | 0.109 | 0.109 | 0.109 | 0.109 | 0.109 | 0.109 | 0.109 | 0.109 | 0.109 | 0.109 | 0.109 | 0.109 |
| 水文地貌 | 洪水频率 | 0.075 | 0.075 | 0.075 | 0.075 | 0.075 | 0.075 | 0.075 | 0.075 | 0.075 | 0.075 | 0.075 | 0.075 |
| | 漫滩宽度 | 0.026 | 0.026 | 0.026 | 0.026 | 0.026 | 0.026 | 0.026 | 0.026 | 0.026 | 0.026 | 0.026 | 0.026 |
| | 漫滩与河槽连接度 | 0.037 | 0.037 | 0.037 | 0.037 | 0.037 | 0.037 | 0.037 | 0.037 | 0.037 | 0.037 | 0.037 | 0.037 |
| 生物 | 滨水生态范围 | 0.154 | 0.154 | 0.154 | 0.154 | 0.154 | 0.154 | 0.154 | 0.154 | 0.154 | 0.154 | 0.154 | 0.154 |
| | 鸟类活动范围 | 0.073 | 0.073 | 0.073 | 0.073 | 0.073 | 0.073 | 0.073 | 0.073 | 0.073 | 0.073 | 0.073 | 0.073 |
| | 陆生动物活动范围 | 0.079 | 0.079 | 0.079 | 0.079 | 0.079 | 0.079 | 0.079 | 0.079 | 0.079 | 0.079 | 0.079 | 0.079 |
| 经济 | 土地价值增加 | 0.060 | 0.060 | 0.060 | 0.060 | 0.060 | 0.060 | 0.060 | 0.060 | 0.060 | 0.060 | 0.060 | 0.060 |
| 社会 | 社会服务价值 | 0.049 | 0.049 | 0.049 | 0.049 | 0.049 | 0.049 | 0.049 | 0.049 | 0.049 | 0.049 | 0.049 | 0.049 |
| | 景观价值 | 0.078 | 0.078 | 0.078 | 0.078 | 0.078 | 0.078 | 0.078 | 0.078 | 0.078 | 0.078 | 0.078 | 0.078 |

**表 4.5-33　黑洼水库报废综合决策结果**

| 项目<br>方案 | 收益 | 成本 | 风险 | 幂指数比率 | | 互反总量集成 | |
|---|---|---|---|---|---|---|---|
| | | | | 最终优势度 | 归一化 | 最终优势度 | 归一化 |
| 方案 1 | 0.071 | 0.112 | 0.350 | 2.184 | 0.257 | 1.490 | 0.097 |
| 方案 2 | 0.189 | 0.143 | 0.121 | 2.990 | 0.352 | 3.021 | 0.197 |
| 方案 3 | 0.109 | 0.245 | 0.028 | 3.326 | 0.391 | 10.787 | 0.705 |

4）计算结果

由表 4.5-31 可看出，不同的控制准则下，评估方案的优势度排序是变化的。使用幂指数比率和互反总量集成法集成最终优势度，结果显示，尽管方案 3 收益并非最多，且成本最高，但是该方案能消除溃坝风险，且能有效降低洪水风险，因此综合分析后方案 3 的整体效能最佳。当然，该结论是基于 3 个控制准则中以风险为重，看轻收益和成本的权重划分前提下，如果对各准则权重进行调整，方案优势可能随之更改。

## 4.5.5　拆坝生态环境影响评价方法

水库报废生态环境影响不仅取决于生态环境的自然属性，更受到人类认知水平和社会需求的影响。此外，不同水库在坝型、建坝地域、运行时间等方面均存在差异，水库报废生态环境影响还具有明显的时限和地域特征。

### 4.5.5.1　生态环境背景信息采集与调查

生态环境背景信息采集与调查是水库报废拆坝生态环境影响评估的重要部分，一方面可以诊断当前生态系统的健康状况、确定对拆坝敏感的生态环境因子；二是可以为评估水库报废生态环境影响提供背景信息。

（1）水量及水质

水量与水质的调查对象包括地表水与地下水及两者间的联系。

水质通常用物理、化学及生物指标进行定义。水质典型的物理参数包括流速、溶解氧浓度、温度、浊度、硬度、含碱量、pH 值、导电性、化学及生物氧需求量、总悬浮固体物质量、总溶解固体物质量以及粪便大肠菌；化学参数包括营养物质、金属性以及关键方面的致污物含量；生物参数包括鱼丰度指数及种类、无脊椎动物、浮游生物以及水生生境。

地表水需要采集与调查水库水域及水循环间的相关作用信息，包括泄流区域、流域降水与蒸发量、渗透量、径流量、流速及流量、水的用途以及水质。

地下水需采集与调查现有地下水位、河流及地下水流量和流态、河流位置以及外露的地表区域、水温及地下水温度、河流及地下水水质化学分析、河流中的悬浮沉淀物质以及河床内的沉积物等信息。

（2）泥沙

对库内淤积的泥沙，需要采集和调查拦沙量、空间分布、颗粒级配、化学成分及其输移规律等信息。

（3）鱼类及其他水生群落

鱼类及其他水生群落相关信息采集与调查的目的主要是为了预测支持水生栖息地及生物群落所需的流速与流量。

库区、上游支流及下游河道内的鱼类及其他水生群落物种，可使用相关设备进行采集，也可对鱼的胃含物进行研究，从而获取有关河水中物种及掠食关系有关的信息。此外，需要对水库栖息地进行实地勘察，确定有代表性的地下水位横断面图，以及水质与温度突变层发展规律。评估库区鱼类的繁衍能力时，可采用撒网的方式采集浮游植物及浮游动物的标本。

（4）陆生动物

栖息地环境及关键指示物种通常会提供有用信息。应对水库周边与潜在影响区域现有陆生动物种群及其重要栖息地进行调查，掌握关键种群及其迁徙路径。

（5）植被

库区现有植被均应详细清查，可利用航拍照片结合实地考证收集相关信息。

（6）土地使用情况

需要调查现有工程用地及潜在影响区域的位置、数量以及土地使用情况。土地使用及所有权可能受报废方案的影响，因此应明确界定，包括娱乐性用地、商业用地、公共用地和私人财产，均应当纳入考虑范围。地图、航拍图片可用以显示开发的位置、范围、土地使用类型。

（7）景观资源

景观资源指水库周边自然及人造的风景特征。野生生物、水资源、植被、岩层、土地使用、地形地貌、河流形态，乃至鸟及昆虫鸣叫、微风与花朵芳香都是景观资源。

#### 4.5.5.2 评价尺度

评价尺度决定了评价对象的时空范围，评价范围大小为研究的空间幅度，评价时段长短为时间跨度。

对于空间尺度而言，综合衡量区域范围才能得出符合实际的生态环境影响结论。不同河段对拆坝行为的反映可能截然相反，且影响因素在不同空间范围下可能被忽视或者被夸大。拆除具有防洪功能的大坝，上游及库区水位下降，河道的行洪能力增加，洪水风险减小；但下游丧失水库调蓄功能，引发洪水风险增加的不利影响。在河段尺度下较大的影响，放到流域背景中可能被忽略，这样无法对真实状况进行评价；反之，仅从局部开展评价也可能将某些因素的影响程度扩大，同样与实际状况不符。

对于时间尺度而言，同一空间范围内、相同的影响因素在不同的时间跨度下对生态环境造成的影响也可能不同。以拆坝后河流水质的变化为例，拆坝初期河流连通性恢复，上游河道及库区污染物扩散速度加快，水质将有所改善，下游河道输沙负担增加，浑浊度增加，若泥沙中含有污染物，必导致水质恶化，但从长跨度来说，拆坝后其上下游的水质终会趋于一致，河道污染物浓度变化过程见图4.5-34。一般而言，评价体系仅反映评价指标获取时刻的环境状态。

我国现阶段报废水库绝大多数为小型水库，其对生态环境的影响范围也较小，空间尺度上可考虑水库上游、库区及下游受水库报废影响的区域。

#### 4.5.5.3 评价目标

（1）评价目标与生态修复目标

评价目标代表评价者对水库报废后生态恢复效果的预期，预期效果常选择河流历史上

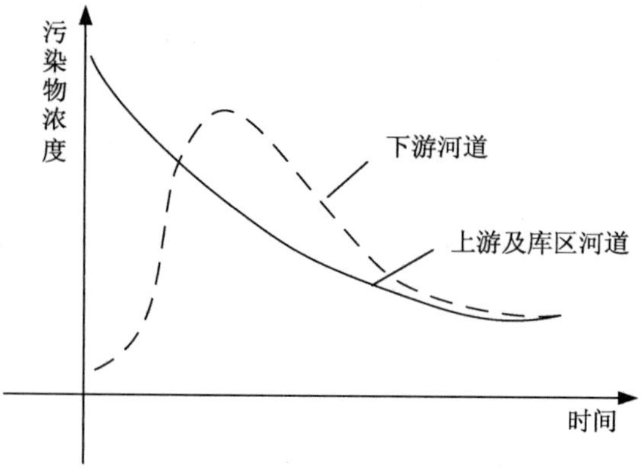


**图 4.5-34　河道上游、库区及下游河道水质变化过程示意图**

某特定时期的生态环境状态作为基准。

国际生态恢复学会（International Society for Ecological Restoration）提出，生态修复是帮助研究和管理原生生态系统完整性的过程，是仿效一个自然的、具有自我调节功能的系统，需要通过重建水文地貌环境、化学物质清除或调整以及生物处理等过程实现。据此，有学者拟定了生态恢复的具体内涵，见表 4.5-34。

**表 4.5-34　生态修复的具体内涵及定义**

| 序号 | 内　涵 | 定　义 |
|---|---|---|
| 1 | 恢　复<br>（Restoration） | 使一个生态系统回到其没有受到干扰前的接近状态，对资源的生态破坏得到了修复，生态系统的结构和功能两方面均被修复 |
| 2 | 修　复<br>（Rehabilitation） | 部分返回生态系统受干扰前的结构和功能，使它原来定居的物种能够重新定居，或者使原来物种相似的物种能够定居 |
| 3 | 增　强<br>（Enhancement） | 改善现有生态系统，使环境质量有一定程度的提升 |
| 4 | 创　造<br>（Recreation） | 因人类干预，开发出一个新的生态系统，形成新的河流地貌条件和生态群落 |
| 5 | 自然化<br>（Naturalization） | 在人类活动干预下，如河流地貌和生态环境恢复，形成一个具有河流地貌多样性和生物多样性、动态稳定、具有自我调节功能的新生态系统，该生态系统与原始系统相异 |

"生态恢复"在学术上存在多种定义，生态恢复目标变化，生态恢复预期效果也不尽相同，使得评价生态环境的对照状态和历史节点随之变化。比如，生态修复的目标为"完全恢复生态"，即返回历史上生态系统完全不受外界干扰的状态，需以河流未受任何干扰的原始状态作为评价目标；又如，生态修复的目标为"修复生态"，部分返回生态系统受干扰前的结构和功能，可考虑以建坝前的河流状态为评价目标。所以说，水库报废生态恢复的目标间接影响了水库报废生态环境影响的评价目标。

（2）评价目标的确定

评价目标直接影响评价指标的选择及其定量、定性分析结果。在评价水库报废生态环

境影响前，需充分考虑我国目前的基本情况，结合水库报废的主要原因，选择适宜的修复定义，对比相应历史节点，制定科学、合理的评价目标。

美国全国科学研究委员会（NRC）认为，人类不可能复制地质年代事件中的生物化学与气候序列，也不存在完美的生态恢复。生态系统完全复原只在理论上可行，实践中仅能根据自然物理环境条件近似恢复或重建动植物种群。我国治水历史悠久，河流生态环境在人为干预下已发生了巨大变化，只有极少河流保留原始生态，且在自然力和人类活动的影响下，河流生态系统已经形成了新的平衡状态，如果试图通过拆坝使生态系统逆转，完全恢复到受干扰前的状态可能性不大。期望拆坝后生态环境完全恢复缺乏经济和科学基础。

依据我国国情，水库报废生态评价的首要目标是评判生态系统是否稳定。在保证拆坝后生态系统状况健康的前提下，可考虑更高的目标。图 4.5-35 中阴影部分表示的“包络面”是现实社会、经济及工程约束下能够实现的评价目标，只要生态系统的状态变量经恢复达到“包络面”，就可认为生态系统得到了合理恢复。

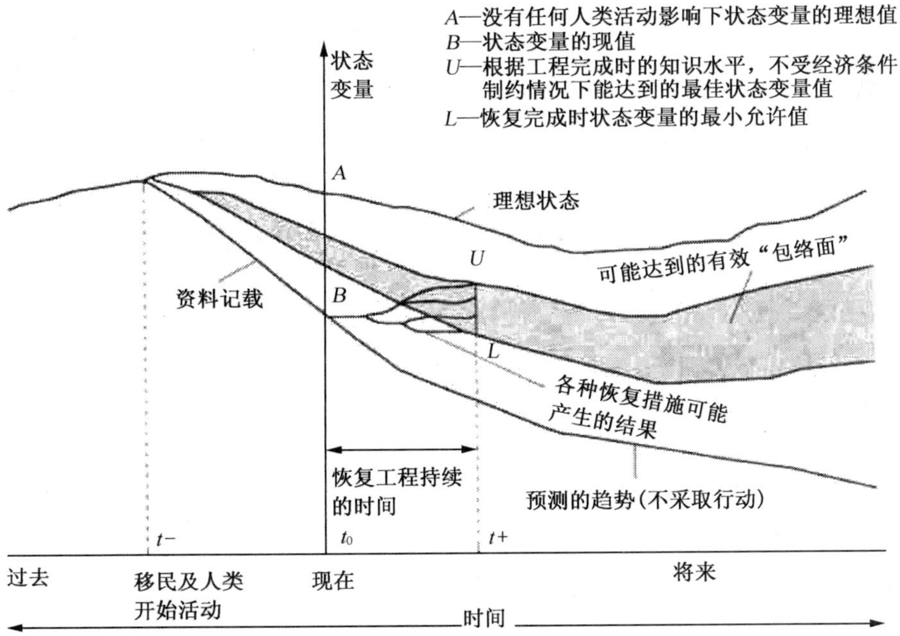


**图 4.5-35　水库报废拆坝后生态恢复场景示意图**

总之，我国现阶段水库报废生态恢复的首要目标是避免水库报废对现阶段生态环境造成显著不利影响；其次，在技术可行，且经济社会许可的前提下对生态环境进行“自然化”修复，立足于河流生态系统现状，在充分发挥生态系统自我修复功能的基础上，辅以适宜的人为修复对策，使生态系统逐步得到修复，并维持可持续性发展。

### 4.5.5.4　评价指标

由于河流生态系统的复杂性，且各拆坝案例的独特性，需综合考虑水库工程特征、生态状况、经济社会现状，筛选具有代表性的指标。

选择的评价指标须能真实客观、完整准确地反映其生态环境及社会影响状况，因此，在

构建评价指标体系时，能否找到易于理解、便于监测、可操作性强的关键指标来表征生态环境总体情况是构建水库报废生态环境影响评价指标体系的关键。

（1）选取原则

1）科学性。指标概念须明确，具有明确的科学内涵，能客观反映生态要素的基本特征，并能较好地度量不同拆坝实例对生态环境影响的程度，科学地反映生态环境状况的总体水平。

2）层次性。河流生态环境受到河流地貌、生物特征和人类干预等多层次的影响，需根据流域生态环境的层次性特点，综合考虑经济社会、环境资源、人文历史等多个方面，分层设置指标开展系统的评价。

3）代表性和独立性。指标的选取不求多而在精，筛选出独立且代表性强，能较好反映出生态环境状态的指标。

4）地域性原则。不同尺度、不同区域的评价目标，在选择指标时要因地制宜，考量区域性和地带性的差异。

（2）指标筛选

水库报废生态环境影响指标分为基础指标和特性指标。但不论是哪类指标均需进行实地调查或收集资料，从而获得准确参数。水库报废生态环境影响常用指标见表 4.5-35。

**表 4.5-35　水库报废生态环境影响评价的常用指标**

| 类型 | 编号 | 指标 | 表征内涵/适用条件 |
|---|---|---|---|
| 基本指标 | 1 | 河道行洪能力 | 坝址断面的过水能力 |
| | 2 | 河岸稳定性 | 该指标涵盖岸坡倾角、植被覆盖率、河岸冲刷迹象等一系列指标，可用以评价水文条件改变对河道岸坡稳定的影响 |
| | 3 | 生物多样性 | 水库报废后物种群落恢复程度 |
| | 4 | 优势物种完整度 | 反映水库报废后物种类别变化，是物种入侵判断依据之一 |
| | 5 | 经济增长率 | 该指标可通过影响区域 GDP 增长幅度、居民人均年纯收入影响等经济指标衡量，反映水库报废对经济社会的影响 |
| | 6 | 公众满意度 | 反映水库报废影响区域社会公众对现状的满意程度 |
| 特性指标 | 1 | 洪水风险 | 对于具有防洪功能的水库，建议就水库报废后水文情势变化，对下游区域的洪水风险进行系统评价 |
| | 2 | 水质 | 对库区泥沙污染物超标的水库，评价影响范围内河流水质 |
| | 3 | 珍稀/濒危物种恢复 | 适用于因筑坝导致珍贵物种数量减少，评价现阶段物种恢复程度 |
| | 4 | 生态输水满足度 | 适用于因生态环境退化严重而报废的水库 |
| | 5 | 效益补偿保障率 | 水库报废前仍具有部分社会效益，该指标可用于评价影响区替代措施的效益保障度，如供水保障率 |
| | 6 | 人员再就业率 | 适用于因水库报废，其管理机构被撤销或编制缩小，造成大量人员变动的情况 |
| | 7 | …… | …… |

基础指标反映了水库报废生态环境影响的共性指标，适用于大多数的生态环境影响评价，该类指标反映了生态环境影响的基本特征和属性。如河道断面行洪能力、河道生物多样性指标、公众满意度等指标。

特性指标为反映水库报废拆坝的独有特征指标。这类指标通常需根据报废水库具体情况，结合报废原因及区域特征筛选。如库区淤积泥沙污染物含量超标，需调查污染物扩散情况，则下游河道水质指标就是该案例的特性指标。

当然，指标选取也可通过专家咨询和主成分分析等常用方法筛选。专家咨询法通过专家知识和经验，对各指标进行比较，去除指标权重最小的指标。以主成分分析为核心的因子分析方法在进行相互关联指标项综合集成与重复信息处理方法中，具有独特优势。主成分分析方法是通过原始变量的线性组合，把多个原始指标减少为有代表意义的少数几个指标，以使原始指标能更集中更典型地表明研究对象特征的一种统计方法。

#### 4.5.5.5 评价模型框架

水库报废生态环境影响评价体系框架包含 3 个层次：状态层、准则层和指标层，具体框架结构如图 4.5-36 所示。状态层表明研究对象的评价状况，评价结果分为 5 级：优、良、中、差、劣。评价等级划分标准见表 4.5-36。

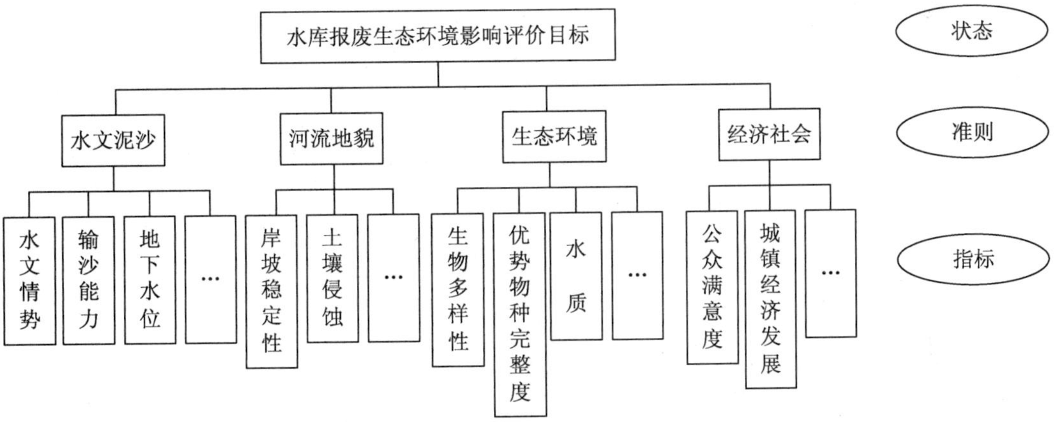


图 4.5-36 水库报废生态环境影响评价模型框架

表 4.5-36 生态环境评价结果分级标准

| 等 级 | 评价结论 | 备 注 |
|---|---|---|
| 1 | 优 | 接近参考状况或预期目标 |
| 2 | 良 | 与参考状况或预期目标存在较小差异 |
| 3 | 中 | 与参考状况或预期目标存在一定差异 |
| 4 | 差 | 与参考状况或预期目标存在较大差异 |
| 5 | 劣 | 与参考状况或预期目标存在显著差异 |

准则层为水库报废对生态环境影响因素的分类，如水文水资源、河流地貌、生态环境和经济社会等。准则层因素的选取不尽相同，需根据报废水库具体工程情况，凝练关键方面和经济社会关注度高的影响类别。如水库报废前病险严重，但具有部分经济社会效益，报废影

响准则可以经济社会及水文影响为重。

#### 4.5.5.6 生态环境监测

水库报废产生的影响因地而异，有明显的个性化特征，应对水库报废后的生态环境定期开展监测，了解水库报废拆坝后的生态环境变化。生态环境监测需持续到河流生态系统重新达到较稳定的平衡状态为止。通常情况下，河流在 5 年时间内可重新建立平衡。

定期开展生态环境监测不但能了解生态修复状态，为生态环境影响评价提供资料支撑，以便及时识别问题，采取适当人为干预措施，维护生态可持续健康；还能获取长系列的监测资料，提高人们对拆坝生态反馈的认识。

（1）监测内容

生态环境监测应以拆坝前的生态状况为基准，记录水库报废后上游、库区及下游河流受影响的时间长短、空间范围及规模大小。监测对象可选取利益相关者重视的影响内容，确定影响出现时间，了解其发展过程；也可以针对修复措施进行监测，便于评价修复效果，为修复方案调整提供依据。为保证数据收集的质量和可靠性，每个调查小组应至少由两人组成，至少有一人参与整个调查，以确保调查方法的一致性。

根据水库报废的影响，可以将监测对象分为 5 类，即物理影响、化学影响、生物影响、经济影响和社会影响，具体见表 4.5-37。

**表 4.5-37 生态环境监测具体内容**

| 调查对象 | 编号 | 监测内容 |
|---|---|---|
| 物理影响 | 1 | 水库下游水文条件变化（如洪峰流量、最枯流量、年平均流量以及实时流量等） |
| | 2 | 库区及其上游的泥沙冲刷情况 |
| | 3 | 水库下游的泥沙淤积情况 |
| | 4 | 泥沙粒径分析 |
| | 5 | 推移质分布与运动情况 |
| | 6 | 河道地形地貌特征（包括横断面与纵断面） |
| | 7 | 洪泛平原地形地貌特征 |
| | 8 | 地下水补给条件 |
| | 9 | 流域分割情况 |
| 化学影响 | 1 | 水质参数：溶解氧、温度、pH 值、浑浊度、营养物等 |
| | 2 | 营养物质的季节性变化 |
| | 3 | 有机污染物质的重新分布情况 |
| | 4 | 颗粒有机物质的重新分布情况 |
| 生物影响 | 1 | 藻类生物量与物种组成的变化 |
| | 2 | 底栖大型无脊椎动物群的变化 |
| | 3 | 淡水贝类栖息地的变化 |
| | 4 | 修复的鱼类通道及其分布 |

续表

| 调查对象 | 编号 | 监测内容 |
|---|---|---|
| 生物影响 | 5 | 鱼类寄生虫的减少量 |
| | 6 | 鱼类群落结构的变化 |
| | 7 | 外来与入侵物种数量与分布的变化 |
| | 8 | 深潭栖息地的变化 |
| | 9 | 湿地数量与类型的变化 |
| | 10 | 洪泛区与河道的关联度 |
| | 11 | 滨水植物的变化 |
| | 12 | 水禽数量的变化 |
| 经济影响 | 1 | 水库运行维护以及水库报废的成本—效益 |
| | 2 | 水库周边地产价值的变化 |
| | 3 | 丧失的与获得的服务功能的价值 |
| | 4 | 受影响的水库周边地区基础设施运行与维护费用的变化 |
| | 5 | 当地商业收益的变化 |
| 社会影响 | 1 | 公众对水库报废的态度随时间的变化情况 |
| | 2 | 地区规划的变化情况 |
| | 3 | 对公共安全的态度的变化情况 |
| | 4 | 滨水地产的变化情况 |
| | 5 | 休闲娱乐方式的变化情况 |

(2) 监测方法

可通过观察、照片、视频、量测等方法对监测对象进行记录和定性描述;定量监测是通过现场勘察测量、室内实验等技术手段获得测量统计数据,进行定量描述。

定量监测通常分为以下 3 类:

1) 原地观测

通过野外考察、定位长期观测和原地实验等不同方法,在自然界原生境对生物与环境关系进行考察。

2) 受控实验

模拟自然生态系统并将其中某些因子变成人为控制,从而研究单项或多项因子的相互作用及其对种群或群落的影响。

3) 综合研究

利用归纳和分析、数值分类与排序、生态模型和模拟等手段对原地观测或受控实验获得的资料和数据进行分析,揭示各种变量间的相互关系,反映客观生态规律性。

**4.5.5.7 关键指标及其评价标准**

(1) 水文泥沙指标及其分级标准

1) 坝址断面行洪能力

① 对于大坝挡水结构保留或仅部分拆除的情况，需进行行洪复核，根据工程运行管理要求及调度规程，通过调洪演算，判断挡水结构的洪水风险。

可采用防洪安全指数 $F_1$ 作为评价标准。$F_1$ 采用工程现状防洪标准与要求防洪标准的比值来表征，反映河道防洪安全程度。其指标分级如表 4.5-38 所示。

**表 4.5-38　行洪能力满足程度指标分级标准(拦河建筑部分或全部保留)**

| 评价指标 | 评价标准 | | | | |
|---|---|---|---|---|---|
| | 优 | 良 | 中 | 差 | 劣 |
| 行洪能力 $F_1$ | (+∞,1] | (1,0.80) | [0.80,0.60) | [0.60,0.30) | [0.3,0) |

② 对于拦河大坝全部拆除的情况，用河槽过流能力作为评价指标。

河槽过流能力是河流主槽横断面形态、断面大小和边壁糙度 3 个因素的综合体现，并不能反映河流流量大小。

平滩流量是一个综合反映了主河槽横断面面积、主河槽深度、坡降和边壁糙度的因子，可反映主河槽在水位与滩面平齐情况下的过流能力，是一个表征河槽形态和大小的指标。在坝址上下游选取河道条件相似的河段，将该段平滩流量设为标准值，以坝址处平滩流量与标准值的比值 $F_2$ 代表河槽的过流能力。$F_2$ 越高越安全，其具体分级标准如表 4.5-39 所示。

**表 4.5-39　过流能力满足程度指标分级标准(拦河建筑全部拆除)**

| 评价指标 | 评价标准 | | | | |
|---|---|---|---|---|---|
| | 优 | 良 | 中 | 差 | 劣 |
| 过流能力 $F_2$ | (+∞,1] | (1,0.80) | [0.80,0.60) | [0.60,0.30) | [0.3,0) |

2) 泥沙质量

含有污染物的库区淤积泥沙不经处理将对生态环境造成严重影响。若水库上游工业、农业以及其他产业较密集，污染物排放量可能超标，需进行取样检测，判断分析泥沙污染的种类和程度。此处将环境背景污染物含量与泥沙中污染物的含量的比值定为泥沙质量指标 $Q$，其分级标准见表 4.5-40。

**表 4.5-40　泥沙质量指标分级标准**

| 评价指标 | 评价标准 | | | | |
|---|---|---|---|---|---|
| | 优 | 良 | 中 | 差 | 劣 |
| 泥沙质量 $Q$ | (+∞,1] | (1,0.80) | [0.80,0.60) | [0.60,0.30) | [0.3,0) |

(2) 河流地貌指标及其分级标准

1) 河岸稳定性

河岸稳定性是表征河道稳定性的指标之一。稳定岸坡不易在岸边发现石头、块石或根系植被；反之，易于侵蚀的河岸通常植被覆盖率低、植物根系及土壤暴露，且存在坍塌裂隙及水力冲刷等现象。河岸稳定性评估要素包括岸坡倾角、河岸高度、基质类别、坡植被覆盖率和坡脚冲刷强度，各指标分级标准如表 4.5-41 所示。

**表 4.5-41 河岸稳定性评价指标分级标准**

| 岸坡特征 | 评价标准 | | | | |
|---|---|---|---|---|---|
| | 优 | 良 | 中 | 差 | 劣 |
| 斜坡倾角(°) | 0～15 | 15～30 | 30～40 | 40～50 | 50～60 |
| 植被覆盖率(%) | 75～100 | 50～75 | 40～50 | 25～40 | 0～25 |
| 岸坡高度(m) | 0～1 | 1～2 | 2～3 | 3～4 | >4 |
| 基质类别 | 基岩 | 岩土 | 黏土 | 壤土 | 沙土 |
| 河岸冲刷强度 | 无 | 轻度 | 中度 | 较严重 | 重度 |

2）土壤侵蚀强度

土壤侵蚀强度是以单位面积、单位时段内发生的土壤侵蚀量为指标划分的侵蚀等级，表征区域的水土流失状况，可采用土壤侵蚀模数和土壤侵蚀厚度两种方式表达。按照《土壤侵蚀分类分级标准》(SL 190)，土壤侵蚀强度指标分级标准见表 4.5-42。

**表 4.5-42 土壤侵蚀强度划分标准及指标分级标准**

| 级别 | 平均侵蚀模数[t/(km² · a)] | | | 平均流失厚度(mm/a) | | | 指标评价标准 |
|---|---|---|---|---|---|---|---|
| | 西北黄土高原地区 | 东北黑土区/北方土石山区 | 南方红壤丘陵/西南土石山区 | 西北黄土高原地区 | 东北黑土区/北方土石山区 | 南方红壤丘陵/西南土石山区 | |
| 微度 | <1 000 | <200 | <500 | <0.75 | <0.15 | <0.37 | 优 |
| 轻度 | 1 000～2 500 | 200～2 500 | 500～2 500 | 0.74～1.9 | 0.15～1.9 | 0.37～1.9 | 良 |
| 中度 | 2 500～5 000 | | | 1.9～3.7 | | | 中 |
| 强度 | 5 000～8 000 | | | 3.7～5.9 | | | 差 |
| 极强度 | 8 000～15 000 | | | 5.9～11.1 | | | 劣 |
| 剧烈 | >15 000 | | | >11.1 | | | |

（3）生物指标及其分级标准

1）生物多样性指数

生物多样性可定义为生物中的多样化和变异性以及物种的生态复杂性，一般包括遗传多样性、物种多样性、生态系统多样性 3 个方面，是衡量生物资源丰富程度的客观指标。多样性指数包括两方面含义，既能表征区域内物种的丰富度，称为区域物种多样性；又能表征生态学上物种分布的均匀度，称为生态多样性或群落多样性。

选取具有代表性的指示物种可表征评价对象的物种现状。如底栖动物目前已被广泛应用于生态评估，通过对大型底栖动物多样性指标进行监测，可以较为全面和科学地了解河湖生态现状。又如建坝导致河道中鱼类数目减少，对鱼类多样性指标进行评测，可了解河道中鱼类种群的恢复程度。

通常采用 Simpson 指数 $D_1$ 综合反映生物群落中物种的丰富程度和均匀程度。其计算公式如下：

$$D_1 = 1 - \sum_{i=1}^{s} (N_i - N)^2 \qquad (4.5\text{-}23)$$

式中：$S$——评价生物物种数；

$N_i$——第 $i$ 种生物的个数；

$N$——群落中观察到的全部生物的个数总数。

根据 Simpson 指数的生态含义及取值范围，其分级和评价标准见表 4.5-43。

**表 4.5-43　生物多样性指数指标分级标准**

| 评价指标 | 评价标准 | | | | |
|---|---|---|---|---|---|
| | 优 | 良 | 中 | 差 | 劣 |
| 生物多样性指数 $D_1$ | [1,0.85) | [0.85,0.75) | [0.75,0.60) | [0.60,0.35) | [0.35,0) |

2）指示生物完整度

指示生物是指对某一环境特征具有某种指示特性的生物。指示生物完整度可间接反映生境现状，是评价生态环境状况的重要指标之一。

通常来说，鱼类个体特征明显，易于观察，且不同的鱼类对水环境有着各异的偏好，所以鱼类是水环境监测的重要指示物种。指示鱼类完整度指标 $D_2$ 反映河流内某指示鱼类种群完整状况，可表征现阶段河段的生态状况。该指标计算公式如下，分级和评价标准见表 4.5-44。

$$D_2 = \frac{I_{现}}{I_{历}} \tag{4.5-24}$$

式中：$I_{现}$——目前存留的指示鱼类种群集合数；

$I_{历}$——历史上指示鱼类种群集合数。

**表 4.5-44　指示生物完整度指数指标分级标准**

| 评价指标 | 评价标准 | | | | |
|---|---|---|---|---|---|
| | 优 | 良 | 中 | 差 | 劣 |
| 指示生物完整度指数 $D_2$ | [1,0.80) | [0.80,0.60) | [0.60,0.40) | [0.40,0.20) | [0.20,0) |

3）优势物种完整度

优势物种是指群落中占优势的种类，它在群落中数量最大，且对生境影响最大。从一定程度上来说，优势物种表征了生境的结构特征，该指标可反映生境内物种的变化，可视为物种入侵的评判指标之一。

以鱼类为例，选择该河段历史上捕捞鱼类产量在前 10 的品种作为优势鱼类，与目前捕捞鱼类产量前 10 的品种相对比，该指标可表征水库报废后鱼类的物种变化。优势鱼类完整度指数分级标准见表 4.5-45，其计算方法如下：

$$D_3 = \frac{N}{10} \tag{4.5-25}$$

式中：$N$——原优势鱼类中现捕捞量仍位于前 10 位的种类个数。

**表 4.5-45　优势鱼类完整度指数指标分级标准**

| 评价指标 | 评价标准 | | | | |
|---|---|---|---|---|---|
| | 优 | 良 | 中 | 差 | 劣 |
| 优势鱼类完整度指数 $D_3$ | [1,0.80) | [0.80,0.60) | [0.60,0.40) | [0.40,0.20) | [0.20,0) |

(4) 经济社会指标及其分级标准

1) 人均年纯收入

居民人均年纯收入比 $S_1$ 为水库报废后居民人均纯收入和报废前年均纯收入之比。该指标是衡量水库报废后该区域发展生产水平和居民生活水平高低、社会稳定的代表性指标，其分级标准见表 4.5-46。

**表 4.5-46　人均年纯收入变化指数指标分级标准**

| 评价指标 | 评价标准 | | | | |
|---|---|---|---|---|---|
| | 优 | 良 | 中 | 差 | 劣 |
| 人均年纯收入变化指数 $S_1$ | (+∞,1] | (1,0.80) | [0.80,0.70) | [0.70,0.50) | [0.5,0) |

2) 景观舒适度

景观由自然景观和人文景观两大类组成，以自然地理和生态环境为表现的景观为自然景观；因人类生产、生活创造的具有文化内涵的景观，称为人文景观。景观具有美学观念，是人类对环境的一种感知，也是人类审美情趣的需求。

景观舒适度是人类对环境景观的整体印象和感受的综合评判，可根据具体景观特点设计相应调查表格，采用公众调查与专家评判相结合的方法，定性评估水库报废后的景观舒适度。评价可以从景观布局、景观动态、人体感受 3 方面进行。景观布局包括景观结构、色彩、光照条件等方面；景观动态指景观格局随时间的变化，包括随昼夜、季节不同呈现的变化和差异等；人体感受指人临其境除视觉外的其他感受，包括气味、温度、湿度及声音等。

公众调查表样式如表 4.5-47 所示。调查对象应优先选择水库报废影响范围内的公众、相关行业主管部门和专家等。

**表 4.5-47　景观舒适度公众调查问卷参考样式**

| 个人基本情况 | | | | | |
|---|---|---|---|---|---|
| 姓名 | | 性别 | | 年龄 | |
| 文化程度 | | 职业 | | 联系方式 | |
| 公众调查内容 | | | | | |
| (1) 定居该市(镇)居住时间<br>① 水库拆除前　② 水库拆除后 | | | | | |
| (2) 所属公众类型<br>① 水库区域内居民　② 非区域内居民，但属流域管理者　③ 非区域内居民　④ 游客 | | | | | |
| (3) 河流雨季水量情况<br>① 水量多，且漫出河道，造成经济损失　② 水量多，但无经济损失　③ 水量少　④ 不好判断 | | | | | |

续表

| 公众调查内容 |
| --- |
| (4) 河岸带植被状况<br>① 河滩上树草数量很多　② 河滩上树草数量很少　③ 河滩边是农田 |
| (5) 河流里鱼类情况<br>① 数量少很多　② 数量少了些　③ 没有变化　④ 数量多了 |
| (6) 本地鱼种情况<br>① 以前有，现在完全没有了　② 以前有，现在部分没有了　③ 没有变化 |
| (7) 大鱼重量情况<br>① 重量小很多　② 重量小了一些　③ 重量大了　④ 没有变化 |
| (8) 河流水质<br>① 清洁　② 还行　③ 比较脏　④ 很脏 |
| (9) 河边娱乐休闲情况<br>① 经常有人来游玩　② 很少有人来游玩　③ 不太清楚 |

| 对现状的满意程度调查 | | | |
| --- | --- | --- | --- |
| 总体评价赋分标准 | | 不满意的方面 | 希望未来改进的方面 |
| 很满意 | 100 | | |
| 满意 | 80～100 | | |
| 基本满意 | 60～80 | | |
| 不满意 | 30～60 | | |
| 很不满意 | 0～30 | | |
| 总体感官评估 | | | |

向公众分发调查表，统计有效调查成果，根据公众类型和公众总体评估赋分，按照下式计算公众满意度指数 $S_2$，其分级标准见表 4.5-48。

$$S_2=\frac{\sum_{n=1}^{n}PER_r\times PER_w}{100\times\sum_{n=1}^{n}PER_w} \tag{4.5-26}$$

式中：$PER_r$——有效调查公众总体评估赋分；

$PER_w$——公众类型权重，见表 4.5-49。

**表 4.5-48　公众满意度指数分级标准**

| 评价指标 | 评价标准 | | | | |
| --- | --- | --- | --- | --- | --- |
| | 优 | 良 | 中 | 差 | 劣 |
| 公众满意度指数 $S_2$ | [1,0.80) | [0.80,0.60) | [0.60,0.40) | [0.40,0.20) | [0.20,0) |

**表 4.5-49　公众类型赋分统计权重标准**

| 调查公众类型 | | 权重 |
|---|---|---|
| 区域内居民（原库区及水库下游直接影响范围内） | 拆坝前定居 | 3 |
| | 拆坝后定居 | 1.5 |
| 非区域内居民 | 流域管理者 | 2 |
| | 居民 | 1 |
| | 游客 | 0.5 |

#### 4.5.5.8　指标权重及其确定方法

在各项指标值已经明确的情况之下，权重变化将直接影响评价结果。因此指标权重值是否合理是能否建立有效评价体系的又一决定性因素。

权重确定方法通常分为主观赋权法和客观赋权法。主观赋权法利用专家或个人的知识和经验，由评价者直接给出指标的相对重要程度，权重的确定一般和评价者对事物的认知程度密切相关，与指标值之间不存在函数关系。具有代表性的主观赋权法有德尔菲法(Delphi)、专家调查法（EIM）、比较矩阵法（CMM）、层次分析法（AHP）、环比评分法(CMM)、模糊区间法（FIM）、重要性排序法（IOM）、二项系数加权和法（TWM）、直接给出法(DDM)等。客观赋权法是根据原始数据之间的关系用函数来表现指标间的相对重要程度关系，基于约束条件生成权重值。与前者相比，后者权重生成过程不依赖于人的主观判断，有较强的数学理论依据。但客观赋权法要依赖于足够的样本数据和实际的问题域，通用性和可参与性差，计算方法也比较复杂，而且不能体现评判者对不同属性指标的重视程度，有时候生成的权重会与属性的实际重要程度相差较大。代表性的客观赋权法有熵值法、主因子分析法、灰色关联分析法、多元回归分析法等。

如上所述，两类赋权法各有所长，故在实际应用中，可将主观赋权法和客观赋权法结合起来，称之为组合赋权法。根据水库报废生态环境指标体系的特点，本书选用组合赋权法，联合层次分析法与熵值法确定指标权重。

（1）层次分析法

层次分析法(The Analytic Hierarchy Process，简称 AHP)是一种定性与定量相结合的多目标决策分析技术，该方法将待评价的问题分解成多重层次，由决策者对所列指标通过重要程度的两两比较逐层进行判断评分，然后利用计算判断矩阵的特征向量确定下层指标对上层指标的权重，最终得到基层指标对于总体目标的重要性权重排序。层次分析法的基本步骤如下：

1）建立层次结构

根据具体评价对象，将评价因素划分为不同层次，按照指标属性的不同进行分类组合，形成递阶层次结构，如前述图 4.5-36 所示。

2）构造判断矩阵

构建矩阵表征本层因素与其他相关联的层次因素的重要程度值，该矩阵即为判断矩阵。记 $a_{ij}$ 为 $i$ 元素比 $j$ 元素的重要性等级，表 4.5-50 列出了重要性等级及其赋值。

表 4.5-50　判断矩阵标度及其含义

| $a_{ij}$ 赋值 | 重要性等级 |
|---|---|
| 1 | $i$,$j$ 两元素同样重要 |
| 3 | $i$ 元素比 $j$ 元素稍重要 |
| 5 | $i$ 元素比 $j$ 元素明显重要 |
| 7 | $i$ 元素比 $j$ 元素强烈重要 |
| 9 | $i$ 元素比 $j$ 元素极端重要 |
| 2,4,6,8 | 上述两相邻判断的中值 |
| 倒数 | $i$ 元素与 $j$ 元素比较结果的反值 |

将相关联因素两两比较的结果构成判断矩阵 $A=[a_{ij}]$。可知,$a_{ij}>0$,$a_{ii}=1$ 且 $a_{ij}=1/a_{ji}$。

3) 计算权重向量

判断矩阵构造完成后,需求取其权重向量,常用的有特征向量法、最小二乘法、方根法以及和值法等。

4) 一致性检验

最后对判断矩阵进行一致性检验,以确保权重向量的可靠性。根据矩阵理论,取用判断矩阵最大特征根外的特征根负平均值,作为衡量该矩阵是否偏离一致性的指标。

根据现阶段我国水库报废的主要原因和生态修复目标,应用层次分析法确定水库报废生态环境影响评价准则层(图 4.5-36)各评价指标(要素)的权重时,可采用表 4.5-51 推荐的权重和标度。

表 4.5-51　水库报废生态环境影响评价准则层要素权重及适用条件

| 编号 | 权重/标度 | | | | 适用条件 |
|---|---|---|---|---|---|
| | 水文泥沙 | 河流地貌 | 生态环境 | 经济社会 | |
| 1 | 0.64/7 | 0.09/1 | 0.09/1 | 0.46/5 | 水库下游人口密集,有历史文化价值 |
| 2 | 0.34/6 | 0.11/2 | 0.39/7 | 0.17/3 | 泥沙含污染物,且下游河段生境丰富 |
| 3 | 0.26/5 | 0.37/7 | 0.26/5 | 0.11/2 | 水库淤积严重,或上游水土流失严重 |
| 4 | 0.15/3 | 0.15/3 | 0.45/9 | 0.25/5 | 水库报废以改善生态为目标,且会产生一定社会影响 |
| 5 | 0.13/2 | 0.20/3 | 0.47/7 | 0.20/3 | 水库无防洪功能,下游生境破坏严重 |
| 6 | 0.25/3 | 0.17/2 | 0.17/2 | 0.42/5 | 水库报废前具有供水、灌溉等社会效益 |

(2) 熵值法

信息量是系统有序程度的度量,熵则是系统无序程度的度量。根据信息论基本原理,信息量越大,不确定性越小,熵也越小;反之,信息量越小,不确定性越大,熵也越大。熵值法根据各因素的信息量进行综合分析,通过数学方法确定指标权重,计算过程如下:

1) 设参与评价总人数为 $m$ 人,评价指标 $n$ 项,$x_{ij}$ 是第 $i$ 个评分人对第 $j$ 项评价指标的评分，指标数据标准化处理：

$$d_{ij}\begin{cases}\dfrac{x_{ij}}{\max(x_j)} & x_{ij}\text{ 为增益指标}\\[2ex] \dfrac{\min(x_j)}{x_{ij}} & x_{ij}\text{ 为损益指标}\end{cases} \tag{4.5-27}$$

2）$x_{ij}$ 评分占指标 $x_j$ 的比重：

$$p_{ij}=\frac{d_{ij}}{\sum\limits_{i=1}^{m}d_{ij}} \quad (i=1,2,\cdots,m;j=1,2,\cdots,n) \tag{4.5-28}$$

3）第 $j$ 项评价指标的熵值：

$$e_j=-k\cdot\sum_{i=1}^{m}(p_{ij}\times\ln p_{ij}) \tag{4.5-29}$$

式中：常数 $k$ 与样本数 $m$ 有关，通常取 $k=1/\ln m$。

4）第 $j$ 项差异系数：

对于第 $j$ 项评价指标，指标值 $d_{ij}$ 的差异越大，对评价方案越重要，其熵值越小。

$$d_j=1-e_j \tag{4.5-30}$$

5）第 $j$ 项评价指标的权重 $Q_j$：

$$Q_j=\frac{d_j}{\sum\limits_{j=1}^{n}d_j} \quad (j=1,2,\cdots,n) \tag{4.5-31}$$

（3）综合权重

为保证权重系数的合理性，综合考虑主观因素与客观因素的影响，将层次分析法和熵值法得到的权重相综合，最终取得各项指标的综合权重，其计算式为：

$$W_j=\frac{\omega_j'\cdot Q_j}{\sum\limits_{j=1}^{n}\omega_j'\cdot Q_j} \quad (1=1,2,\cdots,n) \tag{4.5-32}$$

式中：$W_j$——第 $j$ 项指标的综合权重；

$\omega_j'$——第 $j$ 项指标按层次分析法确定的权重；

$Q_j$——第 $j$ 项指标按熵值法确定的权重

#### 4.5.5.9 模糊综合评价模型

通常选用多个评价指标对生态系统进行综合评价，这类评价模型为多属性决策范畴。由于综合评价指标体系中每一单项指标均是从代表性角度出发对现状进行评价，为全面反映生态环境的总体状况，需将各指标加以整合，获得较为全面的评价结果。

加权算术平均法和加权几何平均法是常用的综合评价方法，聚类分析、人工神经网络、模糊综合评价法以及灰色关联度评价法等方法也已获得广泛应用。

模糊综合评价法基于模糊数学理论，采用模糊关系合成原理，对受到多种因素制约的评价对象，按多项模糊的准则参数进行综合评判，一般步骤如下：

(1) 确定指标参数集合 $U$

$$U = \{u_1, u_2, \cdots, u_n\} \tag{4.5-33}$$

(2) 确定评估参数集合 $V$

$$V = \{v_1, v_2, v_3, v_4, v_5\} \tag{4.5-34}$$

式中：$v_i$为评价等级参数，$v_1$，$v_2$，$v_3$，$v_4$，$v_5$分别表示优、良、中、差、劣。

(3) 确定评判权重分配集合 $\widetilde{W}$

$$\widetilde{W} = \{u_1, u_2, \cdots, u_n\} \tag{4.5-35}$$

集合 $\widetilde{W}$ 为 $U$ 中各因素对评价对象的权重隶属关系，即按式(4.3-32)计算的指标综合权重集合。

(4) 进行单因素评判，确定模糊关系矩阵 $\widetilde{R}$(又称隶属函数)

$$\widetilde{R} = (r_{ij})_{n\times 5} \tag{4.5-36}$$

式中：$r_{ij}$表示对于准则参数 $u_i$，该指标被评为 $v_j$的隶属程度。因此矩阵 $\widetilde{R}$ 的第 $i$ 行表示按准则 $u_i$对该指标的单因素评价结果。

由于不同评价指标的量纲、函数关系、类型均存在差异，有的指标值越大越优，有的指标恰恰相反，需对评价指标进行模糊化处理。

对于线性定量指标的隶属函数。可采用下述线性函数求取。

1) 增益型指标

对于增益型指标而言，指标值 $S_i$越接近于最大值 $\max(S_i)$，评价结果越优。

$$r_{ij} = \frac{S_i}{\max(S_i)} \tag{4.5-37}$$

2) 损益型指标

对于损益型指标而言，指标值 $S_i$越接近于最小值 $\min(S_i)$，评价结果越优。

$$r_{ij} = \begin{cases} \dfrac{\min(S_i)}{S_i} & \min(S_i) \neq 0 \\ \dfrac{\max(S_i) - S_i}{\max(S_i)} & \min(S_i) = 0 \end{cases} \tag{4.5-38}$$

3) 固定型指标

对于固定型指标而言，指标值 $S_i$越接近于最佳值 $S_i^*$，评价结果越优。

$$r_{ij} = \frac{S_i^*}{S_i^* + |S_i - S_i^*|} \tag{4.5-39}$$

4) 区间型指标

对于区间型指标而言，闭区间[$\overline{S}_l$，$\overline{\overline{S}}_l$]为指标值 $S_i$的最佳区间值，且越接近该区间，评价结果越优。

$$r_{ij}=\begin{cases}1-\left[\dfrac{(\overline{S}_l-S_i)}{\mu_i}\right] & S_i<\overline{S}_l\\ 1 & \overline{S}_l\leqslant S_i\leqslant\overline{\overline{S}}_l\\ 1-\left[\dfrac{(S_i-\overline{\overline{S}}_l)}{\mu_i}\right] & \overline{\overline{S}}_l<S_i\end{cases}\tag{4.5-40}$$

(5) 评价结果

选择取乘算子将集合 $\widetilde{W}$ 与矩阵 $\widetilde{R}$ 合成，获得如下模糊综合评价结果 $\widetilde{B}$。

$$\widetilde{B}=\widetilde{W}\times\widetilde{R}\tag{4.5-41}$$

#### 4.5.5.10 新疆塔里木河大西海子水库报废生态环境影响评价

(1) 工程概况

大西海子水库位于塔里木河干流，坝址地处尉犁县铁干里克镇西南 15 km 处，距下游台特马湖 320 km，总库容 1.68 亿 $m^3$，是塔里木河梯级开发链中最末端水库，1960 年建成，原设计主要功能为农业灌溉。

该水库坐落在沙漠腹地(图 4.5-37、图 4.5-38)，由于蒸发量极大、上游河道来水量逐年减少以及库盆渗水严重等原因，水库时常无水可蓄，灌溉面积从最初设计的 25 万亩缩减到约 15 万亩。

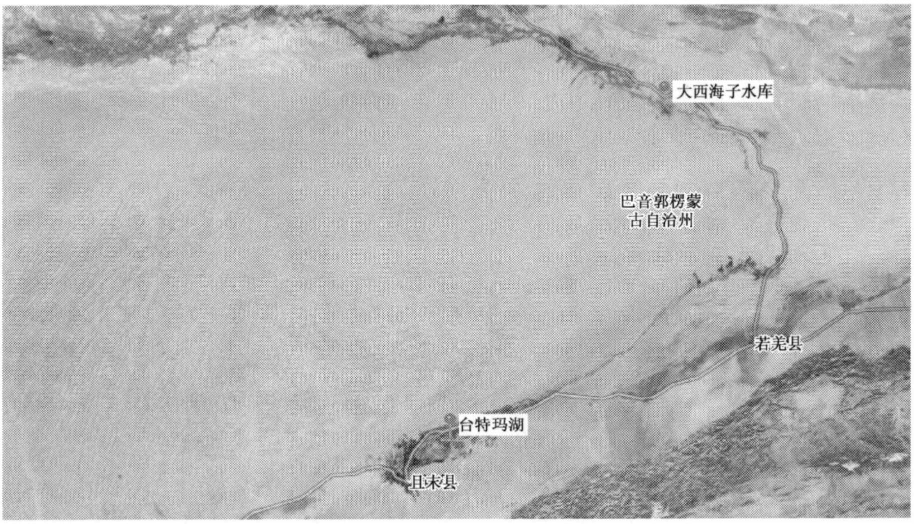


图 4.5-37 大西海子水库位置卫星图

由于常年蓄不到设计蓄水位，大西海子极少向下游泄水。塔里木河自英苏以下河道自 1972 年后完全断流，生态环境因为长期缺水发生灾难性恶化。经过多次输水试验发现，在没有大西海子水库调节情况下，天然来水难以顺利地流到塔里木河尾闾湖泊——台特马湖，故现在水库仍保留了包括长 28.1 km 的堤坝、8.5 km 上坝管理道路、泄洪闸、放水闸等主要工程建筑物。

根据 2001 年国务院批复的《塔里木河近期综合治理规划报告》(下简称《规划》)，大西海子水库 2005 年完全退出农业灌溉，专门用于生态供水，水库蓄水面积由原 68 $km^2$ 缩小到 51 $km^2$，它是我国第一座专门用于生态供水的水库。

图 4.5-38　大西海子水库俯瞰图

收集的文献资料主要包括:地方水利志、塔里木河流域综合治理项目可行性研究报告、大西海子水库大坝安全评价报告、塔里木河流域水政水资源管理暂行规定、巴音郭楞蒙古自治州统计年鉴(2000—2013 年)以及塔里木河流域生态研究文献等。

(2) 评价指标

将塔里木河上游天然来水输送至台特马湖是大西海子水库供水的一项重要指标,故评价范围为水库至台特马湖约 320 km 长的河段。

由于生态输水需要依赖水库调节来实现,目前保留了堤坝、泄洪闸等主要建筑物,故需对水库防洪安全进行复核,用防洪安全指标表征其现状防洪能力。拦河建筑物未拆除,不会引发泥沙运移规律的显著改变,不考虑泥沙相关指标。

水库位于沙漠腹地,下游河道被夹持在塔克拉玛干沙漠和库鲁克沙漠之间,河岸稳定性较差,且塔里木河下游河道历经多次变迁,较不稳定。故地貌指标选用河岸植物覆盖率进行评价。

生态环境影响选取植被多样性指标以评价下游"绿色走廊"植被的丰富度及均匀度,并按照《规划》目标,采用生态流量满足度和台特马湖恢复状况两个特性指标评价多年输水后河段的生态环境恢复情况。

水库专门用于生态供水后失去灌溉功能,但新建了替代工程,故选用农业经济总值这一特性指标评价水库报废的社会影响。

最终选定的评价指标见表 4.5-52。2005—2013 年,大西海子水库总计下泄水量 28.73 亿 $m^3$(图 4.5-39),年均 3.2 亿 $m^3$,下泄流量保证率为 91.4%;台特马湖在大西海子水库建成前水面面积约 80 $km^2$,经大西海子水库多年输水后,可形成面积约为 20 $km^2$ 的季节性水面,恢复度为 25%;根据对水库下游 9 个监测断面的生态环境监测,下游地表植被对水库生态输水的响应明显,《规划》实施后,平均草地覆盖度为 30.72%,不同断面且离河岸距离不同的样地,其 Simpson 指数变化为 0.87～0.58,平均地表植被多样性指数为 0.62;《规划》实施后,塔里木河干流流域农业经济总产值增加约 310 万元/a,人均收入基本维持不变。

**表 4.5-52　大西海子水库报废生态环境影响评价指标**

| 准则层 | 指标层 | 指标说明 |
|---|---|---|
| 水文 | 防洪安全 | 水库工程现状防洪能力 |
| 河流地貌 | 河岸稳定性 | 选用河岸植被覆盖度单项评价 |
| 生态环境 | 生态流量满足程度 | 以《规划》要求的年均下泄量 3.5 亿 $m^3$ 为标准值，水库多年实际下泄流量保证率 |
| | 台特马湖恢复状况 | 台特马湖应在适当的时段维持适宜的水面面积。湖恢复状况以现状评估年水面面积与历史参考年水面面积比值。 |
| | 植被多样性 | 下游地表植被 Sirnpson 指数 |
| 社会环境 | 农业经济总产值 | 统计地方水库报废前后的经济社会资料 |
| | 人均收入 | |

**图 4.5-39　大西海子水库生态泄水图**

根据公式(4.5-37)～式(4.5-40)对指标进行模糊化处理，获得评价指标的隶属度值矩阵 $G=\{g_1,g_2,\cdots,g_n\}$，见表 4.5-53。

**表 4.5-53　评价指标标准分级、指标值及其隶属度值**

| 评价指标 | 评价标准 | | | | | 指标值 | 指标隶属度值 |
|---|---|---|---|---|---|---|---|
| | 优 | 良 | 中 | 差 | 劣 | | |
| 防洪安全 | [100,90) | [90,75) | [75,50) | [50,25) | [25,0) | 100 | 1.000 |
| 河岸植被覆盖度 | [100,75) | [75,50) | [50,40) | [40,25) | [25,0) | 30.72 | 0.307 |
| 生态流量满足度 | [100,90) | [90,75) | [75,50) | [50,25) | [25,0) | 91.40 | 0.914 |
| 台特马湖恢复状况 | [100,80) | [80,60) | [60,40) | [40,20) | [20,0) | 25.00 | 0.250 |
| 植被多样性指数 | [1,0.85) | [0.85,0.75) | [0.75,0.60) | [0.60,0.35) | [0.35,0) | 0.62 | 0.620 |
| 农业经济总产值 | (+∞,1] | (1,0.80) | [0.80,0.70) | [0.70,0.50) | [0.5,0) | 100 | 1.000 |
| 人均收入比 | (+∞,1] | (1,0.80) | [0.80,0.70) | [0.70,0.50) | [0.5,0) | 100 | 1.000 |

(3) 指标权重

1) 层次分析法

根据表 4.5-51 中第 4 项参考指标，水文泥沙、河流地貌、生态环境以及经济社会权重分别为 0.15、0.15、0.45 和 0.25。

生态环境准则层指标权重计算以两两指标比较的层次分析法来确定；本水库原修建目标为满足农业灌溉需求，所以社会准则下的指标反映农业经济影响的指标权重稍重。最终统计 7 项指标的相应权重见表 4.5-54。

**表 4.5-54　生态环境影响指标层次分析法权重**

| 状态层 | 准则层及权重 | | 指标层及权重 | |
|---|---|---|---|---|
| | 属性层 | 相对权重 | 指标层 | 相对权重 |
| 生态环境影响综合评价 | 防洪安全 | 0.150 | 防洪功能 | 1.000 |
| | 河流地貌 | 0.150 | 河岸植被覆盖度 | 1.000 |
| | 生态环境 | 0.450 | 生态流量满足程度 | 0.458 |
| | | | 台特马湖恢复状况 | 0.176 |
| | | | 植被多样性指数 | 0.366 |
| | 社会环境 | 0.250 | 农业经济总产值 | 0.600 |
| | | | 人均收入 | 0.400 |

2) 熵值法

邀请多位当地水库主管部门和管理单位人员以及相关专家对指标现状进行赋分，由式(4.5-27)～ 式(4.5-31)计算各指标熵值法权重，结果见表 4.5-55。

**表 4.5-55　生态环境影响指标熵值法权重**

| 状态层 | 准则层及权重 | | 指标层及权重 | |
|---|---|---|---|---|
| | 属性层 | 相对权重 | 指标层 | 相对权重 |
| 生态环境影响综合评价 | 防洪安全 | 0.170 | 防洪功能 | 1.000 |
| | 河流地貌 | 0.272 | 河岸植被覆盖度 | 1.000 |
| | 生态环境 | 0.418 | 生态流量满足程度 | 0.190 |
| | | | 台特马湖恢复状况 | 0.341 |
| | | | 植被多样性指数 | 0.469 |
| | 社会环境 | 0.140 | 农业经济总产值 | 0.500 |
| | | | 人均收入 | 0.500 |

3) 综合权重

由式(4.5-32)计算各指标及子系统综合权重，结果见表 4.5-56。

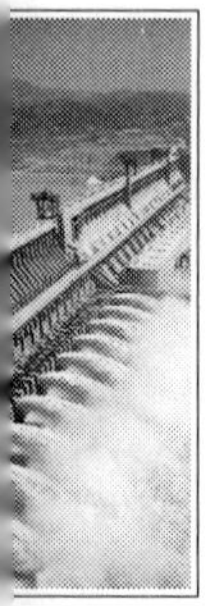

表 4.5-56 生态环境影响指标综合权重

| 状态层 | 准则层及权重 | | 指标层及权重 | |
|---|---|---|---|---|
| | 属性层 | 相对权重 | 指标层 | 相对权重 |
| 生态环境影响综合评价 | 行洪安全 | 0.088 | 防洪功能 | 1.000 |
| | 河流地貌 | 0.141 | 河岸植被覆盖度 | 1.000 |
| | 生态环境 | 0.650 | 生态流量满足程度 | 0.272 |
| | | | 台特马湖恢复状况 | 0.191 |
| | | | 植被多样性指数 | 0.537 |
| | 社会环境 | 0.121 | 农业经济总产值 | 0.600 |
| | | | 人均收入 | 0.400 |

4）评价结论

根据相应指标隶属度值和综合权重（表 4.5-53 和表 4.5-56），可对大西海子水库生态环境现状进行评价，结果如表 4.5-57。由于仍保留堤坝，改善水库报废对下游水文情势改变不大，下泄流量能满足生态需求，且对当地经济社会影响不显著，但“河岸植被覆盖度”及“台特马湖恢复状况”指标偏低，说明下游生境条件仍有待进一步改善。

表 4.5-57 大西海子水库报废生态环境影响评价数据表

| 指标层 | 指标权重/$\omega$ | 指标隶属度值/$r$ |
|---|---|---|
| 防洪安全 | 0.088 | 1.000 |
| 河岸植被覆盖度 | 0.141 | 0.307 |
| 生态流量满足程度 | 0.177 | 0.914 |
| 台特马湖恢复状况 | 0.124 | 0.250 |
| 植被多样性指数 | 0.349 | 0.620 |
| 农业经济总产值 | 0.073 | 1.000 |
| 人均收入 | 0.048 | 1.000 |
| 模糊综合评价值 | 0.661 | |

根据前述模糊综合评价模型，令评语集 $V=\{$优，良，中，差，劣$\}$，相应评价集 $D=\{1, 0.8, 0.6, 0.3, 0.15\}$，由表 4.5-55 可见，定量评价结果为 0.661，定性评价结果为“中”，表明大西海子水库转为生态供水后，虽然目前河流生态环境状况与建坝前仍存在一定差异，但水库至台特马湖河段总体恢复形势良好。

## 4.5.6 水库报废拆坝后生态环境修复对策

人类活动对生态系统造成的压力，在生态学中称为胁迫（stress）。水库大坝对河流生态系统的胁迫主要表现在两个方面，一是自然河流的渠道化，二是自然河流的非连续化。通过反思和总结，社会和公众目前普遍要求尽力缓解大坝建设对河流生态系统带来的胁迫，并给

予相应补偿，于是出现了“河流生态恢复”概念和相应工程技术。美国拆坝近40%是基于河流生态恢复的目的(图4.5-1)；我国现阶段报废水库的主要原因是水库病险严重以及运行环境变化导致的功能萎缩，生态环境因素考虑得相对较少。不过基于其他原因报废拆坝也存在生态修复问题。

按照国际生态恢复学会的定义，生态修复是帮助研究和管理原生生态系统完整性的过程，这种完整性包括生物多样性的临界变化范围、生态系统结构和过程、区域与历史状况，以及可持续的社会实践等。生态修复是去仿效一个自然的、具有自我调节功能的系统，是使一个生态系统回到其受到干扰前的接近状态，资源的生态破坏得到修复，生态系统的结构和功能得到再生。仅仅是形式上的还原而不具备功能性，或是人工布置与自然系统稍微类似而不具备功能性的系统，都不能等同于修复。生态修复往往需要通过水文、地貌环境重建；化学物质清除或调整；生物处理，包括重新引入已经消失的土著物种和控制入侵物种等过程来实现。

#### 4.5.6.1 水库报废的生态修复目标

美国建国历史短，可以将拆坝生态恢复目标制定为达到河流受干扰前的状况。我国治水历史悠久，绝大多数河流都被开发利用，河流地貌发生了巨大变化，保留原始生态状况的河流已经很少，讨论河流的完全恢复缺乏科学和现实基础。更重要的是，在自然力和人类活动的影响下，河流生态系统已经形成了新的平衡，如果试图通过水库报废拆坝使生态系统完全逆转，完全恢复到受干扰前的状态，可能性不大。

河流生态环境修复过程受到多重条件制约，这些制约因素决定了水库报废拆坝生态系统可能恢复的程度。一般情况下，生态系统难以恢复到建坝前的理想状态，只要能恢复达到图4.5-35中阴影部分表示的“包络面”，就可认为生态系统得到了恢复。

依据我国国情和水库报废的主要目的，生态修复的首要目标是避免水库报废对生态环境造成不利影响；其次是立足于河流生态系统现状，积极创造条件，在修复初期投入少量资金，建设必要的人工辅助措施，同时充分发挥生态系统自我修复、自我组织功能，使生态系统逐步得到修复，并维持可持续性。

#### 4.5.6.2 库区植被修复

水库报废之后，原库区出露区域将成为裸露地带。这些土地很容易被侵蚀，造成水土流失，恢复覆盖其上的植被就成为很重要的水土保持措施。水库报废后库区植被修复的对策为：发挥生态系统的自修复功能，使植被自行恢复；对自行恢复较慢的区域，采用人为措施加快恢复进程；恢复乡土种、控制外来种，提高植被群落多样性；依赖植被演替发展规律，人为地进行种类构建，加速植被恢复；恢复库区植被的同时，兼顾社会和经济需求，提高裸露土地的价值。

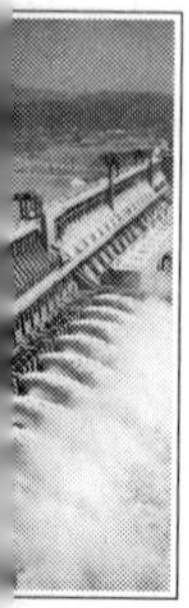

(1) 自行恢复

原库区出露的土地常常覆盖富含有机营养物质的泥沙淤积层，这为天然植被生长提供了有利条件。一般在没有人为干扰的情况下，原库区土地的植被将很快再次形成。植被自行恢复的时间与当地气候及原库区土壤条件有关。

植被自行恢复无需投资，能够形成更加天然的植物群落，并有利于保存天然形成的物种。但植被自行恢复也存在外来入侵物种主宰的潜在缺陷，美国威斯康星州南部5个原蓄水区域出露形成的陆地区域，其植被均为自行恢复而来，其中没有一个是由本地植物群落主导的。外来物种将降低生物多样性和野生生物的生境质量，并且很难清除。

（2）人工恢复

由于植被自行恢复的上述缺陷，有时可能需要采用人为措施恢复原库区出露区域的植被，以防止外来物种入侵，提高河岸稳定性，限制水土流失，提升审美与休闲价值，满足生态环境保护的需要。人工植被的设计和建设可参考邻近地区的植被结构。

良好的人工植被恢复方案应能迅速稳定和保护河岸堤防。例如，可以种植生长快速的本地物种覆土植物，以在很短时间内稳定出露区域的泥沙，并抑制外来入侵物种的生长；同时有计划地种植一些生长较慢的本地木本植物，进一步稳定河岸堤防和控制水土流失，对大多数地区来说，柳树是一个好的选择，但最好选择柳树的本地亚种；此外，还应大量种植其他各种本土植物，以形成生态功能良好的本地植物群落。

（3）恢复乡土种、控制外来种

生物多样性在生态恢复中具有重要作用。植被恢复和重建是否成功，关键是物种引入成功与否。物种筛选的一般原则是确保生物多样性，以优选乡土物种为主与外来物种为辅相结合，采取措施控制外来入侵物种的定居，保持乡土种的数量。

（4）顺应植被演替规律

生态系统的动态发展表现为其结构的演替变化，如物种组成随时间推移而发生变化。水库报废后初期，裸露的潮湿土壤具有典型的濒水带特征，土壤湿度随时间流逝降低，逐渐由濒水生境变为陆生生境，濒水物种从而逐渐消失。水库报废后的头几年，植被群落变化迅速，但与高地上的背景植被群落仍有差别。

因此，水库报废后的植被重建应顺应植被演替发展规律，重视物种在演替中的地位和作用，优先考虑选择那些相对适应环境、处于较高演替阶段群落的优势种和群落作为构建人工群落的主要物种，以尽快恢复和重建较稳定的植被群落。

（5）融合社会需求

社会需求使水库报废后的生态恢复同时兼有生态、经济与社会三重效益。如果植被恢复目标为恢复至接近大坝建设前的状态，在恢复过程中应避免对原库区的开发和利用，减少对恢复地的人类扰动，引入和配置本地种，同时控制外来种的入侵。然而，在土地资源有限的地区，水库报废后的裸露土地显得十分珍贵，完全用来恢复植被可能不被社会公众接受，也不现实。例如，我国黄土高原的淤地坝在淤满报废之后，坝后淤满泥沙的土地水肥条件较好，适用于耕作，在调整土地使用结构、促进土地利用率、提高粮食产量等方面发挥着重要作用。充分利用淤地坝后的土地耕作，可以促进陡坡耕地退耕还林还草，推动大面积植被恢复，改善生态环境，变农林牧相互争地为互相促进、协调发展。

#### 4.5.6.3 下游河道濒水植被修复

与库内裸露地带的植被修复相似，水库下游河道濒水植被的修复也应强调生态整合性修复，修复乡土种、控制外来种以及顺应植被演替规律同样适用。但由于水库下游河道受到的人类扰动更大，濒水植被修复的起点较低，且需考虑更多的人类需求。因此，水库下游濒水植被修复的重点是自然修复与人类需求的融合。充分利用水库报废后河流连通性恢复的优势，在满足社会需求的同时，最大限度地恢复河道横向连通性，在濒水植被恢复的早期施以人为辅助措施促进植被群落的构筑，以实现自然植被群落与人文景观的融合。

（1）整体规划

对于侵占漫滩的人类活动和设施，可以避免的应尽量避免，可以拆迁的应予拆迁。但对于具有较高经济价值的作物，将其舍弃可能造成经济损失加大；漫滩内一些重要公共设施的拆迁也不现实。因此，必须以全局的眼光进行整体规划和部署。除了考虑人类社会土地利用的需求和河道开发的经济效益，还要考虑河道整体效益的发挥。在整体规划中，首先应对河道类别、功能及布局进行全方位的调查和评价，根据河段的功能要求不同，有针对性地采取措施，尽量减少人类对河流漫滩的干扰，促进河流濒水植被的自我修复。

（2）建设植被缓冲带

大坝建设使其下游河流物理环境发生巨大变化，原有的植被群落已经改变或损失，生物多样性降低。水库报废后，如果仅依靠植被的自我修复，往往需要较长时间。因此，需要通过建设植被缓冲带替代人工砌岸等生态技术辅助修复下游河道濒水植被群落，从而形成一种具有栖息地、生物廊道、河岸过滤带、生物堤等多种生态功能的河岸。

植被缓冲带是一个位于水生和陆地之间的过渡地带，具有通过协助过滤径流中携带的泥沙和其他污染物，减缓人类活动或其他形式的干扰对水生生态系统的影响；为水生生物和陆生生物提供异质生境，从而维持下游河流深受人类扰动的脆弱生态系统；阻止波浪和洪水对河岸沿线的冲蚀；美化景观，为公众提供休闲场所等多方面功能。

#### 4.5.6.4 泥沙管理和污染物处理

泥沙管理和污染物处理是困扰水库报废拆坝后生态环境修复的主要难题，直接影响水库报废方案的决策，处理不好不仅无法实现河流生态环境修复的目标，还可能对原来较为健康的生态系统造成不利影响。因此，需要在库内泥沙数量、质量和稳定性评估，以及拆坝后泥沙运动方式分析的基础上，综合排沙效果、风险和成本分析等各方面需求，拟订合适的泥沙管理和污染物处理对策和措施。

（1）自然冲蚀

自然冲蚀不对泥沙进行额外处理，所需经费最少。水库报废后，泥沙被河流自然冲蚀，直至达到新的平衡状态。一部分泥沙被输移到下游并在水流速度较低区域淤积；另一部分泥沙则停留在原地。若库区淤积的泥沙较多，可采取分阶段逐步拆坝的方法以控制泥沙运动。

若泥沙输移的数量过大，则可能导致下游河（航）道阻塞，或危及水库下游生物栖息地，自然冲蚀方法即不适用；若库区淤积的泥沙被重度污染，自然冲蚀方法也不适用。

（2）人工挖除

人工挖除是在水库报废大坝拆除之前，通过开挖、机械疏浚、虹吸式挖泥船挖泥疏浚等方法清理库区淤积的泥沙。这种泥沙处理方法比较昂贵，一般只有在泥沙被重度污染、下游泥沙输移能力严重不足或下游存在珍稀或濒危动物栖息地时才采用，而且需要注意，过分的挖掘可能导致不良环境和生态后果。

一些报废水库，特别是小型水库，可能位于交通不便的山区或偏僻之地，机械设备难以直接抵达库区进行泥沙挖掘作业，或者其费用过于高昂，此时可考虑在便于人工挖掘的下游河床挖掘设置一些泥沙沉积阱。水库报废后，自库区自然冲蚀而来的泥沙将有部分沉积在阱中，这部分泥沙的挖除将相对容易。

人工挖除的泥沙也需要进行处理。污染的泥沙一般应在脱水处理后，运送至有害废弃物掩埋场作掩埋处理；较清洁的泥沙可就地掩埋，如其能用作填充料、混凝土细骨料等，还能产生一定的经济效益。

(3) 原地固置

原地固置是水库报废处理泥沙的常用方法之一。首先在泥沙淤积区建造一个稳定通道和漫滩，通过控制下泄的方式，缓慢放空库区水体，绝大部分淤积在库区的泥沙将停留在原地；然后采用护岸护坡措施及重置植被等方法固定泥沙。

(4) 综合措施

在水库报废实践中，上述3类泥沙处理措施常被同时采用。在美国小型坝的拆除中，已经得到应用的综合措施包括：

1) 库区水体控制下泄，河流自然冲蚀与原地固置措施综合运用；

2) 在采用河流自然冲蚀处理之前，挖除部分泥沙；

3) 采用河流自然冲蚀处理，达到平衡状态后再采用原地固置措施；

4) 采用河流自然冲蚀措施，同时在下游设置沉积阱收集泥沙并挖除；

5) 挖除部分泥沙，其余部分采用原地固置措施进行处理。

**4.5.6.5 水生生物的保护和恢复**

水库报废拆坝消除了河流上隔离鱼类洄游的屏障，洄游鱼类可以重新到达上游的重要生境，迁徙的鱼类数量往往回升，水生昆虫及其他生物体的数量和多样性将增加。但拆坝对鱼类生境也可能产生不利影响，一方面是由于水库报废后泥沙和污染物输出增加了下游水体浊度，造成水质退化，泥沙在河床上沉积还改变河床基质；另一方面是外来物种入侵。因此，水库报废后水生生物保护和恢复的对策包括：库内泥沙风险评估和管理；恢复河流近岸地貌与水文因子，提高水生生境质量；控制外来物种入侵。

(1) 恢复河流的近岸保持力

河流的蜿蜒度和水体保持力是影响生物生产力的重要因素，河流浮游动物在具有良好保持力的近岸区域内繁殖，在水位升高、水体交换增强以后进入到河床。但为了防洪安全需要，很多河流完全被人工化、渠道化，即使自然流量恢复，也不能恢复漫滩与河流之间的物种能量交换。因此，水库报废拆坝后，需要恢复河流的天然形状，增加河流的蜿蜒度，用具有连通性的护坡代替硬质护坡，恢复天然河道的深槽-浅滩系统，创造丰富的流态。

(2) 控制外来物种入侵

水库建成后不同区段的鱼类种类结构发生变化。洄游性种群数量下降；适应急流环境的种类主要分布在库尾和支流等水流环境变化急剧的水域；一些外来物种已经定居并在某些水域形成优势种群；喜栖静水和缓流环境的种类逐渐在库区成为优势种群。其中，库区内喜栖静水和缓流环境的种类往往为一些外来物种，且种群规模较大，严重威胁土著鱼类。水库报废后，这些外来物种将向下游扩张，对土著鱼类造成危害。因此在水库报废拆坝之前，需要通过捕捞等手段控制外来物种数量；同时，加大土著鱼类人工繁殖放流力度，并采取有效措施恢复土著鱼类栖息地，恢复其种群生存能力，使其自身能够抵御外来物种伤害。

**4.5.6.6 水库社会环境功能补偿**

水库报废拆坝对社会环境的最大、最直接影响就是增加了下游洪水风险。如果水库报废后防洪功能的损失可能导致严重后果，则需要采取措施进行补偿。一般可考虑采取加高加固河道堤防、提高蓄滞洪区运用率等途径实现；如果上述措施不足以解决问题，则可能需要新建替代工程，如在原址重建水库。

（1）改善防洪系统

洪水风险来自水库报废拆坝后洪水情势的恢复，以及坝址下游人类活动对河流漫滩的侵占。消减洪水风险的最简单措施是迁走漫滩内可能被洪水淹没的居民，废弃漫滩内的耕地。但多数情况下拆迁方案不可行，因为洪水威胁对象可能发挥着重要社会作用或具有较大的经济价值，拆迁难以得到社会认可，成本较高。在这种情况下，可以通过滞洪区滞洪、开挖撇洪沟、河道恢复与堤防重建等措施改善原有防洪系统，控制水库报废后增加的洪水风险。

（2）水库群联合调度

如果报废水库处于一组相互间具有水文、水力联系的水库群及相关工程设施之中，可以通过剩余水库群联合调度来减轻或避免水库报废增加的洪水风险。

（3）生态防洪

生态防洪理念是针对传统防洪规划弊端而提出的防洪新理念。生态防洪认为洪泛现象对河流生态系统具有极高的价值，应顺应洪水自然过程来实现有效控制洪水及洪水资源化的目标。生态防洪通过重建缓冲带以及建设与河道垂直开口连接的河槽与蓄滞洪区来控制洪水，不仅可以实现防控洪水目的，还可以培育濒水生境，逐步实现河道半自然化及生态修复。

#### 4.5.6.7　生态环境修复监测

监测是水库报废后河流生态环境修复适应性管理的一项重要内容，借此评价修复目标是否得以实现，也是对修复措施进行调整的依据。监测的范围需要覆盖坝址、原水库蓄水区，以及水库上下游河段。监测时间应从水库报废规划阶段延伸至生态环境修复目标的实现。监测内容包括物理参数、化学参数、生态参数、经济参数和社会参数。监测方法可分成定性描述和定量监测，其中定性描述主要通过观察、照片、视频等对细节进行记录和描述；定量监测是通过勘察测量、室内实验等技术手段获得测量统计数据，进行定量描述。

#### 4.5.6.8　水库报废后的生态环境修复宏观对策

随着城市化发展和产业结构调整，水库报废在我国有很大实际需求和重要现实意义，生态环境修复是其中的难点和敏感问题，不仅需要实施具体的生态环境修复措施，还有必要从宏观角度拟订相应对策。

（1）适应性管理

适应性管理提倡过程中学习的重要性。“实施方案—观察系统反应—学习—调整行动方案和计划—实施新方案直至实现目标”是适应性管理的简化程序。

水库报废后，影响生态环境修复的不确定性因素很多，适合以适应性管理方式为指导。适应性管理并不需要开展无休止研究，而是通过某些指标的监测，长期地对河流生态环境与经济社会状况进行评估，以适时对修复措施进行调整。对于因不确定性而难以预见的不利后果，应该增加适应变化的能力，尽量在其发生之前采取行动避免；对于可以预见的不利影响，应事先确定相应的消减措施。

（2）建立完善相关制度和法规

水库大坝不是一劳永逸的建筑物。美国对早期修建的大坝安全及报废（退役）问题给予了高度关注，建立了水库报废许可证制度，颁布了《大坝及水电设施退役导则》。同时，大坝报废还要符合联邦、州、地方各级政府机构颁布的清洁水法、环境法、濒危物种法和国家历史保护法等相关法律、法规;不仅考虑环境生态、经济社会方面的因素,也关注大坝拆除过程中的相关技术问题,重视拆坝过程中的安全,减少大坝拆除后对周围生态环境、经济社会发展的影响,真正实现可持续发展。

我国在生态环境保护方面也已经出台了多部法律、法规,如《中华人民共和国环境保护法》(1989)、《中华人民共和国水污染防治法》(2008)、《中华人民共和国水土保持法》(1991)、《中华人民共和国固体废物污染环境防治法》(2005)、《中华人民共和国清洁生产促进法》(2003)、《中华人民共和国防沙治沙法》(2002)、《中华人民共和国环境影响评价法》(2003)、《全国环境监测管理条例》(1983)、《建设项目环境保护管理条例》(1998)、《建设项目竣工环境保护验收管理办法》(2001)等。上述法律、法规等对水库报废后的生态环境修复具有约束力和指导意义。

水利部2003年发布的《水库降等与报废管理办法(试行)》是我国专门针对水库降等与报废工作制订的法规性文件,其中未对降等与报废水库的生态环境修复提出明确要求;2013年10月颁布实施的配套技术标准《水库降等与报废标准》(SL 605—2013),对降等与报废水库的生态环境修复提出了原则性要求。

(3) 制定合理的生态环境修复目标

水库报废后的生态环境修复应树立尊重自然、顺应自然、保护自然的生态文明理念,走可持续发展道路,同时必须充分考虑中国经济社会发展水平,制定合理、可行的修复目标。从经济实力看,我国绝大多数地区还难以在水库报废后进行高标准的生态环境修复工程建设,因此修复目标不可能是返回到建坝前的原始状态,也不是创造一个全新的生态系统,而是立足所在河流生态系统现状,积极创造条件,发挥生态系统自我恢复、自我组织的功能,在初期投入少量资金,建设必要的人工辅助措施,实现生态系统的自我修复。

(4) 加强水库降等与报废基础数据库建设

尽管迄今我国有多达数千座水库降等或报废,但相关基础资料极其匮乏,给经验总结及相关法规制定与技术研究造成很大困难。应从行业管理角度,尽快建立水库降等与报废基础数据库,为水库降等与报废决策及生态环境修复等善后处理措施的拟订提供基础信息支撑和案例借鉴。

## 4.5.7 水库降等与报废的其他技术问题

### 4.5.7.1 水库降等后的工程规模、工程等别、设计标准及特征参数确定

水库降等后,应根据工程实际重新确定水库工程规模、工程等别及设计标准,并重新拟订水库的特征参数。

(1) 对因库容条件和功能效益条件而降等的水库,应按照《防洪标准》(GB 50201)和《水利水电工程等级划分及洪水标准》(SL 252)规定,根据现状实际库容,或蓄水量,或来水量,或功能效益指标确定降等后的水库工程规模、工程等别及防洪标准和建筑物级别,并通过测量、反演计算、调洪演算等手段重新拟订水库的特征参数,如集水面积、正常蓄水位、死水位、汛限水位、调洪库容、兴利库容、死库容、总库容、设计洪水位、校核洪水位、泄洪设施的堰顶高程或进水口高程等。

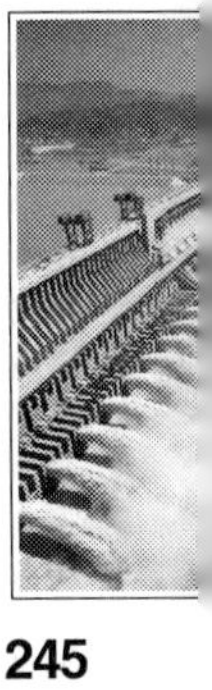

(2) 对因工程安全条件和风险条件而降等的水库,应首先确定安全水位或限制运行水

位，并作为最高控制水位，再按照 GB 50201 和 SL 252 规定，确定降等后的水库工程规模、工程等别及防洪标准和建筑物级别，并通过反演计算重新拟订水库的特征水位、特征库容及泄洪设施的堰顶高程或进水口高程。

安全水位应根据工程安全控制标准通过反演计算拟订，以在不采取工程措施加固整治的前提下，确保水库工程的防洪安全、结构安全、渗流安全和抗震安全。

限制运行水位需要综合考虑工程安全条件和效益发挥两方面因素，以在采取部分工程加固整治措施和加强运行管理的前提下，确保水库工程安全。

(3) 对因社会与环境影响因素制约而降等的水库，应首先确定限制运行水位并作为最高控制水位，再按照 GB 50201 和 SL 252 的规定，确定降等后的水库工程规模、工程等别及防洪标准和建筑物级别，并通过反演计算重新拟订水库的特征水位、特征库容及泄洪设施的堰顶高程或进水口高程。

(4) 对因运行管理条件而降等为山塘使用的水库，应根据当地生产生活用水的需求确定限制运行水位，并通过反演计算拟订正常蓄水位和溢洪道堰顶高程。

#### 4.5.7.2　善后处理

水库降等特别是报废不仅仅是工程技术问题，而且涉及经济、社会、环境、生态等众多学科。水库降等或报废后不可简单地维持现状甚至弃置不管，为确保工程安全、生态安全、社会安全，一般都需要采取必要的工程措施和非工程措施进行善后处理，包括消除遗留工程的防洪安全与结构安全隐患、管理机构调整和人员安置、水库部分功能的补偿、遗留工程的后续管理、水土保持与生态修复、监测等。

上述善后处理必须进行设计，并按要求执行审查和审批程序。善后工程处理应按建设要求组织施工和监理，竣工后要组织验收。因此，水库降等和报废善后处理工作也需要制订相应的标准来加以规范和指导，以确保安全与经济合理。

(1) 水库降等善后处理

水库降等后，仍需要继续蓄水发挥相应的效益，只是蓄水规模减小而已；水工建筑物特别是大坝的挡水功能不变，不会从根本上改变河流的生态条件。因此，降等水库的善后处理一般不存在功能补偿和生态修复问题，重点是通过工程措施和非工程措施确保工程的防洪安全与结构安全，并对管理机构、管理人员、管理设施作相应精简调整，以节约运行维护成本。

1) 工程措施

水库降等后，应根据降等后的工程等别、建筑物级别及调整后的特征参数，复核水库的防洪安全性及大坝和建筑物的结构安全性，不满足要求时，应采取工程措施进行除险加固，消除安全隐患，保证降等后水库的安全运行和发挥相应效益。

当水库降等后的防洪标准仍达不到《防洪标准》(GB 50201)要求时，即需要采取工程措施提高水库的防洪能力，一般可通过降低溢洪道堰顶高程、加高大坝、增建或扩建泄洪设施等途径解决。对管理水平低、管理条件差的降等水库，在进行防洪安全加固时，宜将溢洪道改造为无闸控制的开敞式溢流堰。

水库降等后，如按新的工程等别复核，大坝与泄输水建筑物的结构安全性不满足现行规范和安全运行要求，即需要采取工程措施进行除险加固，包括防渗加固、稳定性加固与结构补强、抗震加固、坝下埋涵处理、金属结构改造等。防渗加固建议主要以渗流出口的反滤保护为主，必要时可结合灌浆处理，不仅投资较少、施工技术简单，而且可结合下游排水体翻修或补充，以及坝坡整治及培厚加固等工程措施一并施工。

很多中小型水库的输水建筑物采用坝下埋涵圬工结构，普遍存在涵管断裂或止水破坏漏水现象，产生接触冲刷，严重威胁大坝安全。因此，坝下埋涵如属圬工结构，坐落在土基上，洞身存在断裂漏水现象时，最好废弃封堵，并建议在岸边改建隧洞。如在原地重建，应改建为钢筋混凝土箱涵，并特别注意洞身与坝体填土之间的防渗处理。

降等水库的闸门、启闭机及电气设备，大多已到报废折旧年限，老化失修严重，一般均需报废更新。

2）非工程措施

① 水库降等后，应按照“分级管理，分级负责”原则，按照有关规定重新确定水库的相关责任主体和落实安全责任制，并按照《水库大坝注册登记办法》规定，办理注册登记变更手续。

② 应根据工程规模和运行条件的变化，重新拟订降等水库的运行调度原则，并报有关部门审批后执行。

③ 水库降等后，水库管理机构及人员编制应相应缩编，相关管理措施应做相应调整，并应根据工程规模和运行条件的变化，重新建立运行管理和维修养护等制度。对降为山塘使用的水库，可撤销管理机构。

④ 工程建设以来的一切技术档案应长期保存，不得擅自处置。对主管部门变更的，或撤销专职管理机构的，要做好工程档案的移交和管理。

⑤ 水库降等后，原有水情和工情监测设施的，应尽量保留并加以适当维护，并继续开展监测工作。

⑥ 水库降等的组织实施单位应根据水库的所有制性质，按照相关法律法规要求，对原水库资产以及与水库有关的债权、债务进行妥善处置。

⑦ 水库降等的组织实施单位应根据国家相关法律法规规定，做好原水库管理机构富余职工的安置工作。原库区和管理范围内的设施、土地的开发利用应优先用于原水库管理人员的安置。

（2）水库报废善后处理

水库报废拆除大坝后，如何恢复库区植被、野生动植物栖息地、鱼类洄游的通道及河道的行洪能力，如何处理沉积的泥沙和污染物，如何治理地质灾害，如何防止水土流失等一系列与生态环境相关的问题，都是报废水库善后处理必须解决的难题。除此之外，水库报废后一般还需要裁撤管理机构和对裁撤的管理人员进行安置，对原部分水库功能进行补偿，一些遗留工程可能还需要加固和后续管理等。因此，相对于水库降等，报废水库的善后处理无论技术难度和复杂性，还是涉及面均要大得多，必须充分论证、科学设计、严格施工。

1）工程措施（拆坝）

水库报废后，必须采取适当工程措施消除遗留工程的安全隐患，确保行洪安全和遗留工程的结构安全。

水库报废后，一般情况下应限期全部拆除大坝等挡水建筑物，恢复河道到建坝前的天然状态，并对淤积物进行处理，确保淤积物不造成次生危害。如仅部分拆除大坝等挡水建筑物，则拆除部分的过流能力应不小于原天然河道的过流能力；当残余结构存在安全隐患时，应进行适当加固处理，确保不留安全隐患。

对因城市化发展失去功能而报废的水库，可不完全拆除大坝，经适当改造后（如降低坝顶和泄洪设施堰顶高程、增设拦洪或撇洪工程等），作为水景观和湿地利用。

对因淤积而报废的水库，如适于改造成淤地坝，可不拆除大坝，但必要按淤地坝安全管理要求进行管理，改建甚至新建泄水或过水工程，确保行洪安全。

拆坝时间应避开汛期，并宜选择在植物容易生长季节。拆坝前应放空水库。

拆坝废弃物应作妥善处理，防止污染环境或造成次生危害，一般可就地处理、出售或重复利用；如有污染难以处理时，应运送至废弃物填埋场作填埋处理。

善后工程措施完工后，应由水库报废组织实施单位会同相关部门组织验收，并提交验收报告。

2）非工程措施

① 水库报废后，组织实施单位应撤销水库管理机构，对管理人员按国家相关法律法规要求进行安置，原库区和管理范围内的设施、土地开发利用应优先用于原水库管理人员的安置。

② 水库报废拆坝后，在任何情况下都不得再以任何方式蓄水利用，更不得拦蓄洪水；少量蓄水改造为景观利用的，必须有充分的论证，并经有关部门审核和批准；对拆坝后仍有残余结构的，仍需管理并落实代管单位，保障度汛安全；对改造成淤地坝的，应转入水土保持工程管理。

③ 水库报废的组织实施单位应根据水库的所有制性质，按照相关法律法规要求，对原水库资产以及与水库有关的债权、债务进行妥善处置。

④ 工程建设以来的一切技术档案应长期保存，并移交上一级主管部门保存或移交有关单位代管。

⑤ 淤积严重或对生态环境有严重影响的水库报废后，应开展必要的监测工作，直到河流重新达到较稳定的平衡状态为止。监测对象包括大坝上、下游水文地质条件的变化情况；上游淤积泥沙冲刷情况；水库下游的泥沙淤积情况；河道地形地貌变化情况；河流水质变化情况；水生生物生境变化情况等。

⑥ 水库报废工作验收后，应按照《水库大坝注册登记办法》的有关规定，办理注销手续。

3）泥沙管理

如何对淤积在库区的泥沙进行妥善处置，可能是报废水库善后处理中最棘手的问题，特别是当淤积的泥沙中含有污染物时。

水库报废前，应对库区淤积的泥沙总量、稳定性、质量（成分、颗分）、分布等进行测量、实验和分析评估，并对大坝拆除后的泥沙运动规律进行分析研究。

应根据库区泥沙本身固有的物理力学特性对其稳定性进行分析评估。泥沙的主要物理力学特性参数包括泥沙粒径分布、密度、沉积层理、有机质含量等，应通过实地采样分析获得。

对库区泥沙质量进行评估时，应考察水库上游流域的土地利用情况，调研工业、农业以及其他产业在上游的分布及其可能排放的污染物质，通过取样检测分析判断分析泥沙污染的可能性以及污染类别。

对报废水库的泥沙处理，应根据具体情况，综合运用自然冲蚀、水力疏浚、机械挖除和原地固置等处理方法。

当库区淤积的泥沙没有污染或仅有轻微污染时，可采用自然冲蚀或水力疏浚的方法进行处理。如库区淤积的泥沙量很大，应采用分阶段逐步拆除大坝的方法控制泥沙运动，防止水流中的泥沙含量远超过下游河道的泥沙输移能力。

当淤积泥沙重度污染、下游河道泥沙输移能力严重不足或影响下游水生动物栖息地时，应在大坝拆除前，采用机械挖除或水力疏浚方法清理库区淤积的泥沙。

如果水库报废前库区仍保存有较完好的河道形态，可采用原地固置方法进行泥沙处理。首先通过控制下泄的方式，缓慢放空水库，使库区淤积的泥沙大部分停留在原地；然后采用护岸护坡措施、重置植被等方法固定泥沙。

对于机械挖除或水力疏浚的泥沙，若无污染，可加以利用，作为建筑材料、耕作用土、回填场地等用途；否则，应在脱水处理后运送至有害废弃物掩埋场作掩埋处理。

4）河道管理

水库建成蓄水后，由于大坝的阻隔作用，上下游河道形态会发生很大改变。上游因泥沙淤积，原天然河道可能不复存在；并且在库水的长期浸泡下，河岸与库岸地质条件也可能发生变化，稳定性变差。下游则由于水库拦蓄和削减洪峰作用，原天然河道一般会萎缩，靠近大坝附近的局部河段甚至改道。由于河道萎缩和经济社会的发展，很多水库下游河道两岸原河漫滩被附近居民生产生活、经济开发、基础设施建设等活动侵占，造成下游河道的行洪能力下降。

在水库报废的论证阶段，应对是否需要采取积极的人工措施进行河道整治进行评估。如需要采取人工措施进行整治，应委托有相应资质的单位进行设计，并经相关部门审查批复后实施。

如原大坝上游水文和泥沙影响轻微，拆坝后可不对河道作特别处理，任其自然演化和恢复，并在原库区河道形成并相对稳定后进行适当防护；当河流功能、生物栖息地以及河道稳定性受水库报废的影响较大时，应通过采取护岸工程、堤岸植被重置、洪泛区侵蚀控制等整治措施对河道演变加以控制，保证上游河段堤岸的稳定性。

对原大坝下游河道，如河流形态及水文和泥沙条件与建库前相比变化很小，可不作特别整治，任其自然演化和恢复，并在相对稳定后进行适当防护；当河流功能、河流形态、过流能力、水文和泥沙条件、河道稳定性与建库前相比变化很大时，应通过开挖、疏浚、撤迁、护砌、堤防加固与建设等措施对河道进行整治，恢复天然河道的功能和行洪能力，并保证行洪安全和岸坡的整体稳定。

5）水土保持和生态修复

水库报废拆坝后，应采取适当的水土保持和生态修复措施，对淤积的泥沙进行处理，对原库区淹没范围内裸露的地表重置植被或加以保护，恢复野生动植物栖息地和鱼类洄游的通道，特别要确保不因水库报废拆坝而造成水土流失和生态环境的恶化。

应采用植被恢复或重置的方法控制水库报废后易受侵蚀的原库区裸露地表的水土流失问题。在确定无外来物种入侵、岸坡总体稳定、雨水侵蚀不严重的情况的，可不作特别处理，任库区裸露地表的植被自行恢复；当存在外来物种入侵、岸坡不稳定、雨水侵蚀严重的情况时，应在原库区裸露地表上种植植物护坡，人工植被的设计可参考水库周边地区的植被结构。

库底和库岸适宜并有条件还田的，应采取不造成水土流失的合理耕种方式；有条件改造为湿地的，可改造为湿地，但不得影响行洪安全。

对因淤积而报废的水库，需承担水土保持责任，适宜改造成淤地坝参与小流域治理的，应采取措施改造成淤地坝，并转入水土保持工程管理。

6）功能补偿

水库报废后，防洪、灌溉、供水等功能全部丧失，如有可能甚至严重影响下游防洪安全和当地农民生产生活时，应采取适当措施，对原水库功能进行补偿，必要时可采取工程措施进行补救。因工矿、旅游、交通、考古等建设事业需要而要求水库报废的，由建设单位对原水库功能进行补偿。

水库报废后，应对其上下游的洪灾风险进行评估。若洪灾风险的增量较大，则应对其防洪功能进行补偿，一般可采取加高加固河道堤防的措施。

当因水库报废失去灌溉、供水功能，严重影响当地农民生产生活时，应通过修建替代工程或重建大坝、跨区域引水和调水、开采地下水等措施予以补偿。

当因水库报废影响周边地区的航道、道路、桥梁、取水口、排污口等基础设施时，应进行改建。

## 4.5.8 青海省都兰县沙柳河四队水库报废论证

沙柳河四队水库位于青海省都兰县夏日哈镇沙柳河村（原查查香卡农场）四队东侧，总库容 60 万 $m^3$，是一座以灌溉为主的小(2)型注入式水库。该水库工程受益对象主要为沙柳河村四队、联合村和查查村。枢纽工程由大坝、放水涵洞、引水渠等组成。大坝为均质土坝，最大坝高 5 m。工程于 1958 年开工建设，1960 年竣工投入运行，由原查查香卡农场自行设计、施工。该水库隶属于都兰县夏日哈镇沙柳河村用水户协会管理，都兰县水务局进行业务指导。

沙柳河四队水库淤积严重，现存库容仅 10 万 $m^3$；放水涵洞及其所在转折坝段已水毁，其他坝段坝体损毁严重，水库工程现状已无法蓄水运行，处于无人管理、废弃状态。水库主管部门委托本书作者团队对沙柳河四队水库进行了报废论证，论证报告见附录三，结论和建议如下：

(1) 沙柳河四队水库渗漏严重，大坝渗透稳定性不满足规范要求，坝体损毁严重，放水涵洞已水毁，引水渠损坏；工程无任何监测设施和通信设施，目前已无工程管理机构和管理人员；水库泥沙淤积严重，目前实际有效库容仅 10 万 $m^3$，库区土地资源已被侵占用作耕地，水库已多年无法蓄水、功能丧失，处于无人管理的废弃状态，无进一步开发利用价值。水库单位库容的加固费用高，除险加固工程投资经济合理性差。依据《水库降等与报废管理办法(试行)》和《水库降等与报废标准》(SL 605—2013)，沙柳河四队水库符合报废条件，应予以报废。

(2) 沙柳河四队水库是以灌溉为主的小(2)型注入式水库，通过对南山防护渠进行恢复重建，将洪水引至沙柳河干流，工程受益区农田和沙柳河村的防洪安全不会受该水库报废的影响。

(3) 当地拟修建的沙柳河水库库容 2 000 万 $m^3$，其建成后，通过对引水渠（南干渠）维修加固处理，能够取代沙柳河四队水库功能，从根本上解决原沙柳河四队水库工程受益区的生产、生活用水需求，沙柳河四队水库除险加固工程已无实施意义。

(4) 建议尽快对沙柳河四队水库实施报废，库区淤积泥沙可不进行处置，由库区及坝址土地资源所有人向都兰县国土资源部门申请进行适当处理，改造成为可耕种的农田，并对其进行适合当地环境、气候条件的绿化，以符合水土保持和环境绿化要求；现残存坝体也可保留，但须对失修、损坏问题严重的原引水渠（南干渠）进行必要的维修加固处理，解决引水渠渠道的渗漏和塌坡问题。

(5) 沙柳河四队水库报废不涉及管理人员安置和管理设施、资产处置问题。

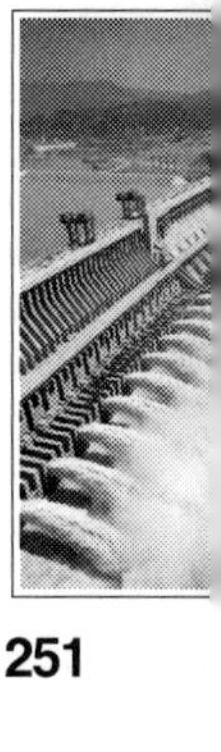

# 第 5 章

# 应急预案编制技术

## 5.1 水库突发事件分析与分级标准

### 5.1.1 水库突发事件定义与分类

《中华人民共和国突发事件应对法》(主席令 2007 年第 69 号)第三条规定:“本法所称突发事件,是指突然发生,造成或者可能造成严重社会危害,需要采取应急处置措施予以应对的自然灾害、事故灾难、公共卫生事件和社会安全事件。按照社会危害程度、影响范围等因素,自然灾害、事故灾难、公共卫生事件分为特别重大、重大、较大和一般四级。……突发事件的分级标准由国务院或者国务院确定的部门制定。”

水库大坝突发事件是指突然发生,可能导致溃坝、重大工程险情、超标准泄洪、影响水库正常调度运行的水污染、危及公共安全、需要采取应急处置措施予以应对的紧急事件。

水库大坝突发事件可分为如下四类:

(1) 自然灾害类事件。因暴雨、洪水、地震、地质灾害、上游水库溃坝、上游大体积漂浮物撞击等原因导致的溃坝、重大工程险情、超标准泄洪事件。

超标准泄洪事件是指自水库泄洪设施宣泄的洪水流量超过下游堤防和建筑物的防洪标准,造成淹没损失的洪水事件。相对于溃坝事件,超标准泄洪事件可提前准确预警。

(2) 事故灾难类事件。因工程质量缺陷、调度与运行管理不当等原因导致的溃坝、重大工程险情、超标准泄洪事件;或影响生产生活、生态环境的水污染事件。

(3) 社会安全类事件。因战争、恐怖袭击、人为破坏等原因导致的溃坝、重大工程险情、超标准泄洪、水污染事件。

(4) 其他可能导致溃坝、重大工程险情、超标准泄洪、水污染的突发事件。

### 5.1.2 突发事件分级标准

依据《中华人民共和国安全生产法》《中华人民共和国突发事件应对法》《国家突发公共事件总体应急预案》等国家有关法规和技术标准,并结合水库大坝突发事件成灾特点,水库突发事件分级标准可按如下原则确定：

（1）Ⅰ级（特别重大）事件

事件导致以下情况之一发生的，可定为Ⅰ级（特别重大）事件：

——水库水位达到校核洪水位及以上；

——大坝出现特别重大险情，抢险十分困难，很可能造成溃坝；

——库区大范围水质污染，水质监测项目有4项及以上超标，且至少2项超标二倍以上；

——生命损失不小于30人，或直接经济损失不小于1.0亿元，或社会与环境影响特别重大。

（2）Ⅱ级（重大）事件

事件导致以下情况之一发生的，可定为Ⅱ级（重大）事件：

——水库水位超过设计洪水位，但低于校核洪水位；

——大坝出现重大险情，具备一定的抢险条件，险情基本可控；

——库区较大范围水质污染，水质监测项目有4项及以上超标，且至少2项超标一倍以上；

——生命损失小于30人且不小于10人，或直接经济损失小于1.0亿元且不小于0.5亿元，或社会与环境影响重大。

（3）Ⅲ级（较大）事件

事件导致以下情况之一发生的，可定为Ⅲ级（较大）事件：

——水库水位超过防洪高水位，但低于设计洪水位；

——大坝出现较大险情，抢险条件较好，险情可控；

——库区局部水质污染，水质监测项目有1～3项超标，且至少有1项超标一倍以上；

——生命损失小于10人且不小于3人，或直接经济损失小于0.5亿元且不小于0.1亿元，或社会与环境影响较大。

（4）Ⅳ级（一般）事件

事件导致以下情况之一发生的，可定为Ⅳ级（一般）事件：

——水库水位达到防洪高水位；

——大坝出现一般险情，且险情可控；

——库区局部水质污染，水质监测项目有1项超标；

——生命损失小于3人，或直接经济损失小于0.1亿元，或社会与环境影响一般。

## 5.1.3 突发事件及其后果分析

### 5.1.3.1 突发事件分析

（1）工程安全现状分析

1）根据最近一次大坝安全鉴定结论，总结大坝存在的主要工程隐患。

2）如果鉴定意见为“三类坝”，应说明除险加固方案和加固质量情况、竣工验收结论、大坝目前仍存在的工程隐患。

3）对尚未完成大坝安全鉴定工作的水库，可以通过专家现场检查等方式，结合实际运行情况，总结存在的主要问题和工程隐患。

（2）可能突发事件分析

1）可能突发事件分析，应由不同专业的专家在现场检查等工作的基础上分析做出。

2）根据流域洪水特点、环境变化、工程地质条件，分析判断是否存在自然灾害类突发事件及其可能性大小。

3）根据工程安全现状分析结果、水库运行管理条件和水平及水库功能，分析判断是否存在事故灾难类突发事件及其可能性大小。

4）根据水库地处位置，经济社会发展环境与动态，分析判断是否存在社会安全事件类突发事件及其可能性大小。

5）对其他突发事件发生的可能性进行分析。

#### 5.1.3.2　突发事件可能后果分析

（1）突发溃坝事件后果分析

1）溃坝洪水分析

针对可能发生的溃坝事件，进行溃坝模式分析，计算大坝溃口流量等水力参数和过程线，选择最大溃口流量作为溃坝下泄洪水。土石坝应选择逐步溃决模式，混凝土坝应选择瞬时溃坝模式。

2）溃坝洪水淹没范围及严重程度分析

依据不低于1∶10 000的地形图，进行洪水演进分析，确定洪水流速、历时和淹没深度。大型和重要中型水库的洪水演进模型应采用二维演进模型，其他水库可采用一维演进模型。

绘制淹没范围及其严重程度图，作为人员应急转移依据。

3）淹没区生命损失、经济损失和社会环境影响分析

根据淹没图，确定淹没范围内的风险人口，并分析不同报警时间、事件发生的不同时段、洪水的严重性等因素条件下可能发生的生命损失数量。淹没城镇时，可考虑利用钢筋混凝土结构作为紧急避险场所的可能。

根据淹没图，确定淹没范围内的直接经济损失，并估算间接经济损失。确定影响范围内的防洪重点对象，工程的防洪标准以及下游河道的安全泄量。

根据淹没图，确定下游社会环境影响程度。现今水库大坝突发险情对下游社会环境的影响在大坝风险研究评估中占据着重要的地位，有关这方面的研究也越来越受到社会和学者的高度重视。

4）大型、重点中型或坝高超过70 m的小型水库，应对下游损失做专题研究。

（2）突发水污染事件后果分析

1）分析确定可能水污染的严重程度；

2）分析确定可能水污染的影响范围；

3）分析确定可能水污染对生命、经济和社会环境的影响。

（3）可能突发事件排序

根据突发事件后果或风险严重程度，对可能发生的突发事件进行排序，选择发生可能性较大的突发事件，作为应急处置的主要目标。

## 5.2　洪水风险图编制

洪水淹没分析是洪水风险图研究的重要基础。传统的洪水风险是指洪水造成损失与伤

害的可能性。近年来，保险业的风险三角形概念被引入到洪水风险中，并得到广泛采用，即洪水风险可表示为“洪水危险性”、“可能受灾对象”与“承灾体易损性”三者的乘积。其中，洪水危险性与洪水水深、流速、流量、洪峰流量、淹没历时、到达时间等因素密切相关，“可能受灾对象”与“承灾体易损性”的乘积即洪灾损失。

洪水风险图编制就是将洪水数值模拟的计算结果转化为洪水危险性，并在 GIS 平台上进行可视化制图。由于洪水的到达时间、淹没历时、淹没水深和流速变化等信息是组织民众避险的重要依据，所以洪水风险图需包括最大淹没范围图、最大水深分布图、最大流速分布图、洪水到达时间分布图、淹没历时分布图，以及洪水在演进过程中不同时刻的淹没水深、流速、破坏参数（水深×流速）、流场分布图等。图 5.2-1～图 5.2-4 是芬兰某水库的溃坝洪水风险图成果。

溃坝洪水演进及其造成的损失受水库工程规模、坝型、坝高、溃坝模式以及气象、地貌、土壤、植被、突发事件发生时间、管理水平、警报时间、洪水严重性、风险人口组成及其对溃坝洪水严重性的理解程度、人类活动（经济、社会活动）、社会对突发事件的应急处置能力等多方面因素的影响。因此，应急预案的制定往往是跨地区、跨部门、跨学科进行统一协调和综合分析的一项系统工程。数据的快速准确获取是制定有效应急预案的关键。通过洪水的数值模拟可以得出水库下游洪水水深、流速、洪水到达时间、洪水淹没历时的分布等洪水演进的基本要素。GIS 是空间数据显示、加工和处理的有效工具，具有空间信息多元多维复合数值分析和计算能力，而洪水演进绝大部分数据都与空间位置有关。因此，洪水数值模拟与 GIS 相结合已经成为洪水风险图研究与编制的重要技术手段。

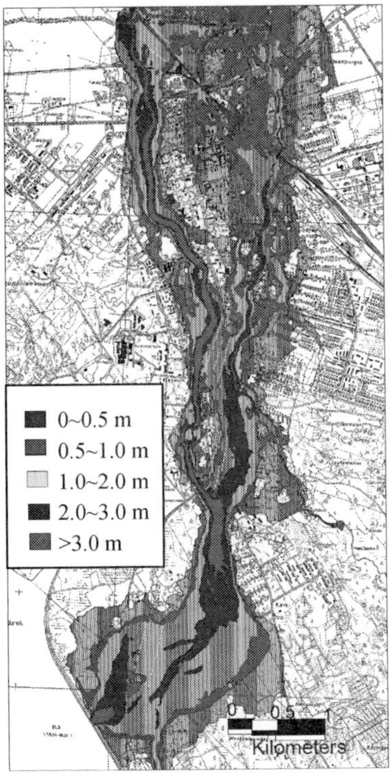


图5.2-1 水库溃坝某地最大水深分布图

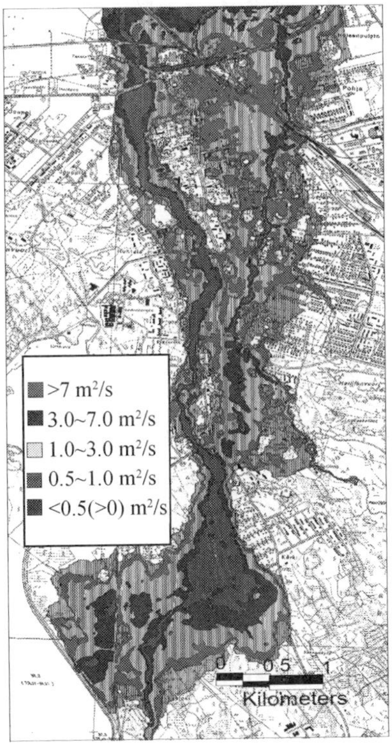


图 5.2-2 水库溃坝某地破坏参数分布图

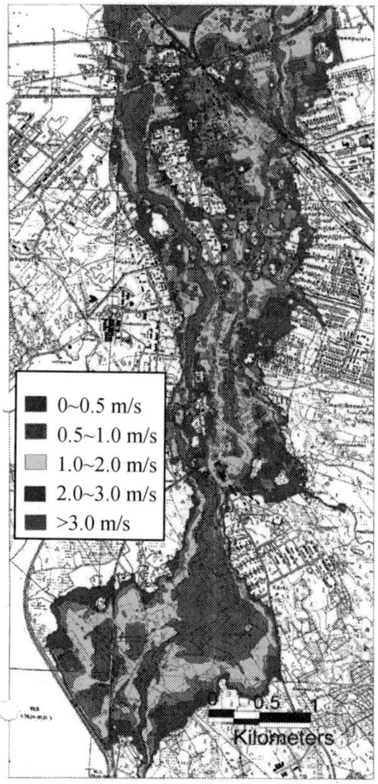


图 5.2-3 水库溃坝某地最大流速分布图

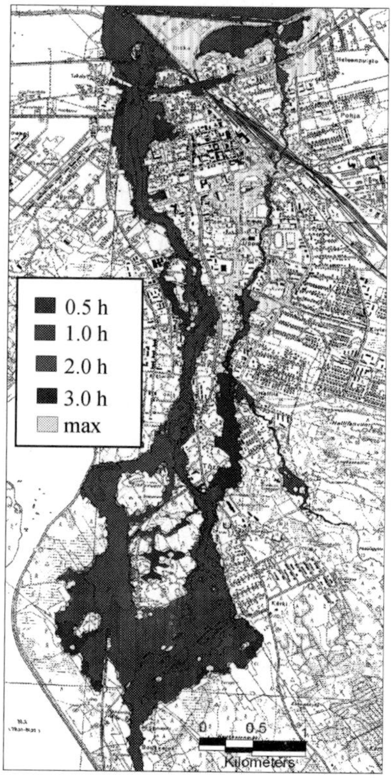


图 5.2-4 水库溃坝洪水淹没图

## 5.2.1 基础地理信息的可视化

基础地理信息包括溃坝洪水演进模型的计算域和计算域内的地形信息、水系、居民点分布、交通网络、行政区划等信息。一般这些信息需要在 GIS 软件平台下，对计算域的边界和计算域内的其他空间信息进行分层数字化实现。数字化的背景图可以是纸质地图扫描后的图片文件或者遥感图像。

在洪水演进模型建立之前，需要确定模型的计算域，计算域可以用一个已经存在的边界文件确定，或者在背景图上数字化得到。背景图可以是地形图、行政区划图、遥感图像、水系图等。

根据一般 GIS 概念，可以把区域内的基础地理信息描述成点、线、面等概念，参见图 5.2-5。点文件用于描述点位置坐标，如大坝下游地形高程点、政府机关、学校、医院、企事业单位、行政村等用点文件描述；线文件用于描述交通（公路、铁路）、输电干线、油气干线、小河流等；面文件用以描述洪水演进模型的计算域、行政区划、居民点、大河流等。

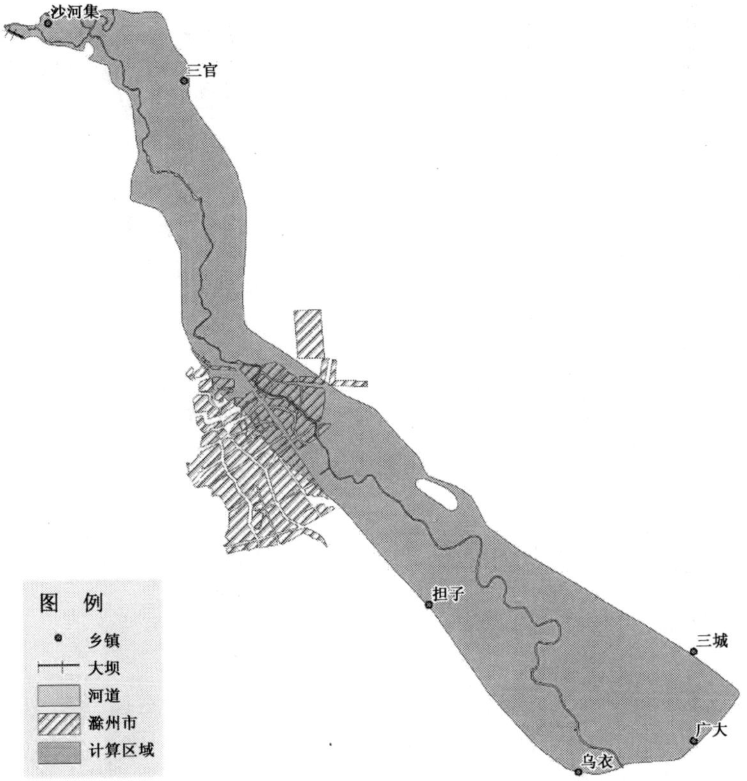


图 5.2-5 某水库下游计算区域内基础地理信息

## 5.2.2 GIS 数据的存储

GIS 与一般管理信息系统相比，最大的特点是其具有对空间数据的处理和分析功能。空间数据是描述地理要素空间分布位置的数据。空间数据和属性数据（非空间数据）是 GIS 的主要数据组成。GIS 内部数据结构基本上可分为栅格结构和矢量结构两大类。

在栅格数据结构中，空间被规则地划分为栅格（通常为正方形）。地理实体的位置和状态是用它们占据的栅格的行、列来定义的。每个栅格的大小代表了定义的空间分辨率，是栅格数据最基本的信息存储单元。栅格模型最小单元与它表达的真实世界空间实体没有直接的对应关系。栅格数据模型中的空间实体单元不是通常概念上理解的物体，它们只是彼此分离的栅格。栅格的代码代表了实体的属性或属性的编码。遥感影像和扫描文件都属于栅格数据结构（图 5.2-6）。

在矢量数据结构中，地图空间中的每一位置都有唯一坐标值。现实世界的要素位置和范围可以采用点、线或面表达，与它们在地图上表示相似，每一个实体的位置是用它们在坐标参考系中的空间位置（坐标）定义。对于点、线、面的存储，不同的 GIS 软件的存储方式也不同。经过分层数字化得到的数据文件，都是矢量数据结构（图 5.2-7）。

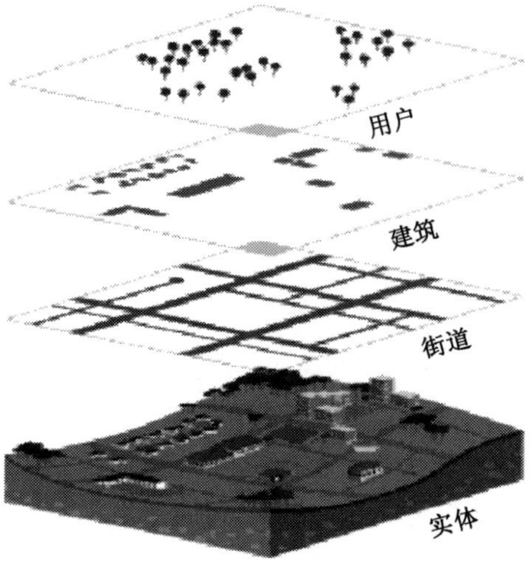


图 5.2-6　栅格数据模型

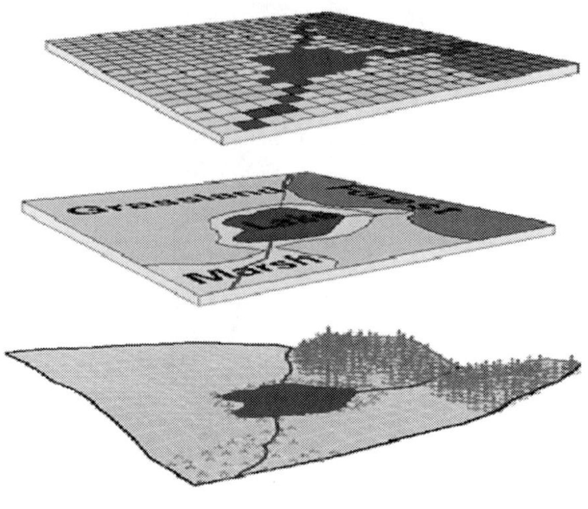


图 5.2-7　矢量数据模型

## 5.2.3　数字地形模型生成

数字地形模型 DTM(Digital Terrain Model)是地形表面形态属性信息的数字表达，是带有空间位置特征和地形属性特征的数字描述，实现了地形从二维表达向三维表达的转变。DTM 采用一个有限三维向量系列($X$,$Y$,$Z$)表示地形的空间分布，其中 $X$、$Y$ 表示地形点的平面位置，$Z$ 表示相应点的高程、坡度、坡向等地形信息。实际研究中，DTM 的 $Z$ 值已经不仅仅局限于地形信息，它可以用于地形要素或者非地形要素的数字建模。在洪水风险图编制过程中，将 DTM 的 $Z$ 值设置成洪水最大水深、洪水最大流速、淹没历时、到达时间，以及溃坝洪水在演进过程中不同时刻的淹没水深、流速、破坏参数(水深×流速)等值，就可以得到相应的数字模型。

DTM 按其数据结构，可以分为规则格网模型 GRID 和不规则三角网模型 TIN。

(1) GRID 模型

规则格网 DTM(GRID 模型)属于栅格数据结构，其数据在水平方向和垂直方向的间隔相等，各网点的平面坐标隐含在行列号中，采用矩阵形式进行存储，即按行(或列)逐一记录每一个格网单元的属性值(图 5.2-8)。GRID 是通过内插方法得到的。内插的数学基础是二元函数逼近，即利用已知地形采样点集的三维坐标，展铺一张连续的数学曲面，将任一待求点的平面坐标代入曲面方程，可求得该点的 $Z$ 值。将计算格网的 $Z$ 值按照一定的格式输出，就生成了 GRID。

| | | | | | | | | | |
|---|---|---|---|---|---|---|---|---|---|
| 91 | 78 | 63 | 50 | 53 | 63 | 44 | 55 | 43 | 25 |
| 94 | 81 | 64 | 51 | 57 | 62 | 50 | 60 | 50 | 35 |
| 100 | 84 | 66 | 55 | 64 | 66 | 54 | 66 | 57 | 42 |
| 103 | 84 | 66 | 56 | 72 | 71 | 58 | 74 | 65 | 47 |
| 96 | 82 | 66 | 63 | 80 | 78 | 60 | 84 | 72 | 49 |
| 91 | 79 | 66 | 66 | 80 | 80 | 62 | 86 | 77 | 56 |
| 86 | 78 | 68 | 69 | 74 | 75 | 70 | 82 | 72 | 57 |
| 80 | 75 | 73 | 72 | 68 | 75 | 86 | 100 | 81 | 56 |
| 74 | 67 | 69 | 74 | 62 | 66 | 83 | 88 | 73 | 53 |
| 70 | 56 | 62 | 74 | 57 | 58 | 71 | 74 | 63 | 45 |

图 5.2-8　GRID 模型

建立 GRID 的关键环节是格网点 $Z$ 值的内插计算，就是根据分布在内插点周围的采样点高程求出未知点的高程值。GRID 内插的各种方法都是基于地形表面的空间自相关特性。由点数据内插生成 GRID 模型的方法有很多,其分类方法也很多。从对地形曲面理解的角度,内插方法可以分为克立金法、多层曲面叠加法、加权平均值法、分形内插等。按内插点的分布范围,内插方法可分为整体内插、局部内插和逐点内插法。每种方法都有一定的前提假设和适用条件,但是不论采用哪种方法,通常采样点数目越多,分布越均匀,差值效果就会越好。

(2) TIN 模型

TIN 模型属于矢量数据结构。TIN 三角剖分是在二维平面上进行,然后在三角形的顶点上叠加所对应的高程值,从而形成空间三角形平面。TIN 表面模型可以从点、隔断线与多边形中生成,其中点集作为 TIN 的基础要素,隔断线与多边形可更好地控制 TIN 表面地形状。构建 TIN 的数据源有:

1) 点集。点集是 TIN 的基本输入要素,决定了 TIN 表面的基本形状。TIN 建模时,在地形变化较大的地方,使用较多的点;在平坦地区,则使用较少的点。

2) 隔断线。隔断线是构成 TIN 的线状要素,通常用来表示自然要素,它可以是具有高度的线,也可以是没有高度的线,在 TIN 中构成一条或者多条三角形的边序列。隔断线有软隔断线和硬隔断线两种。

硬隔断线表示表面上突然变化的特征线,如山脊线、悬崖及河道等。在创建 TIN 时,硬隔断线限制了插值计算,它使得计算只能在线的两侧各自进行,而落在隔断线上的点同时参与线两侧的计算,从而反映了坡度的不连续性,改变了 TIN 表面形状。

软隔断线表示添加在 TIN 表面上用以表示线性要素但并不改变表面形状的线,如需要标出分析区域的边界,它不参与构建 TIN。

3) 多边形。多边形用来表示具有一定面积的表面,具有裁切多边形、删除多边形、替换多边形、填充多边形 4 种类型。裁切多边形定义插值的边界,处于裁切多边形之外的输入数据不参与插值与分析操作;删除多边形定义插值的边界,处于删除多边形之内的输入数据不参与插值与分析操作;替换多边形对多边形边界与内部赋予固定的 $Z$ 值;填充多边形对落在填充多边形内所有的三角形赋予整数属性值,其 $Z$ 值不受影响,也不进行裁切、删除或者替换操作。

离散点构建 TIN 的基本思路是利用随机分布的离散高程采样点建立连续覆盖整个区域的 TIN。其技术关键是确定哪 3 个离散数据点构成一个最佳三角形,并使得每个离散采样点均成为三角形的顶点(图 5.2-9 为 TIN 的一种存储结构)。目前,TIN 中的 Delaunay 三角剖分数字地形结构模型应用比较广泛。Delaunay 三角网中每一个三角形的外接圆内不包含其他三角形的顶点。只要不超过 3 个邻域点在欧几里得平面上共圆,Delaunay 三角网就总是唯一的。Delaunay 三角形网格模型适用于各种数据分布密度,具有唯一性,能得到尽可能等边的高质量三角形单元,追踪绘制等高线算法简单,适应不规则地形区域。

GRID 模型具有数据存储结构简单、计算和分析方便有效等特点,但其计算效率较低,其模拟的表面不连续,规则的格网结构造成了许多细部特征无法表达和变化平缓区域的数据冗余。TIN 模型在较少采样点的情况下可以获得较高精度,具有可变的分辨率和连续表面。但 TIN 的表面分析能力不强,数据结构比较复杂。

| | | | |
|---|---|---|---|
| 1 | X | Y | Z |
| 2 | X | Y | Z |
| 3 | X | Y | Z |
| 4 | X | Y | Z |
| 5 | X | Y | Z |
| 6 | X | Y | Z |
| 7 | X | Y | Z |
| 8 | X | Y | Z |

点文件

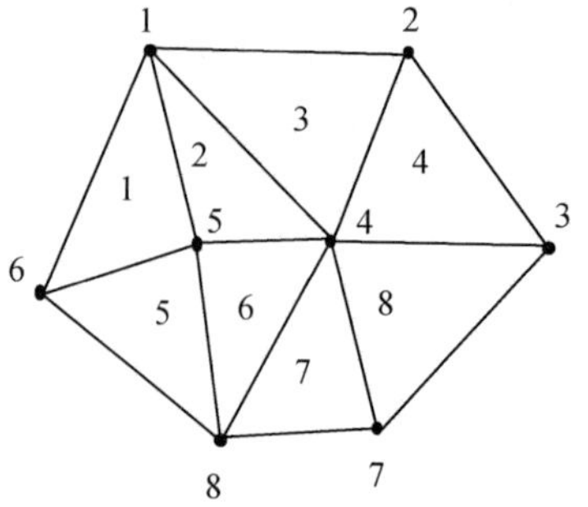


| | | 顶点 | | | | 邻接三角形 | | |
|---|---|---|---|---|---|---|---|---|
| 1 | | 1 | 5 | 6 | | 2 | 5 | X |
| 2 | | 1 | 4 | 5 | | 1 | 3 | 6 |
| 3 | | 1 | 2 | 4 | | X | 4 | 2 |
| 4 | | 2 | 3 | 4 | | 3 | X | 8 |
| 5 | | 5 | 6 | 8 | | 1 | X | 6 |
| 6 | | 4 | 5 | 8 | | 2 | 5 | 7 |
| 7 | | 4 | 7 | 8 | | 6 | 8 | X |
| 8 | | 3 | 4 | 7 | | 4 | 7 | X |

三角形文件

**图 5.2-9　TIN 模型的一种存储方式**

## 5.2.4　洪水各要素 DTM 的可视化

采用数字地形模型表示各时刻洪水水深分布、破坏参数分布、最大水深分布、淹没历时、洪水到达时间等，每一个洪水要素都可以制作成相应的专题地图。

（1）栅格数据（GRID 模型）的可视化

栅格数据主要有两种类型，即单波段和多波段。洪水各要素生成的 GRID 为单波段栅格图像。栅格数据的绘制有如下几种方式：

1）通过唯一值法绘制像元。栅格可以与包含每个像元的属性表关联。当属性有确定的类别、类型或分类时，这种可视化方法很适用，例如土壤利用类型等。

2）通过梯度颜色分类绘制像元。像元的属性值表示的是专题信息，如高程、人口密度等的一定范围内的连续数值。在进行了分类分级定义之后，选择特定的符号和颜色对定义的分类分级进行绘制。一般来说，所选择的颜色梯度要与习惯的视觉感知相一致。如破坏参数 DTM 的绘制，对于破坏参数由高到低，颜色可以从红色过渡到黄色，再过渡到蓝色。

3）用梯度颜色拉伸绘制像元。梯度颜色拉伸方法主要应用于具有大量属性值的单波段数据中，用连续的分等级颜色来高质量地表现连续现象。与梯度颜色分类不同的是，没有对属性进行分类分级，通常是用一种颜色的过渡表示栅格的属性值。如水深 DTM 的绘制，可以采用由浅到深的蓝色表示水深由低到高的过渡。

4）用红绿蓝波段符合绘制像元。对于多波段栅格图像，通常采用红色波段、绿色波段和蓝色波段进行创建。卫星影像和彩色扫描图片通常采用这种方式表达。

（2）TIN 的可视化

TIN 的可视化表达同样有如下多种方式，这些方法实现了对 TIN 要素（点、线、面）或者对高程、坡度、坡向表面特征进行可视化表达。

1）绘出 TIN 的要素。可以在 TIN 中绘出点、线、面，有助于检查和取出构成 TIN 的错误点分布。

2）用地貌晕渲法绘出 TIN 的面。地貌晕渲法是一种使表面产生阴影来生成逼真的地面视图的技术。地貌晕渲法先设定太阳在天空的位置，然后计算出太阳方向和面的法线之间的夹角（照射角）。这个角度引起面的明暗变化，而这明暗变化则模拟了光在表面的反射状况。这一方法以二维显示建立了逼真的三维影像。

3）用梯度颜色坡道来绘出属性。用彩色绘出 TIN 的表面来显示属性的变化范围。这种绘图方法在每个面上内差等高线，一个面可以有 0 条、1 条或者多条穿越其中的等高线。在设定的等高线间隔之间的每个区域都用颜色坡道中的一种颜色来绘制。洪水各要素 DTM 的可视化通常采用这种方法。图 5.2-10 为利用该方法绘制的某水库溃坝洪水水深分布图。

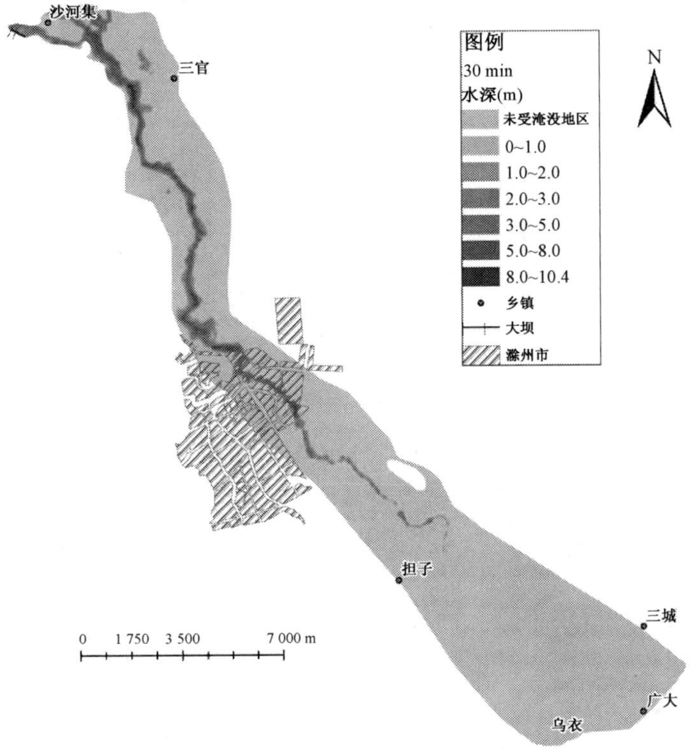


**图 5.2-10　某水库溃坝 0.5 h 后淹没水深 DTM 图**

4）用梯度颜色坡道来绘出坡向。坡度表征了地面上任意一点高程值改变量最大的方向。正北方向为 0°，按顺时针方向计算，正东方向是 90°，正南方向是 180°，正西方向是 270°。

5）用梯度颜色坡道绘出坡度。坡度表示过任一点的切平面与水平地面的夹角，在 TIN 每个层面上都要进行计算，颜色坡道应用于 0°～90°之间。

将上述洪水淹没分析结果（洪水的各种 DTM 图）叠加行政区划、人口分布、交通分布、经济社会、防洪工程、水系分布等专题信息，就得到了洪水风险图（具体可参见附录四），为应急撤离和临时避难场所规划提供了重要的依据。

## 5.3　应急组织体系

水库突发事件应急管理并非事件发生后的被动应对，而是需要事前、事中、事后系统、科学、高效地应对，应急组织体系承担决策、指挥以及调动、协调应急资源的职责，在突发事件应急处置体系中发挥着核心和主导作用。

### 5.3.1 应急组织体系组建和运行原则

水库突发事件应急组织体系应按下列原则组建和运行。

(1) 以人为本、安全第一

在相当长时期内，面对各类灾害，社会习惯以强调减少国家财产损失为原则，甚至曾经出现以牺牲个人生命为代价保护国家财产的现象。目前，抢救生命与保障公众基本生存条件是应急管理的首要任务。“以人为本”的原则就是在突发事件发生前，及时采取人员避险措施；突发事件发生后，最大限度地避免和减少人员伤亡和危害，最大限度地保护参与突发事件应急处置人员的生命安全。因此，应急组织体系不仅仅是为了应对事关大坝工程安全的突发事件，更重要地是为了应对涉及公众安全的突发事件，体系内除通常的防汛抗旱指挥机构组成单位和人员外，还应包括保障公共安全的职能部门、机构、组织和资源。

(2) 依法、依规管理

法律是应急管理合法性的基础。在水库大坝突发事件应急处置时，政府和相关部门虽然拥有许多特殊的权力，但也不能误用、滥用，尽可能做到有法可依。目前，与大坝突发事件相关的法律和条例主要有《中华人民共和国突发事件应对法》《中华人民共和水法》《中华人民共和防洪法》《中华人民共和水污染防治法》《中华人民共和国防汛条例》《水库大坝安全管理条例》《水污染防治法实施细则》。应急预案包括《国家突发公共事件总体应急预案》《国家自然灾害救助应急预案》《国家防汛抗旱应急预案》等。如果是地震、恐怖袭击等原因导致溃坝，或者溃坝引起的疫情或传染病流行，还要结合其相关的法律、法规、条例和应急预案进行处置。此外，各地可依据属地市级情况制定相应的条例和应急预案。

(3) 预防为主、平战结合

水库大坝突发事件尤其是溃坝事件发生前，大坝系统可能会表现出一些征兆，如某测压管水位突然上升、某部位坝坡变形量发生突变、坝基管涌或翻砂等。在事前预知的情况下采取应急行动，可预防或减轻溃坝次生灾害带来的损失。平战结合的原则要求突发事件未发生时，应急管理体系处于平时运行状态，主要工作是处理一些基本的管理任务，水库管理人员要定时巡查、及时监控相关指标；政府应组织应急体系的相关部门定期对突发事件和处置措施进行研究、部署，并建立重大突发事件风险评估体系，以防范重大突发事件的发生，最大限度地减轻重大突发事件的影响。对水库突发事件采取预防为主、预防和应急相结合的原则，一旦发现突发事件的先兆，水库管理人员必须及时上报，政府和相关部门等组成的应急指挥机构立即确定突发事件级别，依法行使紧急状态下的处置权力，充分调动和配置各种资源应对突发事件。

(4) 统一领导、综合协调

应急组织体系包括政府、水行政主管部门、水库主管部门、水库管理单位、部队、通信、交通、公安、环保、卫生防疫、公众、企事业单位等多个部门。应急组织的有效运行既需要统一的领导，又需要上述部门之间的协调配合。其中，政府是应急组织体系的中心，负责指挥和组织协调其他部门和人员。应急管理体系中，要明确一名主要领导人作为总指挥，专门负责应对突发事件的全面工作，对于应急工作进行统一指挥、组织协调，避免由于多头领导造成

矛盾和混乱，耽误应急处置的最佳时机。另外，在对外联络与沟通方面，也要遵循统一指挥原则，用一个声音通报事件情况，避免由于口径不一致而在国际社会和国内民众中引发不信任情绪的被动局面。

（5）快速反应、适时调整

水库突发事件尤其是溃坝事件发生时，决策和应急处置的拖延往往会造成严重后果。发现险情后，管理人员要及时上报，应急组织体系应迅速分析研判、作出决策。尽量做到第一时间发现、第一时间判断、第一时间决策，以最短的时间做出正确的判断，采取有效措施，迅速调配力量进行救援。如溃坝发生前立即组织进行紧急撤退，溃坝发生后对落水人员进行救援，对伤者进行抢救等。在处置过程中，要根据情况变化适时调整应对措施和策略，如人员撤离过程中，受交通限制要及时对人员进行分流，合理分配交通工具；考虑到安置点的承载能力，风险人口不一定采取就近安置的原则。同时，还要分清事态轻重缓急和先后顺序，抓住主要矛盾，集中精力处理好当务之急，多征求专家意见，着重做好事前应急预案，尽量细化应急预案，及时、有效实施培训和应急演练。

（6）科学决策、高效运转

应急组织体系运作时，在确保生命财产安全的前提下，应尽量避免过度应急，节约开支，如当发现大坝突发工程问题，但暂时不会导致溃坝时，可暂不对下游影响公众实施避难转移，通过加强巡查等手段视事态发展趋势再做下一步决策。即使存在溃坝可能，应急转移时也要结合溃坝风险图确定转移区域。应急组织体系存在的目的就是在突发事件发生时能够正确决策、立刻行动，以最小代价将灾害损失降至最低，这就需要应急组织体系组成部门之间关系明确、接口清晰，尽量取消不必要的环节，精简办事程序，使得应急组织体系实际运行科学高效。

## 5.3.2 应急组织体系构成

水库大坝突发事件应急组织体系构成见图 5.3-1，主要包括应急指挥机构、应急保障机构、专家组、抢险与救援队伍、应急指挥部办公室。

应急组织体系框图用以明确参与水库大坝突发事件应急处置的相关各方在预案启动、实施、结束整个过程中承担的角色与相互之间的关系，重点是明确水库管理单位与主管部门（业主）的角色，具体可参见附录四。

## 5.3.3 应急指挥机构

应急管理是预警、预防和应对公共领域发生突发事件的管理，在这样的管理中，尤其是在突发事件发生时的管理中，对于政府的管理需求急剧上升：需要政府紧急调动国家资源、快速而有力地动员社会公众、统一作出决策，在尽可能短的时间内消除危机。所以，在突发事件涉及的最高政府层面上，设立一个居于核心地位的、具有最高权威的指挥机构是必要的，而且，最高决策中心在危机管理中的适度集权也是必需的。越是出现公共危机，就越是需要政府的紧急行动与高强度的资源调动和社会控制，从而实现政府、社会行动的高度一体化。一个比较典型的例子是美国联邦紧急事务管理署（FEMA），它就是这样一个在危机管

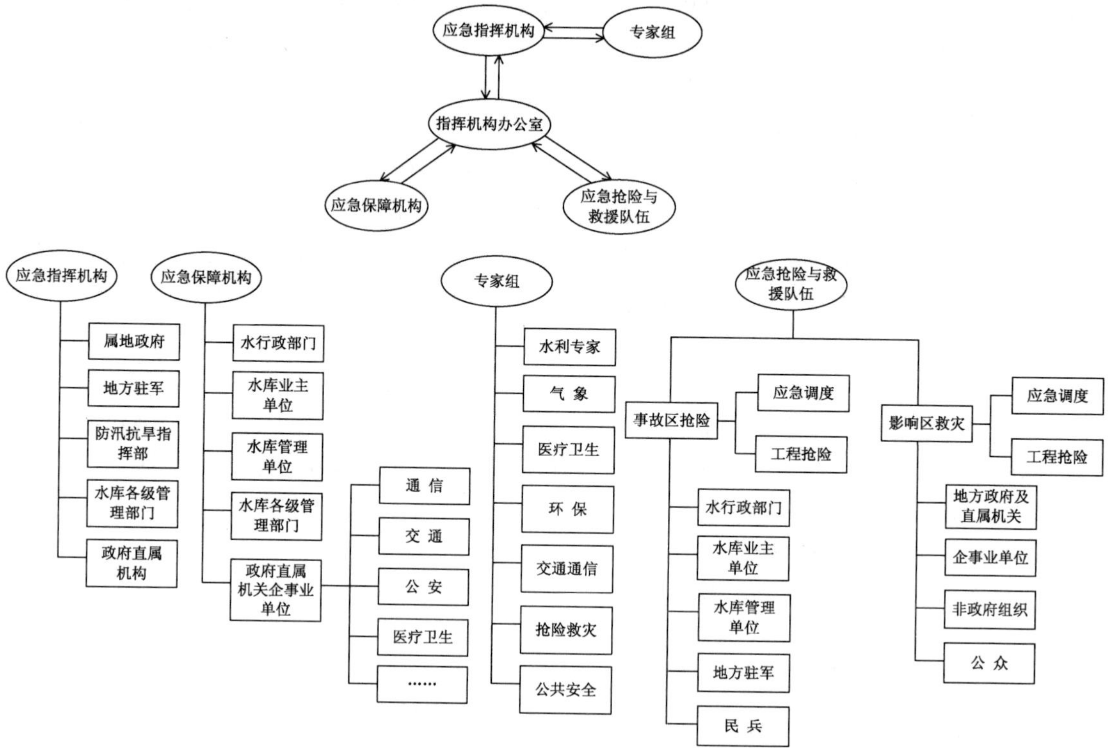


**图 5.3-1 水库大坝突发事件应急组织体系框图**

理中处于核心地位的联邦常设机构，它负责处理包括自然灾害和社会动乱以及战争在内的一切紧急事务，建立了从中央到地方、从政府到民间的综合管理体系，具有极大的权威性和独立的地位。

水库突发事件属灾害性事件，非业主或某专业部门所能独立处置的，必须以政府为统领，通力协调，利用一切有用资源，将灾害控制在有限范围，将损失降到最低，国际经验如此，我国《中华人民共和国突发事件应对法》和《国家突发公共事件总体应急预案》等有关法规和制度也是这样规定的。

应急指挥机构是应急组织体系的核心，是应急处置过程中的领导者和决策者，其他部门和人员要服从应急指挥机构的工作安排。应急指挥机构在指挥长领导下，主要负责水库突发事件应急预案的具体实施，包括突发事件预测预警、险情报告、应急调度、应急抢险、险情监测和巡查、人员应急转移、善后处理、信息发布等；同时对应急保障机构、专家组、应急抢险与救援队伍、应急指挥部办公室 4 个子体系提出具体要求，有责任召集专家组、应急抢险和救援队伍人员、应急指挥办公室人员及应急保障机构人员，在未发生突发事件时，对应急保障的平时准备工作内容进行确定、协调等，以确保应急保障在突发事件发生后能够发挥基础性作用，最终确保预案的可行性、有效性。

预案中应明确应急指挥机构组成的相关责任单位和岗位，具体人员信息可单独成册以防随意扩散，并便于管理和及时修订。应急指挥机构成员单位应包括属地政府、地方驻军、防汛抗旱指挥部、水行政主管部门、水库主管部门、水库管理单位及政府直属机构如财政局、民政局、卫生局、交通局、气象局、环保局等部门。按照分级负责、属地管理的原则，水库防汛第一责任人所在同级政府为应急组织体系的最高指挥机构，水库防汛第一责任人为应急指挥机构的指挥长。

应急指挥部下可设办公室，作为应急预案编制、审查、实施的日常办事机构，其中，既包括紧急时刻下达应急指挥机构的决策内容，同时还包括应急预案的宣传、培训和应急演练的组织工作，以及对应急保障准备情况的组织、日常检查和监督工作。内设综合、技术、后勤等部门。

## 5.3.4 专家组

水库大坝突发事件特别是溃坝一旦发生或即将发生，情况瞬息万变，需要在第一时间作出科学决策，安排应急调度、抢险和组织人员转移，并需要实时根据水情、险情与灾情变化情况不断对应急处置方案进行调整。这一过程涉及信息收集与处理、预测预警、溃坝洪水及其后果分析、会商、决策、抢险、救灾等环节，各种不确定性相互交织，专家的技术支撑必不可少。

成立水库突发事件应急处置专家组，应确定专家组长与成员名单、单位、专业、联系方式。专家组对应急指挥机构负责，主要负责收集技术资料，参与会商，发挥技术参谋作用，提供决策建议，为应急决策和处置提供技术支撑，必要时参加突发事件应急处置。

专家组的专业组成和规模大小等应根据工程具体情况和人力资源条件确定，但专家组成员专业结构要求尽量全面，一般由水工、地质、水文、金属结构、工程管理、气象、卫生、环保、通信、救灾、公共安全等不同领域专家组成，包括熟悉工程设计、施工、运行管理和参与应急预案编制与审查的专家。因水库大坝应急处置的复杂和艰苦的特点，专家组既要经验丰富，又要身体健康。在水库日常管理中，应建立专家库，确定专家成员名单及备选名单，以使得专家对水库大坝的工程及运行状况有所了解，以利于在应对突发事件过程中做出快速反应和正确判断。

## 5.3.5 应急抢险与救援队伍

应急抢险队伍指的是水库大坝工程险情抢护队伍，交通、通信等设施的抢险队伍应在政府总体应急预案中考虑。水库管理单位和主管部门应组建大坝工程险情抢险队伍，负责大坝工程险情的应急抢护。当险情发展超过应急抢险队伍能力时，应请求地方政府应急管理机构支援。根据近年来重大水利突发事件应急抢险经验，武警部队和解放军野战部队起到了应急抢险队伍主力军的作用。抢险队伍应由身体强健、适合紧急召集、有一定的工程抢护技能的人员组成。抢险队伍的规模和组织分工根据工程具体情况确定，平时应加强培训和应急演练。江苏省专门建立了全省防汛抗旱抢险中心，每年汛前组织各地市水利专业抢险队伍，针对漫顶、管涌、流土、滑坡等常见大坝工程病险进行培训和实战演练，取得了很好效果。应急救援队伍负责组织水库下游洪水淹没区公众（风险人口）的撤离转移并在撤离转移过程中提供必要的救助，以及营救被困人员、搜救失踪人员、紧急医治受伤人员等，应敦促洪水淹没范围内的地方政府、机构、组织组建各自管辖范围内的应急救援队伍，必要时由当地政府总体应急预案中的专业救援队伍提供指导和帮助。鉴于水库大坝突发事件特点，应针对性地考虑洪水救援的一些特殊需要。

抢险与救援队伍可分为若干小队（组），队（组）长的基本信息应在预案中明确，一般成员的通信联络方式由队（组）长掌握，应急指挥部办公室备案。

# 5.4　运行机制

应急预案是事先拟定的行动计划，是突发事件处置时的行动指南。应急预案运行机制规定突发事件处置整个流程中的关键环节和措施，以及处置过程如何有序流转、衔接，相关责任单位和责任人在其中承担什么具体职责，是周密计划落实为有效行动的重要保障。应按照“科学高效、规范有序”的原则，确定突发事件预测预警、会商、预案启动、指挥协调、抢险救援、服务保障、善后处理、信息发布等各个关键环节的具体措施，明确水库管理单位、水行政和水库主管部门、政府与相关职能部门以及洪水淹没范围内的机构、组织、公众等在突发事件应急处置中的职责及相互之间的关联。水库突发事件应急预案运行流程见图 5.4-1。

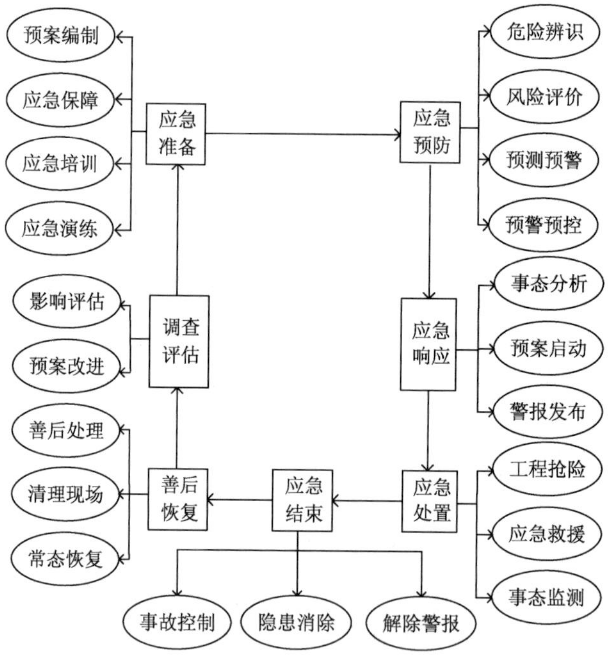


**图 5.4-1　水库突发事件应急预案运行流程示意图**

## 5.4.1　预测与预警

“预防为主、防控结合”是科学高效应对水库突发事件的基本原则。预测预警是应急预案运行流程的第一道防线，通过巡视检查、仪器监测、视频监控手段等建立有效的突发事件预测预警系统，及时发现事故征兆，为突发事件应急处置赢得时机，或提前发出警报，及时撤离风险人口，可以有效控制水库突发事件演变成为恶性致灾事故，对降低生命损失尤其关键，并为应急会商、抢险、调度、避险转移提供必要的基础信息支撑。

### 5.4.1.1　预测预警系统

应根据水库突发事件分析结果，建立必要的水情测报、工程安全监测、水质监测与报警设施，并结合人工巡视检查，建立水库大坝突发事件预测与预警系统。

预测预警系统包括人工巡视检查、仪器监测、视频监控、无人机航拍、卫星遥感及警报系统。仪器监测通过布置于大坝内、外部的渗流、变形、应力等监测设施，基于实时数据采集与分析技术，对大坝安全性状进行监控，出现异常时实时报警。目前，我国水库大坝安全监测设施还不完善，一般中型和绝大多数小型水库更是严重缺失，尚无法满足突发事件预测预警要求。同时，仪器监测往往在空间、时间分布上存在局限，而险情发生未必与仪器监测位置和监测时间同步，人工巡视检查可以弥补这种不足，甚至是仪器监测无法替代的。水库大坝安全管理实践表明，大量的溃坝险情或工程事故征兆是人工巡视检查首先发现的。因此，应特别重视人工巡视检查在突发事件早期预警中的作用，其是水库大坝突发事件预测预警系统的重要组成部分。近年来，智能巡检系统逐步推广应用，提高了人工巡视检查的效率和效果。同时，视频监控、无人机航拍、卫星遥感等新的技术手段也在水库突发事件预警中得到广泛应用，特别在突发事件实时监控中发挥了重要作用。

有无警报、警报时间长短以及警报能否及时传达给公众，对降低水库大坝突发事件后果特别是减少人员伤亡具有重要影响。从古代战争警报的烽火狼烟，到现代各种信息手段，历来人们为争取时间对改善信息传递手段做了大量努力。警报系统中最关键的是通信设施。1993年青海省沟后水库溃坝前，管理人员发现了溃坝征兆，但因无任何通信手段，险情无法传递给下游县城，造成近300人死亡的惨剧。这一例子提醒我们，即使及时发现了溃坝征兆，但若警报系统特别是通信手段不健全，同样会造成重大损失。水库大坝突发事件尤其是暴雨洪水、地震发生时，通常的通信设施和手段往往遭到损坏，为确保各类信息、指令能够及时准确地传送至应急组织体系中的相关部门和责任人，水库运行管理机构必须建立可靠的通信系统，目前可以采用的通信手段很多，包括有线电话、无线移动电话、电台、卫星电话、网络等。警报装置不仅需要在水库工程管理范围内设置，还需在下游溃坝洪水淹没范围内的居民点和公共场所（如垂钓点、游泳池、野营地等）等地设置，以确保公众能够及时得到报警信息。警报装置可采用电子警报器、广播喇叭、蜂鸣器等，淹没范围内居民点还可以采用电视、电话、手机短信作为补充报警手段。对小型水库和偏僻地区，可以通过鸣枪、发射信号弹甚至扩音喇叭沿途喊话、吹口哨、敲打锣（鼓）等手段报警。

#### 5.4.1.2 预警级别

依据《国家突发公共事件总体应急预案》（2006）和《中华人民共和国突发事件应对法》（2007），根据事件发生的紧急程度、发展势态和可能造成的后果严重程度，将水库大坝突发事件划分为4级，即特别重大事件、重大事件、较大事件和一般事件，对应Ⅰ级、Ⅱ级、Ⅲ级、Ⅳ级，相应预警级别也分为4级，分别为红色预警、橙色预警、黄色预警和蓝色预警，具体如下：

——Ⅰ级，特别重大事件，红色预警；

——Ⅱ级，重大事件，橙色预警；

——Ⅲ级，较大事件，黄色预警；

——Ⅳ级，一般事件，蓝色预警。

表5.4-1为某水库大坝突发事件预警级别划分标准。

#### 5.4.1.3 预警信息及管理

预警信息包括突发事件的类别、预警级别、起始时间、可能影响范围、警示事项、应采取

的措施和信息报告责任单位及责任人等。预警信息报告流程图如图 5.4-2 所示。

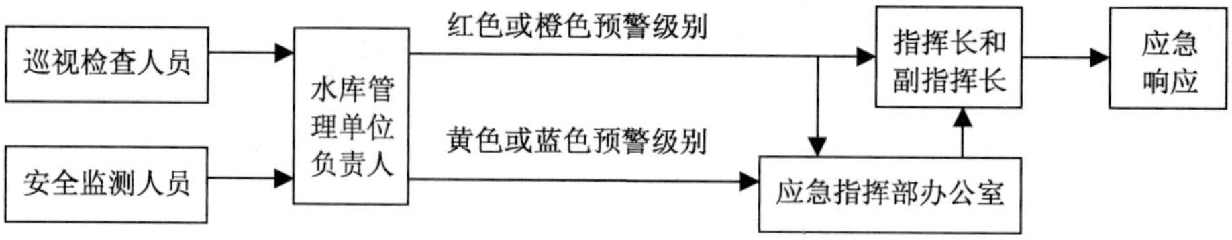


图 5.4-2　预警信息报告流程图

表 5.4-1　某水库突发事件预警级别划分标准

| 预警级别 | 可能突发事件 | 可能的突发事件描述 |
|---|---|---|
| Ⅳ级<br>一般<br>蓝色 | 洪水 | • 根据洪水预报,可能遭遇 20 年一遇洪水;<br>• 库水位已到防洪高水位;<br>• 6 h 降雨量已达 30 mm,中短期天气预报近期可能有较强降雨。 |
| | 地震 | • 遭遇地震,坝体出现细微裂缝。 |
| | 恐怖袭击 | • 恐怖分子袭击大坝,造成水库大坝出现一般险情,但不影响大坝整体稳定。 |
| | 水污染 | • 水库库区水质监测指标有一项超标,库区局部水质恶化到接近Ⅲ类水。 |
| | 工程事故 | • 坝体出现细微裂缝;<br>• 坝体局部渗漏不严重;<br>• 溢洪道有 1 孔闸门无法开启。 |
| Ⅲ级<br>较大<br>黄色 | 洪水 | • 根据洪水预报,可能遭遇 20 年以上 50 年以下一遇洪水;<br>• 库水位已超过防洪高水位,但低于设计洪水位;<br>• 降雨量大,6 h 雨量已达 50 mm;入库流量增大较快;中短期天气预报近期降雨天气仍将持续。 |
| | 地震 | • 遭遇地震,坝体出现多处纵向、横向裂缝。 |
| | 恐怖袭击 | • 恐怖分子袭击大坝,造成水库大坝发生较大险情,有可能影响大坝安全。 |
| | 水污染 | • 水库库区水质监测指标有一至三项超标,至少一项超标 1 倍以上,库区局部水质恶化到Ⅲ类水。 |
| | 工程事故 | • 坝体出现多处纵向、横向裂缝;<br>• 坝体局部渗漏较严重;<br>• 溢洪道有 2 孔闸门无法开启。 |
| Ⅱ级<br>严重<br>橙色 | 洪水 | • 根据洪水预报,可能遭遇 50 年以上 1 000 年以下一遇洪水;<br>• 库水位已超过设计洪水位,但低于校核洪水位;<br>• 降雨量很大,3 h 雨量已达 50 mm;入库流量迅速增大;中短期天气预报近期仍有较强降雨。 |
| | 地震 | • 遭遇地震,坝体出现严重裂缝,并发生局部滑坡,有可能导致漫顶。 |
| | 恐怖袭击 | • 恐怖分子袭击大坝,造成水库大坝发生重大险情,有可能导致库水突然下泄。 |
| | 水污染 | • 水库库区水质监测指标有四项及以上超标,至少二项超标 1 倍以上,库区较大范围水质恶化到Ⅲ类水。 |
| | 工程事故 | • 坝体出现局部滑坡;<br>• 坝体出现大面积渗漏;<br>• 溢洪道 3 孔闸门均无法开启,并遭遇 20 年以上一遇洪水。 |

续表

| 预警级别 | 可能突发事件 | 可能的突发事件描述 |
|---|---|---|
| Ⅰ级<br>特别严重<br>红色 | 洪水 | • 根据洪水预报，可能遭遇 1 000 年及以上一遇洪水；<br>• 库水位已到校核洪水位及以上；<br>• 降雨量很大，3 h 雨量已达 100 mm；入库流量迅速增大；中短期天气预报近期有较强降雨，可能出现特大暴雨。 |
| | 地震 | • 遭遇强烈地震，坝体出现严重裂缝，并发生整体滑坡，很有可能漫顶溃坝。 |
| | 恐怖袭击 | • 恐怖分子袭击大坝，造成水库大坝发生特别重大险情，很有可能导致库水突然下泄、甚至溃坝。 |
| | 水污染 | • 水库库区水质监测指标有四项及以上超标，至少二项严重超标 2 倍以上，库区大范围水质恶化到Ⅲ类水以下。 |
| | 工程事故 | • 坝体出现大面积滑坡；<br>• 坝体出现大面积渗漏，且下游出现翻砂冒水现象；<br>• 溢洪道 3 孔闸门均无法开启，并遭遇 50 年以上一遇洪水。 |

应确定专职或者兼职水库突发事件信息报告员，并应明确紧急情况下的通信方式与报告对象。有管理机构和管护人员的水库，可由水库管理(护)人员担任突发事件信息报告员；无管理机构和专人管理的小型水库，可聘请水库附近居民兼职水库突发事件信息报告员。信息报告员应当及时向水库主管部门(业主)、应急指挥机构以及所在地人民政府报告突发事件信息。除信息报告员外，获悉突发事件信息的其他人员，也有义务立即向水库主管部门(业主)、应急指挥机构以及所在地人民政府报告突发事件信息。

当通过抢险或应急调度无法阻止突发事件发展，突发事件即将发生或者发生的可能性增大时，应发布警报和预警信息。预案中应明确警报信号的发布条件。警报一般应根据应急指挥机构的指令发布，情况紧急时(如突发事件已经发生)，也可由水库管理单位或主管部门(业主)发布。为确保公众正确理解警报信号和及时反应，警报信号特别是人员撤离转移信号应事先约定，纳入预案，并通过宣传和演练等途径向公众公布。

预警信息对于应急管理十分重要，一般以应急指挥机构的名义发布，应慎重对待发布时间、发布内容。预警信息发布后，受突发事件影响的各方面都会有相应的应急响应，会伴随取舍与牺牲，不必要的预警是一种浪费，也会带来损失；多次无效预警会使公众产生麻痹思想，降低预警作用和应急预案效力，并损害政府和应急机构的形象。应急指挥机构应当及时汇总分析突发事件隐患和预警信息，必要时应组织专家组进行会商，对发生突发事件的可能性及其可能造成的影响进行评估，当认为事件即将发生或者发生的可能性增大时，应按照规定的权限和程序，发布相应级别的警报和预警信息，决定并宣布有关地区进入紧急期，同时应向上一级人民政府报告，必要时可越级上报，并应向当地驻军和可能受到危害的毗邻或者相关地区的人民政府通报。

预警级别应根据事态发展适时调整并重新发布。当事实证明突发事件不可能发生或者危险已经解除时，应尽快宣布解除警报，终止预警期，并解除已经采取的有关措施。及时解除预警信息既是预警程序完整性要求，也是避免和减少浪费与控制事态影响进一步扩大的要求。

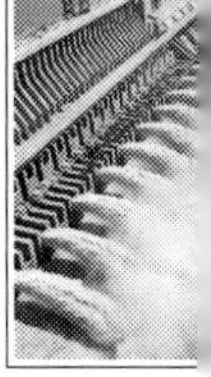

### 5.4.2 应急响应(预案启动)

当通过抢险或应急调度无法控制险情和突发事件发展时,应根据事态发展及其可能造成的后果,发布突发事件警报和预警信息,并对应红色、橙色、黄色和蓝色预警,在规定的时间内分别启动Ⅰ、Ⅱ、Ⅲ、Ⅳ级应急响应。应急响应启动后,应急组织体系开始运转,相关机构和人员在规定的时间内就位,应急处置随即展开。当事故得以控制、隐患得以消除时,应宣布警报解除、终止预警期。应急响应过程见图 5.4-3。

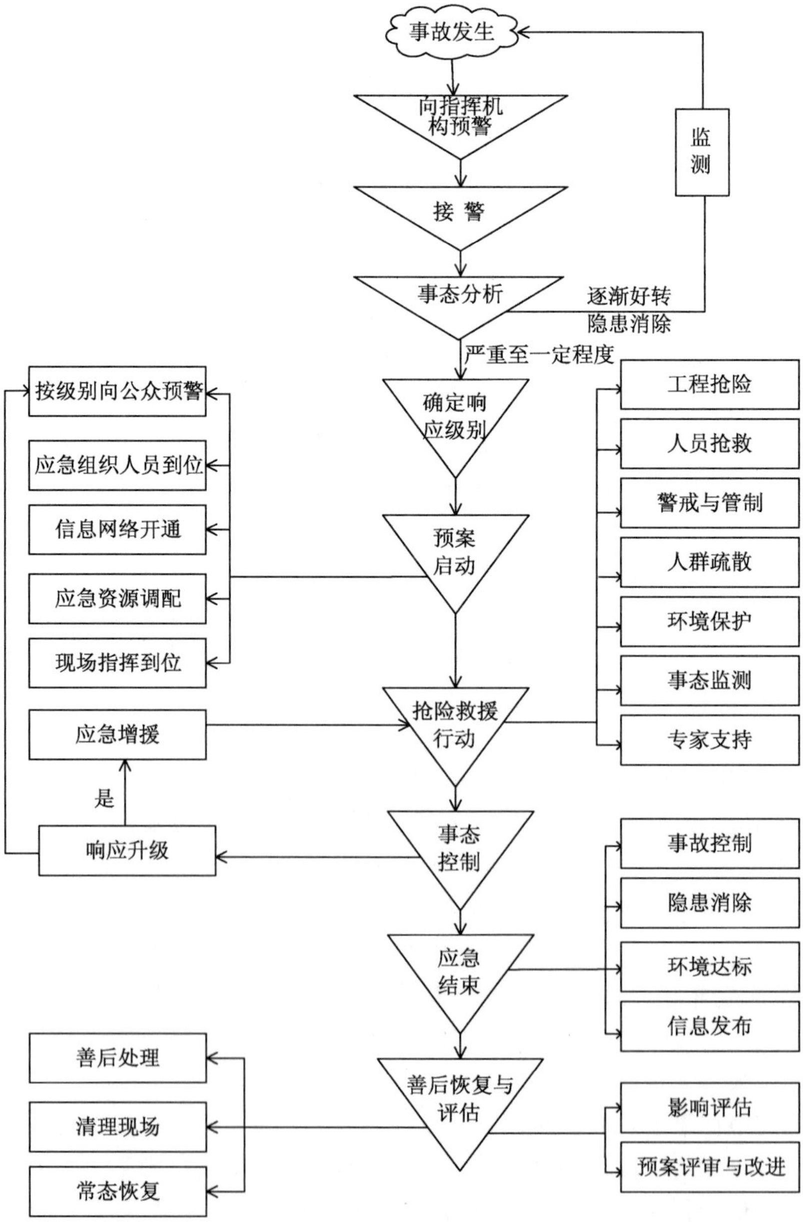


图 5.4-3 应急响应程序流程图

预案中应明确不同级别应急响应的启动条件、启动程序和应急响应措施。

**5.4.2.1 应急响应级别**

对应突发事件预警级别，应急响应也分为4级，具体如下。当应急响应条件变化时，应及时调整应急响应级别。

（1）红色预警，Ⅰ级响应；

（2）橙色预警，Ⅱ级响应；

（3）黄色预警，Ⅲ级响应；

（4）蓝色预警，Ⅳ级响应。

**5.4.2.2 应急响应启动条件**

根据突发事件性质和预警级别，应急响应启动条件分为直接启动和会商启动。

（1）直接启动

当水库遭遇如下突发情况，并可能造成特别重大或重大损失，发出Ⅰ级红色警报或Ⅱ级橙色警报时，可直接启动应急响应：

1）遭遇超标准洪水，大坝溃决或即将溃决；

2）地震或地质灾害造成大坝溃决或即将溃决；

3）上游水库溃坝造成大坝溃决或即将溃决；

4）工程出现重大险情，大坝溃决或即将溃决；

5）战争、恐怖事件、人为破坏等其他原因造成大坝溃决或即将溃决；

6）库区水质污染，严重威胁居民生命安全及生产生活或（和）严重破坏生态环境。

水库管理（护）人员或水库单位（机构）将大坝溃决或即将溃决、严重水污染等突发事件的信息立即报告主管部门（业主）及应急指挥机构和指挥长，应急指挥机构指挥长接到大坝即将溃决的报告后，在规定的时间内发出启动应急预案的命令，预案启动，立即实施应急处置，同时以适当的方式向受影响地区发布预警信息，并将相关信息上报上级政府、主管部门和应急管理机构。

（2）会商启动

当水库遭遇如下突发情况，损失较大或一般，发出Ⅲ级橙色警报或Ⅳ级蓝色警报，应在会商后决定是否启动应急响应：

1）工程出现严重险情，有可能造成大坝溃决；

2）监测资料明显异常，对大坝安全不利；

3）水情预报可能有超标准洪水；

4）地震或地质灾害有可能造成大坝溃决；

5）上游水库溃坝，可能造成大坝溃决；

6）战争、恐怖事件、人为破坏等其他原因可能造成大坝溃决；

7）库区水质污染，影响居民安全、生产生活及生态环境。

Ⅰ级、Ⅱ级响应由应急指挥机构启动；Ⅲ级、Ⅳ级响应由应急指挥机构或由其授权启动。

**5.4.2.3 应急响应措施**

应急响应启动后，参与应急处置的机构和人员在规定的时间内就位，立即实施相应的应急响应措施。

Ⅳ级响应应采取下列响应措施：

(1) 应急指挥机构或其日常办事机构主持会商，作出相应工作安排，加强对突发事件应急处置工作的指导；将相关情况上报水库安全管理政府责任人所在同级人民政府，并通报应急指挥机构各成员单位。同时，根据事件发展态势，必要时上报上级政府、主管部门与应急管理(指挥)机构。

(2) 根据突发事件类别和性质实施应急抢险和调度，并对突发事件开展实时监测，及时掌握事件的发展动态。

(3) 密切监视水雨情、工情、水质等的发展变化，及时将相关信息反馈给应急指挥机构。

(4) 应急指挥机构各成员单位应按照职责分工，做好有关工作。

(5) 其他必要措施。

Ⅲ级响应应采取下列响应措施：

(1) 应急指挥机构或其日常办事机构主持会商，作出相应工作安排，密切监视突发事件发展变化，加强应对突发事件工作的指导，在 2 h 内将情况上报水库安全管理政府责任人所在同级人民政府，并通报应急指挥机构各成员单位，在 24 h 内派出专家组指导工作。同时，将相关情况上报上级政府、主管部门与应急管理机构。

(2) 应急指挥机构责令有关部门、专业机构、监测网点和负有特定职责的人员根据突发事件类别和性质实施应急抢险和调度，并对突发事件开展实时监测，及时收集、报告有关信息，向社会公布反映突发事件信息的渠道，加强对突发事件发生、发展情况的监测、预报和预警工作。

(3) 应急指挥机构组织专家随时对突发事件信息进行分析评估，预测突发事件发生可能性的大小、影响范围和后果以及可能发生的突发事件级别。

(4) 应急指挥机构责令后备应急抢险队伍、负有特定职责的人员进入待命状态，做好参加应急抢险和处置工作的准备。

(5) 应急指挥机构调集应急抢险所需材料、设备、工具，确保其随时可以投入正常使用。

(6) 应急指挥机构定时向社会发布与公众有关的突发事件预测信息和分析评估结果，并对相关信息的报道工作进行管理。

(7) 应急指挥机构及时向社会发布可能受到突发事件危害的警告，宣传避免、减轻危害的常识，公布咨询电话。

(8) 应急指挥机构根据需要通知可能受到洪水危害的人员做好转移准备。

(9) 其他必要措施。

Ⅱ级响应应采取下列响应措施：

(1) 应急指挥机构主持会商，应急指挥机构各成员单位派员参加，作出相应工作部署，加强应对突发事件工作的指导，在 2 h 内将情况上报水库安全管理政府责任人所在同级人民政府，并通报上级人民政府、主管部门与应急管理(指挥)机构，24 h 内派出专家组赴一线指导工作。根据需要请求上级应急管理(指挥)机构到达现场指导应急处置。

(2) 应急指挥机构责令有关部门、专业机构、监测网点和负有特定职责的人员根据突发事件类别和性质实施应急抢险和调度，密切监视突发事件发展变化。

(3) 应急指挥机构各成员单位除应做好Ⅲ级应急响应规定的各项工作外，尚应做好下列工作：

1) 调集应急救援所需物资、设备、工具，准备应急设施和避难场所，并确保其处于良好状态、随时可以投入正常使用，应急救援队伍进入待命状态；

2）做好可能受到洪水危害人员转移、疏散的动员和准备；

3）加强对重点单位、重要部位和重要基础设施的安全保卫，维护社会治安秩序；

4）采取必要措施，确保交通、通信、供电等设施的安全和正常运行；

5）及时向社会发布有关采取特定措施避免或者减轻危害的建议、劝告；

6）关闭或者限制使用可能受到洪水危害的场所，控制或者限制容易导致危害扩大的公共场所的活动。

Ⅰ级响应应采取下列响应措施：

（1）应急指挥机构主持会商，应急指挥机构各成员单位参加，作出应急工作部署，加强工作指导，并将情况上报上级人民政府、主管部门与应急管理（指挥）机构，12 h 内派出专家组赴一线加强技术指导，上级应急管理（指挥）机构到达现场指导应急处置。

（2）应急指挥机构责令有关部门、专业机构、监测网点和负有特定职责的人员根据突发事件类别和性质实施应急抢险和调度，密切监视突发事件发展变化。

（3）应急指挥机构各成员单位除应做好上述Ⅱ级应急响应规定的各项工作外，尚应做好下列工作：

1）转移、疏散可能受到洪水危害的人员并予以妥善安置，转移重要财产；

2）关闭可能受到洪水危害的场所，并实施警戒。

## 5.4.3 应急处置

应急响应启动后即意味着应急处置工作开始。启动Ⅰ级、Ⅱ级应急响应后，应急指挥机构应当命令应急抢险和救援队伍及其他有关人员进入现场，调集应急抢险和救援所需设备、设施、工具、物资，立即组织实施工程抢险、调度和救援工作，并加强对重点部位和重要设施的巡视检查和保护，及时向社会发布有关避免或者减轻损害的建议、劝告，转移、撤离或者疏散易受溃坝洪水危害的公众，转移重要财产，关闭或者限制使用易受溃坝洪水危害的场所，控制或者限制容易导致溃坝洪水危害扩大的公共场所的活动；启动Ⅲ级、Ⅳ级应急响应后，应急组织体系应采取必要措施，组织实施必要的工程抢险和救援工作，并加强监测、预报工作，加强对相关信息的分析评估和管理，及时向社会发布警告，公布咨询电话等，做好下游公众实施撤离的准备等。

应急处置应包括信息报告与发布、应急调度、应急抢险、应急监测和巡查、人员应急转移和临时安置等工作。

### 5.4.3.1 信息报告与发布

险情、灾情报告是突发事件信息传递的源头，是应急指挥机构争取时间做出有效反应和正确决策的重要前提，是后续各项应急措施的基础。应急处置过程中，应实时动态地续报有关险情、灾情信息。某水库的险情、灾情信息报告规定如表 5.4-2 所示。

应急预案中的险情、灾情信息报告机制应符合下列要求：

（1）明确负责险情、灾情信息报告的单位及责任人姓名、联系方式，以及报告对象、内容、方式、时间与频次要求。

（2）规定险情、灾情信息报告的记录要求。

(3) 在应急处置过程中,应实时续报有关信息。

**表 5.4-2 某水库险情、灾情信息报告规定**

| 信息类别 | 责任单位 | 责任人 | 工作职务 | 联系方式 | 报告对象 | 报告内容 | 报告方式 | 时间频次要求 |
|---|---|---|---|---|---|---|---|---|
| 流域气象和水文信息 | 市气象局 | ××× | 局长 | | 应急指挥部办公室 | 不同时段天气、气温、降雨量 | 电话、网络、传真、电台 | 红色、橙色预警信息发布后,每4 h报告1次;黄色、蓝色预警信息发布后,每12 h报告1次。必要时根据需要加密 |
| 水库水情信息 | 市水文水资源局 | ××× | 局长 | | 应急指挥部办公室 | 不同时段雨情、水情、库水位、下泄流量 | 电话、网络、传真、电台 | 红色、橙色预警信息发布后,每2 h报告1次;黄色、蓝色预警信息发布后,每8 h报告1次。必要时根据需要加密 |
| 大坝安全状况信息 | 水库管理处 | ××× | 处长 | | 应急指挥部办公室 | 工程隐患类别、部位、特征参数、变化情况 | 电话、网络、传真、电台 | 红色、橙色预警信息发布后,每1 h报告1次;黄色、蓝色预警信息发布后,每4 h报告1次。必要时根据需要加密 |
| 闸门运行状况信息 | 水库管理处 | ××× | 处长 | | 应急指挥部办公室 | 闸门开启与运行情况 | 电话、网络、传真、电台 | 红色、橙色预警信息发布后,每2 h报告1次;黄色、蓝色预警信息发布后,每8 h报告1次。必要时根据需要加密 |
| 下游河流水势变化信息 | 市水文水资源局 | ××× | 局长 | | 应急指挥部办公室 | 流量、水位、过程线及其变化 | 电话、网络、传真、卫星电话、电台 | 红色、橙色预警信息发布后,每1 h报告1次;黄色、蓝色预警信息发布后,每4 h报告1次。必要时根据需要加密 |
| 下游灾情信息 | 市民政局 | ××× | 副局长 | | 应急指挥部办公室 | 下游淹没情况、受灾区域与人数 | 电话、网络、传真、卫星电话、电台 | 红色、橙色预警信息发布后,每2 h报告1次;黄色、蓝色预警信息发布后,每12 h报告1次。必要时根据需要加密 |

#### 5.4.3.2 应急调度

应急调度是根据预测预警或突发事件状态采取的控制危险源的主要措施，对可能溃坝事件，采取紧急泄水降低库水位和控制上游来水避免水位继续上涨，可有效降低溃坝发生的可能性，或延缓溃坝发生，从而为实施其他应急措施争取时间；对水质污染事件采取控制供水、调水稀释等措施可防止污染范围的扩大或危害程度的加重。

应针对可能发生的突发事件，制定相应应急调度方案，如加大泄量降低库水位，控制入库流量和下泄流量等；根据突发事件分析结果，规定应急调度方案的操作程序，确定各种紧急情况下的调度权限、调度命令下达、执行的部门与程序，以及有关责任单位与责任人、联系人的联系方式。应避免因应急调度失误造成新的次生灾害，如库水位降落过快导致上游坝坡滑坡。

详细的应急调度方案可作为应急预案的附件。

#### 5.4.3.3 应急抢险

应急抢险主要是对工程险情的抢护，及时有效的抢护可能避免溃坝的发生，或延缓溃坝发生过程以争取时间，应急抢险效果与技术方案的针对性、科学性，以及专家技术指导、抢险设备与物资的储备调用、抢险队伍的组成和训练素养等关系密切。

应急预案中应针对可能导致溃坝的突发事件，事先制定工程抢险预案，包括抢险原则、抢险方案、抢险队伍、抢险设备、抢险物资及其贮备等，并规定通知、调动抢险队伍的方式以及时间与任务要求，以使工程抢险有章可循。

详细的工程应急抢险预案可作为应急预案的附件。

#### 5.4.3.4 应急监测和巡查

应急监测和巡查为险情、灾情信息报告提供信息基础，是适时掌握事态发展状况、科学调整应急措施的主要依据。应急监测和巡查的部位、内容、方式、频次、记录要求与责任人及报送对象如表 5.4-3 所示。

#### 5.4.3.5 人员应急转移

溃坝洪水淹没区域内的风险人口应急转移是在抢险措施无效时采取的必要措施，主要目的是保障公众生命安全和减少财产损失。

**表 5.4-3 某水库应急监测与巡视检查规定**

| 监测与巡查对象 | 内容 | 方式 | 频次 | 责任人 | 单位与职务 | 报送对象 | 单位与职务 |
|---|---|---|---|---|---|---|---|
| 库区降水 | 降雨量 | 自动遥测 | 每降 1 mm 遥测一次 | ××× | 水文水资源局科长 | ××× | 水文水资源局局长 |
| 库区水体 | 库水位 | 视频监控<br>仪器量测 | 视频 24 h 监控，水位每变化 1 cm 计一次 | ××× | 水库管理处工管科长 | ××× | 水库管理处处长 |
| 大坝 | 裂缝、扬压力、位移 | 人工巡查<br>仪器量测 | 人工 24 h 巡查，仪器每 2 h 观测一次 | | | | |
| 溢洪道闸门 | 开启是否正常 | 视频监控<br>人工巡查 | 视频 24 h 监控<br>人工 24 h 巡查 | | | | |
| 泄洪及放空底孔闸门 | 开启是否正常 | 人工巡查 | 人工 24 h 巡查 | | | | |

应急预案中应根据溃坝洪水淹没区居民点、安置点、交通条件的分布情况，以及溃坝洪水演进速度，分区（片、单元、单位、村）编制人员应急转移方案，包括转移线路、时间要求、转移方式（步行、乘车）、避难场所、组织实施责任人、应急救援要求等，并符合下列要求：

（1）针对可能突发的事件，确定洪水淹没区域或突发事件影响区域人员和财产转移命令下达和实施的流程图，以及相关环节的责任部门和责任人，如图 5.4-4 所示。

**图 5.4-4　某水库人员应急转移命令下达和实施流程图**

（2）根据洪水淹没区或突发事件影响区居民点、安置点的分布和交通条件情况，以及洪水到达时间、突发事件严重性，按照“轻重缓急”原则，分片确定转移人员和财产的数量、次序、转移路线、距离、时间要求、交通方式、安置点以及负责组织转移的责任人，如表 5.4-4 所示。负责某一片（区）人员转移的责任人可根据辖区内行政村、自然村、小区/街道/企事业单位、居民楼等的分布情况，进一步细化人员转移方案。

（3）确定人员转移过程中承担应急救援任务的责任单位与责任人。应急救援队伍在风险人口转移过程中的任务主要包括帮助弱势人群（老人、孩子、病人、残疾人等）、营救被困人员、搜救失踪人员、紧急医治受伤人员等。

（4）确定人员转移过程中及转移后承担警戒任务的责任单位与责任人以及具体的警戒措施（如隔离、交通管制等）。

（5）确定负责转移人员登记的责任单位和责任人。登记信息应包括姓名、住址、登记地点与转移地点等。

（6）确定转移疏散路线、重要地点等标识，并应在水库周边醒目地点以平面布置图的形式标出。

应急转移过程中的救援、警戒、登记等工作可利用当地政府总体应急预案资源。

### 5.4.3.6　临时安置

临时安置主要解决应急转移人员（包括水库管理职工）临时居住、生活（食物、饮用水、衣物、洗漱用品）、医疗等基本要求。可利用当地政府总体应急预案中的资源。

应急预案中应确定负责临时安置的相关责任部门和责任人。

### 5.4.3.7　信息发布

信息发布是协调社会共同防御灾害、协调公众参与应急处置、维护社会稳定的重要手段，是政府职能和政府公共管理中突发事件处置内容的重要组成部分，也是各国处理应急事件的基本做法。

信息发布应当及时、准确、客观、全面。事件发生后的第一时间即应向社会和公众发布简要信息，随后发布初步核实情况、政府应对措施和公众防范措施等，并根据事件处置情况做好后续发布工作。应该防范散布突发事件的虚假信息，避免出现恐慌。

信息发布方式包括授权发布、散发新闻稿、组织报道、接受记者采访、举行新闻发布会等；发布途径可以通过电视公告、广播、报纸、网络、手机短信等。

应急预案中应确定突发事件信息发布的授权单位与发布方式、发布原则。

**表 5.4-4　某水库下游洪水淹没区内的人员转移方案**

| 区 | 乡（镇） | 行政村、小区/街道/企事业单位 | 自然村/居民楼 | 户数 | 居住人数 | 转移路线、距离及时间和交通要求 | 责任人 | 职务 | 联系电话 |
|---|---|---|---|---|---|---|---|---|---|
| ××区 | ××镇 | 区政府<br>花溪发电厂 | | | | 区政府→新村自然村(1.2 km,15 min,步行)<br>花溪发电厂→龙滩自然村(1.4 km,15 min,步行＋车辆) | ××× | 区长 | |
| | ××乡 | 大寨村 | 大寨 | | | 大寨→尖山行政村(2.7 km,18 min,车辆) | ××× | 村委会主任 | |
| | | 吉林村 | 吉林 | | | 吉林→养牛行政村(1.4 km,20 min,步行)、上寨自然村(0.3 km,20 min,步行) | ××× | 村委会主任 | |
| | | 董家堰村 | 董家堰 | | | 董家堰→民族学院(0.5 km,20 min,步行) | ××× | 村委会主任 | |
| | | 上水村 | 马路寨<br>东村<br>碧云窝<br>新寨 | | | 上水→指甲塘自然村(小河区)(1.1 km,22 min,步行)<br>马路寨→尖山行政村(2.0 km,22 min,步行＋车辆)<br>东村→新村自然村(0.6 km,23 min,步行)<br>碧云窝→上寨自然村(0.6 km,23 min,步行)<br>新寨→民族学院(0.6 km,23 min,步行) | ××× | 村委会主任 | |

续表

| 区 | 乡（镇） | 行政村、小区/街道/企事业单位 | 自然村/居民楼 | 户数 | 居住人数 | 转移路线、距离及时间和交通要求 | 责任人 | 职务 | 联系电话 |
|---|---|---|---|---|---|---|---|---|---|
| ××区 | ××镇 | 场坝 | | | | 场坝→王家寨自然村(1.4 km,25 min,步行) | ××× | 镇长 | |
| | | 尖山屯 | | | | 尖山屯→汽车城农用车市场(0.9 km,25 min,步行) | | | |
| | | 漓江花园 | | | | 漓江花园→漓江花园(4 楼以上,25 min,步行) | | | |
| | | 兴隆城市花园 | | | | 兴隆城市花园→兴隆城市花园(4 楼以上,25 min,步行) | | | |
| | | 榕筑花园 | | | | 榕筑花园→榕筑花园(4 楼以上,25 min,步行) | | | |
| | | 中海城市花园 | | | | 中海城市花园→中海城市花园(4 楼以上,25 min,步行) | | | |
| | | 平桥社区办 | | | | 平桥社区办→机械工业公司(1.0 km,25 min,步行) | | | |
| | | 黄河社区办 | | | | 黄河社区办→电杆厂(1.2 km,25 min,步行) | | | |
| | | 自来水厂 | | | | 自来水厂→王家寨自然村(1.3 km,30 min,步行) | | | |
| | | 养殖场 | | | | 养殖场→王家寨自然村(1.4 km,30 min,步行) | | | |
| | | 行知中学 | | | | 行知中学→华阳电工厂(2.0 km,30 min,步行＋车辆) | | | |
| | | 闽华宾馆 | | | | 闽华宾馆→闽华宾馆(4 楼以上 km,30 min,步行) | | | |
| | | 电信大楼 | | | | 电信大楼→电信大楼(4 楼以上 km,30 min,步行) | | | |
| | | 中院 | | | | 中院→三公司农场(1.4 km,30 min,步行) | | | |
| | | 贵航二中 | | | | 贵航二中→华阳电工厂(1.4 km,30 min,步行) | | | |
| | | 四十四医院 | | | | 四十四医院→电力器材厂(0.7 km,30 min,步行＋车辆) | | | |
| | | 航空有限公司 | | | | 航空子有限公司→电杆厂(0.9 km,32 min,步行) | | | |
| | | 柴油机厂 | | | | 柴油机厂→电力器材厂(0.7 km,32 min,步行) | | | |
| | | 开发区人事局 | | | | 开发区人事局→华阳电工厂(1.4 km,35 min,步行) | | | |
| | | 中院小学 | | | | 中院小学→机械工业公司(1.1 km,35 min,步行＋车辆) | | | |
| | | 建行 | | | | 建行→一中分校(1.4 km,35 min,步行) | | | |
| | | 三○○医院 | | | | 三OO医院→(4 楼以上,35 min,步行) | | | |
| | | 青少年中心 | | | | 青少年中心→天力柴油机有限公司(0.7 km,35 min,步行) | | | |
| | | 开发区二小 | | | | 开发区二小→黔江机械厂(0.6 km,40 min,步行) | | | |
| | ××乡 | ××村 | 周家寨 | | | 周家寨→王家寨自然村(0.4 km,45 min,步行) | ××× | 村委会主任 | |
| | | | 孙家院 | | | 孙家院→王武自然村(1.7 km,45 min,步行) | | | |

### 5.4.4 应急结束

水库突发事件应急处置牵涉面广，影响大、代价高。当满足下列条件时，应及时宣布应急结束，解除紧急期：

(1) 险情得到控制，警报解除；

(2) 风险人口全部撤离并安置完毕；

(3) 洪水消退或水污染得到控制。

应急预案中应规定应急响应和处置结束的条件，并确定发布应急结束指令的责任单位或责任人。应急结束指令一般由应急指挥机构发布。

### 5.4.5 善后处理

为总结经验，应急处置结束后，应对突发事件的起因、性质、责任、发展过程、应急处置经过等问题进行调查，对后果以及预案实施效果等进行评估，必要时进行溃坝机理分析研究，并在上述工作基础上，对应急预案进行修订和完善。

## 5.5 应急预案可行性和有效性评价

应急预案是否可行主要看突发事件发生时，预案能否及时启动，应急组织体系能否有序运转，各项应急保障措施能否到位，各项应急处置措施能否实时有效地实施；是否有效则主要看预案执行效果，能否将突发事件后果特别是生命损失控制在最低程度。

由于不可能通过实际突发事件特别是溃坝事件来检验应急预案是否可行和有效，有必要建立在室内条件下通过仿真模拟检验水库突发事件应急预案可行性、有效性的评价指标及评价方法，以分析判断现有预案是否存在缺陷，并针对性地加以改进。

### 5.5.1 应急预案可行性评价

应急预案可行性取决于预案中涉及的人力、物力资源及应急抢险与救援方案等各个环节“有或无”或“是否完备”，对其进行评价需要考察预案内容是否完整，能否充分辨识可能致灾的诱发因素(洪水、地震、工程出险等突发事件以及安全隐患、薄弱环节等)及其后果，能否对预测预警、决策、险情报告、应急响应级别与对应措施、指挥与协调机制、针对不同险情的调度或抢险方案、人员转移路线及安置点的安排等应急处置的关键环节进行详细与直观描述。

基于水库突发事件应急管理特点及应急预案框架、内容，可构建如表 5.5-1、表 5.5-2 所示的应急预案可行性评价指标体系，包括四大类(准则层)41 个评价指标(指标层)。

**表 5.5-1 应急预案可行性评价指标体系准则层权重**

| 准则层指标 | 组织体系 | 运行机制 | 保障体系 | 应急措施 |
|---|---|---|---|---|
| 权　重 | 0.25 | 0.26 | 0.24 | 0.25 |

**表 5.5-2 应急预案可行性评价指标体系及其权重**

| 准则层 | 指标层 | | 指标权重(%) |
|---|---|---|---|
| 组织体系 | A1 | 建立应急组织体系 | 15.64 |
| | A2 | 建立应急指挥机构 | 15.36 |
| | A3 | 建立日常工作小组(应急指挥办公室) | 12.01 |
| | A4 | 明确指挥机构职责 | 12.85 |
| | A5 | 明确工作小组职责 | 10.34 |
| | A6 | 成立专家组 | 10.34 |
| | A7 | 组建应急抢险队伍 | 12.85 |
| | A8 | 建立应急救援机构 | 10.61 |
| 运行机制 | B1 | 预测预警系统的运行情况 | 8.80 |
| | B2 | 预测预警能力 | 9.50 |
| | B3 | 现有灾害监测预报能力 | 7.15 |
| | B4 | 预警设施情况 | 7.74 |
| | B5 | 监测设备的监测结果 | 8.06 |
| | B6 | 险情及时报告与发布 | 9.85 |
| | B7 | 常规监测仪器 | 6.57 |
| | B8 | 规定部位的巡视检查 | 8.44 |
| | B9 | 常规监测内容 | 6.45 |
| | B10 | 险情发生时,是否有人值守 | 8.33 |
| | B11 | 制定应急行动方案 | 10.55 |
| | B12 | 信息传递的准确性 | 8.56 |
| 保障体系 | C1 | 抢险人力数量 | 12.84 |
| | C2 | 应急物资保障能力 | 13.83 |
| | C3 | 医疗和防疫站数量 | 5.93 |
| | C4 | 交通运输工具数量 | 11.11 |
| | C5 | 通信手段与器材数量 | 11.11 |
| | C6 | 备用电力系统 | 10.12 |
| | C7 | 备有通信方式 | 7.90 |
| | C8 | 专业救援队员人数 | 9.38 |
| | C9 | 医疗救助能力 | 7.65 |
| | C10 | 灾民安置能力 | 10.12 |

续表

| 准则层 | 指标层 | | 指标权重(%) |
|---|---|---|---|
| 应急措施 | D1 | 下游风险人口总数是否明确 | 10.62 |
| | D2 | 具有水库应急调度方案 | 11.82 |
| | D3 | 具备专业抢险队伍 | 10.82 |
| | D4 | 有具体的人员转移方案 | 9.42 |
| | D5 | 公共防灾意识的普及程度 | 8.22 |
| | D6 | 公众对应急预案是否了解 | 6.81 |
| | D7 | 居民的应急能力 | 6.81 |
| | D8 | 紧急物资生产与调拨能力 | 8.82 |
| | D9 | 专用物资交通运输保障能力 | 8.82 |
| | D10 | 相关应急小组调动能力 | 9.42 |
| | D11 | 维护现场秩序能力 | 8.42 |

采用经验判断法的李斯特量表,通过调查多位有经验的大坝安全与管理领域专家,由专家按照赋分标准(表 5.5-3)直接打分计算准则层及指标层各指标的权重(表 5.5-1、表 5.5-2)。可见,准则层的 4 个指标权重非常接近,反映应急预案中的组织体系、运行机制、保障体系、应急措施同等重要,不可或缺。

**表 5.5-3　应急预案可行性评价指标赋分标准**

| 指标状态 | 赋 分 |
|---|---|
| 预案中没有提及 | 0 |
| 预案中提及,但说明不详细,指导性与可操作性较差 | 50 |
| 预案中提及,且有详细说明,指导性与可操作性强 | 100 |

采用如下线性加权法评价模型对应急预案可行性进行综合评价:

$$R = \sum_{i=1}^{n} (C_i \times W_i) \tag{5.5-1}$$

式中:$R$——应急预案可行性的综合评价值;

$C_i$——各评价指标的定量赋分值;

$W_i$——各评价指标的权重。

根据综合评价值 $R$ 对应急预案可行性进行评价的参考标准见表 5.5-4。

**表 5.5-4　应急预案可行性等级划分参考标准**

| 等级划分 | 状 态 | 可行性值 | 对 策 |
|---|---|---|---|
| A | 优秀 | $80 \leqslant R < 100$ | 保持 |
| B | 良好 | $70 \leqslant R < 80$ | 适当改进 |
| C | 一般 | $60 \leqslant R < 70$ | 需改进 |
| D | 较差 | $R < 60$ | 急需改进 |

## 5.5.2 应急预案有效性评价

应急预案有效性是指面对可能发生的突发事件，通过采取应急响应实现期望目标的能力，即在应急处置过程中与预期效果的吻合程度。如果应急预案能够实现大坝风险管理目标，就称之为有效，否则为无效。由于水库突发事件特别是溃坝事件的特殊性，一般不可能通过实际事件来实现检验应急预案的有效性，也不能完全依靠演练（习）来实现，但可以利用地理信息、数字仿真、虚拟现实等技术，通过模拟淹没区内受灾居民点最佳撤离路径和撤离时间，分析溃坝应急预案的执行效果。

水库突发事件应急预案的首要目标之一是在洪水到达之前，将淹没区的公众以最有效的方式转移到安全的安置点。因此可以通过模拟撤离活动，计算撤离时间，并与预案规定的撤离时间比较，来对应急预案的有效性进行评价。

基于上述思路的溃坝应急预案有效性评价方法如图 5.5-1 所示，利用水动力模型确定溃坝洪水演进过程及淹没范围，集成水库下游居民点信息，利用 GIS 的空间分析功能，计算下游可能受灾居民点；根据应急预案确定人员撤离转移安置点；基于道路数据辅助以相关规定的背景数据，利用路权计算模型，计算撤离道路各路段的通行时间；综合受灾居民点、安置点的空间分布与属性数据以及各段道路通行时间，利用 GIS 最佳路径选择模型，即可求得洪水淹没范围内各受灾居民点人员撤离路径以及撤离时间；若模拟的撤离时间小于预案中规定的撤离时间，则预案有效，否则不具备有效性。

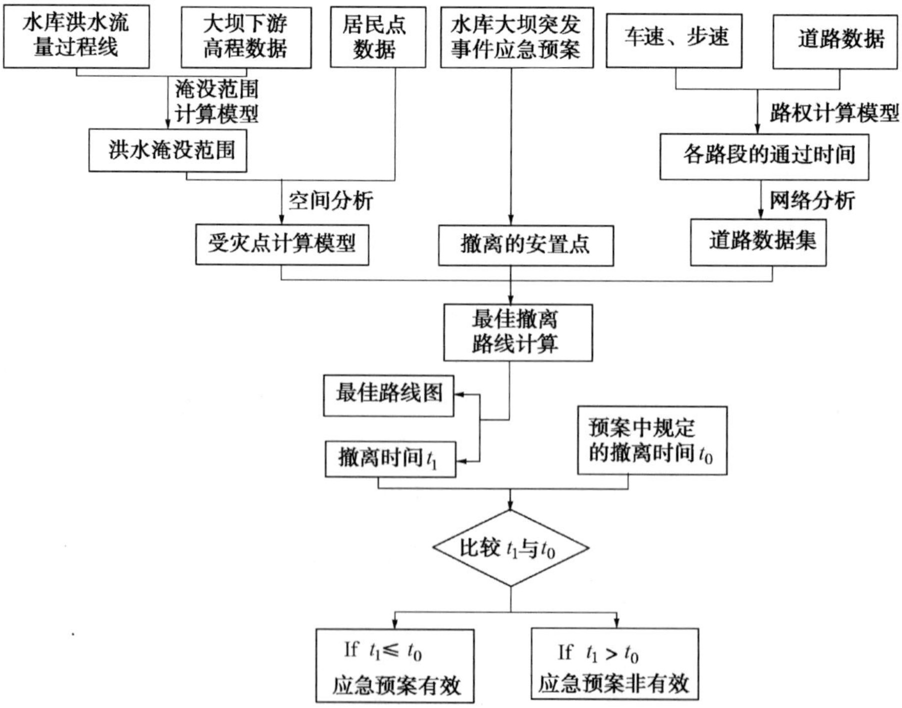


图 5.5-1 水库突发事件应急预案有效性评价方法框图

#### 5.5.2.1 撤离路径路权计算模型

撤离路径路权是指通过某一撤离路段的行驶(迁移)时间,以路阻函数表示,包括车辆在路段的行驶时间和道路交叉口车辆平均延误时间。路阻函数是路段行驶时间与路段交通负荷之间的函数关系,可采用如下半理论、半经验公式计算:

$$t(i,j)=L(i,j)/V(i,j) \tag{5.5-2}$$

$$V(i,j)=U_0/2\pm\sqrt{(U_0/2)^2-Q(i,j)\cdot U_0/K_m} \tag{5.5-3}$$

式中:$t(i,j)$ ——路段$[i,j]$上的行驶时间;

$L(i,j)$ ——路段$[i,j]$的长度;

$U_0$——交通量为零时的行驶速度;

$Q(i,j)$ ——路段$[i,j]$上的交通量;

$K_m$——路段阻塞密度。

当路段的交通状态处于非拥挤状态时,根式前取"+";当路段处于拥挤状态时,取"—"号;当路段处于堵塞状态,令$t(i,j)$等于一个足够大的负数。

交通量为零时的路段车速$U_0$,可根据路段设计车速$V_0$进行混合交通影响与车道宽度影响修正得到,计算公式如下:

$$U_0=\gamma\cdot\eta\cdot V_0 \tag{5.5-4}$$

式中:$\gamma$——混合交通状况影响折减系数;

$\eta$——车道宽影响系数;

$V_0$——路段设计车速。

路段阻塞密度$K_m$的计算公式为

$$K_m=\gamma\cdot c\cdot 1\,000\cdot n/(L+L_0) \tag{5.5-5}$$

式中:$c$——交叉口影响修正系数;

$n$——单向机动车道数;

$L$——平均车身长度;

$L_0$——平均阻塞车间净距。

上述计算方法的参数确定涉及诸多动态因子,需要对研究区域道路状况进行长期系统的观测和研究。以静态影响因子(如道路等级)确定各个路段基本行驶速度和行驶的标准时间。动态影响因子(交通量、在交叉路口的等待时间等)根据实际情况输入,最终获得车辆通过路段的路权值。

#### 5.5.2.2 最佳撤离路线选择模型

最佳撤离路线是寻找网络中从一点到另一点之间效益最佳的撤离路径,通常包括纯距离、经济距离和时间三种不同意义的最佳路径。对于溃坝紧急状态下的人员撤离,若有充足的时间作保证,那么人员生命也就有了保证。因此最佳撤离路径对步行方式来说是纯距离路径,对车行方式来说是用时最短的路径。

撤离人员的撤离活动受交通工具(如步行、汽车)、撤离路线(如交通道路等级、长度、时速)等因素影响。计算最佳撤离路线时必须考虑这些影响因素。为此建立符合 GIS 网络结构的数据库，包括道路网分布、受灾居民点分布及需撤离的人口财产数量、安置点分布及容量、路权计算模型所得到的各路段路权。

根据应急预案中受灾点和安置点的分布，利用 ARC/INFO 中网络分析模块的路径选择(Pathfinding)工具可求得受灾点至安置点的最佳撤退路径及撤离时间。

## 5.5.3 松柏山、花溪水库突发事件应急预案及其可行性、有效性评价

### 5.5.3.1 松柏山、花溪水库突发事件应急预案

松柏山水库、花溪水库是贵阳市南明河上游的两座梯级水库，均是以贵阳市城市防洪为主，兼有灌溉、供水、发电等综合利用的中型水库。

松柏山水库距贵阳市中心 32 km，总库容 4 760 万 $m^3$。水库枢纽工程由主坝、副坝、坝顶溢洪道、泄洪兼放空底孔、引水隧洞及坝后电站厂房等组成。主坝为混凝土双曲薄拱坝，坝顶高程 1 181.00 m，最大坝高 52.5 m。

花溪水库位于松柏山水库下游，距贵阳市中心 20.6 km，总库容 3 140 万 $m^3$。水库枢纽工程由主坝、副坝、坝顶溢洪道、底孔泄洪隧洞、引水管及坝后电站厂房等组成。主坝为混凝土重力坝，坝顶高程 1 146.00 m，最大坝高 51.6 m。

由于该两座水库地理位置极其重要，事关贵阳市城市防洪安全和南明河沿河两岸数十万城市居民的生命财产安全，因此，本书作者团队结合"十一五"国家科技支撑计划项目"水库大坝安全保障技术研究"与课题"震损水库安全评估与应急处置技术研究"的实施，编制了《松柏山、花溪水库突发事件应急预案》，详见附录五。

### 5.5.3.2 可行性评价

评价结果见表 5.5-5。该预案可行性综合评分为 86.35，为优秀，但应急措施的得分相对较低。需要进一步细化应急调度方案，加强预案宣传和演练，利用贵阳市总体应急预案中应急保障资源的方案应更加具体和可具操作性。

**表 5.5-5 松柏山、花溪水库突发事件应急预案可行性评价结果**

| 序 号 | 评价指标 | 赋 分 | 指标权重 | 指标得分 | 备 注 |
|---|---|---|---|---|---|
| A1 | 建立应急组织体系 | 100 | 0.156 4 | 15.64 | |
| A2 | 建立应急指挥机构 | 100 | 0.153 6 | 15.36 | |
| A3 | 建立应急指挥办公室 | 100 | 0.120 1 | 12.01 | |
| A4 | 明确指挥机构职责 | 100 | 0.128 5 | 12.85 | |
| A5 | 明确办公室职责 | 100 | 0.103 4 | 10.34 | |
| A6 | 成立专家组 | 100 | 0.103 4 | 10.34 | |
| A7 | 组建应急抢险队伍 | 50 | 0.128 5 | 6.43 | 抢险队伍规模不详 |
| A8 | 建立应急救援机构 | 50 | 0.106 1 | 5.31 | 利用公共资源 |
| | 组织体系得分 | | | 88.28 | |
| B1 | 预测预警系统的运行情况 | 100 | 0.088 0 | 8.80 | |

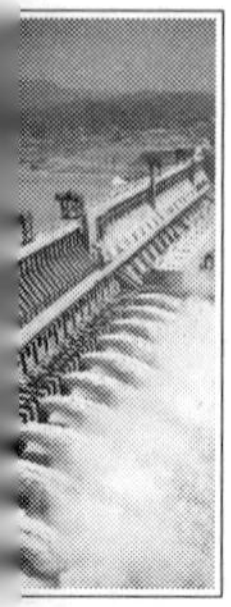

续表

| 序 号 | 评价指标 | 赋 分 | 指标权重 | 指标得分 | 备 注 |
|---|---|---|---|---|---|
| B2 | 预测预警能力 | 100 | 0.095 0 | 9.50 | |
| B3 | 现有灾害监测预报能力 | 100 | 0.071 5 | 7.15 | |
| B4 | 预警设施情况 | 50 | 0.077 4 | 3.87 | 报警系统不够完善 |
| B5 | 监测设备的监测结果 | 50 | 0.080 6 | 4.03 | 常常不能及时分析 |
| B6 | 险情及时报告与发布 | 100 | 0.098 5 | 9.85 | |
| B7 | 常规监测仪器 | 100 | 0.065 7 | 6.57 | |
| B8 | 规定部位的巡视检查 | 100 | 0.084 4 | 8.44 | |
| B9 | 常规监测内容 | 100 | 0.064 5 | 6.45 | |
| B10 | 险情发生时，是否有人值守 | 100 | 0.083 3 | 8.33 | |
| B11 | 制定应急行动方案 | 50 | 0.105 5 | 5.28 | 不够具体 |
| B12 | 信息传递的准确性 | 100 | 0.085 6 | 8.56 | |
| | 运行机制得分 | | | 86.83 | |
| C1 | 抢险人力数量 | 50 | 0.128 4 | 6.42 | 没有提出人数要求 |
| C2 | 应急物资保障能力 | 100 | 0.138 3 | 13.83 | |
| C3 | 医疗和防疫站数量 | 100 | 0.059 3 | 5.93 | |
| C4 | 交通运输工具数量 | 100 | 0.111 1 | 11.11 | |
| C5 | 通信手段与器材数量 | 100 | 0.111 1 | 11.11 | |
| C6 | 备用电力系统 | 50 | 0.101 2 | 5.06 | 没有提出具体要求 |
| C7 | 备有通信方式 | 100 | 0.079 0 | 7.90 | |
| C8 | 专业救援队员人数 | 100 | 0.093 8 | 9.38 | |
| C9 | 医疗救助能力 | 100 | 0.076 5 | 7.65 | |
| C10 | 灾民安置能力 | 100 | 0.101 2 | 10.12 | |
| | 保障体系得分 | | | 88.51 | |
| D1 | 下游风险人口总数是否明确 | 100 | 0.106 2 | 10.62 | |
| D2 | 具有水库应急调度方案 | 50 | 0.118 2 | 5.91 | 不够具体，可操作性差 |
| D3 | 具备专业抢险队伍 | 50 | 0.108 2 | 5.41 | 利用公共资源，具体不详 |
| D4 | 有具体的人员转移方案 | 100 | 0.094 2 | 9.42 | |
| D5 | 公共防灾意识的普及程度 | 100 | 0.082 2 | 8.22 | |
| D6 | 公众对应急预案是否了解 | 50 | 0.068 1 | 3.405 | 了解有限 |
| D7 | 居民的应急能力 | 50 | 0.068 1 | 3.405 | 有待进一步加强 |
| D8 | 紧急物资生产与调拨能力 | 100 | 0.088 2 | 8.82 | |
| D9 | 专用物资交通运输保障能力 | 100 | 0.088 2 | 8.82 | |

续表

| 序 号 | 评价指标 | 赋 分 | 指标权重 | 指标得分 | 备 注 |
|---|---|---|---|---|---|
| D10 | 相关应急小组调动能力 | 100 | 0.094 2 | 9.42 | |
| D11 | 维护现场秩序能力 | 100 | 0.084 2 | 8.42 | |
| | 应急措施得分 | | | 81.87 | |

### 5.5.3.3 有效性评价

根据附录五《松柏山、花溪水库突发事件应急预案》，针对溃坝极端情况，结合道路网络信息、详细的居民点信息和洪水淹没范围模拟，分析计算大坝下游风险人口最佳撤离路径和撤离时间，以检验预案的有效性。

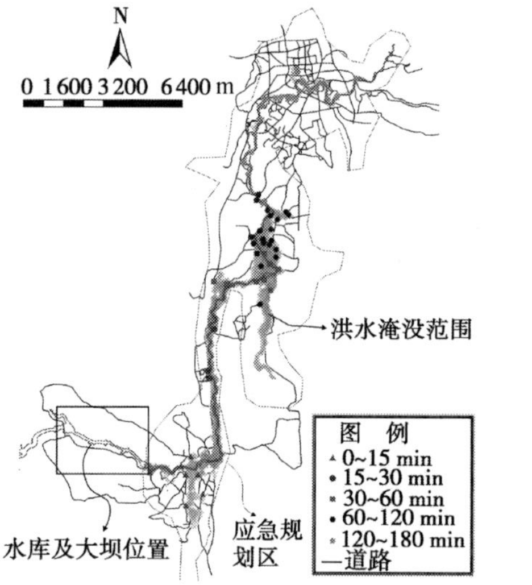


图 5.5-2 研究区大坝位置、道路网络及淹没范围

(1) 溃坝洪水淹没范围的确定

在 GIS 软件平台下提取溃坝洪水淹没区域内各高程点，将模拟区域剖分为 30 m×30 m 的地形网格文件。初始条件中假设下游为干河床。上游边界条件为花溪水库入库流量过程，下游边界条件给定南明河各条支流水位过程，陆地边界条件采用可滑移边界条件。计算时间步长取 0.5 s，计算时间为 10 h，分析软件利用 Mike21 软件水动力模块，模拟溃坝洪水最大淹没范围(图 5.5-2)。根据体积相等原理对模拟结果进行验证，将模拟区域内被洪水淹没的所有网格中洪水体积相加，即得出区域内模拟计算的淹没洪水量 4 646 万 $m^3$，已知溃坝洪水下泄量为 4 760 万 $m^3$，可见模拟的淹没洪水总量相当于洪水流量过程统计的下泄洪水量的 97.61%，且在计算的时间内两者的值也非常接近(图 5.5-3)。

图 5.5-4 为模拟洪水演进过程中各时段，受溃坝洪水影响的居民点个数。在溃坝后的

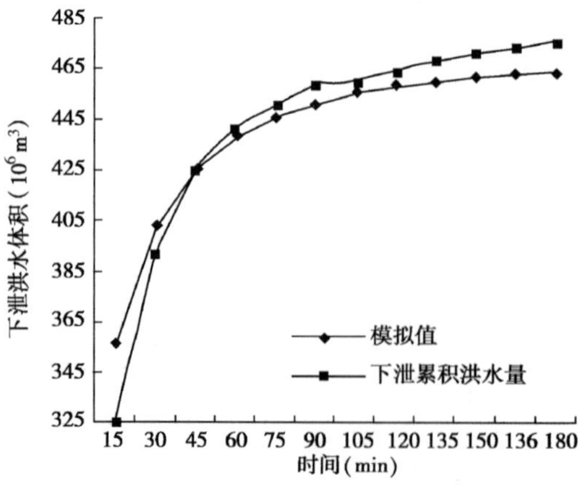


图 5.5-3 洪水淹没体积的模拟值与下泄累积洪水量

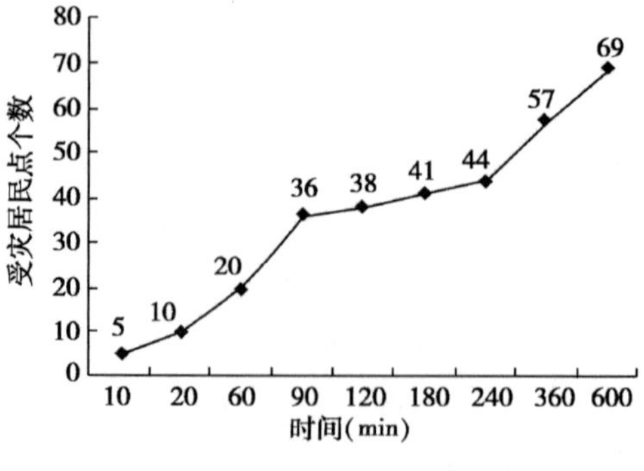


图 5.5-4 大坝下游受灾居民点个数

1～1.5 h,6～10 h 等时段,受灾居民点个数增加较多,主要是因为该时间段洪水所流经的地区人口分布稠密,居民点分布较为集中。

(2) 撤离路线及时间的计算

鉴于大坝下游受灾区的具体情况,假设村寨的村民以步行方式进行撤离,城镇的居民以车行方式撤离,村民和居民均在接到撤退警报 5 min 后开始迁移活动。应急预案中规定某些小区居民就近安排撤离到居民小区 4 楼以上,模拟的撤离人口应该从受影响的总人数中减去这部分人员数。

以步行方式转移的受灾村寨共计 15 个,分别为马路寨、大寨、碧云窝、吉林、东村、新寨、花溪发电厂、董家堰、上水、孙家院、周家寨、上沙坡、岩脚村、庄笃村和四方河。用字母代表上述各村寨,灾民步行速度假定为 6 km/h,迁移时间模拟结果如图 5.5-5 所示。

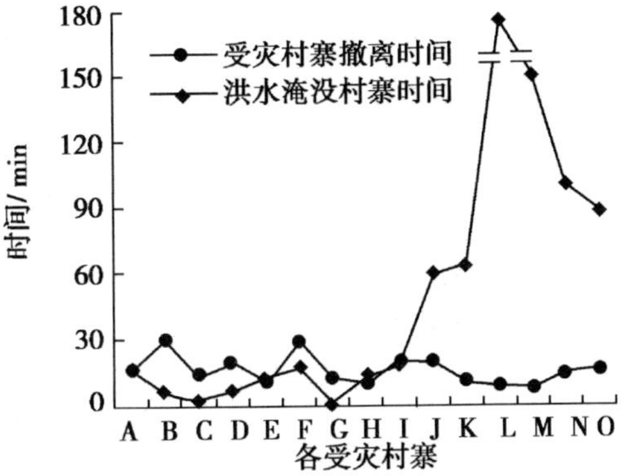

图 5.5-5 村寨撤离时间

从图 5.5-5 中可以看出,以步行转移的居民点基本在 30 min 内撤离完,且撤离时间耗费最多的是大寨村,最少的是岩角村,这主要与迁移的距离有关。由于大坝下游的村寨所处空间位置的差异,大量步行撤退队伍汇聚同一路段情况基本不多见。但大多数村寨人员撤离需要的时间都长于溃坝洪水淹没村寨的时间,因此必须在溃坝前向受灾群众发出撤离警报,而且警报发出的时间必须大于等于受灾点撤离时间与溃坝洪水淹没时间之差。从计算结果可以得出,对于距离大坝坝址较近的马路寨、大寨、碧云窝、吉林、新寨、花溪发电厂和上水 7 个受灾村寨来说,至少要在溃坝前的 1、25、11、13、13、12 和 2 min 向其发出撤离警报,才能保证居民在洪水到来以前有充裕的时间撤退。距离大坝较远的董家堰、孙家院、周家寨、上沙坡、岩脚村、庄笃村和四方河则有足够的时间撤离,应先向其发出大坝安全状况再发出撤离警报,保证撤离行动有条不紊地进行,避免撤离过程中发生慌乱现象。

花溪区、小河区和南明区 3 个区的道路等级高、交通便捷,迁移方式拟为车行。根据式(5.5-2)～式(5.5-5)模拟计算每一路段的通行时间,利用路径选择工具选择受灾点与安置点之间的撤退最短路径,并计算撤离时间。模拟结果表明(见表 5.5-6),由受灾点迁移至应急预案指定的安置点过程中,大部分受灾人员基本在 30 min 内就能完成撤离活动。这主要是因为应急预案所指定的安置点与转移居民点之间相隔不远,而且这 3 个区的撤离道路路况好,运输车辆多。

表 5.5-6 车行撤离时间与撤离人口比例

| 撤离时间(min) | 撤离人口占总人口的百分比(%) |
|---|---|
| ＜10 | 17.8 |
| 10～20 | 37.8 |
| 20～30 | 33.3 |
| ＞30 | 11.1 |
| 合计 | 100.0 |

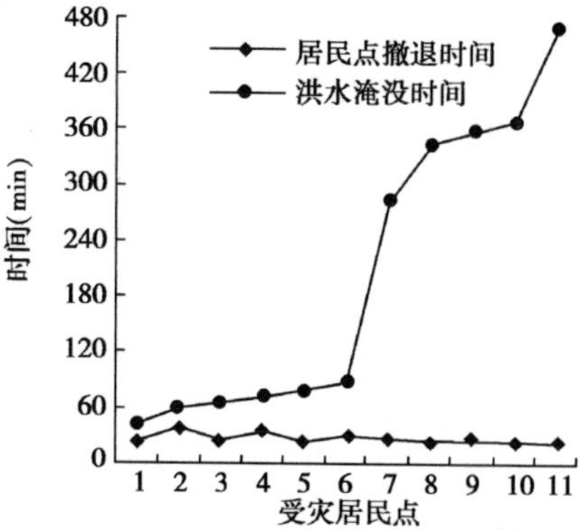

图 5.5-6　部分城镇撤离时间及洪水淹没时间

由于研究区受灾城镇居民点较多，为便于比较，沿大坝下游依次选取花溪区的花溪镇、小河区的平桥社区、中院、柴油机厂、四十四医院和开发区二小、南明区的市四医、市府路办事处、三中、甲绣小学和水口寺办事处等 11 个居民点作为城镇居民点的代表，模拟居民点的撤离时间及洪水到达各点的时间，结果如图 5.5-6 所示（图中横轴数字分别代表上述各点）。可见，上述居民点撤退耗费的时间均不超过 40 min，均能在溃坝洪水达到之前撤离完毕。因此可根据距离坝址的远近，在发生溃坝突发事件时，根据实际情况向下游居民发出警报，合理安排居民进行有效的撤退活动。

图 5.5-7 为研究区内部分受灾居民点的最佳撤离路径。由于有数个居民点安排转移到同一安置点的现象，导致居民点在转移过程中不可避免地选择同一路径撤离，可能会因为道路拥挤而减缓撤离活动。解决这一问题的途径是根据图 5.5-5、图 5.5-6 的撤离时间与洪水到达时间计算结果，合理安排各有关的居民点的出发时间顺序，尽可能地减少人员在撤离过程中在某一路段汇聚的情况发生。

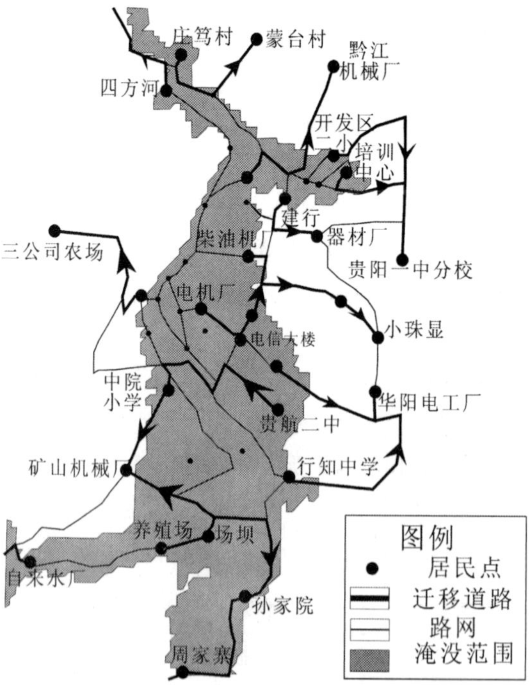

图 5.5-7　部分居民点的撤离路径

（3）评价结论

由于本应急预案中规定至少在溃坝前 1 h 即发出人员撤离警报。因此，从安排人员撤离方面来说，该预案是有效的。

# 第6章

# 结语和展望

水库大坝风险客观存在，在现有经济技术条件下，无法完全回避大坝风险，但可以综合工程与非工程措施对大坝风险进行管理，并将其控制在合理和可以接受的范围内。本书介绍与推荐的应急预案（EPP）、运行维护和监测手册（OMS）、大坝安全年度报告、降等与报废措施均是非常有效的大坝风险管理工具，已在我国水库大坝安全行业管理实践中得到初步应用，取得良好效果。

我国水库大坝数量众多，尽管通过全面落实大坝安全责任制、大规模开展病险水库除险加固工程建设、积极推动水库管理体制改革和科技创新等一系列扎实工作，我国水库大坝安全状况与管理条件有了显著改善，大坝安全保障水平和能力有了大幅度提升，但仍存在专业技术力量缺乏与管理相对薄弱、维修养护经费短缺与工程及设施老化、淤积、应对突发事件与大坝深水安全保障能力不足等问题，水库出险甚至溃坝事故仍时有发生。面对运行环境的新变化以及经济社会发展对大坝安全提出的更高要求，水库大坝安全管理工作仍然面临巨大挑战。

大坝风险管理以“工程风险”为核心，不仅关注工程安全，同时关注下游公共安全，是更加科学合理的现代大坝安全管理模式。风险管理是一个过程管理机制，为实现降低大坝风险的目标，需要从风险管理制度建设、降低溃坝概率和减少溃坝后果3个主要方面入手，综合应用工程措施与非工程措施，有效管控风险。我国水库大坝面临的诸多非工程安全因素及其特点，非常适合采用风险管理模式。风险管理可以有效克服现有大坝安全管理模式的不足，解决当前面临的突出问题。在我国水库大坝潜在风险仍然不可忽视的情况下，通过风险管理进一步提高安全管理水平，是进一步提高溃坝灾害防御综合水平和能力，切实保障水库工程安全与下游公共安全的需要，也是水库大坝安全行业管理的发展趋势和必然选择。

目前，大坝风险理念在我国已被广泛接受，但受各种不确定性影响，大坝风险评估与风险管理关键技术目前仍在发展过程中，大坝风险管理模式与管理机制尚未全面建立，未来需要从如下几方面工作入手，大力推进我国水库大坝尽快由工程安全管理向风险管理模式转变。

## 6.1 建立科学合理的水库大坝风险管理原则

在风险管理体系中，需要承受适度风险和保证风险管理机制的良性运作，为此必须根据我国国情和水库大坝安全管理体制机制特点，建立科学合理的大坝风险管理原则。

一是整体利益优先原则。全局利益第一，局部利益服从全局利益，以尽可能小的代价实现最大程度的安全保障。

二是公正公开性原则。风险区内的个人或组织都享有参与风险管理及发表见解的权力与自由。

三是以人为本、科学发展原则。以保障公众生命安全为首要目标；完善大坝风险管理法律法规建设，建立风险管理的长效机制，全面、协调、可持续发展。

四是全生命周期和连续性原则。风险意识和理念必须贯穿于水库大坝规划设计、建设、运行管理直至报废退役的各个环节；同时，风险管理并不是摒弃已有水库大坝安全管理经验，而是对原有大坝工程安全管理模式的拓展，是对原有水库大坝安全体系和模式的继承与发展。

五是动态管理原则。随着经济社会发展，水库功能和运行环境以及社会与公众的风险承受能力都会发生变化，需适时对大坝风险管理目标进行动态调整。

## 6.2 尽快制订符合中国国情的水库大坝风险管理目标

风险管理目标也就是大坝风险标准，包括可接受风险、不可接受风险以及可容忍风险与ALARP原则。风险标准与经济社会发展水平密切相关，还涉及社会传统文化背景、社会价值观、管理体制、保险制度等各个方面，不同国家及同一国家的不同地区甚至不同大坝业主对风险标准的认识及相应制定的风险标准均不尽相同。目前，国际上尚无法制订出统一和被广泛接受的大坝风险标准。美国、加拿大等较早开展大坝风险管理的国家，早期使用的是纯经济风险标准，即将所有类型的风险包括生命风险均使用经济价值来替代，如今这一方法已被淘汰，改为对生命风险、经济风险分别制定相应的标准，并更注重生命风险，而对环境风险、社会风险仍未研究制定相应标准。

中国仍属于发展中国家，经济基础相对薄弱，且不同地区经济发展水平极不平衡，符合中国国情的大坝风险标准制订存在很大难度，制约了大坝风险管理模式的全面推广应用。首先是不同地区、不同层面的大坝管理决策者、实践者对风险的认知水平及风险承受能力存在很大差距；其次是很难建立大坝风险标准与现行大坝安全评判准则之间的转换关系；三是难以体现地域和经济社会发展水平差异对风险标准的影响；四是环境风险、社会风险很难定量评估。但无论如何，都必须尽快研究制订符合中国国情的水库大坝风险标准，再通过实践总结经验，进一步修订完善。



## 6.3 加快水库大坝风险管理配套法规、制度和技术标准建设

近年来，大坝风险分析和风险管理技术研究与应用已经取得很大进展，但尚未从国家或

行业管理层面出台与大坝风险管理相关的配套法规以及技术标准体系，应在《水库大坝安全管理条例》修订时纳入大坝风险管理的基本要求，如建立基于风险的大坝分类方法和设计标准；进一步健全大坝安全管理制度体系，将应急预案、运行维护和监测手册、大坝安全年度报告、降等与报废等大坝风险管理工具和措施作为风险理念下新的基本制度要求予以确立，并在已有《水库降等与报废标准》（SL 605）、《水库大坝安全管理应急预案编制导则》（SL/Z 720）基础上，尽快编制出台《水库大坝风险评估导则》《水库大坝风险标准》《水库大坝运行维护和监测手册编制导则》《水库大坝安全年度报告编制导则》《水库降等与报废评估导则》等一系列与风险管理相关的技术标准，构建支撑大坝风险管理的技术标准体系。

## 6.4 建立基于风险排序的病险水库除险加固决策机制

除险加固是风险管理中降低溃坝概率从而实现风险管理目标的有效措施。目前，全国范围内大规模实施的病险水库除险加固工程建设已经完成，但由于先天不足、淤积、工程老化、地震与洪水等极端事件等不利因素影响，今后还会不断有新的病险水库产生，除险加固将是水库大坝安全管理必须面对的一项长期和持续工作。但病险水库除险加固经费并无固定来源渠道，应按照“分级负责”与“责、权、利对等”的原则，根据水库管理体制改革分类定性，由不同的大坝安全责任主体负责筹措除险加固经费。经营性水库由主管部门（业主）承担除险加固经费；准公益性水库除险加固经费由主管部门（业主）筹措，相应地方政府给予财政补贴；公益性功能为主的水库除险加固经费则纳入相应地方政府财政预算。当病险水库数量较多而除险加固经费不足时，应按风险大小对病险水库进行排序，确保风险高的水库优先得到加固；对列入除险加固的水库，应通过风险要素评估，确保主要风险要素优先得以处理，并通过方案优化，将溃坝概率降低到可以接受的水平。

## 6.5 进一步重视和强化水库大坝风险管理非工程措施建设

目前，我国水库大坝安全管理距离风险管理倡导的制度化、规范化、程序化、精细化、专业化管理仍存在很大差距，需要从如下非工程措施建设入手予以改进：

一是强化巡视检查制度。虽然相关大坝安全管理法规和安全监测技术规范明确规定了巡视检查制度和巡视检查要求，但从近年来的水库溃坝事故调查结果看，大坝巡视检查制度并没有真正落到实处，一是中小型水库管理人员专业素养差，对巡视检查的重要性认识不到位，不能做到定时、定点检查，对检查中发现的问题缺乏分析判断能力；二是巡视检查流于形式，检查项目不全，时间、线路、人员不固定，随意性较大，记录不规范甚至不做记录；三是片面强调仪器监测，忽视巡视检查的重要性和必要性。下阶段应结合水管体制改革以及大坝安全年度报告与运行维护和监测手册（OMS）制度的推广，配备具备一定专业素养的管理人员，并加强监督检查，确保巡视检查工作规范开展。

二是加强防汛交通、通信及安全监测等基础设施建设。水库大坝大多地处偏僻，历史上

造成严重人员伤亡的溃坝事故大多与防汛交通、通信及安全监测等基础设施不完善有很大关系。因此,《水库工程管理设计规范》(SL 106)、《土石坝安全监测技术规范》(SL 551)、《混凝土安全监测技术规范》(SL 601)及《小型水库安全管理办法》(水安监〔2010〕200 号)等相关技术标准和规范性文件均对水库基础设施建设提出了明确要求,以及时了解、掌握大坝安全运行性态,保障汛期恶劣天气或运行条件下的交通、通信畅通,确保大坝安全信息以及汛情、险情、灾情信息快速传递,抢险设备和物料随时根据需要运达,风险人口根据指令及时撤离转移。

三是进一步提高水库突发事件应急预案(EPP)的编制质量,并加强培训和演练。应急预案是最重要和最有效的风险管理工具,是大坝风险管理的核心内容。虽然水利部早在 2007 年 5 月就发布了《水库大坝安全管理应急预案编制导则(试行)》,要求所有水库制定突发事件应急预案,并在研究与总结编制经验基础上,于 2015 年出台了技术标准《水库大坝安全管理应急预案编制导则》(SL/Z 720)。但由于缺少经费支持、基础资料匮乏、地理信息等基础数据共享机制尚未形成、编制单位技术力量不足等原因,目前的水库大坝安全管理应急预案编制质量普遍不高,科学性、有效性和可操作性尚有很大差距,缺少突发事件分析和洪水风险图等关键技术内容,应急组织体系不清晰,应急响应级别和关键措施缺乏依据、针对性不强,缺少人员转移路线与安置点科学规划。应进一步加大水库大坝安全管理应急预案编制的宣传和培训以及资金投入力度,从国家层面尽快建立溃坝淹没范围地理信息等基础数据共享机制,切实提高水库突发事件应急预案(EPP)编制的科学性和可操作性。同时,对编制完成的应急预案,应通过适当的方式进行宣传、培训和演练,使参与应急处置的相关人员掌握突发事件应急处置的流程和各自的职责,公众充分了解和熟悉报警与撤离信号,以及撤离路径与避难场所。

四是进一步建立健全水库大坝风险管理制度体系。风险管理目标的实现需要完善的制度体系作为保障,已经建立的安全监测、调度运用、养护修理、除险加固、应急管理、降等报废等都是有效管控大坝风险的重要制度,但仍不够健全,还需进一步完善。根据世界银行与先进国家经验,还需要尽快建立运行维护和监测手册(OMS)以及大坝安全年度报告等制度。

疏于管理、操作失误、非法超蓄等人为因素是当前水库大坝安全管理面临的突出问题,也是现阶段造成水库大坝溃决失事的主要原因。运行维护和监测(OMS)手册是指导大坝运行管理人员规范开展运行、维护与监测工作的制度化、程序化、精细化文件,可以保证相关工作的规范性、连贯性、一致性,不受管理人员变更的影响,从而避免人为因素可能导致的风险。应尽快研究出台相关管理办法或规范性文件,要求所有水库都必须编制运行维护和监测手册(OMS)并严格执行。

虽然目前不同层面涉及大坝安全的检查、稽查活动较多,但这些检(稽)查发现的问题及整改意见是否得到落实缺少有效的监督与跟踪手段,造成检(稽)查的效果大打折扣。大坝安全年度报告是水行政主管部门代表政府有效监管大坝安全与管理状况的重要工具,通过检查上一年度存在问题的整改落实情况与效果,并根据设备测试、安全监测和现场检查结果分析大坝安全性态,梳理大坝运行中存在的问题,评价年度内大坝安全与管理工作状况,提出下一年度养护修理计划与改进工作建议。目前,水利部正在全国大型水库中推行编制大坝安全年度报告,下阶段应在总结编制经验的基础上,研究制订配套的规范性文件或技术标准,将其作为大坝安全管理的基本制度予以确立,并在所有水库中推行。

五是大力推动水库降等与报废工作。降等与报废是规避大坝风险的有效手段，尤其适用于安全状况差、风险高而功能衰减、效益低下的病险水库管理。水利部于2003年5月发布了《水库降等与报废管理办法(试行)》(中华人民共和国水利部第18号令)，并于2013年颁布了技术标准《水库降等与报废标准》(SL 605)。由于近年来病险水库除险加固投资力度加大，以及认识上的偏差、不同利益攸关方的诉求差异与工作经费短缺，目前水库降等与报废工作进展缓慢。随着病险水库除险加固专项规划实施完毕，以及运行时间不断增长导致的工程老化、经济社会和城市化的快速发展、河长制的实施，水库运行环境和功能正在发生深刻变化，未来应加大水库降等与报废的强制执行力度，这既是控制水库大坝风险的需要，也是敦促各级政府加大水库管理与病险水库除险加固投入、推动建立病险水库除险加固长效机制的需要，同时还是响应恢复河流生态等社会关切的需要。需要强调的是，水库报废绝不是“一废了之”，应拆除大坝和开展生态环境影响评估，并采取必要的生态修复措施，确保不增加洪水与生态风险。

六是加强大坝风险管理宣传，强化公众参与。国外的实践表明，洪水风险区内公众的知情权与广泛参与是大坝风险管理顺利有效实施的根本保障。我国大坝风险管理仍处于起步阶段，由于宣传不到位、信息不对称，风险区内公众(风险人口)对大坝风险的认知与关注程度仍较低，一旦遭遇突发事件，由于不知情和对溃坝洪水严重性不了解，往往不能主动和积极配合应急处置，特别影响转移避险效率。理念更新和风险认知程度提高是一个渐进过程，需要通过媒体传播、培训、演练等多种途径普及宣传，吸引风险区内公众广泛参与和配合。只有积极引导公众参与、社会关注，真正提高社会与公众的风险意识，大坝风险管理体系才能发挥出应有作用。

## 6.6 进一步开展大坝风险管理基础理论与实用技术研究

与水利工程建设与管理的发展历史相比，大坝风险管理仍是一个崭新的学科，大坝风险分析、评估、决策的基础理论仍不完善，大坝风险管理实用技术仍处于不断创新发展和实践之中，适合中国国情的大坝风险管理体系尚未建立。大坝风险来自人、环境、工程等各方面的不确定性，如何对这些不确定性进行识别、评估和控制，不仅需要通过研究解决理论和方法上的难题，还需要通过研发与集成创新提供实用技术和手段，今后一段时间内应重点加强如下几方面研究，为建立更加科学高效的水库大坝风险防控体系提供理论基础与技术支撑：

一是加强大坝长期服役性能演化规律和极端条件下的灾变机理、变化环境下的大坝风险识别方法及致灾后果预测评价方法、人因可靠性评估理论和方法、基于风险的大坝安全评价理论和方法等研究，进一步丰富完善大坝风险评估与调控理论及控制标准，为建立健全我国水库大坝风险管理体系奠定理论基础。

二是加强流域梯级水库群系统风险评估与控制理论和方法研究。相比单一梯级，流域梯级水库群风险具有传递和叠加效应，系统风险源识别更为复杂，灾害链更长，影响范围更广。在流域尺度下，一旦其中任何一座梯级溃坝失事，则必然出现“多米诺骨牌效应”，导致难以承受的后果。但流域梯级水库风险诱发、传导及演化机制极其复杂，现有研究成果和经

验尚无法全面揭示，需要进一步深入研究和实践。

三是加强水库报废退役评估理论和决策方法研究，提出大坝退役（拆坝）生态环境影响评估方法与修复对策和技术，编制《水库降等与报废评估导则》《大坝退役（拆坝）生态环境影响评估与修复指南》等技术标准，并选择典型水库开展报废退役论证及生态环境修复示范。

四是加强水库突发事件应急决策支持理论研究及水库突发事件应急决策支持和应急仿真系统研发，构建基于 GIS 的集信息管理、溃坝洪水数字仿真、应急救助规划、应急决策模式于一体的大坝应急救助平台，实现对水库突发事件的事前监测、预警、防范；事件发生时辅助进行快速、准确、科学地决策，快速制订应急处置方案，协调调度和指挥，向公众提供紧急救助信息和服务；事后进行灾害评估，辅助恢复重建。

五是利用现代信息等技术手段大力研发更加有效的水库大坝隐患探测与智能监测、突发事件早期预警、隐患和险情快速诊断和快速抢险抢修等关键技术、材料和装备，提高水库大坝突发事件早期预警能力和应急抢险水平与成功率。

六是通过集成创新，突破百米级以上深水环境大坝安全保障技术壁垒，研发大坝深水缺陷检测及修补加固成套技术和装备，为确保高坝大库安全运行提供技术保障。

七是基于物联网＋和云平台技术，研发国家层面的大坝安全监管智慧管理决策系统和云服务平台，构建基于多源信息的大坝安全性态实时评价方法，在全面感知水库大坝多源信息基础上，通过数据融合，实现大坝安全智能诊断、监控与智慧管理，进一步提升水库大坝应急管理能力和风险防控水平。

# 参考文献


[1] 孙继昌. 中国的水库大坝安全管理[J]. 中国水利，2008(20)：10-14.

[2] 孙金华. 我国水库大坝安全管理成就及面临的挑战[J]. 中国水利，2018，854(20):11-16.

[3] 盛金保，厉丹丹，等. 大坝风险评估与管理关键技术研究进展[J]. 中国科学:技术科学，2018，10:1057-1067.

[4] Valiani A，Caleffi V，Zanni A. Case study：Malpasset dam-break simulation using a two-dimensional finite volume method[J]. Journal of Hydraulic Engineering-ASCE，2002，128：460-472.

[5] Paronuzzi P，Rigo E，Bolla A. Influence of filling-drawdown cycles of the Vajont reservoir on Mt. Toc slope stability[J]. Geomorphology，2013，191：75-93.

[6] Muhunthan B，Pillai S. Teton dam，USA：uncovering the crucial aspect of its failure[J]. Proceedings of the Institution of Civil Engineers-Civil Engineering，2008，161：35-40.

[7] Vahedifard F，AghaKouchak A，Ragno E，et al. Lessons from the Oroville dam[J]. Science，2017，355：1139-1140.

[8] 贾金生，徐洪泉，李铁友，等. 通过萨扬-舒申斯克水电站事故原因分析看机电设备安全运行问题[C]//第十八次中国水电设备学术讨论会论文集. 北京：中国水利水电出版社，2011:329-336.

[9] 伏安. 石漫滩、板桥水库的设计洪水问题[J]. 中国水利，2005(16):39-41.

[10] 李君纯. 青海沟后水库溃坝原因分析[J]. 岩土工程学报，1994(6):1-14.

[11] 王昭升，吕金宝，盛金保，等. 水库大坝风险管理探索与思考[J]. 中国水利，2013(8):52-54.

[12] 赵雪莹，王昭升，盛金保，等. 小型水库溃坝初步统计分析与后果分类研究[J]. 中国水利，2014(10):33-35.

[13] 彭雪辉，盛金保，李雷，等. 我国水库大坝风险评价与决策研究[J]. 水利水运工程学报，2014(3):49-54.

[14] 张建云，盛金保，蔡跃波，等. 水库大坝安全保障关键技术[J]. 水利水电技术，2015，46(1)：1-10.

[15] 蔡跃波，盛金保. 中国大坝风险管理对策思考[J]. 中国水利，2008(20):20-23.

[16] 杨德玮，盛金保，彭雪辉. 堤防工程单元堤安全等级评判及风险估计[J]. 水电能源科学，2016(2):77-81.

[17] 张士辰，周克发，王晓航. 水库溃坝条件下应急撤离路径上风险人口分配优化机制研究[J]. 水力发电学报，2014，33(1):246-251.

[18] 王瑶，万玉秋，钱新，等. 居民风险承受能力评价模型及实证分析[J]. 环境科学与技术，2009(32):185-189.

[19] 王瑶，万玉秋，钱新，等. 水库下游居民避险能力指标体系构建及其实证研究[J]. 中国农村水利水电，2009(1)：26-30.

[20] 于海欢，万玉秋，钱新，等. 水库下游居民风险承受能力地域差异研究[J]. 水利水电技术，2009，40

(12)：105-108.

[21] 于海欢，万玉秋，钱新，等. 水库下游居民风险承受能力模糊综合评价[J]. 中国农村水利水电，2009(2)：109-112.

[22] 彭雪辉，蔡跃波，盛金保，等. 中国水库大坝风险标准研究[M]. 北京：中国水利水电出版社，2015.

[23] 程翠云，钱新，万玉秋，等. 水库大坝突发事件应急预案可行性评价方法初探[J]. 水利水运工程学报，2009(1)：71-75.

[24] 程翠云，钱新，杨珏，等. 溃坝应急预案有效性评价[J]. 岩土工程学报，2008,30(11)：1729-1733.

[25] Meng Y , Xin Q , Yuchao Z , et al. Spatial Multicriteria Decision Analysis of Flood Risks in Aging-Dam Management in China: A Framework and Case Study [J]. International Journal of Environmental Research and Public Health, 2011, 8(5):1368-1387.

[26] 南京水利科学研究院，水利部大坝安全管理中心. 水库大坝安全管理应急预案编制导则:SLZ 720—2015 [S]. 北京：中国水利水电出版社，2015.

[27] 水利部大坝安全管理中心. 水库降等与报废标准:SL 605—2013[S]. 北京：中国水利水电出版社，2013.

[28] 顾冲时，苏怀智，刘何稚. 大坝服役风险分析与管理研究述评[J]. 水利学报，2018(9)：26-35.

[29] 李雷，王仁钟，盛金保，等. 大坝风险评价与风险管理[M]. 北京：中国水利水电出版社，2006.

[30] 傅忠友，张士辰. 基于工程实例的重力坝溃决模式和溃决路径分析[J]. 水利水电技术，2010(41)：57-60.

[31] 蔡荨. 土石坝风险实时评估与动态调控方法研究[D]. 南京：南京水利科学研究院，2018:51-52.

[32] Louis J M A, Tigran N, Sebastian J V. Multilevel Monte Carlo for reliability theory[J]. Reliability Engineering and System Safety, 2017, 165: 188-196.

[33] Ranjan K, Achyuta K G. Mines systems safety improvement using an integrated event tree and fault tree analysis[J]. Journal of The Institution of Engineers (India): Series D, 2017, 98: 1-8.

[34] 吴世伟. 结构可靠度分析[M]. 南京：河海大学出版社，2002.

[35] 王晓航，盛金保，张行南，等. 基于GIS技术的溃坝生命损失预警综合评价模型研究[J]. 水力发电学报，2011(30)：73-78.

[36] 孙玮玮，李雷. 基于物元法的大坝风险后果综合评价模型[J]. 安全与环境学报，2009，9(2)：173-176.

[37] Fread D L. BREACH: an erosion model for earth dam failures. NOAA Technical Report, 1988.

[38] 陈生水. 土石坝溃决机理与溃坝过程模拟[M]. 北京：中国水利水电出版社，2012.

[39] Thompson J R, Sorenson H R, Gavin H, et al. Application of the coupled MIKE SHE/MIKE 11 modelling system to a lowland wet grassland in southeast England[J]. Journal of Hydrology, 2004, 293: 151-179.

[40] Chira I M, Chira R. The hydrological modeling of the Usturoi Valley-Using two modeling programs-WetSpa and HecRas. Carpathian Journal of Earth and Environmental Sciences, 2006, 1: 53-62.

[41] Donghyeok P, Kim S, Kim T. Estimation of break outflow from the Goeyeon Reservoir using DAMBRK model[J]. Journal of the Korean Society of Civil Engineers, 2017, 37:459-466.

[42] Wang S J, Li S Y, Zhou X B. FREAD's dam-break system-based back analysis on failure process of landslidedam[J]. Water Resources and Hydropower Engineering, 2017, 48: 148-154.

[43] Zhang J Y, Li Y, Xuan G X, et al. Overtopping breaching of cohesive homogeneous earth dam with different cohesive strength[J]. Science in China Series E: Technological Sciences, 2009, 52: 3024-3029.

[44] 李云，李君. 溃坝模型试验研究综述[J]. 水科学进展，2009,20(2)：304-310.

[45] 李云，王晓刚，宣国祥，等. 均质土坝漫顶溃坝模型相似准则研究[J]. 水动力学研究与进展：A辑，2010，25(2)：270-276.

[46] 李云，祝龙，宣国祥，等. 土石坝漫顶溃决时间预测分析[J]. 水力发电学报，2013，32：174-178.

[47] Dam safety guidelines. Canadian Dam Association，1999.

[48] Deniel D B，Alessandro P，Salman M A S. Regulatory frameworks for dam safety. The World Bank，2002.

[49] Guidelines on risk assessment. Australian National Committee on Large Dams，1994.

[50] Brown C A，Graham W J. Assessing the threat to life from dam failure. American Water Resources Association，USBR，1988，24：1303-1309.

[51] Maged A，Davis S B，Duane M M. GIS model for estimating dam failure life loss[J]. Risk-Based Decision Making in Water Resources，2002，1：1-19

[52] Maijala T，Sarkkila J，Honkakunnas T. RESCDAM project-developing emergency action planning. ICOLD European Symposium on Dams in An European Context，Geiranger：A A Balkema Publishers，2001:237-244.

[53] Assaf H，Hartford D N D. Estimating dam breach flood survival probabilities. ANCOLD Bulletin，2003，107：23-42.

[54] 盛金保，彭雪辉. 中国水库大坝风险标准的研究[C]//中国水利学会首届青年科技论坛论文集. 北京：中国水利水电出版社，2003:476-480.

[55] 李雷，王仁钟，盛金保. 溃坝后果严重程度评价模型研究[J]. 安全与环境学报，2006，2：1-4.

[56] 孙玮玮. 溃坝后果综合评价方法及其应用研究[D]. 南京：南京水利科学研究院，2012:10-12.

[57] 周克发，李雷，盛金保. 我国溃坝生命损失评价模型初步研究[J]. 安全与环境学报，2007，6：145-149.

[58] 王仁钟，李雷，盛金保. 水库大坝的社会与环境风险标准研究[J]. 安全与环境学报，2006，2：8-11.

[59] 王仁钟，李雷，盛金保. 病险水库判别标准体系研究[J]. 水利水电科技进展，2005，25：5-8.

[60] 周克发，彭雪辉. 我国溃坝生命损失调研报告[R]. 南京：南京水利科学研究院，2009.

[61] 周克发. 溃坝生命损失评估技术研究报告[R]. 南京：南京水利科学研究院，2009.

[62] 盛金保，李雷，王昭升. 我国小型水库大坝安全问题探讨[J]. 中国水利，2006(2):41-43.

[63] 盛金保，赫健，王昭升. 基于风险的病险水库除险决策技术[J]. 水利水电科技进展，2008，28：25-29.

[64] Li D D，Zhang S C，Cai Q，et al. Human reliability calculation method in dam risk analysis. Revista de la Facultad de Ingeniería U. C. V.，2017，32：61-69.

[65] 周建平，王浩，陈祖煜，等. 特高坝及其梯级水库群设计安全标准研究Ⅰ:理论基础和等级标准[J]. 水利学报，2015，46：505-514.

[66] 周建平，周兴波，杜效鹄，等. 梯级水库群大坝风险防控设计研究[J]. 水力发电学报，2018，37：1-10.

[67] 彭雪辉，盛金保，李雷，等. 我国水库大坝风险标准制定研究[J]. 水利水运工程学报，2014，4：7-13.

[68] 李雷，蔡跃波，盛金保. 中国大坝安全与风险管理的现状及其战略思考[J]. 岩土工程学报，2008，30：1581-1587.

[69] 张士辰，王晓航，周克发. 溃坝条件下撤离路径优选程度的简易评价方法研究. 水利水电技术，2013，44：41-44

[70] Cheng C，Qian X，Zhang Y，et al. Estimation of the evacuation clearance time based on dam-break

simulation of theHuaxi dam in Southwestern China[J]. Natural Hazards, 2011, 57(2):227-243.

[71] 向衍，盛金保，袁辉，等. 中国水库大坝降等报废现状与退役评估研究[J]. 中国科学:技术科学，2015，45：1304-1310.

[72] 向衍，盛金保，杨孟，等. 水库大坝退役拆除对生态环境影响研究[J]. 岩土工程学报，2008，30：1758-1764.

[73] 赵雪莹. 水库报废决策及其生态环境影响评价方法和修复对策研究[D]. 南京：南京水利科学研究院，2017.

[74] 盛金保，赵雪莹，王昭升. 水库报废生态环境影响及其修复[J]. 水利水电技术，2017，48：95-101.

# 附　录

## 附录一

# 坎尔其水库运行、维护和监测手册

## 1　前言

### 1.1　编制目的

为规范坎尔其水库运行、维护与监测工作，保证相关工作的连贯性、一致性，使其不受管理人员变更影响，将人为失误风险降低至最低程度，制订本手册。

### 1.2　编制单位、审批单位、生效日期及版本号

《坎尔其水库运行、维护和监测手册》由南京水利科学研究院编制，鄯善县水利局审批。2008 年 11 月 30 日起生效。本版本号为 2008 年第 1 版。

### 1.3　手册发放

本手册发放人员为鄯善县水利局分管领导及专家和坎尔其流域管理所全部人员。

### 1.4　工程概况(略)

## 2　水库运行

### 2.1　运行管理

水库管理单位为坎尔其流域管理所，上级技术主管部门为鄯善县水利局，行政主管部门为鄯善县人民政府，内设行政办公室、安全保卫股、工程技术股、综合经营股。

水库运行管理框图如图 2.1-1 所示。

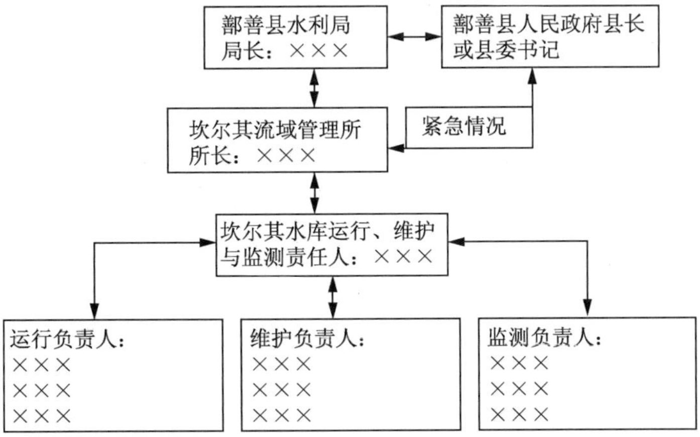


图 2.1-1　坎尔其水库运行管理框图

坎尔其流域管理所主要工作人员情况如表 2.1-1(略)。

## 2.2 工作日记制度

### 2.2.1 日记制度

(1) 坚持准确及时填写工作日记。

(2) 汛期或非汛期，凡遇降雨、冰山雪融化或库水位在汛限水位以上的，必须每天巡查一次，并填写日记；非汛期无降雨或冰山雪融化时宜至少每周填写一次日记。

(3) 强降雨(指 6 h 降雨量 50 mm 和 24 h 降雨量 100 mm 以上，以下同)、冰山雪融化速度较快和水库水位在汛限水位以上或启动零报告时，必须每日上午 10 时和下午 7 时前巡查一次，并填写工作日记。

(4) 未发生降雨、冰山雪融化及库水位在汛限水位以下，汛期(5 月 1 日—6 月 30 日为主汛期，主汛限水位 1 196.00 m；7 月 1 日—8 月 15 日为后汛期，后汛限水位 1 197.00 m，7 月 16 日后库水位可按正常高水位 1 197.00 m 进行)逢双日巡查一次，并填写工作日记；非汛期(10 月—次年 3 月)每周五巡查一次，并填写工作日记。

(5) 当工程发生险情时，视工程险情加密巡查，并准确及时填写工作日记；对巡查中发现的问题，要及时报告县防汛部门，并采取相应措施，确保水库安全。

### 2.2.2 日记内容

日记基本内容：包括天气情况，异常水文降雨和冰山雪融化情况，运行是否正常，是否有异常事件出现，上级是否有所指令，大坝安全是否有异常迹象，是否进行了检查，检查结果，是否有警报和通知，记录人，具体见表 2.2-1。

**表 2.2-1　坎尔其水库大坝安全运行日记　记录人:______**

| |
|---|
| 年　月　日　天气　降雨量______mm　库水位______m |
| 上级通知记录:(通知名和编号，何时通知领导，以及处理指示等) |
| 上级调度指令记录:(电话或发文，电话内容，通知人，接信人，何时报告有关领导等) |
| 事故或报警(是否有人报告事故以及事故情况，事故类型及严重程度，是否报告分管领导，何时报告，有何指示) |
| 大坝安全情况:<br>☐无任何异常　☐基本无异常　☐局部异常　☐较大异常　☐严重异常<br>报告情况:<br>☐尚未报告　☐已经按规定报告　☐已经紧急报告<br>处理情况:<br>☐尚未处理　☐正在处理　☐处理完毕 |

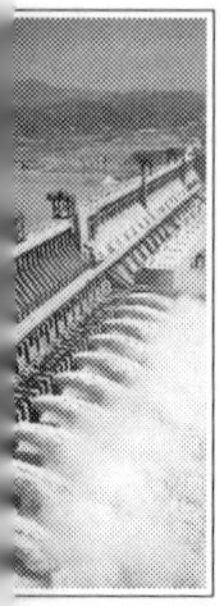

2.2.3 报告制度

(1) 一般性情况,记录,不必报告,待领导自己检查。

(2) 较重要情况,应在当天报告给有关领导。

(3) 特别重要的情况,应在一小时内报告给有关领导,并记录报告时间。

(4) 紧急情况,立即向领导报告,并记录领导意见和报告时间。

## 2.3 汛前(后)检查

汛前(后)检查的目的是通过检查发现工程以及安全管理中存在的疏漏、隐患、不安全因素,在汛前及时整改,以便汛期按设计安全运用。

汛前(后)检查的过程为检查、检查报告、整改。

2.3.1 汛前(后)检查制度

汛前(后)检查分为经常检查、定期检查和特殊情况检查,发现异常迹象,及时分析原因,采取有效措施,防止发生事故,保证工程安全。

(1) 经常检查:巡视由坎尔其流域管理所负责人负责,在每年的 8 月 15 日汛期结束至 5 月 1 日汛期开始,每周进行一次检查巡视,遇到雨水天气或水库水位骤变时,要增加检查巡视次数,并做好水库汛前(后)检查记录,掌握水库安全动态,确保水库安全度汛。

(2) 日常检查巡视:由坎尔其流域管理所工作人员负责。对水库大坝概貌和设备安全状况作认真的巡视,及时发现不安全因素,做好水库大坝安全运行日记。

(3) 定期检查:由鄯善县人民政府和鄯善县水利局组织责任人员对工程进行全面巡查,汛前、汛中和汛后各一次,并做好水库汛前(后)检查报告,检查结果书面报告鄯善县人民政府防汛抗旱指挥部办公室。

(4) 特殊检查:当遇到严重影响工程安全运行的情况(如暴雨、地震、大洪水、台风、水位骤升骤降或持续高水位等)或工程发生较严重的破坏现象或其他险情时,由鄯善县水利局负责人组织责任人对工程 24 h 巡视检查,必要时对可能出现险情的部位进行连续监视。

(5) 每次检查巡视都必须做好检查记录,注明安全状况和存在的缺陷或隐患,重大问题应及时向主要领导和主管部门报告。

(6) 汛期实行 24 h 值班,做到不断岗、不脱岗。

(7) 依法对各种危害、破坏水工建筑物和防汛照明器材的案件进行查处。

2.3.2 汛前(后)检查内容

(1) 坝基

应注意其稳定性、渗漏,管涌和变形等。主要检查项目概列如下:

两岸坝肩区:绕渗;溶蚀、管涌;裂缝,滑坡、沉陷。

下游坝脚:集中渗流、渗流量变化、渗漏水水质,管涌,沉陷,坝基冲刷、淘刷。

坝体与岸坡交接处:坝体与岩体接合处错动、脱离,渗流,稳定情况。

其他异常现象。

(2) 大坝主要检查项目

坝顶:位移,沉降,裂缝。

上游面:护面破坏,滑坡、裂缝,鼓胀或凹凸、沉陷,冲刷、堆积。

下游面及坝趾区:位移,滑坡,裂缝,泉水、渗水坑、水点、湿斑、下陷区,渗水颜色,浑浊度、管涌。

下游排水反滤系统：堵塞或排水不畅，化学沉淀物、微生物，排水、渗水量变化，测压管水位变化。

大坝与混凝土结构物或其他建筑物接头、界面工作状况与缺陷。

观测设备、仪器工作状况。

其他异常现象。

(3) 溢洪道

堰前进口段：进口附近库岩塌方、滑坡；漂浮物，堆积物、水草生长；边坡稳定；护坡混凝土衬砌裂缝；沉陷；边坡及附近渗水坑、冒泡、管涌；流态不良或恶化。

溢流堰段及渐变过渡收缩段：混凝土气蚀、磨损、冲刷；裂缝、漏水；通气孔淤沙；边墙不稳定；流态不良或恶化。

泄槽段：漂浮物；气蚀（尤其是接缝处与弯道后）；冲蚀；裂缝。

挑流坎段：堆积物；裂缝；沉陷；位移；接缝破坏；冲刷；磨损；气蚀；下游基础淘蚀；流态不良或恶化。

下游河床及岸坡：冲刷、变形；危及坝基的淘刷。

其他异常现象。

(4) 导流兼放水洞

进口明渠：漂浮物、堆积物；流态不良或恶化；闸门振动；通气孔（槽）通气不畅；混凝土气蚀。

闸井：混凝土衬砌剥落、裂缝、漏水；气蚀、冲蚀；围岩崩塌、掉块、淤积；排水孔堵塞；流态不良或恶化。

洞身：裂缝、鼓胀、扭变；漏水及混凝土破坏。

出口箱涵：裂缝、鼓胀、扭变；漏水及混凝土破坏、气蚀。

泄水陡坡：堆积物；裂缝；沉陷；位移；接缝破坏；冲刷；磨损；陡坡振动气蚀；下游基础淘蚀；流态不良或恶化。

其他异常现象。

(5) 闸门及控制设备

闸门：变形、裂纹、螺（铆）钉松动，焊缝开裂；油漆剥落、锈蚀，钢丝绳锈蚀、磨损、断裂；止水损坏、老化、漏水；闸门振动、气蚀。

控制设备：变形、裂纹、螺（铆）钉松动、焊缝开裂；锈蚀；润滑不良、磨损；电、油、气、水系统故障；操作运行情况。

备用电源：容量、燃料油量；防火、排气及保卫措施；自动化系统故障。

其他异常现象。

(6) 道路交通

指坝区为观测大坝和事故处理所必需的主要交通干道。其主要检查项目如下：

公路：路面情况；路基及上方边坡稳定情况；排水沟堵塞或不畅。

桥梁：地基情况；支承结构总的情况；桥墩冲刷；混凝土破坏；桥面情况。

其他异常现象。

(7) 水库

包括库区和库边。水库检查应注意水库泥沙淤积、渗漏、塌方、库边冲刷、断层活动以及冲击引起的水面波动等现象，尤应注意近坝库区的这些现象。

2.3.3　检查报告格式

检查报告格式如表 2.3-1 所示。

**表 2.3-1　汛前(后)检查记录表格格式**

检查时间__________　天气__________　检查时水库水位______ m　库容______ $m^3$

| 安全检查部位 | | 检查情况记录 |
|---|---|---|
| 大坝工程 | 坝顶 | |
| | 防浪墙 | |
| | 上游坡 | |
| | 下游坡 | |
| | 坝趾 | |
| | 坝基 | |
| | 排水 | |
| | 两坝肩 | |
| | 近坝库岸 | |
| | 观测设施 | |
| 溢洪道及泄水设施 | 堰前进口段 | |
| | 溢流堰段 | |
| | 渐变过渡收缩段 | |
| | 泄槽段 | |
| | 挑流坎段 | |
| | 泄洪渠 | |
| | 交通桥 | |
| | 电气 | |
| 导流兼放水洞及设施 | 进水明渠 | |
| | 进水闸井 | |
| | 洞身 | |
| | 出口箱涵 | |
| | 出口明渠 | |
| | 泄水陡坡 | |
| | 启闭机 | |

2.3.4　检查判断标准

(1) 良好——指建筑物性态和运行性能良好，能达到预期效果；

(2) 正常——指建筑物性态和运行性能正常，能达到预期效果，但需要维修；

(3) 较差——指建筑物性态和运行性能可能达不到预期效果，必须修理；

(4) 很差——指建筑物质量无法达到预期效果。

2.3.5 检查报告

(1) 必须在各项检查记录的基础上，对各建筑物工程性态提出总体判断结论。

(2) 必须对大坝性态提出检查意见，包括从管理上、技术上。

(3) 必须提出大坝安全建议以及安全度汛建议。

(4) 检查报告格式见表 2.3-2。

(5) 汛前(后)检查分自查和上级主管部门(鄯善县水利局)检查两种。

**表 2.3-2 坎尔其水库汛前(后)现场检查报告格式**

| | |
|---|---|
| 现场检查简述 | 包括人员组成、检查时间、检查内容、现场基本情况等。 |
| 存在的主要问题、隐患和不安全因素 | 大坝： |
| | 导流兼放水洞： |
| | 溢洪道： |
| | 监测仪器设施： |
| 需要改进的主要问题 | |
| 检查结论和建议 | 结论：<br>建议：<br>检查组组长<br>年 月 日 |
| 建议的落实情况 | 是否根据检查组意见整改？做了哪些改进？采取了哪些措施？还遗留什么问题？<br>填写人<br>年 月 日 |

## 3 防洪调度

### 3.1 上级批准的洪水调度原则

3.1.1 洪水调度原则

坎尔其水库特征水位：正常蓄水位 1 197.20 m，相应库容 1 000 万 $m^3$；设计洪水位($P$=2%)1 199.75 m，相应库容 1 132 万 $m^3$；校核洪水位(P=0.1%)1 201.01 m，相应库容 1 180 万 $m^3$。目前坎尔其水库使用正常泄洪(溢洪道、导流兼放水洞)的防洪能力已达 100 年一遇。

在确保水库工程安全的前提下，尽量发挥水库调蓄作用，灌溉服从防洪，工业服从灌溉，灌溉服从水库安全。坎尔其水库灌溉面积大，水源较缺，在防洪与兴利关系上，在可靠的水雨情分析基础上要相互兼顾，力争多蓄水。

依据《鄯善县坎尔其水库工程运用和度汛方案》(2002)及坎尔其水库调度运行规则，水库洪水调度原则及泄洪方式如下：

(1) 溢洪道进行泄洪，导流兼放水洞参与调洪。

(2) 库水位在汛限水位以内，通过灌溉进行调节；当入库流量大于调节下泄量，库水位超汛限水位时，可根据水雨情报开启导流兼放水洞。

(3) 随着入库洪水流量的不断增大，库水位超过堰顶高程 1 197.20 m(即正常蓄水位，亦为水库起调水位)，此时溢洪道按其泄流能力自由泄流，库水位也将持续上升，水库进入涨水段，导流兼放水洞全开。

(4) 当入库洪水流量开始减小，但入库洪水流量仍大于溢洪道泄流能力，库水位还会上升，直到溢洪道泄流能力大于入库洪水流量时，库水位开始下降，水库开始进入退水段。

(5) 当洪水完全退去时，库水位保持在堰顶高程，调洪过程结束。

3.1.2 汛限水位

坎尔其水库汛期划分为主汛期和后汛期。主汛期为 5 月 1 日至 6 月 30 日，主汛期汛限水位 1 196.00 m；后汛期为 7 月 1 日至 8 月 15 日，后汛期汛限水位 1 197.00 m，7 月 16 日后库水位可按正常高水位高程 1 197.00 运行。

### 3.2 报汛制度

(1) 汛期和非汛期，凡遇降雨、冰山积雪融化或库水位在汛限水位以上的，必须每日下午 7 时向鄯善县人民政府防汛抗旱指挥部办公室报告降雨和水库运行情况，鄯善县人民政府防汛抗旱指挥部办公室接报告后必须及时汇总报鄯善县人民政府防汛抗旱指挥部。

(2) 当辖区内发生强降雨、冰山积雪大量融化时，必须每日上午 10 时和下午 7 时向鄯善县人民政府防汛抗旱指挥部办公室报告降雨、冰山积雪大量融化和水库运行情况；发生强降雨、冰山积雪大量融化，每 6 h 记录并报告一次降雨和水库运行情况(时间顺序 2:00、8:00、14:00、20:00)。

(3) 未发生降雨、冰山积雪融化量较小及库水位在汛限以下，汛期(5—8 月)，必须逢双日下午 7 时向鄯善县人民政府防汛抗旱指挥部办公室报告水库运行情况，非汛期(8 月—次年 4 月)必须每周五下午 7 时向县防汛部门报告水库运行情况。鄯善县人民政府防汛抗旱指挥部办公室接报告后必须及时汇总报鄯善县人民政府防汛抗旱指挥部。

### 3.3 相应处理方案

对在洪水调度过程中，拒不执行经批准的《鄯善县坎尔其水库工程运用和度汛方案》(2002)及坎尔其水库调度运行规则，超汛限水位蓄水的，拒报或瞒报水库水情、雨情的，以及隐瞒水库洪水调度过程中出现对水库安全有影响问题的，将按照《鄯善县2008年防汛抗旱工作安排意见》，追究相关责任人的责任。

### 3.4 险情处置应对制度

水库防汛人员应该坚持巡查制度，准确及时填写日记。当工程发生险情时，视工程险情，加密巡查；并及时报告鄯善县人民政府防汛抗旱指挥部，同时应采取相应措施，确保水库安全。

坎尔其水库可能出现的险情主要有以下几类：

(1) 裂缝：大坝裂缝、其他建筑物裂缝。

(2) 渗流：坝基渗漏、坝体渗漏(下游坡散浸、浸润线出逸点高等)、绕坝渗漏、其他建筑物渗漏、大坝管涌(包括接触冲刷破坏等)、大坝塌坑。

(3) 滑坡：大坝整体滑动、局部滑动、岸坡山体滑塌。

(4) 破坏：冲刷破坏、护坡破坏、气蚀破坏。

(5) 金属结构：闸门启闭机事故。

(6) 其他。

险情应对和处置：根据可能出现的险情，如裂缝、渗流、滑坡、破坏、金属结构等险情，应针对性地采取以下应对和处置措施：

①报告→②鄯善县水利局检查或邀请专家→③特殊检查→④查明原因→⑤提出处理方案→⑥处置→⑦记录等。

### 3.5 特别检查

特别检查是指针对某些特殊荷载或事件产生的工程险情以及险情应急处理后为了进一步了解险情的严重程度、影响范围以及应急处理效果所做的检查，一般多在上级主管部门(鄯善县水利局)主持下由专家组完成。相比于汛前(后)检查有针对性。如果发生大洪水，或工程出现险情，需要安排特别检查。规定特别检查的责任人、报告程序、检查组的组成、检查报告等。

(1) 特别检查的条件

当发生特大洪水、冰山雪融化或暴风雨、强烈地震或重大事故，工程非常运用以及遇有紧急情况而迅速降低水位时，有异常迹象对大坝安全有怀疑时，应安排特别检查，检查范围取决于自然事件的严重程度和所担忧的事故后果。检查后，应立即提出大坝安全特别检查报告。

(2) 特别检查小组组成、管理单位的作用和职责

特别检查小组组成方式：由主管单位鄯善县水利局负责组织，由鄯善县水利局业务领导或分管鄯善县人民政府防汛抗旱指挥部领导、鄯善县人民政府分管领导、特邀专家任正、副组长，成员组成包括鄯善县水利局工程技术人员、坎尔其水库流域管理所技术人员。

坎尔其水库流域管理所应制定详细的特别检查计划并做好如下准备工作：

——安排好水库调度，为检查溢洪道、导流兼放水洞或进行水下检查创造条件。

——做好电力安排，为检查工作提供必要的动力和照明。

——排干检查部位的积水，清除检查部位的堆积物。

——安装好临时交通设施，便于检查人员行动；

——采取安全防范措施，确保工程、设备及人身安全；

——准备好工具、设备、车辆或船只，以及量测、记录、绘草图、照相、录像等器具。

(3) 坎尔其水库流域管理所负责编写事故(险情)汇报材料。

(4) 特别检查小组负责编写检查报告。

(5) 坎尔其水库流域管理所负责编写专家组检查意见和建议的落实报告，特别是技术和经费上的困难。

(6) 特别检查小组负责编写特别检查总结报告。

(7) 坎尔其水库流域管理所负责填写检查报告中的结论建议落实情况。

### 3.6 年度水库洪水调度工作总结

汛后或年末应编写年度水库洪水调度工作总结，主要内容包括：

(1) 水库洪水调度概况和评价，包括水库洪水调度的基本情况和特点，取得的成绩，存在的问题，今后应吸取的教训；

(2) 水文气象预报情况、预报成果、预报误差等，对预报工作的建议；

(3) 本年度处理防洪与兴利之间的矛盾以及建议；

(4) 水库洪水调度的主要经验、教训、体会、建议；

(5) 可能突发事件以及应急预案(详见应急预案部分)。

## 4 养护修理

工程养护修理遵照《土石坝养护修理规程》(SL 210—2015)执行。

### 4.1 大坝

大坝的养护修理工作主要有：

(1) 在坝面上不得种植树木、农作物，放牧，铲草皮以及搬动护坡和导渗设施的沙石材料等。

(2) 在坝顶、坝坡、坝坡平台上不得大量堆放物料，不得利用坝顶、坝坡、坝脚作输水渠道。

(3) 在坝上或坝的上、下游影响工程安全的范围内，不得任意挖坑、建鱼池、打井或进行其他对工程有害的活动。

(4) 维护坝顶、坝坡的完整；排水沟要经常清淤，保持畅通；防止雨水对坝面的浸蚀和冲刷；维护坝体滤水设施和坝后减压设施的正常运用。

(5) 处理坝坡渗漏、坝端接触渗漏、绕坝渗流以及透水坝基的不正常渗漏，常用的处理办法是上游堵截渗漏、灌浆堵漏以及下游用滤料导渗等方法。

(6) 处理坝体裂缝，应根据不同情况，分析裂缝原因，分别采取不同措施。对表面干缩裂缝和冰冻裂缝，一般可做封闭处理；其他裂缝多采用挖回填夯实和灌浆等措施处理，但对滑坡裂缝不宜采用灌浆办法。

(7) 对坝体的滑坡处理，应根据其产生的原因、部位、大小、坝型、严重程度及水库内水位高低等情况，进行具体分析，采取适当措施。

### 4.2 溢洪道

溢洪道的养护修理工作主要有：

(1) 溢洪道进口、陡坡、消力池等设施应保持整洁，如有石块和竹木等杂物，必须清除；溢流期间必须注意打捞上游的漂浮物，严禁木排及船只等靠近溢洪道进口。

(2) 溢洪道消能效果如何，冲坑深度。

### 4.3 导流兼放水洞

导流兼放水洞的养护修理工作主要有：

(1) 导流兼放水洞出现分缝渗漏、内外力所引起的各种裂缝时，常用洞内修补、补强、衬砌、套管及灌浆等措施进行处理。

(2) 导流兼放水洞在纵断面突变处、高流速区以及压力管道闸(阀)门因振动出现气蚀破坏时，必须及时用抗气蚀性能较好的材料进行填补加固，如环氧树脂砂浆、钢筋混凝土或金属板等，并尽可能改善和消除产生气蚀的原因。

(3) 导流兼放水洞的闸(阀)门，必须及时作防锈、防老化的养护，遇有因撞击、振动、结构变形等造成损坏时，应及时修补加固；闸门支铰、门轮和启闭设备，必须定期清洗、加油、换油，进行养护；部件及闸门止水损坏要及时更换。

## 5 安全监测

### 5.1 观测项目、方法和要求

按照《土石坝安全监测技术规范》(SL 551—2012)要求，对大坝、溢洪道及导流兼放水洞等水工建筑物按规定的测次和时间进行系统和连续观测，各种相互联系的观测项目配合进行，观测成果要真实、准确、及时。当工程扩建、改建时，注意前后关系，保持资料的连续性。

#### 5.1.1 一般性观测

(1) 库水位：一般时期每日10点观测，溢洪道泄流时每隔2 h观测一次；并及时按鄯善县人民政府防汛抗旱指挥部要求上报。

(2) 大坝：对坝面裂缝、脱坡、冲刷等情况进行目视检查，认真做好记录。当超正常水位时，每天检查一次。

(3) 溢洪道：对两岸下游冲刷情况进行目视检查，及时做好记录。

(4) 导流兼放水洞：对水流浑浊度进行分析。

#### 5.1.2 专业性观测

(1) 大坝沉降观测

1) 大坝表面沉降观测

利用水准测量方法(如使用水准仪或全站仪)测量大坝在铅直方向的变化情况。首先，在坝头两岸的岩石或坚实的土基上设置起测基点，并在坝顶和坝面上布置适当的观测标点，然后在起测基点和观测标点之间进行水准测量，测出每个标点的高程，并与上次测得的高程进行比较，就可得到两观测间隔时间的沉陷量。

参照国家三等水准测量(GB 12898—91)方法进行，但闭合差不得大于$\pm 1.4\sqrt{n}$ mm($n$为测站数，下同)。起测基点的引测、校测可参照国家二等水准测量(GB 12897—91)方法进行，但闭合差不得大于$0.72\sqrt{n}$ mm。

2）大坝内部沉降观测

内部变形观测包括竖向位移、界面位移及深层应变观测等。应用 0+160 断面和 0+230 断面埋设的沉降测斜管监测坝体内部沉降变形(竖向位移)。竖向位移一般在不同的高程按分层方式进行监测。

分层竖向位移的观测：① 电磁式沉降仪观测，用电磁式测头自下而上测定；每测点应平行测定两次，读数差不得大于 2 mm。② 干簧管式沉降仪观测方法及精度要求与电磁式相同。③ 水管式沉降仪观测，应先排尽测量管路内的水和气；用测量板上带刻度的玻璃管测定；应平行测读两次，读数差不得大于 2 mm。④ 横臂式沉降仪用测沉器或测沉棒观测；应平行测读两次，读数差不得大于 2 mm。⑤ 深式测点观测，用水准仪测定，其精度要求与表面竖向位移观测相同。

（2）大坝水平位移观测

1）大坝表面水平位移观测

测量大坝水平位移量常用的方法有视准线法和前方交会法。视准线法是观测直线形土坝的主要方法，对于非直线形的土坝或使用视准线法有困难时，可采用前方交会法。视准线法是利用精密经纬仪和觇标，以坝端两岸的工作基点作为固定线来测定坝上各标点的位移量。前方交会法是利用两个已知坐标的基准点交会所需观测的标点，通过交会角度算出观测点的坐标，两测量标点坐标的变化值即该点的位移值。

① 用视准线法观测横向水平位移时，可采用经纬仪或视准线仪。当视准线长度大于 500 m 时，应采用 J1 级经纬仪。

② 视准线的观测方法，可据实际情况选用活动觇标法或小角度法。观测时宜在视准线两端各设固定测站；用各测站的仪器观测其靠近的位移测点的偏离值。

③ 用活动觇标法校测工作基点、观测增设的工作基点时，允许误差应不大于 2 mm(取两倍中误差)。观测位移测点时，每测回的允许误差应小于 4 mm(取两倍中误差)。所需测回数不得少于两个测回。

④ 用小角度法观测横向水平位移时，一般应采用 $J_2$ 级经纬仪。测微器两次重合读数之差不应超过 0.4″；一个测回中，正倒镜的小角值误差不应超过 3″；同一测点，各测回小角值误差不应超过 2″。

⑤ 用三角网前方交会法观测增设工作基点(或测点)的横向水平位移时，应用 JI 级经纬仪和全国测回法，且不少于 4 个测回。各项限差要求为：半测回归零差±6″；二倍视准差之互差±8″；各测回的测回差±5″。

⑥ 有条件时，可采用大气激光准直法观测横向水平位移。设施的设计、安设及观测，应按照《混凝土大坝安全监测技术规范》(SDJ 336—89)执行。

⑦ 表面纵向水平位移观测，一般用铟钢尺测量，或用普通钢尺加改正系数，其中误差不大于 0.2 mm。有条件时可用光电测距仪测量。

2）大坝内部水平位移观测

利用 0+160 断面和 0+230 断面埋设的沉降测斜管来监测坝体内部水平变形。水平位移一般在不同的高程按分层方式进行监测。

深层水平位移的观测：①伺服加速度计测斜仪测头用四位半数字显示测读仪接收；电阻应变片式测斜仪测头用电阻应变仪接收；观测时，用测斜仪测头从测斜管底自下向上，每隔

50 cm(或 100 cm)一个测点，逐次测定；应平行测读两次，计算两次读数差，伺服加速度计式测斜仪读数不得大于 0.000 2 V；电阻应变片式测斜仪读数不得大于 3 $\mu\varepsilon$；随坝体填筑每接长一节管，必须进行一次观测。②引张线式水平位移计的观测，应平行测定两次，其读数差不得大于 2 mm。

(3) 大坝应力、应变观测

观测大坝心墙应力、应变的土压力计与应变计损坏严重，监测自动化系统无法读取监测数据。

(4) 大坝浸润线观测

利用渗压计和测压管测取坝体内水位值进而绘制大坝浸润线。目前埋设的渗流监测仪器基本损坏，监测自动化系统无法读取渗流监测数据；仅有 0+160 断面埋设的测压管可用。

测压管水位采用电测水位计观测。

1) 水位：用电测水位计观测测压管水位时，两次测读误差应不大于 2 cm。

2) 测绳：电测水位计的测绳长度标记，应每隔 1～3 个月用钢尺校正一次。

3) 管口高程：测压管的管口高程，在运行期至少应每年校测一次。

(5) 渗透流量观测

大坝在稳定渗流状态时，其渗流量与水头保持稳定的相应变化。在同样水头下，渗流量逐年缓降一般属于正常现象，如果渗流量显著增大或减少，都意味着渗流稳定的破坏。观测渗流量的方法通常是将坝体排水设施渗出的水集中引出，按其渗流量大小和汇流条件，选择容积法、量水堰法等测定渗流量，并配合进行水库上、下游水位和其他渗漏等项目的观测，进行综合分析。

根据渗流量的大小和汇集条件，选用如下几种方法和设备：

1) 当流量小于 1 L/s 时采用容积法。

2) 当流量在 l～300 L/s 之间时采用量水堰法。

3) 当流量大于 300 L/s 或受落差限制不能设量水堰时，应将渗漏水引入排水沟中，采用测流速法。

量水堰的设置和安装应符合以下要求：

1) 量水堰应设在排水沟直线段的堰槽段。该段应采用矩形断面，两侧墙应平行和铅直。槽底和侧墙应加砌护，不漏水，不受其他干扰。

2) 堰板应与堰槽两侧墙和来水流向垂直。堰板应平整和水平，高度应大于 5 倍的堰上水头。

3) 堰口水流形态必须为自由式。

4) 测读堰上水头的水尺或测针，应设在堰口上游 3～5 倍堰上水头处。尺身应铅直，其零点高程与堰口高程之差不得大于 1 mm。水尺刻度分辨率应为 1 mm；测针刻度分辨率应为 0.1 mm。必要时可在水尺或测针上游设栏栅稳流。

5) 量水堰安装完毕，应详细填写考证表，存档备查。

测流速法观测渗流量的测速沟槽应符合以下要求：

1) 长度不小于 15 m 的直线段。

2) 断面一致，并保持一定纵坡。

3) 不受其他水干扰。

观测方法与要求如下：

1）渗流量及库水温度、透明度的观测次数与渗流压力观测相同。化学成分分析次数可据实际需要减少，且一般仅限于简要分析。

2）量水堰堰口高程及水尺、测针零点应定期校测，每年至少一次。

3）用容积法时，充水时间不得少于 10 s。平行二次测量的流量误差不应大于均值的 5%。

4）用量水堰观测渗流量时，水尺的水位读数应精确至 1 mm，测针的水位读数应精确至 0.1 mm。堰上水头两次观测值之差不得大于 1 mm。

5）测流速法的流速测量，可采用流速仪法或浮标法(具体方法可参照现行河流流量测验及水文普通测量规范的有关规定)。两次流量测值之差不得大于均值的 10%。

6）在观测渗流量的同时，必须测记相应渗漏水的温度、透明度和气温。温度须精确到 0.1℃。透明度观测的两次测值之差不得大于 1 cm。当为浑水时，应测出相应的含沙量。

7）渗水化学成分分析的取样及有关要求，可按水质分析要求进行，并同时取库水水样做相同项目的分析，以资对比。

(6) 裂缝观测

大坝表面裂缝采用皮尺、钢尺及简易测点等简单工具进行测量。对 2 m 以内的浅缝，可用坑槽探法检查裂缝深度、宽度及产状等。对深层裂缝，当缝深不超过 20～25 m 时，宜采用探坑或竖井检查，必要时埋设测缝计(位移计)进行观测。观测方法和要求如下：

1）表面裂缝的长度和可见深度的测量，应精确到 1 cm。

2）裂缝宽度，可用钢尺在缝口测量。对表面裂缝宽度的变化，宜采用在缝两边设简易测点，测量测点的距离来确定；裂缝宽度应精确到 0.2 mm。

3）对于深层裂缝，除按上述要求测量裂缝深度和宽度外，还应测定裂缝走向，精确到 0.5°。

(7) 其他观测

如坝基渗透压力、绕坝渗流、渗水含沙量等观测项目，根据需要进行。

## 5.2 观测资料整编与分析

观测资料整编与分析按照《土石坝安全监测技术规范》(SL 551—2012 执行)。

### 5.2.1 观测资料整编

#### 5.2.1.1 平时整编

平时资料整编工作有 4 个主要环节，它们相互关联，相互渗透，通过多次往复，达到资料整编的目的。

(1) 原始观测数据的查证

原始观测数据查证是为了检查观测数据的正确性和准确性。有些明显的错误很容易发现，但有些必须和以前的观测数据系列加以比较，才可能发现其问题。有以下几种方式：

1）结合过程线绘制，发现观测数据的突变或异常点。绝大多数异常数据可以通过绘制过程线发现，而且往往是粗大错误。发现异常数据后应分析可能原因，一方面可避免类似错误出现，另一方面可确定是否剔除该异常数据。

2）“3σ”原则。往往用于检查观测误差所造成的数据异常。先根据测点的监测数据建立统计模型，从模型各因子显著程度、相关系数、剩余标准差，可以判断该测点监测数据的规

律性、合理性以及可信度。如果一个测点的统计模型规律性比较好，用统计模型的理论值与实测值进行比较，如差值超过 3 倍剩余标准差，则认为该数据为异常数据。对于异常数据，应查找造成异常的原因，如果是人为造成或测量仪器造成的，在分析中应不采用该数据。

3）突变警示值。监测数据往往是连续的、渐变的，不可能发生超过某种范围的跳跃。如果在某点发生了极大跳跃，应该怀疑该数据的正确性。所以可以根据该观测物理量的变化规律，设施突变警示值。当监测数据与前一监测数据的差超过突变警示值时，应怀疑该监测数据为异常数据，并分析其原因。发现一次数据后，除非有确凿证据证明该观测数据错误，可予以剔除外，否则不得剔除，应予以保留。因此，往往建立两个数据库，一个是原始数据库，另一个是经过数据审查后用以绘制图形和资料分析的数据库。当所查证的监测数据为当前所测数据，在发现异常数据时，应及时查找原因，如不是由人为或测量仪器等因素造成的，就要对工程本身进行检查。这实现了报警功能，是实时监测的意义所在。

（2）观测物理量数据计算转换

数据转换是根据测点的考证资料，将原始测量数据转换为工程物理量。数据转换方法与监测项目、测量方式、测量仪器紧密相关，其复杂程度各不相同。如人工观测测压管水位，其计算方式见公式(5.2-1)；如用弦式传感器测量测压管水位，其计算方法见公式(5.2-2)，弦式传感器本身需要温度和气压修正，其计算更复杂。不同的测量仪器有不同的计算方法，数据计算方法一般由仪器供应商提供。公式中的所有参数都可以从仪器设备的考证表中查到，观测误差往往与这些参数的正确性、准确性有关。

$$h = h_0 - h_1 \tag{5.2-1}$$

式中：$h$ 为测压管水位；$h_0$ 为测压管管口高程；$h_1$ 为测压管管口至水面距离。

$$h = h_0 + c \times (f_0^2 - f_1^2) \tag{5.2-2}$$

式中：$h$ 为测压管水位；$h_0$ 为传感器高程；$c$ 为传感器灵敏度系数；$f_0$ 为零点频率，$f_1$ 为测量频率。

（3）绘制图形

绘制图形是整编规程要求整编的另一个重要内容。图形包括工程物理量在时间和空间上的分布特征图，以及有关因素的相关关系图，如：渗压力水位过程线、渗压力水位与上游水位相关线、浸润线、竖向位移等值线等。绘制过程中发现的异常数据问题，可能属于人为或观测错误，也可能反映了大坝的真实性态，是在某种工况下的大坝反应，应分析原因，必要时可邀请有关单位商讨，并上报上级主管单位(鄯善县水利局)。

（4）填制报表

根据《土石坝安全监测资料整编规程》(SL 169—96)（以下简称整编规程）要求，对监测资料要定期整编刊印。整编的一个重要内容是填制报表。对于每一监测项目，有两类报表需填制：考证表，它记录每个测点的重要信息，包括测点的编号、位置、型式、仪器类型、仪器参数等；统计表，它是对工程物理量按时序进行统计的报表，并包括一些统计量，如最大值、最小值、平均值等，一般按年度统计。

5.2.1.2　刊印

除了报表和图形外，在定期整编刊印中，还要包括工程基本概况、监测系统布置、巡查

资料、仪器设备及安装施工考证表、有关报告和文件等内容。主要有资料收集、复查、观测物理量统计、编制编印说明 4 个环节。特别在编制编印说明时，应对整编期内观测资料反映的大坝工程问题进行专项文字说明，做出初步判断意见。运行期视工程规模以 1～5 年为宜。

5.2.2　观测资料分析

5.2.2.1　观测资料分析方法

观测资料分析的目的是为了解大坝运行性态是否正常，是否存在危及大坝安全的隐患。观测资料分析的方法通常有比较法、作图法、特征值统计法和数学模型法。

比较法：通过巡视检查，比较大坝外表各种异常形象的变化，预计将来的发展趋势以及对大坝安全的影响；通过比较监测物理量变化规律和发展趋势，预计大坝的安全情况；通过比较观测成果与设计、试验成果的差别，判断观测资料的规律是否具有一致性和合理性，预计将来发展趋势。

作图法：通过绘制观测物理量的过程线图、特征过程线图、相关图、分布图等，直观地理解各监测物理量的变化规律，判断其是否异常，是否可能存在大坝工程隐患。

特征值统计法：通过对各监测物理量历年的最大、最小值以及变差、周期、年平均值和年变化率等进行统计分析，考察各物理量变化是否合理，变化趋势是否正常，判断大坝是否发生了异常变化。

数学模型法：通过建立各监测物理量的原因量与效应量之间的数学模型，来讨论判断物理量变化的合理性，预计今后的发展方向和极端工况下各物理量的情况，估计大坝存在隐患的可能性。

事实上，在分析观测资料时往往同时用到多种方法。

5.2.2.2　土石坝变形观测资料分析方法

(1) 竖向位移分析

1) 统计模型

在进行竖向位移分析时，先建立统计模型。考虑到土石坝竖向位移主要受时间因子的影响，可采用单因子时间模型。常用模型有以下 6 个：

$$\left.\begin{aligned} S &= \frac{t}{a+bt} \\ S &= \frac{\sqrt{t}}{a+b\sqrt{t}} \\ S &= at^{b} \\ S &= ae^{\frac{b}{t}} \\ S &= a\ln(1+bt) \\ S &= a\ln[1+\ln(1+bt)] \end{aligned}\right\} \tag{5.2-3}$$

式中：$S$ 为竖向位移量；$t$ 为时间；$a$、$b$ 为模型参数。

在建模时，分别用这 6 个模型建模，根据各个模型的相关系数和剩余标准差，选择最优模型，而根据此模型的相关系数和剩余标准差，可对模型回归效果做出定性结论。如果回归效果不太好，应进行数据检查，并考虑建立与上游水位、水位升降速率、时间的多因子模型。

2）漏测竖向位移量估算

由于土石坝在建成初期竖向位移量较大，而这一时期往往没有观测，所以漏测竖向位移量的估算直接影响变形分析准确性。如果上面所建的模型回归效果比较好，可用该模型来计算漏测竖向位移量。设漏测时间为 $t_0$，漏测位移量为 $S_0$，则 $S_0=S(t_0)$，它与实测竖向位移量的和就是总竖向位移量。如果漏测时间比较长，则计算所得漏测竖向位移可能偏小很多，建议采用分层总和法或其他方法计算漏测竖向位移。

3）竖向位移率和竖向位移速率分析

通过竖向位移漏测量的推算，可得到总竖向位移，进行竖向位移分析。

竖向位移分析主要包括竖向位移率计算、竖向位移速率计算，并根据竖向位移率与竖向位移速率判断是否可能存在裂缝以及该处竖向位移是否稳定。

竖向位移率为总竖向位移与坝体土层厚度的比值。竖向位移速率计算采用拟合的竖向位移单因子模型求导数值与下卧土层厚度相比而得。对于是否可能存在裂缝，通常采用的标准为：①最大竖向位移率超过 3%，则坝体产生裂缝的可能性极大，必须做裂缝分析；②竖向位移率在 1%～3%之间，坝体可能产生裂缝，应具体分析；③竖向位移率小于 1%，坝体产生裂缝可能性极小。

判断竖向位移是否基本稳定的方法：当竖向位移速率（每年每米竖向位移量）小于标准值，则测点处竖向位移已基本稳定。这个标准值可根据大坝竖向位移的具体情况来设定。

4）裂缝分析

如在竖向位移分析时发现坝体可能存在裂缝，应进行裂缝分析。裂缝分析通过计算纵向倾度和纵向拉应变判断坝体是否存在横向不均匀竖向位移裂缝，也可以通过计算横向倾度和横向拉应变判断坝体是否存在纵向不均匀竖向位移裂缝。对于横向裂缝分析，倾度计算公式如下：

$$\gamma_{AB}=\frac{S_A-S_B}{\Delta l} \tag{5.2-4}$$

式中：$\gamma_{AB}$ 为相连两测点倾度；$S_A$、$S_B$ 为测点的竖向位移量；$\Delta l$ 为两测点之间的距离。

纵向水平拉应变计算公式：

$$\varepsilon_x=\frac{1}{2}cH_{\max}(S_1-2S_2+S_3)/\Delta l^2 \tag{5.2-5}$$

式中：$\varepsilon_x$ 为纵向水平拉应变；$c$ 为河谷地形系数，一般取 $c=0.3\sim0.5$；$S_1$、$S_2$、$S_3$ 分别为按顺序排列的 3 点的总竖向位移量；$H_{\max}$ 为最大坝高；$\Delta l$ 为测点间距。

如纵向倾度超过临界倾度，则可能存在剪切裂缝，技术人员进行剪切裂缝检查。如张拉应变超过极限拉应变，可能存在横向张拉裂缝，技术人员进行横向张拉裂缝核查。临界倾度和极限拉应变值根据坝体材料的土梁挠曲试验获得，如抗拉参数，则可根据坝体实际发生裂缝的资料反推破坏参数，或以临界倾度为 1%，极限拉应变 $\varepsilon_{tf}$ 为 1‰来做粗略判别。

（2）横向位移分析

横向水平位移分析常用的多因子统计模型为

$$S_h=a_0+a_1x_1+a_2x_2+a_3x_3+a_4x_4+a_5x_5+a_6x_6+a_7x_7 \tag{5.2-6}$$

式中：$S_h$为横向水平位移量；$x_1$为当日上游水位；$x_2$为前 1 日至 10 日上游水位平均值；$x_3$为前 11 日至 30 日上游水位平均值；$x_4$为前 31 日至 60 日上游水位平均值；$x_5$为前 2 日至当日的上游水位升降速率；$x_6$为（当日上游水位-开始蓄水日期上游水位）/365；$x_7$为 $\ln x_5$。

5.2.2.3 土石坝渗流观测资料分析方法

(1) 渗流压力水位

1) 滞后时间推算

渗流压力水位开始变化要比上游水位变化来得晚，这一时差称为渗流压力的滞后时间，主要由渗流压力的传递时间和测量仪器反映时间构成。

渗流压力水位可用测压管和孔隙水压力计观测，如用孔隙水压力计，则其滞后时间很短，但如用测压管，则其滞后时间可能很长，在使用其数据进行分析时应考虑到这一点。

计算滞后时间可采用如下的回归模型：

$$H(t) = aH_1(t - t_0) + b \tag{5.2-7}$$

式中：$H$ 为渗流压力水位；$H_1$为上游水位；$t_0$为滞后时间；$t$ 为观测日期，$a$、$b$ 为模型参数。

对于某时间段的渗流压力水位，设定不同的 $t_0$，可以得到不同的相关系数。假定相关系数最大时的 $t_0$即是滞后时间。在实际分析中，$t_0$左右这一段时间都被看作滞后时间。$t_0$范围可取 0～180 d，对于滞后时间超过半年的测压管，对其监测资料进行分析意义不大。

2) 相关分析

相关分析的目的在于确定渗流压力水位的主要影响因子。相关分析计算渗流压力水位与上游水位、下游水位、降水量和日均气温的相关系数，根据各个相关系数，可得出主要影响因子和次要因子，这也是工程技术人员判断测量仪器的好坏，监测资料是否可靠，测点处的渗流状况的一个依据。例如：如果测压管水位的主要影响因子为降水量，则该测压管可能漏水，在分析时，其监测资料不宜采用。

3) 统计模型

渗流压力水位的多因子统计模型很多，主要考虑上游水位、降水量、时间等因子，统计模型为

$$h = a_0 + a_1x_1 + a_2x_2 + a_3x_3 + a_4x_4 + a_5x_5 + a_6x_6 + a_7x_7 + a_8x_8 + a_9x_9 + a_{10}x_{10} \tag{5.2-8}$$

式中：$h$ 为渗流压力水位；$x_1$为当日上游水位；$x_2$为前 1 日至 10 日上游水位平均值；$x_3$为前 11 日至 30 日上游水位平均值；$x_4$为前 31 日至 60 日上游水位平均值；$x_5$为当日降水量；$x_6$为前 1 日降水量；$x_7$为前 2 日降水量；$x_8$为前 3 日降水量；$x_9$为（当日降水量-开始蓄水日期降水量）/365；$x_{10}$为 $\ln x_9$。

通过逐步回归，进行因子筛选，可以得到最优模型。根据该模型复相关系数和剩余标准差，就可以回归效果给出定性结论，确定该测点监测资料的规律性、合理性以及在资料分析中的可信度，同时根据因子的显著程度，确定主要影响因子，这可与滞后时间推算、相关分析相互验证。

如果模型的回归效果比较好，可用该模型对该测点的未来渗流状况进行观测。

4）位势分析

位势的计算公式为

$$\varphi = \frac{H \cdot H_2}{H_1 \cdot H_2} \tag{5.2-9}$$

式中：$\varphi$ 为位势；$H$ 为渗流压力水位；$H_1$ 为上游水位；$H_2$ 为下游水位。

位势分析是对位势进行一元线性回归，模型为

$$\varphi(t) = at + b \tag{5.2-10}$$

式中：$\varphi$ 为位势；$t$ 为观测日期；$a$、$b$ 为模型参数，其中 $a$ 为斜率。

根据斜率、升高阈值，就可以判断渗流发展趋势：①斜率大于升高阈值，则渗流有逐步升高的趋势；②斜率小于降低阈值，则渗流有逐步降低的趋势；③斜率在两者之间，且位势差值在标准范围内，则渗流较稳定；④位势不符合上面 3 个条件，则位势无明显趋势。

5）浸润线分析

浸润线分析有两种方法：

① 根据渗流压力水位，画出实际上游水位下的浸润线，和设计浸润线进行比较，如果实测浸润线低于设计浸润线，则在当前状态下大坝是安全的；如果实测浸润线高于设计浸润线，则在当前状态下对大坝稳定不利，可予以报警，进一步复核大坝稳定性。

② 根据渗流压力水位，画出实际上游水位下的浸润线，同时计算并画出在此上游水位下的理论浸润线，并进行比较，如果实际浸润线高于理论浸润线，说明渗流状态在向差的方向发展，大坝整体稳定性可能需要重新核算；如果实测浸润线低于理论浸润线，说明渗流状态在向好的方向发展。对于非均质坝，计算实际上游水位下理论浸润线有一定难度。

浸润线绘制有两种方法：如果每个测孔只有一个测点，则采用简单的 3 次样条拟合方法；如果每个测孔有多个测点，则采用流网法。

（2）渗流量分析

1）稳定校正

由于水的黏滞性随水温变化而变化，稳定因素可造成渗流量相当大的变化。为了在分析中消除这一影响，在分析之间，应首先把不同温度的渗流量换算成某一标准温度下的渗流量。换算公式：

$$Q_r = \frac{V_t}{V_T} \times Q_t \tag{5.2-11}$$

式中：$Q_r$、$Q_t$ 分别为标准水温渗流量和实测水温渗流量；$V_T$、$V_t$ 分别为标准水温和实测水温时的运动黏滞系数。

当取 $T$=10℃为标准稳定时，式(5.2-11)可近似写成：

$$Q_{10} = Q_t/(0.67 + 0.033t) \tag{5.2-12}$$

式中：$Q_{10}$ 为水温为 10℃的渗流量，$Q_t$ 为实测渗流量，$t$ 为实测温度。

2）滞后时间推算

渗流量也有滞后时间，推算出滞后时间，可校正渗流量与上游水位对应关系，提高相关分析的准确性。

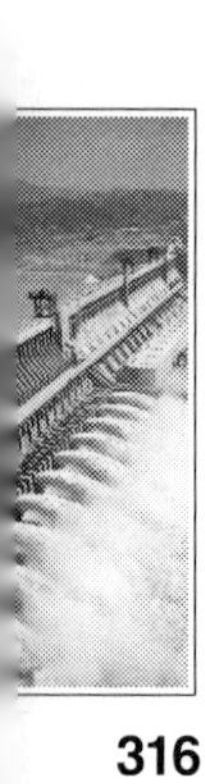

计算其滞后时间可采用如下的回归模型：

$$Q(t) = aQ_1(t - t_0) + b \tag{5.2-13}$$

式中：$H$ 为渗流量；$H_1$ 为上游水位；$t_0$ 为滞后时间；$t$ 为观测日期，$a$、$b$ 为模型参数。

3）相关分析

经过稳定校正和滞后时间推算，相关分析可以更准确地确定渗流量的主要影响因子和密切程度。相关分析计算渗流量与上游水位、下游水位、降水量相关系数，根据各个相关系数，可得出主要影响因子和次要影响因子以及关系密切程度，工程技术人员就可对渗流状况进行判别。

4）统计模型

渗流量统计模型主要考虑上游水位、降水量、时间等因子，统计模型为：

$$Q = a_0 + a_1x_1 + a_2x_2 + a_3x_3 + a_4x_4 + a_5x_5 + a_6x_6 + a_7x_7 + a_8x_8 + a_9x_9 + a_{10}x_{10} \tag{5.2-14}$$

式中：$Q$ 为渗流量；$x_1$ 为当日上游水位；$x_2$ 为前 1 日至 10 日上游水位平均值；$x_3$ 为前 11 日至 30 日上游水位平均值；$x_4$ 为前 31 日至 60 日上游水位平均值；$x_5$ 为当日下游水位；$x_6$ 为当日降水量；$x_7$ 为前 1 日降水量；$x_8$ 为前 2 日降水量；$x_9$ 为前 3 日降水量；$x_{10}$ 为（当日降水量-开始蓄水日期降水量）/365；$x_{11}$ 为 $\ln x_{10}$。

通过逐步回归，进行因子筛选，可以得到最优模型。根据该模型复相关系数和剩余标准差，就可以回归效果给出定性结论，确定该测点监测资料的规律性、合理性以及在资料分析中的可信度，同时根据因子的显著程度，确定主要影响因子，这可与滞后时间推算、相关分析相互验证。

如果模型的回归效果比较好，可用该模型对该测点的未来渗流状况进行观测。

5）化引流量分析

化引流量的计算公式为

$$q_r = \frac{Q}{H_1 - H_2} \tag{5.2-15}$$

式中：$q_r$ 为化引流量；$Q$ 为渗流量；$H_1$ 为上游水位；$H_2$ 为下游水位。

化引流量分析对化引流量进行一元线性回归，模型为

$$q_r = at + b \tag{5.2-16}$$

式中：$q_r$ 为化引流量；$t$ 为观测日期；$a$、$b$ 为模型参数，其中 $a$ 为斜率。

根据斜率、升高阈值，就可以判断坝基渗流发展趋势：①斜率大于升高阈值，则渗流有逐步升高的趋势，坝基可能产生渗透变形；②斜率小于降低阈值，则渗流有逐步降低的趋势，坝基渗流条件日趋好转；③斜率在两者之间，且化引流量差值在标准范围内，则渗流较稳定；④化引流量不符合上面 3 个条件，则位势无明显趋势。

## 5.3 观测成果分析报告制度

观测成果应进行分析，研究判断大坝、溢洪道、导流兼放水洞等建筑物工作情况和状态变化规律，发现异常情况应分析原因，提出处理措施。

现场观测的原始记录、成果分析资料以及观测设备的考证资料，应定期进行整编刊印，作为水库的重要技术档案长期妥善保存。

每月对检查观测工作进行技术总结，并对水库大坝、溢洪道、导流兼放水洞等建筑物工作状态作出初步评价，提出水库运用和维修的意见。

## 6 大坝安全年度报告

大坝安全年度报告由鄯善县坎尔其流域管理所编写，在第二年的 3 月底之前完成并上报鄯善县水利局，主要内容如下：

(1) 从运行、维护、监测(巡查)不同方面总结大坝在年度内的运行性态或出现过的问题；

(2) 分析判断问题的严重性，综合判断大坝是否存在隐患；

(3) 对下一年度工作的建议。

报告编制大纲可参考附录 A(略)。

## 7 附件(略)

(1) 坎尔其水库大坝安全管理应急预案。

(2) 坎尔其水库安全运行管理制度汇编。

(3) 坎尔其水库调度规程。

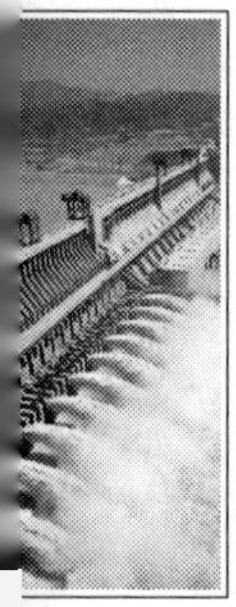

# 附录二

# 丹江口水利枢纽 2017 年大坝安全运行管理年度报告

## 1 基本情况

### 1.1 工程概况

丹江口水利枢纽是开发治理汉江的关键性控制工程，也是南水北调工程中线的水源工程。枢纽工程分两期建设，初期工程于 1958 年 9 月开工兴建，1967 年 11 月下闸蓄水，1973 年底建成；二期大坝加高工程于 2005 年 9 月开工建设，2013 年 5 月主体工程完工。

初期工程枢纽主要建筑物包括大坝、坝后式电站、升船机及引水渠首工程。正常蓄水位 157.00 m，总库容 209.7 亿 $m^3$。大坝由混凝土坝和左、右岸土石坝组成。混凝土坝最大坝高 97 m；左、右岸土石坝均为土质心墙坝，最大坝高分别为 56 m、32 m。

大坝加高工程是在已建成的初期工程基础上进行。加高后，枢纽正常蓄水位抬升至 170.00 m，总库容 339.1 亿 $m^3$。大坝加高工程主要包括：混凝土坝扩建加高，左岸土石坝培厚加高及延长，新建右岸土石坝及副坝，改扩建升船机，金属结构及机电设备更新改造等。加高后，大坝全长 3 446 m，坝顶高程 176.60 m，其中混凝土坝长 1 141 m，最大坝高 117 m，溢流段堰顶高程加高至 152.00 m；左岸土石坝坝顶长 1 424 m，最大坝高 71.6 m；右岸土石坝改线新建，坝顶长 877 m，最大坝高 60 m。新增副坝均为均质土坝。加高工程完成后，通过优化调度，可使汉江中下游防洪能力由 20 年一遇提高到近 100 年一遇，满足近期向北方调水 95 亿 $m^3$ 的要求。

### 1.2 管理概况

丹江口水利枢纽管理单位为汉江水利水电（集团）有限责任公司（简称汉江集团公司），南水北调中线水源有限责任公司（简称中线水源公司）履行中线水源工程项目法人及工程建设期运行管理的主体责任，两公司依照职责共同落实枢纽的运行管理、维修养护、安全保卫、应急处理等工作。

丹江口水利枢纽建立了工程管理规章制度，主要包括：《丹江口水利枢纽调度规程（试行）》《丹江口水利枢纽大坝安全管理实施细则》《丹江口水利枢纽供水调度管理办法（试行）》《丹江口大坝巡视检查管理规定》《丹江口水利枢纽大坝运行维护管理制度》《水工金属结构维护规程》《丹江口水利枢纽大坝安全监测组织体系文件》《丹江口水利枢纽防汛管理办法》《丹江口水利枢纽防汛工作制度与职责范围》《丹江口水利枢纽汛期防汛值班领导带班制度》《丹江口水利枢纽防汛抢险物资设备管理办法》《丹江口水利枢纽防汛预警系统暂行管理办法》《丹江口大坝加高工程汛期安全巡视检查及应急处置管理办法》《丹江口大坝加高工程蓄

水期施工单位安全巡视检查及应急处置方案》等。近两年集团公司组织修订、发布了管理规程40余项，为枢纽水工建筑物和金属结构及机电设备设施的正常运行提供了技术管理保障。2017年针对丹江口水利枢纽蓄水工作特点和安全管理要求，制定了《丹江口水利枢纽蓄水工作方案》《丹江口大坝蓄水期间巡查工作责任制》《丹江口水利枢纽蓄水安全监测工作责任制》《丹江口水利枢纽蓄水库区巡查监测责任制》等制度。

丹江口水利枢纽工程管理设施齐全，主要包括水情测报设施、安全监测设施、通信设施、警报系统、供电设施、防汛道路、管理用房等。枢纽水文情报来源于枢纽上下游水雨情站网，用于调度的各类测站共计218个，报汛方式采用委托长江委水文局、相关省市水文局及上游水库管理单位报汛与自建站结合方式；大坝加高工程建设时，共安装埋设内观仪器1 960支(套)，2017年蓄水期间根据工程安全监测需求又补充埋设了部分监测仪器；大坝重点监测位置安装有高清数字摄像头，还安装有卫星电话等；预警系统由广播预警系统和灯光预警系统组成。

### 1.3　上年度问题处理情况

上年度安全运行管理报告指出，大坝安全监测系统整合进度慢。2017年，汉江集团公司、中线水源公司积极推进监测系统项目整合，组织编制的《南水北调中线水源调度运行管理系统工程安全监测专题报告》获得国务院南水北调办公室批复，并于2017年12月份委托专业单位开始实施大坝安全监测整合及自动化系统建设项目，计划于2018年底完成自动化系统的安装调试，2019年1月启动自动化监测。

## 2　运行调度

### 2.1　调度依据

2016年10月14日，水利部以《水利部关于〈丹江口水利枢纽调度规程(试行)〉的批复》(水建管〔2016〕377号)批复了《丹江口水利枢纽调度规程(试行)》，调度原则为：兴利调度服从防洪调度；电力调度服从供水调度；供水调度应统筹协调水源区、受水区和汉江中下游用水，不损害水源区原有用水利益。

2017年，依据《水利部关于〈丹江口水利枢纽调度规程(试行)〉的批复》《长江防总关于丹江口水利枢纽2017年汛期调度运用计划(含王甫洲水利枢纽2017年汛期调度运用计划)的批复》《水利部关于印发〈南水北调中线一期工程水量调度方案(试行)〉的通知》《水利部关于印发南水北调中线一期工程2016—2017年度水量调度计划的通知》《水利部关于印发南水北调中线一期工程2017—2018年度水量调度计划的通知》以及长江防总调度令和长江委《关于丹江口水利枢纽月发电计划的批复》等进行调度。

### 2.2　年度调度情况

#### 2.2.1　来水情况

2017年年来水444.9亿$m^3$，较多年均值偏多2.3成；其中，汛期5—10月累计来水353.79亿$m^3$，较多年均值偏多2.5成。

2017年水库共发生5场入库洪峰流量超过5 000 $m^3/s$的洪水，均发生在9—10月份，最大入库洪峰流量18 600 $m^3/s$(10月12日18时)。

全年最低库水位152.29 m(3月11日14时)，最高库水位167.00 m(10月29日02时)，较历史最高库水位160.72 m(2014年11月1日20时)高6.28 m。

2.2.2　供水情况

2017年水库结合发电向汉江中下游下泄水量290.45亿$m^3$（含弃水97.31亿$m^3$）；通过陶岔渠首向北方供水52.765亿$m^3$，通过清泉沟渠首向襄阳引丹灌区供水9.591亿$m^3$。

2.2.3　弃水情况

2017年水库自9月2日20时开始弃水，11月1日22时结束弃水，共弃水8次，累计弃水29 d，共计弃水97.311亿$m^3$，最大弃水流量6 410 $m^3/s$。

2.2.4　年度调度过程

2017年1—5月份，水库按照“先紧后松，留有余地，动态调整”原则向汉江中下游供水，南水北调中线和清泉沟供水按水利部下达的年度水量调度计划及调整计划执行，确保了汉江中下游和南水北调中线一期工程供水安全。库水位由年初的154.54 m逐步削落，3月11日最低降至152.29 m后止跌回升，5月底回涨至156.17 m。

进入汛期后，水库调度在以保障防洪安全的前提下，控制汉江中下游供水，保持库水位缓涨态势，逐步抬升水库蓄水位，以保障南水北调中线一期工程供水安全，6月15日水库水位超过158.00 m。7、8月份在来水特枯情况下，除个别时段实施应急调度外，汉江中下游供水流量基本维持在490～520 $m^3/s$，库水位维持在158.00 m左右运行。

受9、10月份华西秋雨影响，水库发生5场入库洪水过程，库水位持续上涨，9月13日水位超过历史最高运行水位，9月23日超过初期规模坝顶高程，进入加高坝体挡水阶段；9月27日8时水库按长江防总调度指令开闸泄洪，18时库水位涨至163.50 m时，水库按照《丹江口水利枢纽蓄水工作方案》，启动164.00 m蓄水阶段监测分析与评估；10月18日6时库水位涨至166.00 m时，启动167.00 m蓄水阶段监测分析与评估。10月29日2时达到今年最高库水位167.00 m，10月底库水位为166.97 m。

11月份开始，水库进入2017—2018年度供水调度周期，水库运行调度严格按照水利部下发的《南水北调中线一期工程2017—2018年度水量调度计划》实施，科学合理制定分月水量调度方案，足额满足北方用水需求，合理控制水库水位，在按计划供水的情况下，库水位逐步削落，截至12月底，库水位下降至165.43 m。

2.2.5　水库应急调度情况

（1）汉江中下游抗旱应急调度

7月中下旬汉江中下游地区晴热高温，沿江城市生活和农业灌溉取水困难。自7月26日起，水库加大向汉江中下游供水，流量由520 $m^3/s$加大至700 $m^3/s$，8月4日恢复正常调度，有力地支援了湖北省汉江中下游沿江抗旱。

（2）大坝溢流坝段边墩横缝漏水应急处置期间调度

8月28日—9月5日水库以上流域发生连阴雨天气，入库流量明显增加，水库水位迅速抬升，8月29日水库水位超过158.00 m。期间，正值9月1日开始实施丹江口大坝溢流坝段边墩横缝漏水应急处置，为控制应急处置期间库水位不超过159.00 m，长江防总紧急实施了汉江上游水库联合调度，上游安康、潘口水库实施控泄拦蓄洪水，减轻丹江口水利枢纽水位上涨压力。同时丹江口水利枢纽自9月2日14时起逐步加大出库，至20时加大至1 800 $m^3/s$。应急处置期间，水库水位维持在158.34～158.91 m运行，顺利实现调控目标。6日22时水库向汉江中下游供水流量由1 300 $m^3/s$调减至900 $m^3/s$，8日22时调减至520 $m^3/s$，水库水位稳步上涨，9月10日库水位超过160.00 m。

（3）地方请求的短期应急调度

因丹江口市举办亚洲摩托艇大赛，经向长江防总报告并按长江防总调度令，8月7—11日水库分时段控制向中下游供水流量，白天加大到900 $m^3/s$，夜间则降至490 $m^3/s$，支持了赛事活动顺利进行。

### 2.3 工程水毁情况

汛后，对枢纽水工建筑物和工程管理及保护范围内护岸、库岸等进行了检查，无工程水毁情况。

## 3 安全检查测试

### 3.1 日常检查

丹江口大坝日常巡视检查按照《混凝土坝安全监测规程》、《土石坝安全监测规程》、《丹江口水利枢纽大坝加高工程蓄水安全监测技术要求》和《丹江口大坝巡视检查管理规定》等，由电厂组织技术人员进行。日常巡视检查频率为混凝土坝每月检查2次，土石坝每周检查1次。设备检查按照《设备巡回检查管理规定》执行，正常情况下每周2次，汛期和高温季节增加至每周3次，汛期泄洪期间防汛设备每班进行检查。日常巡视检查有明确的巡检线路、巡检部位、内容，现场检查内容如实记录，巡视检查情况每月在监测月报中进行反映。对检查发现的一般性问题由电厂安排整改处理；重要的问题由电厂向集团公司安全环保与技术部等职能部门报告，集团公司组织协调中线水源公司、设计等单位现场查看、分析，提出处理方案并落实资金进行处理。

### 3.2 年度检查

#### 3.2.1 水库管理单位开展的安全检查

（1）汛前检查

3月28日，汉江集团公司总经理带队开展了枢纽汛前检查工作，集团公司副总经理、中线水源公司工程部和集团公司安全环保与技术部、计划运营部、财务部、水库管理处、项目部、水库调度中心等部门及单位人员参加了检查。检查组重点查看了防汛物资仓库、泄洪建筑物、18#坝段防汛配电室、深孔启闭机廊道、左右岸土石坝、升船机、基础廊道等部位，检查结束后召开了汛前检查汇报会，对防汛备汛工作提出了具体要求，下发了汛前检查情况通报，通报的主要问题及整改建议有：1）13#/14#、24#/25#坝段横缝渗漏问题，由汉江集团公司和中线水源公司共同研究下一步检查及处理工作计划，在主汛期前完成检查；2）水力发电厂应从技术、组织措施等方面做好今年枢纽蓄水试验准备工作，并加快防汛设备设施维护工作进度，确保在主汛期前防汛主设备完好到位；3）水库调度中心和水力发电厂在汛前应完成防汛预警系统的调试。

处理情况：1）两公司委托长江设计公司编制了大坝溢流坝段边墩横缝漏水检查及处理方案，多次召开专家咨询会对方案进行咨询；方案确定后，9月1日由长江委科技委组织召开了《丹江口大坝溢流坝段边墩横缝漏水检查处理设计方案》咨询会议，1日至11日进行了13#/14#、24#/25#坝段横缝漏水应急处置，后经持续观察及监测，效果明显。2）电厂等单位编制了《丹江口水利枢纽蓄水工作方案》和《丹江口水利枢纽蓄水应急预案》。电厂充实了监测队伍，在蓄水前开展了多次全面巡查、隐患排查及风险研判。电厂在汛前还完成了防汛设备维护保养工作，开展了防汛备用电源故障、深孔泄洪应急演练和500 t门机事故现场处置方案演练等工作，提高了应急处置能力。3)电厂与水库调度中心共同进行了防汛预警系统的调试和演练，重新敷设了广播电缆，保证了系统完好运行。

(2) 汛后检查

12 月 4 日至 5 日，两公司组织内部各相关部门开展了 2017 年丹江口水利枢纽汛后检查工作。检查结束后，下发了汛后检查情况通报，通报主要问题如下：1)1 号门机高压室底部及门窗渗水，两台门机高压随行电缆、供电线路及控制线路部分存在绝缘老化破损现象，主司机室窗户漏水飘雨，影响设备安全运行；两台门机大车行走电机碳刷架锈蚀严重，造成碳刷滑动卡阻，影响电机正常运行。2)$8^{\#}$深孔弧形工作门顶部漏水严重，$3^{\#}$、$4^{\#}$、$6^{\#}$、$7^{\#}$、$11^{\#}$、$12^{\#}$深孔弧形工作门底止水有渗水现象。3)左岸土石坝 0＋250、0＋350 段和右岸土石坝 0＋450、0＋650 段坡脚排水沟排水无出处。上述所有问题已制定处理方案并在汉江集团公司 2018 年综合计划中立项，电厂负责处理，全部问题将于 2018 年汛前处理完成。

#### 3.2.2 主管部门开展的安全检查

(1) 长江防总汛前检查和督导检查

3 月 10 日，长江委开展丹江口水利枢纽汛前准备及安全检查，并下发了《长江防总关于抓紧对长江委直属单位所属水库(水电站)2017 年汛前检查发现问题进行整改的通知》(长防总〔2017〕14 号)，通报了检查发现的主要问题。

7 月 3 日，长江防总对丹江口水利枢纽汛前检查发现问题的整改情况督导检查，7 月 19 日下发《长江防总关于加快丹江口水利枢纽 2017 年汛前检查发现问题整改工作的通知》(长防总〔2017〕35 号)，就整改提出要求和建议。

两次检查提出的涉及大坝安全管理的主要问题有：1)大坝安全监测单位过多；2)溢流坝段 $13^{\#}/14^{\#}$、$24^{\#}/25^{\#}$ 坝段闸墩横缝漏水。其中，溢流坝段 $13^{\#}/14^{\#}$、$24^{\#}/25^{\#}$ 坝段闸墩横缝漏水应急处置已于 9 月 11 日完成，处理效果良好，后续永久处理项目已于 2018 年 2 月上旬开始实施，将于 2018 年汛前完成；大坝安全监测系统整合工作将于 2018 年 6 月完成。

(2) 水库大坝安全隐患检查

按照水利部、长江委的统一安排，12 月 27 日，长江委检查组现场开展了丹江口水利枢纽大坝安全隐患检查。检查未发现重大隐患，对检查发现的一般隐患已落实整改措施，如右岸土石坝与混凝土坝接头段上游混凝土护坡面板和坝顶防浪墙局部错台问题已增设变形观测设施，并落实了应急措施，待沉降稳定后进行永久修复处理，162.00 m 高程廊道 2 处渗水点的永久处理和土石坝下游排水沟局部排水不畅问题已开始处理，将于 2018 年汛前完成。

(3) 其他上级单位及领导主要检查情况

国家防总、水利部、国务院南水北调办公室、长江委、湖北省委等部门有关领导先后对丹江口水利枢纽进行了调研检查。

### 3.3 特别检查

9—10 月，丹江口水利枢纽来水较多年均值偏多，汉江集团公司、中线水源公司抓住有利水情条件，顺利开展了今年水库蓄水工作。为做好蓄水安全监测及巡查工作，两公司成立了丹江口大坝安全监测组和工程巡查组，负责蓄水期间采集分析安全监测数据、现场全面巡查、编制安全监测报表和巡查日报。监测工作严格按照《丹江口蓄水工作方案》规定的频次和技术要求进行，巡视检查每天不少于 1 次。各项监测数据和巡查日报于次日 12 时之前汇总，并及时报送长江设计公司进行甄别及整编分析，整编成果实时提交给水利部大坝安全管

理中心进行评价分析，分别形成蓄水评估报告。蓄水期间，两公司每日早晚 8 时将水库监测巡查信息报送长江委建管局，建管局再及时将信息转报至长江委内相关部门和国家防办，水利部建管司、安监司与水资源司，做到了水情和工情信息畅通、准确及时上报。

按照水利部、长江委要求在丹江口水利枢纽蓄水期间做好工程全线研判、全面排查，找出隐患点和风险点的指示精神，除右岸土石坝接头段因沉降尚未稳定目前采取加强巡查观测并落实应急措施外，其余 7 处隐患于 9 月 20 日—10 月 8 日及时进行了处置，总体达到预期效果。

### 3.4 设备测试

#### 3.4.1 设备设施安全检查

丹江口水利枢纽泄水建筑物闸门和启闭机等防汛设备设施的安全检查及测试工作由丹江口电厂负责。2017 年记录显示，启闭机、弧形工作闸门、两台门机、堰顶泄洪闸门等运行状况均良好，深孔系统、堰顶系统具备防汛条件；汛期坚持试车制度，加强巡检消缺；汛期泄洪期间累计及时准确启闭闸门次数 58 次，严格执行调度指令，无事故发生，全年设备设施运行状况总体良好。

#### 3.4.2 防汛电源测试

开关本体预试为每 2 年一次，开关过电压保护器预试为每年一次，保护校验为每年一次。2017 年开展了 20 余组开关保护校验及过电压保护器预试，10 组绝缘检测及耐压试验，检查、测试均合格。

## 4 大坝安全监测

### 4.1 监测项目及设备

#### 4.1.1 大坝监测项目及布置

（1）仍在运行的初期工程仪器

仍在继续运行的初期工程仪器具体项目内容见表 4.1-1。

**表 4.1-1 仍在继续运行的初期工程仪器列表**

| 序号 | 项目名称 | 部位 | 单位 | 数量 |
|---|---|---|---|---|
| 1 | 引张线 | ▽159.00 m、▽101.00 m、▽101.00 m | 个/条 | 33/3 |
| 2 | 精密导线 | 左岸▽140.00 m | 个/条 | 9/1 |
| 3 | 正垂线 | 21 坝段 | 个/条 | 3/1 |
| 4 | 引张线监测自动化 | ▽101.00 m(甲)、▽101.00 m(乙) | 个/条 | 24/2 |
| 5 | 垂线监测自动化 | 31、27、21、18 坝段垂线 | 个/条 | 16/4 |
| 6 | 精密水准点 | 坝基及厂房机组 | 个 | 97 |
| 7 | 应力应变及温度 | | 支 | 66 |
| 8 | 水温垂线 | 坝前 | 条 | 5 |

（2）大坝加高工程监测项目及布置

大坝加高工程监测项目主要有变形监测（坝体水平与垂直位移、挠度、倾斜、接缝和裂缝等）；渗压渗流监测及水质分析；应力应变及温度监测（温度监测含坝基温度、新老混凝土温度、库水温及气温等);水力学监测;坝体地震反应监测;环境量监测(上下游水位、水温、降雨量、坝前淤积、坝后冲刷监测等);裂缝专项监测。大坝加高工程监测项目情况统计见表4.1-2。

**表 4.1-2　加高工程监测项目及布置统计表**

| 监测项目 | | 部　位 | 单位 | 数量 | 观测方法设备型号 |
| --- | --- | --- | --- | --- | --- |
| 水平位移 | 控制网 | 丹江口大坝 | 网点 | 16 | TM50 全站仪 |
| | 精密导线 | 右岸高程 150.00 m | 测点 | 8 | TM50 全站仪 |
| | 正垂线 | 混凝土坝和土石坝 | 测点 | 88 | CG-2A 坐标仪 |
| | 前方交会 | 混凝土坝和土石坝 | 测点 | 84 | TM50 全站仪 |
| | 引张线 | 高程 150.00 m、162.00 m、170.00 m | 测点 | 48 | 放大镜 |
| 伸缩仪 | 伸缩仪 | 混凝土坝、土石坝 | 测点 | 4 | 自动化监测 |
| 垂直位移 | 水准测点 | 坝基及厂房机组、混凝土坝、高程 170.00 m | 测点 | 415 | 天宝 Dini03 水准仪 |
| | 控制网 | 丹江口、老河口、谷城 | 网点 | 54 | 天宝 Dini03 水准仪 |
| 应力 | 应力应变及温度监测 | 混凝土坝 | 测点 | 985 | 电桥、弦式读数仪 |
| | | 土石坝 | 测点 | 101 | 电桥、弦式读数仪 |
| 渗流 | 测压管 | 混凝土坝 | 支 | 25 | 压力表、电测水位计 |
| | 测压管 | 土石坝 | 支 | 86 | 电测水位计 |
| | 量水堰 | 混凝土坝 | 个 | 12 | 人工读数 |
| | 量水堰 | 土石坝 | 支 | 6 | 人工读数 |
| 环境量 | 水温垂线 | 坝前 | 条 | 2 | 电桥 |
| 水力学 | 水力学 | 混凝土坝 | 点 | 48 | 人工 |
| 强震 | 强震 | 混凝土坝、土石坝 | 点 | 15 | 自动化监测 |

2017 年蓄水期间,针对右岸土石坝与混凝土坝接头段沉降问题,为加强结合部位的沉降变形观测,按照水利水电规划设计总院《关于丹江口水利枢纽 164 m 蓄水阶段安全监测评估报告和继续抬高水位的意见》中“增加右岸新建土石坝的变形观测”的相关意见,两公司委托长江设计公司进行设计,在右岸土石坝与混凝土坝坝顶接缝处呈“T”字形增设 5 个水准测点,于 10 月 16 日开始监测。丹江口电厂在接头段防浪墙错台部位设置了 4 个测点(每个测点安装 3 个量距装置),用于监测错台变化,于 10 月 25 日开始监测。

4.1.2　监测频次

根据设计单位《丹江口水利枢纽大坝加高工程蓄水安全监测技术要求》,丹江口水利枢纽按后期规模蓄水期间的安全监测项目及频次见表 4.1-3。

根据《丹江口水利枢纽蓄水工作方案》《丹江口水利枢纽蓄水试验安全监测技术要求》,在丹江口水利枢纽水位超过 160.07 m 后,水库蓄水应视为加高工程首次蓄水期,除应按《混凝土坝安全监测技术规范》和《土石坝安全监测技术规范》以较高的频次要求进行观测外,水

库水位第一、二次到达新的高度前后应加密监测，观测频次要求详见表 4.1-4。

**表 4.1-3　蓄水期间的安全监测项目及频次**

| 序号 | 监测仪器 | 观测频次 | |
|---|---|---|---|
| | | 蓄水至库水位达到 167.00 m 期间 | 水库水位高于 167.00 m 期间 |
| 一 | 变形监测 | | |
| 1 | 水平位移监测网 | 1 次/年 | 2 次/年 |
| 2 | 垂直位移监测网 | 上环线 2 次/年、下环线 1 次/年 | 上环线 1 次/季、下环线 2 次/年 |
| 3 | 大坝水平位移 | 1 次/d～1 次/旬 | 1 次/d～1 次/周 |
| 3 | 大坝垂直位移 | 1 次/d～1 次/旬 | 1 次/d～1 次/周 |
| 4 | 基岩变形计 | 1 次/d～1 次/旬 | 1 次/d～1 次/周 |
| 5 | 多点位移计 | 1 次/d～1 次/旬 | 1 次/d～1 次/周 |
| 6 | 测缝计 | 1 次/d～1 次/旬 | 1 次/d～1 次/周 |
| 7 | 裂缝计 | 1 次/d～1 次/旬 | 1 次/d～1 次/周 |
| 8 | 测斜孔 | 1 次/d～1 次/旬 | 1 次/d～1 次/周 |
| 9 | 沉降仪 | 1 次/d～1 次/旬 | 1 次/d～1 次/周 |
| 二 | 渗流监测 | | |
| 1 | 渗压计 | 1 次/d～1 次/旬 | 1 次/d～1 次/周 |
| 2 | 渗流量 | 1 次/d～1 次/旬 | 1 次/d～1 次/周 |
| 3 | 测压管 | 1 次/d～1 次/旬 | 1 次/d～1 次/周 |
| 三 | 应力应变及温度监测 | | |
| 1 | 钢筋计 | 1 次/d～1 次/旬 | 1 次/d～1 次/周 |
| 2 | 温度计 | 1 次/d～1 次/旬 | 1 次/d～1 次/周 |
| 3 | 应变计 | 1 次/d～1 次/旬 | 1 次/d～1 次/周 |
| 4 | 应力计 | 1 次/d～1 次/旬 | 1 次/d～1 次/周 |
| 5 | 无应力计 | 1 次/d～1 次/旬 | 1 次/d～1 次/周 |
| 四 | 水质分析 | 1 次/月 | 1 次/月 |
| 五 | 库水温 | 1 次/d～1 次/旬 | 1 次/d～1 次/旬 |
| 六 | 气温 | 逐时观测 | 逐时观测 |
| 七 | 库水位 | 逐时观测 | 逐时观测 |
| 八 | 强震动反应 | 实时监测 | 实时监测 |

注：库水位快速上升 1 m/d、下降 0.5 m/d，及特殊状态测次取上限。

**表 4.1-4　蓄水水位到达 164.00 m、167.00 m 过程中大坝观测频次要求表**

| 序号 | 监测仪器 | 观测频次 | 备注 |
|---|---|---|---|
| | | 加密 | |
| 一 | 变形监测 | | |
| 1 | 水平和垂直位移监测网 | 2 次 | 汛前、汛后各测 1 次 |
| 2 | 大坝水平位移 | 4 次/d | 汛前就近确定加测工作基点、蓄水后复核 |
| 3 | 大坝垂直位移 | 1 次/3 d | 汛前就近确定加测工作基点、蓄水后复核 |
| 4 | 基岩变形计 | 4 次/d | 坝踵、坝趾部位 |
| 5 | 多点位移计 | 4 次/d | 重点是转弯坝段 |
| 6 | 测缝计 | 4 次/d | 新、老混凝土结合面 |
| 7 | 裂缝计 | 4 次/d | 初期混凝土坝裂缝 |
| 8 | 测斜孔 | 1 次/d | |
| 9 | 沉降仪 | 1 次/d | |
| 二 | 渗流监测 | | |
| 1 | 渗压计 | 4 次/d | |
| 2 | 量水堰 | 4 次/d | |
| 3 | 测压管 | 4 次/d | 需增加渗压计 |
| 三 | 应力应变及温度监测 | | |
| 1 | 钢筋计 | 4 次/d | 新、老混凝土结合面 |
| 2 | 温度计 | 4 次/d | 新、老混凝土结合面 |
| 3 | 应变计 | 4 次/d | |
| 4 | 应力计 | 4 次/d | |
| 5 | 无应力计 | 4 次/d | |
| 6 | 锚索测力计 | 4 次/d | |

## 4.2　监测资料整编与分析

### 4.2.1　整编分析的单位及周期

监测数据统一交由长江设计公司汇总分析，2017 年度大坝安全监测资料整编分析工作预计在 2018 年 4 月份完成。大坝安全监测参照《混凝土坝安全监测技术规范》(SL 601—2013)、《土石坝安全监测技术规范》(SL 551—2012)和《混凝土坝安全监测资料整编规程》(DL/T5 209—2005)等规定，监测资料定期进行整理、整编，包括每月一次的《监测月报》，每年一次的《混凝土坝监测资料整编》《土石坝监测资料整编》，每 10 年一次的《监测资料整编》，特殊情况下有《监测快报》，历史监测资料整编均已刊印成册。

2017 年 10 月 3 日，长江设计公司和水利部大坝安全管理中心向两公司分别提交了《丹江口水利枢纽蓄水试验 164.00 m 水位大坝安全监测与工作状态初步分析报告》和《丹江口水利枢纽大坝 164.00 m 蓄水阶段安全监测资料分析评估报告》。10 月 24 日，长江设计公司和

水利部大坝安全管理中心向两公司分别提交了《丹江口水利枢纽蓄水试验 167 m(166.00～166.60 m)大坝安全监测与工作状态分析报告》和《丹江口水利枢纽工程 166.50 m 蓄水阶段大坝安全性态评估报告》。2018 年 1 月 31 日,长江设计公司向两公司提交了《丹江口水利枢纽蓄水试验总结简要报告》。

4.2.2 监测资料分析的方法

绘制各监测物理量变化的过程线图、时空分布特征图、相关图。如上下游水位变化过程线、降雨量过程线图。主要采用比较法、作图法、特征值统计法及定性分析的方法。通过测值过程分析、相关性分析和对比分析等方法,分析监测资料反映的工程情况、存在问题和可能原因等。

## 4.3 安全监测资料分析主要结论

4.3.1 《丹江口水利枢纽蓄水试验总结简要报告》主要结论及意见

(1) 丹江口水利枢纽蓄水试验期间水库大坝经历了 167.00 m 的水位考验,根据 164.00 m、167.00 m 等各级水位条件大坝巡查、安全监测和工作状态分析成果,丹江口大坝及陶岔枢纽有关大坝稳定、应力、变形、渗流、渗压等重要安全监测数据均在设计允许范围之内,大坝工作状态平稳,蓄水过程中发现的隐患点处置效果良好,大坝总体工作性态正常,具备抬升蓄水位条件。

(2) 对业已发现的问题,如横缝渗漏及右岸土坝与混凝土坝结合部位沉降变形等,蓄水过程中仍应继续加强监测,严格遵循水库调度规程和设计相关技术要求,密切关注问题的变化情况,必要时采取措施以确保大坝整体安全。

4.3.2 167.00 m 蓄水试验大坝安全监测分析主要结论及意见

(1) 混凝土坝

1) 混凝土坝坝基防渗帷幕、排水孔等综合措施对降低扬压力效果明显,坝基扬压力折减系数小于设计值,坝基、坝体渗流变化受蓄水的影响不明显。

2) 混凝土坝坝段坝踵坝趾均处于受压状态,满足设计控制标准。监测值与计算值规律性基本一致,蓄水过程中,坝体应力监测值变化规律与蓄水前基本一致,坝体应力状态正常。

3) 大坝变形规律基本符合一般规律,坝体变形正常。

4) 新老混凝土接合面大部分处于闭合或开度稳定状态,少部分略呈张开趋势,新老混凝土接合比例相较设计标准有余度。

5) 初期大坝主要裂缝进行处理后,一类位于加工工程内部,温度环境相对稳定,裂缝开度基本稳定;另一类暴露在大气或库水位中,局部处于活动状态,与气温变化有一定关系,但与库水位相关性不明显。

(2) 土石坝

1) 各渗透分区最大比降均小于其允许比降,渗流状况稳定。

2) 测压管水位变化平稳,测值低于预测值,两岸土石坝工作性态正常。

综合分析大坝变形、渗压渗流、应力应变及裂缝开度等监测成果,大坝工作性态总体正常。

4.3.3 大坝应力、变形、渗流分析图表

本节摘自《丹江口水利枢纽蓄水试验总结简要报告》,本应基于大坝安全监测资料对混凝土坝典型坝段应力、混凝土坝典型坝段变形、混凝土坝坝基扬压力、左岸土石坝 1＋140 监测断面、右岸土石坝 0＋442 断面等进行全时间系列分析,限于篇幅,仅示意性列出混凝土坝坝基扬压力观测资料分析中部分内容。

(1) 帷幕后扬压水位

帷幕后扬压水位测值变化统计见表 4.3-1。幕后第一孔测压管水位分布见图 4.3-1。变幅最大值 4.47 m 发生在测点 U21-7,靠近下游面,受下游水位影响较大。

**表 4.3-1　蓄水期间帷幕后扬压水位特征值统计表(2017/8/25—2017/11/20)**

| 部位 | 最大值(m) | 最小值(m) | 变幅(m) |
|---|---|---|---|
| 右联坝段 | 103.84～127.28 | 103.32～126.77 | 0.10～1.32 |
| 深孔坝段 | 83.98～101.33 | 83.86～100.49 | 0.10～1.43 |
| 溢流坝段 | 79.96～97.11 | 79.54～95.94 | 0.03～4.47 |
| 厂房坝段 | 87.28～92.19 | 87.23～91.67 | 0.04～2.08 |
| 左联坝段 | 98.19～109.56 | 97.87～109.45 | 0.05～0.34 |

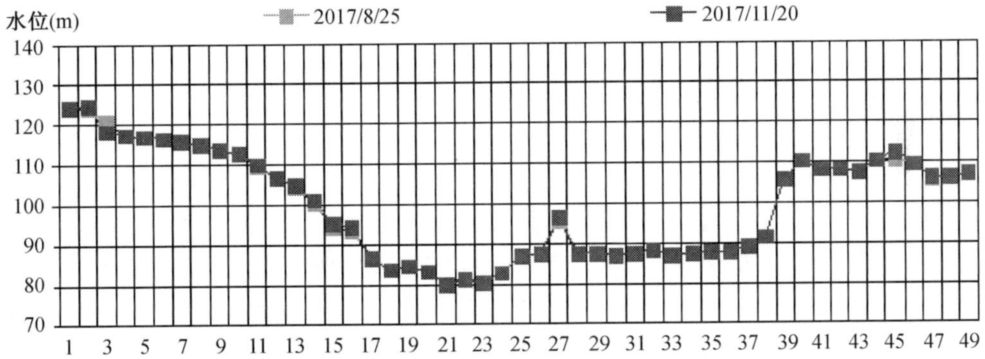


**图 4.3-1　幕后第一孔测压管水位分布图**

坝基位于断裂交汇处的 10# 坝段,未设排水孔,经过帷幕作用,幕后测压管水位明显低于幕前。8 月 29 日至 11 月 20 日蓄水期间,测压管扬压水位测值无明显异常变化。14#～16# 坝段坝基为 F241 断裂区带,幕前孔 U14-1 孔水位基本随库水位变化,幕后 U14-2 管水位基本稳定在 83.4 m 左右,表明该断裂基础处理较好。由于 25#～28# 坝段坝基为集中渗流区带,27# 坝段坝基扬压水位较两侧扬压水位高约 10 m,但其渗压折减系数在设计允许范围内。26# 坝段 U26-1 测值与前期无明显变化,变幅 1 m。U28-1、U28-2 测压管自 2014 年下旬开始测值稳定,未受本次蓄水的影响,见图 4.3-2,目前均为 87.4 m 左右。

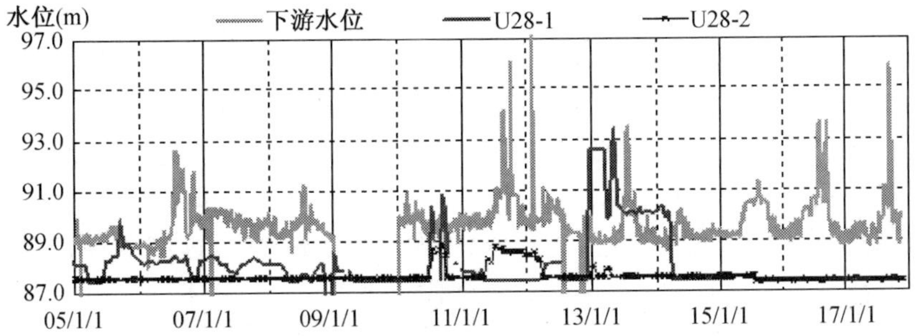


**图 4.3-2　U28-1、U28-2 测压管水位变化过程线图**

(2) 纵向渗压系数分布

典型时段坝基幕后第一孔渗压系数纵向分布图及设计值分布情况见图 4.3-3。从图 4.3-3 可以看出,大部分坝段测值都很小,其中两岸坝段渗压系数大于河床坝段,本阶段蓄水期间渗压折减系数均在设计允许范围内。

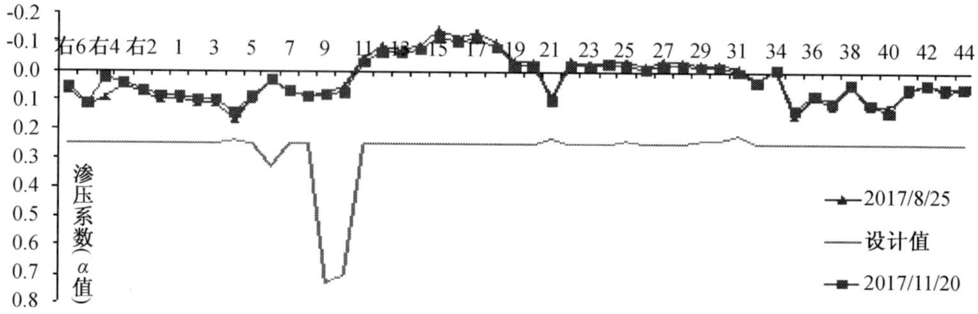


**图 4.3-3　坝基后第一孔测压管渗压系数纵向分布图**

## 5　工程维修养护

### 5.1　维修养护计划安排

丹江口电厂制定了《2017 年度防汛设备例行维护计划》《2017 年度升船机系统例行维护计划》,共安排防汛设备例行维护计划 117 项,升船机例行维护 41 项。维护项目涉及两台 500 t 门机及自动抓梁、压载梁,11 台 200 t 固定卷扬式启闭机,深孔、堰顶泄洪设施和止水设施,18# 坝段、44# 坝段、升船机配电系统,供排水系统,监测系统,船舶系统,垂直和斜面升船机等。另外,在每月生产计划中安排和实施设备大小修和改造工作。

中线水源公司在水源工程 2017 年度运行管理项目计划中列支的维修养护项目主要包括丹江口大坝加高工程主体工程运行维护、变形监测设施维护、蓄水试验期间大坝相关检查及维护、溢流坝段边墩横缝检查及处理、大坝管理房漏水处理及土石坝下游巡检通道等。

### 5.2　维修养护实施情况

#### 5.2.1　防汛设备设施养护修理

丹江口电厂每年汛前按照制定的维护计划,完成防汛设备设施、升船机设施的维护保养工作。所有维护项目均能做到全面系统的检查和维护,深孔泄洪系统设备设施维护于 5 月 20 日前完成,堰顶泄洪系统设备设施维护于 6 月 20 日前完成。另外完成了 2#、3# 深孔弧形闸门止水橡皮更换、深孔弧形门支铰润滑系统恢复、2 台门机行走机构大修、大坝基础排水系统检修和运行状态信息监控建设、2# 深井泵更换、2 台门机和深孔 11 台启闭机联调联试、大坝电梯钢丝绳和齿轮油更换、大坝防汛电源和防汛备用电源电气预试以及防汛预警系统维护调试等。项目完成后实行三级验收(电厂班组、分场、厂部)。进入汛期前对门机、启闭机等启闭设备进行整机试验、闸门归位等准备工作。运行中,根据设备状况和运行要求,有组织地开展设备大小修和改造工作。通过维护保养和设备大修,提高了设备可靠性,确保了汛期防汛设备完好率 100%。2017 年度累计泄洪天数为 34 d,最多同时开启 8 个孔,闸门累计启闭次数 58 次,深孔泄洪累计运行 1 817 h,堰孔泄洪累计运行 1 526 h 47 min,防汛设备运行正常,未发生事故。

#### 5.2.2　水工建筑物养护修理

水工建筑物的日常养护修理主要完成了蓄水过程中 13$^{\#}$/14$^{\#}$、24$^{\#}$/25$^{\#}$ 坝段横缝处置，37$^{\#}$ 坝段 125.00 m 高程廊道底板铁管漏水、基础防渗板廊道底板渗水、29$^{\#}$ 坝段 159.00 m 廊道上部管道漏水等隐患处理，以及大坝管理房渗水处理、坝区绿化养护、左右岸土石坝护坡清理、排水沟清理疏通、大坝廊道清扫及排水沟清理、125.00 m 高程廊道 36$^{\#}$ 坝段下游横缝排水疏通及清渣、172.00 m 高程电缆廊道排水处理、部分廊道锈蚀铁门拆除及更换、观测道路及观测视线清障、128.00 m 高程廊道观测踏步设置、大坝 159.00 m 高程廊道排水孔疏通、18$^{\#}$ 坝段 123 平台栏杆、大坝电梯井道电梯口窗户制作安装、监测道路修复等项目。以上项目均组织验收合格，有效保障了水工建筑物正常、安全运行，改善了大坝坝区和廊道环境。

### 5.3　下年度维修养护建议

2018 年枢纽工程维修养护工作重点为汛前处理完成工程建设遗留和蓄水过程中发现的主要问题，将调动全部资源按计划、按程序实施，主要项目如下：1)13$^{\#}$/14$^{\#}$ 及 24$^{\#}$/25$^{\#}$ 坝段横缝漏水处理后剩余的处理措施；2)26$^{\#}$/27$^{\#}$ 和 31$^{\#}$/32$^{\#}$ 坝段观测竖井漏水处理；3)31$^{\#}$ 和 35$^{\#}$ 坝段 162.00 m 高程廊道漏水处理；4)廊道和坝体排水孔疏通处理；5)厂房 25$^{\#}$～32$^{\#}$ 坝段 7 条横缝漏水检查及处理；6)过流面气蚀缺陷检查与处理；7)26$^{\#}$ 坝段 162.00 m 廊道半管漏水处理；8)左、右岸土石坝坝后新建排水沟施工；9)局部管理房渗水处理。结合金属结构及机电设备检查测试结果，有重点、有步骤、有计划地对防汛渗水设施进行维修养护。进一步加强维修养护的管理，严格执行质量标准和验收管理，确保维修养护工程质量。

## 6　安全鉴定与安全生产

### 6.1　上次大坝安全鉴定情况

丹江口大坝加高工程竣工验收后，汉江集团公司将按照《水库大坝安全鉴定办法》(水建管〔2003〕271 号)规定，及时开展加高工程竣工后的首次大坝安全鉴定工作。

### 6.2　安全生产

2017 年度，集团公司坚持“安全第一、预防为主、综合治理”的方针，通过严格落实各项工作措施，强化安全工作监管力度，实现了全年死亡事故为零、重大发电事故为零和重大设备事故为零的“三个为零”事故控制目标。隐患整改完成率、特种设备检验合格率、防雷设施检验合格率、电气两票执行合格率、特种作业人员持证上岗率均为 100%。公司未发生较大及以上生产安全事故，完成了长江委下达的安全生产目标任务。

### 6.3　其他大坝安全专题研究事项

#### 6.3.1　13$^{\#}$/14$^{\#}$、24$^{\#}$/25$^{\#}$ 坝段横缝渗漏处理专家咨询

4 月 14 日，根据两公司组织召开的大坝横缝渗漏成因初步分析及处理咨询会专家意见，提出漏水检查方案及技术要求设计文件；5—6 月提出工程现场检查检测初步成果；7 月组织召开《丹江口水利枢纽工程溢流坝段边墩横缝漏水成因检测成果报告》审查会；8 月提出漏水处理设计方案；9 月组织召开了《丹江口大坝溢流坝段边墩横缝漏水检查处理设计方案》咨询会议，认为漏水部位及原因已基本查清、结论可信，设计处理方案可行，经 1 日至 11 日实施处置效果明显。

#### 6.3.2　蓄水期间大坝安全分析评估

9—10 月开展了丹江口水利枢纽蓄水试验工作。蓄水过程中，两公司及时协调长江设

计公司和水利部大坝安全管理中心分别开展工程蓄水安全监测分析与大坝工作状态评估工作。长江设计公司提交的《丹江口水利枢纽蓄水试验 167.00 m(166.00～166.60 m)大坝安全监测与工作状态分析报告》结论为:“……大坝工作状态平稳,蓄水过程中发现的隐患点处置效果良好,大坝总体工作性态正常,具备抬升蓄水位条件”。水利部大坝安全管理中心提交的《丹江口水利枢纽工程 166.50 m 蓄水阶段大坝安全性态评估报告》结论为:“……观测资料分析表明,大坝变形、渗流、应力应变及裂缝开度等监测数据无明显异常变化,大坝工作性态总体正常”。报告提交后及时报送至长江委和水利部,为部、委领导掌握工程安全状况、实施下一阶段水库蓄水及调度提供了科学依据。

6.3.3　蓄水期间发现问题检查与处理设计报告咨询会

12 月 23 日,长江委建管局在武汉组织召开了《丹江口大坝蓄水期间发现问题检查与处理设计专题报告》咨询会。主要咨询意见为:1)鉴于丹江口大坝加高工程的重要性和复杂性,为确保大坝安全运行,对丹江口大坝蓄水期间发现的问题进行检查与处理是必要的;2)报告内容全面,技术路线正确,提出的检查与处理设计方案基本合适;3)对 13$^{\#}$/14$^{\#}$ 和 24$^{\#}$/25$^{\#}$ 坝段横缝、26$^{\#}$/27$^{\#}$ 和 31$^{\#}$/32$^{\#}$ 坝段观测竖井、31$^{\#}$ 和 35$^{\#}$ 坝段 162.00 m 高程廊道等漏水问题处理,以及廊道和坝体排水孔疏通工作,须在 2018 年汛前完成;对右岸土石坝与混凝土坝接头部位局部沉降问题应尽快开展测量和勘察工作,加强监测、分析和研判,适时提出处理方案。

# 7　应急管理

## 7.1　应急预案编制和演练

7.1.1　应急预案编制情况

2017 年汛前,汉江集团公司及时修订《丹江口水利枢纽 2017 年应对超标准洪水防汛应急预案》,并报送丹江口市防汛抗旱指挥部。中线水源公司编制有《丹江口大坝加高工程建设安全事故应急预案(综合预案)》《丹江口大坝加高工程特大洪水抢险预案》《丹江口大坝加高工程蓄水期施工单位安全巡视检查及应急处置方案》《丹江口大坝加高工程汛期安全巡视检查及应急处置办法》等。为有效应对蓄水期间枢纽高水位运行状况下可能出现的紧急情况,组织制定了《丹江口水利枢纽蓄水应急预案》、《丹江口水利枢纽蓄水期间大坝极端不利状况专项应急预案》和《丹江口水利枢纽蓄水期间大坝隐患及风险点处置专项应急预案》。

7.1.2　应急演练情况

集团公司结合枢纽 2017 年防汛形势和大坝安全管理工作任务,制定了年度应急预案演练计划,针对不同时段工作特点,组织开展了“防汛应急演练”、“水下缠绕救生演习”、“防汛电源事故应急演练”、“防暴雨应急演练”、“事故照明应急演练”和“厂用电事故应急演练”等各类演练 16 场次,通过演练提高了管理单位应对突发险情的快速反应能力和综合处理能力。

## 7.2　应急准备

7.2.1　应急队伍

两公司于 6 月份组建枢纽防汛应急抢险队伍,人数约 500 人,抢险队伍名单报丹防指备案。当枢纽遇到特别紧急情况时,丹防指及时通知地方政府投入抢险。

7.2.2　应急物资储备和装备

2017 年,丹防指根据工程实际,修订了《丹江口水利枢纽防汛抢险设备物资管理办法》

（丹防指〔2004〕3 号），印发了《丹江口水利枢纽防汛抢险物资设备管理办法》（丹防指〔2017〕11 号），增加了汽油发电机组、潜水泵、铅丝、土工膜和土工布、蛙夯等物资储备。防汛砂石料利用大坝加高工程遗留砂石料储备，按不同砂石粒径分堆规范存放；防汛土料常备在抢险现场附近。集团公司自有 3 艘船只可随时开动，汛前落实了挖掘机、推土机、自卸车、吊装和潜水、排水设备等抢险机械设备 50 多台，签订了租赁协议，可随时调用。

7.2.3　应急道路和电力保障

应急道路即为防汛道路，满足应急及防汛工作要求。

7.2.4　应急通信

目前，丹江口水利枢纽运行信息是通过水利部水文局统一部署的水情信息交换系统实时交换至长江委水文局及部水文局，当前按照长江防总要求采用 4 段 4 次报送，汛期根据实时水雨情加密报送段次。此外建立了短信平台，将枢纽调度运行信息发送至长江委及集团公司主管防汛的有关领导，实现信息共享。

抢险指挥通信方式在大坝半径 5 km 范围内以公用电话为主、无线对讲电话为辅，并配备手持无线卫星电话用于应急通信备用，较远处已架设水利防汛卫星通信站作为丹防指与丹江口电厂、水电公司、陶岔渠首应急通信备用；丹防指通过水利防汛通信专网以及租用的 SDH/2M 电路与上级防总保持通信畅通。

7.2.5　应急响应

2017 年，丹江口大坝未发生突发事件，未启动应急响应。

# 8　结论与工作安排

## 8.1　大坝安全情况

8.1.1　大坝安全状况

2017 年秋汛期间开展了蓄水工作，两公司及时协调长江设计公司和水利部大坝安全管理中心分别开展工程蓄水安全监测分析与大坝工作状态评估工作，顺利完成了 164.00 m、167.00 m 蓄水试验。两家单位的报告结论基本一致，均认为丹江口大坝蓄水期间大坝工作性态总体正常。

结合一年来日常巡视检查、年度详查、专项检查、隐患排查情况和大坝安全监测成果，以及蓄水期间大坝安全监测分析与工作状态评估结论，可以认为丹江口大坝 2017 年度工作性态正常，枢纽正常、安全运行。

8.1.2　大坝安全运行主要成效与经验

（1）主要成效

2017 年，汉江集团公司严格、认真地履行丹江口水利枢纽管理职责，统筹协调防洪、供水、发电和安全管理等需求，充分发挥了枢纽的综合效益，相关工作得到了国家防总、水利部、长江委的高度认可。

1）枢纽防洪效益显著

丹江口水利枢纽 2017 年汛期共发生 5 场入库洪峰大于 5 000 $m^3/s$ 的洪水，其中 3 场洪水洪峰大于 10 000 $m^3/s$，最大洪峰 18 600 $m^3/s$。根据水库防洪减灾效益指标进行计算，2017 年通过丹江口水利枢纽的调蓄，可减淹耕地 2.7 万公顷，减少受灾人口 18 万人，直接减灾效益达 7.04 亿元。

2）顺利完成了枢纽 167.00 m 阶段的蓄水试验

秋汛期间，在确保安全的前提下分阶段逐步抬高运行水位，加高后的大坝首次经受 167.00 m 高水位考验，高于大坝加高前坝顶高程 5.00 m，超过历史最高水位 160.72 m，在此期间顺利完成了枢纽 164.00 m 和 167.00 m 阶段蓄水试验，经长江设计公司和水利部大坝安全管理中心评估，大坝蓄水期间即高水位运行状况下工作性态总体正常，枢纽能够进行下一步蓄水，充分发挥水库的综合效应。

3）年度供水目标顺利完成

2017 年 10 月下旬，顺利完成水利部下达的 2016—2017 年度供水目标；南水北调中线工程渠首入渠流量首次达到设计流量，供水平稳安全，水质稳定达标，供水效益显著，为保障 2018 年南水北调中线供水工作奠定了坚实基础。

（2）主要经验

1）加强组织领导，落实枢纽安全管理责任

2017 年 2 月，认真核实丹江口水利枢纽大坝安全责任人后，将名单报送至水利部予以公布，落实了水库大坝安全责任制。4 月，根据丹江口水利枢纽防汛指挥部各成员单位机构、人员变化情况和工作需要，对组成单位和领导成员进行调整，明确了成员分工，强化了防汛工作责任制。9 月，按照长江委蓄水工作要求，在蓄水领导小组的领导下，两公司成立了蓄水工作协调小组，两公司主要领导担任协调小组组长，负责两公司蓄水工作的组织协调；整个蓄水期间，协调组长轮流驻守现场，值班组长每天及时了解现场情况，根据工作进展情况召开工作例会，及时协调解决蓄水相关问题并总结部署蓄水相关工作，接到现场发现隐患的报告后，第一时间组织技术力量现场核查并进行安全分析，提出检查及处理意见，会商确定处置方案，督促相关单位和部门尽快组织实施。蓄水期间，两公司按照部、委领导关于蓄水工作指示，进一步整合监测及巡查力量，组建了丹江口水利枢纽管理中心，负责枢纽工程运行维护、安全监测及工程巡查等工作。枢纽管理中心在后续蓄水工作中加强了责任落实，完善了相关工作制度和监测组织体系，发挥了重要的管理及协调作用。

2）完善枢纽运行管理制度，强化责任落实

2017 年，两公司根据蓄水工作要求，及时修订完善了《蓄水巡查工作责任制》、《蓄水安全监测工作责任制》、《库区巡查监测责任制》、《工程巡视检查技术要求》和《丹江口水利枢纽大坝安全监测组织体系》等，健全了大坝安全监测及巡查管理体系，细化了任务分工、责任范围、技术要求，规范了工作程序和数据编报格式，落实了安全监测及巡查责任单位及责任人，强化措施保障，实现各级责任落实到具体岗位及人员。

3）全面排查隐患及研判风险，加强重点部位关注

通过日常巡查、年度详查、专项安全检查、隐患排查等多时段、多形式、多层次、全方位的安全检查和隐患排查，结合安全监测资料分析，及时发现并处理安全隐患，对可能存在的风险进行评估，详细了解水库大坝运行安全状况。蓄水过程中落实了各隐患点、风险点和重要部位监测巡查责任、技术方案责任及处置责任，监测巡查中紧密跟踪各隐患点、风险点和重要部位的性态变化，有关情况在巡查日报中及时反映，确保了水库大坝安全运行。

4）严格按照调度指令，做好水库调度工作

汛期，密切关注水雨情变化，滚动实施降水与洪水预报并及时发布；积极开展调度会商，加强与长江防总的会商与沟通，制定水库蓄水调度方案供两公司领导决策。蓄水期间加密

水库水情信息报送，确保上级防汛部门能及时掌握水库水情信息。严格按照长江防总调度指令，制定合理的水库闸门启闭方案，按时进行闸门启闭操作；水库闸门启闭时，严格按照操作规程进行，并提前做好泄洪预警和通知，水库泄洪安全有序进行，确保水库水位控制目标的实现。

5）加强方案及预案制定及落实，保障大坝安全运行

汛前修订印发了《丹江口水利枢纽 2017 年应对超标准洪水防汛应急预案》。蓄水工作开展前，两公司组织制定了《丹江口水利枢纽蓄水工作方案》，对蓄水工作组织分工、164.00 m 和 167.00 m 蓄水阶段工作计划进行了周密安排，先后制定了《丹江口水利枢纽蓄水应急预案》《丹江口水利枢纽蓄水期间大坝极端不利状况专项应急预案》《丹江口水利枢纽蓄水期间大坝隐患及风险点处置专项应急预案》等预案，各类突发事件应急处置和保障措施，确保应急处置工作科学、规范、有章可循。应急预案印发后，及时组织相关责任单位及人员进行了学习培训，熟悉应急处置程序和各自职责，并根据实际情况进行了修订。同时，按照应急预案中应急处置要求，切实落实了应急处置人员、物料和设备，加强应急管理，确保应急处置准备工作及时有效，有效保障了枢纽防洪安全、蓄水安全、供水安全。

## 8.2 2018 年重点工作安排

两公司将按照水利部中央直属水利工程确权划界项目要求，完善丹江口大坝划界方案，计划于 2018 年划定大坝管理与保护范围，组织编制完成库区保护范围划界方案，2019 年完成库区保护范围划定。

## 8.3 其他意见与建议

（1）尽快落实确权经费渠道

鉴于丹江口水利枢纽是南水北调中线一期工程水源地和汉江流域骨干防汛工程，建议协调安排专项经费解决丹江口坝区确权费用，协调或免除其工程库区确权费用和库内孤岛确权税费，或考虑在水源工程移民投资或水源工程水费中列支。

（2）研究提出丹江口水利枢纽运行水位动态控制方案

为确保防洪安全和供水安全，促进水库水资源的高效利用，建议实施丹江口水利枢纽运行水位动态控制，结合水库水情和中长期降雨预报，在汛前控制库水位适当低于汛限水位，适当预留防洪库容，保障防洪安全；汛期发生洪水后或水位处于上升期间，根据水文气象预测预报情况可控制库水位适当高于汛限水位，待预报后期有中等强度以上降雨时及时消落至汛前水位，以保证供水安全。

（3）建立公益性职能经费支出补偿机制

建议针对丹江口水利枢纽公益性职能建立多层次、多渠道经费补偿机制，加大枢纽公益性项目维修养护经费的投入，以更好地履行枢纽管理公益性职责。

附表　丹江口水利枢纽工程特性表（略）

附图 1　丹江口水利枢纽枢纽工程平面布置图（略）

附图 2　丹江口水利枢纽大坝典型横断面图（略）

附图 3　丹江口水利枢纽大坝安全监测仪器平面和典型断面布置图（略）

# 附录三

# 青海省都兰县沙柳河四队水库报废论证报告

## 1　工程概况

沙柳河四队水库位于青海省都兰县夏日哈镇沙柳河村（原查查香卡农场）四队东侧（图 1-1），是一座以灌溉为主的小(2)型注入式水库，距都兰县城 52 km，坝址区海拔高程 2 690.00 m，总库容 60 万 $m^3$。该水库工程受益对象主要为沙柳河村四队、联合村和查查村。水库枢纽工程由大坝、放水涵洞、引水渠等组成。大坝为均质土坝，最大坝高 5 m，坝顶长 500 m。工程于 1958 年开工建设，1960 年竣工投入运行，由原查查香卡农场自行设计、施工。该水库隶属于都兰县夏日哈镇沙柳河村用水户协会管理，都兰县水务局进行业务指导。

图 1-1　沙柳河四队水库工程地理位置示意图

沙柳河四队水库目前淤积严重，现存库容仅 10 万 $m^3$；放水涵洞及其所在转折坝段已水毁，其他坝段坝体损毁严重；水库设计灌溉面积 0.83 万亩，现实际自流灌溉面积仅 0.33 万亩。

沙柳河四队水库工程现状已无法蓄水运行，处于无人管理、废弃状态，符合《水库降等与报废管理办法(试行)》及《水库降等与报废标准》(SL 605—2013)对水库报废的有关规定。

**1.1　水工建筑物概况**

大坝为均质土坝，最大坝高 5 m，坝顶宽 5 m，坝顶长度 500 m。坝顶高程 2 795.50 m，正常蓄水位 2 793.50 m。上游坝坡坡比为 1∶3.0，下游坝坡坡比为 1∶2.0，上、下游无护坡，坝脚无排水设施。

放水涵洞位于右坝端，为坝下 1.2 m×1.2 m 矩形浆砌石结构，长 12 m，出口设 1.2 m×1.5 m 闸门，1 t 螺杆式启闭机控制，最大过流能力约 1.0 $m^3/s$。

引水渠为土渠，引沙柳河水进行调蓄，全长 1 220 m，加大流量 0.5 $m^3/s$。

**1.2　流域水文及气象概况**

春灌缺水是影响当地农林业生产的主要因素。水库位于沙柳河流域，引水渠引水口以上(原查查香卡水文站站址处)河长约 80 km，流域面积 1 810 $km^2$，担负着全区 8.3 万亩耕地和退耕还林地的灌溉任务。沙柳河为查查香卡地区唯一河流，属北霍布逊湖水系，发源于乌龙滩内沼泽地中，经乌龙滩、野马滩，又有泉水和浅层地下水补给，全长 95.7 km，集水面积 1 965 $km^2$，多年平均流量 1.88 $m^3/s$。该河经过查查香卡盆地潜入地下，在素棱格勒河源头又以泉水形式涌出，流入北霍布逊湖。

水库工程区属高原大陆性气候，空气干洁透明，云雨天少，日照充足，太阳辐射强烈，昼夜温差大，有效积温高。多年平均气温 2～3℃，最热月份 7 月份平均气温 15℃左右。降水稀少，多年平均降水量仅 163.9 mm，年蒸发量达 2 088 mm，年均气温稳定通过零摄氏度期间的温度湿润系数为 0.24。

根据沙柳河查查香卡水文站水文资料推算，沙柳河 20 年一遇最大流量为 89.9 $m^3/s$，100 年一遇的最大流量为 138.1 $m^3/s$，来水量较为丰富，能满足查查香卡灌区灌溉保证率 $P=75\%$时的灌溉用水。

**1.3　工程地质条件概况**

(1) 区域地质

水库位于柴达木盆地东缘的都兰县查查香卡地区，属沙柳河(下游)南岸Ⅱ级阶地。地势南高北低、东高西低，假设高程 2 789.30～2 800.00 m，相对高差近 11.00 m。

库区出露地层为第四系全新统冲、洪积物($Q_4^{al-pl}$)。自上而下分别为：

黄土状土($Q_4^{pl+eol}$)：黄褐色，土质较均匀，具有大孔隙、稍湿，结构稍密。厚度 2～3 m。

粉砂($Q_4^{al+pl}$)：黄褐色、青灰色。结构松散—稍密，厚度一般为 0.5～3.8 m。

砂砾石($Q_4^{al+pl}$)：杂色，以砾石为主，中粗砂充填，颗粒级配较好，磨圆度好，砾石呈次圆—圆状；一般粒径 0.20～5.0 cm，成分由石英岩等硬质岩石组成，结构不均，中密，厚度大。

根据《中国地震动峰值加速度区划图》(GB 18306—2001)和《中国地震动反应谱特征周期区划图》(GB 18306—2001)，沙柳河四队水库区地震加速度值 0.10$g$，地震动反应谱特征周期为 0.45s，地震基本烈度为Ⅶ度。

工程区按地下水赋存条件主要为第四系松散孔隙潜水，含水层厚度大，主要接受地表水和大气降水的补给。河水水化学类型为重硫酸钠钙型水，对混凝土不具腐蚀性。

工程区位于高海拔、高寒区，库区周边分布黄土状土层，具有冻胀性。根据《中国季节性冻土标准冻深线图》以及对坝体冻土层的开挖，确定工程区季节性冻土深度 1.85 m。

(2) 枢纽工程地质条件

根据钻孔、探坑资料，坝体置于第四系全新统冲、洪积黄土状土沙砾石层上。黄土状土厚度 2.9～4.2 m，呈现弱—中透水性(渗透系数 $2.12\times10^{-4}$～$6.54\times10^{-4}$ cm/s)、中等湿陷、中等—高压缩性，力学性能较差。之下为沙砾石层，厚度大，结构中密，允许承载力 320～600 kPa，属强透水层(渗透系数 $6.20\times10^{-2}$ cm/s)。该层厚度大于 20 m，以卵砾石为主，含泥量 1%～6%，平均 4.6%，为坝基渗漏的主要通道。

已水毁的放水涵洞置于粉砂层上，强度低，闸基已沉陷，水流冲蚀严重。

坝区场地地势平缓，不存在坝肩边坡、近坝库岸坡失稳问题。

### 1.4 工程质量

水库建于 20 世纪 60 年代初期，由原查查香卡农场设计和施工，属“三边”工程。初建时仅粗略地对坝轴线进行了局部探槽勘察。工程设计主要以现场简易踏勘资料为依据，农场是在勘测资料严重不足的情况下进行设计、施工的。

坝体主要由粉砂及黄土状土填筑而成，填筑混杂，粉砂含量高，为低液限粉质土。根据钻孔内标准贯入试验，经修正后锤击数 $N=6.0$～8.0 击，平均 7.0 击，坝体填筑土结构松散，承载力低。坝体填筑土的天然含水率($W$)3.4%～6.0%，平均 4.9%；天然干密度 1.26～1.60 g/cm$^3$，平均 1.38 g/cm$^3$，整体密实度低；孔隙比($e$)0.647～0.681，平均 0.667；压缩系数 0.20～0.28 MPa$^{-1}$，平均 0.23 MPa$^{-1}$；直剪黏聚力($c$)5.0 kPa，内摩擦角($\varphi$)23.4°；为中等—高压缩性土。渗透系数 $1.46\times10^{-4}$～$2.70\times10^{-3}$ cm/s，平均 $1.64\times10^{-3}$ cm/s，为弱透水性，不满足规范碾压后 $<1.0\times10^{-4}$ cm/s 的要求。填筑土力学试验成果见表 1.4-1。

根据勘察资料，坝基②$_1$层黄土状土及②$_2$层粉砂密实度低，具湿陷性，为弱—中等透水。大坝基底③沙砾石层的厚度大于 20 m，以卵砾石为主，含泥量 1%～8%，平均 5.2%，渗透系数为 $6.2\times10^{-2}$ cm/s，属强透水层，是坝基渗漏的主要通道。

**表 1.4-1 坝体填筑土力学试验成果汇总表**

| | 含水率(%) | 比重 | 干密度(g/cm$^3$) | 孔隙比 | 饱和度(%) | 液限(%) | 塑限(%) | 塑性指数 | 渗透系数(cm/s) | 剪切 | | 压缩 | |
|---|---|---|---|---|---|---|---|---|---|---|---|---|---|
| | | | | | | | | | | 凝聚力(kPa) | 内摩擦角(°) | 压缩系数(MPa$^{-1}$) | 压缩模量(MPa) |
| $W_{min}$ | 3.4 | 2.65 | 1.26 | 0.647 | 13 | 21.3 | 14.1 | 7.1 | 1.46E-04 | 5 | 23.4° | 0.77 | 2.72 |
| $W_{max}$ | 6.0 | 2.69 | 1.60 | 0.681 | 24 | 21.6 | 14.5 | 7.2 | 2.70E-03 | 5 | 23.4° | 0.58 | 3.79 |
| 平均值 | 4.9 | 2.66 | 1.38 | 0.667 | 20 | 21.6 | 14.3 | 7.2 | 1.64E-03 | 5 | 23.4° | 0.68 | 3.26 |

## 2 运行管理现状

### 2.1 水库运行简况

沙柳河四队水库工程损毁前的调度原则为：在确保大坝安全前提下，以灌溉为主。由于其为注入式水库，沙柳河洪水对其不构成直接威胁。库水位可由人工控制；冬季空库运行，冬灌完成后进行清淤工作。

该水库设计灌溉面积 0.83 万亩，灌区主要种植青稞、油菜、洋芋、蔬菜等农作物。水库放水涵洞及其所在转折坝段水毁前，因淤积严重，水库库容仅存约 10 万 m$^3$，实际自流灌溉面积 0.33 万亩。目前，水库淤积严重，放水涵洞及其所在转折坝段已水毁，其他坝段坝体损毁严重，已十几年无法蓄水运行。因缺乏维修改造资金，处于无人管理、废弃状态，无法发挥水库工程的正常效益，对灌区灌溉和人民生活造成了很大的影响。

### 2.2 日常管理和工程维护

该水库原由查查香卡农场自行管理，1989 年农场撤销后移交至沙柳河村管理，都兰县水务局进行业务指导。水库大坝无任何观测设施。限于资金、技术等原因未能对水毁坝段坝体、放水涵洞以及坝体渗漏等进行处理。

## 3 现场安全检查与大坝安全鉴定

### 3.1 现场安全检查

2012 年 3 月 13 日，专家组对沙柳河四队水库工程进行了现场安全检查，检查时天气晴朗，温度 5～8℃，无水。检查发现的主要工程问题如下：

(1) 水库淤积严重(图 3.1-1)，库盘土地已被农民翻耕作为耕地(图 3.1-2)。

图 3.1-1 水库库区淤积严重

图 3.1-2 库盘已被翻耕作为耕地

(2) 放水涵洞为坝下矩形浆砌石结构(图 3.1-3、图 3.1-4)，放水涵洞及其所在转折坝段已水毁(图 3.1-5、图 3.1-6)。

图 3.1-3 已水毁的放水涵洞洞体断裂(一)

图 3.1-4 已水毁的放水涵洞洞体断裂(二)

图 3.1-5　转折坝段已水毁(上游)

图 3.1-6　转折坝段已水毁(下游)

(3) 坝体外观形象差,坝顶宽窄不一,上、下游坝坡凹凸不平,坝体冲刷淘蚀、损毁严重,坡脚无排水体(图 3.1-7、图 3.1-8)。

图 3.1-7　坝体冲刷、损毁严重(一)

图 3.1-8　坝体冲刷、损毁严重(二)

(4) 引水渠损坏严重(图 3.1-9、图 3.1-10)。

图 3.1-9　引水渠损坏严重(一)

图 3.1-10　引水渠损坏严重(二)

(5) 水库无任何监测设施和通信设施。

(6) 因缺乏维修改造资金,水库处于无人管理、废弃状态,已无法蓄水运行。

## 3.2　大坝安全鉴定

受都兰县水务局委托,青海禹兴水利水电设计有限公司于 2009 年初完成了沙柳河四队水库大坝安全评价工作,并编制了《青海省都兰县沙柳河四队水库大坝安全鉴定评价报告》。

2009 年 2 月 27 日,青海省水利厅主持召开了沙柳河四队水库大坝安全鉴定会,鉴定该水库属三类坝，存在严重工程病险和安全隐患，主要包括：1）坝体外观尺寸不符合设计要求；2）现状下大坝防渗体系不完善，库区、坝基渗漏严重，渗透稳定性不满足规范要求；3）大坝、放水设施存在严重质量问题；4）放水涵洞损毁严重，金属结构不能安全可靠运行；5）库区淤积严重；6）引水渠损坏严重；7）无安全监测设施及通信设施，管理设施陈旧落后，无防汛公路。建议对沙柳河四队水库进行除险加固。

## 4 除险加固工程初步设计

### 4.1 库区泥沙清淤设计方案

对库区淤积的近 50 万 $m^3$ 泥沙进行清淤，将水库兴利库容恢复到原库容的 2/3 以上（即 40 万 $m^3$ 以上），以保证下游耕地的灌溉用水要求。

### 4.2 坝体和库区防渗设计方案

鉴于水库渗漏问题比较严重，设计采用全库区土工布防渗措施。

（1）坝体防渗

坝顶宽 5.0 m，坝顶采用 25 cm 厚的泥结碎石铺设，并向下游坝坡以 2%的坡度倾斜，坝顶原设计高程 2 795.50 m、库底高程 2 790.50 m。根据《聚乙烯（PE）土工膜防渗工程技术规范》（SL/T 231），结合该水库工程的具体条件，参考青海省内已建工程经验进行，大坝防渗土工布主要设计指标如下：

密度（$\rho$）不应低于 900 kg/$m^3$；

破坏拉应力（$\sigma$）不应低于 12 MPa；

断裂伸长率（$\varepsilon$）不应低于 300%；

弹性模量（$E$）在 5℃不应低于 70 MPa；

抗冻性（脆性温度）不应低于－60℃；

连接强度应大于母材强度；

撕裂强度应大于或等于 40 N/mm；

抗渗强度应在 1.05 MPa 水压下 48 h 不渗水；

渗透系数应小于 $10^{-11}$cm/s。

土工膜嵌入混凝土的长度不小于 0.8 m；黏土锚固槽嵌入的长度不小于 1.5 m。

支持层的设计与上游坝坡面整修一并进行，整修厚度 0.5～1.5 m；保护层由垫层和面层构成，面层采用 90 cm×60 cm×15 cm 混凝土（C15W4F250）预制板护坡，垫层采用3 cm 厚 M5.0 水泥砂浆；结合沙柳河四队水库当地气候、工程设计选择埋压形式、使用寿命等多方面因素，并参照《复合土工膜技术标准》（GB/T 17462）和《土工合成材料长丝纺粘针刺非织造土工布》（GB/T 17639），设计采用的两布一膜[（g/$m^2$/mm（g）/（g/$m^2$）]的指标为 200/0.2（≥180）/200，PE 膜和长纤针刺土工布。

（2）库区防渗

库区同样全部采用两布一膜土工布防渗（$S$＝0.2 mm，200 g/（≥180）/200 g），该产品力学及水力学指标和施工工艺均需满足《土工合成材料应用技术规范》（GB 50290）和《聚乙烯（PE）土工膜防渗工程技术规范》（SL/T 231）的要求。持力层为 0.3 m 厚黏土铺盖，垫层采用 15 cm 厚、直径 0.5～2 cm 的卵石滤层；滤层下垫一层 10 cm 筛分的细沙；面层利用库区淤积土，压实度不小于 0.9，设计厚度 0.4 m。

### 4.3 输泄水建筑物设计方案

(1) 引水渠加固和维修

引水渠总长 1 220 m,引水流量 0.2 $m^3/s$,在南干渠上直接分出,已全部老化、失修。南干渠在历年农业综合开发工程中已得到全部处理,但引水渠与南干渠衔接处无节制闸,因此在引水渠首部增设一座控制闸,设计流量 0.2 $m^3/s$;对引水渠全部进行混凝土衬砌,断面形式采用梯形,边坡坡比 1∶1、底宽 0.4 m、顶宽 1.62 m、深 0.6 m,渠道衬砌厚度 0.10 m,渠底采用 C15 混凝土现浇,渠身采用 C15 混凝土预制板衬砌;纵向每隔 5 m 长设一缝宽为 2 cm 的伸缩缝,采用沥青砂浆填缝,渠道纵坡依地形而定。入库采用陡坡与库底消力池衔接,陡坡与库底消力池均采用钢筋混凝土结构。

(2) 放水涵洞重建

放水涵洞已水毁,拟在原位置进行重建,改为 C20W4F200 钢筋混凝土箱型结构,孔径尺寸 1.0 m×1.0 m,并设截水环与坝体相接;相关部分坝体重新填筑;挖除箱涵底板以下基础 1.5 m 厚粉砂层,夯填沙砾石;出口处设封闭式钢闸门,闸门尺寸为 1.0 m×1.2 m,螺杆式启闭机启闭。

### 4.4 除险加固工程投资概算

除险加固工程投资概算为 624.36 万元,其中建筑工程 491.64 万元。

### 4.5 除险加固工程效益评价

(1) 经济效益

除险加固工程实施后,可解决工程受益区现有 0.83 万亩(恢复 0.12 万亩、保灌 0.71 万亩)水浇耕地的灌溉问题,可实现工程受益区的粮食产量增加、间作作物产量提高、水资源合理利用,促进工程受益区的经济社会发展。

(2) 生态效益

除险加固工程实施后,可保证 0.83 万亩农田面积得到有效灌溉,相应地可在一定程度上增加工程受益区绿地覆盖率,对吸附尘埃、净化空气、减少风沙、减少水土流失、增加空气湿度、缓解旱情具有一定程度的改善作用,特别是农田冬灌后可直接减少干旱土地的冬季扬尘,改善当地生态。

(3) 社会效益

除险加固工程实施后,可在一定程度上保证工程受益区农业灌溉、工业生产以及生活用水的需求,改善灌区农业生产条件,增加主要农产品产量和农民收入,促进灌区经济发展和人民生活水平提高,改变当地贫困落后面貌,推动当地社会全面进步,具有较明显的社会效益,会得到工程受益区人民群众的拥护和支持。

### 4.6 除险加固工程经济合理性分析

除险加固工程投资概算为 624.36 万元,可恢复兴利库容 40 万 $m^3$,单方库容投资为 15.6 元。根据我国 2 311 座病险水库除险加固案例,通过对建设项目地区差异、规模和坝型、费用特点等分析,除险加固项目中土石坝占绝大多数,单位库容的加固费用大型、中型、小型分别为 0.17 元/$m^3$、0.45 元/$m^3$、0.67 元/$m^3$。可见,沙柳河四队水库除险加固单位库容的加固费用明显偏高。

## 5 工程报废理由及依据

### 5.1 报废理由

综合上述沙柳河四队水库运行管理现状、现场安全检查、大坝安全鉴定、除险加固工程初步设计等基础工作分析，对该水库工程实施报废具有以下理由：

（1）大坝损毁严重，放水涵洞已水毁，引水渠损坏严重，无任何安全监测设施和通信设施，目前无管理机构和管理人员。水库已空库运行多年，功能已丧失，无进一步开发利用价值。

（2）水库淤积严重，目前实际有效库容仅10万$m^3$，库区土地资源已被侵占用作耕地。

（3）库区、坝基渗漏严重，大坝渗透稳定性不满足规范要求。

（4）水库病险严重，除险加固工程投资约624.36万元，除险加固工程实施后仅可恢复兴利库容40万$m^3$，单位库容的加固费用达15.6元，远超过全国平均水平，相对于该水库发挥的经济效益、生态效益、社会效益，除险加固工程投资经济合理性差。

### 5.2 报废依据

《水库降等与报废管理办法（试行）》第八条及《水库降等与报废标准》（SL 605—2013）规定，符合下列条件之一的水库，应当予以报废：

（1）防洪、灌溉、供水、发电、养殖及旅游等效益基本丧失或者被其他工程替代，无进一步开发利用价值的；

（2）库容基本淤满，无经济有效措施恢复的；

（3）建库以来从未蓄水运用，无进一步开发利用价值的；

（4）遭遇洪水、地震等自然灾害或战争等不可抗力，工程严重毁坏，无恢复利用价值的；

（5）库区渗漏严重，功能基本丧失，加固处理技术上不可行或者经济上不合理的；

（6）病险严重，且除险加固技术上不可行或者经济上不合理，降等仍不能保证安全的；

（7）因其他原因需要报废的。

根据沙柳河四队水库工程实际情况，该报废水库符合上述（1）、（2）、（4）、（5）、（6）项所规定的报废条件，应予以报废。

## 6 报废后的风险评估

沙柳河四队水库属于以灌溉为主的小（2）型注入式水库，由于库区、坝基渗漏严重，大坝渗透稳定性不满足规范要求，水库报废后，可消除工程安全隐患，规避溃坝风险。由于该水库原功能中包含拦蓄南山片坡面汇流形成的洪水，为防止水库报废后南山片坡面汇流对工程受益区沙柳河村造成洪水危害，建议对南山防护渠进行恢复重建，并修建泄洪渠将洪水引至沙柳河干流。因此，在恢复南山防洪渠后，该水库报废不会导致工程受益区防洪风险明显增加，原库区及坝址土地资源经过适当改造后还可成为可耕种的农田。

## 7 报废方案设计

### 7.1 工程处置措施

沙柳河四队水库残留坝体最大坝高5 m，坝顶最宽5 m，坝长约500 m，土方量约4.375万$m^3$。若全部拆除，按每方土体处置费用20元（开挖及运输处理费用）计，需87.5万元。该水库为注入式水库，保留现有残存坝体不会壅水带来人造洪水风险，因此，为节约经费，残留坝体可不予拆除；库区淤积泥沙也可不进行工程处置，由库区及坝址土地资源所有人经过适当改造后作为耕地使用，并对其进行适合当地环境、气候条件的绿化。

对失修、损坏严重的原引水渠（现南干渠）进行必要的维修加固处理，解决其渗漏和塌坡问题，以满足工程受益区的生产、生活用水需求。

### 7.2 替代工程方案

为保证沙柳河四队水库受益区的生产、生活用水需求，当地政府拟在柳河四队水库上游修建沙柳河水库，目前已经完成前期勘探工作。沙柳河水库库容 2 000 万 $m^3$，其建成后通过南干渠引水，可从根本上解决沙柳河四队水库工程受益区的生产、生活用水需求。因此，沙柳河四队水库除险加固工程已无实施意义。

### 7.3 人员和管理设施处置方案

根据海西州农垦事业局《关于原海西州查查香卡农场四队水库固定资产情况报告》(2011 年 12 月)，海西州查查香卡农场于 2004 年深化农垦企业改革，原农场依法破产，重新组建为众旺农牧有限责任公司，公司已移交属地都兰县管理。沙柳河村(原查查香卡农场)四队水库建于 20 世纪 60 年代初期，由农场自行设计和施工，受历史原因和投资限制，为"三边"工程，经几十年运行，现已报废，固定资产也于 1988 年作核销处理。

都兰县夏日哈镇沙柳河村村民委员证明(2011 年 12 月)，沙柳河村(原查查香卡农场)四队水库已十几年未蓄水运行，原农场和现在沙柳河村没有派人管护，故无人员投入，无费用产生；所投入的固定资产已由 2005 年农垦破产改制领导小组核销，现无固定资产。

因此，沙柳河四队水库报废不涉及管理人员和管理设施处置问题。

### 7.4 库区及枢纽区土地资源处置方案

沙柳河四队水库库区及枢纽工程区土地资源面积约 12 万 $m^2$(192 亩)，根据工程实际，以及《水库降等与报废管理办法(试行)》与国土资源有关管理的相关要求，拟不对库区淤积泥沙进行工程处置，由库区及坝址土地资源所有人向都兰县国土资源部门申请进行适当处理，改造成为可耕种的农田，并对其进行适合当地环境、气候条件的绿化，使其符合水土保持和环境绿化要求。

## 8 结论与建议

(1) 沙柳河四队水库渗漏严重，大坝渗透稳定性不满足规范要求，坝体损毁严重，放水涵洞已水毁，引水渠损坏；工程无任何监测设施和通信设施，目前已无工程管理机构和管理人员；水库泥沙淤积严重，目前实际有效库容仅 10 万 $m^3$，库区土地资源已被侵占用作耕地，水库已多年无法蓄水、功能丧失，处于无人管理的废弃状态，无进一步开发利用价值。水库单位库容的加固费用高，除险加固工程投资经济合理性差。依据《水库降等与报废管理办法(试行)》，沙柳河四队水库符合报废条件，应予以报废。

(2) 沙柳河四队水库是以灌溉为主的小(2)型注入式水库，通过对南山防护渠进行恢复重建，将洪水引至沙柳河干流，工程受益区农田和沙柳河村的防洪安全不会受该水库报废的影响。

(3) 当地拟修建的沙柳河水库库容约 2 000 万 $m^3$，其建成后，通过对引水渠(南干渠)维修加固处理，能够取代沙柳河四队水库功能，从根本上解决原沙柳河四队水库工程受益区的生产、生活用水需求，沙柳河四队水库除险加固工程已无实施意义。

(4) 建议尽快对沙柳河四队水库实施报废，库区淤积泥沙可不进行处置，由库区及坝址土地资源所有人向都兰县国土资源部门申请进行适当处理，改造成为可耕种的农田，并对其进行适合当地环境、气候条件的绿化，以符合水土保持和环境绿化要求；现残存坝体也可保留，但须对失修、损坏问题严重的原引水渠(南干渠)进行必要的维修加固处理，解决引水渠渠道的渗漏和塌坡问题。

(5) 沙柳河四队水库报废不涉及管理人员安置和管理设施处置问题。

# 附录四

# 港口湾水库大坝安全管理应急预案(第Ⅰ版)

## 1 编制说明

### 1.1 编制目的和适用范围

为提高港口湾水库大坝安全管理水平和应对突发事件能力,确保水库大坝工程安全及下游生命财产安全,维持经济社会可持续发展,编制本预案。

本预案适用于港口湾水库大坝及其附属建筑物发生的工程险情及可能对水库下游造成淹没损失的洪水突发事件,包括:

(1) 暴雨洪水、地震等原因造成溃坝、超标准泄洪、紧急泄洪事件。

(2) 恐怖袭击、人为破坏造成大坝破坏事件。

(3) 溢洪道闸门故障无法正常泄洪,导致库水位升高甚至造成溢洪道、泄洪隧洞冲毁事件;面板止水破坏、副坝裂缝等一般工程险情。

### 1.2 编制单位和编制人员

本预案编制单位及主要编制人员见表1.2-1。

**表1.2-1 预案编制单位与人员**

| 单 位 | 编制负责人姓名 | 职务/职称 | 电话 |
|---|---|---|---|
| 水利部交通运输部国家能源局南京水利科学研究院 | 王×× | 高工 | 025-85828191 |
| | 彭×× | 教高 | 025-85828932 |
| | 龙×× | 高工 | 025-85828146 |
| | 周×× | 高工 | 025-85828191 |
| | 杨×× | 工程师 | 025-85828929 |
| | 蔡×× | 博士 | 025-85828846 |

### 1.3 编制依据

(1)《中华人民共和国水法》(2016年7月2日)

(2)《中华人民共和国突发事件应对法》(2007年8月30日)

(3)《中华人民共和国安全生产法》(2002年11月1日)

(4)《中华人民共和国防汛条例》(2011年1月8日)

(5)《水库大坝安全管理条例》(1991年3月22日)

(6)《国家自然灾害救助应急预案》(2016 年 3 月 24 日)

(7)《水库大坝安全管理应急预案编制导则》(SL/Z 720—2015)

(8)《溃坝洪水模拟技术规程》(SL 164—2010)

(9)《洪水风险图编制导则》(SL 483—2010)

(10)《宣城市防汛抗旱应急预案》(宣政办秘〔2013〕60 号)

(11)《宣城市突发事件总体应急预案》

(12)《港口湾水库度汛方案》

(13)《宣城市港口湾水库大坝安全评价报告》(2011 年 5 月)

(14)《安徽省港口湾水库工程初步设计报告》(1993 年 8 月)

(15)《安徽省港口湾水库竣工验收资料汇编》(2002 年 10 月)

## 1.4 编制原则

本预案编制以"以人为本、分级负责、预防为主、科学有效、便于操作、协调一致、动态管理"为原则。

本预案实行分级负责、属地管理,对相关人员的权利、职责和义务作出明确规定;与当地人民政府及其相关部门的公共突发事件应急预案协调和衔接,应急保障资源共享;应根据实际情况变化适时修订,不断补充完善。

## 1.5 突发事件分级

港口湾水库突发事件分级见表 1.5-1。

**表 1.5-1 港口湾水库突发事件分级**

| 突发事件分级 | 突发事件 |
| --- | --- |
| Ⅰ级<br>特别重大 | • 遭遇 10 000 年一遇洪水泄洪;<br>• 遭遇 100 年一遇洪水副坝溃决;<br>• 遭遇 100 年一遇以上洪水溢洪道闸门故障无法正常泄洪;<br>• 正常蓄水位下主坝遭遇恐怖袭击溃决。 |
| Ⅱ级<br>重大 | • 遭遇 100 年一遇洪水泄洪;<br>• 遭遇 50 年一遇以上、100 年一遇以下洪水溢洪道闸门故障无法正常泄洪。 |
| Ⅲ级<br>较大 | • 遭遇 50 年一遇洪水泄洪;<br>• 遭遇 20 年一遇以上、50 年一遇以下洪水溢洪道闸门故障无法正常泄洪;<br>• 副坝出现渗透破坏导致滑坡等工程险情。 |
| Ⅳ级<br>一般 | • 遭遇 20 年一遇洪水泄洪;<br>• 面板止水破坏,副坝裂缝等一般工程险情。 |

## 1.6 预案版本的受控和修订

本预案发放至应急指挥部所有成员单位和责任人,并造册登记预案发放对象(附表 1)。本预案应根据情况变化和应急演习效果评估情况及时修订和报批。修订的预案应送达所有发放对象,并同时废止旧版本。

考虑到修订方便,本预案涉及的所有具体人员信息(包括姓名、联系方式等)详见宣城市防汛抗旱指挥部办公室当年发布的《防汛抗旱手册》。

# 2 突发事件及其后果分析

## 2.1 水库工程概况

### 2.1.1 流域概况

港口湾水库地处皖南山区，位于长江南岸支流水阳江西津河段，水库流域面积为 1 120 $m^2$，占西津河流域面积的 90.0%。区域属中亚热带湿润季风气候区，气候温和，雨量充沛。多年平均年降雨量 1 583 mm，最大年降雨量 2 332 mm，最小年降雨量 963 mm。季节性降雨集中在 4—8 月，约占全年降雨量的 60.1%；多年平均降雨天数为 160 d。

坝址处多年平均流量 30.9 $m^3/s$，多年平均径流量 9.74 亿 $m^3$，最枯月平均流量 7.8 $m^3/s$(12 月)，最丰月平均流量 68.1 $m^3/s$(6 月)，多年平均输沙量 12.1 万 t。地区年平均气温 15.4℃，月平均最高气温 28.1℃(7 月)，月平均最低气温 2.6℃(1 月)，极端最高气温 41.1℃，极端最低气温－14.5℃。多年平均风速 1.6 m/s。

水阳江发源于绩溪县太子山西麓，在绩溪县境称戈溪河，河长 22 km，流域面积 160 $km^2$。水阳江在 38 号桥与南来的金沙河(发源于绩溪县校头乡东坑山南麓，河长 22 km，流域面积 78 $km^2$)汇合后向北流入宁国县境内；在西津街道办事处潘村高家场附近与东津河汇合；流经宣城后即进入圩区，经新河庄后进入下游水网区，流经水阳镇西陡门后称运粮河，至花津后称姑溪河，在魏家渡汇入青山河后由当涂金柱关入长江。

东津河汇入口上游段为水阳江西津河段，流域面积约 1 244 $km^2$，主河道长约 94 km，平均坡降 2.55‰。东津河流域面积 1 325 $km^2$，总落差为 410 m，主河道长 69 km，平均坡降 2.45‰。中津河在河沥溪街道办事处与东津河汇合，发源于宣城市中南部甲路镇石门村进坞岭，流域面积 311 $km^2$，主河道全长 43 km，河道平均坡降 1.67‰。

区域洪水主要由暴雨形成。洪水主要发生在 3—10 月；其中，6—9 月是洪水的多发期，其余月份洪峰流量不大。洪水汇流迅速，具有涨得快、落得也快和历时短等特点。流域一般洪水以单峰型为主，历时 1～3 d；梅雨季节的洪水更易形成双峰或复峰型，历时 3～5 d。

### 2.1.2 水库工程概况

工程始建于 1998 年 10 月，2001 年 3 月下闸蓄水，2002 年 10 月通过竣工验收。2011 年 9 月鉴定为一类坝。

港口湾水库位于安徽省宁国市境内，主坝坐落在青龙乡龙阁村，控制流域面积 1 120 $km^2$，总库容 9.41 亿 $m^3$，电站总装机容量 60 MW，是一座以防洪为主，结合发电、灌溉、城市供水、水产养殖、旅游开发等综合利用的大(2)型水利枢纽工程。水库防洪标准为 100 年一遇洪水设计、10 000 年一遇洪水校核，相应设计洪水位 140.71 m(吴淞高程，以下同)、校核洪水位 145.16 m。水库正常蓄水位 135.00 m，汛限水位 133.00 m，防洪高水位 137.50 m，死水位 117.00 m。

水库枢纽由主坝、副坝、溢洪道、泄洪隧洞、发电引水隧洞、发电厂房和升压开关站等组成。

主坝为混凝土面板堆石坝，坝顶长 252 m，最大坝高 68 m，坝顶高程 146.00 m，坝顶宽 7.0 m，上游边坡 1∶1.4，下游边坡 1∶1.3。坝顶采用直立式防浪墙，防浪墙顶高程 147.20 m。港口湾水库主坝平面布置见图 2.1-1(略)，横剖面见图 2.1-2(略)。

副坝位于宁国市桥头埠东北约 2 km 处，为均质土坝，坝轴线下游部分坝体为堆石体。由于副坝位于宁国至黄山的公路上，因此坝下游无水。坝顶高程 146.00 m，长 77.5 m，宽 6 m，最大坝高 31 m；上、下游坝坡在高程 135.00 m 设有 2 m 宽平台，上游坡平台以上坡比

为 1∶2.5、平台以下 1∶3，下游坡平台以上坡比为 1∶2、平台以下 1∶2.5，上游为混凝土预制块护坡，下游为草皮护坡。坝下设一座净断面为 1.2 m×1.8 m 钢筋混凝土放水箱涵。副坝下有灌溉引水涵管横穿坝底，引水涵进口中心高程为 123.00 m，总长 132 m，采用 $\Phi$500 mm 铁铸管。进口设钢筋滤网保护，出口设闸门控制。港口湾水库副坝平面布置见图 2.1-3（略），横剖面见图 2.1-4（略），副坝坝下涵管结构见图 2.1-5（略）。

溢洪道位于主坝右岸，由进水渠段、控制段、泄槽段、挑流鼻坎段和尾水渠等组成，全长 295.45 m。溢流堰为驼峰型，堰顶高程 130.00 m，最大泄量 2 075 $m^3/s$。设 2 扇 10 m×8 m 弧形钢闸门，液压启闭。

泄洪隧洞位于大坝左岸，由导流洞改建，兼作放空洞，洞身全长 347.17 m，进口断面为 8 m×8 m 城门洞型，进口底高程 81.00 m，出口控制段为 5.0 m×5.2 m 矩形断面，底高程 80.00 m，最大泄量 677 $m^3/s$。进口设事故检修平面钢闸门，出口工作门为弧形钢闸门，均为液压启闭。

发电引水隧洞位于大坝右岸，为全断面衬砌圆形有压洞，主洞直径 8.5 m，进口底高程 100.00 m，最大引水流量 162.5 $m^3/s$，电站装机 2×30 MW。

水库高程-库容关系见表 2.1-1，水库水位-泄量关系见表 2.1-2。

**表 2.1-1　水库高程-库容关系表**

| 高程（m） | 库容（亿 $m^3$） |
| --- | --- |
| 80 | 0.003 |
| 85 | 0.016 |
| 90 | 0.041 |
| 95 | 0.083 |
| 100 | 0.161 |
| 105 | 0.327 |
| 107.5 | 0.460 |
| 110 | 0.634 |
| 112.5 | 0.832 |
| 115 | 1.107 |
| 117 | 1.350 |
| 120 | 1.767 |
| 125 | 2.655 |
| 130 | 3.829 |
| 133 | 4.70 |
| 135 | 5.314 |
| 137.5 | 6.12 |
| 145 | 9.326 |

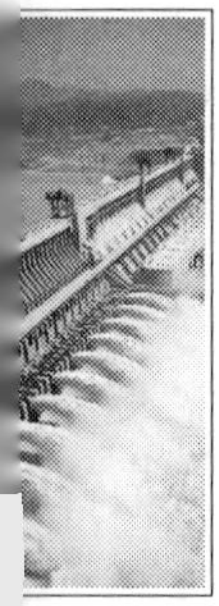

**表 2.1-2　水库水位-泄量关系表**

| 库水位(m)<br>泄量($m^3/s$) | 131 | 133 | 135 | 137 | 139 | 141 | 143 | 145 | 146 |
|---|---|---|---|---|---|---|---|---|---|
| 溢洪道 | 34 | 186 | 405 | 664 | 962 | 1 318 | 1 670 | 2 044 | 2 240 |
| 泄洪隧洞 | 579 | 592 | 604 | 616 | 627 | 639 | 651 | 661 | 667 |
| 合计 | 613 | 778 | 1 009 | 1 280 | 1 589 | 1 957 | 2 321 | 2 705 | 2 907 |

#### 2.1.3　水库下游经济社会概况

水库出库洪水自南向北演进，主要影响区域为宣城市，以及宣城市以北的芜湖市、马鞍山市以及南京市高淳区。宣城市 2016 年全年生产总值 1 057.8 亿元，人均生产总值 40 739.5 元，城镇居民人均可支配收入 30 877 元，农民人均纯收入 13 379 元。

### 2.2　突发事件分析

港口湾水库距下游宁国市城区 18 km，防洪保护下游宣城、宁国市区等城镇，保护皖赣铁路、沪渝高速等重要基础设施和沿江农田 55 万亩；可改善和发展灌溉面积 46.5 万亩。根据《宣城市港口湾水库大坝安全评价报告》(2011 年 5 月)、《安徽省港口湾水库竣工验收资料汇编》(2002 年 10 月)，结合枢纽工程运行和管理现状，确定港口湾水库突发事件可分为以下 3 类：

(1) 自然灾害类事件：因暴雨、洪水等原因造成的溃坝、超标准泄洪、紧急泄洪。

(2) 社会安全类事件：恐怖袭击造成大坝破坏，最终溃决。

(3) 工程险情类事件：溢洪道闸门故障无法正常泄洪，导致库水位升高甚至造成溢洪道、泄洪隧洞冲毁；面板止水破坏，副坝裂缝等一般工程险情。

### 2.3　突发洪水事件及其后果分析

对港口湾水库突发洪水事件计算了 6 组工况：(1)遭遇 20 年一遇洪水泄洪；(2)遭遇 50 年一遇洪水泄洪；(3)遭遇 100 年一遇洪水泄洪；(4)遭遇 10 000 年一遇洪水泄洪；(5)设计洪水位下副坝管涌溃决；(6)正常蓄水位下主坝遭受恐怖袭击溃决。

各工况计算提取了洪水最大水深图、洪水到达时间图、分区最大水深和洪水到达时间图，详见附图；典型断面流量过程线，断面情况见表 2.3-1，断面分布见图 2.3-1。

**表 2.3-1　典型断面位置及与主坝距离**

| 断面位置 | 两河口 | 港口镇政府附近 | 鸡头岭大桥附近 | 孙埠高级中学附近 | 皖赣线与宣杭线交界处(阮家坦附近) |
|---|---|---|---|---|---|
| 沿河道方向与主坝距离(km) | 22 | 34 | 48 | 60 | 75 |

#### 2.3.1　泄洪事件

重点分析遭遇 20 年一遇以上洪水时，通过溢洪道和泄洪隧洞下泄所导致的下游区域淹没情况。其中，遭遇 20 年和 50 年一遇洪水时，水库参与流域防洪调度，承担东、中津河与水阳江西津河段的错峰，下游淹没区的洪水来源以水库宣泄的洪水为主。当遭遇 100 年一遇及以上洪水时，出于水库自身安全考虑，不考虑水库参与联合调度，下游淹没区的洪水来源由水库宣泄洪水、东津河汇流、华阳河汇流等共同组成。

具体计算分析工况和后果分析如下：

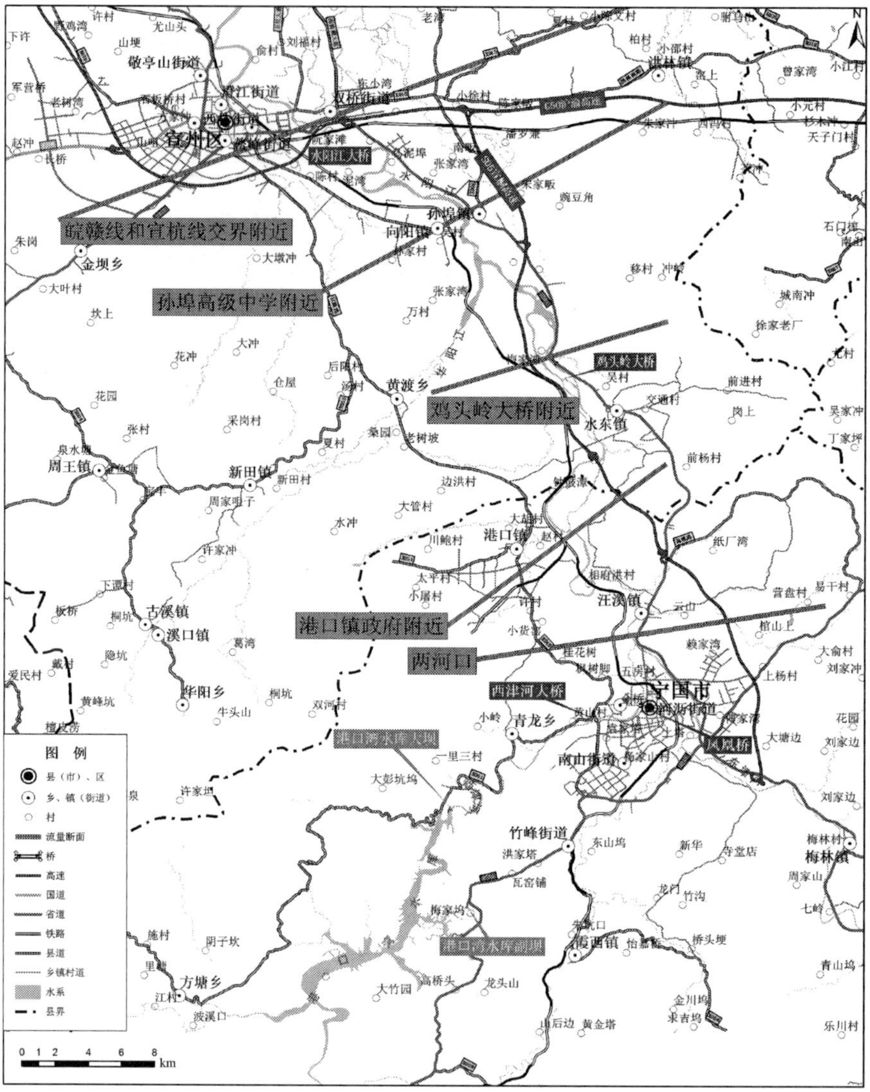


图 2.3-1　典型断面位置图

(1) 遭遇 20 年一遇洪水泄洪

水库遭遇 20 年一遇洪水时，最高库水位达到 137.50 m，溢洪道和泄洪隧洞最大泄量 1 357.25 $m^3/s$。突发事件严重程度为一般(Ⅳ)。下游各断面洪水流量过程线见图 2.3-2，洪峰出现时间见表 2.3-2。洪水到达时间见附图 1，最大水深淹没图见附图 2，分区淹没图见附图 3～附图 8。

表 2.3-2　港口湾水库遭遇 20 年一遇洪水水库泄洪下游典型断面最大洪峰流量和出现时间

| 断面位置 | 两河口 | 港口镇政府附近 | 鸡头岭大桥附近 | 孙埠高级中学附近 | 皖赣线和宣杭线交界附近 |
|---|---|---|---|---|---|
| 最大洪峰流量($m^3/s$) | 2 264.4 | 2 180.8 | 2 184.3 | 2 445.2 | 1 901.1 |
| 洪峰出现时间(h) | 27.6 | 29.2 | 31.8 | 33.5 | 40.0 |

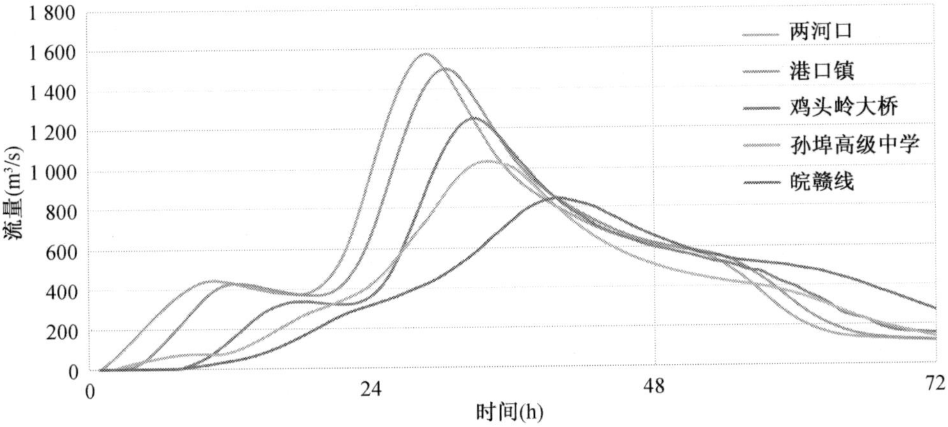


图 2.3-2 港口湾水库遭遇 20 年一遇洪水水库泄洪下游典型断面流量过程线

(2) 遭遇 50 年一遇洪水泄洪

水库遭遇 50 年一遇洪水时，最高库水位达到 139.91 m，溢洪道和泄洪隧洞最大泄量 1 754.6 $m^3/s$。突发事件严重程度为较大(Ⅲ级)。下游各断面洪水流量过程线见图 2.3-3，洪峰出现时间见表 2.3-3。洪水到达时间见附图 9，最大水深淹没图见附图 10，分区淹没图见附图 11～附图 16。

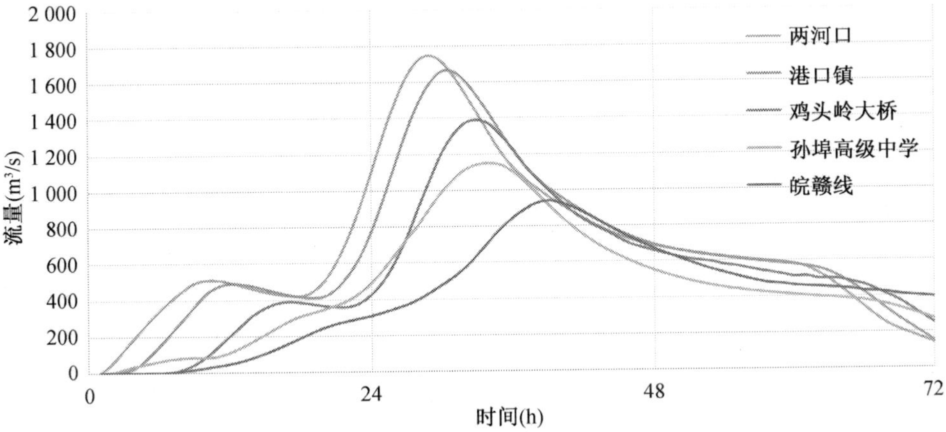


图 2.3-3 港口湾水库遭遇 50 年一遇洪水水库泄洪下游典型断面流量过程线

表 2.3-3 港口湾水库遭遇 50 年一遇洪水水库泄洪下游典型断面最大洪峰流量和出现时间

| 断面位置 | 两河口 | 港口镇政府附近 | 鸡头岭大桥附近 | 孙埠高级中学附近 | 皖赣线和宣杭线交界附近 |
|---|---|---|---|---|---|
| 最大洪峰流量($m^3/s$) | 5 877.4 | 5 801.2 | 5 878.9 | 6 807.4 | 5 615.1 |
| 洪峰出现时间(h) | 28.5 | 30.2 | 32.3 | 33.4 | 37.9 |

(3) 遭遇 100 年一遇洪水泄洪

水库遭遇 100 年一遇洪水时，最高库水位达到 140.71 m，溢洪道和泄洪隧洞最大泄量

1 895.3 m³/s。突发事件严重程度为重大(Ⅱ级)。下游各断面洪水流量过程线见图 2.3-4，洪峰出现时间见表 2.3-4。洪水到达时间见附图 17，最大水深淹没图见附图 18，分区淹没图见附图 19～附图 24。

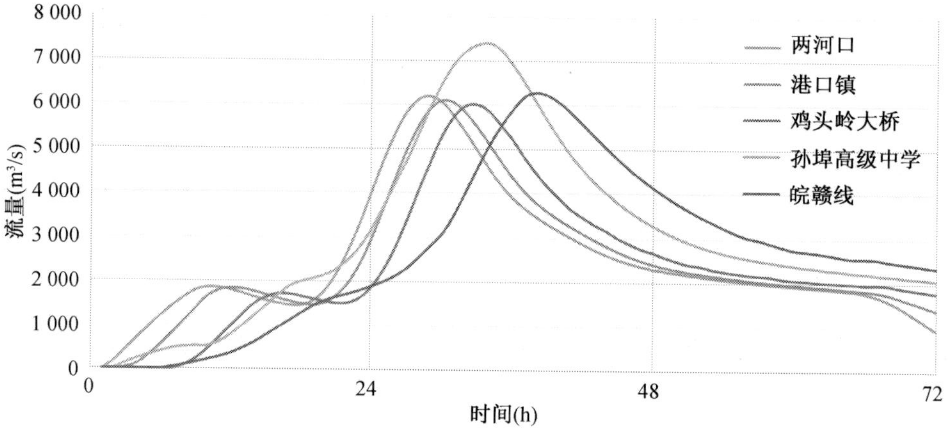


**图 2.3-4 港口湾水库遭遇 100 年一遇洪水水库泄洪下游典型断面流量过程线**

**表 2.3-4 港口湾水库遭遇 100 年一遇洪水水库泄洪下游典型断面最大洪峰流量和出现时间**

| 断面位置 | 两河口 | 港口镇政府附近 | 鸡头岭大桥附近 | 孙埠高级中学附近 | 皖赣线和宣杭线交界附近 |
|---|---|---|---|---|---|
| 最大洪峰流量(m³/s) | 6 652.4 | 6 554.1 | 6 643.0 | 7 986.5 | 6 617.0 |
| 洪峰出现时间(h) | 28.0 | 29.7 | 31.9 | 33.0 | 37.0 |

(4) 遭遇 10 000 年一遇洪水泄洪

水库遭遇 10 000 年一遇洪水时，最高库水位达到 145.16 m，溢洪道和泄洪隧洞最大泄量 2 752.0 m³/s。突发事件严重程度为特别重大(Ⅰ级)。下游各断面洪水流量过程线见图 2.3-5，洪峰出现时间见表 2.3-5。洪水到达时间见附图 25，最大水深淹没图见附图 26，分区淹没图见附图 27～附图 32。

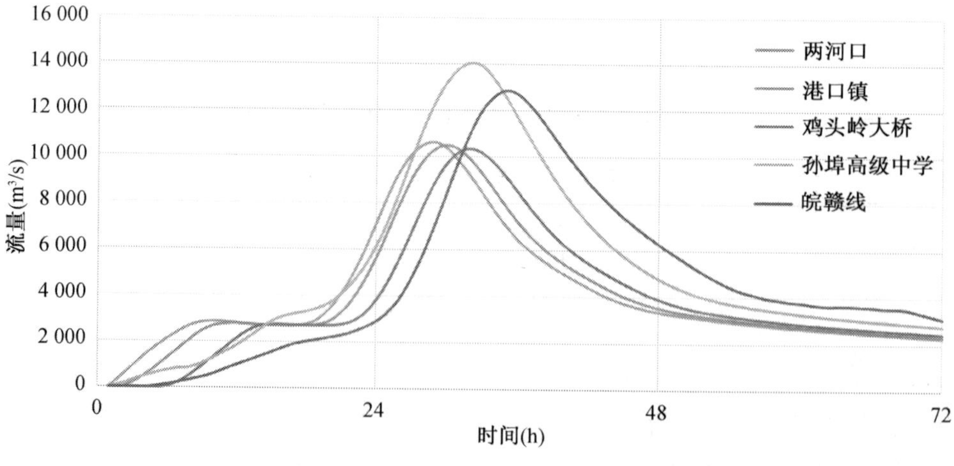


**图 2.3-5 港口湾水库遭遇 10 000 年一遇洪水水库泄洪下游典型断面流量过程线**

**表 2.3-5　港口湾水库遭遇 10 000 年一遇洪水水库泄洪下游典型断面最大洪峰流量和出现时间**

| 断面位置 | 两河口 | 港口镇政府附近 | 鸡头岭大桥附近 | 孙埠高级中学附近 | 皖赣线和宣杭线交界附近 |
|---|---|---|---|---|---|
| 最大洪峰流量($m^3/s$) | 11 493.9 | 11 241.0 | 11 066.6 | 15 257.5 | 13 794.0 |
| 洪峰出现时间(h) | 27.7 | 29.3 | 31.3 | 31.2 | 34.3 |

2.3.2　洪水导致大坝溃决事件

库水位达到设计洪水位 140.71 m,副坝涵管和坝体发生接触渗漏,漏水严重,造成坝体破坏,最终导致大坝溃决,溃口最大流量达 8 294.0 $m^3/s$。突发事件严重程度为特别重大(Ⅰ级)。下游各断面洪水流量过程线见图 2.3-6,洪峰出现时间见表 2.3-6。洪水到达时间见附图 33,最大水深淹没图见附图 34,分区淹没图见附图 35～附图 40。

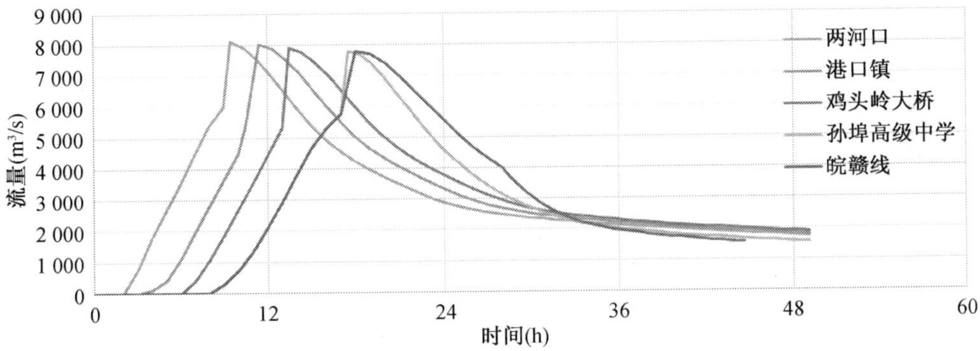


**图 2.3-6　设计洪水位下港口湾水库副坝溃决下游典型断面流量过程线**

**表 2.3-6　设计洪水位下港口湾水库副坝溃决下游典型断面最大洪峰流量和出现时间**

| 断面位置 | 两河口 | 港口镇政府附近 | 鸡头岭大桥附近 | 孙埠高级中学附近 | 皖赣线和宣杭线交界附近 |
|---|---|---|---|---|---|
| 最大洪峰流量($m^3/s$) | 8 110.8 | 8 030.0 | 7 920.0 | 7 810.9 | 7 612.8 |
| 洪峰出现时间(h) | 9.5 | 10.5 | 13.5 | 17.5 | 28.5 |

港口湾水库主坝为混凝土面板堆石坝,坝顶高程、抗滑稳定均满足规范要求,坝体、坝基渗流稳定;水库泄洪能力满足要求。经多年运行,未发现明显异常,鉴于混凝土面板堆石坝结构稳定,本预案对洪水导致主坝溃决的突发事件不做分析。

2.3.3　紧急泄洪事件

遭遇 100 年一遇洪水,库水位达到设计洪水位 140.71 时,闸门无法开启,洪水将溢洪道和泄洪隧洞闸门冲毁,导致下游沿河两岸部分区域遭受下泄洪水淹没。洪水淹没情况可参照遭遇 10 000 年一遇洪水泄洪淹没情况。突发事件严重程度为特别重大(Ⅰ级)。

2.3.4 恐怖袭击导致大坝溃决事件

正常蓄水位 135.00 m，主坝遭遇恐怖袭击，造成溃决，溃口最大流量达 25 909.4 $m^3/s$。突发事件严重程度为特别重大(I级)。下游各断面洪水流量过程线见图 2.3-7，洪峰出现时间见表 2.3-7。洪水到达时间见附图 41，最大水深淹没图见附图 42，分区淹没图见附图 43～附图 48。

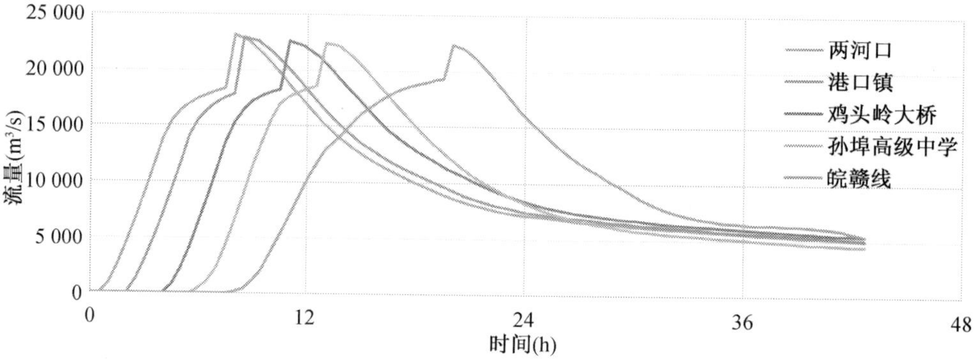


**图 2.3-7 港口湾水库正常蓄水位下主坝溃决下游典型断面流量过程线**

**表 2.3-7 港口湾水库正常蓄水位下主坝溃决下游典型断面最大洪峰流量和出现时间**

| 断面位置 | 两河口 | 港口镇政府附近 | 鸡头岭大桥附近 | 孙埠高级中学附近 | 皖赣线和宣杭线交界附近 |
|---|---|---|---|---|---|
| 最大洪峰流量($m^3/s$) | 23 188.7 | 23 001.9 | 22 681.8 | 22 491.9 | 22 365.7 |
| 洪峰出现时间(h) | 8.0 | 8.5 | 11.0 | 13.0 | 20.0 |

## 3 应急组织体系

港口湾水库突发事件应急组织体系应与《宣城市防汛抗旱应急预案》《宣城市突发公共事件总体应急预案》衔接。

### 3.1 应急组织体系框架

港口湾水库洪水突发事件应急组织体系框图见图 3.1-1。

### 3.2 应急指挥机构

宣城市人民政府为应急组织体系的最高指挥机构。港口湾水库应急指挥机构办公室设在港口湾水库管理处办公楼内。应急指挥机构是应急组织体系的核心，是应急处置过程中的领导者和决策者，其他部门和人员要服从应急指挥机构的工作安排。

港口湾水库突发洪水事件应急指挥机构成员单位的组成名单及具体职责，参见表 3.2-1。各成员单位在指挥长领导下，主要负责水库大坝突发事件预警信息的发布与报告，以及应急预案的具体实施，包括预案启动、应急调度、应急抢险、险情监测和巡查、人员应急转移、善后处理、信息发布等。

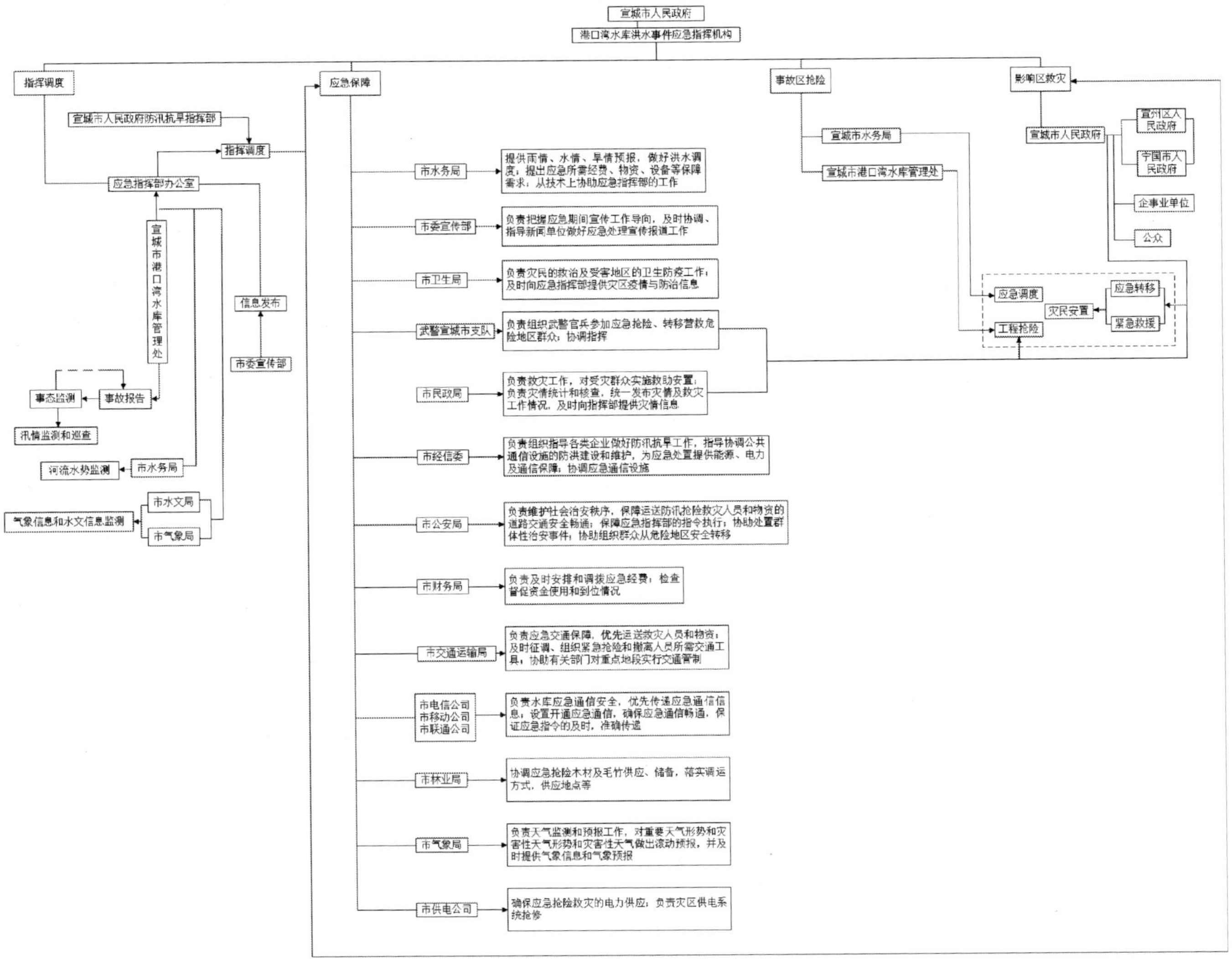


图 3.1-1　港口湾水库突发事件应急组织体系框图



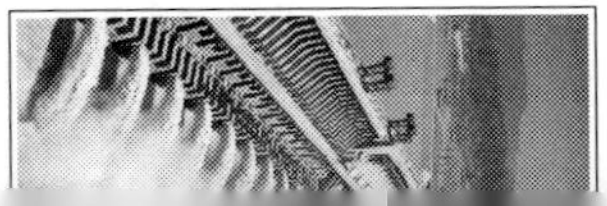

**表 3.2-1　港口湾水库突发洪水事件应急指挥机构各成员单位负责人及其职责**

| 行政职务 | 职　责 | 指挥机构职务 |
|---|---|---|
| 港口湾水库防汛行政责任人 | 发出应急预案启动、结束的命令；应急预案实施工作的全面领导，应急指挥部办公室的领导组织工作；组织专家会商，审定应急救援方案；指挥实施应急调度，调集救援人员和物资；协调各部门、人民解放军、武警部队的有关工作；发布人员转移撤离命令 | 指挥长 |
| 市政府秘书长 | 协助指挥长做好各项工作；组织协调各部门完成应急处置和应急保障工作 | 副指挥长 |
| 市水务局局长 | 提供雨情、水情、旱情预报，做好洪水调度；提出应急所需经费、物资、设备等保障需求；从技术协助应急指挥部的工作 | 副指挥长 |
| 武警宣城市支队支队长 | 负责组织武警官兵参加应急抢险、转移营救危险地区群众；协调指挥 | 副指挥长 |
| 市委宣传部部长 | 负责把握应急期间宣传工作导向，及时协调、指导新闻单位做好应急处置宣传报道工作 | 成员 |
| 市经信委主任 | 负责组织指导各类企业做好防汛抗旱工作，指导协调公共通信设施的防洪建设和维护，为应急处置提供能源、电力及通信保障；协调应急通信设施 | 成员 |
| 市公安局局长 | 负责维护社会治安秩序，保障运送防汛抢险救灾人员和物资的道路交通安全畅通；保障应急指挥部的指令执行；协助处置群体性治安事件；协助组织群众从危险地区安全转移 | 成员 |
| 市民政局局长 | 负责救灾工作，对受灾群众实施救助安置；负责灾情统计和核查，统一发布灾情及救灾工作情况，及时向指挥部提供灾情信息 | 成员 |
| 市财政局局长 | 负责及时安排和调拨应急经费；检查督促资金使用和到位情况 | 成员 |
| 市交通运输局局长 | 负责应急交通保障，优先运送救灾人员和物资；及时征调、组织紧急抢险和撤离人员所需交通工具；协助有关部门对重点地段实行交通管制 | 成员 |
| 市林业局局长 | 协调应急抢险木材及毛竹供应、储备，落实调运方式，供应地点等 | 成员 |
| 市卫生局局长 | 负责灾民的救治及受灾地区的卫生防疫工作；及时向应急指挥部提供灾区疫情与防治信息 | 成员 |
| 市气象局局长 | 负责天气监测和预报工作，对重要天气形势和灾害性天气形势和灾害性天气做出滚动预报，并及时提供气象信息和气象预报 | 成员 |
| 市电信公司总经理 | 负责水库应急通信安全，优先传递应急通信信息；设置开通应急通信，确保应急通信畅通，保证应急指令的及时、准确传递 | 成员 |
| 市移动公司总经理 | | 成员 |
| 市联通公司总经理 | | 成员 |
| 市供电公司总经理 | 确保应急抢险救灾的电力供应；负责灾区供电系统抢修 | 成员 |

港口湾水库突发洪水事件应急指挥机构下设应急指挥机构办公室,负责信息的上传下达;协助指挥长组织协调各部门完成应急处置和应急保障工作。应急指挥机构办公室主任由宣城市防汛抗旱指挥部办公室主任担任。

### 3.3 专家组

专家组的主要职责:负责收集技术资料,参与会商,为应急管理提供决策建议,必要时参加突发事件的应急处置工作。港口湾水库洪水突发事件专家组人员从宣城市防汛抗旱指挥部专家库抽取,必要时请求安徽省防汛抗旱指挥部增派专家。专家组成员专业应涵盖水工、地质、水文、金属结构、工程管理、气象、卫生、环保、通信、救灾、公共安全等不同领域,包括熟悉工程设计、施工、管理的专家。

### 3.4 抢险与救援队伍

港口湾水库设立了由青龙乡为主的主坝抢险队和以竹峰乡为主的副坝抢险队,队部设队长、指导员和通信员各一名;两队可以相互调剂补充。抢险队按照民兵建制各编制为一个队。每个队由 100 人组成,下设三个排,每个排设排长、副排长各一名。排下设三个班,每个班由 10 人组成。

一旦发生险情,港口湾水库管理处应及时报告宣城市防汛抗旱指挥部办公室,在宣城市防汛抗旱指挥部办公室发出命令后,由宁国市防汛抗旱指挥部办公室通知到抢险队的队长,由队长迅速通知各排长、班长和所有抢险队员,在指定的时间和地点集中,听取并接受有关的抢险任务,按照拟定的方案实施抢险与救援。必要时由指挥长请调武警宣城支队进行抢险与救援。

## 4 预案运行机制

本预案运行机制应与《宣城市防汛抗旱应急预案》《宣城市突发公共事件总体应急预案》衔接。

### 4.1 预测与预警

#### 4.1.1 水情与工情监测

水情监测的主要内容包括天气预报和实时气象信息、洪水预报、汛情监测和巡查以及河流水势监测。宣城市气象局负责提供天气预报和实时气象信息,加强对灾害性天气的监测预报。宣城市水务局负责对港口湾水库流域进行水情监测,遇重大水情及时向应急指挥部办公室报告,并向港口湾水库管理处通报。宣城市港口湾水库管理处依据水文自动测报系统的数据和气象部门的预报进行洪水分析,并根据洪水分析成果预报下游河道主要控制断面可能出现的最大洪峰和最高水位。

港口湾水库水情的监测和巡视检查的责任人单位、职务及监测(或巡查)部位、内容、方式、频次、报送对象等见表 4.1-1。

**表 4.1-1 港口湾水库水情应急监测与巡视检查规定**

| 监测与巡查对象 | 内　容 | 方　式 | 频　次 | 责任人单位 | 责任人职务 |
|---|---|---|---|---|---|
| 流域气象 | 水温、气温、降雨信息 | 卫星预报 | 每 12 h 预报一次 | 宣城市气象局 | 局长 |
| 库区降水 | 降雨量 | 自动遥测 | 每 1 h～8 h 遥测一次 | 宣城市气象局 | 局长 |

续表

| 监测与巡查对象 | 内 容 | 方 式 | 频 次 | 责任人单位 | 责任人职务 |
|---|---|---|---|---|---|
| 库区水体 | 库水位 | 人工 | 人工 24 h 巡查 | 宣城市港口湾水库管理处 | 处长 |
| | | 自动量测 | 水位观测 1 次/0.5 h | 宣城市气象局 | 局长 |

水库大坝和库区内的险工险段监测以港口湾水库管理处为主，利用水库大坝现有设备对大坝进行监测，包括大坝渗漏情况、副坝涵洞、溢洪道和泄洪洞泄洪溢流情况等。遭遇突发事件时，应填写大坝险情记录，具体情况见附表 2。

港口湾水库工情和巡视检查的责任人及监测（或巡查）部位、内容、方式、频次、通信方式、报送对象等见表 4.1-2。

**表 4.1-2　港口湾水库工情应急监测与巡视检查规定**

| 监测与巡查对象 | 内 容 | 方式 | 频 次 | 责任人单位 | 责任人职务 | 报送对象单位 | 单位与职务 |
|---|---|---|---|---|---|---|---|
| 主坝、副坝及近坝库岸 | 裂缝、滑坡、渗漏 | 人工巡查 | 人工 24 h 巡查，仪器每天观测一次 | 宣城市港口湾水库管理处 | 工管科科长 | 宣城市港口湾水库管理处 | 处长 |
| 溢洪道和泄洪洞 | 开启是否正常 | 人工巡查 | 人工 24 h 巡查 | | | | |

### 4.1.2　报警系统

港口湾水库管理处内部报警采用手机、电话、机械警报器等。水库下游淹没区范围内居民点报警装置有手机、电视、电话、警报器、广播喇叭、蜂鸣器等。在淹没范围内的郊外与偏远地区，必要时可以通过扩音喇叭喊话、吹哨子、敲打锣（鼓）、发射信号弹报警。

### 4.1.3　预警级别

依据港口湾水库遭遇的突发事件以及事件的后果严重程度，将预警级别划分为四级：Ⅰ级（特别严重）、Ⅱ级（严重）、Ⅲ级（较严重）和Ⅳ级（一般），依次用红色、橙色、黄色和蓝色表示，见表 4.1-3。

**表 4.1-3　港口湾水库突发事件预警级别**

| 预警级别 | 预警条件 |
|---|---|
| Ⅰ级<br>特别严重<br>红色 | 港口湾水库遭遇以下一个或一个以上突发事件：<br>• 库水位达到 141.21 m（超过设计洪水位 0.50 m）；天气预报 3 h 内降雨量将达 100 mm 或降雨量已达 100 mm 以上且短时天气预报可能持续；<br>• 副坝或附属建筑物发生渗透破坏，渗流量迅速增大，大坝可能溃决；<br>• 主坝遭遇恐怖袭击，坝体被炸出一个洞，流量迅速增大，大坝可能溃决；<br>• 库水位达到 140.21 m（低于设计洪水位 0.50 m），闸门无法开启，可能被冲毁；<br>• 遭遇 100 年一遇以上洪水，溢洪道闸门故障无法正常泄洪。 |
| Ⅱ级<br>严重<br>橙色 | 港口湾水库遭遇以下一个或一个以上突发事件：<br>• 库水位达到 140.21 m（低于设计洪水位 0.50 m）；天气预报 3 h 内降雨量将达 50 mm 或降雨量已达 50 mm 以上且短时天气预报可能持续；<br>• 遭遇 50 年一遇以上洪水、100 年一遇以下洪水，溢洪道闸门故障无法正常泄洪。 |

续表

| 预警级别 | 预警条件 |
| --- | --- |
| Ⅲ级<br>较大<br>黄色 | 港口湾水库遭遇以下突发事件：<br>• 库水位超过 139.61 m(高于 50 年一遇最高洪水位 0.50 m)；天气预报 6 h 内降雨量将达 50 mm 或降雨量已达 50 mm 以上且短时天气预报可能持续；<br>• 遭遇 20 年一遇以上洪水、50 年一遇以下洪水，溢洪道闸门故障无法正常泄洪。 |
| Ⅳ级<br>一般<br>蓝色 | 港口湾水库遭遇以下突发事件：<br>• 库水位超 137.00 m(低于防洪高水位 0.50 m)；天气预报 12 h 内降雨量将达 50 mm 或降雨量已达 50 mm 以上且短时天气预报可能持续；<br>• 面板止水破坏、副坝严重裂缝等一般工程险情。 |

4.1.4 预警信息报告

预警信息(见表 4.1-1 和表 4.1-2)由工作人员上报至责任人后，由责任人上报至应急指挥机构办公室主任，预警级别达到Ⅱ级(重大)及以上由应急指挥机构办公室主任在 30 min 以内上报指挥长。

### 4.2 应急响应

(1) Ⅳ级响应采取的响应措施

当预警级别为Ⅳ级蓝色时，指挥长或指挥长授权应急指挥机构办公室主持会商，做出相应工作安排：

1) 加强应对突发事件的工作指导，将情况上报宣城市人民政府防汛抗旱指挥部，并通报应急指挥机构各成员单位；

2) 责令宣城市水务局、宣城市气象局密切监视雨情、水情等的发展变化，责令宣城市港口湾水库管理处加强对水库的监测和巡视检查；

3) 应急指挥机构各成员单位按照表 3.2-1 的职责分工，做好有关工作；

4) 关闭青龙湖景区。

(2) Ⅲ级响应采取的响应措施

当预警级别为Ⅲ级黄色时，指挥长或指挥长授权应急指挥机构办公室主持会商，做出相应工作安排：

1) 加强应对突发事件工作的指导，在 2 h 内将情况上报宣城市人民政府防汛抗旱指挥部，并通报应急指挥机构各成员单位，在 24 h 内派出专家指导工作；

2) Ⅳ级应急响应规定的各项工作；

3) 责令应急指挥机构各成员单位及时收集、报告有关信息，向社会公布反映突发事件信息的渠道，加强对突发事件发生、发展情况的监测、预报和预警工作；

4) 组织专家对突发事件信息进行分析评估，预测突发事件发生的可能性大小、影响范围和后果以及可能发生的突发事件级别；

5) 责令应急抢险队伍进入待命状态，并动用后备人员做好参加应急抢险和处置工作的准备；

6) 调集应急抢险所需材料、设备、工具，确保其随时可以投入正常使用；

7) 定时向社会发布与公众有关的突发事件预测信息和分析评估结果，并对相关信息的报道工作进行管理；

8）及时向社会发布可能受到突发事件危害的警告，宣传避免、减轻危害的常识，公布咨询电话；

9）通知可能受到洪水危害的人员做好转移准备。

（3）Ⅱ级响应采取的响应措施

当预警级别为Ⅱ级橙色时，指挥长主持会商，应急指挥机构各成员单位参加，做出相应工作安排；应急指挥机构及其成员单位应做好以下工作：

1）加强对突发事件工作的指导，应急指挥机构办公室在 2 h 内将情况上报安徽省防汛抗旱指挥部，在 24 h 内派出专家组赴一线指导工作；

2）Ⅲ级应急响应规定的各项工作；

3）调集应急救援所需物资、设备、工具，准备应急设施和避难场所，并确保其处于良好状态、随时可以投入正常使用，应急救援队伍进入待命状态；

4）转移、疏散或者撤离可能受到洪水危害的人员并予以妥善安置，转移重要财产；

5）加强对重点单位、重要部位和重要基础设施的安全保卫，维护社会治安秩序；

6）采取必要措施，确保交通、通信、供电等设施的安全和正常运行；

7）及时向社会发布有关采取特定措施或者减轻危害的建议、劝告。

（4）Ⅰ级响应采取的响应措施

当预警级别为Ⅰ级红色时，指挥长主持会商，应急指挥机构各成员单位参加，做出应急工作部署；应急指挥机构及其成员单位应做好以下工作：

1）加强对突发事件工作的指导，应急指挥机构办公室立即将情况上报安徽省防汛抗旱指挥部并请求支援，在 12 h 内派出专家组赴一线加强技术指导；

2）按照安徽省防汛抗旱指挥部的指令做好各项工作；

3）Ⅱ级应急响应规定的各项工作。

## 4.3 应急处置

### 4.3.1 险情、灾情信息报告与发布

突发事件报告、通报与公告的有关责任部门、责任人职务、报告对象、报告内容、报告方式、时间频次要求参见表 4.3-1。特别重大或者重大水库突发事件发生可越级上报。处置过程中，要及时续报有关情况。

**表 4.3-1 港口湾水库险情、灾情信息报告规定**

| 信息类别 | 责任部门 | 责任人职务 | 报告对象 | 报告内容 | 方式 | 时间频次要求 |
|---|---|---|---|---|---|---|
| 流域气象和水文信息 | 宣城市气象局 | 局长 | 应急指挥部办公室 | 不同时段天气、气温、降雨量 | 电话、网络、传真、电台 | 红色、橙色预警信息发布后，实时监测；<br>黄色、蓝色预警信息发布后，每 4 h 报告 1 次，必要时根据需要加密 |
| 水库水情信息 | 宣城市港口湾水库管理处 | 处长 | 应急指挥部办公室 | 不同时段雨情、水情、库水位、下泄流量 | 电话、网络、传真、电台 | 红色、橙色预警信息发布后，实时监测；<br>黄色、蓝色预警信息发布后，每 2 h 报告 1 次，必要时根据需要加密 |

续表

| 信息类别 | 责任部门 | 责任人职务 | 报告对象 | 报告内容 | 方式 | 时间频次要求 |
|---|---|---|---|---|---|---|
| 大坝安全状况信息 | 宣城市港口湾水库管理处 | 处长 | 应急指挥部办公室 | 工隐患类别、部位、特征参数、变化情况 | 电话、网络、传真、电台 | 红色、橙色预警信息发布后,实时监测;<br>黄色、蓝色预警信息发布后,每1 h报告1次,必要时根据需要加密 |
| 下游河流水势变化信息 | 宣城市水务局 | 局长 | 应急指挥部办公室 | 流量、水位、过程线及其变化 | 电话、网络、传真、卫星电话、电台 | 红色、橙色预警信息发布后,实时监测;<br>黄色、蓝色预警信息发布后,每1 h报告1次,必要时根据需要加密 |

4.3.2　应急调度

(1) 防洪调度原则

1) 主汛期(6月1日—9月30日)严格按汛期限制水位133.00 m进行调度,汛末可根据中、长期天气预报作出蓄水安排;

2) 非主汛期(5月1日—5月31日)按正常蓄水位135.00 m进行调度;

3) 以服从上级防汛指挥部门调度为准则;

4) 泄洪流量逐渐增大,避免突变,以防止下游防洪保护区准备不足而造成不必要的损失;

5) 调度方式在保证大坝安全的前提下,充分考虑下游河道的安全泄量和错峰要求,最大限度地发挥水库防洪效益。

(2) 水库泄洪方式

1) 主汛期当水位达到汛期限制水位133.00 m,并继续上涨时,逐渐开启溢洪道闸门控制泄洪。当库水位上涨并接近137.50 m时,溢洪道闸门全开,当库水位达到137.50 m时,所有泄洪设施全开运行;

2) 非汛期(10月1日—次年4月30日)当水位达到135.00 m并继续上涨时,根据泄量等于来量的原则逐渐开启泄洪设施,以限制水位不超过137.50 m,达到137.50 m时,所有泄洪设施全开运行;

3) 溢洪期二台发电机组尽可能满载运行;

4) 主汛期当水位降至133.00 m时,非主汛期水位降至135.00 m时,除正常发电外,关闭全部泄洪设施。

主汛期设计洪水与年最大设计洪水相同,春汛期及台汛期洪水小于年最大设计洪水,水库最高洪水位受汛期洪水控制,其他时段不起控制作用。主汛期设计洪水洪峰汇流时间为30 h,峰值分别为200年一遇7 238 $m^3/s$,500年一遇8 528 $m^3/s$,峰前总量分别为2.05亿$m^3$和2.38亿$m^3$;春汛期设计洪水洪峰汇流时间为18 h,峰值500年一遇为2 406 $m^3/s$,峰前总量0.87亿$m^3$。

(3) 闸门运行准备

根据气象分析,如果预计有大的雨情,水库有可能泄洪时,须向上级防汛指挥部门申请,

当上级防汛指挥机构正式通知开闸泄洪时，及时将泄洪时间、泄量大小通知宁国市、宣州区防办。

（4）水库参与流域防洪时的调度方案

港口湾水库作为水阳江流域的重要洪水控制工程，担负着对下游重要的防洪保护功能。在主汛期承担东、中津河与水阳江西津河段的错峰以及当水阳江下游遭遇长江水位顶托，泄洪不畅，而港口湾水库以上又发生大洪水时的调蓄任务，防洪调度原则如下：

1）主汛期限制水位 133.00 m，当河沥溪站来水量小于 1 500 $m^3/s$ 时，水库按小于或等于 1 000 $m^3/s$ 控制下泄；当河沥溪站来水量大于 1 500 $m^3/s$ 时，水库关闭全部泄洪设施，电站两台机组满发，下泄流量约 160 $m^3/s$；

2）根据宣城站预报区间来水情况，结合河沥溪站的错峰调度来削减宣城站的洪峰，在不影响大坝安全的前提下，尽量保证防洪控制点的流量不超过宣城段河道安全下泄量 3 700 $m^3/s$；

3）当库水位达到 20 年一遇防洪高水位 137.50 m 后的 12 h 内，泄洪设施分级加大泄量直至控制在 1 000 $m^3/s$ 以内；

4）当库水位达到 137.50 m 的 12 h 后，全部泄洪设施敞开，按最大泄量泄洪，保证大坝安全，不考虑对下游的防洪作用；

5）汛期库水位应按规定的防洪限制水位进行控制。为了减少弃水，可根据水情预报条件，洪水传播时间和泄洪能力大小，控制库水位稍高于防洪限制水位，通过发电耗水使水位逐渐降低，但要确有把握在下次洪水到来之前将库水位降低到防洪限制水位，并需报经上级防汛指挥部门同意后进行；

6）当水库下游需要错峰时，可根据当时的库水位，上、下游洪水大小以及遭遇时间等，确定错峰方式。当水库已经没有错峰能力时，下游防洪应服从水库安全，不得勉强错峰。水库参与流域防洪时，影响因素较多，情况复杂，应随时上报汛情，以服从上级总体调度为准则。

（5）超标准洪水度汛方案

发生超标准洪水时，泄洪设施全部敞开下泄，以确保大坝等水工建筑物的安全为前提，不考虑对下游的防洪作用。

### 4.3.3 应急抢险

应急抢险具体措施详见《港口湾水库防洪抢险应急预案》。应急抢险责任人及联系方式详见 3.4 抢险与救援队伍。

### 4.3.4 应急监测和巡查

应急监测和巡查责任人及联系方式详见表 4.1-1 和表 4.1-2。

### 4.3.5 人员应急转移与临时安置

当突发事件可能导致下游淹没时，采取应急调度和应急抢险措施仍无法控制事态发展时，为保障生命安全，需要对下游风险人口实施应急转移。洪水淹没区域人员和财产转移命令下达和实施的流程见图 4.3-1。

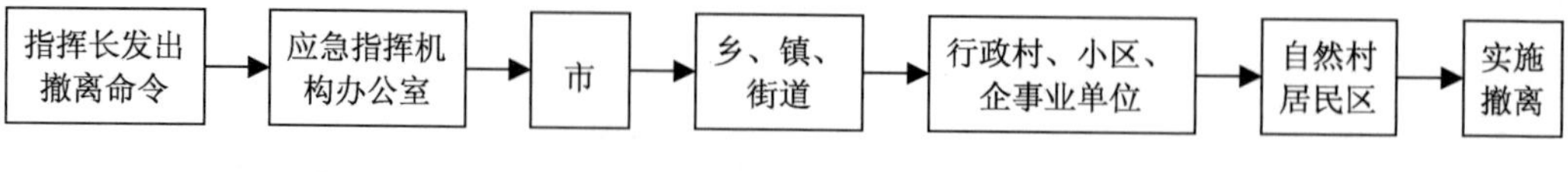


**图 4.3-1　港口湾水库人员应急转移命令下达和实施流程图**

根据洪水淹没区居民点、安置点、交通条件的分布情况，以及洪水演进速度，分片确定转移人员和财产的数量、次序、转移路线、距离、时间要求、交通方式、安置点等。宁国市市长、宣州区区长需进一步细化人员转移方案，落实到镇长、乡长、街道主任等。在进行应急转移安置时，应优先考虑就地转移安置，转移至临近高地或结构坚固的高层房屋；在就地转移安置难以实现的情况下再考虑异地转移安置。异地应急转移规划方案见表 4.3-2，转移安置图见附图 49～附图 59。

**表 4.3-2　港口湾水库异地应急转移规划方案**

| 序号 | 风险区位置 | 异地规划安置点 |
|---|---|---|
| 1 | 竹峰乡中部 | 霞西镇:朱家村 |
| 2 | 竹峰乡西北部 | 竹峰乡:社坞村 |
| 3 | 竹峰乡东北部 | 竹峰乡:青龙山村 |
| 4 | 青龙乡东部(西津河左岸) | 青龙乡:大彭坑坞村 |
| 5 | 青龙乡东部(西津河右岸区域) | 竹峰乡:西坑坞村 |
| 6 | 青龙乡东部(西津河左岸区域) | 青龙乡:茶口岭村 |
| 7 | 宁国市区西部(西津河左岸区域) | 青龙乡:三里站村 |
| 8 | 宁国市区西部(东津河与西津和之间区域) | 宁国市区:新农拖拉机驾驶培训学校 |
| 9 | 宁国市区南部(东津河左岸区域) | 宁国市区:高村 |
| 10 | 宁国市区中部偏南(东津河右岸区域) | 宁国市区:柿子树村 |
| 11 | 宁国市区西北部(水阳江左岸区域) | 宁国市区:张家冲村 |
| 12 | 汪溪镇南部以及宁国市区中部(东津河右岸区域) | 宁国市区:创远合金新材料公司 |
| 13 | 汪溪镇西部(水阳江右岸区域) | 汪溪镇:大坞冲村 |
| 14 | 港口镇东北部(水阳江左岸区域) | 港口镇:后村 |
| 15 | 港口镇东北部、汪溪镇西部(水阳江右岸区域) | 港口镇:山口张村 |
| 16 | 黄渡乡东部(水阳江左岸区域) | 黄渡乡:杨林供电所 |
| 17 | 水东镇西南部(水阳江右岸区域) | 水东镇:大冲村 |
| 18 | 水东镇西部(水阳江右岸区域) | 水东镇:茅棚村 |
| 19 | 黄渡乡东北部(水阳江左岸区域) | 黄渡乡:桂花村 |
| 20 | 向阳街道东南部(水阳江左岸区域) | 向阳街道:山河杨村 |
| 21 | 向阳街道北部(水阳江左岸区域) | 黄渡乡:项家冲村 |
| 22 | 向阳街道西北部 | 金坝乡:正东村 |
| 23 | 向阳街道东部(水阳江左岸区域) | 黄渡乡:兴旺村 |
| 24 | 孙埠镇西部及北部(水阳江右岸区域) | 孙埠镇:北小麻村 |
| 25 | 孙埠镇南部(水阳江右岸区域) | 孙埠镇:罗村 |
| 26 | 宣城市区中部及南部(水阳江左岸区域) | 宣城市区:宣城万达电力工程公司 |
| 27 | 宣城市区东部、五星乡南部、沈村镇西南部(水阳江右岸区域) | 沈村镇:板栗园 |

### 4.4 应急结束

对于突发洪水事件，风险人口全部撤离并安置完毕、洪水消退、险情得到控制、警报解除后，宜由指挥长（Ⅱ级、Ⅰ级响应）或指挥长授权应急指挥机构办公室（Ⅳ级、Ⅲ级响应）宣布应急结束。

### 4.5 信息发布

4.5.1 信息发布原则

事件发生后的第一时间即应向社会和公众发布简要信息，随后发布初步核实情况、政府应对措施和公众防范措施等，并根据事件处置情况做好后续发布工作。

4.5.2 信息发布授权

突发事件信息由应急指挥机构授权相关媒体发布。

4.5.3 信息发布形式

突发事件的信息发布形式为散发新闻稿、组织报道、接受记者采访、举行新闻发布会等；发布途径可以通过电视公告、广播、报纸、网络、手机短信等。

### 4.6 善后处理

善后处理由宣城市水务局局长、宣城市人民政府民政局局长负责组织，具体包括以下内容：

（1）对突发事件的起因、性质、责任、发展过程、应急处置等问题进行调查；

（2）对突发事件造成的后果以及预案实施的效果进行评估；

（3）水毁设施的修复和抢险物资的补充；

（4）预案修改与完善。

## 5 应急保障

港口湾水库突发事件应急保障应与《宣城市防汛抗旱应急预案》、《宣城市突发公共事件总体应急预案》衔接。

### 5.1 应急抢险与救援物资保障

港口湾水库的防汛物资由水库管理处集中储备，由宣城市港口湾水库管理处处长负责落实。具体储备物资、数量及存放地点见表 5.1-1。

表 5.1-1 应急抢险与救援物资储备情况

| 类别 | 物资名称 | 数量 | 存放地点 |
|---|---|---|---|
| 抢险物料 | 袋类（条） | 30 375 | 副坝 |
| | 土工布（$m^2$） | 12 150 | 副坝 |
| | 砂石料（$m^3$） | 3 645 | 副坝 |
| | 块石（$m^3$） | 3 038 | 副坝 |
| | 铅丝（kg） | 3 038 | 副坝 |
| | 桩木（$m^3$） | 6 | 副坝 |

续表

| 类别 | 物资名称 | 数量 | 存放地点 |
|---|---|---|---|
| 救生器材 | 救生衣(件) | 304 | 副坝 |
| | 抢险救生舟(艘) | 4 | 副坝 |
| 小型抢险机具 | 发电机组(千瓦) | 60 | 副坝 |
| | 便携式工作灯(只) | 60 | 副坝 |
| | 投光灯(只) | 4 | 副坝 |
| | 电缆(m) | 1 013 | 副坝 |

## 5.2 交通、通信及电力保障

应急交通、通信及电力保障应与各行业的专项预案相衔接，充分利用现有资源，各项保障责任单位、责任人职务和具体内容见表 5.2-1。

**表 5.2-1 应急交通、通信及电力保障责任单位、责任人职务和保障内容**

| 应急保障内容 | 责任单位 | 责任人职务 | 保障内容 |
|---|---|---|---|
| 应急交通运输保障 | 宣城市交通局 | 局长 | 组织车辆运送应急保障队伍、抢险救援物资、器材、群众转移，并制定运输工具计划，落实提供单位，制定应急情况下道路畅通所需的措施 |
| 应急通信保障 | 宣城市电信公司 | 总经理 | 确保应急信息及时准确地传递：各类监测信息、巡视检查结果、险情发生发展情况及时准确地上报，应急预案启动和实施过程中的各类命令、指令及时准确地传送到相关部门和责任人；协助市广播电视局发布灾情信息 |
| | 宣城市移动公司 | 总经理 | |
| | 宣城市联通公司 | 总经理 | |
| 应急电力保障 | 宣城市供电公司 | 总经理 | 确保应急抢险救灾的电力供应，负责灾区供电系统抢修，保证应急处置用电 |

## 5.3 经费保障

应急经费包括预案培训与演练、事先采购和储存必要应急抢险与救援设备及物资的费用，以及应急处置发生的费用。工程抢护物资和设备的购置与保管费用、港口湾水库管理处和宣城市水务局参与预案培训和演练费用、一般险情应急处置发生的直接费用等由港口湾水库管理处和宣城市水务局承担。溃坝或重大工程险情应急抢险物资和设备的购置和保管费用、救援物资和设备的购置和保管费用、整个预案的培训和演习费用、重大险情应急处置发生的直接费用等主要由宣城市政府公共财政负担。

## 5.4 其他保障

其他保障包括基本生活保障、卫生防疫保障、治安保障，上述应急保障应与各行业的专项预案相衔接，充分利用现有资源。各项保障责任单位、责任人职务和具体内容见表 5.4-1。

表 5.4-1　基本生活保障、卫生防疫保障、治安保障责任单位、责任人职务和保障内容

| 应急保障内容 | 责任单位 | 责任人职务 | 保障内容 |
|---|---|---|---|
| 基本生活保障 | 宣城市民政局 | 局长 | 按照《国家应急征用办法》的要求，统一调配管辖范围内的各级民政部门人员及物资设备；保障被转移人员基本生活物资；确定筹措方式、存放地点、保管人及联系方式 |
| 卫生防疫保障 | 宣城市卫生局 | 局长 | 统一调配管辖范围内区镇各级医院医疗及防疫人员及物资设备；确定医治伤员所需药品、卫生防疫必需药品、医疗器械、担架、医护车辆等筹措方式、存放地点、保管人及联系方式 |
| 治安保障 | 宣城市公安局 | 局长 | 组织宁国市、宣州区公安部门进行水库及其下游洪水淹没区治安维护保障工作；安排治安维护队伍负责保护受灾区域，防止不法分子盗窃公共财物和受灾居民财物，维护社会治安和秩序 |

## 6　宣传、培训与演练

应急预案宣传、培训以及专题讨论会、训练、桌面演习工作由宣城市水务局局长、宣城市港口湾水库管理处处长组织实施。操作演习和大规模演习由应急指挥机构指挥长负责组织实施。

### 6.1　宣传

平时多渠道、多形式积极向突发事件影响区域内的群众宣传本预案以及应对水库突发事件的知识和预防、避险、自救和互救等技能。可以通过发放宣传手册、制作宣传片、开展宣传活动等方式使影响区域内居民了解水库大坝风险，树立风险意识，熟悉逃生路线和避难场所，熟悉报警信号和撤离信号。

### 6.2　培训

定期或不定期组织相关部门协调培训、抢险救援队伍培训、社会公众培训，并制定应急培训的宣传手册对社会公众发放。培训是有关部门和人员熟练掌握预案内容、提高预案实施能力的重要方法。应组织公众参与培训，配合对公众宣传，帮助公众了解预案，提高配合应急处置能力。

### 6.3　演练(习)

应急演练(习)主要有专题讨论会、训练、桌面演习、操作演习和大规模演习 5 种方式。

在有条件的情况，应选择若干风险区域进行应急演习。演习应包括以下内容：应急预案启动前的预测预警、险情报告、专家会商；应急预案启动后的响应措施，包括应急调度、应急抢险、应急监测和巡查、应急救助、应急转移、应急信息传递、信息发布、应急结束和善后处理等；应急保障，包括应急抢险与救援物资保障，交通、通信及电力保障，基本生活、卫生防疫及治安保障等。

演习结束后，要适时比照处置突发事件应急预案和演习方案，对演习的各个环节和总体效果进行评估，及时总结经验教训，不断修改完善演习方案，使之更符合实际和实战要求。

## 7 附表与附图

**附表 1 预案发放记录表**

| 单位 | 人员 | 职务/职称 | 电话 |
| --- | --- | --- | --- |
| | | | |
| | | | |
| | | | |
| | | | |
| | | | |
| | | | |
| | | | |
| | | | |
| | | | |

**附表 2 大坝险情记录与报告表**

填报时间： 年 月 日 时 分

| 工程情况 | | |
| --- | --- | --- |
| 建筑物名称 | 特性指标 | 工程情况 |
| | | |
| 水情 | | |
| 水库水位 | 入库流量 | 出库流量 |
| | | |
| 险情情况 | | |
| 险情部位 | 性质程度 | 发现时间 |
| | | |
| 抢护情况 | | |
| 措施 | 队伍 | 效果 |
| | | |
| 灾情 | | |
| 已产生情况 | 可能发生情况 | 可能产生损害 |
| | | |
| 备注： | | |

填报单位： 填报人： 联系电话：

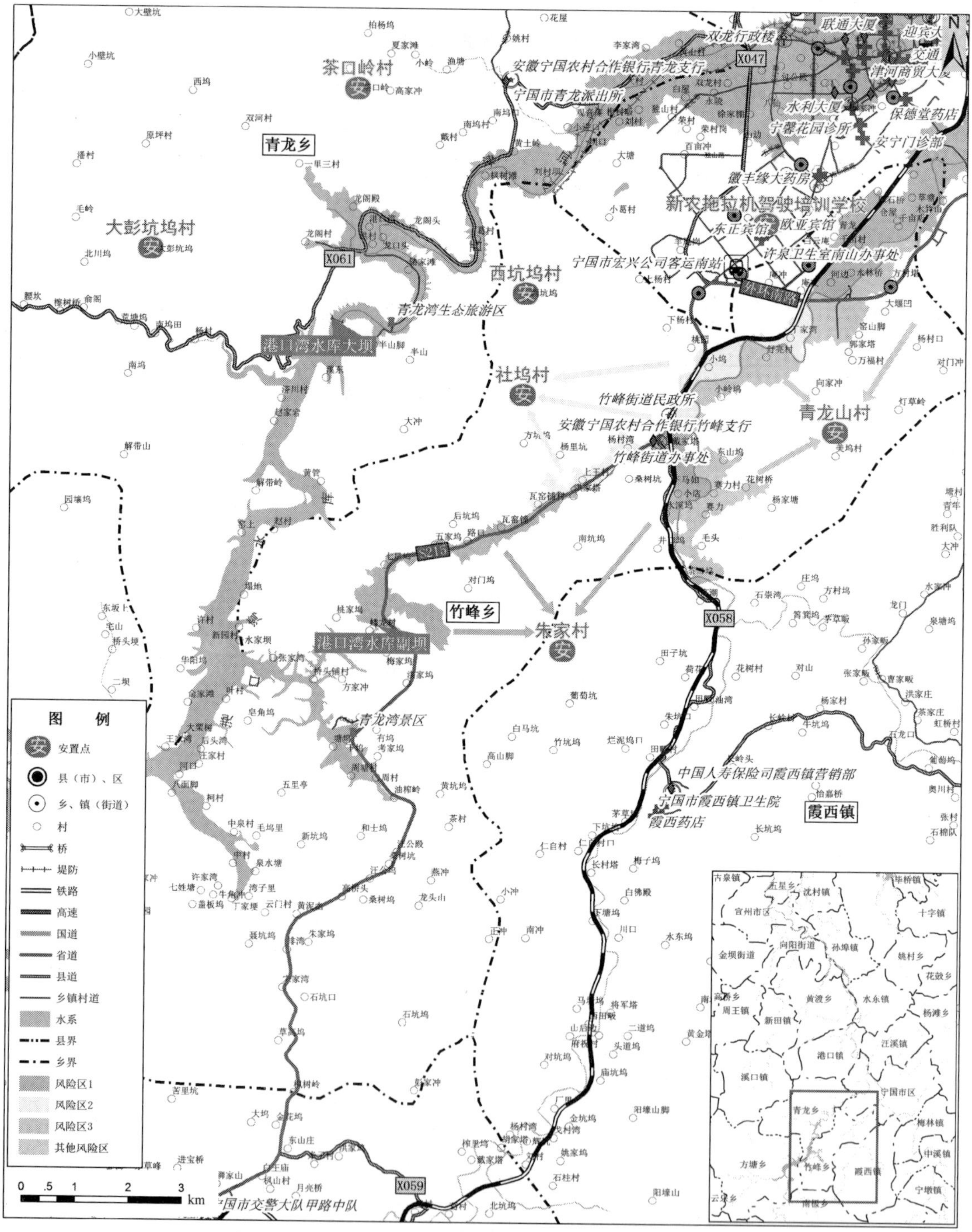


附图 49　港口湾水库洪水突发事件竹峰乡异地转移规划示意图

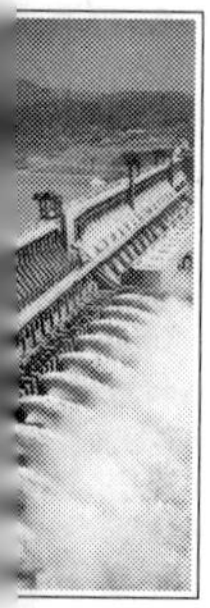

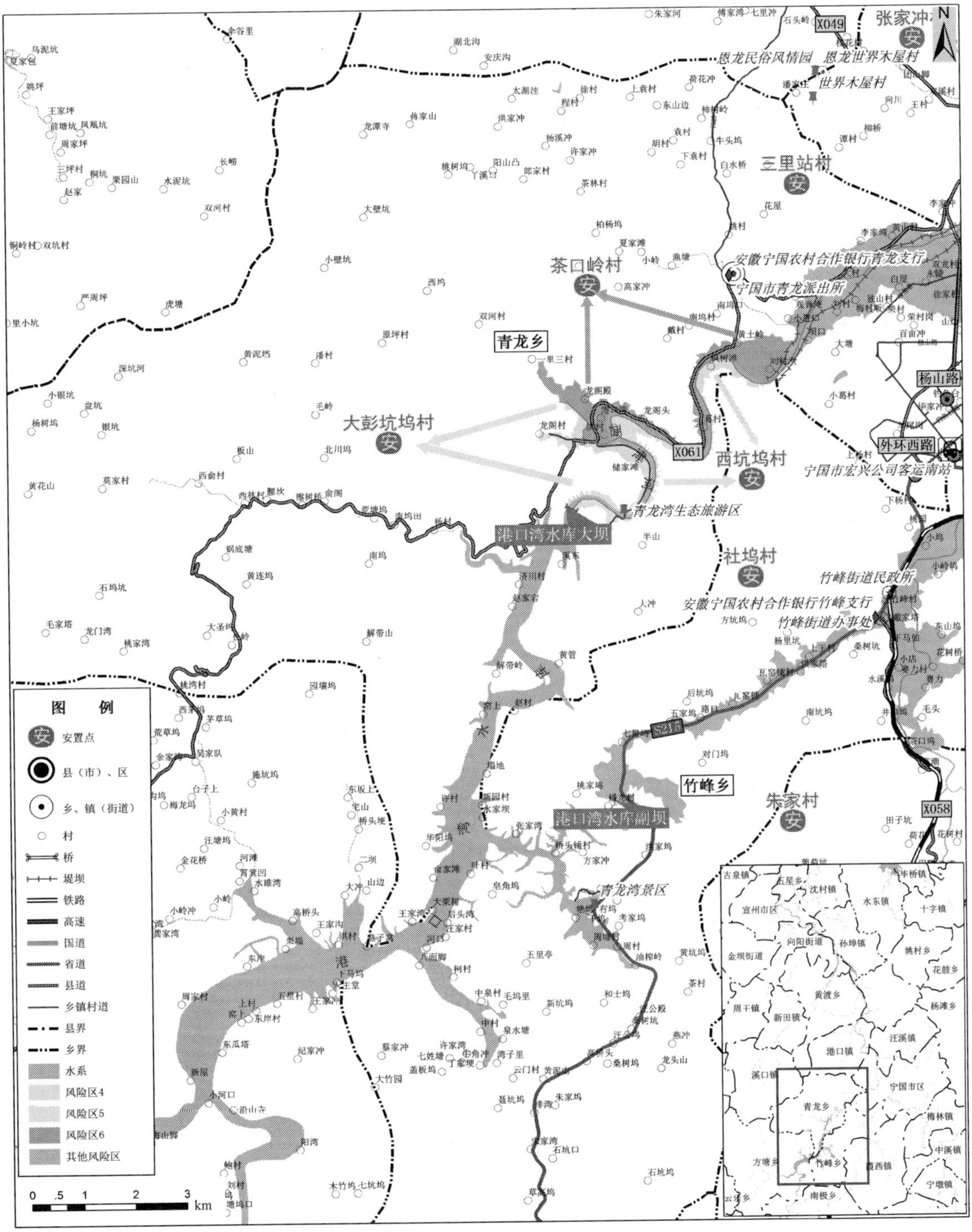


附图 50　港口湾水库洪水突发事件青龙乡异地转移规划示意图

附图 1～附图 48,附图 51～附图 59(略)。

# 附录五

# 松柏山、花溪水库突发事件应急预案

## 1 工程概况

松柏山水库、花溪水库是流经贵阳市区南明河上游的两座梯级水库，均是以贵阳市城市防洪为主，兼有灌溉、供水、发电等综合利用的中型水库，地理位置极其重要（见图 1-1）。

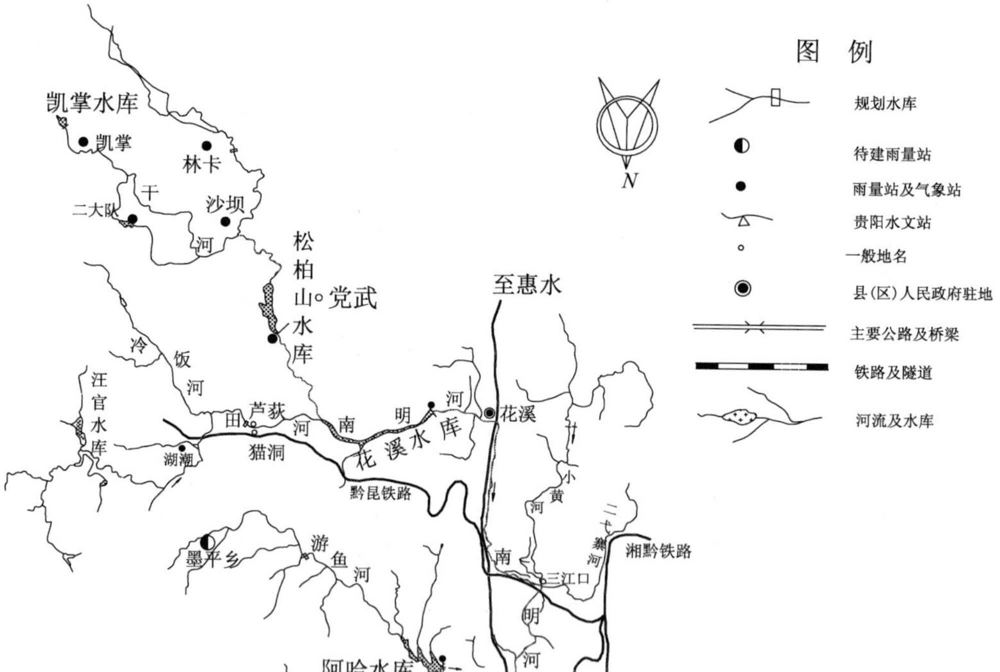


图 1-1 松柏山水库、花溪水库工程地理位置图

松柏山水库距贵阳市中心 32 km,集水面积 139 $km^2$,总库容 4 760 万 $m^3$。水库枢纽工程由主坝、副坝、坝顶溢洪道、泄洪兼放空底孔、引水隧洞及坝后电站厂房等组成。主坝为混凝土双曲薄拱坝,坝顶高程 1 181.00 m,最大坝高 52.5 m。

花溪水库位于松柏山水库下游,距贵阳市中心 20.6 km,集水面积 315 $km^2$,总库容 3 140 万 $m^3$。水库枢纽工程由主坝、副坝、坝顶溢洪道、底孔泄洪隧洞、引水管及坝后电站厂房等组成。主坝为混凝土重力坝,坝顶高程 1 146.00 m,最大坝高 51.6 m。

两座水库大坝防洪标准均为 100 年一遇洪水设计、1 000 年一遇洪水校核。

## 2 突发事件及其后果分析

### 2.1 突发事件可能性分析

松柏山、花溪两座水库大坝最有可能遭遇的突发事件包括:

(1) 南明河流域遭遇 1 000 年一遇以上超标准洪水;

(2) 汛期高水位期间,松柏山水库大坝拱座发生较大位移,瞬时双向全溃,溃坝洪水冲击波在十几分钟内到达花溪水库坝址,造成花溪水库瞬时溃决;

(3) 南明河流域遭遇 100 年一遇以上、1 000 年一遇以下特大洪水,松柏山水库、花溪水库下泄洪水超过贵阳市城市防洪标准(100 年一遇洪水标准)。

(4) 松柏山水库上游煤矿排放煤锈水或库区周边面源污染,造成松柏山、花溪水库水质恶化,不能向贵阳市正常提供生产生活用水。

(5) 人为投毒造成水库水质污染。

### 2.2 突发事件后果分析

松柏山水库主坝坝址断面溃坝峰值流量 20 063.41 $m^3/s$, 4 760 万 $m^3$的总库容仅需 2.994 h 就渲泄完毕,并全部倾入下游花溪水库,导致花溪水库连带溃坝。溃坝洪水淹没风险图见图 2.1-1~图 2.2-5,淹没区情况统计见表 2.2-1。按后果,溃坝为特别重大(Ⅰ级)突发事件。

**表 2.2-1 溃坝洪水淹没区内基本情况统计表**

| 洪水演进时间(min) | 淹没区域基本情况 | | | | | | |
|---|---|---|---|---|---|---|---|
| | 区 | 乡/镇 | 行政村、小区/街道/企事业单位 | 自然村/居民楼 | 公共设施 | 户数(户) | 人数(人) |
| 15 | 花溪 | 花溪镇 | 行政村:大寨、吉林<br>企事业单位:花溪区政府、花溪发电厂 | 马路寨、碧云窝 | 花溪公园 | | |
| | | 花溪布依族苗族乡 | 花溪布依族苗族乡政府 | | | | |
| 30 | 花溪 | 花溪镇 | 行政村:大寨、吉林、董家堰、上水<br>企事业单位:花溪区政府、花溪发电厂 | 马路寨、东村、碧云窝、新寨 | 花溪公园 | | |
| | | 花溪布依族苗族乡 | 花溪布依族苗族乡政府 | | | | |

续表

| | 区 | 乡/镇 | 行政村、小区/街道/企事业单位 | 自然村/居民楼 | 公共设施 | 户数（户） | 人数（人） |
|---|---|---|---|---|---|---|---|
| 60 | 花溪 | 花溪镇 | 行政村：大寨、吉林、董家堰、上水<br>企事业单位：花溪区政府、花溪发电厂 | 马路寨、东村、新村、碧云窝、新寨 | 花溪公园 | | |
| | | 花溪布依族苗族乡 | 花溪布依族苗族乡政府 | | | | |
| | 小河 | | 行政村：场坝、尖山屯、漓江花园<br>街道：平桥社区办<br>企事业单位：自来水厂、贵航二中、行知中学等 | | | | |
| 120 | 花溪 | 花溪镇 | 行政村：大寨、吉林、董家堰、上水<br>企事业单位：花溪区政府、花溪发电厂 | 自然村：马路寨、东村、碧云窝、新寨 | 花溪公园 | | |
| | | 花溪布依族苗族乡 | 花溪布依族苗族乡政府 | | | | |
| | 小河 | | 行政村：场坝、尖山屯、漓江花园、榕筑花园、兴隆城市花园等<br>企事业单位：自来水厂、贵航二中、行知中学等 | 自然村：周家寨、孙家院 | | | |
| | 南明 | | 行政村：山水黔城<br>企事业单位：贵阳药用植物园（部分） | 自然村：庄笃、四方河 | | | |

## 3 应急组织体系

（1）应急组织体系框图

洪水突发事件应急组织体系见图 3-1；水污染突发事件应急组织体系见图 3-2。

（2）应急指挥机构

贵阳市人民政府为松柏山、花溪水库洪水突发事件应急组织体系的最高指挥机构，分管防汛抗旱的副市长为应急指挥长，其也是松柏山、花溪水库水库安全政府责任人。应急指挥机构领导成员组成见表 3-1，应急指挥机构成员单位组成见表 3-2。

**表 3-1 松柏山、花溪水库突发事件应急指挥机构领导成员通讯联络表**

| 指挥部职务 | 姓名 | 工作单位 | 工作职务 | 联系方式 |
|---|---|---|---|---|
| 指挥长 | ××× | 贵阳市人民政府 | 副市长 | |
| 副指挥长，救援队分管指挥 | ××× | 贵阳警备区 | 参谋长 | |
| 副指挥长，总工 | ××× | 贵州省水利厅水利工程管理局 | 局长 | |
| 副指挥长，调度分管指挥 | ××× | 贵阳市水利局 | 局长 | |
| 专家组分管指挥 | ××× | 贵阳市水利局 | 副局长 | |
| 保障系统指挥 | ××× | 贵阳市应急办 | 常务副主任 | |
| 财务保障负责人 | ××× | 贵阳市财政局 | 局长 | |
| 后勤负责人 | ××× | 贵阳市民政局 | 局长 | |

图 2.2-1　松柏山、花溪水库溃坝洪水最大淹没图

图 2.2-2　松柏山、花溪水库溃坝洪水演进 30 min 淹没图

图 2.2-3　松柏山、花溪水库溃坝洪水演进 30 min 破坏参数图

图 2.2-4　松柏山、花溪水库溃坝洪水到达时间图

图 2.2-5 松柏山、花溪水库溃坝生命损失预警信息分色图

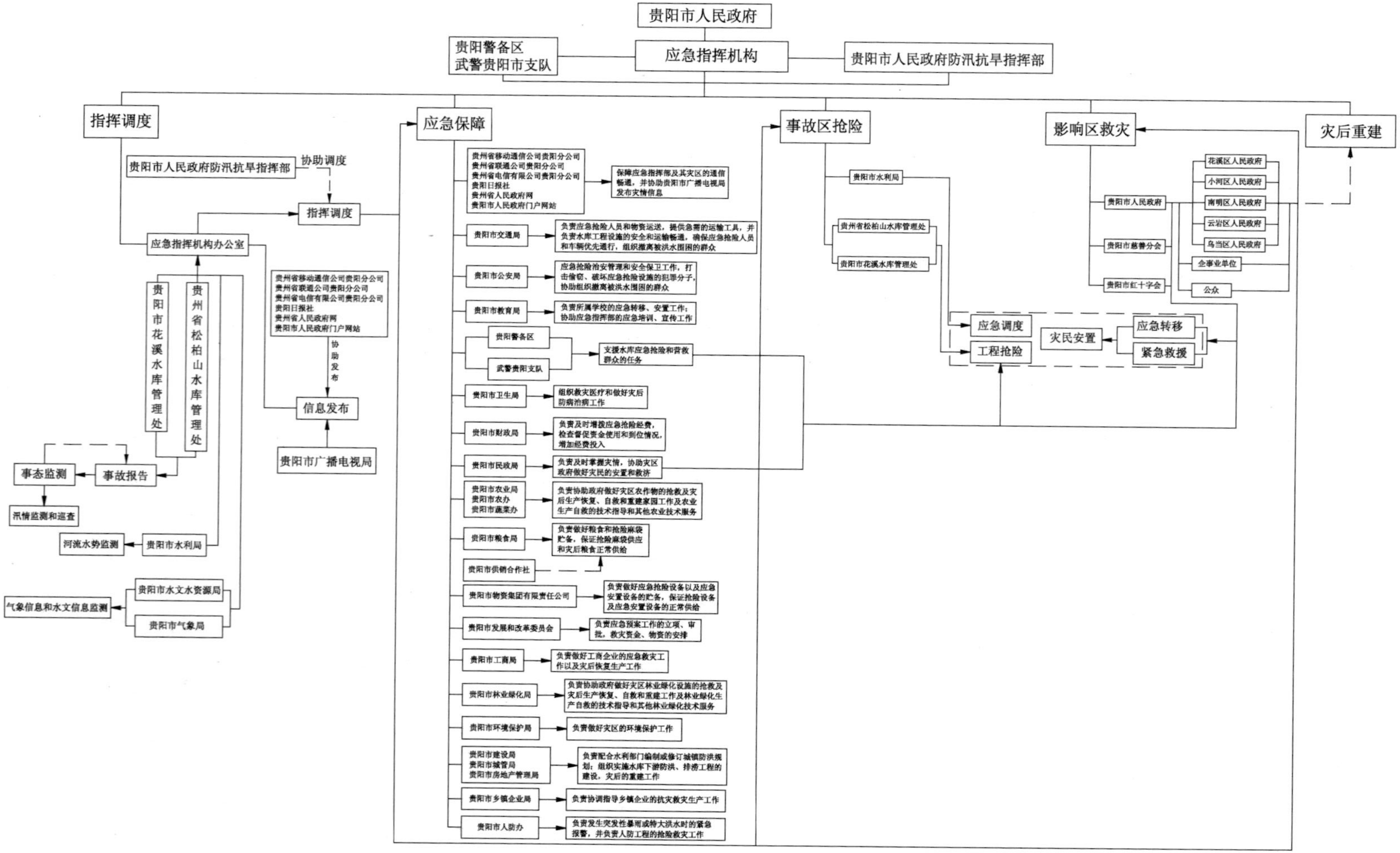


图 3-1　松柏山、花溪水库洪水突发事件应急组织体系框图

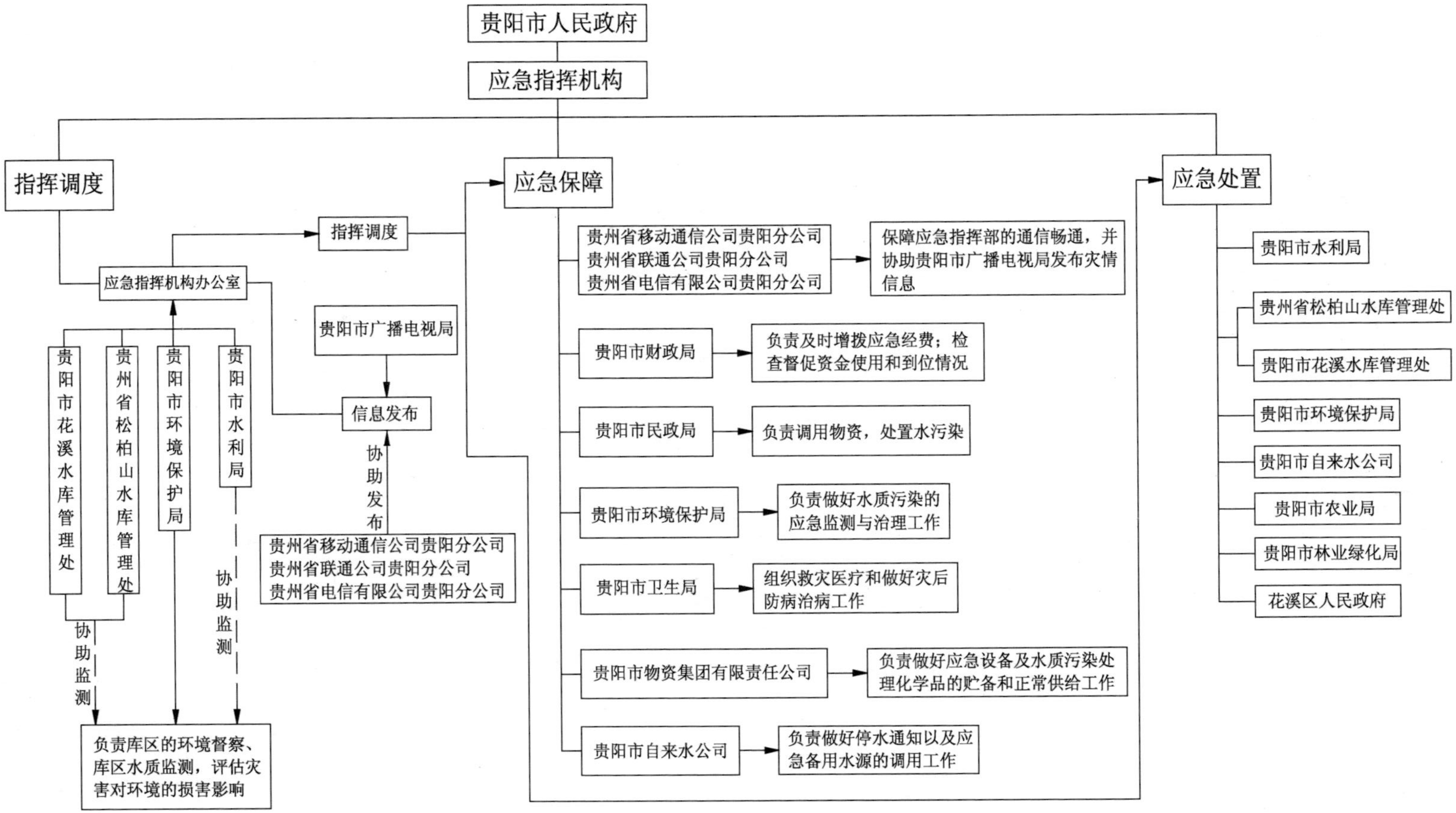


图 3-2　松柏山、花溪水库水污染突发事件应急组织体系框图



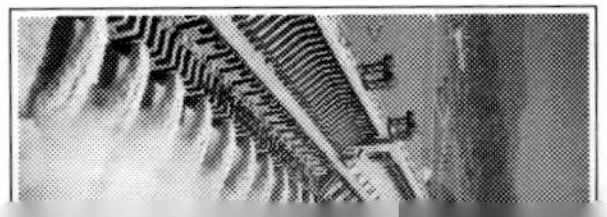

**表 3-2　松柏山、花溪水库突发事件应急指挥机构成员单位或部门责任人及其职责**

| 责任人 | 职 务 | 联系方式 | 部门或单位 | 职　　责 | 备 注 |
|---|---|---|---|---|---|
| ××× | 副市长 | | 贵阳市人民政府 | 预案实施的全面领导，发出预案启动、结束命令；组织专家会商；审定应急救援方案；指挥与协调实施应急调度，调集抢险和救援队伍及物资；发布人员转移撤离命令 | 指挥长 |
| ××× | 局 长 | | 贵州省水利厅水利工程管理局 | 协助指挥长做好各项工作；负责水资源防洪、水利调度；从技术上协助应急指挥机构的工作 | 副指挥长 |
| ××× | 参谋长 | | 贵阳警备区 | 根据突发事件和预警情况，组织和协调驻贵阳的解放军、武警及预备部队营救群众、支援水库应急物资转移 | 副指挥长 |
| ××× | 局 长 | | 贵阳市水利局 | 协助指挥长做好各项工作；负责水资源防洪、水利调度；从技术上协助应急指挥机构的工作 | 副指挥长 |
| ××× | 副秘书长 | | 贵阳市人民政府 | 协助指挥长做好各项工作 | 成员 |
| ××× | 常务副部长 | | 贵阳市委宣传部 | 负责突发事件有关的紧急通知、文件及命令的传达以及抢险救灾奖惩宣传工作 | 成员 |
| ××× | 常务副主任 | | 贵阳市应急办 | | 成员 |
| ××× | 主 任 | | 贵阳市发展和改革委员会 | 负责应急预案工作的立项、审批，救灾资金、物资的安排 | 成员 |
| ××× | 常务副局长 | | 贵阳市水文水资源局 | 负责及时提供雨情、水情报告和洪水预报 | 成员 |
| ××× | 局 长 | | 贵阳市气象局 | 负责暴雨、台风和异常天气监测预报、实况及有关信息报告；及时向应急指挥机构提供长、中、短期气象预报和灾害性天气、实况及有关信息 | 成员 |
| ××× | 副主任 | | 贵阳市人民政府防汛抗旱指挥部 | 负责协调贵阳市灾区的应急调度，提供洪水淹没图、风险图等基本资料；参加应急指挥机构和应急办事机构；参与并指导应急预案的演习；参与应急预案实施的全过程；参与应急会商；完成应急指挥机构交办的任务 | 成员 |
| ××× | 支队长 | | 武警贵阳市支队 | 负责应急救援队伍的组织、协调指挥 | 成员 |
| …… | | | | | |

应急指挥机构在指挥长的领导下，在应急行动中起领导与协调作用，其职责主要包括：

1）组织协调有关职能部门建立应急保障体系；

2）发出预案启动和结束命令；

3）应急处置过程中的组织协调工作；

4）调集应急抢险与救援队伍，以及应急抢险与救援物资、设备、器材；

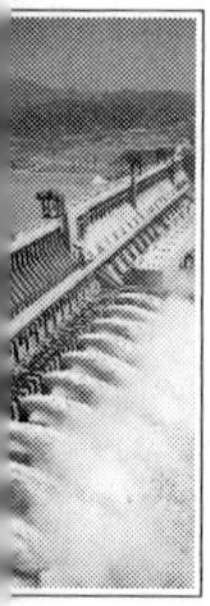

5）信息发布。

应急指挥机构下设办公室，作为日常办事机构，在贵阳市水利局内办公。办公室设综合部、技术部、后勤部，由水利局及松柏山水库管理处、花溪水库管理处相关人员组成，负责组织预案编制、审查、宣传、培训、演练，对口联系相关部门与机构，紧急时刻上传下达突发事件信息与应急指挥机构决策指令。

（3）应急保障机构

成立由应急指挥机构相关成员单位组成的应急保障机构（见表 3-3），负责为松柏山、花溪水库突发事件应急处置提供人力、物力、财力及交通、通信、电力、卫生防疫、基本生活、治安等保障。

**表 3-3　松柏山、花溪水库突发事件应急保障机构成员**

| 姓名 | 工作单位 | 工作职务 | 职　责 | 联系电话 |
|---|---|---|---|---|
| ××× | 贵阳市财政局 | 局 长 | 应急经费保障 | |
| ××× | 贵阳市水利局 | 副局长 | 应急抢险队伍保障 | |
| ××× | 武警贵阳市支队 | 支队长 | 应急救援队伍保障 | |
| ××× | 贵阳市应急办 | 常务副主任 | 抢险与救援物资保障 | |
| ××× | 贵阳市交通局 | 局 长 | 交通运输保障 | |
| ××× | 贵阳市电信有限公司 | 副总经理 | 通信保障 | |
| ××× | 贵阳市供电局 | 副总工 | 电力保障 | |
| ××× | 贵阳市建设局 | 局 长 | 公共设施保障 | |
| ××× | 贵阳市民政局 | 局 长 | 基本生活（后勤）保障 | |
| ××× | 贵阳市公安局 | 副局长 | 治安维护保障 | |
| …… | | | | |

（4）专家组

根据松柏山、花溪水库工程特点及突发事件应急处置需要，成立由不同领域和专业专家组成的专家组（见表 3-4），在突发事件应急处置过程中收集资料，参与会商，为应急决策和处置提供技术支撑。

（5）应急抢险与救援队伍

应急抢险队伍由贵阳市水利局会同松柏山水库管理处、花溪水库管理处组建，并担任队长与组长（见表 3-5），主要负责松柏山、花溪水库大坝工程险情抢护。抢险队员由松柏山水库管理处及花溪水库管理处的工程管理人员，下游村寨、社区及工矿企事业单位的民兵预备役人员组成，名单与联系方式由各小组组长掌握，并在应急指挥办公室备案。必要时，请求贵阳市总体应急预案中的专业抢险队伍及当地驻军和武警部队参与应急抢险，并发挥突击队作用。

人员应急撤离过程中的应急救援任务主要由贵阳市总体应急预案中的专业救援队伍承担，武警贵阳市支队支队长担任队长；同时，由淹没范围内的花溪区、小河区、南明区政府临时动员组织当地政府机关、医院、社区、村寨及工矿企事业单位的人员参与救援（见表 3-6）。

**表 3-4 松柏山、花溪水库突发事件专家组成员**

| 姓名 | 工作单位 | 工作职务 | 专 业 | 职 务 | 联系方式 |
|---|---|---|---|---|---|
| ××× | 贵阳市水利局 | 局 长 | 工程管理 | 组 长 | |
| ××× | 贵州省水利厅水利工程管理局 | 局 长 | 工程管理 | 副组长 | |
| ××× | 贵州省水利厅 | 原总工 | 地 质 | 成 员 | |
| ××× | 贵州省水利水电勘测设计研究院 | 副总工 | 水 工 | 成 员 | |
| ××× | 国家电力公司贵阳勘测设计研究院 | 教 高 | 金属结构 | 成 员 | |
| ××× | 贵阳市水文水资源局 | 常务副局长 | 水 文 | 成 员 | |
| ××× | 贵州省大坝安全监测中心 | 高 工 | 大坝安全管理 | 成 员 | |
| ××× | 贵阳市卫生局 | 局 长 | 医疗卫生 | 成 员 | |
| ××× | 贵阳市公安局 | 副局长 | 公共安全 | 成 员 | |
| ××× | 贵州省电信有限公司贵阳分公司 | 副总经理 | 通 信 | 成 员 | |
| ××× | 武警贵阳市支队 | 支队长 | 救 灾 | 成 员 | |

**表 3-5 松柏山、花溪水库突发事件应急抢险队伍负责人**

| 姓名 | 工作单位 | 工作职务 | 联系方式 | 职 责 | 抢险设备与物资 | 存放地点 |
|---|---|---|---|---|---|---|
| ××× | 贵阳市水利局 | 副局长 | | 队 长 | | |
| ××× | 松柏山水库管理处 | 处 长 | | 副队长 | | |
| ××× | 花溪水库管理处 | 处 长 | | 副队长 | | |
| 一 组 | | | | | 挖掘机和推土机各 1 台、自卸卡车 2 辆、麻袋 1 000 只、混凝土预制块 20 m³、碎石 20 m³、铁锹 50 把…… | 松柏山水库管理处仓库、花溪镇施工公司 |
| ××× | 松柏山水库管理处 | 副处长 | | 组 长 | | |
| ××× | 松柏山水库管理处 | 科 长 | | 副组长 | | |
| 二 组 | | | | | 挖掘机 1 台、推土机 2 台、自卸卡车 4 辆、麻袋 2000 只、碎石 20 m³、木材 10 m³、铁锹 100 把…… | 花溪水库管理处仓库、贵阳市交通局工程队、花溪镇区施工公司 |
| ××× | 花溪水库管理处 | 副处长 | | 组 长 | | |
| ××× | 花溪水库管理处 | 科长 | | 副组长 | | |

**表 3-6 松柏山、花溪水库突发事件应急救援队伍负责人**

| 姓名 | 工作单位 | 工作职务 | 联系方式 | 职 责 | 救援设备 | 存放地点 |
|---|---|---|---|---|---|---|
| ××× | 贵阳市武警市支队 | 支队长 | | 队 长 | | |
| ××× | 贵阳市公安局 | 副局长 | | 副队长 | | |
| ××× | 花溪区人民政府 | 区 长 | | 负责组织当地群众参与救援 | 冲锋舟 1 艘，救生衣（圈）、照明工具、担架、雨靴与雨披等若干 | 花溪区人民政府应急设备仓库 |

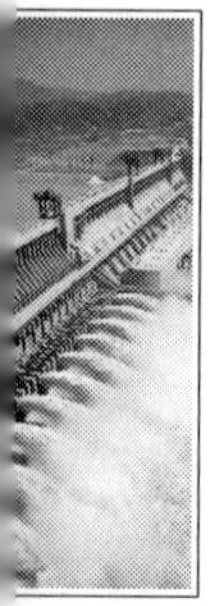

续表

| 姓名 | 工作单位 | 工作职务 | 联系方式 | 职 责 | 救援设备 | 存放地点 |
|---|---|---|---|---|---|---|
| ××× | 小河区人民政府 | 区 长 | | 负责组织当地群众参与救援 | 冲锋舟 2 艘，救生衣（圈）、照明工具、担架、雨靴与雨披等若干 | 小河区人民政府应急设备仓库 |
| ××× | 南明区人民政府 | 区 长 | | 负责组织当地群众参与救援 | 冲锋舟 2 艘，救生衣（圈）、照明工具、担架、雨靴与雨披等若干 | 南明区人民政府应急设备仓库 |

## 4 预案运行机制

### 4.1 突发事件预测预警

（1）水情、工情与库区水质监测

贵阳市气象局负责提供南明河流域天气预报和实时气象信息，水文水资源局负责测报雨情、水情；水库汛情监测以松柏山水库管理处、花溪水库管理处为主，监测库水位、坝址降水量与出入库流量变化情况；下游河流水势监测以水文水资源局为主，监测南明河洪峰水面线、洪峰流量、水位、洪峰出现时间和洪水过程。

工程安全监测以松柏山水库管理处、花溪水库管理处为主，利用现有大坝安全监测及视频监控设施对工程安全状况进行监测和监控，同时加强日常巡视检查。

库区水质监测由贵阳市环境保护局负责，定期对取水口处水质进行监测。

日常水情、工情及库区水质监测按照大坝安全监测制度执行，突发事件发生或发展过程中加强监测。

（2）通信

通信手段日常利用程控电话、手机短信、传真与计算机网络，紧急情况下的备用通信手段采用电台、卫星电话。

（3）报警系统

在水库管理处防汛值班室及溢洪道闸室内各设置 1 个电子警报器，在管理处室外、坝顶适当位置布置扩音喇叭；沿南明河两岸人口集中和交通桥梁等重点部位各设置 1 个电子警报器与扩音喇叭；在洪水淹没范围内的每一个自然村寨、居民点、公共场所、机关、企事业单位设置扩音喇叭。在大坝现场，以信号弹作为辅助报警手段；在自然村寨，以锣（鼓）作为辅助报警设施；在居民点、机关、企事业单位以电视、电话作为辅助报警手段。必要时，利用警报车沿南明河沿途报警，提示公众转移。

（4）预警级别

突发事件预警级别划分为四级：Ⅰ级（特别严重）、Ⅱ级（严重）、Ⅲ级（较严重）和Ⅳ级（一般），依次用红色、橙色、黄色和蓝色表示，具体见表 4.1-1。

表 4.1-1　松柏山水库、花溪水库突发事件预警级别划分标准

| 预警级别 | 可能突发事件描述 |
| --- | --- |
| Ⅰ级<br>特别严重<br>红色 | • 遭遇或预报将发生 1 000 年一遇以上超标准洪水；<br>• 松柏山与花溪水库溃坝；<br>• 工程出现严重险情，并不断发展，有可能导致溃坝。 |
| Ⅱ级<br>严重<br>橙色 | • 遭遇或预报将发生 500～1 000 年一遇特大洪水；<br>• 遭遇 300 年一遇以上特大洪水，松柏山水库上游凯掌水库溃坝或可能溃坝；<br>• 工程出现严重险情，但险情未见明显发展。 |
| Ⅲ级<br>较严重<br>黄色 | • 遭遇或预报将发生 300～500 年一遇大洪水。<br>• 松柏山水库或花溪水库出现人为投毒事件，水质严重污染，向贵阳市生产生活供水中断，排放的水体沿河污染，威胁公众安全。 |
| Ⅳ级<br>一般<br>蓝色 | • 遭遇或预报将发生 100～300 年一遇大洪水。<br>• 松柏山水库上游煤矿排放的煤锈水造成松柏山、花溪水库水质恶化，不能向贵阳市正常提供生产生活用水，且排放的水体沿河污染，威胁公众健康。 |

（5）预警信息报告与发布

预警信息包括突发事件类别、事件严重性（预警级别）、起始时间、可能影响范围、警示事项、应对措施等。

突发事件预警信息报告流程如图 4.1-2。红色与橙色预警信息在 10 min 内报告应急指挥机构指挥长、副指挥长与办公室；黄色和蓝色预警信息在 15 min 内报告应急指挥机构办公室，再决定是否报告指挥长、副指挥长。

收到红色预警信息后，应急指挥机构在 15 min 内通过贵阳市人民广播电台和电视台向水库下游公众发布。收到橙色、黄色和蓝色预警信息后，如事件已经发生，在 30 min 内通过贵阳市人民广播电台和电视台向水库下游公众发布；如事件仍在发展过程中，尚未造成严重后果，由应急指挥机构决定发布时机。

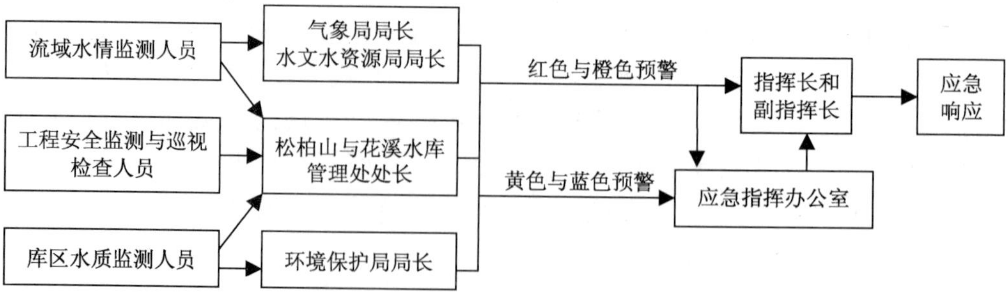


图 4.1-2　松柏山、花溪水库突发事件预警信息报告流程图

## 4.2　应急响应

应急响应级别、启动条件和程序以及关键措施如表 4.2-1。

**表 4.2-1　松柏山水库、花溪水库突发事件应急响应级别、启动条件和程序及关键措施**

| 预警级别 | 应急响应级别 | 关键措施 | 启动条件和程序 |
|---|---|---|---|
| Ⅰ级<br>特别严重<br>红色 | Ⅰ级 | 1. 应急指挥长在发布启动Ⅰ级应急响应命令的同时，下达人员应急转移命令，并通过贵阳市人民广播电台和电视台发布；<br>2. 应急指挥办公室立即开始运转，并将相关信息报告应急指挥机构各成员，增加值班人员，24 h轮流值班；<br>3. 应急指挥机构成员在1 h内就位，各项应急处置行动全面展开；<br>4. 应急抢险队伍和救援队伍在1 h内到达抢险与施救现场；<br>5. 应急指挥长组织召开紧急会商会议，布置应急抢险与救援工作；<br>6. 专家组赴现场开展技术指导。 | 在接到红色预警信息报告后，应急指挥长在15 min内宣布预案启动，并发布启动Ⅰ级应急响应的命令，立即实施应急处置。 |
| Ⅱ级<br>严重<br>橙色 | Ⅱ级 | 1. 应急指挥长在发布启动Ⅱ级应急响应命令的同时，下达人员应急转移准备命令，并通过贵阳市人民广播电台和电视台发布；<br>2. 应急指挥办公室在1 h内开始运转，并将相关信息报告应急指挥机构各成员，增加值班人员，24 h轮流值班；<br>3. 应急指挥机构成员在1.5 h内就位，各项应急处置行动全面展开；<br>4. 应急抢险队伍和救援队伍在1.5 h内到达抢险与施救现场；<br>5. 应急指挥机构组织召开会商会议，布置应急抢险与救援工作；<br>6. 专家组赴现场开展技术指导。 | 在接到橙色预警信息报告后，如突发事件已经发生，应急指挥长在30 min内发布启动Ⅱ级应急响应的命令；如突发事件正在发展过程中，尚未造成严重后果，应急指挥机构在1.5 h内组织进行会商，再决定是否启动应急响应及其时机。 |
| Ⅲ级<br>较严重<br>黄色 | Ⅲ级 | 1. 应急指挥长在发布启动Ⅲ级应急响应命令的同时，下达人员应急转移准备命令，并通过贵阳市人民广播电台和电视台发布；<br>2. 应急指挥办公室在1 h内开始运转，并将相关信息报告应急指挥机构各成员，增加值班人员，24 h轮流值班；<br>3. 应急指挥机构成员在2 h内就位，各项应急处置行动全面展开；<br>4. 应急抢险队伍和救援队伍在2 h内到达抢险与施救现场；<br>5. 应急指挥办公室组织召开会商会议，布置应急抢险与救援工作；<br>6. 专家组赴现场开展技术指导。 | 在接到黄色预警信息报告后，如突发事件已经发生，应急指挥长在30 min内发布启动Ⅲ级应急响应的命令；如突发事件正在发展过程中，尚未造成严重后果，应急指挥办公室在2 h内组织进行会商，再决定是否启动应急响应及其时机。 |

续表

| 预警级别 | 应急响应级别 | 关键措施 | 启动条件和程序 |
| --- | --- | --- | --- |
| Ⅳ级<br>一般<br>蓝色 | Ⅳ级 | 1. 应急指挥长在发布启动Ⅳ级应急响应命令的同时，下达人员应急转移准备命令，并通过贵阳市人民广播电台和电视台发布；<br>2. 应急指挥办公室在1 h内开始运转，并将相关信息报告应急指挥机构各成员，增加值班人员，24 h轮流值班；<br>3. 应急指挥机构成员在2 h内就位，各项应急处置行动全面展开；<br>4. 应急抢险队伍和救援队伍在2 h内到达抢险与施救现场；<br>5. 应急指挥办公室组织召开会商会议，布置应急抢险与救援工作；<br>6. 专家组赴现场开展技术指导。 | 在接到蓝色预警信息报告后，如突发事件已经发生，应急指挥长在30 min内发布启动Ⅳ级应急响应的命令；如突发事件正在发展过程中，尚未造成严重后果，应急指挥办公室在2 h内组织进行会商，再决定是否启动应急响应及其时机。 |

## 4.3 应急处置

(1) 突发事件信息报告

突发事件发生后的相关信息报告要求见表4.3-1。

**表4.3-1 松柏山水库、花溪水库突发事件信息报告规定**

| 信息类别 | 责任单位 | 责任人 | 工作职务 | 联系方式 | 报告对象 | 报告内容 | 方式 | 时间频次要求 |
| --- | --- | --- | --- | --- | --- | --- | --- | --- |
| 流域气象信息 | 贵阳市气象局 | ××× | 局长 | | 指挥长及应急指挥办公室 | 不同时段天气、气温、降雨量 | 电话、网络、传真、电台 | 特别严重与严重突发事件，每4 h报告1次；较严重与一般突发事件，每8 h报告1次，必要时加密 |
| 流域水文信息 | 贵阳市水文水资源局 | ××× | 常务副局长 | | 指挥长及应急指挥办公室 | 不同时段雨情、入库流量 | 电话、网络、传真、电台 | 特别严重与严重突发事件，每1 h报告1次；较严重与一般突发事件，每4 h报告1次，必要时加密 |
| 大坝安全状况信息 | 水库管理处 | ××× | 处长 | | 指挥长及应急指挥办公室 | 库水位、下泄流量、大坝渗流、变形情况 | 电话、网络、传真、电台 | 特别严重与严重突发事件，每1 h报告1次；较严重与一般突发事件，每4 h报告1次，必要时加密 |
| 水库水质监测信息 | 贵阳市环境保护局 | ××× | 局长 | | 指挥长及应急指挥办公室 | 污染物成分及含量、水质类别 | 电话、网络、传真、电台 | 每4 h报告1次，必要时加密 |
| 下游河流水势变化信息 | 贵阳市水文水资源局 | ××× | 常务副局长 | | 指挥长及应急指挥办公室 | 流量、控制断面水位 | 电话、网络、传真、卫星电话、电台 | 特别严重与严重突发事件，每1 h报告1次；较严重与一般突发事件，每4 h报告1次，必要时加密 |

续表

| 信息类别 | 责任单位 | 责任人 | 工作职务 | 联系方式 | 报告对象 | 报告内容 | 方式 | 时间频次要求 |
|---|---|---|---|---|---|---|---|---|
| 下游灾情信息 | 贵阳市民政局 | ××× | 副局长 | | 指挥长及应急指挥办公室 | 下游淹没情况、受灾区域与人数 | 电话、网络、传真、卫星电话、电台 | 特别严重与严重突发事件,每2 h报告1次;较严重与一般突发事件,每4 h报告1次,必要时加密 |

(2) 应急调度

当遭遇1 000年一遇以上超标准洪水时,所有泄洪设施敞泄,提前通知下游淹没范围内公众转移。

当遭遇100～1 000年一遇洪水、工程安全性态正常时,经贵阳市人民政府防汛抗旱指挥部下达指令,可在按调度规程泄洪的基础上适度控制泄量;当工程出现险情,且库水位低于设计洪水位时,经应急指挥机构会商决定,由贵阳市人民政府防汛抗旱指挥部下达指令,按设计下泄流量($P=1\%$)泄洪,尽快降低库水位;如仍不能控制险情发展,可进一步加大泄量直至所有泄洪设施敞泄,同时提前通知下游淹没范围内公众转移。

当水库出现突发水污染事件时,停止向贵阳市供水,启动备用水源;在确保水库大坝安全的前提下,经应急指挥机构会商决定,由贵阳市人民政府防汛抗旱指挥部下达指令,控制下泄流量,避免污染扩散,并向库区和沿河居民发出警示。

(3) 应急抢险与处理

出现工程险情和洪水突发事件后,应急抢险队伍在预案启动后规定的时间内(见表4.2-1)到达水库大坝现场,按照工程抢险预案进行抢险。必要时,应急指挥机构调动专业抢险队伍及解放军和武警部队参与应急抢险。同时,应急保障机构中的相关专业职能部门承担交通、通信、电力设施的应急抢险。

当出现突发水污染事件后,立即停止向贵阳市供水,贵阳市环境保护局在预案启动后规定的时间内(4.2-1)派出人员对水库水质进行现场调查与检测,并根据调查与检测分析结果,调集处理水污染所需要的设备,对污染水体进行处理。

(4) 应急监测

突发事件应急监测要求见表4.3-2。

**表4.3-2 松柏山水库、花溪水库突发事件应急监测规定**

| 监测与巡查对象 | 内容 | 方式 | 频次 | 责任人 | 单位与职务 | 联系方式 | 报送对象 | 单位与职务 | 联系方式 |
|---|---|---|---|---|---|---|---|---|---|
| 流域气象 | 气温、降雨信息 | 卫星预报 | 每2 h预报一次 | ××× | 贵阳市气象局 | | ××× | 气象局局长 | |
| 流域水文 | 降雨量、入库流量 | 自动遥测 | 连续观测 | ××× | 贵阳市水文水资源局 | | ××× | 水文水资源局常务副局长 | |
| 花溪水库下游南明河水情 | 控制断面水位 | 人工观测 | 连续观测 | | 贵阳市水文水资源局 | | ××× | 水文水资源局常务副局长 | |

续表

| 监测与巡查对象 | 内 容 | 方 式 | 频 次 | 责任人 | 单位与职务 | 联系方式 | 报送对象 | 单位与职务 | 联系方式 |
|---|---|---|---|---|---|---|---|---|---|
| 库区水质 | 污染物成分及含量 | 现场取样检测 | 每 4 h 取样检测一次 | ××× | 贵阳市环境保护局 | | ××× | 环境保护局局长 | |
| 松柏山水库 | | | | | | | | | |
| 库区水体 | 库水位 | 视频监控自记式水位计 | 视频 24 h 监控水位计连续观测 | ××× | 松柏山水库管理处总工 | | ××× | 松柏山水库管理处处长 | |
| 大 坝 | 裂缝、扬压力、位移 | 人工巡查仪器量测 | 人工 24 h 巡查仪器 2 h 观测一次 | | | | | | |
| 溢洪道闸门 | 开启是否正常 | 视频监控人工巡查 | 视频 24 h 监控人工 24 h 巡查 | | | | | | |
| 泄洪及放空底孔闸门 | 开启是否正常 | 人工巡查 | 人工 24 h 巡查 | | | | | | |
| 花溪水库 | | | | | | | | | |
| 库区水体 | 库水位 | 视频监控自记式水位计 | 视频 24 h 监控水位计连续观测 | ××× | 花溪水库管理处工管科科长 | | ××× | 花溪水库管理处处长 | |
| 大 坝 | 裂缝、扬压力、位移 | 人工巡查仪器量测 | 人工 24 h 巡查仪器 2 h 观测一次 | | | | | | |
| 溢洪道闸门 | 开启是否正常 | 视频监控人工巡查 | 视频 24 h 监控人工 24 h 巡查 | | | | | | |
| 泄洪隧洞闸门 | 开启是否正常 | 人工巡查 | 人工 24 h 巡查 | | | | | | |

(5) 人员应急转移

针对工程险情和洪水突发事件，应急指挥机构在宣布启动应急预案的同时，下达人员撤离转移命令(见图 4.3-1)。相关单位和责任人(见表 3-2)接到命令后立即按照预案中拟订的人员转移方案(表 4.3-3)组织动员淹没范围内的群众按照既定的路线、安置点与时间要求有序撤离。

应急救援队伍限期到达各撤离点，为应急转移人员提供必要的帮助；花溪区、小河区、南明区政府临时动员组织机关、医院、社区、村寨及企事业单位的人员参与应急救援工作。

贵阳市公安局承担人员应急转移的警戒任务，负责在淹没区域设置警戒标志，安排人员把守；在人员应急转移过程中实施交通管制，维持秩序；维护安置区内的治安，预防、打击和惩治犯罪活动。

**图 4.3-1　松柏山水库、花溪水库突发事件人员应急转移命令下达流程图**

**表 4.3-3　松柏山水库、花溪水库溃坝情况下淹没区群众撤退方案(部分)**

| 区 | 乡/镇 | 行政村、小区/街道/企事业单位 | 自然村/居民楼 | 户数 | 居住人数 | 转移路线、距离及时间和交通要求 | 区责任人 | 职务 | 联系电话 |
|---|---|---|---|---|---|---|---|---|---|
| 花溪 | 花溪镇 | 花溪区政府 | | | | 花溪区政府→新村自然村(1.2 km,15 min,步行) | ××× | 区长 | |
| | | 花溪发电厂 | | | | 花溪发电厂→龙滩自然村(1.4 km,15 min,步行＋车辆) | | | |
| | | 大寨村 | | | | 大寨村→尖山行政村(2.7 km,18 min,车辆) | | | |
| | | 吉林村 | | | | 吉林村→养牛行政村(1.4 km,20 min,步行)、上寨自然村(0.3 km,20 min,步行) | | | |
| | | 董家堰村 | | | | 董家堰村→民族学院(0.5 km,20 min,步行) | | | |
| | | 上水村 | | | | 上水村→指甲塘自然村(小河区)(1.1 km,22 min,步行) | | | |
| | | | 马路寨 | | | 马路寨→尖山行政村(2.0 km,22 min,步行＋车辆)、洛坪行政村(1.0 km,22 min,步行＋车辆) | | | |
| | | | 东村 | | | 东村→新村自然村(0.6 km,15 min,步行＋车辆) | | | |
| | | | 碧云窝 | | | 碧云窝→上寨自然村(0.6 km,15 min,步行＋车辆) | | | |
| | | | 新寨 | | | 新寨→民族学院(0.6 km,15 min,步行＋车辆) | | | |
| | 花溪乡 | 乡政府 | | | | 布依族苗族乡政府→布依族苗族乡政府东部(1 km,15 min,步行＋车辆) | | | |
| 小河 | | 场坝 | | | | 场坝→王家寨自然村(1.4 km,20 min,步行) | ××× | 区长 | |
| | | 尖山屯 | | | | 尖山屯→贵州汽车城农用车农用机械市场(0.9 km,15 min,步行) | | | |

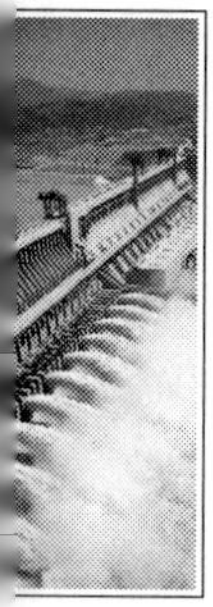

续表

| 区 | 乡/镇 | 行政村、小区/街道/企事业单位 | 自然村/居民楼 | 户数 | 居住人数 | 转移路线、距离及时间和交通要求 | 区责任人 | 职务 | 联系电话 |
|---|---|---|---|---|---|---|---|---|---|
| 小河 | | 漓江花园 | | | | 漓江花园→漓江花园(4楼以上,5 min,步行) | ××× | 区长 | |
| | | 兴隆城市花园 | | | | 兴隆城市花园(部分)→兴隆城市花园(4楼以上,5 min,步行) | | | |
| | | 榕筑花园 | | | | 榕筑花园→榕筑花园(4楼以上,5 min,步行) | | | |
| | | 中海城市花园 | | | | 中海城市花园(部分)→中海城市花园(4楼以上,5 min,步行) | | | |
| | | 平桥社区办街道 | | | | 平桥社区办街道→贵州瞻阳机械工业有限公司(1.0 km,15 min,步行) | | | |
| | | 黄河社区办街道 | | | | 黄河社区办街道→电杆厂(1.2 km,18 min,步行) | | | |
| | | 区医院 | | | | 区医院→医院(4楼以上,5 min,步行) | | | |
| | | 自来水厂 | | | | 自来水厂→王家寨自然村(1.3 km,20 min,步行) | | | |
| | | 养殖场 | | | | 养殖场→王家寨自然村(1.4 km,20 min,步行) | | | |
| | | 行知中学 | | | | 行知中学→华阳电工厂(2.0 km,30 min,步行) | | | |
| | | 闽华宾馆 | | | | 闽华宾馆→闽华宾馆(4楼以上,5 min,步行) | | | |
| | | 电信大楼 | | | | 电信大楼→电信大楼(4楼以上,5 min,步行) | | | |
| | | 中院 | | | | 中院→三公司农场(1.4 km,20 min,步行) | | | |
| | | 贵航二中 | | | | 贵航二中→贵航二中(4楼以上,5 min,步行)、华阳电工厂(1.4 km,20 min,步行) | | | |
| | | 四十四医院 | | | | 四十四医院→贵阳电力路线器材厂(0.7 km,10 min,步行) | | | |
| | | 航空电子有限公司 | | | | 航空电子有限公司→电杆长(0.9 km,12 min,步行) | | | |
| | | 柴油机厂 | | | | 柴油机厂→贵阳电力路线器材厂(0.7 km,10 min,步行) | | | |

续表

| 区 | 乡/镇 | 行政村、小区/街道/企事业单位 | 自然村/居民楼 | 户数 | 居住人数 | 转移路线、距离及时间和交通要求 | 区责任人 | 职务 | 联系电话 |
|---|---|---|---|---|---|---|---|---|---|
| 小河 | | 贵阳经济开发区人事劳动局 | | | | 贵阳经济开发区人事劳动局→华阳电工厂(1.4 km,20 min,步行) | ××× | 区长 | |
| | | 中院小学 | | | | 中院小学→贵州瞻阳机械工业有限公司(1.1 km,15 min,步行) | | | |
| | | 建行 | | | | 建行→贵阳一中分校(1.4 km,20 min,步行) | | | |
| | | 三OO医院 | | | | 三OO医院→(4楼以上,5 min,步行) | | | |
| | | 青少年培养中心少儿培养基地 | | | | 青少年培养中心少儿培养基地→天力柴油机有限公司(0.7 km,10 min,步行) | | | |
| | | 开发区二小 | | | | 开发区二小→黔江机械厂(0.6 km,5 min,步行) | | | |
| | | | 周家寨 | | | 周家寨→王家寨自然村(0.4 km,5 min,步行) | | | |
| | | | 孙家院 | | | 孙家院→王武自然村(1.7 km,25 min,步行) | | | |

(6) 临时安置

应急转移人员的临时安置由贵阳市民政局会同相关区政府(见表3-2)负责。首先对应急转移人员进行登记,然后按照临时安置计划,解决应急转移人员临时居住、生活(食物、衣物)、医疗、教育等基本要求。

(7) 信息发布

信息发布由应急指挥机构授权贵阳市人民广播电台、贵阳电视台、贵阳日报社、贵阳市人民政府门户网发布,必要时由应急指挥机构授权举行新闻发布会。

### 4.4 应急结束

当突发事件中止,警报解除,或淹没范围内群众全部撤离并安置完毕,洪水消退,或水污染事件得以控制,影响消除后,应急指挥机构在12 h内上报贵阳市人民政府批准,由应急指挥长通过贵阳市人民广播电台和贵阳电视台宣布应急处置工作结束,应急响应终止。

## 5 应急保障

应急保障机构的相关责任部门与责任人(见表3-3)应根据松柏山、花溪水库突发事件分析结果与应急处置需要,制定应急保障计划,确保该两座水库突发事件应急处置过程中的人力、物力、财力及交通、通信、电力保障。

### 5.1 经费保障

应急经费预算由松柏山水库管理处、花溪水库管理处负责编制。预案培训与演练、应急

抢险与救援物资及设备储备等费用，由松柏山水库管理处、花溪水库管理处、贵阳市水利局负责筹措。应急处置过程中需要的费用由贵阳市财政局调拨。

### 5.2 抢险与救援队伍保障

应急抢险队伍由贵阳市水利局会同松柏山水库管理处、花溪水库管理处组建，并担任队长和组长。必要时，由应急指挥机构调动专业抢险队伍及贵阳市驻军和武警部队参与应急抢险，并发挥突击队作用。

应急救援任务由贵阳市总体应急预案中的专业救援队伍承担，武警贵阳市支队支队长担任队长；同时，花溪区、小河区、南明区政府临时动员组织机关、医院、社区、村寨及企事业单位的人员及社会志愿者参与救援。

### 5.3 抢险与救援物资保障

应急抢险物资与设备由松柏山水库管理处、花溪水库管理处事先储备一部分，并存放于各自水库的防汛抢险仓库内，贵阳市水利局负责监督检查。应急处置过程中，贵阳市应急办公室根据需要随时调拨政府总体应急预案中的应急抢险物资。

应急救援物资保障由贵阳市应急办公室负责，在应急处置过程中，根据需要随时调拨政府总体应急预案中的应急救援物资。

### 5.4 交通、通信及电力保障

应急处置过程中的交通保障由贵阳市交通局负责；通信保障由贵阳市广播电视局负责；电力保障由贵阳市供电局负责。上述责任部门应根据松柏山、花溪水库突发事件特点与应急抢险需要，分别制订交通、通信与电力应急保障计划，并落实责任人。

### 5.5 医疗卫生保障

应急处置过程中的医疗卫生保障由贵阳市卫生局负责，主要利用贵阳市政府总体应急预案中的医疗卫生保障资源。突发事件发生后，组织由贵阳市各大医院和卫生防疫站的专业人员赶赴现场为应急转移群众提供医疗救治、卫生防疫等服务。必要时，组织动员红十字会等社会卫生力量参与医疗卫生救助工作。

### 5.6 基本生活保障

应急转移群众与参与应急处置人员的基本生活保障由贵阳市民政局、贵阳市粮食局负责，主要利用贵阳市政府总体应急预案中的基本生活保障资源。突发事件发生后，制订基本生活保障计划，落实责任人，通过调拨、采购、社会捐赠等方式，提供照明设施、食品、饮用水、帐篷等基本生活物资。

### 5.7 治安保障

灾区与应急转移安置点的治安保障由贵阳市公安局负责，所在地政府予以协助，必要时请求武警贵阳市支队支援。

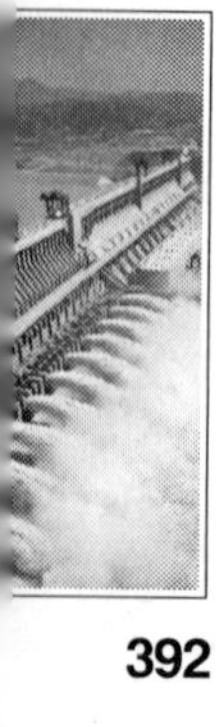

## 6 宣传、培训与演练(习)

预案宣传、培训与演练(习)由贵阳市水利局、松柏山水库管理处、花溪水库管理处(应急指挥办公室)负责。

通过向下游影响范围内的社会公众发放宣传手册，宣传水库风险及水库突发事件预防、避险、自救和呼救等常识性知识，帮助公众理解报警和撤离信号，了解应急处置流程、撤离转移路径和安置点，提高公众的风险意识与配合应急处置的能力。

每年汛前，组织开展专题讲座或培训班，对松柏山、花溪水库突发事件应急指挥机构成员、应急保障机构成员、应急指挥办公室成员、应急抢险与救援队伍队长与组长、水库管理处工程管理人员等与应急处置相关责任人进行培训，使他们了解各自在松柏山、花溪水库突发事件应急处置过程中的职责、权力和任务。

选择合适的时机（如天气预报未来将有特大暴雨和洪水发生），演练（习）突发事件报警和人员撤离信号发布，测试公众对报警和撤离信号的理解程度，并组织洪水最先到达的花溪镇部分重点区域的群众进行撤离转移演习。